AF549821

Produktentwicklung mit SAP® Recipe Development

SAP PRESS ist eine gemeinschaftliche Initiative von SAP SE und der Rheinwerk Verlag GmbH. Unser Ziel ist es, Ihnen als Anwendern qualifiziertes SAP-Wissen zur Verfügung zu stellen. SAP PRESS vereint das Know-how der SAP und die verlegerische Kompetenz von Rheinwerk. Die Bücher bieten Ihnen Expertenwissen zu technischen wie auch zu betriebswirtschaftlichen SAP-Themen.

Damit Sie nach weiteren Titeln Ihres Interessengebiets nicht lange suchen müssen, haben wir eine kleine Auswahl zusammengestellt.

Andreas Doller, Jan Wölken
Produktionsplanung mit SAP S/4HANA in der Prozessindustrie
560 Seiten, gebunden, 2021
ISBN 978-3-8362-7940-6
www.sap-press.de/5207

Yvonne Lorenz, Birgit Kleinebekel, Uwe Schedl, Matthias Schlaubitz
Qualitätsmanagement mit SAP S/4HANA
827 Seiten, 2021, gebunden
ISBN 978-3-8362-7990-1
www.sap-press.de/5220

Alexander Wolf, Christoph Sting
Produktionsplanung und -steuerung mit SAP S/4HANA. Das Praxishandbuch
692 Seiten, 2021, gebunden
ISBN 978-3-8362-7873-7
www.sap-press.de/5182

Maximilian Münkel
Materialwirtschaft mit SAP S/4HANA – Customizing
649 Seiten, 2021, gebunden
ISBN 978-3-8362-8346-5
www.sap-press.de/5220

Marina Scherer

Produktentwicklung mit SAP® Recipe Development

Liebe Leserin, lieber Leser,

bevor das Manuskript dieses Buches auf meinem Schreibtisch landete, haben sich meine Berührungspunkte mit der Entwicklung von Rezepten auf die Kreation eigenwilliger Nudelsalate für Gartenpartys beschränkt. Wie gut, dass Marina Scherer es vermag, dieses wichtige Thema in der Prozessindustrie auch für Neulinge verständlich und greifbar zu erklären.

Anhand eines einfachen Beispiels – einer Sahnesoße – werden Sie in die Grundlagen sowie die Konfiguration der Spezifikation, des Rezepts, des Etiketts, der Vorgabenprüfung und vieler anderer Themen eingeweiht.

Mit diesen Informationen gerüstet, können Sie Entwicklungskosten reduzieren, Produktqualität und Compliance sicherstellen und die Entwicklung neuer Produkte beschleunigen. Mit vielen Screenshots und detaillierten Anleitungen wird das Buch zu einem praktischen Leitfaden, den Sie durcharbeiten und/oder bei Ihren Projekten als Referenz konsultieren können. Ich bin mir sicher, dass dieses Buch einen festen Platz auf Ihrem Schreibtisch finden wird.

Und Sie, liebe Leserinnen und Leser, möchte ich dazu anregen, uns zu kontaktieren, wenn Sie uns Lob aussprechen oder wenn Sie Kritik anbringen möchten, die uns hilft, unsere Bücher zu verbessern. Ihre Fragen und Anmerkungen sind uns jederzeit willkommen.

Ihre Eva Tripp
Lektorat SAP PRESS

eva.tripp@rheinwerk-verlag.de
www.rheinwerk-verlag.de
Rheinwerk Verlag · Rheinwerkallee 4 · 53227 Bonn

Auf einen Blick

Wir hoffen, dass Sie Freude an diesem Buch haben und sich Ihre Erwartungen erfüllen. Ihre Anregungen und Kommentare sind uns jederzeit willkommen. Bitte bewerten Sie doch das Buch auf unserer Website unter **www.rheinwerk-verlag.de/feedback**.

An diesem Buch haben viele mitgewirkt, insbesondere:

Lektorat Eva Tripp
Korrektorat Monika Klarl, Köln
Herstellung Maxi Beithe
Typografie und Layout Vera Brauner
Einbandgestaltung Silke Braun
Coverbild iStock: 979921406 © Tarek_khouzam
Satz Typographie & Computer, Krefeld
Druck Beltz Grafische Betriebe GmbH, Bad Langensalza

Dieses Buch wurde gesetzt aus der TheAntiquaB (9,35/13,7 pt) in FrameMaker.
Gedruckt wurde es mit mineralölfreien Farben auf chlorfrei gebleichtem, FSC®-zertifiziertem Offsetpapier (90 g/m²).
Hergestellt in Deutschland.

Bibliografische Information der Deutschen Nationalbibliothek:
Die Deutsche Nationalbibliothek verzeichnet diese Publikation in der Deutschen Nationalbibliografie; detaillierte bibliografische Daten sind im Internet über *http://dnb.dnb.de* abrufbar.

ISBN 978-3-8362-8780-7

1. Auflage 2022

Informationen zu unserem Verlag und Kontaktmöglichkeiten finden Sie auf unserer Verlagswebsite **www.rheinwerk-verlag.de**. Dort können Sie sich auch umfassend über unser aktuelles Programm informieren und unsere Bücher und E-Books bestellen.

Inhalt

6 Formel und Berechnungsergebnisse 301

7 Herstellverfahren in der Sicht »Prozess« 363

8 Etikett 391

10 SAP Recipe Development unter SAP ERP und SAP S/4HANA – Unterschiede 481

11 Integration von SAP Recipe Development mit anderen SAP-Komponenten 497

Vorwort

Analysiert man erfolgreiche Unternehmen in der Prozessindustrie, lässt sich feststellen, dass diese stark in die Optimierung ihrer Entwicklungsabläufe und in die Integration vernetzter Prozesse investiert haben. Durch diese optimierte Integration sind sie besser auf die heutigen Anforderungen von Kunden und Verbrauchern eingestellt. Sie können dem Wunsch nach einem größeren Produktportfolio, kürzeren Produktlebenszyklen, mehr Transparenz und steigender Zusammenarbeit mit Lieferanten und Kunden entsprechen. Damit sind diese Unternehmen auch auf den Wandel hin zu individuellen Entwicklungen und zur Auslagerung der Produktion zu Lohnherstellern vorbereitet.

Ein weiterer Erfolgsfaktor in der Prozessindustrie ist die Zentralisierung von Entwicklungsdaten mit dem Ziel, firmenweit konsistente und aktuelle Produkt- und Stammdaten zu nutzen. Damit wird gleichzeitig die Datensicherheit in der Kommunikation nach außen, zu Kunden und Behörden, sichergestellt. Zentralisierte Entwicklungsdaten bilden auch das Fundament für eine effiziente und kostengünstige Produktentwicklung. Durch die damit verbundene Fokussierung der Mitarbeitenden auf ihre Kernkompetenz und mithilfe zentral dokumentierter Erfahrungen aus vorangegangen Entwicklungen ist es möglich, den Entwicklungszyklus (Time-to-Market) für Produktverbesserungen und Neuentwicklungen zu verkürzen.

SAP Recipe Development als integrierter Bestandteil des SAP-Lösungsportfolios unterstützt Sie dabei, diese Erfolgsfaktoren nutzbar zu machen. Kontinuierliche Weiterentwicklungen im Kontext des End-to-End-Prozesses sorgen schon seit vielen Jahren für ein stabiles Systemumfeld für Anwenderinnen und Anwender – bei gleichzeitiger Erweiterung und Anpassung des Systems an neue Geschäftsprozesse. Als Beispiel sind die neuen, integrierten Collaboration-Funktionen in der Cloud zu nennen, die den steigenden Bedarf nach integrierter Online-Zusammenarbeit, z. B. mit Lieferanten, auf einer Plattform ermöglichen. Diese Collaboration-Funktionen werden perspektivisch auch in SAP Recipe Development verfügbar sein. Dabei wird der Trend realisiert, die Lösungen als SaaS (Software-as-a-Service) zu konsumieren, um Potenzial im Unternehmen zu nutzen und sich auf die Kernkompetenzen zu konzentrieren.

SAP Recipe Development ermöglicht es, Produkt- und Rohstoffstammdaten sowie Rezepte elektronisch zu erstellen, soweit möglich die Erfüllung der Anforderungen zu prüfen und damit zeitaufwendige und kostenintensive Versuche zu reduzieren.

Dieses Buch führt Sie in die Anwendung, die Integration und die Konfiguration der Lösung ein und zeigt Ihnen, wie Sie von deren Einsatz profitieren können.

Viel Spaß beim Lesen und viel Erfolg bei der Anwendung und Umsetzung!

Jürgen Scholl

Product Manager SAP PLM Process Industries

Chief Product Owner SAP Recipe Development

Einleitung

Liebe Leserin, lieber Leser, dieses Buch ist entstanden, weil ich mir vor einigen Jahren selbst umfassende Literatur zum Thema Produktentwicklung in der Prozessindustrie mit SAP Recipe Development sehr gewünscht hätte. Damals hat es mich, frisch nach dem Studium, viele Stunden Arbeit, Frust und manchmal auch Verzweiflung gekostet, der Aufgabe gerecht zu werden, diese SAP-Komponente für ein Beratungshaus lauffähig zu machen. Wie gut, dass ich in ein Netz von hilfsbereiten Programmierern und Consultant-Kollegen eingebettet war, das mich darin unterstützen konnte.

Die Frage, ob die Arbeit der Produktentwicklung systemgestützt erfolgen sollte, brauchen wir uns im 21. Jahrhundert sicher nicht mehr zu stellen. Selbstverständlich unterliegen auch oder vielleicht gerade die Aktivitäten in der Produktentwicklung einer Nachvollziehbarkeitspflicht. Selbstverständlich möchten Unternehmen auch hier von den Vorteilen gemeinsamer Stammdaten und Integrationsmöglichkeiten zwischen Abteilungen profitieren, und selbstverständlich darf SAP als Anbieter für integrierte ERP-Prozesse in der Betrachtung von Software für die Produktentwicklung nicht fehlen.

Über die Jahre hinweg habe ich Produktentwicklerinnen und Produktentwickler aus verschiedenen Branchen und Unternehmen kennengelernt und war immer wieder beeindruckt von der Kreativität, der Lösungsorientierung und dem »Herzblut«, mit dem diese Menschen für die Qualität der jeweiligen Softwarelösung gearbeitet haben.

Auch wenn jede Abteilung in einem Unternehmen berechtigterweise von sich selbst behauptet, die wichtigste Abteilung mit dem schwersten Los zu sein, wissen wir doch alle, dass ein Unternehmen nur in seiner Gesamtheit erfolgreich sein kann. Hierzu gehört auch die Produktentwicklung, und damit ist es unerlässlich, dass Beratungshäuser, (Inhouse) Consultants sowie IT- und Fachbereichsverantwortliche die Möglichkeit erhalten, zu eruieren, ob die Anforderungen ihrer Produktentwicklung bzw. ihrer Kunden, integriert mit allen anderen Abteilungen im ERP-System, in SAP S/4HANA abgebildet werden können.

Ist die SAP-Komponente SAP Recipe Development die »Eierlegende Wollmilchsau« unter den Softwarelösungen für die Produktentwicklung? Sicherlich nicht, aber sie ist eine gute Lösung, die an vielen Stellen Möglichkeiten zur Individualisierung (z. B. über branchenspezifische Bezeichnungen) bietet. Zudem wird diese Anwendung von SAP bis auf Weiteres stetig weiterentwickelt, was meiner Meinung nach einer der wichtigsten Aspekte in der Entscheidungsfindung ist.

Dieses Buch soll es ermöglichen, dass sich Beratungshäuser und Unternehmen in der Prozessindustrie zum Thema Produktentwicklung mit SAP Recipe Development auf Augenhöhe begegnen können.

Dieses Buch soll außerdem Stütze und Anregung sein: Stütze für die Arbeit mit SAP Recipe Development und Anregung zum Austausch zu diesem spannenden und vielschichtigen Thema. Wenn Sie Anregungen zu diesem Buch haben oder anderweitig zu diesem Thema eine Kontaktaufnahme wünschen, schreiben Sie mir gern über die folgende E-Mail-Adresse: *msrecipedevelopment@gmail.com*.

Zielgruppe

Dieses Buch verfolgt zwei Ziele: Zum einen sollen Menschen in die Lage versetzt werden, SAP Recipe Development zu konfigurieren und sich über die Möglichkeiten und Grenzen des Customizings klarzuwerden. Zum anderen soll dieses Buch einen Überblick über die Funktionen und Anwendungsmöglichkeiten liefern. Aus diesen beiden Zielsetzungen ergeben sich die folgenden Zielgruppen:

- **Consultants (Inhouse oder in einem Beratungshaus)**
  In diesem Buch erfahren Sie, was Sie im Customizing wie einstellen können. Sie erfahren außerdem, welche Stammdatenobjekte wichtig sind und wie Sie die Integration in angrenzende Fachbereiche gestalten können.
- **IT-Management**
  Sie möchten sich ein Bild dazu machen, was mit SAP Recipe Development möglich ist? Sie möchten aber auch wissen, was erforderlich ist, um z. B. frühzeitig Aufwände bezüglich erforderlicher Server kalkulieren zu können? Dann können Sie wertvolle Erkenntnisse aus diesem Buch ziehen.
- **Fachbereichsmanagement**
  Sie sind für den Fachbereich der Produktentwicklung verantwortlich und tragen in diesem Zuge auch die Verantwortung für die Abbildung der Anforderungen in der Software? In diesem Buch erhalten Sie einen Überblick über den Funktionsumfang von SAP Recipe Development und erfahren außerdem, an welchen Stellen der Fachbereich selbst Gestaltungsspielraum hat und an welchen Stellen Programmierung erforderlich ist.
- **Key-Userinnen und Key-User**
  Sie arbeiten als Key-User oder Key-Userin in einem Unternehmen, das SAP Recipe Development implementieren möchte oder sogar schon operativ nutzt? Sie möchten sich Informationen zu den Einstellungen im Customizing und zu den relevanten Stammdaten beschaffen? Dann haben Sie das richtige Buch zur Hand genommen.

Aufbau des Buches

Dieses Buch umfasst zwölf Kapitel sowie zwei Bonuskapitel, die Sie sich von der Verlagswebsite herunterladen können. Das Buch ist folgendermaßen aufgebaut:

Kapitel 1, »Technische Voraussetzungen und Grundkonfiguration«, gibt Ihnen einen Überblick über die zentralen Stammdatenobjekte von SAP Recipe Development sowie über die Stammdatenobjekte aus angrenzenden SAP-Komponenten wie der Produktion, für die ein Grundverständnis hilfreich ist.

Für den erfolgreichen Ablauf von systembasierten Geschäftsprozessen spielen Stammdaten eine zentrale Rolle. Hier macht auch die Produktentwicklung keine Ausnahme. Informationen zu diesem zentralen Thema finden Sie in **Kapitel 2**, »Stammdaten«.

In **Kapitel 3**, »Spezifikation – Funktionsumfang und grundlegende Stammdatenobjekte«, tauchen Sie in das erste zentrale Stammdatenobjekt ein und erfahren, welche Funktionen Ihnen in der Spezifikation zur Verfügung stehen. Verschaffen Sie sich durch dieses Kapitel einen Überblick, bevor Sie im darauffolgenden **Kapitel 4**, »Spezifikation – Customizing«, detailliert in die Konfigurationsmöglichkeiten des Stammdatenobjekts einsteigen.

Das Rezept als weiteres elementares Stammdatenobjekt wird umfassend in **Kapitel 5**, »Grundlagen des Rezepts«, in **Kapitel 6**, »Formel und Berechnungsergebnisse«, und in **Kapitel 7**, »Herstellverfahren in der Sicht ›Prozess‹«, betrachtet. Welche Funktionen das Rezept bietet und welche allgemeinen Einstellungen Sie zum Rezept im Customizing vornehmen können, zeigt Kapitel 5. In Kapitel 6 erhalten Sie Einblick in die Konfigurationsmöglichkeiten zu den beiden Rezeptbestandteilen Formel und Berechnungsergebnisse. Was es zur Abbildung von Herstellprozessen im Rezept zu wissen gibt und an welchen Stellen Sie konfigurationsseitig eingreifen können, verrät Ihnen Kapitel 7.

Neben der Anlage und Verwaltung von Spezifikationen und Rezepten ist es in der Produktentwicklung ein weiterer wichtiger Aspekt, die Produktdaten für Verpackungen und Produktetiketten aufzubereiten. In **Kapitel 8**, »Etikett«, erfahren Sie, welche Daten wie aufbereitet werden können und an welchen Stellschrauben in der Konfiguration des Systems Sie drehen können.

Eine hilfreiche Funktion, die bei der Verwaltung von Spezifikationen und Rezepten unterstützt, ist die in **Kapitel 9**, »Vorgabenprüfung«, beschriebene Vorgabenprüfung. Schauen Sie sich in diesem Kapitel an, wie Sie dafür sorgen können, dass unerwünschte Stoffe oder Über-/Unterschreitungen von Grenzwerten von der Vorgabenprüfung erkannt werden und was Sie einstellen müssen, damit die Funktion lauffähig ist.

Da SAP Recipe Development in Abhängigkeit der gewählten Softwaregeneration (SAP ERP oder SAP S/4HANA) Unterschiede im Funktionsumfang aufweist, werden diese in **Kapitel 10**, »SAP Recipe Development unter SAP ERP und SAP S/4HANA – Unterschiede«, dargelegt.

Bildet ein Unternehmen seine Geschäftsprozesse in einem SAP-System ab, geht es in der Regel auch um das Ziel, die Abläufe so integriert wie möglich zu definieren. Auch die Produktentwicklung ist in dieses Netz eingebettet. Wie Sie in SAP Recipe Development von Daten aus dem Materialstamm profitieren, wie Sie die Daten für die Kolleginnen und Kollegen in der Produktion bereitstellen, wie Sie im Qualitätsmanagement Spezifikationsdaten aus SAP Recipe Development nutzen können und wie Sie Elemente aus dem SAP-Projektsystem in das Rezept einbinden, erfahren Sie in **Kapitel 11**, »Integration von SAP Recipe Development mit anderen SAP-Komponenten«.

Aktuell befassen sich viele Unternehmen mit der Umstellung auf SAP S/4HANA. Lesen Sie in **Kapitel 12**, »Migration der Produktentwicklung nach SAP S/4HANA«, was es für eine Umstellung nach SAP S/4HANA bedeutet, wenn die Produktentwicklung Teil der eingesetzten SAP-Komponenten ist.

[»]

Zusatzkapitel auf der Verlagswebsite

Auf der Website des Verlags unter *http://www.sap-press.de/5445* im Kasten **Materialien zum Buch** finden Sie weiterführende Informationen zum Thema SAP Recipe Development:

Im Dokument »Weiterführende Informationen und Funktionen«, finden Sie eine Sammlung hilfreicher Informationen, Hilfsmittel und Funktionen. Profitieren Sie von den gebündelten Ausführungen zu verschiedenen Reports, Auflistungen von Tabellen, Apps und Transaktionen sowie von den Beschreibungen spezieller Funktionen für SAP Recipe Development.

Verschaffen Sie sich unter »Herausforderungen und mögliche Einsatzszenarien von SAP Recipe Development« einen Überblick dazu, welche Einsatzszenarien für die Komponente SAP Recipe Development möglich sind. Bei dieser Komponente ist es auch möglich, Teilbereiche aus dem Gesamtumfang einzusetzen. Finden Sie auf dieser Basis das richtige Einsatzszenario für Ihre Situation.

Im Verlauf des Buches werden an geeigneten Stellen Beispiele angeführt, um die beschriebenen Informationen möglichst anschaulich zu untermauern. Welche Begriffe in einem Produktentwicklungsteam verwendet werden, hängt stark von der Branche ab. Ein Begriff wie *Nährstoff* ist im Bereich der Nahrungs- und Genussmittel nicht wegzudenken, wohingegen dieser z. B. in der Chemie oder in der Kosmetik keine Rolle spielt. Dafür ist dort beispielsweise der Begriff INCI von großer Bedeutung. Es finden sich aber auch schnell Gemeinsamkeiten, wenn wir an Allergene oder religiöse Zertifikate denken. Damit sich alle Leserinnen und Leser bestmöglich in den Beispielen wiederfinden, habe ich als Beispielrezept etwas aus dem täglichen Leben verwendet und ein Rezept für eine Sahnesoße erfunden. Anhand dieses Rezepts und der darin enthaltenen Bestandteile werden die verschiedenen Funktionen und Beispiele verdeutlicht. Problemlos können diese auf andere Branchen übertragen werden.

Danksagung

Es gibt die Theorie, dass es einem Menschen guttut, am Abend drei Dinge aufzuschreiben, für die er dankbar ist. Ausschnitte aus meiner Liste möchte ich mit Ihnen in diesem Abschnitt teilen.

- Danke, dass Sie, liebe Leserin und lieber Leser, heute dieses Buch bzw. Ausschnitte aus diesem Buch lesen und sich mit den Möglichkeiten von SAP Recipe Development vertraut machen.
- Danke an die Mitarbeitenden der Firma KEK Anwendungssysteme GmbH in München, insbesondere an Herrn Christian Weichselgärtner, für den Systemzugang und die verlässliche Unterstützung.
- Danke, Robert, für die unendliche seelische, moralische und tatkräftige Unterstützung, für das Aushalten von manchem Verzicht und das Teilen der Freude über erreichte Meilensteine.
- Danke, Ute und Uwe, für das kritische und tapfere Korrekturlesen, für wertvolle Anregungen und manches ermutigende Wort.
- Danke, Sandra und Michael, für entscheidende Energieschübe, die Unterstützung beim Kopf freibekommen und beim fachfremden Eintauchen in die Anwendung.
- Danke, Jana, Tobias und Mats, für die großartige Unterstützung in sämtlichen Kreativfragen und bei den Kreativpausen, wenn diese erforderlich waren.
- Danke, Dietmar, für die wertvollen Tipps in der Vorbereitungsphase.
- Danke, Yulia, für den inspirierenden Austausch über das, was möglich ist, wenn man nur will.
- Danke an die Evangelische Kirchengemeinde Markgröningen, für den Zugang zu ihren Räumlichkeiten, was mir einen Tapetenwechsel ermöglicht hat.
- Thank you Meet, talking to you made a change of perspective possible. Sometimes that's all it takes.
- Danke an Herrn Jürgen Scholl von SAP für das Vorwort zum Buch und an sein Team für die Bereitschaft, sich mancher kritischen Frage zu stellen.

- Danke an Frau Eva Tripp und Frau Maike Lübbers vom Rheinwerk Verlag, für das entgegengebrachte Vertrauen und die angenehme und konstruktive Zusammenarbeit.

Marina Scherer

Kapitel 1
Technische Voraussetzungen und Grundkonfiguration

Für die Planung der Implementierung von SAP Recipe Development ist es unerlässlich, einen Blick auf die erforderlichen technischen Voraussetzungen zu werfen. Denn bevor in SAP Recipe Development mit speziellen Einstellungen im Customizing die unternehmensspezifischen Anforderungen abgebildet werden können, sind einige Punkte zu berücksichtigen.

Für einen gelungenen Start mit SAP Recipe Development (Rezeptentwicklung) gibt es einige technische Voraussetzungen, die zunächst geschaffen werden müssen und teilweise bereits frühzeitig angestoßen werden können. Ebenso gilt es, eine Grundkonfiguration im Customizing aufzubereiten, damit die Standardfunktionalitäten auf der Benutzeroberfläche für einen Quick-Start verfügbar werden. Was das im Detail bedeutet, wird in diesem Kapitel aufgezeigt.

In Abschnitt 1.1, »Verfügbarkeit«, erfahren Sie, wie Sie identifizieren können, ob das SAP Recipe Development auf Ihrem System überhaupt lauffähig ist. Welche Softwarekomponente Sie benötigen und wie Sie schnell erkennen, ob diese auf Ihrem System verfügbar ist, zeigt Abschnitt 1.2. Eine Übersicht über (vermeintlich) relevante Server gibt Ihnen Abschnitt 1.3.

Einige Funktionen von SAP Recipe Development können erst genutzt werden, wenn zuvor entsprechende Business Functions aktiviert worden sind. Welche das sind, erfahren Sie in Abschnitt 1.4.

Abschnitt 1.5, »Switch BC-Sets«, führt aus, wie verschiedene Datenbank- und Customizing-Inhalte aus dem Umfang des SAP-Standards mit wenigen Mausklicks generiert werden können. Damit Sie auf die Anwendungen von SAP Recipe Development zugreifen können, müssen zuvor sogenannte OData-Services und ICF-Services aktiviert werden (Abschnitt 1.6).

Darüber hinaus gibt es Transporte, deren Inhalte von Mandant 000 in Ihren Mandanten eingespielt werden können, um auch darüber verschiedene Tabelleninhalte zu erhalten. Um welche Transporte es sich dabei handelt, erfahren Sie in Abschnitt 1.7.

Abschnitt 1.8, »Standardinhalte generieren«, zeigt Ihnen, wie Sie Standardinhalte wie ein Set an Merkmalen, Klassen und Phrasenauswahlmengen generieren.

Im System finden Sie Standardrollen, die für einen Schnellstart hilfreich sein können. Welche das sind, lesen Sie in Abschnitt 1.9, »Standardrollen«.

Einen Großteil der Stammdaten von SAP Recipe Development benötigen Sie bereits im Entwicklungs-/Testsystem. Damit Sie sich eine doppelte Datenpflege ersparen, lesen Sie in Abschnitt 1.10, »ALE-Verteilung«, die Ausführungen zur Verteilung von Daten aus SAP Recipe Development zwischen zwei Systemen.

1.1 Verfügbarkeit

Anders als Finanzbuchhaltung oder Materialwirtschaft, ist SAP Recipe Development nicht in allen SAP-ERP-Versionen verfügbar. Wenn Sie die SAP-Help-Seiten nach Informationen zu SAP Recipe Development durchforsten, stellen Sie fest, dass es Inhalte dazu erst ab SAP ERP ECC 6 EHP 5 gibt.

Für all diejenigen, die auf Basis eines SAP-S/4HANA-Systems mit SAP Recipe Development beginnen wollen, stellt sich die Frage nach der Verfügbarkeit von SAP Recipe Development nicht. Bewegen Sie sich in einer SAP-ERP-Landschaft, kann sich ein Blick auf den EHP-Stand lohnen. Diesen überprüfen Sie über den Menüpfad **Mehr • System • Status • Details** (siehe Abbildung 1.1).

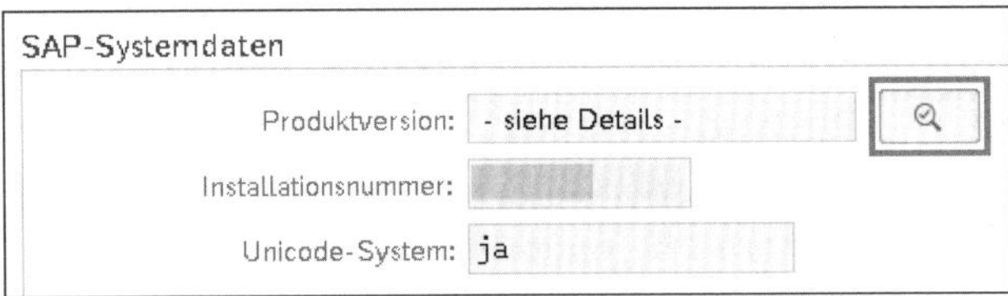

Abbildung 1.1 Absprung in die Details der Systemdaten

Über das in Abbildung 1.1 eingerahmte Lupensymbol gelangen Sie in eine Detailsicht. Dort navigieren Sie zur Übersicht **Installierte Produktversionen** und können den Stand Ihres Systems überprüfen. Wie Sie es in Abbildung 1.2 sehen können, handelt es sich in unserem Beispiel um ein SAP-ERP-System mit dem Releasestand EHP 7. Bei Ihnen kann das natürlich anders aussehen.

Produkt	Release	Kurzbeschreibung des Produktes
EHP7 FOR SAP ERP 6.0	EHP7 FOR SAP ERP 6.0	EHP7 FOR SAP ERP 6.0
SAP ERP	2005	SAP ERP 6.0
SAP NETWEAVER	7.4	SAP NETWEAVER 7.4

Abbildung 1.2 Informationen zum Systemstand Ihrer SAP-Installation

1.2 Softwarekomponente

SAP Recipe Development als Anwendung für die Entwicklung von neuen Produkten steht ganz am Anfang jedes Produktlebenszyklus. Daher liegt es nahe, dass diese Komponente in SAP Product Lifecycle Management (SAP PLM) eingebunden ist. Für Komponenten, die zu SAP PLM gehören, wird eine spezielle Softwarekomponente benötigt: die Komponente *PLM-WUI*. Wenn Sie ein SAP-S/4HANA-System als Ausgangsbasis für die Implementierung von SAP Recipe Development verwenden, ist keine separate Installation dieser Softwarekomponente notwendig. Ist hingegen Ihre Ausgangsbasis ein ERP-System, und wird SAP Recipe Development die erste Komponente aus SAP PLM sein, muss die Softwarekomponente PLM-WUI möglicherweise noch installiert werden.

Ob die Softwarekomponente auf Ihrem SAP-ERP-System verfügbar ist, finden Sie heraus, indem Sie den folgenden Menüpfad aufrufen: **Mehr • System • Status • Details**.

Die ersten Schritte zur Prüfung sind dieselben wie bei der Prüfung des Systemstands. Lesen Sie dazu Abschnitt 1.1, »Verfügbarkeit«, mit Abbildung 1.1. Sobald Sie sich in den Systemdetails befinden, prüfen Sie die Auflistung der Softwarekomponenten (siehe Abbildung 1.2).

Finden Sie einen Eintrag zur Softwarekomponente, sind die ersten Voraussetzungen geschaffen und die Einträge im Customizing-Leitfaden vorhanden, wie es über Transaktion SPRO (Einführungsleitfaden anzeigen) über den folgenden Pfad aufgezeigt wird: **Logistik Allgemein • Product Lifecycle Management (PLM) • PLM-Web-Benutzungsoberfläche • Rezeptentwicklung** (siehe Abbildung 1.3).

- ∨ PLM-Web-Benutzungsoberfläche
  - › Einstellungen für BO Framework und Navigation
  - › Objekte der PLM-Web-Oberfläche
  - › PLM-Web-Applikationen
  - › Einstellungen für Object Navigator
  - › Business Context Viewer
  - ∨ Rezeptentwicklung
    - › Spezifikationsverwaltung
    - › Rezept

Abbildung 1.3 Customizing-Leitfaden mit Rezeptentwicklung

Sollte der Eintrag in Ihrem System fehlen, werden Sie die im weiteren Verlauf des Buches genannten Customizing-Einträge ebenfalls vergeblich suchen. So wäre dann der Unterpunkt **Product Lifecycle Management (PLM)** nicht vorhanden, und Sie hätten eine Situation wie in Abbildung 1.4. In einem solchen Falle kontaktieren Sie am besten eine Kollegin oder einen Kollegen der SAP-Basis, damit die fehlende Softwarekomponente installiert wird.

Logistik Allgemein
Portal
Materialstamm

Abbildung 1.4 Customizing-Leitfaden ohne Rezeptentwicklung

1.3 Relevante Server

Wie in vielen anderen Unternehmensbereichen, ist es auch in der Produktentwicklung unerlässlich, Dokumente zu generieren. Das kann beispielsweise eine Produktspezifikation sein, eine Mischanweisung für die Küche oder ein Dokument, das für eine Vorbesprechung einer Testproduktion auf der Linie an die Kolleginnen und Kollegen aus der Produktion gegeben wird.

Zum Zeitpunkt der Buchentstehung gibt es zwei verschiedene Formulartechnologien, die in SAP Recipe Development Anwendung finden. Für beide Technologien wird jeweils ein spezieller Server benötigt. Da für die Bereitstellung von Servern Zeit und meistens auch Kosten anfallen, nehmen Sie diese Informationen am besten frühzeitig in Ihre Projektplanung mit auf.

1.3.1 WWI-Server

Wenn Sie bereits mit der Vorgängerversion von SAP Recipe Development arbeiten, SAP Recipe Management (Rezeptverwaltung), stehen die Chancen gut, dass Sie schon Bekanntschaft mit WWI gemacht haben. WWI steht für *Windows Wordprocessor Integration* und beschreibt eine fast schon antike Formulartechnologie, die ausschließlich im Bereich der Produktentwicklung und in SAP Environment, Health, and Safety Management (SAP EH&S Management) Anwendung findet. Die benötigten Formulare werden im SAP-System in einem Word-Dokument aufgebaut. Eine Positionierung z. B. der Inhalte, Schriftarten oder Schriftgrößen, wird wie mit Word definiert. Es können zusätzlich Bedingungen, Funktionsbausteine, User-Exits u. v. m eingebunden werden, um Regeln und Logiken zu implementieren. Mit dem Aufbau der Formulare können Sie bedenkenlos ohne angebundenen WWI-Server beginnen.

Spätestens wenn Sie die Dokumente in der Weboberfläche erzeugen wollen, werden Sie merken, ob der WWI-Server fehlt. Grundsätzlich kann die WWI-Technologie bei allen drei Stammdatenobjekten von SAP Recipe Development genutzt werden. Das bedeutet, dass die Daten aus der Spezifikation, dem Rezept und dem Etikett in einem WWI-Bericht ausgegeben werden können. Erfahrungsgemäß kommt ein WWI-Bericht am häufigsten für Daten aus der Spezifikation zum Einsatz, um z. B. Produktspezifikationen zu generieren. In den Systemeinstellungen können Sie wählen, ob ein Word-Dokument oder ein PDF-Dokument entstehen soll. Ein wichtiger Hinweis an dieser Stelle ist, dass die Entscheidung, ob der WWI-Bericht als Word- oder PDF-Dokument ausgegeben werden soll, für alle WWI-Berichte gilt. Ausgenommen hiervon ist das Etikett: Wenn Sie einen WWI-Bericht als Etikett definieren, wird es immer, unabhängig von den von Ihnen im Customizing festgelegten Einstellungen, als PDF-Dokument ausgegeben.

Sollten Sie Schwierigkeiten haben, einen WWI-Bericht an der Weboberfläche zu generieren, ist möglicherweise die RFC-Verbindung zum WWI-Server unterbrochen. Eine mögliche Fehlermeldung ist in Abbildung 1.5 dargestellt. Prüfen Sie über Transaktion SM59 (Konfiguration der RFC-Verbindungen), ob bei der Verbindung zum WWI-Server ein Problem vorliegt.

Abbildung 1.5 Problem bei der WWI-Berichtsgenerierung in der Weboberfläche

Stellen Sie fest, dass noch kein WWI-Server an Ihr System angebunden ist, kontaktieren Sie Ihre Ansprechpartnerinnen und Ansprechpartner aus der SAP-Basis, damit diese Ihnen dabei helfen können. Falls Sie sich zum ersten Mal mit SAP Recipe Development befassen und bisher keine Berührungspunkte mit der Vorgängerversion SAP Recipe Management oder SAP Environment, Health and Safety Management (SAP EH&S Management) hatten, benötigen Sie mit Sicherheit einen WWI-Server.

[«]

Gestaltung von WWI-Berichten

Die Gestaltung von WWI-Berichten kann aufgrund der baukastenartigen Zusammensetzung der Befehle und der auf Word basierenden Designmöglichkeiten durchaus von (Inhouse) Consultants oder IT-affinen Key-Userinnen und Key-Usern vorgenommen werden. Die Gestaltung von Adobe Forms ist eher mit Smartforms zu vergleichen und sollte daher Kolleginnen und Kollegen mit tieferem Programmierverständnis überlassen werden.

1.3.2 Server für Adobe Document Services

Der zweite Server, der für das SAP Recipe Development relevant ist, ist der Server für Adobe Document Services (ADS).

Wird der WWI-Server hauptsächlich genutzt, um Dokumente zu Spezifikationen zu generieren, wird der ADS-Server in SAP Recipe Development bis dato ausschließlich für Dokumente zum Rezept eingesetzt.

In Ihrem SAP-System finden Sie ein erstes Set an Formularen für SAP Interactive Forms by Adobe, die Sie ad hoc verwenden können (siehe Tabelle 1.1).

Name	Beschreibung
/PLMU/UI_RCP_DIET	Rezeptentwicklung: Diätdaten
/PLMU/UI_RCP_INGREDIENTS	Rezeptentwicklung: Inhaltsstoffdaten
/PLMU/UI_RCP_ALLERGEN	Rezeptentwicklung: Allergendaten
/PLMU/UI_RCP_FORMULA	Rezeptentwicklung: Formeldaten
/PLMU/UI_RCP_NUTRIENT	Rezeptentwicklung: Nährstoffdaten
/PLMU/UI_RCP_COMPOSITION	Rezeptentwicklung: Zusammensetzungsdaten
/PLMU/UI_RCP_GENERAL	Rezeptentwicklung: Allgemeine Daten
/PLMU/UI_RCP_PROCESSES	Rezeptentwicklung: Prozessdaten
/PLMU/UI_RCP_COST	Rezeptentwicklung: Kostendaten
/PLMU/UI_RCP_GENMODIFIED	Rezeptentwicklung: Daten der genmodifizierten Inhaltsstoffe
/PLMU/UI_RCP_RELIGIOUS	Rezeptentwicklung: Daten d. Einhaltung religiös. Zertifikate

Tabelle 1.1 Verfügbare Formulare für Adobe Forms in SAP Recipe Development

Ebenso wie bei anderen Standardauslieferungen können Änderungswünsche in Form von kundenindividuellen Formularen implementiert werden.

Wollen Sie sich SAP Recipe Development auf Basis eines SAP-S/4HANA-Systems nähern, ist davon auszugehen, dass der ADS-Server verfügbar ist. Bei einem SAP-S/4HANA-System gehört der ADS-Server zur Grundausstattung. Nutzen Sie ein SAP-ERP-System, muss der ADS-Server mit großer Wahrscheinlichkeit angebunden werden.

Da der ADS-Server im Gegensatz zum WWI-Server für ein breiteres Anwendungsgebiet genutzt wird, sind dazu in der SAP-Community viele Informationsquellen verfügbar. Für die Prüfung, ob der ADS-Server angebunden ist, sind tiefere technische Kenntnisse erforderlich, für die Sie im Idealfall eine Ansprechpartnerin oder einen Ansprechpartner aus dem Bereich der SAP-Basis haben.

Relevanz der beiden Server

Wenn Sie gerade auf dem Weg von SAP ERP nach SAP S/4HANA sind und dabei einen Wechsel von SAP Recipe Management auf SAP Recipe Development vornehmen, kann der ADS-Server problemlos erst mit dem SAP-S/4HANA-System zur Verfügung gestellt werden. Der WWI-Server sollte zu Beginn der Nutzung von SAP Recipe Development funktionsfähig sein, damit die bisher genutzten WWI-Berichte direkt weiterverwendet werden können.

1.3.3 EH&S Expert Server

Der EH&S Expert Server wurde in der Vergangenheit dafür eingesetzt, definierte Regelwerke für die Komponente SAP Environment, Health and Safety Management (EH&S Management) auf gefährliche Stoffe anzuwenden. Diese Anwendung hat in einem Zusammenspiel der Komponente mit dem EH&S Expert Server funktioniert. Sollte Ihnen die Frage begegnen, ob der EH&S Expert Server für eine erfolgreiche Implementierung von SAP Recipe Development benötigt wird, können Sie dies beruhigt mit »Nein« beantworten.

Die vergangenen Projekte haben gezeigt, dass der EH&S Expert Server für ein SAP-Recipe-Development-Projekt nicht benötigt wird. Auch Funktionalitäten wie die Vorgabenprüfung kommen bestens ohne den Server aus. Wer zudem die Bekanntgaben von SAP im Bereich Product Compliance und EHS aufmerksam verfolgt, wird mitbekommen haben, dass der EH&S Expert Server mit einem Ablaufdatum versehen worden ist.

Abgrenzung von SAP Recipe Development

Für einen erfolgreichen Einsatz von SAP Recipe Development muss eine klare Abgrenzung von SAP EH&S Management vorgenommen werden. Die Berechnung von Gefährdungspotenzialen oder gefährlichen Eigenschaften, die bei einer Mischung zweier Stoffe entstehen, ist nicht Bestandteil von SAP Recipe Development.

1.4 Business Functions

Business Functions dienen dazu, die Kernfunktionalitäten einer Komponente im SAP-System zu erweitern. Grundsätzlich sollte die Aktivierung von Business Functions immer gut überlegt sein. Für die Arbeit mit SAP Recipe Development werden Business Functions benötigt, deren Aktivierung Sie vornehmen sollten.

Dazu gehören die in Tabelle 1.2 aufgeführten Business Functions.

Business Function	Bezeichnung	Beschreibung
/BCV/MAIN	FND, Business Context Viewer – Hauptanwendung	■ Aktivierung des Business Context Viewers
/BCV/MAIN_1	FND, Business Context Viewer – Hauptanwendung 2	■ Aktivierung und Erweiterung des Business Context Viewers
/PLMU/WEB_UI	PLM-Web-Benutzungsoberfläche	■ grundlegende Funktionen für die Weboberfläche ■ nicht nur für das SAP Recipe Development ■ SAP S/4HANA Always on
/PLMU/WEB_UI_2	PLM-Web-Benutzungsoberfläche 2	■ erweiterte Suche mit Bezug zum Klassensystem ■ SAP S/4HANA Always on
/PLMU/WEB_UI_3	PLM-Web-Benutzungsoberfläche 3	■ erweiterte Funktionen für die Weboberfläche ■ SAP S/4HANA Always on
/PLMU/RCP_1	Rezeptentwicklung im PLM-Web-UI	■ Aktivierung von SAP Recipe Development ■ SAP S/4HANA Always on
/PLMU/RCP_2	Rezeptentwicklung 2 im PLM-Web-UI	■ Migration von SAP Recipe Management nach SAP Recipe Development ■ Massenänderung von Rezepten ■ WWI-Bericht für Rezepte ■ SAP S/4HANA Always on
/PLMU/RCP_3	Rezeptentwicklung 3 im PLM-Web-UI	■ Generierung des Planungsrezepts ■ Daten herunterladen ■ Bausteine für Herstellvorschriften im Rezept ■ SAP S/4HANA Always on
/PLMU/RCP_3_1	Rezeptentwicklung 3.1 im PLM-Web-UI	■ SAP S/4HANA Always on
/PLMU/RCP_3_2	Rezeptentwicklung 3.2 im PLM-Web-UI	■ SAP S/4HANA Always on
/PLMU/RCP_3_3	Rezeptentwicklung 3.3 im PLM-Web-UI	■ SAP S/4HANA Always on
EA-PLM	PLM-Erweiterung	■ SAP S/4HANA Always on

Tabelle 1.2 Relevante Business Functions für SAP Recipe Development

1.5 Switch BC-Sets

Business Configuration Sets (BC-Sets) sind im Grunde dazu da, um die Customizing-Einstellungen leichter zu verstehen und vorzunehmen. Switch BC-Sets sind eine Unterkategorie der BC-Sets und dazu da, Inhalte für spezielle Industrien innerhalb des Switch Frameworks auszuliefern. Um den Umfang der Standardinhalte weiter auszubauen, können verschiedene Switch BC-Sets aktiviert werden. Abhängig davon, welches Set Sie aktivieren, gelangen Textinformationen, Merkmale, Klassendaten oder andere Objekte ins System. Speziell für die Vorgabenprüfung ist es hilfreich, wenn Sie die in Tabelle 1.3 aufgeführten Switch BC-Sets aktivieren.

Switch BC-Set	Bezeichnung
PLM-RM_CABNT_T	Texttabellen zu CABN
PLM-RM_CABN_S	Merkmal
PLM-RM_KLAH_T	Klassenkopf Daten
PLM-RM_KSML_T	Merkmale zu Klassen
PLM-RM_SWOR_T	Klassifizierungssystem: Schlagwörter
PLM_RM_FRMLV05_V	Vorgabenprüfung Absprung
PLM-RM_CABN_01_S	Merkmale (abgeleitete Nährstoffe)
PLM-RM_CABNT_01_T	Texttabelle zu CABN (abgeleitete Nährstoffe)
PLM-RM_CAWNT_01_T	Texte für Werte (abgeleitete Nährstoffe)
PLM-RM_CAWN_01_S	Merkmalswerte (abgeleitete Nährstoffe)
PLM-RM_KLAH_01_T	Klassenkopf Daten (abgeleitete Nährstoffe)
PLM-RM_KSML_01_T	Merkmale zu Klassen (abgeleitete Nährstoffe)
PLM-RM_SWOR_01_T	Klassifizierungssystem: Schlagwörter (abgeleitete Nährstoffe)
PLM-RM_FRMLV09_V	Umgebungsparameter definieren und bewerten (abgeleitete Nährstoffe)
PLM-RM_LBL_CABN_S	RMS-LBL: Merkmalsdaten (Etikettierung)
PLM-RM_LBL_CABNT_T	RMS-LBL: Texte für Merkmale (Etikettierung)
PLM-RM_LBL_CAWN_S	RMS-LBL: Merkmalswerte (Etikettierung)
PLM-RM_LBL_CAWNT_T	RMS-LBL: Texte zu Merkmalswerten (Etikettierung)

Tabelle 1.3 Relevante Switch BC-Sets

Switch BC-Set	Bezeichnung
PLM-RM_LBL_ESV_TCG51_V	EH&S: Eigenschaftsbaum – Bewertungsart – Zuordnung
PLM-RM_LBL_KLAH_T	RMS-LBL: Klassenkopfdaten (Etikettierung)

Tabelle 1.3 Relevante Switch BC-Sets (Forts.)

Rufen Sie zur Aktivierung den Report SCPR_ACTIVATE_SBCSETS (Aktivierung von Switch BC-Sets) auf, und geben Sie die Switch BC-Sets nacheinander für die Aktivierung an. Abbildung 1.6 zeigt die Übersicht mit einem exemplarischen Switch BC-Set.

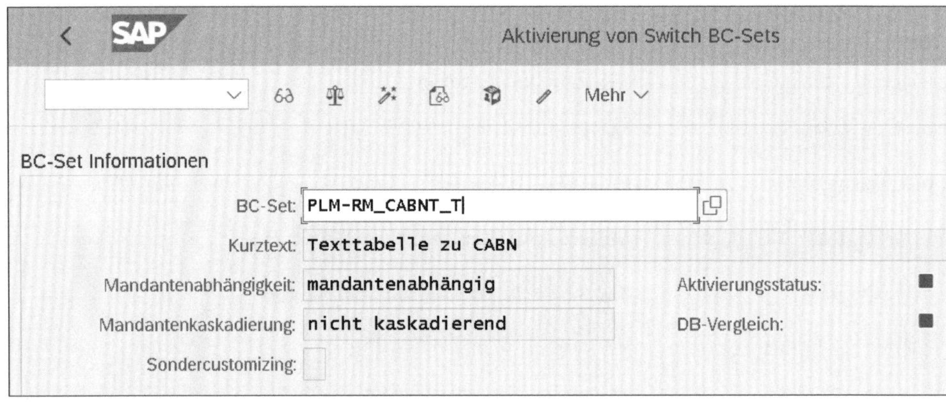

Abbildung 1.6 Ausgewähltes BC-Set

Aktivieren Sie das Switch BC-Set über den Zauberstab, den Sie in Abbildung 1.6 sehen, und stellen Sie sicher, dass im Feld **DB-Vergleich** eine positive Anzeige zu sehen ist. Über den Button **Prüfen** haben Sie zusätzlich die Möglichkeit sicherzustellen, dass die Zieltabellen auch die Inhalte des Switch BC-Sets enthalten. In Abbildung 1.7 sehen Sie einen Vergleich, bei dem Zieltabelle und Switch BC-Set identisch sind.

```
Vergleich der BC-Set-Daten mit den Customizingtabellen

Es existieren keine Unterschiede zwischen den BC-Set- und Tabellendaten
```

Abbildung 1.7 Ergebnis eines BC-Sets mit Customizing-Tabellen

Sehen Sie sich für weitere Details die SAP-Hinweise 1295360 (Rezeptverwaltung: Vorgabenprüfung von EH&S) und 1682856 (Rezeptentwicklung: Vorgabenprüfung von EH&S) an.

1.6 OData-Services und ICF-Services

OData-Services (Open Data Protocol) werden dazu genutzt, die Kommunikation zwischen zwei Systemen zu steuern. Im Falle von SAP Recipe Development ist dies die Kommunikation zwischen dem SAP Fiori Launchpad und dem SAP GUI. Arbeiten Sie mit einem SAP-ERP-System, werden die OData-Services nicht benötigt.

ICF steht für *Internet Communication Framework* und dient in SAP-Systemen dazu, dass die Funktionen, die aus einer Browseranwendung heraus aufgerufen werden sollen, auch erreichbar sind. Da es unzählige Services gibt, von denen in den seltensten Fällen alle benötigt werden, müssen Sie die relevanten Services aktivieren. Welche ICF-Services Sie für das Arbeiten mit SAP Recipe Development benötigen, merken Sie immer dann, wenn Sie eine Funktion aufrufen und Sie die Meldung »403 Forbidden« erhalten. Betrachten Sie dazu Abbildung 1.8.

403 Forbidden

Abbildung 1.8 Meldung bei fehlendem ICF-Service

Sollten Sie einmal in die Verlegenheit kommen, dass ein Service nicht aktiv ist, können Sie den benötigten Service herausfinden, indem Sie ihn in der URL-Zeile Ihres Browsers ablesen. Wie es Abbildung 1.9 aufzeigt, kann der Pfad eines fehlenden Service beispielsweise **sap/bc/webdynpro/PLMU/WDA_NAV_OIF** lauten.

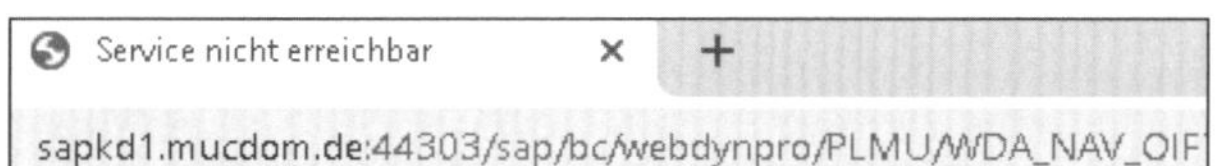

Abbildung 1.9 Fehlenden ICF-Service ablesen

In manchen Fällen ist die URL nicht aussagekräftig. Wenn Sie auf eine solche Situation stoßen, können Sie über die Konsole Ihres Browsers gehen. Sie rufen die Konsole über die Entwicklertools Ihres Browsers auf, oder Sie verwenden die Taste [F12].

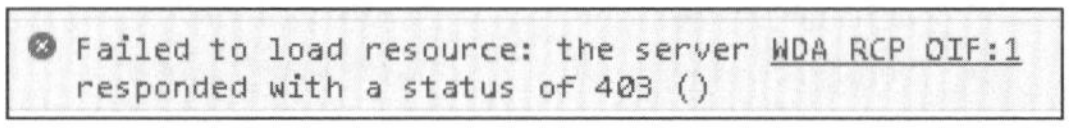

Failed to load resource: the server WDA_RCP_OIF:1 responded with a status of 403 ()

Abbildung 1.10 Ausschnitt aus der Browserkonsole zur Identifikation fehlender ICF-Services

Halten Sie Ihre Maus über den Service (in Abbildung 1.10 ist dies der Service `WDA_RCP_OIF`), um den Pfad für Transaktion SICF (Pflege der Services) zu identifizieren. In Abbildung 1.11 ist der Pfad **sap/bc/webdynpro/PLMU/WDA_RCP_OIF** zu sehen.

https://sapkd1.mucdom.de:44303/sap/bc/webdynpro/PLMU/WDA_RCP_OIF?wd-configId=%2fPLMU%2fWDA_RCP_OIF_CFG&sap-client=700&sap-

Abbildung 1.11 Pfad für den ICF-Service in der Konsole

Damit Sie sich nicht mühsam von Fehlermeldung zu Fehlermeldung hangeln müssen, sind in Tabelle 1.4 die wichtigsten OData-Services und ICF-Services aufgelistet. Diese Auflistung erhebt keinen Anspruch auf Vollständigkeit.

Diese Informationen sind in der SAP Fiori Apps Reference Library ebenfalls verfügbar. Damit Sie sich dort die Apps im Detail ansehen können, ist in der Tabelle auch die englische Bezeichnung der jeweiligen App aufgeführt. Beachten Sie, dass die SAP Fiori Apps Reference Library mit jedem neuen Release erweitert wird und die nachfolgenden Informationen auf dem derzeit aktuellen SAP-S/4HANA-Release basieren. Abhängig davon, welches Release Sie nutzen, wählen Sie den entsprechenden Eintrag aus und prüfen die erforderlichen technischen Voraussetzungen.

OData Services	ICF-Service	App (EN)	App (DE)
PLMI_RECIPE_MANAGE	/sap/bc/ui5_ui5/sap/recipe_mans1	Manage Recipes	Rezepte verwalten
▪ PLMI_RECIPE_FINDER ▪ CA_FM_FEATURE_TOGGLE_STATUS_SRV	/sap/bc/ui5_ui5/sap/recipe_finders1	Recipe Finder	Rezeptsuche
▪ PLMI_RECIPE_ANALYSIS_SIQTY ▪ CA_FM_FEATURE_TOGGLE_STATUS_SRV ▪ PLMI_RECIPE_FINDER	/sap/bc/ui5_ui5/sap/rcp_anlys_qtys1	Recipe Analysis – by Search Item Quantity	Rezeptanalyse – nach Suchmenge
▪ PLMI_RECIPE_ANALYSIS ▪ CA_FM_FEATURE_TOGGLE_STATUS_SRV ▪ PLMI_RECIPE_FINDER	/sap/bc/ui5_ui5/sap/rcp_analysiss1	Recipe Analysis – by Source	Rezeptanalyse – nach Quelle
▪ PLMI_RECIPE_ANALYSIS_HEADER ▪ CA_FM_FEATURE_TOGGLE_STATUS_SRV ▪ PLMI_RECIPE_FINDER	/sap/bc/ui5_ui5/sap/rcp_anlys_hdrs1	Recipe Analysis – Header Data	Rezeptanalyse – nach Kopfdaten
PLMI_RECIPE_OVP	/sap/bc/ui5_ui5/sap/recipe_ovps1	My Recipe Overview	Meine Rezeptübersicht

Tabelle 1.4 Auflistung von OData-Services und ICF-Services für die Apps in SAP Recipe Development

OData Services	ICF-Service	App (EN)	App (DE)
PLMI_SPC_ALGRP_MANAGE	/sap/bc/ui5_ui5/sap/allrgngrp_mans1	Manage Allergen Groups	Allergengruppen verwalten
PLMI_SPC_ALG_MANAGE	/sap/bc/ui5_ui5/sap/allrgn_mans1	Manage Allergens	Allergene verwalten
PLMI_SPC_RELCG_MANAGE	/sap/bc/ui5_ui5/sap/relcrtgrp_mans1	Manage Certificate Groups	Zertifikatgruppen verwalten
PLMI_SPC_DIETG_MANAGE	/sap/bc/ui5_ui5/sap/dietgrp_mans1	Manage Diet Groups	Diätgruppen verwalten
PLMI_SPC_DIET_MANAGE	/sap/bc/ui5_ui5/sap/diet_mans1	Manage Diets	Diäten verwalten
PLMI_SPC_GMOGR_MANAGE	/sap/bc/ui5_ui5/sap/gmogrp_mans1	Manage GMO Groups	GVO-Gruppen verwalten
PLMI_SPC_GMO_MANAGE	/sap/bc/ui5_ui5/sap/gmo_mans1	Manage GMOs	GVO verwalten
PLMI_LABEL_MANAGE	/sap/bc/ui5_ui5/sap/label_mans1	Manage Label Sets	Etikettensätze verwalten
PLMI_SPC_NUTGR_MANAGE	/sap/bc/ui5_ui5/sap/nutrgroup_mans1	Manage Nutrient Groups	Nährstoffgruppen verwalten
PLMI_SPC_NUTR_MANAGE_SRV	/sap/bc/ui5_ui5/sap/nutr_mans1	Manage Nutrients	Nährstoffe verwalten
PLMI_SPC_PACK_MANAGE	/sap/bc/ui5_ui5/sap/package_mans1	Manage Packages	Verpackungen verwalten
PLMI_SPC_PURE_MANAGE	/sap/bc/ui5_ui5/sap/puresub_mans1	Manage Pure Substances	Reinstoffe verwalten
PLMI_SPC_RAW_MANAGE	/sap/bc/ui5_ui5/sap/rawsub_mans1	Manage Raw Substances	Rohstoffe verwalten
PLMI_SPC_RAW_MANAGE	/sap/bc/ui5_ui5/sap/rdaprof_mans1	Manage RDA Profiles	ETM-Datenprofile verwalten

Tabelle 1.4 Auflistung von OData-Services und ICF-Services für die Apps in SAP Recipe Development (Forts.)

OData Services	ICF-Service	App (EN)	App (DE)
PLMI_SPC_REAL_MANAGE	/sap/bc/ui5_ui5/sap/realsub_mans1	Manage Real Substances	Realstoffe verwalten
PLMI_SPC_RELCT_MANAGE	/sap/bc/ui5_ui5/sap/relcrt_mans1	Manage Religious Certificates	Religiöse Zertifikate verwalten
PLMI_SPECIFICATION_MANAGE	/sap/bc/ui5_ui5/sap/spc_mans1	Manage Specifications	Spezifikationen verwalten
PLMI_SPC_STRM_MANAGE	/sap/bc/ui5_ui5/sap/streamsub_mans1	Manage Stream Substances	Intermediatstoffe verwalten
PLMI_SYNCUNITR2B_MANAGE	/sap/bc/ui5_ui5/sap/su_r2b_mans1	Manage Synchronization Units	Synchronisierungseinheiten verwalten

Tabelle 1.4 Auflistung von OData-Services und ICF-Services für die Apps in SAP Recipe Development (Forts.)

Es gibt noch weitere ICF-Services, die Funktionen innerhalb der oben aufgeführten Apps aktivieren. Welche das sind, wird in Tabelle 1.5 aufgelistet.

ICF-Services	Beschreibung
/sap/bc/webdynpro/plmu/WDA_NAV_OIF	Applikation für PLM Object Navigator
/sap/bc/webdynpro/plmu/WDA_MCH_OIF	Massenänderung
/sap/bc/webdynpro/plmu/wda_rcp_mcv_gaf	Massenanlegen von Rezeptversionen
/sap/bc/webdynpro/plmu/WDA_RCP_MFE_OIF	Rezeptentwicklung: Mehrere Rezepte ändern
/sap/bc/webdynpro/plmu/WDA_CD	Änderungsbeleganzeige
/sap/bc/webdynpro/plmu/wda_cck_gaf	Vorgabenprüfung
/sap/bc/webdynpro/plmu/WDA_EXP_OIF	Daten-Download
/sap/bc/webdynpro/plmu/WDA_EXP_QUICK_OIF	Daten herunterladen: Schnellzugriff
/sap/bc/webdynpro/plmu/wda_rcp_oif	Web-Dynpro-Anwendung: Rezept
/sap/bc/webdynpro/plmu/WDA_LBL_OIF	OIF-Anwendungskonfiguration für Etikettierung

Tabelle 1.5 ICF-Services für weitere Funktionen innerhalb der Apps

ICF-Services	Beschreibung
/sap/bc/webdynpro/plmu/WDA_DIR_OIF	Web-Dynpro-Anwendung für PLM-Dokument
/sap/bc/ui2/nwbc/nwbc_launch	Startseite NWBC (NWBC only)
/sap/bc/webdynpro/plmu/WDA_WCC_APB	Work Center/Control Center (NWBC only)
/sap/bc/webdynpro/plmu/wda_sea_adv_search_oif	Applikation für die erweiterte Suche (NWBC only)
/sap/bc/webdynpro/plmu/wda_sea_qs_result_oif	Anwendung für ein schnelles Ergebnis (Schnellsuche im NWBC)
/sap/bc/webdynpro/plmu/WDA_RCP_MDL_OIF	Simulations-OIF für Modellierung
/sap/bc/webdynpro/plmu/wda_ecn_oif	Änderungsdienst
/sap/bc/webdynpro/plmu/wda_gss_r2b_rwb_ovp	Web-Dynpro-Anwendung /PLMU/WDA_GSS_R2B_RWB_OVP/Komponente FPM_OVP_COMPONENT
/sap/bc/webdynpro/plmu/wda_gss_rwb_r2mr_oif	Abstimmung der Synchronisation Rezept zu Planungsrezept

Tabelle 1.5 ICF-Services für weitere Funktionen innerhalb der Apps (Forts.)

1.7 Transporte

Es gibt Transporte, die das Standard-Customizing für SAP Recipe Development vervollständigen. Diese Transporte können Sie mit Transaktion SCC1 (Kopie gemäß Transportauftrag) oder mit der neuen Transaktion SCC1N (Tabellendaten eines Transportauftrags kopieren) einspielen. In Tabelle 1.6 sind die relevanten Transporte gesammelt.

Transport	Bezeichnung	Beschreibung
RMS_CL002	Klassen und Merkmale für RMS22	Klassen und Merkmale SAP_RMS* wie z. B. die Klasse SAP_RMS_1012_003 Nährstoffauflistung
RMS_CL003	Neue Prozessparameterklassen	Klassen und Merkmale der Klassenart 102
RMS_CUST	RMS: Customizing + Klassensystem	Verschiedene Customizing-Ergänzungen wie z. B. spezielle Spezifikationsarten

Tabelle 1.6 Relevante Transporte zum Import

1.8 Standardinhalte generieren

Wie in Abschnitt 3.3, »Merkmal«, und in Abschnitt 3.4 »Klasse«, näher ausgeführt, basiert die Dateneingabe von Spezifikationen auf Merkmalen und Klassen. Über die Jahre hinweg hat SAP ein Set an Merkmalen und Klassen aufgebaut, das generiert werden kann. Bei den Standardeinträgen der Merkmale und Klassen sind viele physikalisch-chemische Eigenschaften enthalten wie beispielsweise Dichte, pH-Wert oder Ähnliches, die in einer Spezifikation gespeichert werden und mit Standardbordmitteln dortbleiben und im Rezept nicht weiterverarbeitet werden können. Das Set beinhaltet aber auch wichtige Klassen, die für eine Verarbeitung von Spezifikationsdaten im Rezept genutzt werden können. Dazu zählen beispielsweise die Nährstoffe respektive quantitative Komponenten. Sie können mehrere Merkmale in einer Klasse bündeln. Damit die Inhalte an der Oberfläche angezeigt werden, müssen Sie die Klasse einer Bewertungsart zuordnen und die Bewertungsarten wiederum in Eigenschaftsbäumen anordnen.

Neben den Standardeinträgen von Merkmalen und Klassen gibt es auch die Möglichkeit, die Standardeinträge für Phrasenauswahlmengen zu generieren, die benötigt werden, um Textbausteine für einzelne Merkmale zu verwalten. Für Details zur Phrase und Phrasenauswahlmenge lesen Sie Abschnitt 3.2, »Phrasenverwaltung«. Wie Sie die Standardeinträge generieren können, erfahren Sie in den kommenden beiden Abschnitten.

Generierung der Standardinhalte direkt im System

Die Generierung der Standardinhalte muss direkt in jedem System vorgenommen werden. Es gibt keine Möglichkeit, um diese zu transportieren. Dazu müssen Sie bei Produktivsystemen kurzzeitig das System öffnen. Informieren Sie Ihren Kunden oder, wenn Sie ein Anwenderunternehmen sind, Ihren Wirtschaftsprüfer darüber.

1.8.1 Standarddatenbankstruktur übernehmen

Mit der Customizing-Aufgabe **Standarddatenbankstruktur übernehmen** spielen Sie Merkmale und Klassen aus dem SAP-Referenz-Mandanten in den aktuellen Mandanten ein. Einen Ausschnitt des Pfades innerhalb des IMG-Leitfadens sehen Sie in Abbildung 1.12.

Sobald Sie die Aktivität ausführen, erhalten Sie ein Pop-up-Fenster, das Sie mit einem Klick auf den Button **Ja** bestätigen müssen (siehe Abbildung 1.13).

Abbildung 1.12 Customizing-Aufgabe »Standarddatenbankstruktur übernehmen«

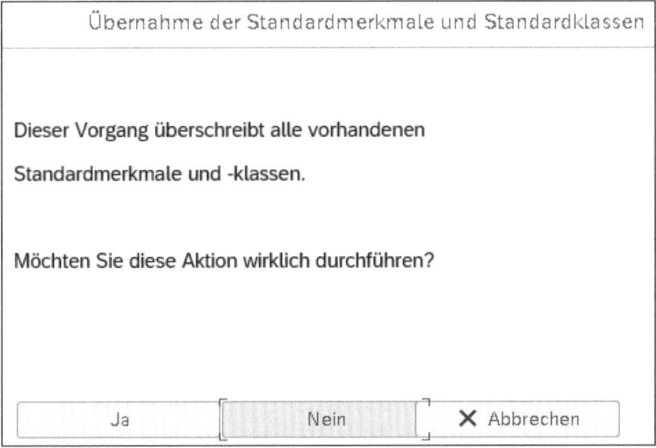

Abbildung 1.13 Sicherheitsabfrage bei der Übernahme der Standardmerkmale und Standardklassen

Nachdem die Aktion erfolgreich verlaufen ist, finden Sie in den Tabellen KLAH (Klassenkopf Daten) und CABN (Merkmal) eine Vielzahl an Klassen und Merkmalen mit dem Schlüssel SAP_EHS*. Alle Standardmerkmale und Standardklassen sind vor Änderungen geschützt und können von Ihnen nicht angepasst werden. Sollten Sie im Verlaufe eines Projekts zu der Erkenntnis gelangen, dass eine Standardklasse oder ein Standardmerkmal ungeeignet ist, müssen Sie individuelle Objekte im Kundennamensraum anlegen.

[«]

Kundenindividuelle Struktur

Die Anlage von kundenindividuellen Merkmalen, Klassen und Bewertungsarten ist vollkommen legitim und in der Projektarbeit auch die Regel. Die wenigsten Unternehmen sind so wie der ausgelieferte SAP-Standard aufgebaut. An dieser Stelle sind die Beratungshäuser und/oder die Inhouse Consultants gefragt.

Nach der Übernahme der Standarddatenbankstruktur müssen Sie den Stammdatenabgleich über Transaktion *CGCZ* (EHS: Stammdaten abgleichen) durchführen. Folgende Felder (Kennzeichen) sind in dieser Funktion enthalten:

- Kennzeichen **Bewertungsart-Merkmal-Abgleich**
- Kennzeichen **Verphrasung von Merkmalen aktivieren**
- Kennzeichen **Verphrasung von Feldern aktivieren**
- Kennzeichen **Symbole generieren** (für den WWI-Bericht)
- Kennzeichen **Symbolbezeichner nachgenerieren** (für Bezeichnung von WWI-Berichtssymbolen in anderen Sprachen)
- Eingabe des Sprachenschlüssels für die Anzeige und Angabe von Texten im Feld **Sprachenschlüssel**
- Kennzeichen **Symbol-Merkmalsverphrasungs-Abgleich**

Sie aktivieren die einzelnen Kennzeichen und führen im Anschluss den Stammdatenabgleich aus. Zur Orientierung können Sie einen Blick in Abbildung 1.14 werfen.

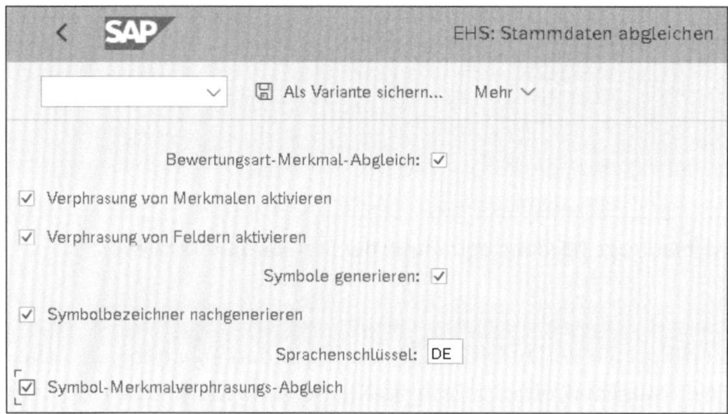

Abbildung 1.14 Selektionsbild: Stammdatenabgleich

Nach erfolgtem Abgleich erhalten Sie ein Protokoll, dem Sie entnehmen können, welcher Umfang bei den verschiedenen Aktivitäten verarbeitet wurde. Wie das aussehen kann, zeigt Abbildung 1.15.

Bei einigen Klassen wird mit der Übernahme der Standarddatenbankstruktur der Langtext nicht übernommen. Dadurch fehlt in der Oberfläche die Hilfebeschreibung der Bewertungsarten. Diese Langtexte holen Sie mithilfe des Programms RSTXTCPY (Kopieren von Texten zwischen Mandanten) in das System. Mithilfe der Angaben, die in Tabelle 1.7 aufgeführt und in Abbildung 1.16 dargestellt sind, können Sie das Programm ausführen.

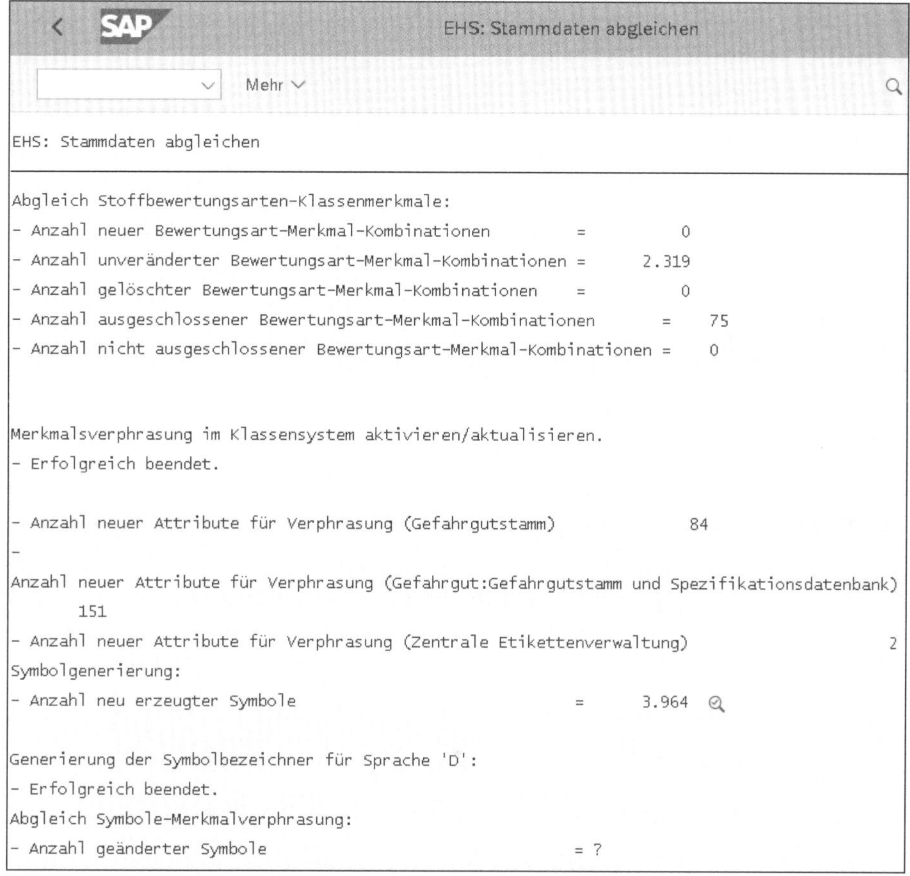

Abbildung 1.15 Protokoll des Stammdatenabgleichs in Transaktion CGCZ

Feldbezeichnung	Feldwerte
Textname	100SAP_EHS*
Objektname	KLAT
Text-ID	*
Sprache	*
Quellmandant	000
Zielname	leer
Ablaufprotokoll	Checkbox setzen
Überschreiben der Bestätigung	Checkbox leer lassen

Tabelle 1.7 Selektionskriterien im Programm RSTXTCPY

Kopieren von Texten zwischen Mandanten
Als Variante sichern... Mehr
Textname: 100SAP_EHS*
Objektname: KLAT
Text-ID: *
Sprache: *
Quellmandant: 000
Zielname:
Ablaufprotokoll: ☑
Überschreiben nach Bestätigung: ☐

Abbildung 1.16 Programm RSTXTCPY mit Selektionskriterien für eine korrekte Ausführung

Nachdem der Report erfolgreich ausgeführt worden ist, erhalten Sie ein Protokoll, das Ihnen aufzeigt, welche Texte in welchen Sprachen kopiert wurden und ob der Vorgang erfolgreich war. Abbildung 1.17 zeigt ein exemplarisches Ablaufprotokoll.

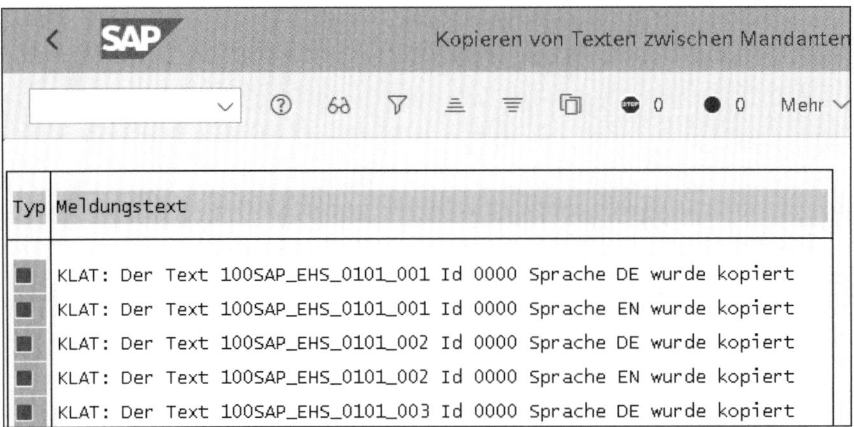

Typ	Meldungstext
■	KLAT: Der Text 100SAP_EHS_0101_001 Id 0000 Sprache DE wurde kopiert
■	KLAT: Der Text 100SAP_EHS_0101_001 Id 0000 Sprache EN wurde kopiert
■	KLAT: Der Text 100SAP_EHS_0101_002 Id 0000 Sprache DE wurde kopiert
■	KLAT: Der Text 100SAP_EHS_0101_002 Id 0000 Sprache EN wurde kopiert
■	KLAT: Der Text 100SAP_EHS_0101_003 Id 0000 Sprache DE wurde kopiert

Abbildung 1.17 Ergebnis nach der Ausführung des Programms RSTCTCPY

1.8.2 Standardphrasenauswahlmengen generieren

Wie in Abschnitt 1.8, »Standardinhalte generieren«, angekündigt, haben Sie die Möglichkeit, Standardphrasenauswahlmengen zu generieren, die Sie dazu verwenden können, Textbausteine, z. B. für sensorische Eigenschaften der Rohstoffe, den gewünschten Merkmalen zuzuordnen.

Eine Phrasenauswahlmenge wird nur für die Merkmale erzeugt, die aufgrund ihrer Einstellungen explizit Textbausteine erfordern. Dies ist für alle Merkmale der Fall, die zum Datentyp CHAR mit einer Zeichenanzahl von 30 gehören. Dies kann auch Merkmale aus dem Kundennamensraum einschließen. Damit eine möglichst effiziente Zuordnung zwischen Phrasenauswahlmenge und Merkmal getroffen werden kann, haben Merkmal und Phrasenauswahlmenge *immer* denselben Schlüssel.

Im Customizing gibt es dafür die Aufgabe **Standardphrasenauswahlmengen erzeugen**. Der Pfad dorthin ist in Abbildung 1.18 dargestellt.

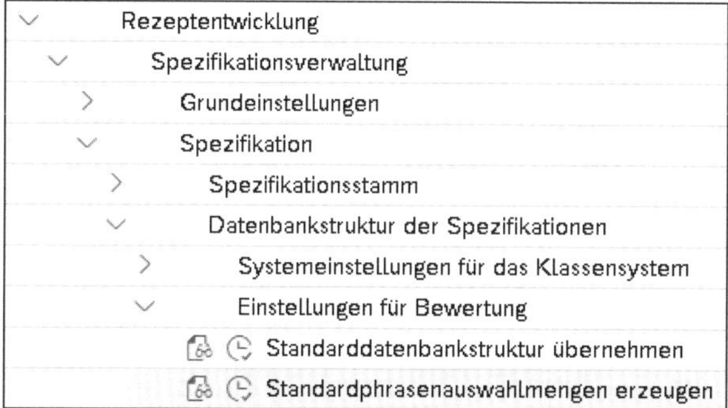

Abbildung 1.18 Customizing-Aufgabe »Standardphrasenauswahlmengen erzeugen«

Sie erhalten vom System eine Sicherheitsabfrage, die Sie mit **Ja** bestätigen (siehe Abbildung 1.19).

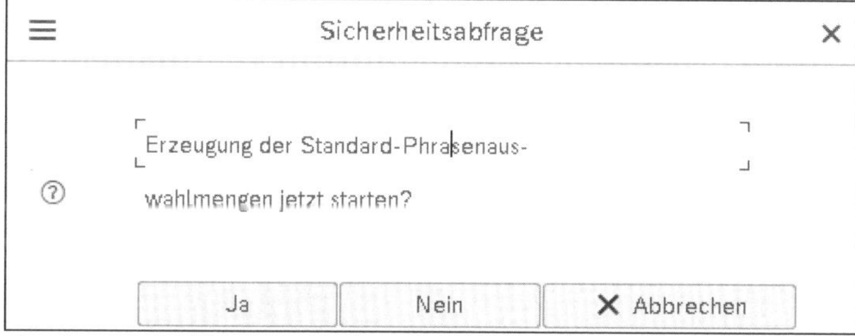

Abbildung 1.19 Sicherheitsabfrage bei der Erzeugung der Standardphrasenauswahlmengen

Mit der Ausführung der Erzeugung der Standardphrasenauswahlmengen wird ein Job im Hintergrund gestartet, den Sie über Transaktion SM37 (Einfache Jobauswahl) prüfen können. Zur Eingrenzung der Jobs können Sie das ABAP-Programm RC161AWM (EH&S: Initiale Erzeugung von Phrasenauswahlmengen (gem. TCG11/TCG66)) angeben. Abbildung 1.20 veranschaulicht diese Informationen.

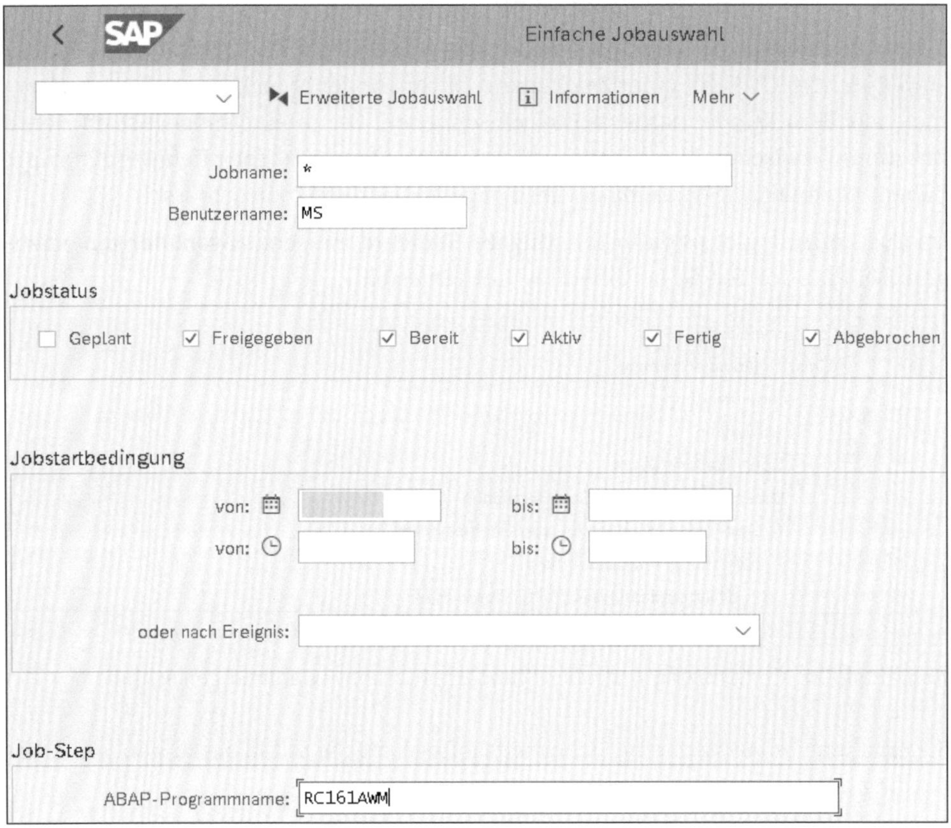

Abbildung 1.20 Selektionsbild für den Hintergrundjob »Erzeugung Standardphrasenauswahlmengen«

Sobald der Job in der Trefferliste erscheint, lohnt sich ein Blick auf die Laufzeit des Programms in der Spalte **Dauer** (siehe Abbildung 1.21). Ist die Laufzeit äußerst kurz, können Sie davon ausgehen, dass etwas nicht funktioniert hat, da Sie gerade z. B. eine Tabelle blockieren, die durch diesen Job mit Daten versorgt werden soll.

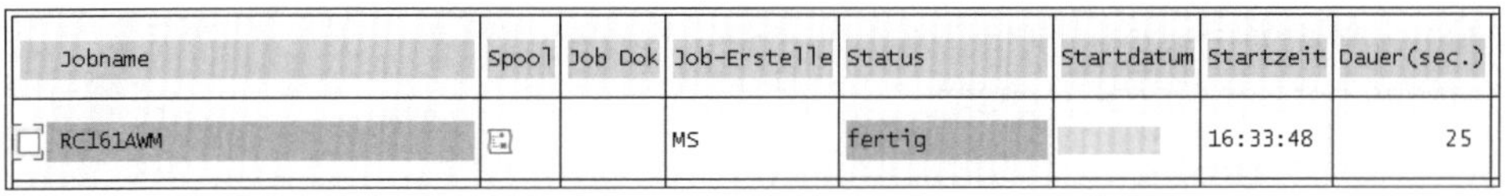

Jobname	Spool	Job Dok	Job-Erstelle	Status	Startdatum	Startzeit	Dauer(sec.)
RC161AWM			MS	fertig		16:33:48	25

Abbildung 1.21 Trefferliste Hintergrundjob: Erzeugung der Standardphrasenauswahlmengen

Im Spool des Jobs, erhalten Sie nähere Auskünfte dazu, wie umfangreich die Generierung war (siehe Abbildung 1.22).

```
EH&S: Initiale Erzeugung von Phrasenauswahlmengen (gem. TCG11/T        1

    1.909  Phrasenauswahlmengen angelegt.
       75  Merkmale ausgeschlossen.
        0  Merkmale nicht ausgeschlossen, weil Phrasen zugeordnet sind.
Sie sollten jetzt den EH&S Stammdatenabgleich durchführen.
```

Abbildung 1.22 Spool des Hintergrundjobs »Erzeugung Standardphrasenauswahlmengen«

Eine Übersicht der entstandenen Phrasenauswahlmengen finden Sie in Transaktion CG1B (Phrasenauswahlmenge bearbeiten) oder in Tabelle ESTPS (EHS: Phrasenauswahlmenge).

Mit Ablauf des Programms zur Generierung der Standardphrasenauswahlmengen werden die Phrasenauswahlmengen und Merkmale gleichzeitig auch miteinander verknüpft. Diese Verknüpfung können Sie pro Eigenschaftsbaum in Transaktion CGAB (Phrasenauswahlmengen-Attribut-Zuordnung) prüfen. Da Sie in der Anwendung unterschiedliche Eigenschaftsbäume einsetzen können, besteht in Transaktion CGAB die Möglichkeit, zwischen den Eigenschaftsbäumen zu wechseln. Den dazu vorgesehenen Button **Eigenschaftsbaum wechseln** sehen Sie in der nachfolgenden Abbildung 1.23. Durch Doppelklick auf eine bestimmte Bewertungsart gelangen Sie in die Detailsicht, in der Sie die Merkmale und die zugeordneten Phrasenauswahlmengen sehen (siehe Abbildung 1.24).

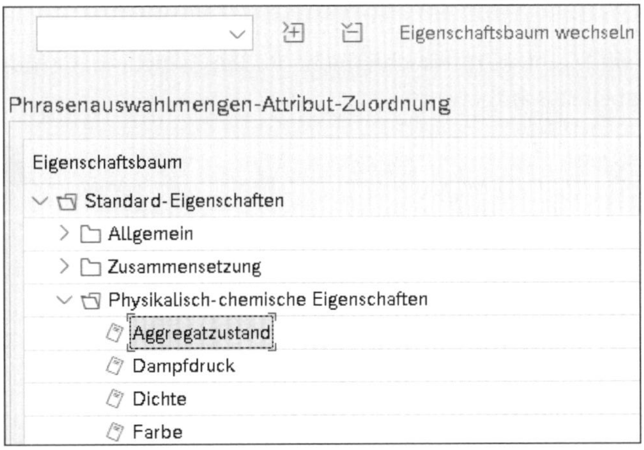

Abbildung 1.23 Übersicht eines spezifischen Eigenschaftsbaumes in Transaktion CGAB

Wie es aus Abbildung 1.24 hervorgeht, wird am Aggregatzustand nochmals deutlich, dass die Phrasenauswahlmenge denselben Schlüssel und dieselbe Bezeichnung wie das Merkmal verwendet. Ausnahmen bestätigen auch in SAP Recipe Development die Regel. Denn Merkmale, die auf _GLP, _PRC oder _TEST_SUB enden, kommen oft vor und können sich Phrasenauswahlmengen teilen. Daher erhalten diese Merkmale die Phrasenauswahlmengen SAP_EHS_XXXX_XXX_GLP, SAP_EHS_XXXX_XXX_PREC oder SAP_EHS_XXXX_XXX_TEST_SUB.

Bewertungsart: SAP_EHS_1013_001 Aggregatzustand

Phrasenauswahlmengen-Merkmal-Zuordnung

Merkmal	Bezeichnung	Phrasenauswahlmenge	Bezeichner
SAP_EHS_1013_001_VALUE	Aggregatzustand	SAP_EHS_1013_001_VALUE	Aggregatzustand
SAP_EHS_1013_001_EC_TEMP_PREC	Genauigkeit	SAP_EHS_XXXX_XXX_PREC	Genauigkeit
SAP_EHS_1013_001_EC_PRESS_PREC	Genauigkeit	SAP_EHS_XXXX_XXX_PREC	Genauigkeit

Abbildung 1.24 Detailsicht zu einer konkreten Bewertungsart in Transaktion CGAB

[!]

Standardphrasenauswahlmengen nur einmal erzeugen

Die Detailbeschreibungen im Customizing legen nahe, dass Sie die Generierung der Standardphrasenauswahlmengen lediglich einmal ausführen, nachdem die Standarddatenbankstruktur übernommen worden ist.

1.9 Standardrollen

Um Ihnen den Start in die Anwendung zu erleichtern, stellt SAP einige Standardrollen zur Verfügung. Abhängig davon, ob Sie in einem SAP-S/4HANA-System oder in einem SAP-ERP-System unterwegs sind, gibt es unterschiedliche Rollen. Welche das sind, wird in der nachfolgenden Tabelle 1.8 aufgeführt.

Rolle	Beschreibung	System
SAP_PLMWUI_PROCESS_MENU4	Rezeptentwickler 7.4	SAP ERP
SAP_PLMWUI_RECIPE_MAINTAIN	Rezeptentwickler	SAP ERP
SAP_BR_ADMINISTRATOR_RCP_DEV	Administrator: Rezeptentwicklung	SAP S/4HANA
SAP_BR_COMPL_ENG_FOOD_BEV	Konformitätsingenieur: Nahrungs- und Genussmittel	SAP-S/4HANA
SAP_BR_RECIPE_DEVELOPER	Rezeptentwickler	SAP-S/4HANA

Tabelle 1.8 Standardrollen für SAP Recipe Development

1.10 ALE-Verteilung

ALE steht für *Application Link Enabling* und ist eine Möglichkeit, um Daten von System A nach System B zu übertragen. Im Bereich SAP Recipe Development hat sich diese Methode in der Vergangenheit als sehr hilfreich erwiesen, weshalb sie in diesem Abschnitt ausgeführt wird.

1.10.1 Grundlagen der ALE-Verteilung

Im Normalfall beginnen Sie Ihre Systemkonfiguration in einem Entwicklungssystem. Abhängig davon, ob Ihnen eine Zwei- oder eine Dreisystemlandschaft zur Verfügung steht, wird auf dem Entwicklungs- oder Testsystem getestet und geschult. In SAP Recipe Development ist es für einen Test sehr wichtig, dass Sie überprüfen können, ob Nährwerte respektive quantitative Komponenten oder Allergene im Rezept korrekt ermittelt wurden. Da es sich bei den Ausprägungen der Nährstoffe/quantitativen Komponenten oder der Allergene um Stammdatenobjekte handelt, werden diese sehr früh im Verlauf eines Projekts benötigt und müssen in den Entwicklungs- und/oder Testsystemen zur Verfügung stehen. Nun wäre das ganze Unterfangen sehr mühsam, wenn Sie all diese Stammdatenobjekte in jedem System neu anlegen müssten.

Wenn Sie als Beratungshaus einen Content-basierten Ansatz anbieten und Ihnen eine Anwendung zur Verfügung steht, mit der die verschiedenen Nährstoffe/quantitativen Komponenten, Allergene u. a. in die Systeme eingespielt werden können, ist das natürlich ein legitimer Ansatz.

Für all diejenigen, denen keine Schnittstelle zur Verfügung steht, ist die *ALE-Verteilung* ein guter Ansatz. Voraussetzung ist, dass die Systeme über eine RFC-Verbindung miteinander kommunizieren können. Setzen Sie sich dafür mit den Kolleginnen und Kollegen der SAP-Basis in Verbindung.

Des Weiteren müssen Sie für jedes Stammdatenobjekt ein sogenanntes *Verteilungsmodell* anlegen. Wie ein Verteilungsmodell angelegt wird, erfahren Sie in Abschnitt 1.10.2, »Verteilungsmodelle definieren«.

Bei der Durchführung der ALE-Verteilung werden vom System IDocs (Intermediate Documents) generiert, die an das Zielsystem versendet und dort eingespielt werden. Damit gibt es mit dem versendenden System und dem empfangenden System zwei Stellen, an denen Probleme auftreten können. Es empfiehlt sich daher, sowohl beim versendenden System als auch beim empfangenden System in Transaktion BD87 (IDocs auswählen) zu prüfen, ob alles geklappt hat.

[!]

Wichtige Voraussetzungen in der Stammdatenpflege für die ALE-Verteilung

Der wichtigste Punkt, den Sie von vornherein berücksichtigen müssen ist, dass alle Stammdatenobjekte, die Sie per ALE verteilen wollen, einen Schlüssel aus dem *externen Nummernkreis* benötigen. Das bedeutet, dass die Objektschlüssel von Hand vergeben werden oder von einer Anwendung mit externen Nummern ins System eingespielt werden. Bei der Vielzahl der Objekte im ersten Schritt klingt dies sehr aufwendig, zahlt sich am Ende jedoch aus.

1.10.2 Verteilungsmodelle definieren

Damit die ALE-Verteilung funktionieren kann, muss definiert werden, welches Stammdatenobjekt von wo nach wo verteilt werden soll. Dazu sind in Transaktion BD64 (Verteilungsmodell anzeigen) folgende Schritte durchzuführen:

1. Anlage Modellsicht
2. Anlage der einzelnen Stammdatenobjekte
3. Partnervereinbarung generieren
4. Modellsicht verteilen

Mit dem Verteilungsmodell definieren Sie, wie logische Systeme Nachrichten miteinander austauschen. Über die Zuordnung der benötigten Nachrichtentypen oder BAPIs wird darin festgelegt, welche Daten ausgetauscht werden.

Sobald Sie definiert haben, welche Daten ausgetauscht werden, muss eine sogenannte *Partnervereinbarung* im Zielsystem generiert werden. Sie gelangen über den Menüpfad **Mehr • Umfeld • Partnervereinbarung generieren** zu den Selektionskriterien. Hier geben Sie die Modellsicht und das Partnersystem (z. B. das logische System für Ihr Testsystem) an (siehe Abbildung 1.25).

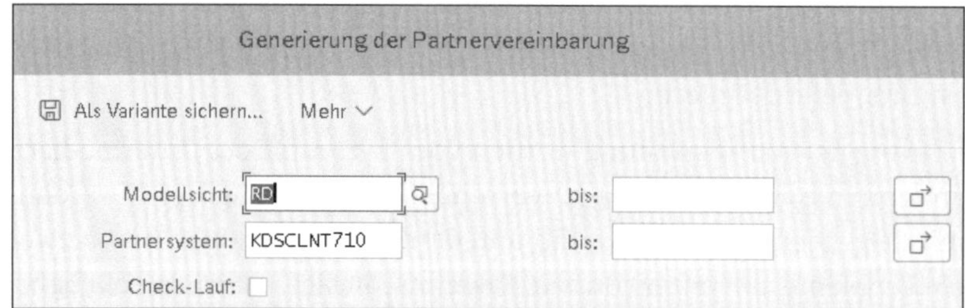

Abbildung 1.25 Selektionskriterien bei der Generierung der Partnervereinbarung

Setzen Sie zunächst das Häkchen bei **Check-Lauf**, damit Sie prüfen können, wie sich das System verhalten würde. Am Ende des Testlaufes erhalten Sie ein kleines Protokoll (siehe Abbildung 1.26), dem Sie entnehmen können, welche neuen Nachrichtentypen angelegt werden könnten.

Protokoll zur Generierung der Partnervereinbarung

Aufgabe	System	Status	Ergebnis
Check-Lauf			
Partner	System KDSCLNT700	OO■	System KDSCLNT700 als Partner existiert bereits
	System KDSCLNT710	OO■	System KDSCLNT710 als Partner existiert bereits
Port		OO■	Port A000000003 mit RFC-Destination KDSCLNT710 existiert bereits
Ausgangsparameter		O▲O	Ausgangsparam. zum Nachrichtentyp CHRMAS CHRMAS05 könnte angelegt werden.
		O▲O	Ausgangsparam. zum Nachrichtentyp CLSMAS CLSMAS04 könnte angelegt werden.
		OO■	Ausgangsparameter zum Nachrichtentyp PHRMAS PHRMAS01 existieren bereits
		OO■	Ausgangsparameter zum Nachrichtentyp SUBMAS SUBMAS02 existieren bereits
		OO■	Ausgangsparameter zum Nachrichtentyp SYNCH SYNCHRON existieren bereits

Abbildung 1.26 Protokoll nach dem Testlauf der Generierung der Partnervereinbarung

Wie es Abbildung 1.27 aufzeigt, sorgt ein leeres Häkchen im Kennzeichen **Check-Lauf** dafür, dass die Partnervereinbarung generiert wird und Sie ein Protokoll erhalten, das Ihnen Aufschluss darüber gibt, ob alles funktioniert hat.

Protokoll zur Generierung der Partnervereinbarung

Aufgabe	System	Status	Ergebnis
Partner	System KDSCLNT700	OO■	System KDSCLNT700 als Partner existiert bereits
	System KDSCLNT710	OO■	System KDSCLNT710 als Partner existiert bereits
Port		OO■	Port A000000003 mit RFC-Destination KDSCLNT710 existiert bereits
Ausgangsparameter		OO■	Ausgangsparameter zum Nachrichtentyp CHRMAS CHRMAS05 erfolgreich angelegt
		OO■	Ausgangsparameter zum Nachrichtentyp CLSMAS CLSMAS04 erfolgreich angelegt
		OO■	Ausgangsparameter zum Nachrichtentyp PHRMAS PHRMAS01 existieren bereits
		OO■	Ausgangsparameter zum Nachrichtentyp SUBMAS SUBMAS02 existieren bereits
		OO■	Ausgangsparameter zum Nachrichtentyp SYNCH SYNCHRON existieren bereits

Abbildung 1.27 Protokoll nach dem Echtlauf der Generierung der Partnervereinbarung

Ausgehend vom Zielsystem, müssen Sie die Partnervereinbarung auch in Richtung des Entwicklungssystems generieren. Dies dient dazu, dass beide Systeme die Informationen haben, dass sie Daten miteinander austauschen dürfen. Die Vorgehensweise ist identisch zur Generierung der Partnervereinbarung – ausgehend vom Entwicklungssystem. Sie wählen lediglich das passende logische System für das Entwicklungssystem.

Stellen Sie im Verlauf der Konfiguration der ALE-Verteilung sicher, dass auch in den Zielsystemen die Modellsicht verfügbar ist. Zur Verteilung der Modellsicht gelangen Sie über den Menüpfad **Mehr • Bearbeiten • Modellsicht • Verteilen**. In Abbildung 1.28 sehen Sie eine selektierte Modellsicht.

Abbildung 1.28 Modellsicht selektieren

Im nächsten Schritt entscheiden Sie, in welches Zielsystem die Modellsicht verteilt werden soll. Abbildung 1.29 zeigt ein Beispiel.

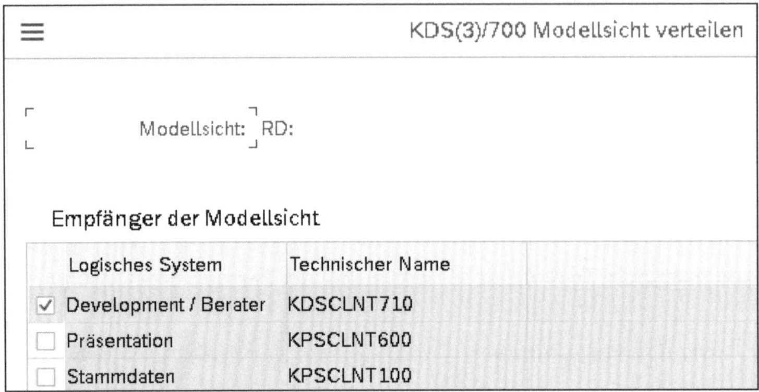

Abbildung 1.29 Selektion des logischen Systems

1.10.3 ALE-Verteilung durchführen

Die ALE-Verteilung kann für viele Objekte über eine Transaktion aus dem SAP-Menü heraus aufgerufen werden. Für Merkmale und Klassen finden Sie entsprechende Transaktionen im SAP-Menü (siehe Abbildung 1.30).

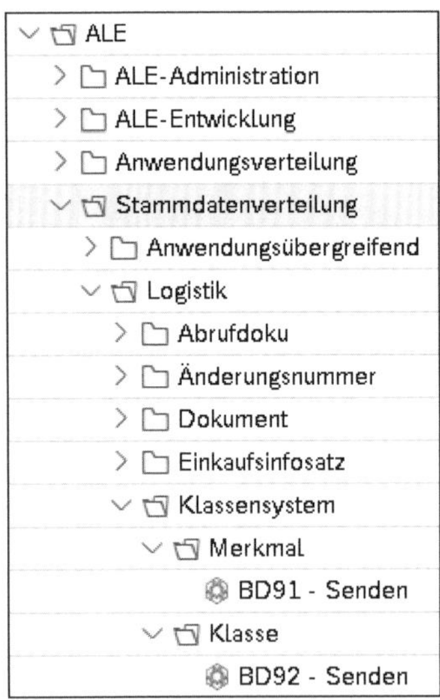

Abbildung 1.30 Relevante Transaktionen für die Verteilung von Merkmalen und Klassen

Für Phrasen und Spezifikationen gibt es keine separaten Transaktionen. Um diese per ALE verteilen zu können, benötigen Sie Transaktionen im SAP GUI. Dort können Sie die Verteilung aus den Trefferlisten heraus vornehmen.

Verteilung von Merkmalen mit eigener Transaktion

Die Vorgehensweise bei der Verteilung von Stammdatenobjekten über Transaktionen ist immer ähnlich. Beispielhaft führen wir hier die Verteilung von Merkmalen aus.

Da die Merkmale einer der Grundpfeiler für die Struktur der Spezifikationen sind, werden diese früh für Tests und Schulungen benötigt. Von der Verteilung aller Merkmale ist dringend abzuraten, da Merkmale an verschiedenen Stellen, z. B. in Materialstamm und Stückliste, in Prüfplänen und anderen Objekten im SAP-System zum Einsatz kommen können und Sie im Zweifel nicht wissen, ob die Merkmale der Kolleginnen und Kollegen schon für eine Verteilung vorbereitet sind. Daher ist es wichtig, dass Sie sorgfältig bei der Selektion der Merkmale vorgehen.

Geben Sie den Namen (entspricht dem Schlüssel, den Sie sich überlegt haben) eines Merkmals an, oder gehen Sie über die Mehrfachselektion, und geben Sie mehrere Merkmale an. Es ist grundsätzlich auch denkbar, dass Sie eine Spanne angeben. Allerdings fehlt Ihnen bei dieser Vorgehensweise die genaue Info, wie viele Merkmale verteilt werden sollen, und Sie können nicht vergleichen, ob entsprechend viele IDocs erzeugt wurden und wie Merkmale verteilt werden sollen. Wie das auf der Benutzeroberfläche aussehen kann, zeigt Abbildung 1.31.

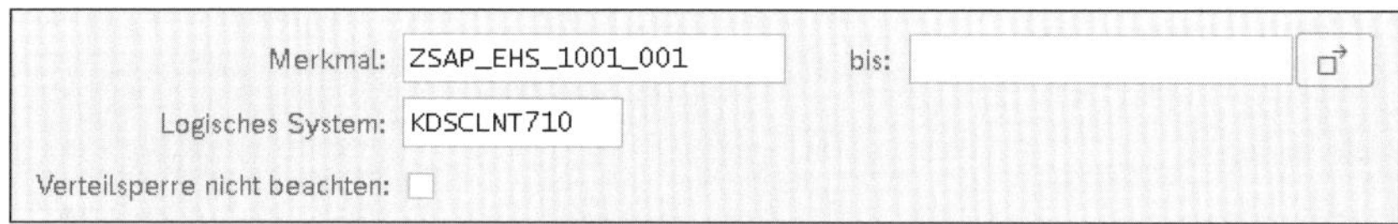

Abbildung 1.31 Selektionskriterien in Transaktion BD91 für die Verteilung von Merkmalen

Wird die Verteilung ausgeführt, erhalten Sie zwei Meldungen, dass IDocs aufgebaut bzw. erzeugt worden sind. Dabei handelt es sich um Master-IDocs (siehe Abbildung 1.32) und Kommunikations-IDocs (siehe Abbildung 1.33). Die Anzahl bei beiden Meldungen muss der Anzahl der Objekte entsprechen, die Sie verteilen wollen.

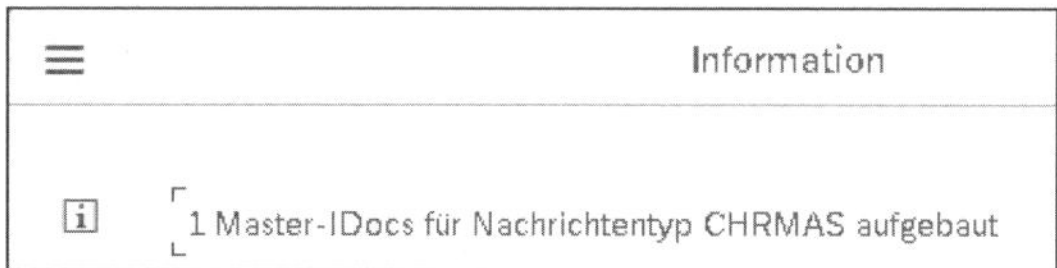

Abbildung 1.32 Meldung zum Aufbau der Master-IDocs bei der ALE-Verteilung

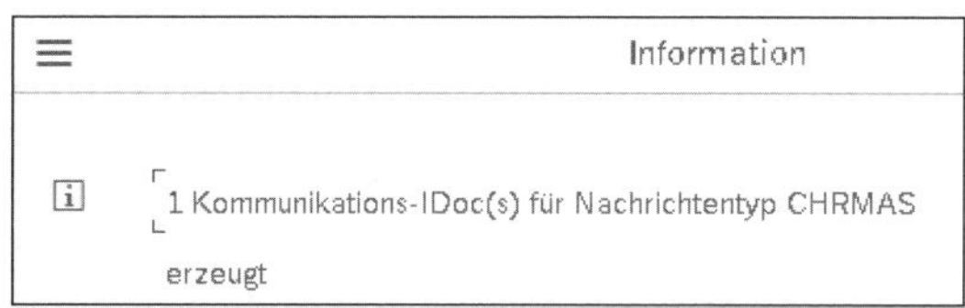

Abbildung 1.33 Meldung zur Erzeugung der Kommunikations-IDocs bei der ALE-Verteilung

Ist alles erfolgreich verlaufen, finden Sie das Merkmal im Anschluss im Zielsystem. Werfen Sie einen prüfenden Blick in die Tabelle CABN (Merkmal) oder versuchen Sie, die Merkmale in Transaktion CT04 (Merkmalverwaltung) aufzurufen.

Verteilung von Spezifikationen ohne eigene Transaktion

Gibt es keine separate Transaktion für die ALE-Verteilung, kann es sein, dass es in der Transaktion, mit der die Stammdatenobjekte im SAP GUI gepflegt werden, eine Möglichkeit gibt, um die ALE-Verteilung anzustoßen. Diese Vorgehensweise wird am Beispiel der Verteilung von Spezifikationen aufgezeigt. Transaktion CG02 (Stoff-Workbench) ist eine Transaktion, die es bereits einige Jahre gibt und die zur Verwaltung von Spezifikationen dient.

Abbildung 1.34 zeigt auf, dass es in dieser Transaktion die Möglichkeit gibt, verschiedene Selektionskriterien anzuwenden, um die Spezifikationen in einer Trefferliste zu sammeln, die für eine ALE-Verteilung relevant sind.

Abbildung 1.34 Selektionskriterien in der Stoff-Workbench

Abhängig davon, wie präzise Sie die Suche ausführen, können Sie einzelne Spezifikationen aus der Trefferliste markieren, oder Sie markieren alle Spezifikationen. An dieser Stelle ist es wichtig, dass Sie sicherstellen, dass Sie sich im Bearbeitungsmodus befinden. Abbildung 1.35 zeigt Ihnen, wie die Kopfzeile der Anwendung aussehen muss. Befinden Sie sich im Anzeigenmodus, finden Sie den Eintrag nicht über den Menüpfad **Mehr • Spezifikation • Datenaustausch • ALE mit Empfängerauswahl**.

Spezifikation bearbeiten: Trefferliste

Abbildung 1.35 Stoff-Workbench im Bearbeitungsmodus

Wie Sie es aus Abbildung 1.36 ersehen können, wählen Sie im nächsten Schritt das logische System aus, an das die Spezifikationen übergeben werden sollen.

Abbildung 1.36 Logisches System mit Trefferliste im Hintergrund auswählen

Anders als in den Transaktionen für die ALE-Verteilung erhalten Sie hier eine Meldung am unteren Systemrand, die Sie darüber informiert, dass die Verteilung funktioniert hat (siehe Abbildung 1.37).

Abbildung 1.37 Meldung nach erfolgreicher Verteilung

Abbildung 1.38 zeigt den Langtext der Meldung auf.

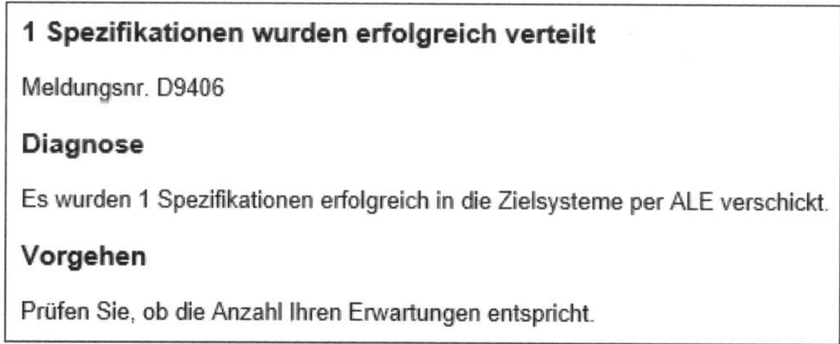

1 Spezifikationen wurden erfolgreich verteilt

Meldungsnr. D9406

Diagnose

Es wurden 1 Spezifikationen erfolgreich in die Zielsysteme per ALE verschickt.

Vorgehen

Prüfen Sie, ob die Anzahl Ihren Erwartungen entspricht.

Abbildung 1.38 Details der Meldung nach erfolgreicher Verteilung

Wie es der Meldungstext nahelegt, können Sie nun im Zielsystem prüfen, ob die erwarteten Spezifikationen angekommen sind. Sie können direkt auf der Weboberfläche prüfen, oder Sie schauen in Transaktion CG02 nach.

Für die Verteilung von Phrasen über die Trefferliste von Transaktion CG12 (Phrase bearbeiten: Einstieg) gehen Sie analog vor.

1.10.4 Übersicht über Stammdatenobjekte in SAP Recipe Development

Da nicht alle Stammdatenobjekte in SAP Recipe Development per ALE verteilt werden können, finden Sie in Tabelle 1.9 eine Auflistung der Stammdaten, Informationen dazu, welche Ausprägung der Stammdaten typischerweise verteilt wird, welchen Funktionsbaustein bzw. welches BAPI Sie im Verteilungsmodell nutzen können sowie mit welcher Transaktion Sie die verschiedenen Objekte verteilen können.

Objekt	Ausprägung	BAPI/ Funktionsbaustein für BD64	Transaktion für Verteilung
Merkmal	Alle *kundenindividuellen* Merkmale in Spezifikationen, Rezepten und in der Etikettierung	Nachrichtentyp: CHRMAS	BD91
Klasse	Alle *kundenindividuellen* Klassen in Spezifikationen, Rezepten und in der Etikettierung	Nachrichtentyp: CLSMAS	BD92
Phrasen	WWI-Phrasen Etikettierungsphrasen	Objektname: Phrase Methode: SAVREPMUL	CG12: Trefferliste
Spezifikation	Nährstoffe/quantitative Komponenten	Objektname: Substance Methode: SAVREPMUL	CG02: Trefferliste
	Diäten/qualitative Komponenten		
	Allergene		
	Listenstoffe		

Tabelle 1.9 Relevante Stammdatenobjekte für die ALE-Verteilung in SAP Recipe Development

1.11 Zusammenfassung

Beim Durchlesen der Inhalte dieses Kapitels haben Sie festgestellt, dass bei der Vorbereitung eines Implementierungsprojekts oder bei der Ausführung der ersten Schritte in SAP Recipe Development einige wichtige Aspekte zu berücksichtigen sind. Die wichtigsten technischen Voraussetzungen, die Sie in die Praxis übernehmen können, haben Sie nun kennengelernt. Entscheidend für das Projektgelingen ist die Zusammenarbeit mit einer bzw. einem verlässlichen und fachlich versierten Ansprechpartner bzw. Ansprechpartnerin der SAP-Basis.

Im folgenden Kapitel 2 erhalten Sie eine Einführung in die relevanten Stammdaten.

Kapitel 2
Stammdaten

In diesem Kapitel finden Sie einen Überblick der relevanten Stammdaten von SAP Recipe Development. Mit diesem Wissen können Sie das Zusammenspiel der Rezeptentwicklung mit angrenzenden Abteilungen und SAP-Komponenten besser verstehen und sich mit ihnen abstimmen.

Für einen erfolgreichen systembasierten Prozess sind ordentlich gepflegte Stammdaten das A und O. In den verschiedenen Kapiteln dieses Buches erhalten Sie umfangreiche Informationen zu den Stammdatenobjekten sowie zu den damit verbundenen Funktionen und Konfigurationsmöglichkeiten von SAP Recipe Development. Da sich diese Ausführungen teilweise über viele Seiten erstrecken, soll dieses Kapitel einen kurzen prägnanten Überblick über die relevanten Stammdaten in SAP Recipe Development geben.

So wie die Kolleginnen und Kollegen aus der Produktentwicklung sich in ihrer täglichen Arbeit vermutlich oft mit Mitgliedern aus anderen Teams, z. B. Produktion oder Einkauf, austauschen, gibt es auch im SAP-System für SAP Recipe Development und angrenzende Komponenten Daten, die ausgetauscht werden können. Damit die integrativen Aspekte zwischen SAP Recipe Development und anderen SAP-Komponenten erfolgreich genutzt werden können, ist es hilfreich zu wissen, welche Stammdaten es in diesen angrenzenden Komponenten gibt und wie diese im Grundsatz funktionieren.

Die nachfolgenden Abschnitte vermitteln Ihnen ein Grundverständnis der einzelnen Stammdatenobjekte von SAP Recipe Development und den angrenzenden SAP-Komponenten. Abschnitt 2.1, »Stammdaten von SAP Recipe Development«, stellt Ihnen die Stammdaten in SAP Recipe Development im Schnelldurchlauf vor. In Abschnitt 2.2, »Stammdaten angrenzender SAP-Komponenten«, werden die zentralen Objekte angrenzender SAP-Komponenten wie Materialstamm, Stückliste, Planungsrezept, Fertigungsversion sowie Ressource kurz erläutert.

2.1 Stammdaten von SAP Recipe Development

Für SAP Recipe Development sind folgende Stammdatenobjekte relevant:

- Spezifikation
- Rezept
- Etikett
- Merkmale und Klassen
- Phrase

In den folgenden Abschnitten lernen Sie diese Objekte näher kennen.

2.1.1 Spezifikation

Die *Spezifikation* ist ein Stammdatenobjekt, das verschiedene Aufgaben übernehmen kann und in dem eine Vielzahl an Daten verwaltet wird. In der Produktentwicklung kann es von Unternehmen zu Unternehmen in Abhängigkeit der entwickelten Produkte sehr unterschiedliche Anforderungen an die zu verwaltenden Daten geben.

Sie sollten also die Daten, die in einer Spezifikation gepflegt werden sollen, selbst definieren und anordnen können. So kann eine Spezifikation einerseits z. B. für die Verwaltung von Rohstoffdaten genutzt, andererseits auch für die Verwaltung von Fertigwaren eingesetzt werden.

Die Daten, die in diesen unterschiedlichen Spezifikationen verwaltet werden, könnten Sie komplett unterschiedlich konfigurieren. Mithilfe von Spezifikationsarten grenzen Sie die verschiedenen Spezifikationen voneinander ab.

Hinweis zu den Begriffen »Spezifikation« und »Spezifikationsart«

Wenn Sie bereits Erfahrungen mit dem Materialstamm sammeln konnten, sehen Sie vielleicht eine gewisse Ähnlichkeit zwischen Material und Spezifikation sowie zwischen Materialart und Spezifikationsart.

Die Spezifikation weist jedoch einige Besonderheiten auf, die es beim Materialstamm so nicht gibt.

Einige Daten aus der Spezifikation können im Rezept verwendet werden, um Berechnungen durchzuführen. In der Nahrungs- und Genussmittelbranche sind das klassischerweise Nährstoffe, Angaben zu Allergenen, Angaben zu sonstigen Lebensweisen (vegetarisch, vegan usw.), zu religiösen Ernährungsformen, zu den Kosten sowie zu den Zutaten von Rohstoffen. In anderen Branchen können die Nährstoffe durch andere quantitative/mengenbasierte Komponenten ersetzt werden. Die Zutaten der Rohstoffe und Kosten sind unstrittig relevante Informationen. Angaben zu Allergenen, sonstigen Lebensweisen und religiösen Lebensweisen können durchaus auch in der Kosmetik und in der Chemie relevant sein.

Damit Sie diese Eigenschaften z. B. zu einem Rohstoff oder zu einer Fertigware verwalten können, müssen diese zunächst als eigene Spezifikationen angelegt werden. Hier sehen wir den großen Unterschied zum Materialstamm. Die Granularität der Materialwirtschaft endet im Normalfall beim Rohstoff. Aus Sicht der Produktentwicklung fängt es hier erst an, interessant zu werden: Es stellen sich die Fragen, woraus sich der Rohstoff zusammensetzt, welche Nährwerte/quantitative Komponenten er hat, welche Allergene enthalten sind usw. Möchten Sie diese Angaben in der Materialwirtschaft verwalten, müssen Sie kreativ werden. Die Spezifikation ist für die Verwaltung von solchen Daten vorgesehen und bestens ausgestattet.

In Abbildung 2.1 sehen Sie einen Ausschnitt aus der SAP-Fiori-App **Spezifikationen verwalten**. Sie sehen in der Spalte **Identifikator**, dass es sich um fünf verschiedene Spezifikationen handelt.

Anhand der Spalte **Spezifikation** wird deutlich, dass die Nummernvergabe für Spezifikationen nach Bedarf durch das System (Gemüsebrühe) oder manuell (Kosher) erfolgen kann. In der Spalte **Spezifikationsart** sehen Sie, dass jede dieser Spezifikationen eine andere Spezifikationsart aufweist, wodurch sichergestellt werden kann, dass in den Spezifikationen ausschließlich die Daten zur Verfügung stehen, die dort auch gepflegt werden sollen.

SAP Spezifikationen verwalten

Standard*

Gefiltert nach (2): Spezifikation, Suchdatum

Spezifikationen (5) Standard

Identifikator	Spezifikation	Spezifikationsart	Status
Vegetarisch	DIET_0002	Diät	Aktiv
Kosher	RELIG_0001	Religiöses Zertifikat	Aktiv
Eiweiß	ZNUT_0004	Nährstoff	Aktiv
Gemüsebrühe	000000000057	Rohstoff	Aktiv
Sahnesoße	000000000004	Realstoff	Aktiv

Abbildung 2.1 Übersicht verschiedener Spezifikationen

In Abbildung 2.2 sehen Sie, wie die Struktur einer Spezifikation aussehen kann. Innerhalb der Sicht **Allgemeine Daten** werden Angaben wie die Bezeichnung der Spezifikation (auch in verschiedenen Sprachen), die Verknüpfung mit einem Material oder der Kopfstatus der Spezifikation verwaltet. In der Sicht **Eigenschaften** stehen in Form von sogenannten *Eigenschaftsbäumen* die verschiedenen Eigenschaften zur Verfügung, die Sie in der Spezifikation pflegen können.

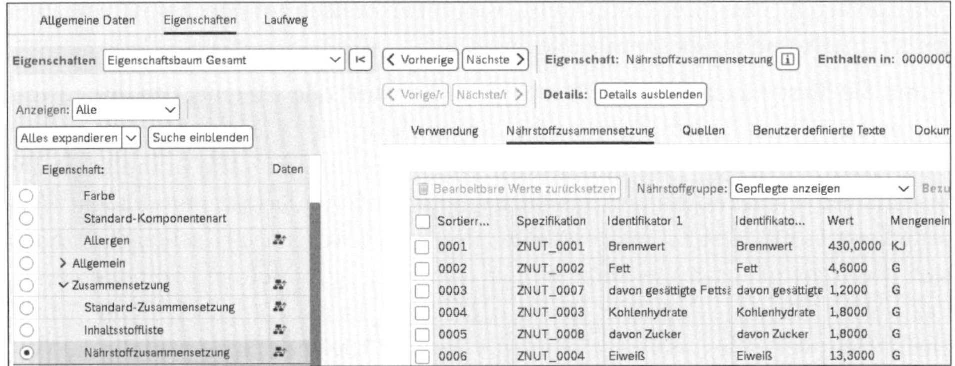

Abbildung 2.2 Struktur einer Spezifikation

Es liegt auf der Hand, dass die Spezifikation ein komplexes Stammdatenobjekt ist, das für verschiedene Zwecke genutzt werden kann. Die Vielfalt, in der Spezifikationen vorkommen können, ist in Abbildung 2.3 veranschaulicht. Sie sehen dort, dass Spezifikationen, mit denen Rohstoffe, Halbfertigwaren oder Fertigwaren abgebildet werden, andere Spezifikationen wie Diäten, Nährstoffe, Listenstoffe, Reinstoffe, Allergene und religiöse Zertifikate benötigen, um inhaltlich mit Leben gefüllt zu werden.

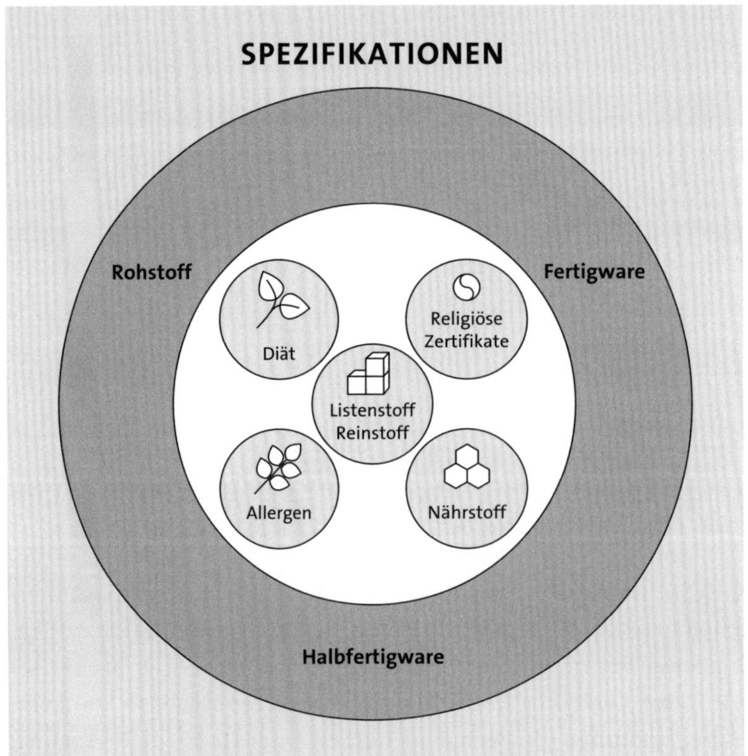

Abbildung 2.3 Übersicht verschiedener Ausprägungen von Spezifikationen

Weitere Details zur Spezifikation finden Sie in Kapitel 3, »Spezifikation – Funktionsumfang und grundlegende Stammdatenobjekte«, und in Kapitel 4, »Spezifikation – Customizing«.

2.1.2 Rezept

Das Rezept wird durch die Zuordnung von Spezifikationen mit Leben gefüllt. Über die sogenannte *Formel* wird definiert, welche Spezifikationen benötigt werden, um das Produkt herzustellen. Sie können auch Spezifikationen als Einsatzpositionen einbinden, die im Unternehmen selbst über ein Rezept hergestellt werden. Das Rezept kann die untergeordneten Rezepte auflösen. Über den *Prozess* definieren Sie in einem Rezept, welche Schritte zur Herstellung durchgeführt werden müssen. Diese Kombination aus Formel und Prozess findet in der Produktionsplanung für die Prozessindustrie (PP-PI) mit Stückliste und Planungsrezept ihr Äquivalent.

Was das Rezept zudem einzigartig macht ist, dass Eigenschaften wie Nährstoffe, Allergene, Zutaten der Rohstoffe u. a. aus den Spezifikationen im Rezept ausgewertet und in Form von Berechnungsergebnissen aufbereitet werden. Auf diese Weise kann die Produktentwicklung direkt prüfen, ob die Eigenschaften des Produkts den Anforderungen entsprechen.

In Abbildung 2.4 sehen Sie die Sicht **Formel** eines Rezepts. Hier definieren Sie, welche Einsatzpositionen benötigt werden. Sofern eine Spezifikation bereits mit einem Material verknüpft ist, wird die Materialnummer in der dafür vorgesehenen Spalte **Material** angezeigt. Befindet sich eine Spezifikation noch im Test, kann die Spalte **Material** für diese Position erstmal leer bleiben.

In der Sicht **Allgemeine Daten** verwalten Sie Informationen wie die Bezeichnung, den Status oder den Gültigkeitszeitraum des Rezepts.

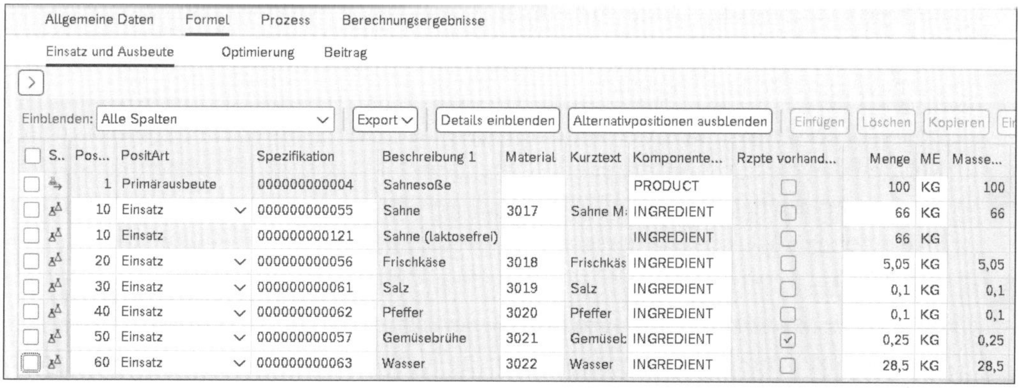

Allgemeine Daten | Formel | Prozess | Berechnungsergebnisse

Einsatz und Ausbeute | Optimierung | Beitrag

Einblenden: Alle Spalten | Export | Details einblenden | Alternativpositionen ausblenden | Einfügen | Löschen | Kopieren | Ei

S..	Pos...	PositArt	Spezifikation	Beschreibung 1	Material	Kurztext	Komponente...	Rzpte vorhand...	Menge	ME	Masse...
	1	Primärausbeute	000000000004	Sahnesoße			PRODUCT	☐	100	KG	100
	10	Einsatz	000000000055	Sahne	3017	Sahne M:	INGREDIENT	☐	66	KG	66
	10	Einsatz	000000000121	Sahne (laktosefrei)			INGREDIENT	☐	66	KG	
	20	Einsatz	000000000056	Frischkäse	3018	Frischkäs	INGREDIENT	☐	5,05	KG	5,05
	30	Einsatz	000000000061	Salz	3019	Salz	INGREDIENT	☐	0,1	KG	0,1
	40	Einsatz	000000000062	Pfeffer	3020	Pfeffer	INGREDIENT	☐	0,1	KG	0,1
	50	Einsatz	000000000057	Gemüsebrühe	3021	Gemüseb	INGREDIENT	☑	0,25	KG	0,25
	60	Einsatz	000000000063	Wasser	3022	Wasser	INGREDIENT	☐	28,5	KG	28,5

Abbildung 2.4 Struktur eines Rezepts

In der Sicht **Prozess** definieren Sie, welche Herstellschritte erforderlich sind, und in der Sicht **Berechnungsergebnisse** erhalten Sie die vom System ermittelten Angaben zu Nährwerten/quantitativen Komponenten, Allergenen, Kosten usw.

Weitere Informationen zum Rezept finden Sie in Kapitel 5, »Grundlagen des Rezepts«, in Kapitel 6, »Formel und Berechnungsergebnisse«, und in Kapitel 7, »Herstellverfahren in der Sicht ›Prozess‹«.

2.1.3 Etikett

Die Daten, die in den Spezifikationen verwaltet und im Rezept für das Produkt berechnet werden, sind in einigen Fällen relevant für Etikettendaten der Produkte: Zutatenlisten, Nährwertangaben/quantitativen Komponenten, die Ausweisung von Allergenen oder religiösen Zertifikaten. Dies alles kennen wir von den Etiketten, die auf den Produkten angebracht sind, die wir zu Hause im Kühlschrank, Putzschrank oder Badezimmerschrank aufbewahren.

Wenn Sie sich die Spezifikation und das Rezept ansehen, werden Sie feststellen, dass die Angaben für die Etiketten zwar daraus hervorgehen, jedoch noch einer weiteren Aufbereitung bedürfen. Dies kann z. B. bedeuten, dass für manche Werte eine Rundung stattfinden soll oder die Bezeichnung mancher Zutat angepasst werden muss.

Genau für diese Aufbereitung der Daten, auch im Hinblick auf die Anforderungen verschiedener Märkte, ist das Etikett gedacht. Sind die Daten aufbereitet, können diese in Form einer XML-Datei exportiert und in anderen Systemen weiterverarbeitet werden.

In Abbildung 2.5 sehen Sie ein beispielhaftes Etikett. Ebenso wie bei den vorangehenden Stammdatenobjekten werden in der Sicht **Allgemeine Daten** Informationen wie die Bezeichnung, der Status oder die Gültigkeit des Etiketts verwaltet. In der Sicht **Etikettendefinition** geht es dann ans Eingemachte: In der Teil-View **Globale Daten** legen Sie fest, für welche Märkte (global, EU, ...), Zielgruppen (intern, extern, ...) und Sprachen dieses Etikett gelten soll.

Im *Inhaltsstoffetikett* nehmen Sie Einfluss darauf, wie die Zutatenliste aussehen soll. Mithilfe von Deklarationsgruppen, Aggregationen und Kombinationen können Sie die Zutatenliste nach Ihren Anforderungen gestalten. Im Entwurfsfenster können Sie sich einen Eindruck davon verschaffen, wie die Zutatenliste auf einem Etikett aussehen würde.

Das *qualitative Etikett* dient dazu, Allergene, Diäten und religiöse Zertifikate für das Etikett aufzubereiten. Auch hier können Sie Einfluss darauf nehmen, welche Daten tatsächlich angegeben werden sollen. Ebenso steht Ihnen ein Entwurfsfenster zur Verfügung, mit dem Sie prüfen können, wie die Daten im Druck aussehen.

Um die Nährwerte bzw. die quantitativen Komponenten für das Etikett aufzubereiten, wechseln Sie in die Sicht **Komponentenetikett**. Dort definieren Sie, auf welche Mengen die Nährwerte skaliert werden sollen. Abhängig von Ihren Anforderungen können das verschiedene Mengen sein (z. B. Nährwerte pro Portion, Nährwerte pro 100 ml, Nährwerte pro 100 g o. Ä.).

Sie haben für jedes Etikett die Möglichkeit zu entscheiden, woher das System die Daten lesen soll. Sie können entweder eine Spezifikation oder ein Rezept als Datenbasis wählen.

Auf dem *Packungsetikett* führen Sie die unterschiedlichen Etikettendefinitionen zusammen. Sie entscheiden, welche Etiketten für welche Zielgruppen in welchen Sprachen angedruckt werden sollen. Sie haben in dieser Sicht die Möglichkeit, ein PDF-Dokument anzuzeigen, in dem die Etikettendaten abgebildet sind.

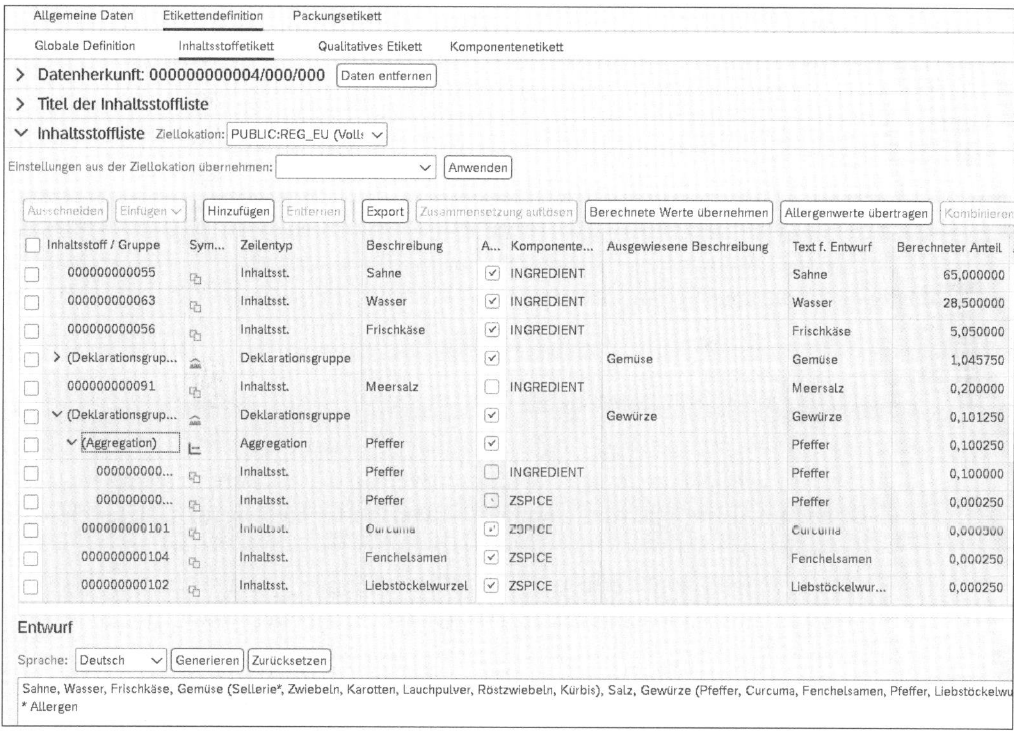

Abbildung 2.5 Struktur eines Inhaltsstoffetiketts

In Abbildung 2.6 sehen Sie ein Beispiel für ein Packungsetikett. Dort enthalten sind die Nährwerte aus dem Komponentenetikett und die Zutaten aus dem Inhaltsstoffetikett. Zusätzlich können noch die qualitativen Komponenten zum Produkt ergänzt werden. Zusatztexte und Überschriften für die einzelnen Bereiche des Packungsetikettes können über die Detailetiketten jeweils mitgegeben werden.

500 g - Sahnesoße 7%/ 500 g - Cream sauce 7%

Hier kann Ihr Text für Informationen zur 500 g Packung stehen./ This is where your description for the 500 g package could be placed.

Nährwerte /Nutrients

Nährwerte Sahnesoße 7%	**Nutrients cream sauce 7%**	**Durchschnittliche Nährwertangaben pro 100 g/ Average nutrient information per 100 g**	**Durchschnittliche Nährwertangaben pro 250 g/ Average nutrient information per 250 g**
Portionen pro Packung:	*Portions per package:*	5	2
Portionsgröße:	*Size of portion:*	*100.0 G*	*250.0 G*
Brennwert	Calories	430 KJ	1.075 KJ
Fett	Fat	4,6 G	11,5 G
davon gesättigte Fettsäuren	hereof: saturated fatty acids	1,2 G	3 G
Kohlenhydrate	Carbohydrates	1,8 G	4,5 G
davon Zucker	hereof: sugars	1,8 G	4,5 G
Eiweiß	Protein	13,3 G	33,25 G

PUBLIC: REG_EU :
Zutaten: Sahne, Wasser, Frischkäse, Gemüse (Sellerie*, Zwiebeln, Karotten, Lauchpulver, Röstzwiebeln, Kürbis), Salz, Gewürze (Pfeffer, Curcuma, Fenchelsamen, Pfeffer, Sonnenblumenöl, Knoblauch
* Allergen

Abbildung 2.6 Beispiel für ein Packungsetikett

Hinweis zur Arbeit mit dem Etikett

Fairerweise muss man an dieser Stelle erwähnen, dass das Etikett mit Blick auf Automatismen im Vergleich zu anderer Spezialsoftware in diesem Bereich nicht sehr viel zu bieten hat. SAP ermöglicht die Anbindung von Drittanbietern, die sich auf dieses Thema spezialisiert haben. Sollten Sie feststellen, dass Sie ausgeprägtere und auf Ihre Anforderungen individualisierte Automatismen benötigen, bietet es sich an, dass Sie sich am Markt umschauen und sich gegebenenfalls von einem Drittanbieter überzeugen lassen.

Wenn die Aufbereitung der Etikettendaten in der Vergangenheit manuell stattgefunden hat, sind die Standardfunktionen im Etikett sicherlich eine Verbesserung.

Schauen Sie sich für weitere Informationen die Details in Kapitel 8, »Etikett«, an.

Sie haben nun in Abschnitt 2.1.1, »Spezifikation«, Abschnitt 2.1.2, »Rezept«, sowie dem aktuellen Abschnitt 2.1.3, »Etikett«, die drei Stammdatenobjekte kennengelernt, die Ihnen bei der täglichen Arbeit mit SAP Recipe Development am häufigsten begegnen werden.

Vereinfacht kann man die Zusammenhänge zwischen den Stammdatenobjekte wie in Abbildung 2.7 darstellen.

Es gibt Spezifikationen, die dazu dienen, andere Spezifikationen mit Detailinformationen zu versorgen (siehe Abbildung 2.3). Aus Rohstoffspezifikationen und Halbfertigwarenspezifikationen kann ein Rezept erstellt werden. Das Rezept nutzt die Detailinformationen dieser Spezifikationen, um Berechnungen durchzuführen. Aus den Berechnungsergebnissen aus dem Rezept kann ein Etikett abgeleitet werden. In diesem Etikett werden in unterschiedlichen Abschnitten die Daten, die auf einer Produktverpackung benötigt werden, aufbereitet.

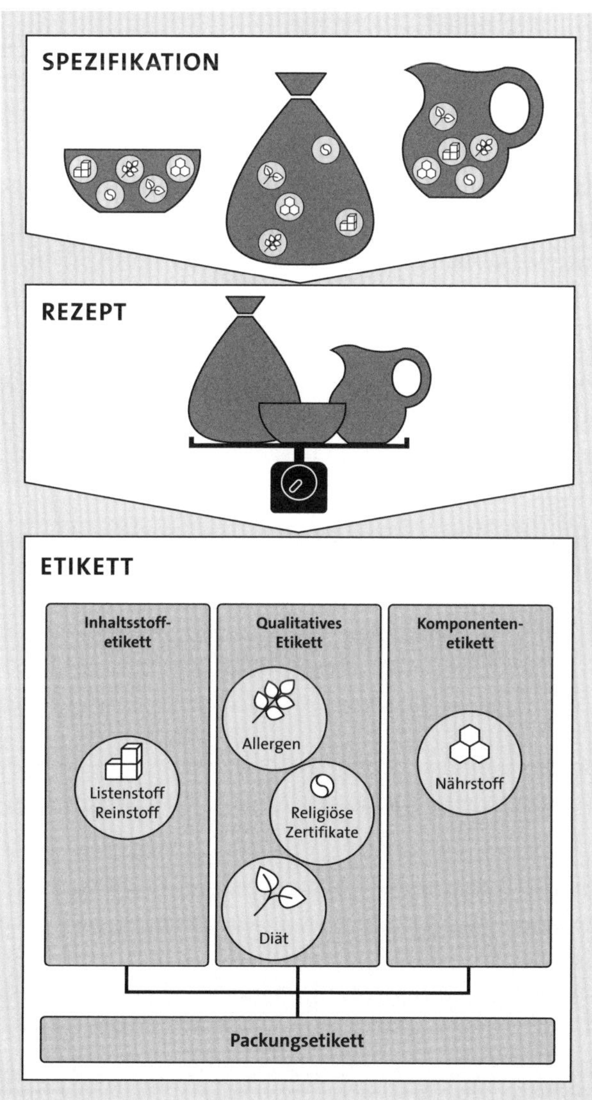

Abbildung 2.7 Zusammenhänge zwischen Spezifikation, Rezept und Etikett

Dazu gehört das *Inhaltsstoffetikett*, in dem Listenstoffe und Reinstoffe aufgeführt werden. Dazu gehört ferner das *qualitative Etikett*, in dem Allergene, Diäten und religiöse Zertifikate vorbereitet werden. Des Weiteren werden die Nährwerte im *Komponentenetikett* für die Produktverpackung vorbereitet. Im *Packungsetikett* werden diese unterschiedlichen Abschnitte zielgruppengerecht zusammengeführt.

2.1.4 Merkmale und Klassen

Merkmale und Klassen werden in einem gemeinsamen Abschnitt beschrieben, da diese beiden Stammdatenobjekte nur in Kombination einen Mehrwert bieten.

Merkmale beschreiben ein Stammdatenobjekt näher. Ob die nähere Beschreibung wissenschaftliche Angaben betrifft oder für den organisatorischen Ablauf im Unternehmen relevant ist, hängt vom Stammdatenobjekt ab, in dem Merkmale und Klassen verwendet werden, und kann daher unterschiedlich ausfallen. So gibt es die Möglichkeit, diese Objekte im Material, in der Charge und in vielen weiteren Stammdatenobjekten zu verwenden. Da auch Stammdatenobjekte aus SAP Recipe Development Merkmale und Klassen verwenden (müssen), werden diese in diesem Abschnitt thematisiert.

Anhand verschiedener Datentypen können die Eigenschaften, die beschrieben werden, numerisch sein, oder es können kurze Freitexte und Textbausteine mit beliebig vielen Zeichen angegeben werden. Des Weiteren stehen ein Datumsformat und ein Währungsformat zur Verfügung. Abhängig von der zu beschreibenden Eigenschaft können mehrere Merkmale benötigt werden, um alle Informationen aufzunehmen.

[zB]

Beispiel für verschiedene Merkmale zur Abbildung einer Eigenschaft

Stellen Sie sich die Eigenschaft des Aggregatzustands vor: Dieser hängt von der Temperatur und dem Druck ab. Das sind bereits drei Merkmale, die benötigt werden, um den Aggregatzustand zu beschreiben.

Damit nur die Merkmale zu einer Eigenschaft angezeigt werden, die tatsächlich benötigt werden, wird die *Klasse* verwendet. In einer Klasse ordnen Sie alle Merkmale zu einer Eigenschaft zu.

In Abbildung 2.8 sehen Sie die Standardklasse für den Aggregatzustand zur Klassenart 100 (Stoffbewertung). In der View **Merkmale** sind alle Merkmale aufgelistet, die für die Definition des Aggregatzustands in einer Spezifikation benötigt werden, so auch die oben erwähnten Informationen zu **Druck** und **Temperatur**. Gerade bei der Verwaltung von Spezifikationen ist die Verwendung von Merkmalen und Klassen nicht wegzudenken, da Sie über diese beiden Stammdatenobjekte den Eigenschaftsbaum (siehe Abschnitt 2.1.1, »Spezifikation«) nach Ihren Anforderungen gestalten.

Abbildung 2.8 Klasse für die Stoffbewertung mit mehreren Merkmalen

Über die Klassenart stellen Sie zudem sicher, dass die Klassen und die dazugehörigen Merkmale ausschließlich in den Stammdatenobjekten angezeigt werden, die für die Klassenart vorgesehen sind. So vermeiden Sie, dass Klassen und Merkmale für den Materialstamm in einem Rezept ausgewählt werden können und vice versa.

Merkmale und Klassen können Sie mit Blick auf SAP Recipe Development an folgenden Stellen verwenden:

- Spezifikation
- Rezept
- Etikett
- Ausrüstungsanforderung
- Prozessparameter
- Ressource

Die Verwaltung von Merkmalen erfolgt über Transaktion CT04 (Merkmalsverwaltung). Weitere Details zum Merkmal erhalten Sie in Abschnitt 3.3, »Merkmal«. Die Verwaltung von Klassen erfolgt über Transaktion CL02 (Klasse Verwaltung). Weitere Details zur Klasse erhalten Sie in Abschnitt 3.4, »Klasse«.

2.1.5 Phrase

Eine *Phrase* ist ein Textbaustein, der für die Beschreibung von Spezifikationen verwendet werden kann. Darüber hinaus ermöglicht Ihnen die Phrase, Textbausteine für die Präzisierung eines Etikettensatzes vorzunehmen und die Struktur eines Produktdatenblattes zu definieren.

Eine Phrase kann in verschiedenen Sprachen ausgeprägt werden und über sogenannte *Phrasenauswahlmengen* gezielt an speziellen Stellen in Erscheinung treten. Auf diese Weise müssen Anwenderinnen und Anwender nicht aus einer überwältigenden Vielzahl an Textbausteinen auswählen, sondern nur aus den potenziell relevanten Phrasen.

In Abbildung 2.9 sehen Sie eine Phrase, die für die Beschreibung des Aggregatzustands verwendet werden könnte. In der Spalte **Phrasentext** sind so viele Zeilen zu füllen, wie Sie Sprachen für Ihre Daten benötigen. Falls Sie für Ihre Stammdaten Textbausteine definieren möchten, zu denen es einen Code gibt, wie z. B. P-Sätze (Sicherheitshinweise – »Precautionary«) und H-Sätze (Gefahrenhinweise – »Hazard«), steht Ihnen dafür die Spalte **Phrasencode** zur Verfügung. Auch die Hinterlegung von Grafiken oder Abbildungen für den Andruck auf Berichten ist durch die Spalte **Grafikdatei** möglich.

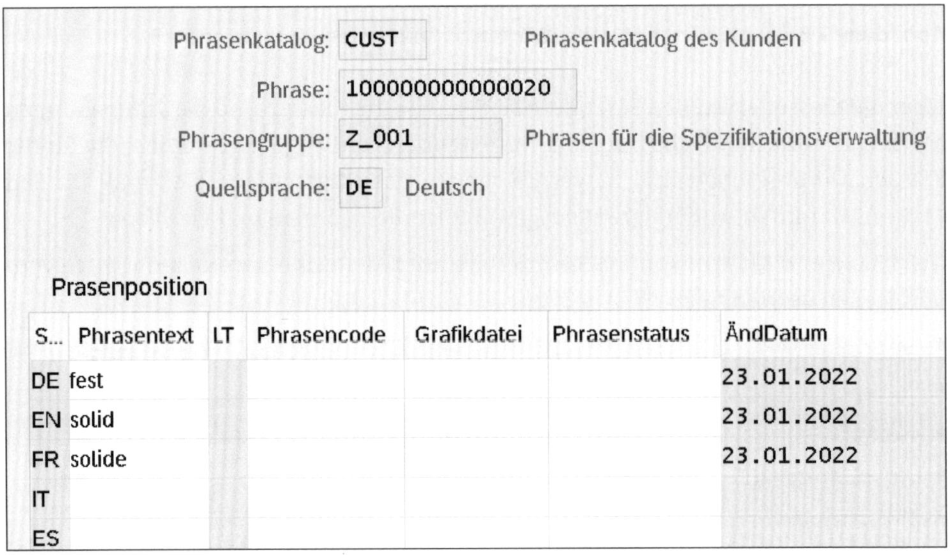

Phrasenkatalog: CUST Phrasenkatalog des Kunden

Phrase: 100000000000020

Phrasengruppe: Z_001 Phrasen für die Spezifikationsverwaltung

Quellsprache: DE Deutsch

Prasenposition

S...	Phrasentext	LT	Phrasencode	Grafikdatei	Phrasenstatus	ÄndDatum
DE	fest					23.01.2022
EN	solid					23.01.2022
FR	solide					23.01.2022
IT						
ES						

Abbildung 2.9 Beispiel für eine Phrase

[»]

Hinweis zum Verständnis der Begriffe »Phrase« und »Phrasenauswahlmenge«

Wenn Sie in der Vergangenheit in Ihrem Arbeitsalltag Berührungspunkte zum SAP-Qualitätsmanagement hatten, kann Ihnen der Vergleich mit einer Codegruppe und den darin enthaltenen textlichen Ausprägungen gegebenenfalls weiterhelfen.

Die Verwaltung von Phrasen erfolgt mithilfe von Transaktion CG12 (Phrase bearbeiten). Weitere Informationen zur Phrase erhalten Sie in Abschnitt 3.2, »Phrasenverwaltung«.

2.2 Stammdaten angrenzender SAP-Komponenten

Für die angrenzenden SAP-Komponenten sind folgende Stammdatenobjekte im Rahmen der Rezeptentwicklung relevant:

- Materialstamm
- Stückliste
- Planungsrezept
- Ressource

In den folgenden Abschnitten erfahren Sie das Wichtigste aus Sicht der Rezeptentwicklung zu diesen Stammdatenobjekten.

2.2.1 Materialstamm

Der Materialstamm ist bei Unternehmen, die dem produzierenden Gewerbe angehören, vermutlich das wichtigste Stammdatenobjekt. Für sämtliche Geschäftsprozesse spielt der Materialstamm eine tragende Rolle. Daher können im Materialstamm sehr viele unterschiedliche Angaben aus den verschiedenen Fachbereichen hinterlegt werden. Dies können Daten für die Logistik, die Finanzbuchhaltung oder den Vertrieb sein. Auch übernimmt der Materialstamm, abhängig von der Materialart, unterschiedliche Aufgaben. So kann eine Ausprägung des Materialstamms ein fertiges Verkaufsprodukt darstellen. Eine andere Ausprägung des Materialstamms kann aber auch ein Verpackungsmaterial, ein Rohstoff oder eine Bulk-Ware sein. Den Materialstamm können Sie mit Transaktion MM03 (Material anzeigen) öffnen.

Viele dieser Daten spielen für SAP Recipe Development eine untergeordnete Rolle. Die folgenden Angaben wirken sich wiederum auf SAP Recipe Development aus.

Materialnummer

Die Materialnummer ist für SAP Recipe Development von zentraler Bedeutung, da viele Spezifikationen ein Pendant im Materialstamm haben und über die Materialnummer die Verknüpfung zwischen Spezifikation und Material hergestellt werden kann. In der Rezeptformel und bei den ermittelten Kosten gibt es für die Materialnummer eine separate Spalte. Die Verknüpfung zwischen allen Spezifikationen, die in einer Rezeptformel enthalten sind, und einem Materialstamm ist Voraussetzung dafür, dass die Stückliste, das Planungsrezept und die Fertigungsversion aus den Stammdaten von SAP Recipe Development abgeleitet werden können. Zudem ist diese Verknüpfung die Basis dafür, dass bei der Ermittlung der Kosten im Rezept die Materialpreise berücksichtigt werden können.

Ähnlich wie bei den Spezifikationen kann die Materialnummer intern oder manuell vom System vergeben werden. In Abbildung 2.10 sehen Sie in der Sicht **Grunddaten 1** im Feld **Material** die Materialnummer des Rohstoffes »Wasser«. Keine Sorge: Die Materialnummer und die Bezeichnung sehen Sie auch in den anderen Sichten des Materialstamms; die Sicht **Grunddaten 1** ist aber die erste Sicht, in der Sie die beiden Informationen finden.

Abbildung 2.10 Materialnummer und Materialbezeichnung

Materialbezeichnung

Ebenso wie die Materialnummer ist für SAP Recipe Development auch die Materialbezeichnung (manche kennen vielleicht den Begriff *Materialkurztext*) relevant. Die Bezeichnung des Materials kann sowohl in der Spezifikation, in der Sie die Verbindung zwischen Material und Spezifikation definieren, als auch im Rezept, in der Rezeptformel und bei der Kostenermittlung eingesehen werden.

Zudem kann es von Interesse sein, auch auf Formularen der Produktentwicklung den offiziellen Materialkurztext zu verwenden. In Abbildung 2.10 sehen Sie im Feld **Bezeich** die Materialbezeichnung in der Anmeldesprache.

Für die Übersetzung der Materialbezeichnung navigieren Sie in die Zusatzdaten des Materials und gehen dort in die Sicht **Kurztexte** (siehe Abbildung 2.11). Dort steht in der Spalte **Sprache** der gewünschte Sprachenschlüssel und in der Spalte **Materialkurztext** der entsprechende Text dazu. Falls Sie sich über eine fehlende Materialbezeichnung in einer bestimmten Sprache wundern, können Sie an dieser Stelle im Material schauen, ob die Sprache gepflegt ist und mit Ihren Kolleginnen und Kollegen dazu in Kontakt treten.

Anderes Material Hauptdaten Material fixieren

Kurztexte Mengeneinheiten Zusätzliche EANs

Material: 3022

* Sprache	* Materialkurztext
DE	Wasser
EN	water
FR	eau

Abbildung 2.11 Übersetzung der Materialbezeichnung

Mengeneinheiten

Innerhalb der Rezeptformel finden verschiedene Berechnungen auf Basis der Einsatzmenge und Mengeneinheit der jeweiligen Formelposition statt. Diese Berechnungen können das Volumen oder Masseangaben betreffen. Damit dies gelingen kann, benötigt das System Anhaltspunkte, an denen es sich für die Umrechnungen orientieren kann. Aus dem Materialstamm dienen dazu die alternativen Mengeneinheiten. Sollten die Umrechnungen nicht aus den alternativen Mengeneinheiten hervorgehen, prüft das System noch auf das Nettogewicht im Materialstamm. Findet es auch im Nettogewicht keine Informationen, besteht noch die Möglichkeit, in der Spezifikation selbst Umrechnungsangaben zu hinterlegen.

In Abbildung 2.12 sehen Sie einen weiteren Ausschnitt aus den Zusatzdaten des Materialstamms. In der Sicht **Mengeneinheiten** können Sie verschiedene Umrechnungen in die Basismengeneinheit des Materialstamms vornehmen.

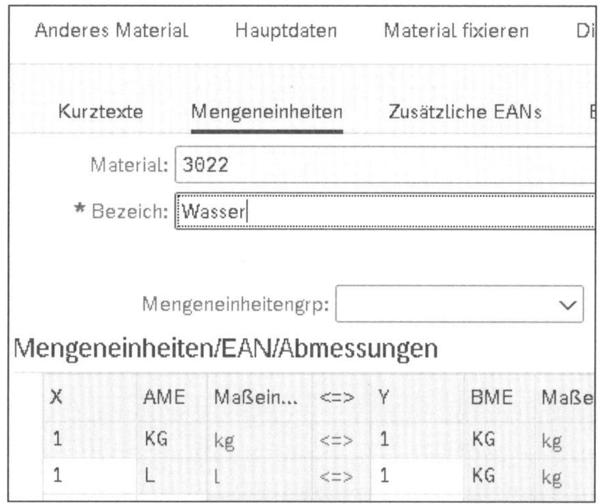

Abbildung 2.12 Mengeneinheiten in den Zusatzdaten

Findet das System keine konkreten Umrechnungen, kann es auf die Daten in Abbildung 2.13 zugreifen. Dieser Ausschnitt befindet sich im Materialstamm ebenfalls in den **Grunddaten 1**. Hier können Brutto- und Nettogewicht zu derselben Gewichtseinheit und das Volumen zur Volumeneinheit gepflegt werden.

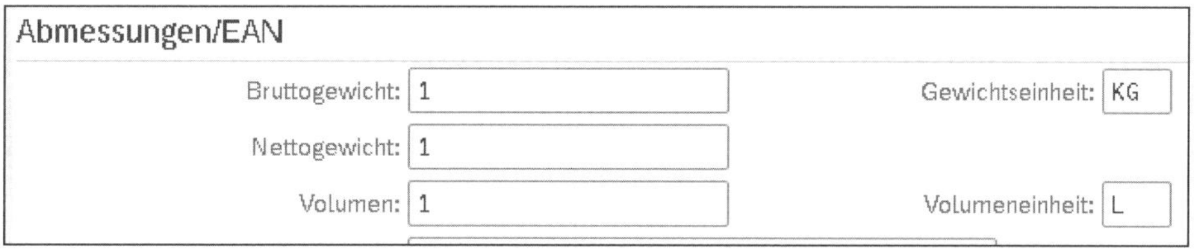

Abmessungen/EAN

Bruttogewicht: 1 Gewichtseinheit: KG

Nettogewicht: 1

Volumen: 1 Volumeneinheit: L

Abbildung 2.13 Bruttogewicht, Nettogewicht und Volumen im Materialstamm

Materialpreis

Im Material stehen verschiedene Preisarten zur Verfügung, die von den verantwortlichen Kolleginnen und Kollegen gepflegt werden. Abhängig von den Customizing-Einstellungen für die Ermittlung der Kosten in SAP Recipe Development wirken sich die Materialpreise auf die Kostenermittlung im Rezept aus.

In Abbildung 2.14 sehen Sie die Felder **Gleitender Preis** und **Standardpreis**. Diese Angaben befinden sich in der Sicht **Kalkulation 2**. Oft schaffen Unternehmen für die Preispflege individuelle Lösungen; daher kann das bei Ihnen im Materialstamm anders aussehen. Entscheidend ist, dass Sie gemeinsam klären, welche Materialpreise bei Ihnen in der Produktentwicklung eine Rolle spielen können.

Abbildung 2.14 Materialpreise

Die Feldnamen ermitteln Sie, indem Sie im jeweiligen Feld die Taste [F1] betätigen und dann auf den Schraubenschlüssel gehen. Aus dem Feld **Feldname** können Sie den entsprechenden Feldnamen für die Customizing-Einstellungen von SAP Recipe Development entnehmen.

Wie Sie steuern können, ob eine Materialverknüpfung in einer Spezifikationsart vorgenommen werden darf, entnehmen Sie Abschnitt 4.2.1, »Konfigurationsmöglichkeiten in der Spezifikationsart«.

2.2.2 Stückliste

Die Stückliste hat ihren Weg in dieses Kapitel gefunden, da Sie aus der Rezeptformel die Stückliste der Produktion generieren und aktualisieren können. SAP nennt diesen Vorgang *Synchronisierung*.

Ähnlich wie die Formel im Rezept besteht die Stückliste aus Einsatzmaterialien, die jeweils eine Menge und eine Mengeneinheit angegeben haben. Ein großer Unterschied zwischen Rezeptformel und Stückliste besteht darin, dass die Stückliste drei Nachkommastellen, die Rezeptformel aber sechs Nachkommastellen hat. Hier kann es bei der Synchronisierung der Stückliste zu Abweichungen kommen, was Sie bei der Arbeit mit SAP Recipe Development bei der Integration mit der Produktion berücksichtigen müssen.

Ein weiterer Unterschied zwischen Rezeptformel und Stückliste besteht darin, dass in der Rezeptformel die Ausbeutemenge (in der Produktion spricht man eher von Basismenge) auf Basis der angegebenen Einsatzmengen der Einsatzpositionen ermittelt wird. Die Basismenge der Stückliste ist ein fixer Wert, der sich nicht aus den Mengen der Einsatzpositionen ermittelt.

In Abbildung 2.15 sehen Sie in der Sicht **Komponenten** die Einsatzpositionen einer Stückliste. Die Stückliste wurde über die SAP-Fiori-App **Stückliste pflegen** geöffnet. In der Sicht **Kopfattribute** sehen Sie die Basismenge. Speziell wenn Sie sich in einer Testphase der Synchronisierung befinden, bietet es sich an, dass Sie eigenständig prüfen können, ob die Stücklistendaten so angekommen sind, wie Sie es erwarten. Wenn es für Sie selbst plausibel aussieht, können die Kolleginnen und Kollegen aus der Produktion hinzugezogen werden.

Positio...	Positionstyp	Komponente	Komponentenbeschreibung	Komponentenmenge
0010	L(Lagerposition)	3017	Sahne	43,800 KG
0020	L(Lagerposition)	3018	Frischkäse	7,000 KG
0030	L(Lagerposition)	3019	Salz	0,100 KG
0040	L(Lagerposition)	3020	Pfeffer	0,100 KG
0050	L(Lagerposition)	3021	Gemüsebrühe	1,000 KG
0060	L(Lagerposition)	3022	Wasser	48,000 KG

Abbildung 2.15 Einsatzpositionen einer Stückliste

Details zur Synchronisierung der Stückliste aus SAP Recipe Development entnehmen Sie Abschnitt 11.2.2, »Stückliste«.

2.2.3 Planungsrezept

Mit einer Stückliste allein ist noch nicht definiert, wie der Herstellprozess ablaufen soll und welche Ressourcen benötigt werden. Dafür gibt es das Planungsrezept. Mit Bezug zu einer Materialstückliste sind hier die Herstellschritte in Vorgänge und Phasen unterteilt. In diesen Vorgängen und Phasen ist hinterlegt, welche Ressource wo benötigt wird. Des Weiteren können die Vorgänge und Phasen mit Materialien verknüpft werden, sodass für die Herstellung klar ist, welches Material wann zugegeben werden muss und wie damit verfahren wird.

Ähnlich wie die Stückliste kann auch das Planungsrezept aus SAP Recipe Development synchronisiert werden. Voraussetzung ist, dass Sie den Prozess im Rezept verwenden.

In Abbildung 2.16 sehen Sie einen Ausschnitt aus einem Planungsrezept, geöffnet über Transaktion C203 (Planungsrezept anzeigen). Ab Version SAP S/4HANA 2021 gibt es laut SAP Fiori Apps Library die App **Manage Master Recipes**. In der Sicht **Vorgänge** ist der Herstellprozess beschrieben. Welches Material bei welchem Herstellschritt relevant ist, ist in der Sicht **Materialien** einzusehen.

Es ist empfehlenswert, in den Testphasen zunächst selbst ins Planungsrezept zu schauen, und in einem zweiten Schritt die verantwortlichen Kolleginnen und Kollegen hinzuzuziehen.

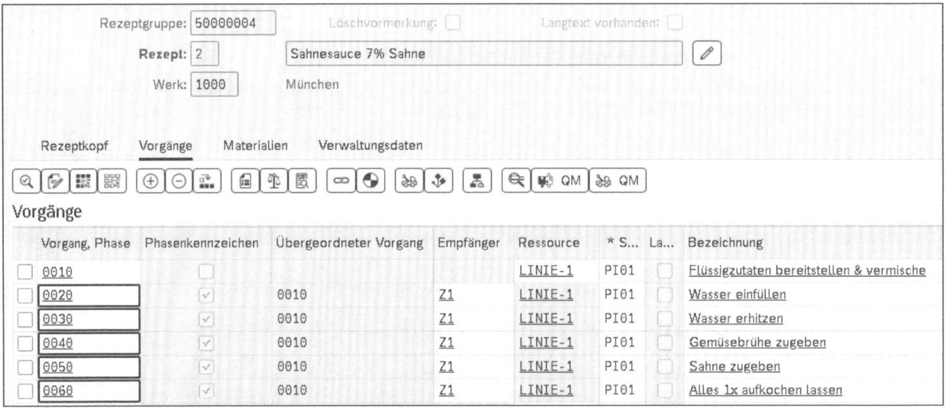

Vorgang, Phase	Phasenkennzeichen	Übergeordneter Vorgang	Empfänger	Ressource	* S...	La...	Bezeichnung
0010				LINIE-1	PI01		Flüssigzutaten bereitstellen & vermische
0020	✓	0010	Z1	LINIE-1	PI01		Wasser einfüllen
0030	✓	0010	Z1	LINIE-1	PI01		Wasser erhitzen
0040	✓	0010	Z1	LINIE-1	PI01		Gemüsebrühe zugeben
0050	✓	0010	Z1	LINIE-1	PI01		Sahne zugeben
0060	✓	0010	Z1	LINIE-1	PI01		Alles 1x aufkochen lassen

Abbildung 2.16 Vorgänge eines Planungsrezepts

Details zur Synchronisierung des Planungsrezepts aus SAP Recipe Development entnehmen Sie Abschnitt 11.2.3, »Planungsrezept«.

2.2.4 Fertigungsversion

Damit der Herstellungsprozess erfolgreich ablaufen kann, wird im Bereich von PP-PI (Production Planning for Process Industrie) eine Fertigungsversion benötigt. Bei der Fertigungsversion findet eine Verknüpfung zwischen Stücklistenalternative und Planungsrezept statt. Die Fertigungsversion wird verwendet, um die Materialbedarfsplanung durchzuführen und um bei der Anlage von Prozessaufträgen die richtigen Materialien, Mengen und Schritte für die Herstellung zu ermitteln.

Die Fertigungsversion wird im Rahmen der Synchronisierung des Planungsrezepts aus SAP Recipe Development angelegt.

Fertigungsversionen können mit Transaktion C223 (Fertigungsversionen) aufgerufen werden.

Abbildung 2.17 zeigt die Detailsicht einer Fertigungsversion. Hier sehen Sie im Bereich **Plan**, dass im Feld **Plantyp** das **Planungsrezept** als Bezugsobjekt angeführt ist. Welches Planungsrezept konkret in dieser Fertigungsversion adressiert wird, ist über die Felder **Plangruppe** und **Plangruppenzähler** konkretisiert.

Im Bereich **Stückliste** sehen Sie, welche Stücklistenalternative zugeordnet ist.

Wenn Sie wissen möchten, ob die Produktionsstammdaten nach der Synchronisierung aus SAP Recipe Development wie erwartet aussehen, gehört die Fertigungsversion zu den Prüfschritten dazu.

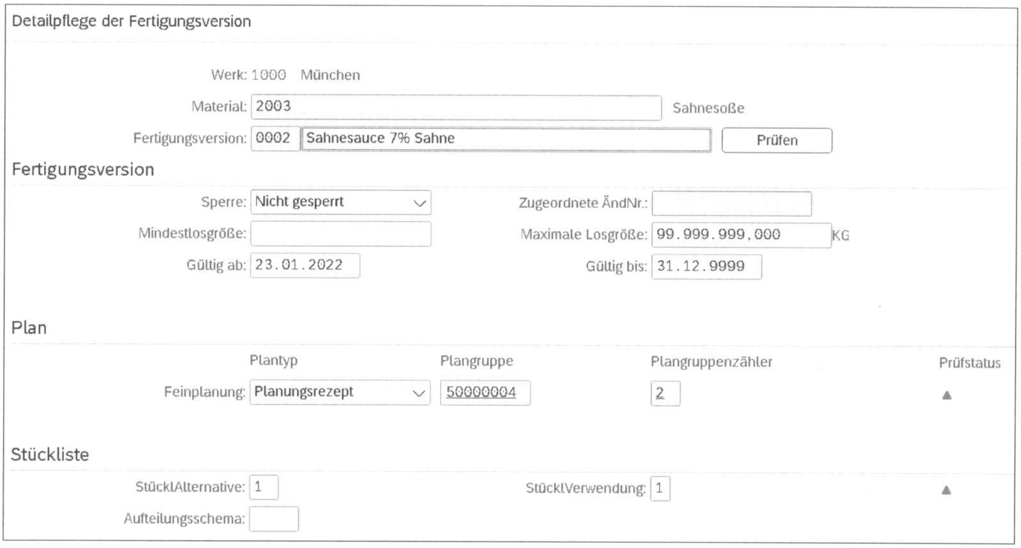

Detailpflege der Fertigungsversion

Werk: 1000 München
Material: 2003 Sahnesoße
Fertigungsversion: 0002 Sahnesauce 7% Sahne [Prüfen]

Fertigungsversion

Sperre: Nicht gesperrt | Zugeordnete ÄndNr.:
Mindestlosgröße: | Maximale Losgröße: 99.999.999,000 KG
Gültig ab: 23.01.2022 | Gültig bis: 31.12.9999

Plan

	Plantyp	Plangruppe	Plangruppenzähler	Prüfstatus
Feinplanung:	Planungsrezept	50000004	2	▲

Stückliste

StücklAlternative: 1 | StücklVerwendung: 1 ▲
Aufteilungsschema:

Abbildung 2.17 Detailsicht einer Fertigungsversion

Details zur Synchronisierung der Fertigungsversion aus SAP Recipe Development entnehmen Sie ebenfalls Abschnitt 11.2.3, »Planungsrezept«.

2.2.5 Ressource

Bei der Herstellung eines Produkts werden verschiedene Maschinen, Geräte und andere Betriebsmittel benötigt. In einer Ressource können Angaben hinterlegt werden, die es ermöglichen, eine Terminierung, Kalkulationen oder Kapazitätsplanungen durchzuführen.

Wie Sie in Abbildung 2.16 in der Spalte **Ressource** sehen können, werden Ressourcen im Planungsrezept auf der Vorgangsebene (Primärressource) und auf der Phasenebene (Sekundärressource) zugewiesen.

Die Ressource ist in diesem Kapitel aufgeführt, da diese mithilfe von Ausrüstungsanforderungen im Rezept an das Planungsrezept übergeben werden kann.

Damit die Übergabe der Daten aus SAP Recipe Development an das Planungsrezept erfolgen kann, müssen die Ressourcen bereits angelegt sein und in den Klassifizierungsdaten spezielle Ausprägungen haben.

Die Anwendung zum Anzeigen von Ressourcen ist Transaktion CRC2 (Ressource ändern). Dort gibt es in den Grunddaten ganz unten auf der Seite (abhängig von der Größe Ihres Bildschirms müssen Sie eventuell etwas scrollen) den Button **Klassifizierung**. Mit einem Klick auf diesen Button gelangen Sie zur Klassifizierung einer Ressource (siehe Abbildung 2.18). Zunächst wird im Bereich **Zuordnungen** die Klasse hinterlegt und anschließend im Bereich **Bewertung** der Merkmalswert zugeordnet.

Schauen Sie sich für Details Abschnitt 7.3, »Ausrüstungsanforderung«, an, und ziehen Sie Ihre Kolleginnen und Kollegen hinzu, die für die Verwaltung der Ressourcen verantwortlich sind.

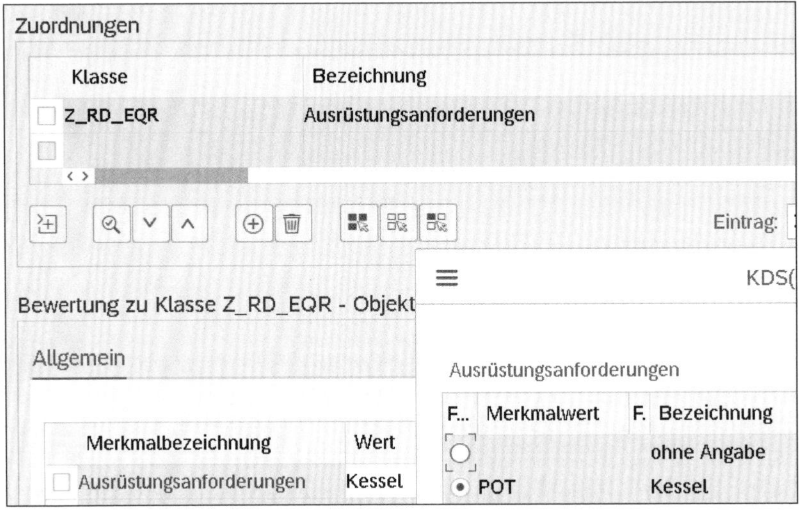

Abbildung 2.18 Klassifizierung einer Ressource

2.3 Zusammenfassung

In diesem Kapitel haben Sie die zentralen Stammdaten aus SAP Recipe Development in kurzen Ausführungen und die Stammdatenobjekte der angrenzenden SAP-Komponenten mit den wichtigsten Aspekten für die Integration kennengelernt. Sie wissen nun, welches die zentralen Stammdatenobjekte sind und können Ihr Wissen dazu weiter vertiefen. Zu jedem Abschnitt gibt es Verweise zu detaillierteren Ausführungen im Buch, die Sie in jedem Fall für Detailinformationen und Angaben zu den Konfigurationsmöglichkeiten lesen sollten.

Kapitel 3
Spezifikation – Funktionsumfang und grundlegende Stammdatenobjekte

Wenn Sie den Begriff »Spezifikation« hören, erscheint wahrscheinlich vor Ihrem inneren Auge eine auf Papier gedruckte Produktspezifikation. In Vorbereitung auf das folgende Kapitel dürfen Sie sich von diesem Bild lösen. Die Spezifikation ist ein sehr wandelbares Stammdatenobjekt, das eine zentrale Rolle in SAP Recipe Development spielt. Lernen Sie auf den folgenden Seiten die Funktionen der Spezifikation kennen, und erfahren Sie, mit welchen weiteren Stammdatenobjekten sie verbunden ist.

Die Spezifikation ist eines der zentralen Stammdatenobjekte in SAP Recipe Development. Auf der einen Seite können Spezifikationen – ähnlich wie das Material im Zusammenhang mit der Stückliste – dazu verwendet werden, Rezepte zu definieren. Auf der anderen Seite kann eine Spezifikation eine Detailinformation darstellen, wie z. B. Allergene oder Zutaten von Rohstoffen. Diese besonderen Formen der Spezifikation können wiederum für andere Spezifikationen wie Rohstoffe genutzt werden, um deren Eigenschaften zu definieren.

Wenn Sie eine Spezifikation anlegen, entscheiden Sie sich für eine *Spezifikationsart*, ähnlich wie Sie eine Materialart beim Anlegen eines Materials auswählen. Einige Spezifikationen (z. B. Allergene) können und müssen Sie frühzeitig im Projekt definieren, da die Angaben eine zentrale Rolle spielen und gegebenenfalls für Eigenentwicklungen, Formulare, Tests und Schulungen benötigt werden. Andere Spezifikationen (z. B. die Komplettausprägung Ihrer Rohstoffe oder Halbfertigwaren) können im Verlauf des Projekts angelegt oder eingespielt werden.

Abbildung 3.1 verdeutlicht, dass das Stammdatenobjekt **Spezifikation** verschiedene Spezifikationsarten umfasst, die unterschiedliche Aufgaben haben. Wenn Sie eine Spezifikation anlegen, entscheiden Sie, welche Gestalt die neue Spezifikation annehmen soll. In Abbildung 3.1 ist ein Auszug der im Standard vorhandenen Spezifikationsarten zu sehen.

SPEZIFIKATIONSART	Allergen ALLERGEN	Allergengruppe ALLERG_GRP	Diätstoff DIET	Diätstoffgruppe DIET_GROUP	Genmodifizierte Inhaltsstoffe GENMOD	Genmodifizierte Inhaltsstoffe (Gruppe) GENMOD_GRP	Listenstoff LIST_SUB	Nährstoff NUTRIENT	Nährstoffgruppe NUTR_GROUP	Paket PACKAGE	Verpackungsteile PACKAGING	Reinstoff PURE_SUB	Rohstoff RAW_SUB	Rezepteigenschaften RCP_PROP	Realstoff REAL_SUB	Religiöses Zertifikat RELIGIOUS	Religiöse Zertifikate (Gruppe) RELIG_GRP	Intermediatstoff STREAM
Spezifikation																		

Abbildung 3.1 Übersicht über die verschiedenen Spezifikationsarten

Abschnitt 3.1, »Funktionsumfang«, erklärt zunächst die Funktionen der Spezifikation. Abschnitt 3.1.1, »Spezifikation anlegen«, zeigt Ihnen, wie Sie Spezifikationen anlegen. Anschließend erhalten Sie Informationen zu drei bedeutenden Stammdatenobjekten: Zunächst erhalten Sie in Abschnitt 3.2, »Phrasenverwaltung«, Einblicke zur Phrasenverwaltung, die zur Nutzung von wiederkehrenden beschreibenden Textelementen relevant ist. Mit den anderen beiden Stammdatenobjekten, Merkmalen und Klassen, die in Abschnitt 3.3, »Merkmal«, und Abschnitt 3.4, »Klasse«, beschrieben sind, steuern Sie die Struktur der Eigenschaften, die in den Spezifikationen gepflegt werden sollen.

3.1 Funktionsumfang

Die folgenden Abschnitte geben Ihnen einen Überblick über die verfügbaren funktionalen Möglichkeiten einer Spezifikation und vermitteln Ihnen ein Grundverständnis dazu sowie zu deren Anlage (siehe Abschnitt 3.1.1, »Spezifikation anlegen«. Im Verlauf von Abschnitt 3.1.2, »Allgemeine Daten«, bis Abschnitt 3.1.10, »Verwandte Themen«, erhalten Sie Einblick in alle relevanten Bilder und Menüeinträge der Spezifikation.

3.1.1 Spezifikation anlegen

Bevor wir die Funktionen der Spezifikation im Detail betrachten, erfahren Sie zunächst, wie Sie eine neue Spezifikation anlegen. Abhängig davon, wie Sie den Prozess der Spezifikationsanlage gestalten möchten, gibt es zwei verschiedene Vorgehensweisen: Die Basis-App für das Anlegen von Spezifikationen ist die SAP-Fiori-App **Spezifikationen verwalten**. Darüber hinaus steht Ihnen eine Reihe von Spezial-Apps zur Verfügung, die für eine vereinfachte Anlage bestimmter Spezifikationsarten genutzt werden können. Beide Möglichkeiten lernen Sie im Folgenden kennen.

Wenn Sie ein SAP-ERP-System verwenden, ist der *SAP Business Client* (oft *NWBC* abgekürzt) die zu verwendende Benutzeroberfläche. Die dortige Vorgehensweise für die Anlage von Spezifikationen ist vergleichbar mit der Vorgehensweise in der SAP-Fiori-App **Spezifikationen verwalten** (siehe Abschnitt 10.2.1, »Spezifikationen anlegen«).

Spezifikation mit der SAP-Fiori-App »Spezifikationen verwalten« anlegen

Die Basis-App ist die App **Spezifikationen verwalten**. In Abbildung 3.2 sehen Sie die Kachel dieser App im SAP Fiori Launchpad.

Abbildung 3.2 Kachel der SAP-Fiori-App »Spezifikationen verwalten«

Wenn Sie die App aufrufen, landen Sie in einer Übersicht, in der Sie verschiedene Suchkriterien angeben können, um zu prüfen, ob die gewünschte Spezifikation schon vorhanden ist (siehe Abbildung 3.3).

Abbildung 3.3 Spezifikationen verwalten: Übersicht

Es stehen Ihnen verschiedene Filterkriterien zur Verfügung, die Sie für die Suche auswählen können. Klicken Sie auf **Start**, um in den vorhandenen Spezifikationen zu suchen.

Wenn Sie eine neue Spezifikation anlegen möchten, gelangen Sie aus dieser Übersicht über einen Klick auf den Button **Anlegen** zur Anlage der Spezifikation (siehe Abbildung 3.4).

In der SAP-Fiori-App **Spezifikationen verwalten** können Sie entscheiden, ob Sie eine ähnliche Spezifikation als Vorlage nutzen oder ob Sie alle Angaben selbst definieren möchten.

Des Weiteren steht es Ihnen offen, die Nummer für eine Spezifikation manuell zu definieren oder die Nummer vom System aus dem internen Nummernkreis heraus vergeben zu lassen. Für die Nummernvergabe ist es unerheblich, ob Sie dabei die SAP-Fiori-App **Spezifikationen verwalten** nutzen oder die Apps zur vereinfachten Anlage von Spezifikationen.

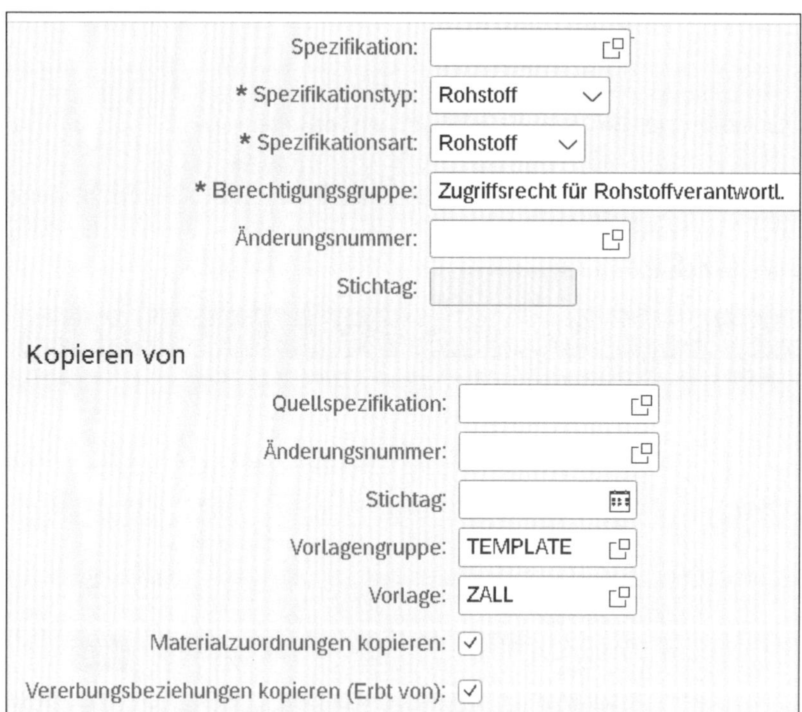

Abbildung 3.4 Möglichkeiten bei der Anlage einer Spezifikation

[«]

Manuelle Nummernvergabe

Bei Spezifikationen, die Sie früh im Projekt benötigen und bereits auf dem Testsystem anlegen, empfiehlt sich aus folgenden Gründen die manuelle Nummernvergabe:

Zu Allergenen, Nährstoffen, quantitativen Komponenten und ähnlichen Spezifikationen werden oft Individualentwicklungen vorgenommen. Wenn Sie Schlüssel manuell vergeben, haben Sie es leichter, die Programme in allen Systemen auf dieselben Objekte zugreifen zu lassen.

Sie können Zeit sparen, wenn die Spezifikationen zu Allergenen usw. per ALE (Application Link Enabling) von System zu System verteilt werden können (siehe Abschnitt 1.10, »ALE-Verteilung«). Dies funktioniert allerdings nur, wenn die Spezifikationen einen Schlüssel aus dem externen Nummernkreis haben.

Die einzelnen Felder aus Abbildung 3.4 sind in Tabelle 3.1 aufgeführt.

Feld	Beschreibung
Spezifikation	Feld für die Spezifikationsnummer. Bleibt das Feld leer, vergibt das System die Nummer; eine manuelle Nummernvergabe ist möglich.
Spezifikationstyp	Grobe Einordnung der Spezifikation in eine inhaltliche Gruppe (z. B. Rohstoff oder allgemeine Spezifikation).
Spezifikationsart	Genauere Einordnung der Spezifikation in eine inhaltliche Gruppe (wenn z. B. die Spezifikation vom Typ **Allgemeine Spezifikation** ist, erfolgt die Konkretisierung mit der Spezifikationsart **Halbfertigware**.
Berechtigungsgruppe	Steuerung der Zugriffsberechtigung auf die anzulegende Spezifikation.
Änderungsnummer	Falls mit Änderungsnummern gearbeitet wird, ist in dieses Feld die angelegte Änderungsnummer einzutragen.
Stichtag	Der Stichtag wird aus der Änderungsnummer gezogen.
Quellspezifikation	Sollen die Daten kopiert werden, wählen Sie in diesem Feld die Spezifikation, die als Kopiervorlage dienen soll.
Änderungsnummer	Ist eine bestimmte Version dieser Quellspezifikation gewünscht, ist hier die Änderungsnummer dazu einzutragen.
Stichtag	Wenn die Änderungsnummer nicht bekannt ist, kann auch der Stichtag eingetragen werden.

Tabelle 3.1 Felder bei der Spezifikationsanlage

Feld	Beschreibung
Vorlagengruppe	In Verbindung mit dem Feld **Vorlage** wird über das Feld **Vorlagengruppe** gesteuert, welche Daten kopiert werden.
Vorlage	In Verbindung mit dem Feld **Vorlagengruppe** wird darüber gesteuert, welche Daten kopiert werden.
Materialzuordnungen kopieren	Ist dieses Kennzeichen aktiviert, wird die Materialzuordnung von der Vorlagenspezifikation mit kopiert.
Vererbungsbeziehungen kopieren (Erbt von)	Ist dieses Kennzeichen aktiviert, werden die Vererbungsbeziehungen von der Vorlagenspezifikation mit kopiert – und zwar ausschließlich die »Erbt von«-Beziehungen.

Tabelle 3.1 Felder bei der Spezifikationsanlage (Forts.)

Abhängig davon, welchen Spezifikationstyp Sie in Abbildung 3.4 anlegen möchten, hilft die Customizing-Einstellung **Standardwerte in Spezifikations-Einstiegsbild definieren**, die Sie über den folgenden Customizing-Pfad erreichen: **Logistik Allgemein • PLM-Web-Benutzungsoberfläche • Rezeptentwicklung • Spezifikationsverwaltung • Spezifikation • Spezifikationsstamm • Standardwerte in Spezifikations-Einstiegsbild definieren**. Hier geben Sie an, welche **Spezifikationsart** und welche **Berechtigungsgruppe** in Abhängigkeit des gewählten Spezifikationstyps angezeigt werden sollen. Abbildung 3.5 zeigt, dass Sie mit Bezug zu einem Spezifikationstyp die Spezifikationsart und die Berechtigungsgruppe im Customizing vordefinieren können.

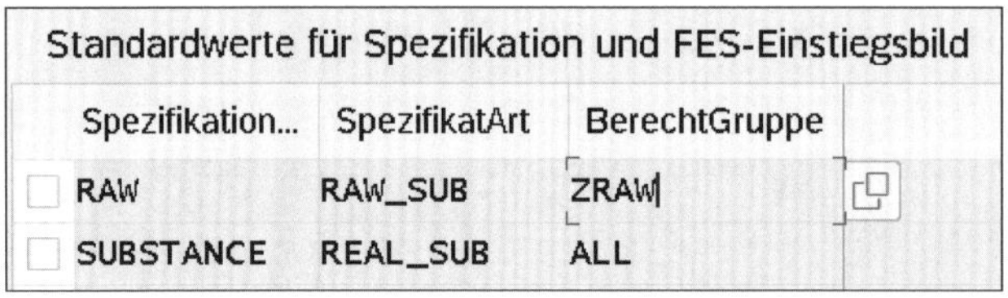

Standardwerte für Spezifikation und FES-Einstiegsbild

Spezifikation...	SpezifikatArt	BerechtGruppe
RAW	RAW_SUB	ZRAW
SUBSTANCE	REAL_SUB	ALL

Abbildung 3.5 Vorbelegung von Feldern in Abhängigkeit des Spezifikationstyps

Weiteren Einfluss können Sie auf die Felder bei der Anlage einer Spezifikation im Bereich **Kopieren von** nehmen (siehe Abbildung 3.4). Auch dazu finden Sie im Customizing über den folgenden Pfad den entsprechenden Eintrag: **Logistik Allgemein • PLM-Web-Benutzungsoberfläche • Rezeptentwicklung • Spezifikationsverwaltung • Spezifikation • Spezifikationsstamm • Standardwerte zum Kopieren von Spezifikationen definieren**. Sie legen hier fest, welche Vorlagengruppe und welche Vorlage das System als Standardwerte bei einer Kopie vorbelegen soll.

Zudem entscheiden Sie, ob die Kennzeichen **Materialien importieren**, **Vererbung kopieren** und **Dokumente importieren** ausgewählt sein sollen (siehe Abbildung 3.6). Beachten Sie, dass die Customizing-Tabelle lediglich einen Eintrag vorsieht. Es gibt hier keine Abhängigkeiten zu Spezifikationstyp, Spezifikationsart oder anderen Angaben.

Abbildung 3.6 Vorbelegung von Standardwerten zum Kopieren von Spezifikationen

Details zur Kopiervorlage finden Sie in Abschnitt 4.15, »Vererbung und Kopie«.

Spezifikation mit Spezial-Apps anlegen

Für eine vereinfachte Vorgehensweise bei der Anlage von Spezifikationen stellt SAP spezielle SAP-Fiori-Apps zur Verfügung. Bei diesen Apps steht Ihnen ein reduzierter Umfang an Feldern zur Verfügung, was zum einen die Bearbeitung übersichtlicher und schneller macht und zum anderen die Einstellungsmöglichkeiten im Customizing begrenzt. Folgende SAP-Fiori-Apps zur vereinfachten Anlage von bestimmten Stoffen können bislang genutzt werden:

- **Rohstoffe verwalten**
- **Realstoffe verwalten**
- **Reinstoffe verwalten**
- **Intermediatstoffe verwalten**
- **Pakete verwalten**

Folgende SAP-Fiori-Apps zur vereinfachten Anlage von Spezifikationen, die zu Berechnungszwecken im Rezept genutzt werden, gibt es bislang:

- **Nährstoffe verwalten**
- **Nährstoffgruppen verwalten**
- **Allergene verwalten**
- **Allergengruppen verwalten**
- **Diäten verwalten**
- **Diätstoffgruppen verwalten**
- **Religiöse Zertifikate verwalten**
- **Zertifikatgruppen verwalten**

- **GVO verwalten**
- **GVO-Gruppen verwalten**

Diese SAP-Fiori-Apps sind auch in Abschnitt 1.6, »OData-Services und ICF-Services«, in Tabelle 1.4, inklusive der englischen Bezeichnungen, aufgeführt, damit Sie diese in der SAP Fiori Apps Reference Library finden können.

Wenn Sie sich für die einzelnen Spezifikationstypen für genau eine Berechtigungsgruppe entscheiden können, wird dieses Feld vorbelegt, und Sie können mit der Anlage der Spezifikation fortfahren. Weitere Details zur Berechtigungsgruppe finden Sie in Abschnitt 5.6, »Berechtigungsgruppen«. Um die Konfiguration vorzunehmen, welche Berechtigungsgruppe bei welchem Spezifikationstyp verfügbar sein soll, gehen Sie an dieselbe Stelle, an der die Berechtigungsgruppen verwaltet werden: **Logistik Allgemein • PLM-Web-Benutzungsoberfläche • Rezeptentwicklung • Spezifikationsverwaltung • Spezifikation • Spezifikationsstamm • Berechtigungsgruppen festlegen**.

In Abbildung 3.7 sehen Sie, dass zu einer **Berechtigungsgruppe** (ZRAW) ein **Spezifikationstyp** (RAW) hinterlegt ist. Damit ist gewährleistet, dass das System die Berechtigungsgruppe bei der Verwendung der SAP-Fiori-App **Rohstoffe verwalten** vorbelegen kann und die Anwenderinnen und Anwender diesen Schritt bei der Anlage einer Rohstoffspezifikation nicht mehr durchführen müssen (siehe Abbildung 3.8).

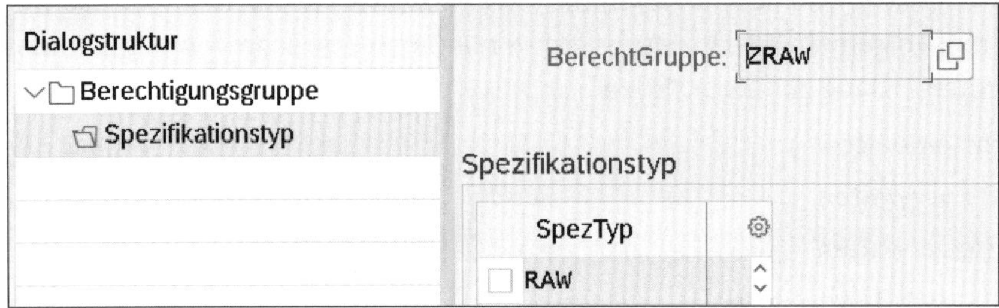

Abbildung 3.7 Vorbelegung der Berechtigungsgruppe

Das Ergebnis sehen Sie direkt in Abbildung 3.8. Die Berechtigungsgruppe ZRAW wurde vom System vorbelegt und kann auch nicht geändert werden.

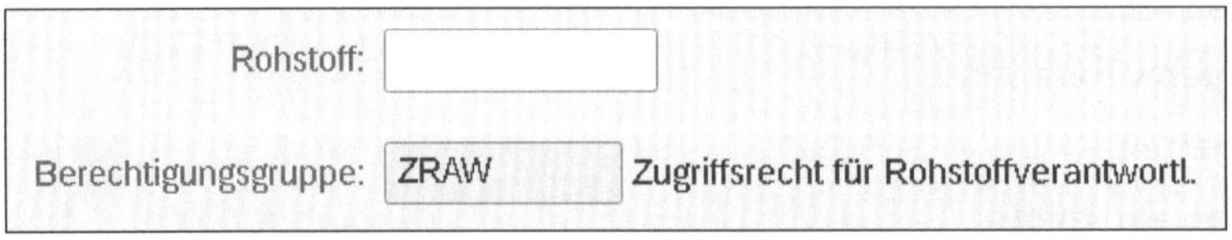

Abbildung 3.8 Vorbelegte Berechtigungsgruppe

Weitere Informationen zur Berechtigungsgruppe erhalten Sie in Abschnitt 5.6, »Berechtigungsgruppen«.

3.1.2 Allgemeine Daten

Die Struktur der allgemeinen Daten in einer Spezifikation kann sich von Spezifikationsart zu Spezifikationsart unterscheiden. In diesem Abschnitt erhalten Sie einen Überblick über die Maximalausprägung, die bereits in der Standardauslieferung in den Spezifikationsarten skaliert wurde und von Ihnen in einem Projekt bei Bedarf geändert werden kann.

Grunddaten

In den Grunddaten sehen Sie im Feld **Kopfdaten** Einträge, die Aufschluss über die Zugehörigkeit der Spezifikation geben (siehe Abbildung 3.9). Sie sehen dazu den Spezifikationstyp, die Stoffnatur, die Berechtigungsgruppe und den Vermerk. Der Spezifikationstyp als Steuerungselement ist zusammen mit der Berechtigungsgruppe für die Zugriffsregelung auf die Spezifikation zuständig. Anhand der Berechtigungsgruppe können Sie die Berechtigungsobjekte in einer Rolle ausprägen, sodass der Zugriff auf Spezifikationen sehr granular geregelt werden kann.

Das Feld **Stoffnatur** dient dazu, eine Spezifikation in eine weitere Kategorie einzuteilen. Dies kann z. B. für verschiedene Produktkategorien genutzt werden, die Sie in der Spezifikationssuche unterstützend hinzuziehen können.

Im Feld **Vermerk** steht es den Anwenderinnen und Anwendern frei, eine Notiz zu hinterlegen.

> **Verfügbare Zeichen im Feld »Vermerk«**
>
> Das Feld stellt 60 Zeichen zur Verfügung. Die Größe des Feldes auf der Benutzeroberfläche weckt eine andere Erwartungshaltung.

Kopfdaten

Spezifikationstyp:	RAW	Rohstoff
Stoffnatur:	ZBROTH	Brühe
* Berechtigungsgruppe:	ZRAW	Zugriffsrecht für Rohstoffverantwortl.
Vermerk:	Neue Infos vom Lieferanten => nächste Teambesprechung	

Abbildung 3.9 Kopfdaten in den Grunddaten

Das Feld **Gültigkeit** in Abbildung 3.10 spielt nur dann eine Rolle, wenn Sie über den Einsatz von Änderungsnummern Versionen von Spezifikationen verwalten. Dann sehen Sie beim Zugriff auf eine Spezifikation, welche Änderungsnummer gerade im Zugriff ist und welchen Gültigkeitszeitraum diese Änderungsnummer abdeckt.

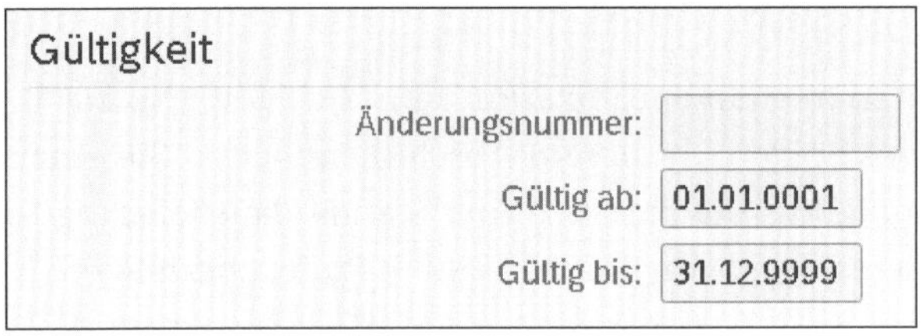

Gültigkeit
Änderungsnummer:
Gültig ab: 01.01.0001
Gültig bis: 31.12.9999

Abbildung 3.10 Gültigkeit in den Grunddaten

Die Einträge im Bereich **Verwaltung** in Abbildung 3.11 geben Ihnen Aufschluss darüber, wer die Spezifikation wann angelegt hat, wer sie wann geändert hat und wer wann die Kopfdaten geändert hat.

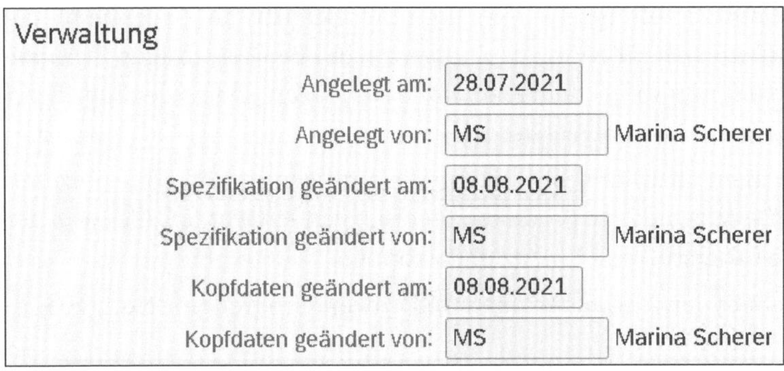

Abbildung 3.11 Verwaltung in den Grunddaten

Identifikatoren

Identifikatoren sind ein zentraler Bestandteil der Spezifikationsverwaltung. Sie tragen dazu bei, dass Spezifikationen in Trefferlisten oder Übersichten in SAP Recipe Development überhaupt namentlich erkennbar sind. Mithilfe der Identifikatoren beschreiben Sie eine Spezifikation näher. Die Beschreibungen können sowohl aus Text als auch aus Ziffern bestehen.

Des Weiteren können Sie verschiedene Formeln wie eine Summenformel definieren oder Kennzeichen angeben, die lediglich über X bestätigt oder über einen Strich (–) verneint werden müssen. Diese Kategorien werden über den *Identifikationstyp* unterschieden. Jeder Identifikationstyp (NAM, NUM, FRM, IND) unterteilt sich wiederum in verschiedene *Identifikationsarten*, damit die Beschreibungen vielfältig eingesetzt werden können. Wie das aussehen kann, zeigt Ihnen Abbildung 3.12 in den Spalten **ID-Typ** und **ID-Art**.

Bei Identifikatoren, die zum Identifikationstyp NAM gehören, steht Ihnen ein Langtext zur Verfügung, sodass auch Herstellanweisungen, die auf ein Produktdatenblatt gedruckt werden sollen, dort hinterlegt werden können. Gestaltungsspielraum bei der

Formatierung von Langtexten gibt es nicht. Auch auf die Möglichkeit der Angabe von Sprachschlüsseln sei an dieser Stelle hingewiesen. Ob ein Langtext vorhanden ist, sehen Sie in der Spalte **Langtext vorhanden** (siehe Abbildung 3.12).

Die Identifikatoren können für verschiedene Gültigkeitsräume angelegt werden, sodass Sie bei internationaler Reichweite Ihrer Produkte auch dafür Sorge tragen können, dass die Identifikatoren abhängig von der Zielregion, z. B. auf Ausdrucken, verwendet werden.

Falls Sie besondere Anforderungen an einen Identifikator haben, was die Struktur, wie z. B. bei der CAS-Nummer, anbelangt, können dafür im Customizing *Prüffunktionen* hinterlegt werden. Es spricht bei Bedarf auch nichts dagegen, dass Sie mit einer Entwicklerin oder einem Entwickler selbst eine Prüffunktion definieren.

Zudem ist die Anwendung so konfigurierbar, dass Sie ein Set an Identifikatoren definieren können, das Sie mit zwei Mausklicks über den Button **Hinzufügen** in die Identifikatoren laden können (siehe Abbildung 3.12). Daraufhin kann die Pflege der Identifikatoren beginnen. Nicht gefüllte Identifikatoren verschwinden beim Speichern wieder. Dies spart in der täglichen Arbeit Zeit.

Hinzufügen ∨ | Löschen | Verwendung einblenden | Informationen

ID-Typ	Beschr. ID-Typ	ID-Art	Beschr. ID-Art	Identifikator	Sprache	Langtext vorhan...	Langtext
NAM	Name	DESC	Beschreibung	Gemüsebrühe	DE	☐	Anlegen
NAM	Name	PROD	Produktname	Gemüsebrühe	DE	☐	Anlegen
NAM	Name	TRADE	Handelsname	Gemüsebrühe	DE	☐	Anlegen
NAM	Name	SYN	Synonym	Gemüsebouillion	DE	☐	Anlegen
NAM	Name	PROD	Produktname	Vegetable broth includir	EN	☑	Ändern
IND	Kennzeichen	ZUSEABLE	Verwendbar	X		☐	Anlegen
NUM	Nummer	SUP_MATNR	Lieferantenmaterialnumı	0815		☐	Anlegen

Abbildung 3.12 Identifikatoren in den allgemeinen Daten

Status

In der Sicht **Status** können Sie festlegen, für welche *Gültigkeitsräume* welcher Status zum aktuellen Zeitpunkt gelten soll (siehe Abbildung 3.13). Gültigkeitsräume können länderspezifisch oder mit Bezug zu Kontinenten sein, wenn Sie z. B. besondere Anforderungen für Ihre Kunden in speziellen Ländern oder auf bestimmten Kontinenten abdecken müssen. Auch können Sie inhaltlicher Natur sein, wenn Ihre Rohstoffe z. B. bestimmten Regeln oder Normen unterliegen.

Im Customizing haben Sie die Möglichkeit, Vorbedingungen festzulegen. Nutzen Sie dazu den Pfad **Logistik Allgemein • Product Lifecycle Management (PLM) • PLM-Web-Benutzungsoberfläche • Rezeptentwicklung • Spezifikationsverwaltung • Spezifikation • Spezifikationsstamm • Statusverwaltung für Gültigkeitsbereiche • Status festlegen**.

Dort können Sie angeben, welche Bewertungsart vor einem Statuswechsel gepflegt sein muss. Mithilfe von Vorbedingungen ermöglichen Sie eine gezielte Bearbeitung von Identifikatoren und das Einschränken von Eigenschaften, die zu einem bestimmten Gültigkeitsraum gehören.

Löschen | Informationen | Statushistorie

	Einstufung	Bez.Einstufung	Gültigkeitsraumtyp	Gültigkeitsraum	Bez.GültigkRaum	Status	Statusbeschreibung	Gültig ab	Gültig bis
●	PUBLIC	Vollständig freig...	REGION	REG_WORLD	Welt	IB	In Bearbeitung	01.08.2021	31.12.2022
○	PUBLIC	Vollständig freig...	REGION	REG_EU	Europäische Gem...	IB	In Bearbeitung	01.08.2021	31.12.2022

Abbildung 3.13 Status in den allgemeinen Daten

Hinweis zum Einsatz des Status von Gültigkeitsräumen

Der Einsatz des Status von Gültigkeitsräumen klingt auf den ersten Blick attraktiv und vielversprechend. Die Praxis hat jedoch gezeigt, dass dieser Einsatz mit viel Arbeit verbunden sein kann und mit dem Wunsch nach pragmatischer Stammdatenpflege oft nicht in Einklang zu bringen ist.

Kopfstatus

Etwas allgemeiner als der Status mit Bezug zum Gültigkeitsraum im Bereich **Status** ist der Kopfstatus. Hier geht es um den grundsätzlichen Status der Spezifikation, mit dem Sie die Stationen einer Spezifikation mitzeichnen können. Dies kann z. B. sein, dass Ihre Spezifikationen entweder **Aktiv** oder **Veraltet** sind (siehe Abbildung 3.14).

Alternativ ist es möglich, dass Ihre Spezifikationen eine komplexere Stationsstruktur durchlaufen müssen z. B. **Muster**, **Vorläufige Freigabe**, **Finale Freigabe**, **Veraltet**. Die Vergabe des Kopfstatus erfolgt immer für die gesamte Spezifikation. Einschränkungen auf bestimmte Elemente wie die Gültigkeit oder anderes sind nicht möglich. Der Kopfstatus steht in den SAP-Fiori-Apps zur Verwaltung von Spezifikationen als Suchkriterium zur Verfügung und kann somit bei der Suche nach Spezifikationen unterstützen (Feld **Status** in Abbildung 3.3). Zudem ist der Arbeitsaufwand bei einem moderaten Statusschema überschaubar. Daher handelt es sich um eine empfehlenswerte Funktion.

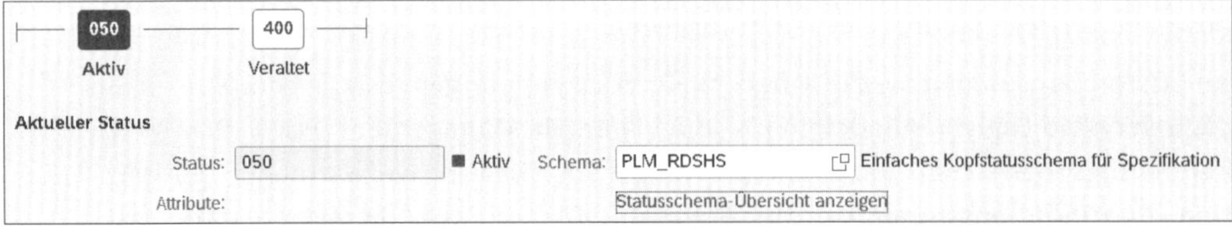

Abbildung 3.14 Statusschema und aktueller Status im Kopfstatus

Aus Abbildung 3.15 wird deutlich, dass das System den nächsten möglichen Status laut *Statusschema* vorschlägt und dieser lediglich über den Button **Ausgew. Status zuordnen** zugeordnet werden muss. Im Bereich **Vorbedingung für nächsten Status** kann geprüft werden, welche Voraussetzungen die Spezifikation für den nächsten Status erfüllen muss. Details dazu finden Sie in Abschnitt 4.14, »Kopfstatus«.

Nächster möglicher Status

Status: 400 - Veraltet | Ausgew. Status zuordnen

Attribute: Für Änderungen gesperrt ; Spezifikation ist veraltet

Zieldatum: 09.08.2021

Verantwortlicher Benutzer: MS Scherer, Marina

Vorbedingung für nächsten Status

Vorbedingung für nächsten Status	Datum	Uhrzeit	Benutzer
☐ Es gibt keine aktive Vererbung an die Beziehung		00:00:00	
☐ Keine Verwendung als Eingabespezifikation in aktivem Rezept		00:00:00	
☐ Wird nicht als Ausbeuteintermediat in aktiv. Rezept verwend.		00:00:00	
☐ Keine Verwendung als PrimärausbSpezifik. in aktivem Rezept		00:00:00	
☐ Keine Verwendung als Eigenschaftsspezifik. in aktivem Rezept		00:00:00	

Abbildung 3.15 Nächster Status und Vorbedingungen im Kopfstatus

Wie es Abbildung 3.16 aufzeigt, werden Änderungen am Kopfstatus einer Spezifikation vom System lückenlos dokumentiert. Es ist klar ersichtlich, wer wann eine Statusänderung vorgenommen hat. Bei entsprechenden Einstellungen im Customizing werden die Anwenderinnen und Anwender bei einem Statuswechsel dazu aufgefordert, zu vermerken, weshalb der Status geändert wurde.

Statushistorie

Export

Quellstatus	Zielstatus	Datum	Uhrzeit	Benutzer	Langtext
	050 - Aktiv	31.07.2021	14:03:30	MS	
050 - Aktiv	400 - Veraltet	31.07.2021	14:03:30	MS	
400 - Veraltet	050 - Aktiv	01.08.2021	12:04:28	MS	Display

Abbildung 3.16 Statushistorie im Kopfstatus

Materialzuordnungen

Die Sicht **Materialzuordnungen** ist für die Verknüpfung zwischen Produktentwicklung, Einkauf und Fertigung zuständig. Dort werden die zu einer Spezifikation gehörigen Materialnummern zugeordnet. Speziell bei Fertigwaren ist es möglich, dass dieselbe Spezifikation für unterschiedliche Gebindegrößen genutzt wird und somit mehrere Materialien auf dieselben Spezifikationsdaten zugreifen.

Ein anderer Grund für die Verknüpfung einer Spezifikation mit mehreren Materialien ist die Verwendung unterschiedlicher Materialnummern in unterschiedlichen Werken für denselben Stoff. Daher ist für solche Fälle das Feld **Werk** zu nutzen. Für einige Spezifikationen wie Allergene ist keine Materialzuordnung erforderlich. In Abbildung 3.17 sehen Sie eine zugeordnete Materialnummer inklusive Werk.

Material	Beschreibung des Materials	Werk	Beschreibung Werk
3021	Gemüsebrühe	1000	München

Abbildung 3.17 Materialzuordnung in den allgemeinen Daten

Sobald ein Material mit einer Spezifikation verknüpft ist, ist die Basis geschaffen, um Materialinformationen ins Rezept einzubinden und um Spezifikationsdaten in der Materialwirtschaft zu verwenden.

Die Materialzuordnung kann bei neuen Spezifikationen zu einem späteren Zeitpunkt erfolgen, wenn erste Tests ergeben haben, dass der neue Rohstoff Ihren Anforderungen standhält und nun auch tatsächlich ein Materialstamm benötigt wird. Bis zu diesem Zeitpunkt kann sich das Team, das den Materialstamm betreut, anderen Aufgaben widmen.

Details zur Materialzuordnung finden Sie in Abschnitt 4.2.1, »Konfigurationsmöglichkeiten in der Spezifikationsart«.

Beziehungen

In der Sicht **Beziehungen** verwalten Sie die Vererbungsbeziehungen zwischen Spezifikationen. Sie steuern darüber sowohl, von welcher Spezifikation die aktuelle Spezifikation erbt, als auch, an welche Spezifikation die aktuelle Spezifikation vererben soll. Welche Daten vererbt werden, steuern Sie über sogenannte Vererbungsvorlagen, die einmalig angelegt sein müssen. Es können alle oder ausgewählte Gültigkeitsräume, Identifikatoren und Bewertungsarten vererbt werden. Abbildung 3.18 zeigt, an welche Spezifikationen (**Spezifikation** und **Identifikator 1**) vererbt wird, wie es um die Vererbungsbeziehung steht (**Status**, **Genehmigungsstatus**, **Aktiv**, **Vererbung angefordert** und **Relevante Änderungen**) und welche Vererbungsvorlage genutzt wurde (**Vorlage** und **Gruppe**).

Welche Daten geerbt oder vererbt wurden, ist durch entsprechende Symbole in der Spezifikation ersichtlich. In Abbildung 3.19 sehen Sie in der Spalte **Vererbung** über die verknüpften Bausteine und den Pfeil nach oben, dass die Daten der Identifikatoren vererbt werden.

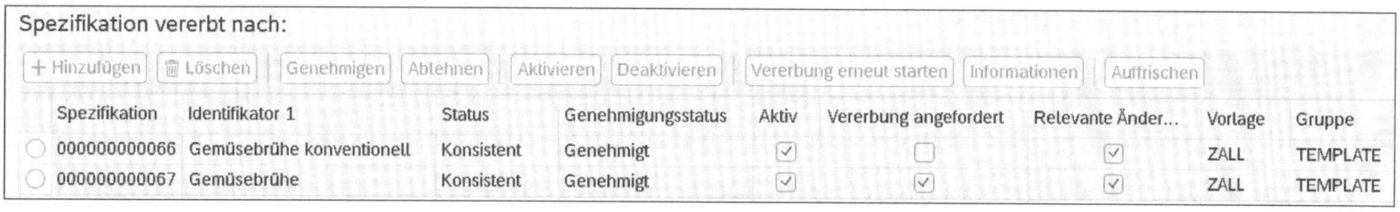

Spezifikation vererbt nach:

+ Hinzufügen | Löschen | Genehmigen | Ablehnen | Aktivieren | Deaktivieren | Vererbung erneut starten | Informationen | Auffrischen

	Spezifikation	Identifikator 1	Status	Genehmigungsstatus	Aktiv	Vererbung angefordert	Relevante Änder...	Vorlage	Gruppe
○	000000000066	Gemüsebrühe konventionell	Konsistent	Genehmigt	☑	☐	☑	ZALL	TEMPLATE
○	000000000067	Gemüsebrühe	Konsistent	Genehmigt	☑	☑	☑	ZALL	TEMPLATE

Abbildung 3.18 Beziehungen in den allgemeinen Daten

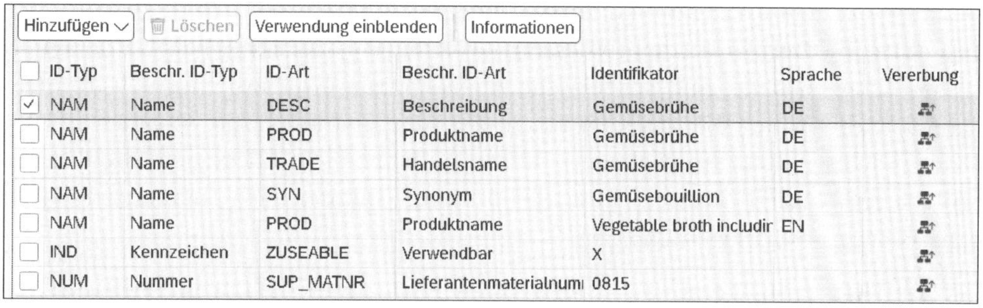

Hinzufügen | Löschen | Verwendung einblenden | Informationen

	ID-Typ	Beschr. ID-Typ	ID-Art	Beschr. ID-Art	Identifikator	Sprache	Vererbung
☑	NAM	Name	DESC	Beschreibung	Gemüsebrühe	DE	
☐	NAM	Name	PROD	Produktname	Gemüsebrühe	DE	
☐	NAM	Name	TRADE	Handelsname	Gemüsebrühe	DE	
☐	NAM	Name	SYN	Synonym	Gemüsebouillion	DE	
☐	NAM	Name	PROD	Produktname	Vegetable broth includir	EN	
☐	IND	Kennzeichen	ZUSEABLE	Verwendbar	X		
☐	NUM	Nummer	SUP_MATNR	Lieferantenmaterialnumı	0815		

Abbildung 3.19 Vererbte Identifikatoren

In Abbildung 3.20 sehen Sie anhand desselben Symbols wie in Abbildung 3.19, dass auch die Daten der Bewertungsarten vererbt werden.

◉	∨ 000000000057
○	> Administration
○	> Allgemein
○	∨ Zusammensetzung
○	Standard-Zusammensetzung
○	Inhaltsstoffliste
○	Nährstoffzusammensetzung
○	Diäteignung
○	Allergene
○	Einhaltung religiöser Zertifikate
○	> Physikalisch-chemische Daten
○	∨ Mikrobiologie
○	Parameter Mikrobiologie

Abbildung 3.20 Vererbte Bewertungsarten

Ein temporäres oder dauerhaftes Überschreiben der geerbten Daten ist bei den Bewertungsarten möglich.

Details zur Vererbung finden Sie in Abschnitt 4.2.1, »Konfigurationsmöglichkeiten in der Spezifikationsart«.

3.1.3 Eigenschaften

In der Sicht **Eigenschaften** pflegen Sie sämtliche numerischen und alphanumerischen Angaben, die einer gewissen Struktur und Form unterliegen sollen. Für numerische Angaben können das zum einen physikalisch-chemische Eigenschaften sein wie Dichte, pH-Wert, Flammpunkt und weitere Eigenschaften. Zum anderen können dies auch mikrobiologische Eigenschaften sein, wie Salmonellen oder andere Eigenschaften, auf deren Vorkommen hin die Materialien untersucht werden müssen. Der Fokus liegt hierbei klar auf den gemessenen Werten. Ein klassisches Beispiel für alphanumerische Angaben sind sensorische Angaben, wie u. a. Farbe, Geruch und Geschmack. Hier haben die Angaben beschreibenden Charakter. Alle Angaben sind in einem Eigenschaftsbaum gegliedert, dessen Aufbau bei der Pflege der Daten unterstützen soll. Zusätzlich gibt es eine Suchfunktion, mit der nach Themen im Eigenschaftsbaum gesucht werden kann.

Abbildung 3.21 zeigt exemplarisch die Struktur eines Eigenschaftsbaumes auf, in dem Sie verschiedene Kategorien wie z. B. **Physikalisch-chemische Daten** oder **Mikrobiologie** einbinden können. Wie die Pflege von numerischen und alphanumerischen Angaben aussieht, wird aus Abschnitt 3.3.2, »Merkmal vom Typ CHAR – Zeichenformat« und Abschnitt 3.3.3, »Merkmal vom Typ NUM – numerisches Format«, ersichtlich.

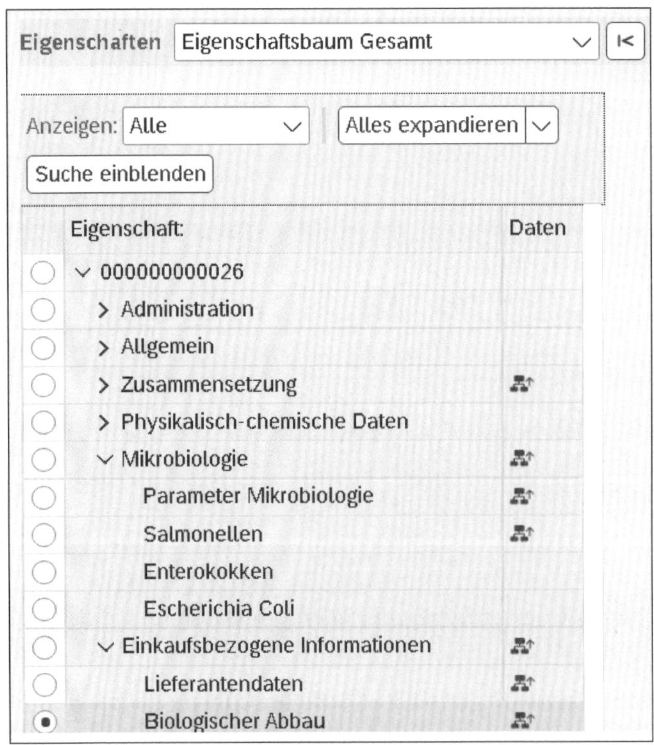

Abbildung 3.21 Exemplarischer Eigenschaftsbaum in den Eigenschaften

Der Eigenschaftsbaum sollte im Verlauf eines Projekts nach den Anforderungen des Fachbereichs aufgebaut werden.

Details zu Eigenschaftsbäumen finden Sie in Abschnitt 4.12, »Eigenschaftsbaum«.

> **Laufweg**
>
> Mit der Funktion **Laufweg** können in Spezifikationen und Rezepten Workflows gesteuert werden. Unter *http:/www.sap-press.de/5445* steht Ihnen ein kostenloses Bonuskapitel zur Verfügung. Dort finden Sie die relevanten Customizing-Einstellungen sowie Erklärungen zur Funktionsweise.

3.1.4 Einträge prüfen

Mit der Funktion **Einträge prüfen** beginnt das System eine Überprüfung der seit der letzten Spezifikationsprüfung vorgenommenen Angaben. Im Rahmen der Prüfung werden alle Eingaben, zu denen es im System eine Vergleichsgrundlage gibt, auf ihre Gültigkeit hin geprüft. Was inhaltlich genau alles abgeprüft wird, ist allerdings nicht transparent. In Abbildung 3.22 sehen Sie z. B. eine Fehlermeldung nach einer falschen Eingabe in einem *numerischen Merkmal* im Eigenschaftsbaum.

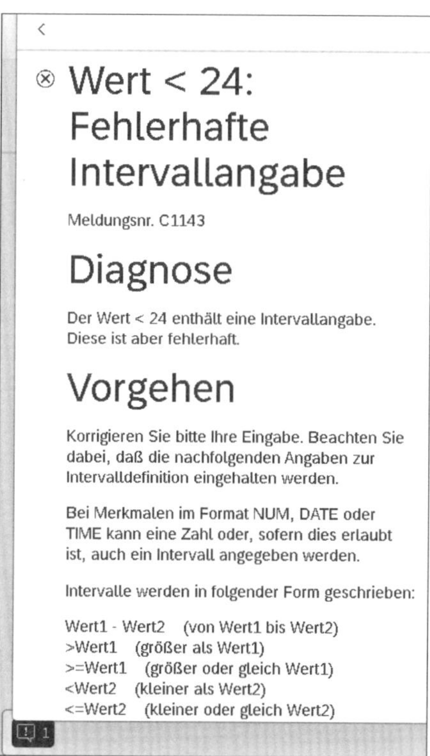

Abbildung 3.22 Exemplarisches Ergebnis der Prüfung der Einträge

Hier wurde versucht, eine Angabe (> 24) zu pflegen. Dabei wurde ein Leerzeichen zwischen »>« und »24« gesetzt. Darauf weist das System hin, sodass der Eintrag korrigiert werden kann. Ähnlich verhält es sich mit Angaben, die die Anzahl der Stellen überschreiten (siehe Abschnitt 3.3.3, »Merkmal vom Typ NUM – numerisches Format«) oder wenn ein Text manuell in ein *verphrastes Merkmal* eingetragen wird, der nicht als *Phrase* angelegt ist (siehe Abschnitt 3.2, »Phrasenverwaltung«, und Abschnitt 3.3.2, »Merkmal vom Typ CHAR – Zeichenformat«).

Diese Art der Prüfung bezieht sich auch auf den Bereich **Allgemeine Daten** der Spezifikation sowie die Identifikatoren und den Kopfstatus. Auch mit dem Drücken der Enter-Taste oder dem Speichern von Änderungen in einer Spezifikation stoßen Sie eine Überprüfung Ihrer Einträge an. Im Fuß Ihres Fensters erhalten Sie Hinweise darauf, ob die Einträge Fehler aufweisen.

3.1.5 Daten importieren

Stellen Sie während Bearbeitung einer Spezifikation fest, dass Sie Daten aus einer anderen Spezifikation benötigen, können diese importiert werden. Zur Verfügung stehen die Vorlagen für die Vererbungsbeziehungen und Kopierfunktion bei der Anlage einer Spezifikation, sodass lediglich die benötigte Vorlage und die Spezifikation, die als Datenquelle dienen soll, ausgewählt werden muss, um die Daten zu importieren. Abbildung 3.23 zeigt, wie die Felder **Quellspezifikation**, **Vorlagengruppe** und **Vorlage** exemplarisch gefüllt sein können.

Abbildung 3.23 Daten importieren

Anders als bei der Vererbung erscheint nach dem Datenimport kein Hinweis, dass die Daten importiert wurden (siehe Abbildung 3.19) – weder in der Quellspezifikation noch in der Zielspezifikation.

3.1.6 Globale Parameter

Mithilfe von *Änderungsnummern* können Versionen von Spezifikationen angelegt werden. Damit steht die Möglichkeit offen, dass Änderungen der Spezifikationsdaten nachvollzogen werden können. Um die unterschiedlichen Versionsstände einsehen zu können, gibt es den Menüpunkt **Globale Parameter**. Wie es Abbildung 3.24 aufzeigt, können Sie entweder mit einer konkreten **Änderungsnummer** einsteigen, oder es gibt für das Feld **Stichtag** ein einzutragendes Datum, an dem Sie die Spezifikationsdaten prüfen möchten.

Abbildung 3.24 Wechsel zu einer anderen Spezifikationsversion über globale Parameter

3.1.7 Anwendungsprotokoll

Das *Anwendungsprotokoll* hilft Ihnen dabei, eine Übersicht zu erhalten, welche Meldungen in einer Spezifikation wann aufgetreten sind. Sie können dabei den Fokus auf Fehler, Warnungen, Informationen oder Statusmeldungen legen, indem Sie die Kennzeichen **Fehlermeldungen**, **Warnmeldungen**, **Informationsmeldung** und **Statusmeldungen** nach Ihren Anforderungen selektieren.

Einen Auszug aus dem Anwendungsprotokoll sehen Sie in Abbildung 3.25. In diesem Fall liegt laut der Spalte **Element** ein Fehler vor. Die Spalte **Nachricht** zeigt, dass ein Identifier (Identifikator) nicht gefüllt ist.

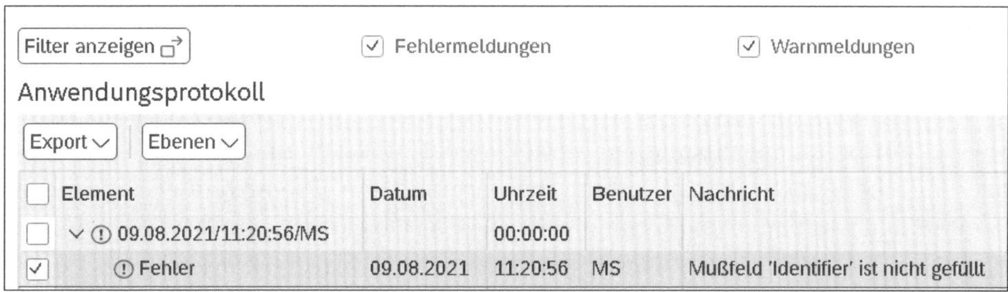

Abbildung 3.25 Anwendungsprotokoll (Bildausschnitt)

Um diesen Fehler zu lösen, müssten nun in der Sicht **Identifikator** die Angaben vervollständigt werden. Das System würde zudem noch Warnmeldungen anzeigen, da das entsprechende Kennzeichen **Warnmeldungen** selektiert ist.

Wenn Sie die Anzeige der Meldungen einschränken möchten, stehen Ihnen verschiedene Filter zur Auswahl. Hilfreiche Filterkriterien aus der Übersicht in Abbildung 3.26 sind oft **Datum**, **Benutzer** und **Betriebsmodus**.

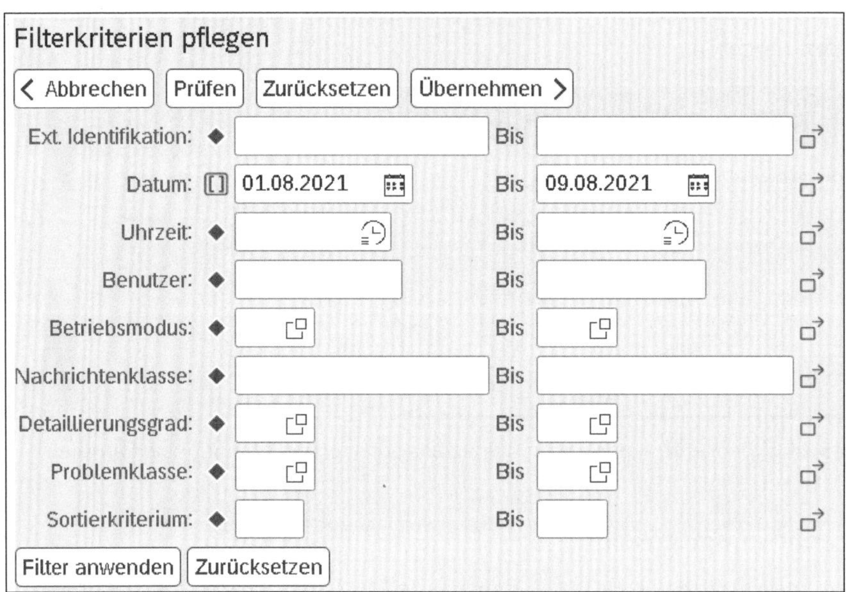

Abbildung 3.26 Filterkriterien im Anwendungsprotokoll

3.1.8 Weitere Funktionen

Die Option **Weitere Funktionen** hält zusätzliche Funktionen für das Arbeiten mit Spezifikationen bereit. Prüfen Sie in den nachfolgenden Ausführungen, ob etwas für Sie dabei ist.

Zu Objektmenge hinzufügen

Über *Objektmengen* können Sie Spezifikationen für die Verwendung in Rezepten in Gruppen zusammenfügen. Dies ist dann hilfreich, wenn die Anwenderinnen und Anwender ein Set an Spezifikationen immer wieder in Rezepten einsetzen. So können alle Mitarbeitenden gemäß ihrem Schwerpunkt im Produktentwicklungsteam Sammlungen aufbauen. Sie können verschiedene Objektmengen-IDs definieren, sodass Sie problemlos u. a. die wichtigsten Rohstoffe, Farbstoffe, Konservierungsstoffe und weitere Stoffe in unterschiedlichen Objektmengen gruppieren können.

In Abbildung 3.27 sehen Sie den Button **Objektmenge anlegen**, über den neue Objektmengen definiert werden können. Ebenso sehen Sie in Abbildung 3.27, dass die **Objektmengen-ID** Z_VEGETABLE zugeordnet ist. Sobald der Button **OK** gedrückt wird, ist die Spezifikation, aus der Sie zur Funktion **Zu Objektmenge hinzufügen** navigiert sind, dieser Objektmenge zugeordnet.

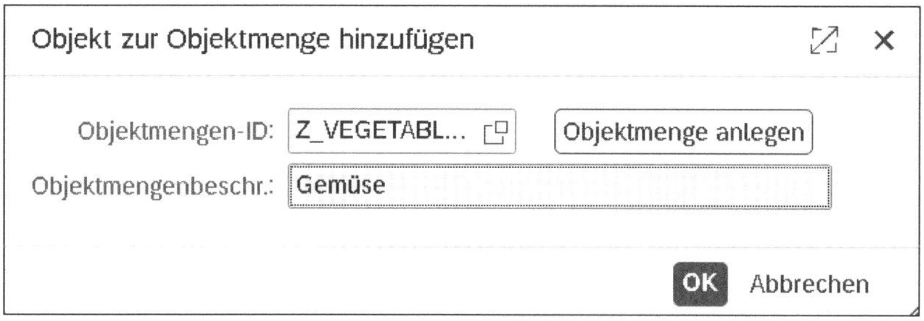

Abbildung 3.27 Spezifikation einer Objektmenge zuordnen

In Abbildung 3.28 werfen wir einen kurzer Blick ins Rezept, damit Sie sehen, wie sich die Objektmenge dort auswirkt. Im Bereich **Meine Objektmenge** in der Sicht **Formel** im Bereich **Einsatz und Ausbeute** auf der linken Seite können Sie eine Auswahl aus den verschiedenen persönlichen Objektmengen vornehmen. Die darin gesammelten Spezifikationen werden in einer Trefferliste angezeigt und können über den Button **Zu Formel hinzufügen** bequem in die Formel eingebunden werden.

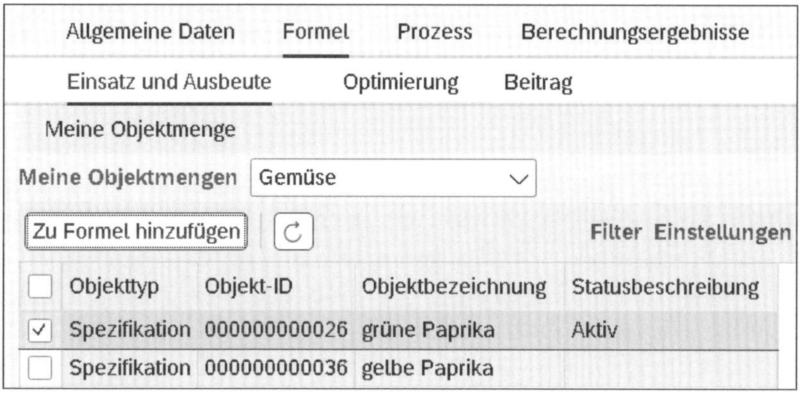

Abbildung 3.28 Objektmenge als Hilfsmittel in der Formel im Rezept

Änderungsbelege anzeigen

Mit der Funktion **Änderungsbelege anzeigen** können Sie oder das Produktentwicklungsteam jederzeit nachvollziehen, wer wann was geändert hat. In Abbildung 3.29 sehen Sie, dass der Spalte Zusatzinformationen der Name des Merkmals (z. B. Temperatur) oder eines Identifikators entnommen werden kann. In der Spalte **Art der Ände-**

rung sehen Sie, ob es sich um eine Aktualisierung, ein Einfügen oder um einen Löschvorgang handelt.

In der Spalte **Benutzername** sehen Sie, wer die betreffende Änderung vorgenommen hat. Mithilfe der Spalten **Alter Wert** und **Neuer Wert** erhalten Sie die Information, welcher Wert bei einer Änderung zuvor enthalten war und welches der neue Wert ist. Probieren Sie den Änderungsbeleg einfach mal aus!

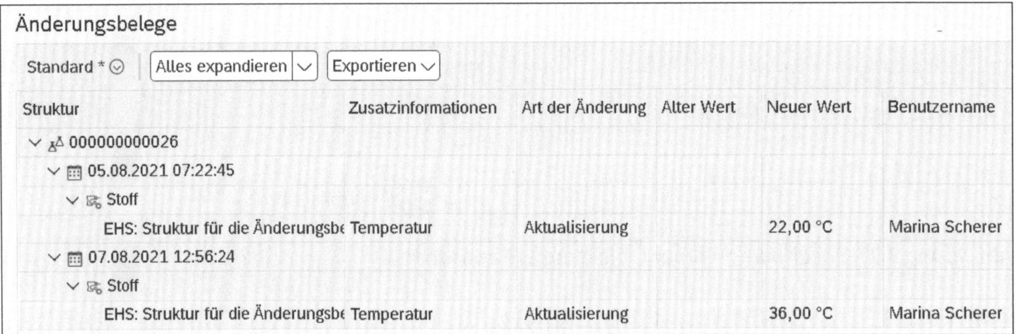

Abbildung 3.29 Übersicht der Änderungsbelege zu einer Spezifikation

Sie suchen Informationen zu Änderungen an einem bestimmten Merkmal? Das ist kein Problem, denn mit dem Suchkriterium **Zusatzinformationen** aus Abbildung 3.30 können Sie den entsprechenden Merkmalsnamen angeben.

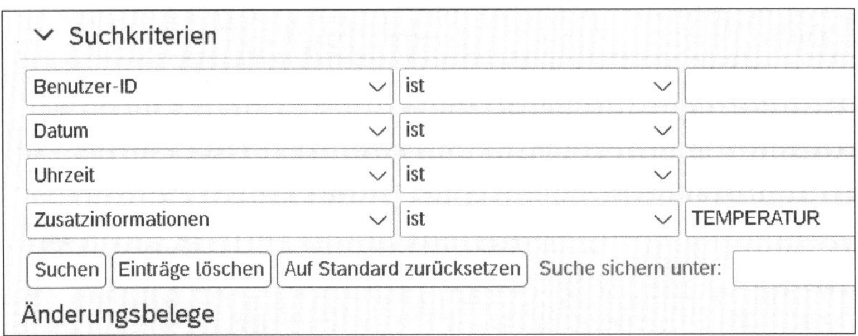

Abbildung 3.30 Suchkriterien in den Änderungsbelegen

Link per E-Mail senden

Um es Kolleginnen und Kollegen leichter zu machen, auf eine bestimmte Spezifikation zuzugreifen, bietet es sich an, den Link zur Spezifikation per E-Mail zu versenden. Ob es bei Ihnen für das Szenario »Urlaubsübergabe« oder »Abteilungsübergreifendes Arbeiten« oder etwas ganz anderes genutzt wird, bleibt Ihnen überlassen. In Abbildung 3.31 sehen Sie eine beispielhafte E-Mail. Betreff und Link werden vom System vorbelegt. Voraussetzung ist natürlich, dass auf dem Server oder dem Rechner ein eingerichtetes E-Mail-Programm zur Verfügung steht.

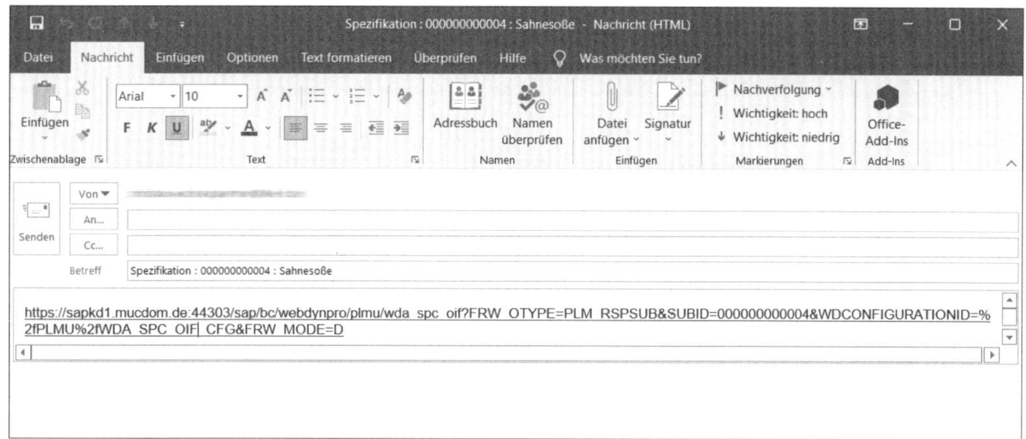

Abbildung 3.31 Link per E-Mail senden

Vorgabenprüfung starten

Die *Vorgabenprüfung* hilft dabei, dass in Spezifikationen und Rezepten keine Grenzwerte über- oder unterschritten werden und dass keine unerwünschten Stoffe darin enthalten sind. In Kapitel 9, »Vorgabenprüfung«, finden Sie die detaillierten Ausführungen. Über den Menüeintrag **Vorgabenprüfung starten** gelangen Sie aus der Spezifikation in das Startbild der Vorgabenprüfung.

Ad-hoc-Bericht Spezifikation

Wenn Sie Dokumente wie Produktdatenblätter zu Ihren Spezifikationen ausdrucken möchten, geht dies mit der Funktion **Ad-hoc-Bericht Spezifikation**. Voraussetzung ist, dass Sie zuvor WWI-Berichte definiert haben und der WWI-Server angebunden ist. WWI steht für Windows Wordprocessor Integration (siehe Abschnitt 1.3.1, »WWI-Server«). Es handelt sich hierbei um eine Word-basierte Formulartechnologie, die die Daten aus Spezifikationen, Rezepten und Etiketten verarbeiten kann. Ein Standardset an Dokumenten gibt es dafür nicht. Da die Vorstellungen und auch die Inhalte von Produktdatenblättern von Unternehmen zu Unternehmen stark voneinander abweichen, ist eine entsprechende WWI-Vorlage selbst zu definieren.

Aus den verschiedenen Berichtsvorlagen wählen Sie eine WWI-Vorlage aus und generieren direkt auf der Benutzeroberfläche das gewünschte Dokument – ob PDF- oder Word-Dokument kann im Customizing voreingestellt werden. Sie entscheiden, in welcher Sprache das Dokument generiert werden soll. In Abbildung 3.32 sehen Sie, dass die Felder **Generierungsvariante**, **Sprache** und **Stichtag** gefüllt sein müssen, um einen erfolgreichen Aufruf zu ermöglichen.

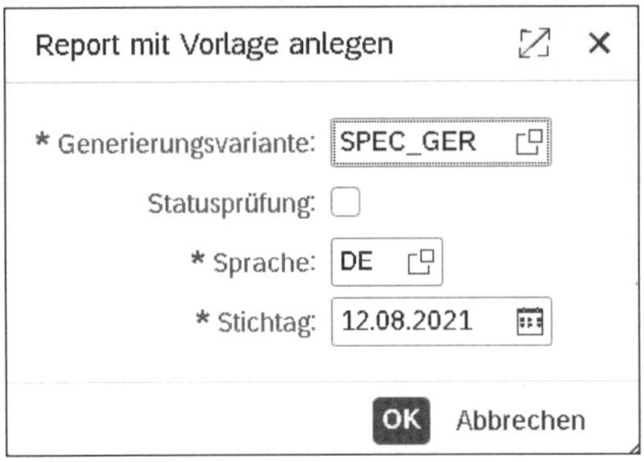

Abbildung 3.32 Selektion der Vorlage für die Generierung des WWI-Berichts

Daten herunterladen

Es wird Fälle geben, in denen Sie sich zwischen vergleichbaren Spezifikationen entscheiden müssen oder eine einzelne Spezifikation zu einer Entscheidungsfindung vorlegen möchten. Dabei kann Ihnen die Funktion **Daten herunterladen** helfen. Schauen Sie sich für die weiteren Ausführungen Abbildung 3.33 an. Neben der Wahl im Feld **Variante**, ob Sie eine vergleichende Gegenüberstellung oder eine Einzelanzeige generieren möchten, können Sie über das Feld **Format** weiterhin entscheiden, ob Sie ein Excel-Dokument generieren oder ob Sie das Ergebnis im Browser in einem HTML-Format sehen möchten. In Abbildung 3.33 sehen Sie zudem im Bereich **Objektdaten** Selektionsmöglichkeiten für die Sicht **Allgemeine Daten** der Spezifikation. **Kopfstatus**, **Grunddaten**, **Identifikatoren** und **Materialzuordnung** sind bekannte Elemente aus Abschnitt 3.1.2, »Allgemeine Daten«.

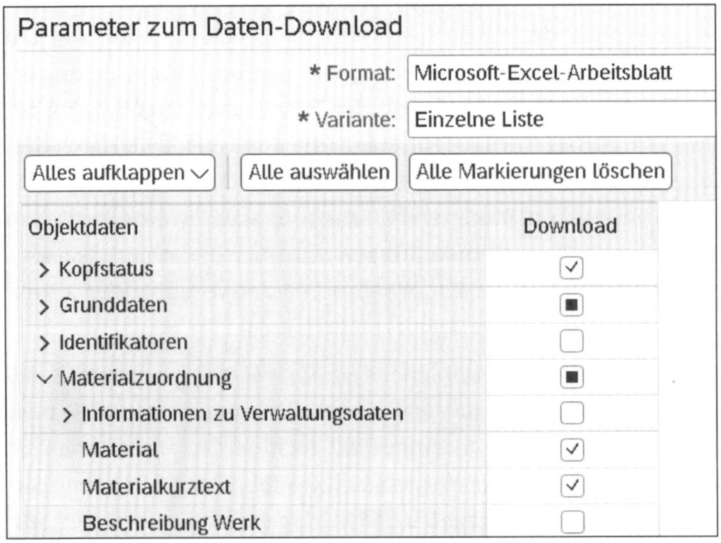

Abbildung 3.33 Einstellungen und Selektionskriterien der Daten herunterladen

Neben den Objektdaten können Sie auch die Daten aus dem Eigenschaftsbaum eingrenzen. Abbildung 3.34 zeigt die Stelle, an der die Selektion der Spezifikationsgruppen gesteuert wird. Neben der Option, dass entweder alle Daten oder lediglich die gepflegten Daten angezeigt werden, gibt es noch die Möglichkeit, spezielle Gruppen auszuwählen.

Zusatzinformationen

Stichtag:	10.08.2021
Nährstoffgruppe:	Gepflegte anzeigen
Diätstoffgruppe:	Alle anzeigen
Allergengruppe:	Alle anzeigen
Religiöse Zertifikate (Gruppe):	Alle anzeigen
Genmodifizierte Inhaltsstoffgruppe:	Alle anzeigen

Abbildung 3.34 Einschränkung der Gruppen

Abbildung 3.35 zeigt selektierte Bestandteile des Eigenschaftsbaumes. In diesem Beispiel sind das der Schätzpreis und die Standard-Zusammensetzung einer Spezifikation.

Enthaltene Eigenschaften

Alles expandieren | Alle auswählen | Alle entmarkieren | Eigenschaftsbaum: Eigenschaftsbaum Gesamt

Objektdaten	Download
Administration	■
Schätzpreis	✓
Farbe	☐
Allgemein	☐
Zusammensetzung	■
Standard-Zusammensetzung	✓
Inhaltsstoffliste	☐
Nährstoffzusammensetzung	☐

Abbildung 3.35 Selektionskriterien im Eigenschaftsbaum

Wenn Sie bestimmte Informationen wiederholt benötigen, speichern Sie diese bequem als *Variante* ab. Dies ermöglicht es Ihnen, im Nachgang effizient und komfortabel über **Daten über Schnellauswahl herunterladen** zu agieren. In Abbildung 3.36 sehen Sie das Bild innerhalb der Funktion **Daten über Schnellauswahl herunterladen**, in der das gewünschte Auswahllayout zum Herunterladen verwendet werden kann. Über den Button **Daten herunterladen** wird die Aktion ausgeführt, und über den Button **Objektliste** kann die Auswahl der zu vergleichenden Spezifikationen verändert werden.

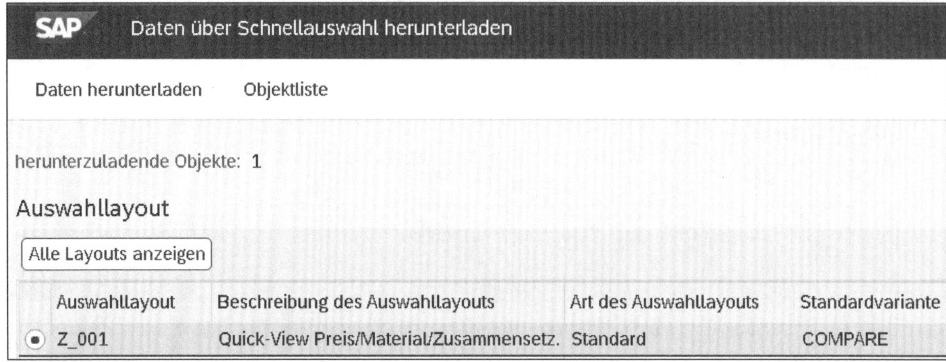

Abbildung 3.36 Layout für die Schnellauswahl selektieren

3.1.9 Weitere Möglichkeiten

Über den Menüeintrag **Weitere Möglichkeiten** finden Sie verschiedene Funktionen, die Ihnen Verzweigungen aus der Spezifikation heraus anbieten. Um welche Funktionen es sich dabei handelt, wird in den folgenden Abschnitten beschrieben.

Im Object Navigator anzeigen

Der Object Navigator zeigt auf verschiedenen Registerkarten Detailinformationen an. Wie es in Abbildung 3.37 zu sehen ist, wird auf der Registerkarte **Verwendung** aufgelistet, in welchen Objekten die Spezifikation verwendet wird.

Spezifikation: 000000000026 Objektbeschreibung: grüne Paprika Beschreib. 2 Spezifikation:

Allgemein | Verknüpfte Materialien | Verwendete/Reservierte Änderungsnummern | Verwendung | Verknüpfte Dokumente | Verknüpfte Etiketten

Alle markieren | Alle entmarkieren | Weitere Funktionen

Objekt-ID	Objektbeschrbng	Beschr.PrimAusb	Beschr. der Art	Statusbeschr.	Beschreibung Zweck	Angelegt von	Letzte Änd. von	Beschr.E
000000000004/000/000	Test M. Scherer	Realstoff C	Basisrezept	In Arbeit	Entwicklung	MS	MS	
000000000004/000/001	Test M. Scherer	Realstoff C	Basisrezept	In Arbeit	Entwicklung	MS	MS	
000000000004/000/002	Test M. Scherer	Realstoff C	Basisrezept	In Arbeit	Entwicklung	MS	MS	
000000000004/001/000	Test M. Scherer	Realstoff C	Basisrezept	In Arbeit	Entwicklung	MS	MS	

Abbildung 3.37 Object Navigator (Bildausschnitt)

Der Object Navigator kann als Verwendungsnachweis für die Spezifikation herangezogen werden. Aus dem Object Navigator können Sie beispielsweise in die Massenänderung von Rezepten verzweigen, sodass das Austauschen eines Rohstoffes in mehreren Rezepten gleichzeitig vorgenommen werden kann.

3

In andere Spezifikationen verzweigen

Es gibt im Menü **Weitere Möglichkeiten** verschiedene Optionen, um mit anderen oder neuen Spezifikationen weiterzuarbeiten. Abbildung 3.38 stellt diese vier Optionen im Menü dar. Mit der Funktion **In neue Spezifikation übernehmen** sorgen Sie dafür, dass die aktuelle Spezifikation beim Anlegen einer neuen Spezifikation als Quellspezifikation vorbelegt wird.

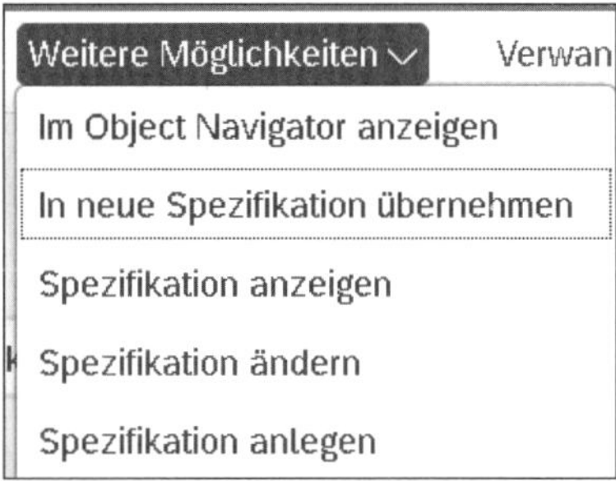

Abbildung 3.38 Verschiedene Verzweigungsmöglichkeiten zu den Spezifikationen

Die Funktionen **Spezifikation anzeigen**, **Spezifikation ändern** und **Spezifikation anlegen** navigieren Sie zu den Einstiegsbildern zum Anzeigen, Ändern und Anlegen von Spezifikationen.

3.1.10 Verwandte Themen

Mit den Einträgen unter **Verwandte Themen** schließt sich der Kreis der Beschreibungen des Funktionsumfangs der Spezifikation, und Sie gelangen darüber in die Standardauslieferung zur Bearbeitung und Anlage von Etiketten (siehe Abbildung 3.39). Im Etikett haben Sie die Möglichkeit, die Daten einer Spezifikation für den Andruck auf Etiketten aufzubereiten. Details dazu finden Sie in Kapitel 8, »Etikett«.

Abbildung 3.39 Verwandte Themen

3.2 Phrasenverwaltung

Phrasen sind im Kontext der Spezifikation Textbausteine, die Ihnen den Arbeitsalltag erleichtern sollen. Sie können mithilfe von Phrasen zu Eigenschaften wie Farbe, Geruch und Aussehen vordefinierte Textbausteine auswählen und jeweils die gewünschte Ausprägung zuordnen. Des Weiteren kommen Phrasen auch bei der Vorbereitung der Etikettendaten zum Einsatz und sind zentraler Bestandteil der Berichtsdefinition per WWI. Im Rahmen der Phrasenverwaltung haben Sie folgende Möglichkeiten:

- Text in mehreren Sprachen pflegen
- Langtext hinterlegen
- Code zu einem Text hinterlegen
- Phrase einer speziellen Auswahlmenge zuweisen (siehe Abschnitt 3.2.5 »Phrasenauswahlmenge«)

Dies bietet den Vorteil, dass kein Wildwuchs an Beschreibungen entsteht und die Ausgabe von Dokumenten in anderen Sprachen gleichzeitig vorbereitet werden kann. Schauen Sie sich an, was es konfigurationsseitig zu beachten gibt.

In Abbildung 3.40 erhalten Sie einen Überblick dazu, was zu den einzelnen Bereichen einer Phrase dazugehört. In den Kopfdaten einer Phrase werden der Phrasenkatalog, die Phrasengruppe und der Phrasenschlüssel festgelegt. Im Rahmen der Positionsdaten werden der Phrasentext, der Phrasencode und die Sprachschlüssel der Positionen sowie der Langtext festgelegt. Zu guter Letzt wird noch eine Phrasenauswahlmenge zugeordnet, um zu steuern, an welcher Stelle im Eigenschaftsbaum die jeweilige Phrase verfügbar sein soll.

PHRASE	Kopfdaten	Phrasenkatalog
		Phrasengruppe
		Phrasenschlüssel
	Positionsdaten	Sprache
		Positionstext
		Phrasencode
		Langtext
	Phrasenauswahlmenge	

Abbildung 3.40 Übersicht über die Phrasenverwaltung

3.2.1 Phrasenkatalog

Der *Phrasenkatalog* ist die höchste und gröbste Strukturebene, die es in der Phrasenverwaltung gibt. Ein Phrasenkatalog bündelt die für das Unternehmen relevanten Phrasen. Es kann zu einem Zeitpunkt immer nur einen aktiven Phrasenkatalog geben. Weitere Phrasenkataloge kommen zum Einsatz, wenn Sie z. B. Inhalte (ein Set an Phrasen für Ihre sensorischen Eigenschaften) einkaufen oder Sie ein SAP-Beratungshaus sind und darüber Phrasen ausliefern, die Ihre Kunden in einem eigenen Phrasenkatalog weiterführen können.

3.2.2 Phrasengruppen

Ein Phrasenkatalog wird in *Phrasengruppen* unterteilt. Phrasengruppen dienen dazu, unterschiedliche Phrasen inhaltlich zu kategorisieren. Wie viele Phrasengruppen Sie in einen Phrasenkatalog einbinden, bleibt Ihnen überlassen.

Klein anfangen

Verausgaben Sie sich am Anfang nicht mit der Anlage von Phrasengruppen. Über die *Phrasenauswahlmenge* gibt es noch ein weiteres Element, mit dem Phrasen präzise an ein Merkmal gebunden werden können (siehe Abschnitt 3.2.5, »Phrasenauswahlmenge«).

Abbildung 3.41 zeigt, wie die Unterteilung des Phrasenkatalogs CUST beispielhaft aussehen kann. Die Phrasengruppen Z_001–Z_003 wurden individuell angelegt.

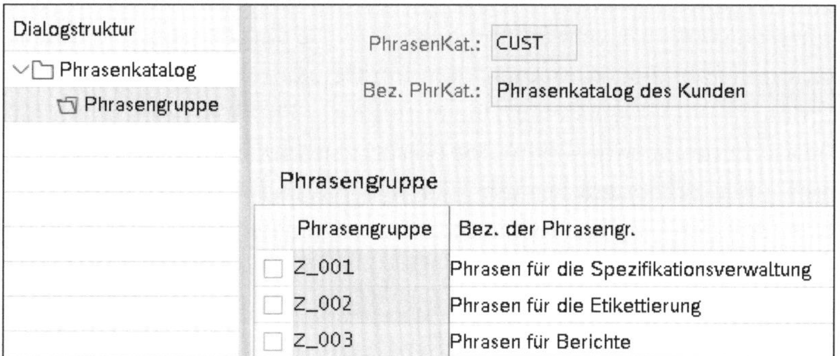

Abbildung 3.41 Exemplarische Unterteilung eines Phrasenkatalogs

Customizing-Möglichkeiten zu Phrasengruppen stehen Ihnen über den folgenden Pfad zur Verfügung: **Product Safety and Stewardship • Grunddaten und Werkzeuge • Phrasenverwaltung Phrasenkataloge und Phrasengruppen festlegen**.

3.2.3 Sprachenauswahl

Sie können frei definieren, über welche Sprachen Sie in der Pflege von Phrasen verfügen möchten. Im Customizing legen Sie die Phrasensprache über den folgenden Pfad fest: **Product Safety and Stewardship • Grunddaten und Werkzeuge • Phrasenverwaltung • Sprachenauswahl festlegen**.

Ordnen Sie dort die gewünschten Sprachenkennzeichen in der Spalte **SP** zu. Voraussetzung ist, dass die Sprachen in Tabelle T002 (Sprachenschlüssel (Comp. BC-I18)) vorhanden sind. Fehlt Ihnen eine Sprache, nehmen Sie Kontakt zu Ihrer Basisadministration auf, da die Tabelle erweitert werden kann. Die Reihenfolge, in der die Sprachen bei der Pflege angezeigt werden, steuern Sie über die Spalte **Sortierung** (siehe Abbildung 3.42).

Phrasensprachen festlegen

SP	Bezeichnung der Sprache	Sort
DE	Deutsch	1
EN	Englisch	2
FR	Französisch	3
IT	Italienisch	4
ES	Spanisch	5
NL	Niederländisch	7

Abbildung 3.42 Verfügbare Sprachen und deren Sortierung (Bildausschnitt)

3.2.4 Phrasenstatus

Wenn Sie Ihre Phrasen sorgfältig verwalten möchten, da Sie darüber sensible Inhalte in den Spezifikationen abbilden, können Sie den Phrasenstatus nutzen. Ebenso wie bei anderen Stammdatenobjekten steuern Sie mithilfe des Phrasenstatus, wann Änderungen an Phrasen erlaubt sein sollen. Der Einsatz des Phrasenstatus bietet sich dann an, wenn es einen Personenkreis gibt, der sich intensiv mit dem Objekt der Phrase beschäftigt. Soll der Arbeitsaufwand in Grenzen gehalten werden und ist Ihr Produktentwicklungsteam so gut abgestimmt, dass klar ist, wann welche Änderungen vorgenommen werden dürfen, sollten Sie den Einsatz des Phrasenstatus überdenken.

Für Unternehmen mit großen Produktentwicklungsteams und hoch sensiblen Daten kann der Phrasenstatus hilfreich sein, um Textbausteine vor ungewünschten Änderungen zu schützen. Unternehmen mit kleineren Teams nutzen den Phrasenstatus erfahrungsgemäß nicht.

Aus Abbildung 3.43 gehen folgende Steuerungsmöglichkeiten hervor:

- *Phrasenposition ändern* (Kennzeichen **PhPosÄnd**): Die Phrasenposition darf geändert werden.
- *Phrasensymbol auflösen* (Kennzeichen **PhSymAufl.**): Die Phrase darf in einem Bericht ausgegeben werden.
- *Warnung*: Bei Einsatz der Phrase in einer Spezifikation erscheint eine Warnmeldung.
- *Umsetzung*: Es darf ein anderer Status gesetzt werden.

	PStat.	Bez.Phrasenstatus	PhPosÄnd.	PhSymAufl.	Warnung	Umsetzung
☐	01	In Arbeit	☑	☐	☐	☑
☐	02	Extern in Arbeit	☐	☐	☐	☑
☐	03	Freigegeben	☐	☑	☐	☑
☐	04	Historisch	☐	☑	☑	☐

Phrasen Positionsstatus festlegen

Abbildung 3.43 Phrasenstatus mit Einstellungsmöglichkeiten

Wenn Sie eigene Phrasenstatus definieren oder die Eigenschaften der bestehenden Status anpassen möchten, nutzen Sie den Customizing-Pfad **Product Safety and Stewardship • Grunddaten und Werkzeuge • Phrasenverwaltung • Phrasenstatus festlegen**.

3.2.5 Phrasenauswahlmenge

Phrasenkatalog (siehe Abschnitt 3.2.1, »Phrasenkatalog«) und Phrasengruppe (siehe Abschnitt 3.2.2, »Phrasengruppen«) sind in erster Linie technische Elemente. Sie helfen dabei, die Textbausteine (Phrasen) grob aufzuteilen. Der Phrasenkatalog klärt die Frage, ob die Phrase verwendet wird, und die Phrasengruppe klärt die Frage, welche Phrasen ganz grob zueinander gehören. Wird eine Phrase lediglich mit Bezug zu Phrasenkatalog und Phrasengruppe angelegt, kann diese Phrase für WWI-Berichte verwendet werden. Dies ist schon einmal ein Erfolg. Allerdings möchten Sie, dass die Phrasen neben dem WWI-Bericht auch für die Pflege des Eigenschaftsbaumes zur Verfügung stehen. Darauf haben Phrasenkatalog und Phrasengruppe keine direkte Auswirkung.

Alle Eigenschaften, zu denen im Eigenschaftsbaum Phrasen genutzt werden sollen, werden über ein *verphrastes Merkmal* (siehe Abschnitt 3.3.2, »Merkmal vom Typ CHAR – Zeichenformat«) abgebildet. Merkmale sind Stammdatenobjekte und können »in Hülle und Fülle« angelegt werden. Wie Sie es in Abschnitt 3.2.1, »Phrasenkatalog«, und Abschnitt 3.2.2, »Phrasengruppen«, lesen können, sind Phrasenkatalog und Phrasengruppen Elemente, die im Customizing definiert werden. Möchten Sie nun die Phrasen für die einzelnen Merkmale in inhaltlich stimmige Blöcke aufteilen, z. B. alle Phrasen für Farben, alle Phrasen für Geruch, alle Phrasen für Aussehen usw., wäre es sehr mühsam, wenn für jeden dieser Blöcke ein eigener Eintrag im Customizing angelegt werden müsste.

Dafür gibt es das Stammdatenobjekt **Phrasenauswahlmenge**. Wenn Phrasen für Anwenderinnen und Anwender an verphrasten Merkmalen im Eigenschaftsbaum als inhaltlich geschlossene Gruppen zur Verfügung stehen sollen, müssen die Phrasen einer Phrasenauswahlmenge zugeordnet sein. Die Phrasenauswahlmenge dient als

Strukturtopf/Zwischeninstanz, um aus den vielen Phrasen eine stimmige Zuordnung zu den Merkmalen im Eigenschaftsbaum zu schaffen. Damit dies gelingt, müssen Sie eine Phrasenauswahlmenge über Transaktion CGAB (Phrasenauswahlmengen-Attribut-Zuordnung) mit dem entsprechenden Merkmal verknüpfen. In Abschnitt 1.8.2, »Standardphrasenauswahlmengen generieren«, ist dies bereits ausgeführt.

Eigene Phrasenauswahlmengen legen Sie über Transaktion CG1B (Phrasenauswahlmengen bearbeiten) an. Wichtig sind im ersten Schritt der Schlüssel und die Bezeichnung der Phrasenauswahlmenge. Für die Beschreibung der Phrasenauswahlmenge verwenden Sie in der Transaktion den Menüpfad **Mehr • Springen • AWM-Bezeichnung** oder die Taste [F6]. Hier können Sie die Bezeichnung in mehreren Sprachen angeben. Einen beispielhaften **Schlüssel einer Phrasenauswahlmenge** sowie die **Phrasenauswahlmengenbezeichnung** sehen Sie in Abbildung 3.44.

Phrasenauswahlmenge: ZSAP_EHS_1010_MIBI_METHOD

Vermerk:

Phrasenauswahlmengenbezeichnung

S...	Bezeichnung der Phrasenauswahlmenge
DE	Methode
EN	Method

Abbildung 3.44 Schlüssel und Bezeichnung der Phrasenauswahlmenge

Oft wird die Verbindung zwischen Phrase und Phrasenauswahlmenge aus der Phrase heraus aufgebaut (siehe Abschnitt 3.2.6, »Phrase anlegen«). In der Phrasenauswahlmenge erkennen Sie, welche Phrasen dort in Summe hinterlegt sind. Diese Phrasen sind für die Anwenderinnen und Anwender auf der Benutzeroberfläche in einer Auswahlhilfe sichtbar und einsetzbar. Eine Phrasenauswahlmenge mit **Phrasenzuordnung** sehen Sie in Abbildung 3.45.

Phrasenauswahlmenge: ZSAP_EHS_1010_MIBI_METHOD

Vermerk:

Phrasenzuordnung

Sort...	Phrase	Phrasentext
9999	100000000000000	MPN: MPN-Verfahren

Abbildung 3.45 Phrasenauswahlmenge mit zugeordneter Phrase

Anlage von Phrasenauswahlmengen

Wenn Sie Phrasenauswahlmengen manuell anlegen, denken Sie daran, dass Phrasenauswahlmengen zu Ihren eigenen Merkmalen immer denselben Schlüssel und dieselbe Bezeichnung erhalten sollten wie das Merkmal, zu dem Sie die Phrasen bündeln.

3.2.6 Phrase anlegen

In diesem Abschnitt werfen wir einen kurzen Blick auf die Pflege von Phrasen, damit Sie sehen, wo sich die Einstellungen im Customizing in den Phrasen auswirken.

Phrasenkatalog: CUST Phrasenkatalog des Kunden
Phrase: 100000000000000
Phrasengruppe: Z_001 Phrasen für die Spezifikationsverwaltung
Quellsprache: DE Deutsch

Auswahlmengenzuordnung

Phrasenauswahlmenge	Bezeichnung der Phrasenauswahlmenge
ZSAP_EHS_1010_MIBI_METHOD	Methode

Abbildung 3.46 Positionsdaten bei der Anlage einer Phrase

Die Daten der Phrasen teilen sich in drei Abschnitte: die Kopfdaten, die Positionsdaten und die Phrasenauswahlmenge.

Zu den Kopfdaten gehören die folgenden Felder (siehe Abbildung 3.46):

- **Phrasenkatalog**
- **Phrase** (= Phrasenschlüssel)
- **Phrasengruppe**
- **Quellsprache**

Zu den Positionsdaten gehören die folgenden Felder (siehe Abbildung 3.46):

- **Phrasentext** (in unterschiedlichen Sprachen)
- **Langtext**
- **Phrasencode** (Abkürzung der Phrase)
- **Vermerk**
- **Grafikdatei** (Link zu einer Grafik, z. B. für einen WWI-Bericht)

- **Phrasenstatus**
- **ÄndDatum** (Änderungsdatum)

Zu den Daten der Phrasenauswahlmenge gehören alle Phrasenauswahlmengen, bei denen die Phrase verfügbar sein soll (siehe Abbildung 3.47). Bei Phrasen, die vielfach verwendet werden können, wie z. B. »ca.«, können mehrere Phrasenauswahlmengen zu einer Phrase sinnvoll sein.

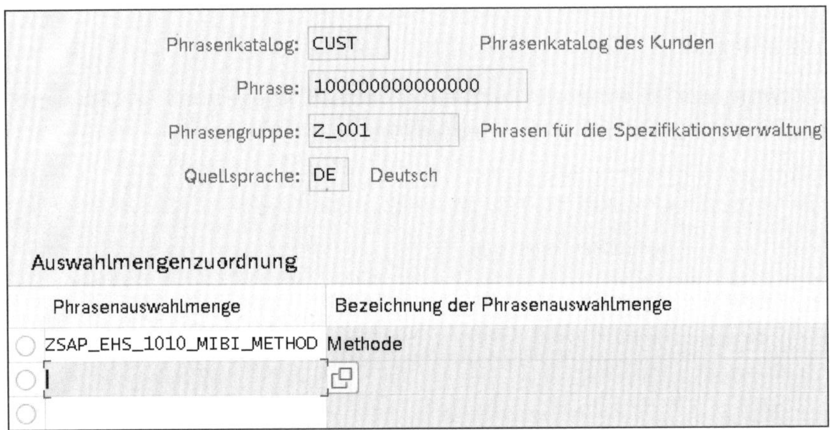

Abbildung 3.47 Phrasenauswahlmenge zuordnen

[zB]

Phrasen zur Gemüsebrühe

Zur Gemüsebrühe müssen Informationen wie der Geruch hinterlegt werden. Damit aus einem vordefinierten Set an Beschreibungen ausgewählt werden kann, ist das Merkmal für den Geruch verphrast, und die einzelnen Phrasen dazu wurden angelegt. Da die Produktentwicklung in einem mehrsprachigen Team arbeitet, werden auch die Phrasensprachen Englisch und Französisch benötigt.

3.3 Merkmal

Das Merkmal ist das Objekt, in dem Sie aktiv die Spezifikationsdaten auf der Weboberfläche pflegen. Dies können numerische Angaben wie die Werte zu mikrobiologischen Daten, beschreibende Angaben zur Spezifikation, für die Textbausteine (Phrasen siehe Abschnitt 3.2, »Phrasenverwaltung«) benötigt werden, oder auch zu befüllende Datumsfelder sein.

Ein Merkmal muss, um einen Mehrwert zu bieten, einer sogenannten Klasse zugeordnet werden. In der Regel gibt es zu jeder Klasse mehrere Merkmale. Für die Entscheidung, welche das sein müssen, ist ein aufmerksames Ohr für die Belange der Anwenderinnen und Anwender hilfreich. Die Mitarbeitenden aus der Produktentwicklung wissen am besten, welche Daten sie pflegen müssen. Letztendlich hat die Erfahrung gezeigt, dass Sie es auch unter Aufbringung größter Anstrengungen nie allen Beteiligten recht machen können.

Gehen Sie bei der Anlage der Merkmale sorgfältig vor, denn Maßeinheiten, die Anzahl der möglichen Dezimalstellen sowie die Frage nach erlaubten negativen Werten usw. müssen stimmen. Ein Merkmal wird vor umfassenden Konfigurationsänderungen geschützt, sobald es verwendet wird. Zum Beispiel kann die Anzahl der Nachkommastellen nicht mehr ohne Datenverlust reduziert werden, sobald an mindestens einer Spezifikation das entsprechende Merkmal mit Daten gefüllt ist. Nutzen Sie zur Pflege von Merkmalen Transaktion CT04 (Merkmalsverwaltung).

3.3.1 Individuelle Merkmale definieren

Wenn Sie ein Merkmal pflegen, müssen Sie zunächst einen Schlüssel vergeben. Vergeben Sie die Schlüssel der Merkmale analog zu den Schlüsseln der Bewertungsart und der Klasse. Verwenden Sie, der Empfehlung von SAP folgend, den Klassenschlüssel (z. B. ZSAP_EHS_1010_001), und ergänzen Sie ihn um ein sprechendes Suffix (z. B. METHOD) oder um einen weiteren Zähler (siehe Abbildung 3.48). Ihnen stehen 30 alphanumerische Zeichen zur Verfügung.

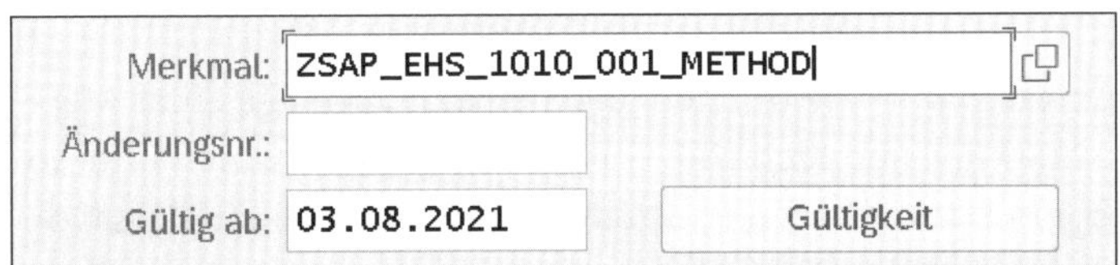

Abbildung 3.48 Exemplarischer Schlüssel eines individuellen Merkmals

In der Liste der SAP-Standardmerkmale wird häufig ein Merkmal für die Genauigkeit einer Angabe genutzt. Informationen wie die Genauigkeit einer Angabe oder die Temperatur, bei der ein Wert gemessen wurde, werden Sie an vielen Stellen im Eigenschaftsbaum benötigen. Die Temperaturangabe benötigen Sie z. B. für die präzise Pflege der Dichte oder des pH-Wertes. Ob es sich um einen Circa-Wert oder um einen exakten Wert handelt, müssen Sie zu Dichte, pH-Wert und zu allen mikrobiologischen Parametern usw. angeben. Wenn Sie in den verfügbaren Standardmerkmalen in Transaktion CT04 (Merkmale verwalten) nach der Genauigkeit suchen, finden Sie viele verschiedene Merkmale, die alle denselben Namen haben (siehe Abbildung 3.49).

In Abbildung 3.49 sehen Sie, dass Angaben, die an unterschiedlichen Stellen im Eigenschaftsbaum benötigt werden, auch immer ein eigenes Merkmal benötigen – auch wenn es bedeutet, dass es viele Merkmale unter demselben Namen gibt. Für jede Klasse legen Sie ein eigenes Merkmal an.

Merkmalname	Bezeichnung
SAP_EHS_1023_077_PREC_1	Genauigkeit
SAP_EHS_1023_077_PREC_2	Genauigkeit
SAP_EHS_1023_077_PREC_3	Genauigkeit
SAP_EHS_1023_077_PREC_EXPO	Genauigkeit
SAP_EHS_1023_077_PREC_NS	Genauigkeit
SAP_EHS_1023_078_PREC_1	Genauigkeit
SAP_EHS_1023_078_PREC_2	Genauigkeit
SAP_EHS_1023_078_PREC_3	Genauigkeit
SAP_EHS_1023_078_PREC_4	Genauigkeit
SAP_EHS_1023_078_PREC_EXPO	Genauigkeit
SAP_EHS_1023_078_PREC_NS	Genauigkeit
SAP_EHS_1023_111_PREC	Genauigkeit
SAP_EHS_1023_112_PREC	Genauigkeit
SAP_EHS_1023_113_PREC	Genauigkeit
SAP_EHS_1027_005_TEMP_PREC	Genauigkeit
SAP_EHS_1027_005_VAPOR_PREC	Genauigkeit

Abbildung 3.49 Inhaltlich gleiche SAP-Standardmerkmale (Bildausschnitt)

Eine der ersten und wichtigsten Entscheidungen, die Sie bei der Anlage eines Merkmals treffen, ist, was das Merkmal abbilden soll. Sollen die Anwenderinnen und Anwender Zahlen eintragen, ein Datum, einen Preis oder einen Text? Abhängig davon, wofür Sie sich entscheiden, geben Sie einen der verfügbaren *Datentypen* an. Ihnen stehen die in Tabelle 3.2 aufgelisteten Datentypen zur Auswahl.

Datentyp	Bezeichnung	Beschreibung
CHAR	Zeichenformat	für Textbausteine, Freitexte oder Wertehilfen des Merkmals
CURR	Währungsformat	für Merkmale, die Geldbeträge betreffen
DATE	Datumsformat	für die Angabe von konkreten Daten
NUM	Numerisches Format	für numerische Werte mit und ohne Maßeinheiten
TIME	Zeitformat	für die Angabe der Zeitdauer

Tabelle 3.2 Mögliche Datentypen für Merkmale

Abhängig davon, für welchen Datentyp Sie sich entscheiden, haben Sie unterschiedliche Möglichkeiten. Zentral für die Spezifikationsverwaltung sind die Datentypen

CHAR und NUM, die Sie in den folgenden Abschnitten näher kennenlernen. Beachten Sie, dass der Datentyp eines Merkmals nicht mehr geändert werden kann, sobald es einer Klasse zugeordnet ist. Sie müssten also zunächst den Bezug zur Klasse lösen und erst dann die Änderung vornehmen.

3.3.2 Merkmal vom Typ CHAR – Zeichenformat

Für alle neuen Inhalte mit beschreibendem Charakter ist der Datentyp CHAR geeignet. Dabei ist es unerheblich, ob ein Merkmal lediglich eine Ja-/Nein-Ausprägung oder eine textliche Beschreibung erhalten soll. Der Datentyp kann viele Optionen abdecken. Welche Felder Ihnen dabei zur Verfügung stehen, ist in Abbildung 3.50 zu sehen und in den folgenden Ausführungen beschrieben.

- **Anzahl Stellen**
  Im Feld **Anzahl Stellen** geben Sie an, wie viele Zeichen zu diesem Merkmal gepflegt werden dürfen. Für Freitexte oder die Selektion aus der Werthilfe des Merkmals selbst stehen Ihnen die Werte 1–29 zur Verfügung. Ist der Wert auf 30 gesetzt, ist dies für das System das Signal, nach Phrasen (Textbausteinen für das Recipe Development) zu suchen. Die Details zur Phrasenverwaltung sind in Abschnitt 3.2., »Phrasenverwaltung«, ausgeführt.
- **Groß-/Kleinschreibung**
  Das Kennzeichen **Groß-/Kleinschreibung** sorgt dafür, dass die eingegebenen Groß- und Kleinbuchstaben vom System als solche behandelt werden. Ist das Kennzeichen nicht gesetzt, wandelt das System alle Buchstaben in Großbuchstaben um.
- **Schablone**
  Wenn Sie besondere Anforderungen haben, z .B. dass der Merkmalswert immer mit einer Zahl beginnen muss und danach erst Buchstaben folgen dürfen, wählen Sie dafür eine **Schablone** aus. Sollten Sie keine passende Schablone finden, legen Sie diese im Customizing an.
- **Einwertig**
  Wenn Sie die Option **Einwertig** wählen, darf pro Instanz in einer Spezifikation nur ein Wert gepflegt werden. Dies ist z. B. für Merkmale wie den Aggregatzustand wichtig. Ein Rohstoff liegt in der Regel nur in einem Aggregatzustand vor.
- **Mehrwertig**
  Wenn Sie die Option **Mehrwertig** wählen, dürfen pro Instanz in einer Spezifikation mehrere Werte gepflegt werden. Dies ist z. B. für Merkmale wie das Aussehen relevant. Oft müssen mehrere Phrasen angegeben werden, um das Aussehen einer Spezifikation treffend zu beschreiben.
- **Einschränkbar**
  Das Kennzeichen **Einschränkbar** wird im Rahmen der Variantenkonfiguration genutzt und ist hier irrelevant.

- **Eingabe erforderlich**
  Das Markieren des Kennzeichens **Eingabe erforderlich** macht das Merkmal zu einem Pflichtfeld.

Nutzung von »Eingabe erforderlich«

Gehen Sie sparsam mit dem Kennzeichen **Eingabe erforderlich** um. Die häufige Vorgabe von Pflichtfeldern kann das Arbeiten in der Produktentwicklung sehr mühsam machen. Es ist bei der Stammdatenpflege oft der Fall, dass Daten über einen gewissen Zeitraum gesammelt und nach und nach in den Eigenschaftsbaum eingetragen werden. Pflichtfelder sorgen im Zweifel dafür, dass vorhandene Daten nicht eingetragen werden können, weil das betreffende Pflichtfeld noch nicht bekannt ist.

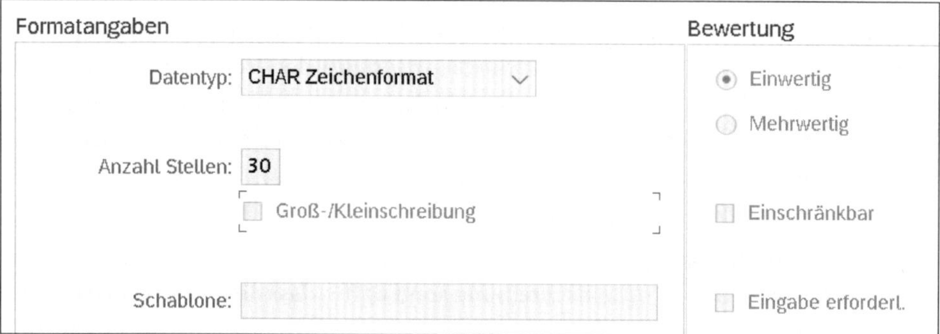

Abbildung 3.50 Detailangaben zu einem Merkmal vom Typ CHAR

Wenn der Zugriff auf die Spezifikationen mehrsprachig erfolgen soll, stellen Sie sicher, dass die Bezeichnungen der Merkmale übersetzt werden (siehe Abbildung 3.51). Andernfalls wird die Navigation für die Anwenderinnen und Anwender zur Herausforderung.

Basisdaten | Bezeichnungen | Werte

Bezeichnungen und Überschriften

Sprache	Bezeichnung
DE	Methode
EN	Method
FR	Méthode

Abbildung 3.51 Bezeichnung eines Merkmals in verschiedenen Sprachen

Im gewählten Beispiel **Methode** gehen wir davon aus, dass die Methoden zur Identifikation der Salmonellenwerte festgelegt sind und bei der Datenpflege lediglich zu

Dokumentationszwecken ausgewählt werden soll, welche Methode genutzt wurde. Zudem gehen wir davon aus, dass die Bezeichnungen von Methoden komplex und lang sein können und wir hier mit 29 Zeichen nicht auskommen würden.

Ein weiterer bedenkenswerter Punkt für diese Entscheidung ist, dass bei der Generierung von Produktspezifikationen, die an die Kunden herausgegeben werden, die Produktentwicklung mehrsprachig aufgestellt werden muss. Daher nehmen wir Abstand von einem Freitextmerkmal. Erkennbar ist dies über den Wert 30 im Feld **Anzahl Stellen** (siehe Abbildung 3.50). Das System erwartet nun, dass Sie bei diesem Merkmal die Voraussetzungen für die *Verphrasung* vervollständigen. Dies tun Sie, indem Sie in der Sicht **Werte** den Button **Andere Werteprüfung** anklicken (siehe Abbildung 3.52).

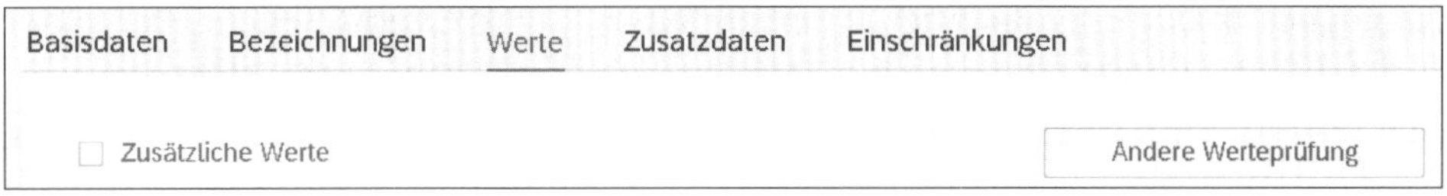

Basisdaten | Bezeichnungen | Werte | Zusatzdaten | Einschränkungen

☐ Zusätzliche Werte — Andere Werteprüfung

Abbildung 3.52 Button »Andere Werteprüfung« in der Sicht »Werte«

Wie es in Abbildung 3.53 zu sehen ist, erhalten Sie im Anschluss eine Auswahl an möglichen Strategien. Für den aktuellen Fall benötigen Sie einen speziellen Funktionsbaustein und wählen daher den Radiobutton **Funktionsbaust.** aus.

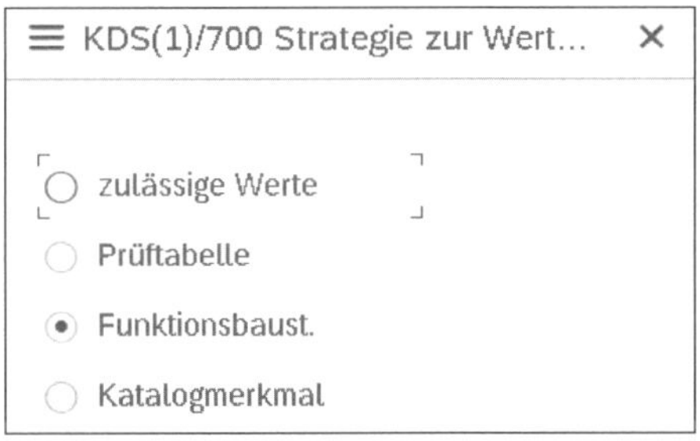

KDS(1)/700 Strategie zur Wert...

○ zulässige Werte
○ Prüftabelle
● Funktionsbaust.
○ Katalogmerkmal

Abbildung 3.53 Mögliche Strategien für »Andere Werteprüfung« des Merkmals

Damit das System den Bezug zur Phrasenverwaltung findet, wählen Sie den Funktionsbaustein C14K_PHRASECHARACT_CHECK (siehe Abbildung 3.54). Dieser Funktionsbaustein sorgt dafür, dass die Anwenderinnen und Anwender bei der Pflege des Merkmals ein Selektionsbild aufrufen können, aus dem ein oder mehrere Phrasen ausgewählt werden können.

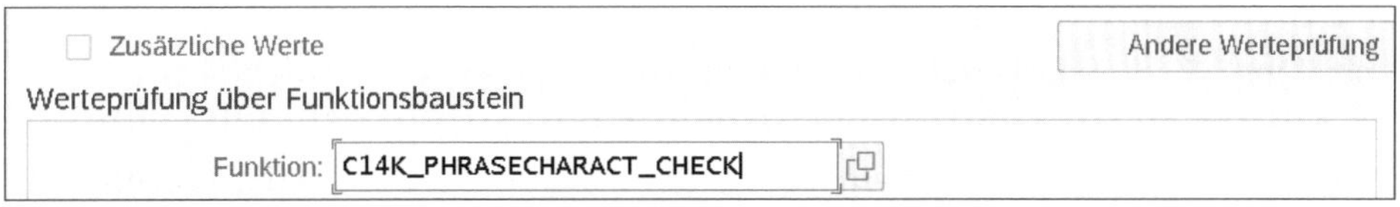

☐ Zusätzliche Werte — Andere Werteprüfung

Werteprüfung über Funktionsbaustein

Funktion: C14K_PHRASECHARACT_CHECK

Abbildung 3.54 Zugewiesener Funktionsbaustein für die Verknüpfung zur Phrasenverwaltung

Es gibt weitere Funktionsbausteine im Standard, auf deren Ausführung an dieser Stelle verzichtet wird, da sie für die Grundfunktionalität nicht benötigt werden.

Im Verlauf eines Projekts kann Ihnen die Anforderung begegnen, dass in einem Merkmal besondere Einschränkungen in der Selektion vorgenommen werden müssen. Weder die Verphrasung noch die vorbereitende Einschränkung über definierte Merkmalswerte kann dabei helfen.

Hintergrund kann sein, dass die Anwenderinnen und Anwender in Abhängigkeit zu den gepflegten Einträgen eines anderen Merkmals aus dieser Liste eine Selektion vornehmen möchten. Beispielsweise müssen bestimmte Spezifikationen aus einer Standard-Zusammensetzung eines Rohstoffes hervorgehoben werden. Dies können Sie unmöglich in der Implementierungsphase eines Projekts vorhersehen. Hier lautet die Empfehlung, dass Sie sich mit einem Entwickler oder einer Entwicklerin zusammensetzen, damit diese Ihnen einen entsprechenden Funktionsbaustein definieren, der dafür sorgt, dass im Merkmal ausschließlich die Spezifikationen aus der Standard-Zusammensetzung des Rohstoffes angezeigt werden, der sich aktuell im Zugriff befindet. Der Funktionsbaustein ist dann über die **Andere Werteprüfung** anzugeben.

Eine weitere hilfreiche Strategie für die Werteprüfung von Merkmalen, ist die Prüftabelle aus Abbildung 3.53. Wenn die Produktentwicklung beispielsweise Informationen in die Spezifikationen einbinden möchte, die bereits in anderen SAP-Tabellen vorliegen, können Sie dafür jeweils ein Merkmal definieren und die entsprechenden Tabellen hinterlegen. In Abbildung 3.55 ist z. B. die Tabelle LFA1 (Lieferantenstamm (allgemeiner Teil)) hinterlegt.

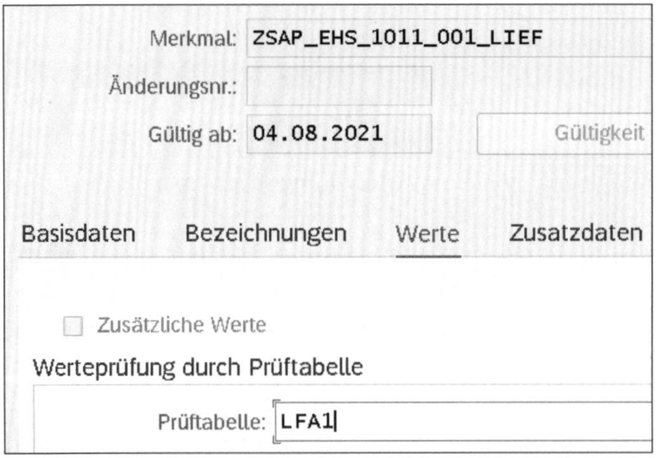

Abbildung 3.55 Prüftabelle zu einem Merkmal zuordnen

Wie es in Abbildung 3.56 zu sehen ist, gibt es im Eigenschaftsbaum der Spezifikation einen Eintrag **Lieferantendaten**, zu dem die Anwenderinnen und Anwender navigieren.

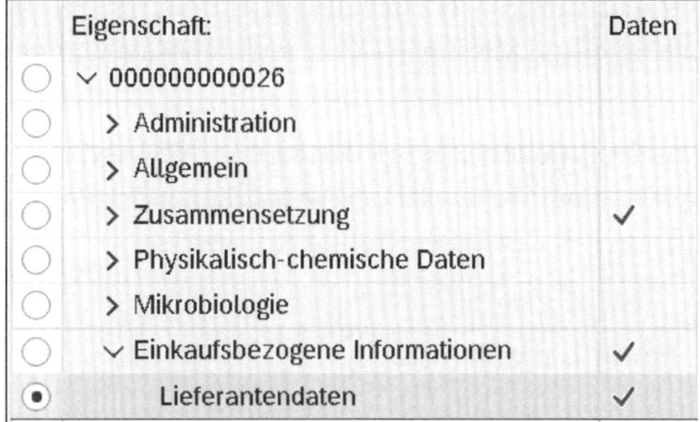

Abbildung 3.56 Eintrag im Eigenschaftsbaum

Abbildung 3.57 zeigt Ihnen die [F4]-Hilfe mit einigen exemplarischen Lieferantennummern (**Lieferant**) und Lieferantennamen (**Name**). Mit der Auswahl des gewünschten Eintrags durch die Anwenderinnen bzw. Anwender erscheint die Lieferantennummer im Eigenschaftsbaum, sodass diese nicht doppelt angelegt werden muss (siehe Abbildung 3.58).

Name der Suchhilfe: Lieferanten (allgemein)

In Standard konvertieren

Lieferant	Name
1003	WIRKSTOFFLIEFERANT
1004	LOHNBEARBEITER
1005	HERSTELLER A
1006	HERSTELLER B

Abbildung 3.57 Selektionsbild der hinterlegten Tabelle (Bildausschnitt)

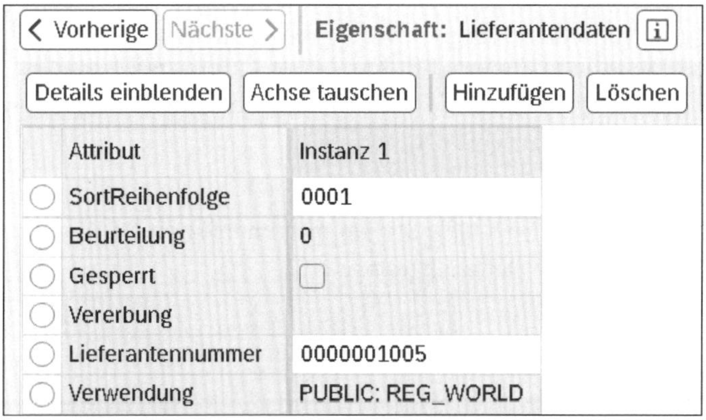

< Vorherige | Nächste > | **Eigenschaft: Lieferantendaten**

Details einblenden | Achse tauschen | Hinzufügen | Löschen

Attribut	Instanz 1
SortReihenfolge	0001
Beurteilung	0
Gesperrt	☐
Vererbung	
Lieferantennummer	0000001005
Verwendung	PUBLIC: REG_WORLD

Abbildung 3.58 Hinterlegte Lieferantennummer aus Tabelle LFA1

Der ausgewählte Eintrag ist am Merkmal im Eigenschaftsbaum in Abbildung 3.58 zu sehen und kann nun, ebenso wie alle anderen Merkmalswerte, auf Unterlagen angedruckt werden.

Berücksichtigen Sie dabei, dass Sie nach aktuellem Stand lediglich ein Feld aus der Tabelle einbinden können. Wenn Sie also einen Schlüssel und den dazugehörigen Namen benötigen, müssen Sie gemeinsam mit der Entwicklung aktiv werden.

3.3.3 Merkmal vom Typ NUM – numerisches Format

Für alle Inhalte, die numerischen Charakter haben, steht der Datentyp NUM zur Verfügung. Nutzen Sie diesen Datentyp, wenn Sie weitere Daten (z. B. physikalisch-chemische oder mikrobiologische Daten) benötigen. Wie bei Merkmalen vom Typ CHAR, sind auch hier die Basis der Schlüssel (**Merkmal**) und die **Bezeichnung**, die in Abbildung 3.59 zu sehen sind.

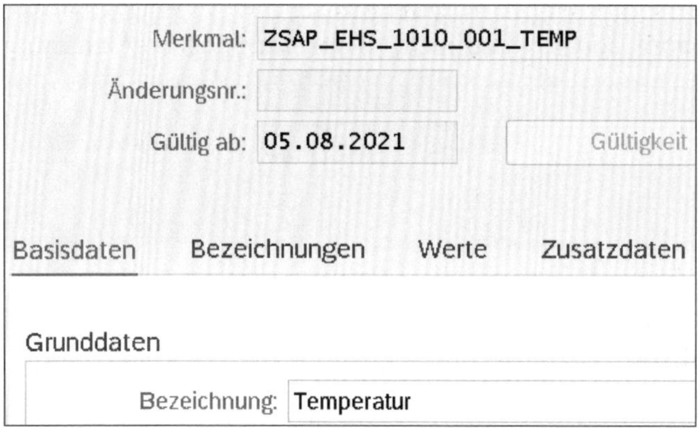

Merkmal: ZSAP_EHS_1010_001_TEMP
Änderungsnr.:
Gültig ab: 05.08.2021 Gültigkeit
Basisdaten Bezeichnungen Werte Zusatzdaten
Grunddaten
Bezeichnung: Temperatur

Abbildung 3.59 Basisdaten zu einem Merkmal vom Datentyp NUM

Neben der Bezeichnung kommt es bei den numerischen Merkmalen auf die Details an.

Abbildung 3.60 zeigt die Felder, die bei einem Merkmal vom Datentyp NUM gepflegt werden können bzw. müssen. Welche Angaben Sie in den einzelnen Feldern machen können, wird im Folgenden detailliert aufgeführt:

- **Anzahl Stellen**
  Im Feld **Anzahl Stellen** geben Sie an, wie viele Stellen maximal für einen Wert benötigt werden. Dazu zählen auch die Dezimalstellen.
- **Dezimalstellen**
  Wie viele Stellen von der Gesamtanzahl als Dezimalstellen benötigt werden, definieren Sie im Feld **Dezimalstellen**.

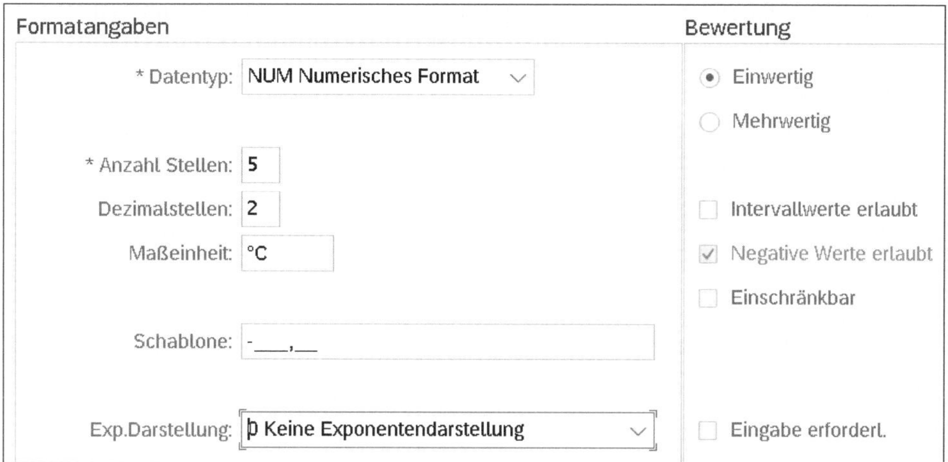

Abbildung 3.60 Detailangaben zu einem Merkmal vom Datentyp NUM

- **Maßeinheit**
  Durch die Angabe einer **Maßeinheit** ersparen Sie den Kolleginnen und Kollegen das mühsame Pflegen der Einheit. Sie wird dann vom System eingetragen. Alle Maßeinheiten, die zu derselben Dimension gehören, können auf der Benutzeroberfläche von den Anwenderinnen und Anwendern getauscht werden. Dies bedeutet im konkreten Fall, dass auch andere Temperaturangaben wie °F (Fahrenheit) oder K (Kelvin) auf der Benutzeroberfläche ausgewählt werden könnten.
- **Schablone**
  Die Eingabe im Feld **Schablone** dient dazu, die Anzeige der numerischen Werte auf der Benutzeroberfläche zu steuern. Speziell bei großen Werten kann es das Lesen der Werte vereinfachen. Wählen Sie hierzu eine Schablone aus. Sollten Sie keine passende Schablone finden, legen Sie diese im Customizing an.
- **Darstellungsform des Exponenten**
  Je nach Bedarf steuern Sie über das Feld **Exp. Darstellung**, ob die numerischen Werte mit oder ohne Exponenten dargestellt werden.
- **Einwertig**
  Über den Radiobutton **Einwertig** legen Sie fest, dass pro Instanz in einer Spezifikation nur ein Wert gepflegt werden darf.
- **Mehrwertig**
  Über den Radiobutton **Mehrwertig** legen Sie fest, dass pro Instanz in einer Spezifikation mehrere Werte gepflegt werden dürfen.
- **Intervallwerte erlaubt**
  Mit dem Kennzeichen **Intervallwerte erlaubt** gestatten Sie die Angabe einer Unter- und Obergrenze in einem Feld. Das ist hilfreich, wenn beispielsweise eine Methode

bei Temperaturen zwischen 20°C und 25°C angewendet werden darf. Alternativ darf mit diesem Kennzeichen auch »<« oder »>« im Feld genutzt werden.

- **Negative Werte erlaubt**
  Es gibt immer wieder Werte wie die Temperatur, die unter 0 sinken können. Benötigen Sie diese Möglichkeit für Ihre neuen Merkmale, setzen Sie das Kennzeichen **Negative Werte erlaubt**. Die Schablone greift es anschließend entsprechend auf. Über das Entfernen des Minuszeichens in der Schablone entfernen Sie das Kennzeichen.
- **Einschränkbar**
  Das Kennzeichen **Einschränkbar** ist für die Variantenkonfiguration und hier irrelevant.
- **Eingabe erforderlich**
  Die Checkbox **Eingabe erforderlich** macht das Merkmal zu einem Pflichtfeld. Wie im Abschnitt zum Datentyp CHAR angemerkt, sollten Sie diese Option sparsam verwenden.

Im Beispiel bedeutet das, dass sich die Temperaturangaben von –999,99 über 0 bis 999,99 °C oder °F oder K erstrecken können.

Wenn Sie dem Merkmal bestimmte Vorschlagswerte mitgeben möchten, steht Ihnen die Sicht **Werte** zur Verfügung (siehe Abbildung 3.61). Dort pflegen Sie die möglichen Ausprägungen. Mit dem Kennzeichen in der Spalte **V** (Vorschlagswert) sorgen Sie dafür, dass dieser Wert bei Aufruf der Klasse mit diesem Merkmal als Vorschlagswert eingetragen wird. Mit dem Kennzeichen **Zusätzliche Werte** legen Sie fest, ob andere Werte als die zulässigen gepflegt werden dürfen.

Abbildung 3.61 Pflege von zulässigen Werten zu einem numerischen Merkmal

Auf der Benutzeroberfläche sieht das beispielsweise so aus, dass bei Aufruf des Merkmals **Temperatur** im Eigenschaftsbaum einer Spezifikation der Vorschlagswert 22,00 °C vorbelegt wird (siehe Abbildung 3.62).

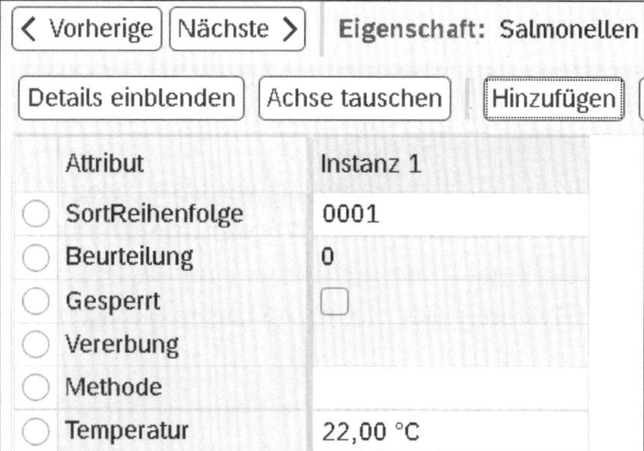

Abbildung 3.62 Automatische Einbindung des Vorschlagswertes aus dem Merkmal

Wie es Abbildung 3.63 zeigt, erhalten die Anwenderinnen und Anwender eine Fehlermeldung in der Spezifikation, wenn das Kennzeichen **Zusätzliche Werte** im Merkmal nicht gesetzt ist und ein anderer, nicht zulässiger Wert eingetragen wird.

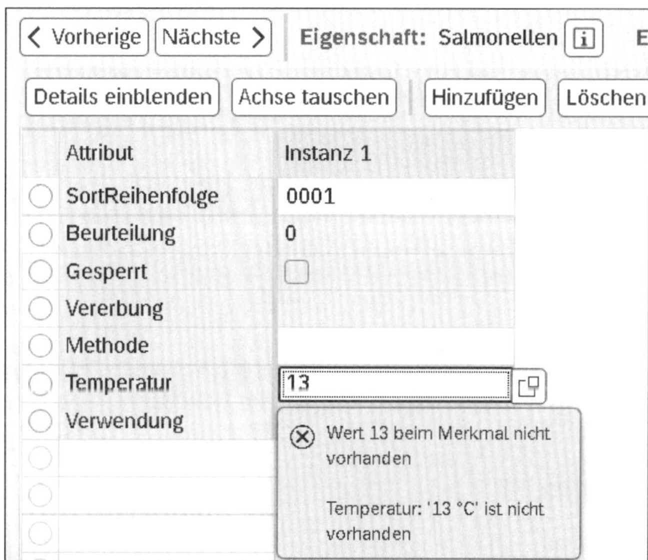

Abbildung 3.63 Fehlermeldung auf der Benutzeroberfläche bei dem Versuch, einen unzulässigen Wert einzutragen

3.3.4 Hilfsmittel

Sind die neuen Merkmale, die sich in Bearbeitung befinden, sehr umfangreich, können Sie leicht den Überblick verlieren, ob ein Merkmal mehreren Klassen oder ob ein Merkmal überhaupt zugeordnet ist. Um die Zuordnung schnell überprüfen zu können, gibt es den Verwendungsnachweis für Merkmale. Im Menü von Transaktion CT04 (Merkmalsverwaltung) finden Sie dieses Hilfsmittel über den Pfad **Mehr • Umfeld • Verwendungsnachweis**. Alternativ steht Ihnen Transaktion CT12 (Verwendungsnachweis Merkmale/Merkmalswerte) zur Verfügung.

Abbildung 3.64 zeigt, wie das Einstiegsbild des Verwendungsnachweises aussieht. Aus der Merkmalsbearbeitung heraus aufgerufen, beinhaltet der Verwendungsnachweis schon den Merkmalsschlüssel im Feld **Merkmal**. Über die Aktivierung des Kennzeichens **Klassen** ist sichergestellt, dass das System prüft, welchen Klassen das Merkmal zugeordnet ist.

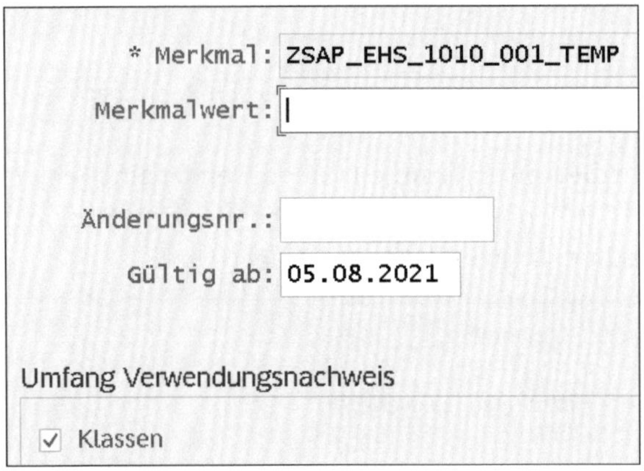

Abbildung 3.64 Selektionskriterien im Verwendungsnachweis von Merkmalen

Sobald Sie den Aufruf ausführen, erhalten Sie eine Übersicht der Klassen, in denen das Merkmal enthalten ist (siehe Abbildung 3.65).

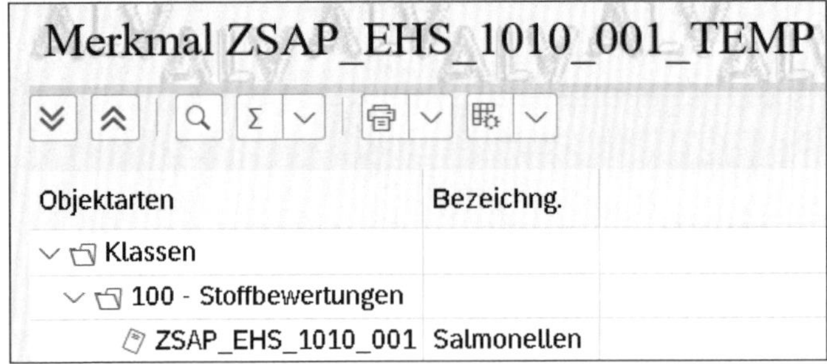

Abbildung 3.65 Ergebnis des Verwendungsnachweises von Merkmalen

Der Verwendungsnachweis kann nach aktuellem Stand lediglich für ein Merkmal ausgeführt werden. Eine Mehrfachselektion konnte noch nicht eruiert werden.

Ein weiteres Hilfsmittel für einen besseren Überblick ist das Merkmalsverzeichnis, das Sie entweder in Transaktion CT04 (Merkmalsverwaltung) über den Pfad **Menü • Umfeld • Merkmalsverzeichnis** oder über Transaktion CT10 aufrufen können.

Im Einstiegsbild finden Sie drei Abschnitte, in denen Sie zum einen die Selektionskriterien definieren können und zum anderen die Darstellung in der Verzeichnisübersicht beeinflussen können.

Abbildung 3.66 zeigt den ersten Bereich, in dem Sie auf bestimmte Merkmale (Feld **Merkmal**) und Gültigkeiten (Felder **Gültig am** und **Änderungsnummer**) einschränken können. Es ist ebenfalls möglich, dass Sie einen Teil eines Merkmalsschlüssels angeben und mit * die nachfolgenden oder vorausgehenden Zeichen offenhalten.

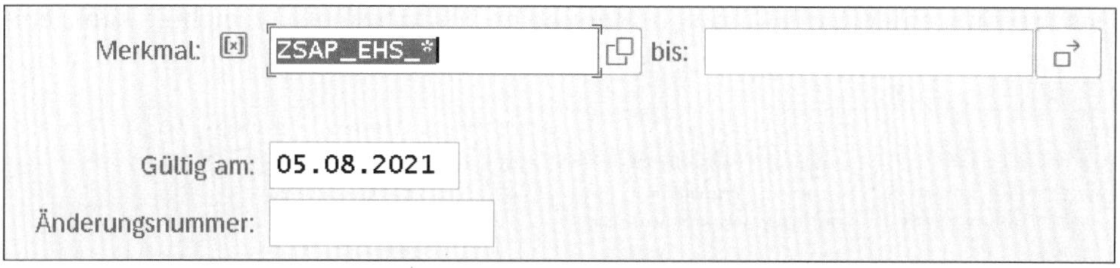

Merkmal: ZSAP_EHS_* bis:

Gültig am: 05.08.2021

Änderungsnummer:

Abbildung 3.66 Bereich 1 des Selektionsbildes des Merkmalsverzeichnisses

Im Bereich **Einschränkungen** können Sie über weitere Felder einschränken, welche Merkmale im Verzeichnis angezeigt werden sollen (siehe Abbildung 3.67). Die Felder sind nach der üblichen Vorgehensweise auszufüllen.

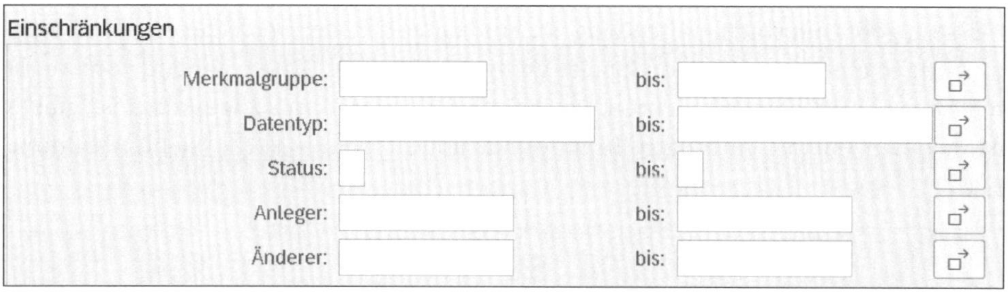

Einschränkungen

Merkmalgruppe: bis:

Datentyp: bis:

Status: bis:

Anleger: bis:

Änderer: bis:

Abbildung 3.67 Bereich »Einschränkungen« des Selektionsbildes des Merkmalsverzeichnisses

Interessant ist im Bereich **Darstellung** das Kennzeichen **Verwendung** (siehe Abbildung 3.68): Damit zeigt Ihnen die Übersicht des Merkmalsverzeichnisses im nächsten Schritt an, welches Merkmal mit einer Klasse verknüpft ist und welches Merkmal zu einem Objekt Bewertungen beinhaltet.

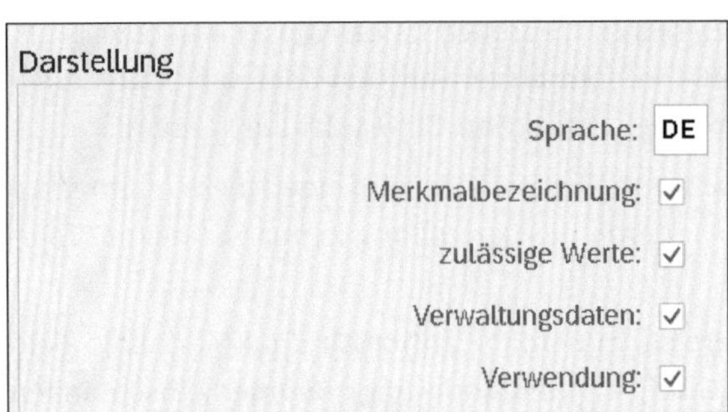

Abbildung 3.68 Darstellung des Merkmalsverzeichnisses

Das Ergebnis einer Auflistung von Merkmalen im Merkmalsverzeichnis kann beispielsweise so aussehen (siehe Abbildung 3.69):

Merkmale/ Werte	Bezeichng	Format	AnzStell.	DezStell.	Maßeinh.	Einwertig	Vwdg. Kl.	Vwdg. Zuo.
ZSAP_EHS_1001_001	Aussehen	Zeichenformat	30	0				
ZSAP_EHS_1010_001_METHOD	Methode	Zeichenformat	30	0		X	X	
ZSAP_EHS_1010_001_TEMP	Temperatur	Numerisches Format	5	2	°C	X	X	X
22,00 °C			0	0				
36,00 °C			0	0				

Abbildung 3.69 Übersicht im Merkmalsverzeichnis

Sie erhalten Informationen über die Beschaffenheit des Merkmals wie die Anzahl der Stellen, die Maßeinheit, ob es einwertig ist usw. Ein Blick auf die beiden letzten Spalten in Abbildung 3.69 zeigt, dass es zwei Merkmale in der Übersicht gibt, die einer Klasse zugeordnet sind (Spalte **Vwdg. Kl.**) und eines der Merkmale davon hat eine Bewertung in einer Spezifikation (Spalte **Vwdg. Zuo.**). Wenn Sie, ausgehend vom Merkmalsverzeichnis, wissen möchten, welcher Klasse ein Merkmal zugeordnet ist, gibt es dafür einen Button. Alternativ funktioniert auch `Strg` + `F12` (siehe Abbildung 3.70).

Abbildung 3.70 Aus dem Merkmalsverzeichnis zum Verwendungsnachweis abspringen

3.4 Klasse

Damit neue Eigenschaften in Form der Merkmale in einer Spezifikation gepflegt werden können, müssen zusammengehörige Merkmale in einer Klasse gebündelt werden. Halten Sie den Schlüssel von Bewertungsart und Klasse (siehe Feld **Klasse** in Abbildung 3.71) unbedingt identisch! Diese Empfehlung von SAP hat zum einen technische Gründe, und zum anderen erleichtern Sie sich damit erheblich Ihre Arbeit. Im Verlauf eines Implementierungsprojekts und auch in Support-Fragen werden sich diese Vorteile schnell herauskristallisieren.

Abbildung 3.71 Neue Klasse mit identischem Schlüssel zur Bewertungsart

Vertiefend zu Abbildung 3.71 sollten Sie bei der Klassenpflege für den Einsatz in der Spezifikationsverwaltung Folgendes sicherstellen:

- Nutzen Sie zur Pflege der Klassen Transaktion CL02 (Klassenverwaltung)
- Wählen Sie stets im Feld **Klassenart** den Wert 100 (Stoffbewertungen). Eine andere Klassenart ist in der Spezifikationspflege im Eigenschaftsbaum nicht anzeigefähig.
- Achten Sie über das Feld **Status** darauf, dass die Klasse freigegeben ist
- Denken Sie an die Übersetzungen in die benötigten Fremdsprachen. Gehen Sie dafür über den Eintrag **Sprache Wechseln** im Menü (siehe Abbildung 3.72).

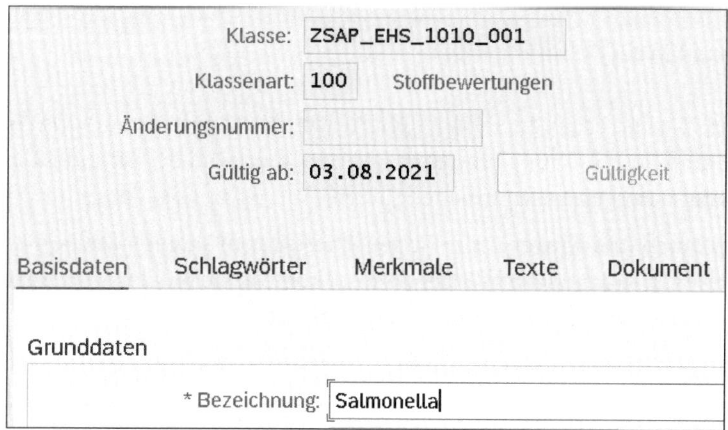

Abbildung 3.72 Neue Klasse mit Pflege einer Fremdsprache nach dem Wechsel der Sprache über das Menü

- Listen Sie die **Merkmale** auf, die in der Klasse gebündelt werden sollen (siehe Abbildung 3.73).

Abbildung 3.73 Neue Klasse mit zugeordneten Merkmalen (Bildausschnitt)

Anhand einer anderen Klasse verdeutlichen wir das hilfreiche Feature **Texte** in der Klasse (siehe Abbildung 3.74). Dort stehen Ihnen verschiedene Textarten zur Pflege zur Verfügung. Erfassen Sie einen **Langtext**, und geben Sie diesem eine Bezeichnung. Grundsätzlich können Sie auch andere Textarten nutzen. Um an einer einheitlichen Vorgehensweise festzuhalten, empfiehlt es sich, sich auf eine Textart zu beschränken.

Basisdaten Schlagwörter Merkmale Texte

Textbereich	Textart	Bezeichnung
Klassen	Langtext	Lieferantendaten

Abbildung 3.74 Textart in der Klasse angeben

Wie es Abbildung 3.75 zeigt, erhalten Sie mit dem Aufruf des Langtextes einen Word-Editor, in dem Sie eine Beschreibung eingeben können, wozu die betreffende Klasse gedacht ist – in einigen Fällen eine hilfreiche Stütze!

Sind die Anwenderinnen und Anwender im Eigenschaftsbaum an einer Stelle, an der sie nicht genau wissen, wie die Daten zu pflegen sind, können sie auf den **Info-Button** neben der Eigenschaftsbezeichnung klicken (siehe Abbildung 3.76).

Es öffnet sich daraufhin ein Fenster wie in Abbildung 3.77, das den Langtextinhalt aus dem Klassentext beinhaltet.

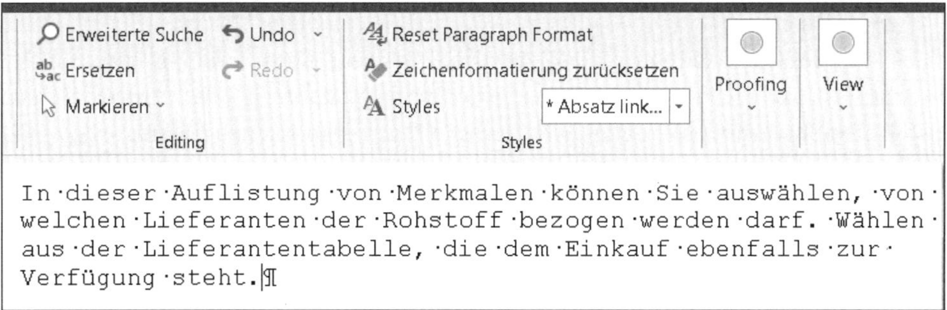

Abbildung 3.75 Textpflege für die Eigenschaftshilfe auf der Weboberfläche

Abbildung 3.76 Info-Button für die Eigenschaftshilfe

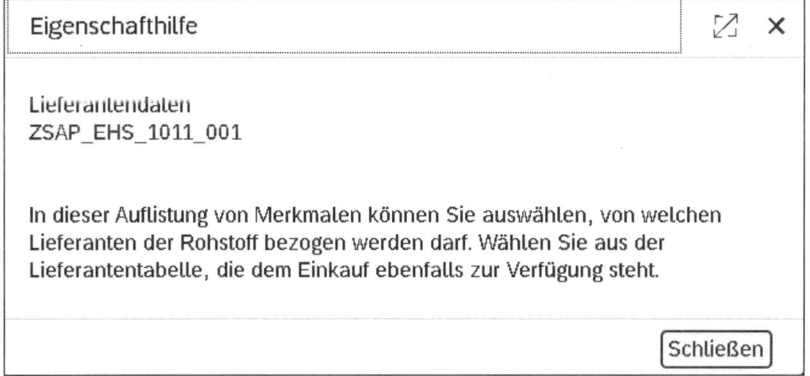

Abbildung 3.77 Text zur Eigenschaftshilfe in der Spezifikationspflege

Beim Vorliegen von längeren Texten erscheint ein Scroll-Balken, damit Ihnen keine Informationen verborgen bleiben (siehe Abbildung 3.78).

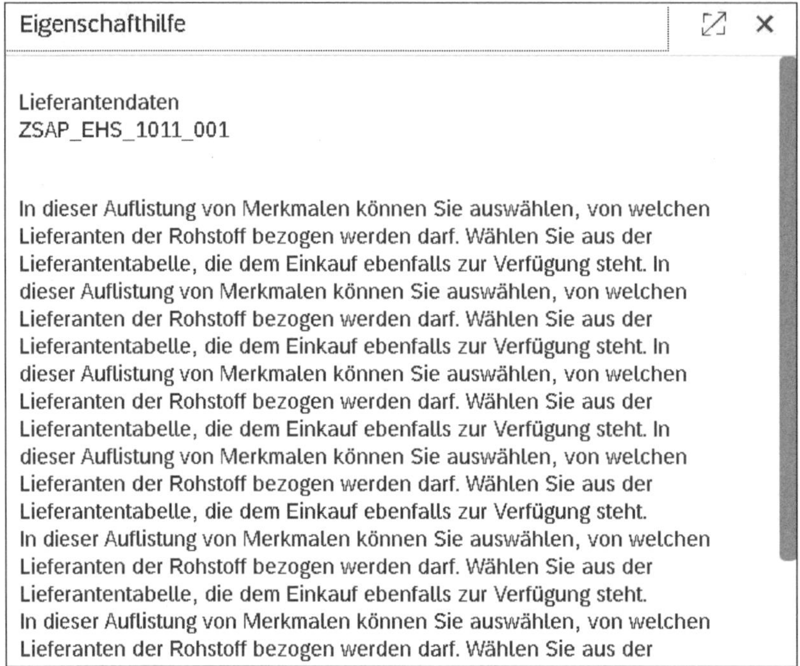

Abbildung 3.78 Eigenschaftshilfe bei langen Texten

Wenn Sie mehrere Textarten in einer Klasse pflegen möchten, kann es zu unerwünschten Nebeneffekten auf der Benutzeroberfläche kommen (siehe Abbildung 3.79). So wird in unserem Beispiel die Textart in Position 2 doppelt und die Textart in Position 3 dreifach angezeigt. Eine Textart sollte jedoch gut ausreichen, um erklärende Informationen abzubilden.

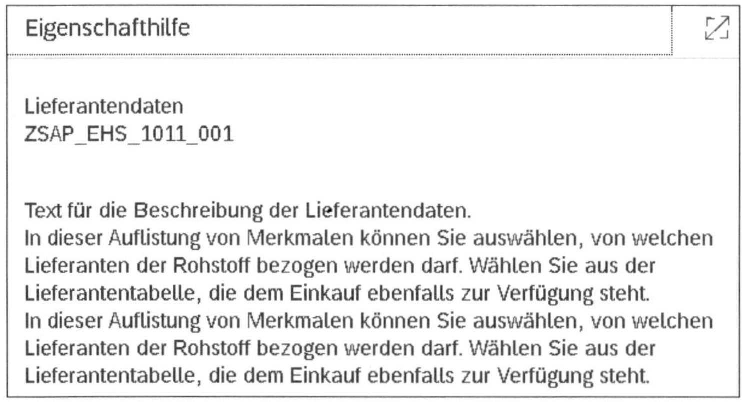

Abbildung 3.79 Nebeneffekt bei der Nutzung mehrerer Textarten

Wie bei vielen Elementen in der Software, gibt es auch bei der Arbeit mit Klassen weitere Möglichkeiten. So können Sie beispielsweise die Arbeit an und mit einer Klasse streng über Berechtigungen einschränken. Dies führt an dieser Stelle jedoch zu weit. Selbstverständlich haben Sie die Freiheit, an diesen Stellen selbst weiterzuarbeiten.

Merkmale und Klassen werden für Spezifikationen erst dann vollständig nutzbar, wenn die Klasse in einer Bewertungsart hinterlegt ist. Lesen Sie für diese Informationen Abschnitt 4.11, »Bewertungsart«.

3.5 Zusammenfassung

Die Spezifikation bietet ein breites Spektrum an Funktionen, die bei der Datenpflege genutzt werden können. Zudem haben Sie mit Phrase, Merkmal und Klasse drei Stammdatenobjekte kennengelernt, die untrennbar mit der Spezifikation zusammenhängen. Nutzen Sie die Informationen, um die Funktionen in der Anwendung selbst auszuprobieren und neue Strukturen in der Spezifikation zu schaffen, die Sie oder Ihre Kunden weiterbringen. Im nächsten Kapitel lernen Sie die Customizing-Einstellungen für die Spezifikation kennen.

Kapitel 4

Spezifikation – Customizing

Neben einem Überblick über Funktionsumfang und relevante Stammdatenobjekte mit Bezug zur Spezifikation gehören die Steuerungsmöglichkeiten der Spezifikation zu den Grundlagen von SAP Recipe Development. Nutzen Sie die vielfältigen Möglichkeiten zur Anpassung der Spezifikation gemäß Ihren Anforderungen.

Sie haben in Kapitel 3, »Spezifikation – Funktionsumfang und grundlegende Stammdatenobjekte«, einen Überblick über die Möglichkeiten an und mit Spezifikationen bekommen sowie die für einen erfolgreichen Einsatz relevanten Stammdatenobjekte kennengelernt.

Dieses Kapitel geht nun auf die Konfigurationsmöglichkeiten in der Spezifikation und auf zugehörige Aktivitäten ein. Dazu gehören Konfigurationsmöglichkeiten mit Bezug zu Spezifikationstyp (Abschnitt 4.1, »Spezifikationstypen«) und Spezifikationsart (Abschnitt 4.2). Des Weiteren erfahren Sie, wie Berechtigungsgruppen (Abschnitt 4.3), Identifikatoren (Abschnitt 4.4) und die Stoffnatur (Abschnitt 4.5) konfiguriert werden.

Wie Sie die Materialzuordnung in einer Spezifikationsart einschalten und Beziehungen zwischen Spezifikationsarten ermöglichen sowie die Definition von Komponentenarten und Ausnahmewerten vornehmen, erfahren Sie in Abschnitt 4.6 bis Abschnitt 4.9.

In Abschnitt 4.10 erhalten Sie einen Einblick in den Aufbau von Verwendungen und Verwendungsprofilen sowie in die Definition von Bewertungsarten (Abschnitt 4.11). Die Konfiguration von Eigenschaftsbäumen ist Thema von Abschnitt 4.12. Darüber hinaus wird der Änderungsdienst in Abschnitt 4.13 aufgegriffen. Sie erfahren in Abschnitt 4.14, wie neue Status und Statusschemata definiert werden und in Abschnitt 4.15, wie Vererbungsvorlagen definiert werden.

Wenn Sie erfahren möchten, wie Sie neue Funktionen ins Menü einbinden, sehen Sie sich Abschnitt 4.16 an. Sie gewinnen Einblick in die Thematik, wie Sie mit den Ausgabemethoden umgehen können (Abschnitt 4.17). Für die Arbeit mit Rezepten erfahren Sie in Abschnitt 4.18, welche Daten in einer Spezifikation dafür relevant sind. Auch Informationen zur Suche nach Spezifikationen (Abschnitt 4.19) kommen nicht zu kurz.

4.1 Spezifikationstypen

Der *Spezifikationstyp* ist die gröbste Möglichkeit, um Spezifikationen zu gliedern. Schon auf dieser Ebene können Sie festlegen, wie sich die Arbeit mit Spezifikationen gestaltet. In Abhängigkeit des Spezifikationstyps können Sie verschiedene Konfigurationsmöglichkeiten vornehmen und entscheiden, ob Sie mit einem zentralen Spezifikationstyp arbeiten oder ob Sie mit unterschiedlichen Spezifikationstypen arbeiten möchten.

4.1.1 Konfigurationsmöglichkeiten – abhängig vom Spezifikationstyp

Sie können festlegen, wer Zugriff auf die unter einem bestimmten Spezifikationstyp angelegten Spezifikationen haben soll, indem Sie in Abhängigkeit des Spezifikationstyps Berechtigungsgruppen vergeben. Berechtigungsgruppen können Sie dazu verwenden, Lese- und Schreibzugriffe zu verwalten. Wenn sich z. B. ein Team ausschließlich um Rohstoffe kümmern soll, können Sie anhand des Spezifikationstyps für Rohstoffe sicherstellen, dass nur die Berechtigungsgruppen für Rohstoffe zugeordnet werden können.

In Abbildung 4.1 sehen Sie die Berechtigungsgruppe ZRAW mit dem Spezifikationstyp RAW. Wenn nun ein neuer Rohstoff mit dem Spezifikationstyp RAW angelegt wird, kann das System automatisch die Berechtigungsgruppe ZRAW vorbelegen. Dies hat den Vorteil, dass Sie sich bei der Stammdatenanlage keine Gedanken mehr über die Definition der Berechtigungsgruppe machen müssen. Zudem können durch die Berechtigungsgruppe nur Personen auf den neuen Rohstoff zugreifen, die das Berechtigungskonzept dafür vorsieht.

In Abschnitt 4.3, »Berechtigungsgruppen«, gehen wir auf die Berechtigungsgruppe genauer ein.

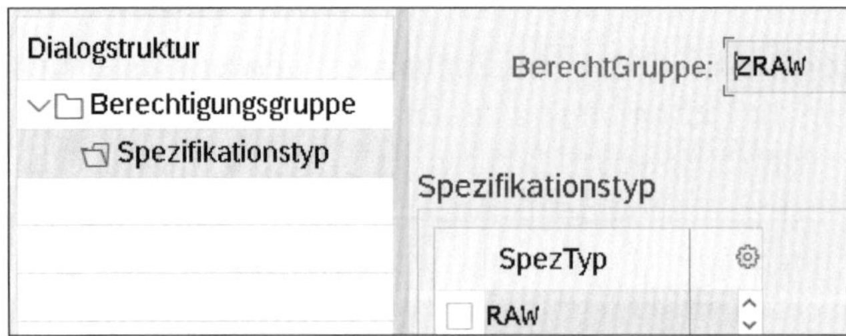

Abbildung 4.1 Spezifikationstyp in einer Berechtigungsgruppe

Eine weitere Möglichkeit der Steuerung mithilfe des Spezifikationstyps bietet sich Ihnen hinsichtlich der Identifikationsarten (siehe Abbildung 4.2). Sie sehen z. B. in Abbildung 4.2, dass der Identifikator NAM DESC für nähere Beschreibungen bei Spezifikationen verwendet werden kann, die zu einem der Spezifikationstypen ALLERGEN

(Allergen), ALLGROUP (Allergengruppe), DIET (Diätstoff) oder DIETGROUP (Diätstoffgruppe) gehören. Sie können damit sicherstellen, dass in den verschiedenen Spezifikationstypen nur die gewünschten Beschreibungen (Identifikatoren) verfügbar sind. In der Identifikationsart DESC für Beschreibungen sind nur die Spezifikationstypen hinterlegt, die diese Identifikationsart verwenden sollen. Details dazu finden Sie in Abschnitt 4.4.1, »Identifikationsarten anlegen«.

Abbildung 4.2 Zugeordnete Spezifikationstypen in einer Identifikationsart

Bei der Nutzung eines SAP-S/4HANA-Systems stehen Apps für eine Schnellerfassung von Spezifikationen zur Verfügung, z. B. für Allergene oder Allergengruppen. Sobald Sie diese Apps einsetzen, sind Sie auf spezielle Spezifikationstypen angewiesen. Gegebenenfalls müssen Sie dafür im Customizing der Spezifikationsarten diese Spezifikationstypen hinterlegen.

In der Regel ist in den Spezifikationsarten der Spezifikationstyp SUBSTANCE hinterlegt. Mit diesem Spezifikationstyp können Sie problemlos arbeiten, wenn Sie SAP Recipe Development auf Basis des SAP Business Clients einsetzen oder Sie eine geringe Anzahl an Apps bevorzugen und sich auf die App **Spezifikationen verwalten** beschränken möchten.

Es gibt Spezifikationstypen, die ausschließlich auf der Weboberfläche korrekt angezeigt werden. In der Spezifikations-Workbench im SAP GUI werden z. B. Allergene in einem Rohstoff nicht korrekt angezeigt. Sie sehen in Abbildung 4.3, dass bei dem Spezifikationstyp ALLERGEN das Kennzeichen **Nur in Rezeptentwicklung verwendeter Spezifikationstyp** gesetzt ist. Spezifikationstypen mit diesem Kennzeichen sind erst für SAP Recipe Development entstanden und damit nur auf der Weboberfläche funktionsfähig.

Für den Einsatz von Spezifikationstypen gibt es verschiedene Szenarien:

Sie können sich auf den Spezifikationstyp SUBSTANCE beschränken, indem Sie Nährstoffe/quantitativen Komponenten, Allergene, Diäten/qualitative Komponenten,

Rohstoffe, Listenstoffe usw. alle unter diesem Spezifikationstyp anlegen. In diesem Fall benötigen Sie zusätzlich den Spezifikationstyp RCP_PROP für die Eigenschaftsspezifikation in einem Rezept. Dann steht Ihnen zur Pflege der Spezifikationsdaten die App **Spezifikationen verwalten** zur Verfügung.

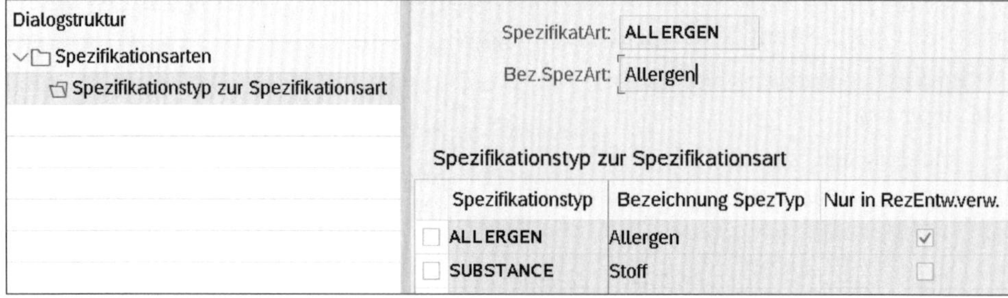

Abbildung 4.3 Spezifikationstyp in der Spezifikationsart hinterlegen

Nummernkreisintervalle für Spezifikationen anlegen

In der Transaktion SNUM können Sie zum Nummernkreisobjekt ESN_SUBID die Nummernkreisintervalle für Spezifikationen anlegen.

Wenn Sie die Apps zur vereinfachten Pflege von Allergenen, Allergengruppen usw. nutzen möchten, benötigen Sie weitere Spezifikationstypen. Es kann für die Arbeit mit dem Kopfstatus oder mit der Verknüpfung mit dem Materialstamm Vorteile haben, wenn einer Spezifikationsart neben dem speziellen Spezifikationstyp auch der allgemeine Spezifikationstyp SUBSTANCE zugeordnet ist.

4.1.2 Mögliche relevante Spezifikationstypen

In Tabelle 4.1 finden Sie eine Auswahl der Spezifikationstypen, die Sie nutzen können.

Spezifikationstyp	Bezeichnung
ALLERGEN	Allergen
ALLGROUP	Allergengruppe
DIET	Diät
DIETGROUP	Diätstoffgruppe
GMO	GVO
GMOGROUP	GVO-Gruppe

Tabelle 4.1 Wichtige Spezifikationstypen

Spezifikationstyp	Bezeichnung
NUTRGROUP	Nährstoffgruppe
NUTRIENT	Nährstoff
PURE	Reinstoff
RAW	Rohstoff
RCP_PROP	Eigenschaftsspezifikation
RDA	ETM-Datenprofil
REAL	Realstoff
RELGROUP	Religiöse Zertifikate (Gruppe)
RELIGIOUS	Religiöses Zertifikat
STREAM	Intermediatstoff
SUBSTANCE	Spezifikation

Tabelle 4.1 Wichtige Spezifikationstypen (Forts.)

Sollten Sie aufgrund der in Abschnitt 4.1.1, »Konfigurationsmöglichkeiten – abhängig vom Spezifikationstyp«, beschriebenen Abgrenzungsmöglichkeiten im Spezifikationstyp weitere Spezifikationstypen definieren wollen, ist eine BAdI-Implementierung notwendig. Die Stelle im Customizing, die zur BAdI-Implementierung weiterleitet, finden Sie über den Pfad **Logistik Allgemein • PLM-Web-Benutzungsoberfläche • Rezeptentwicklung • Spezifikationsverwaltung • Spezifikation • Spezifikationsstamm • BAdI: Mögliche Spezifikationstypen**.

Neue Spezifikationstypen über das Customizing zu definieren, ist derzeit nicht vorgesehen.

Beispiele für Spezifikationstypen

Der Rohstoff »Gemüsebrühe« könnte sowohl mit dem Spezifikationstyp SUBSTANCE (Stoff) als auch mit dem Spezifikationstyp RAW (Rohstoff) angelegt werden.

Die Nährstoffe, die zur Gemüsebrühe gepflegt werden, können vom Spezifikationstyp NUTRIENT (Nährstoff) oder SUBSTANCE (Stoff) sein.

Die Allergene, die bei der Gemüsebrühe auftreten, können vom Spezifikationstyp ALLERGEN (Allergen) oder SUBSTANCE (Stoff) sein.

Die einzelnen Bestandteile der Gemüsebrühe können Sie entweder über den Spezifikationstyp PURE (Reinstoff) oder SUBSTANCE (Stoff) abbilden.

Welcher Spezifikationstyp der richtige ist, hängt davon ab, wie die Spezifikationsarten definiert sind, die Sie bei der Anlage von Spezifikationen wählen, und ob Sie die Apps für die vereinfachte Spezifikationspflege nutzen möchten.

4.2 Spezifikationsarten

Spezifikationsarten ermöglichen eine weitere Unterteilung der Spezifikationstypen. Um verschiedene Arten von Spezifikationen wie z. B. Rohstoffe, Halbfertigwaren, Hilfsstoffe usw. voneinander abzugrenzen, kann die Spezifikationsart verwendet werden. Es gibt im Customizing eine zentrale Stelle, an der viele Einstellungen in den Spezifikationsarten vorgenommen werden. Navigieren Sie hierzu über den Customizing-Pfad **Logistik Allgemein • PLM-Web-Benutzungsoberfläche • Rezeptentwicklung • Spezifikationsverwaltung • Spezifikation • Spezifikationsstamm • Spezifikationsarten festlegen**.

4.2.1 Konfigurationsmöglichkeiten in der Spezifikationsart

In der Spezifikationsart können Sie festlegen, ob eine Materialzuordnung möglich sein soll. Es gibt Spezifikationsarten, bei denen die Zuordnung eines Materials zwingend benötigt wird. Dazu zählen die Spezifikationsarten für Rohstoffe und Stoffe, die bei Ihnen oder Ihrem Kunden selbst hergestellt werden.

In Abbildung 4.4 ist das Kennzeichen **MatZuordnung** angehakt und sorgt somit dafür, dass bei Rohstoffen ein Material zugeordnet werden kann. Bei anderen Spezifikationsarten ist wiederum eine Materialzuordnung unnötig. Das gilt z. B. für die Spezifikationsarten für Allergene und religiöse Zertifikate. Für diese Spezifikationen gibt es kein Pendant aufseiten des Materialstamms, ergo soll eine Materialzuordnung gar nicht möglich sein.

Stellen Sie sich für die Entscheidung »Materialzuordnung: ja oder nein« am besten die Frage, ob die Spezifikationen der Spezifikationsart auch bei Ihnen im Lager liegen könnten. Wenn dies der Fall ist, ist eine Materialzuordnung sinnvoll. Gehen Sie dazu in die Detailpflege der Spezifikationsart.

Des Weiteren können Sie anhand der Spezifikationsart unterschiedliche Nummernkreisintervalle vergeben. Die unterschiedlichen Nummernkreise können Ihnen dabei helfen, bei einer Auflistung von Spezifikationsnummern schnell zu erkennen, welche Spezifikation zu welcher Spezifikationsart gehört.

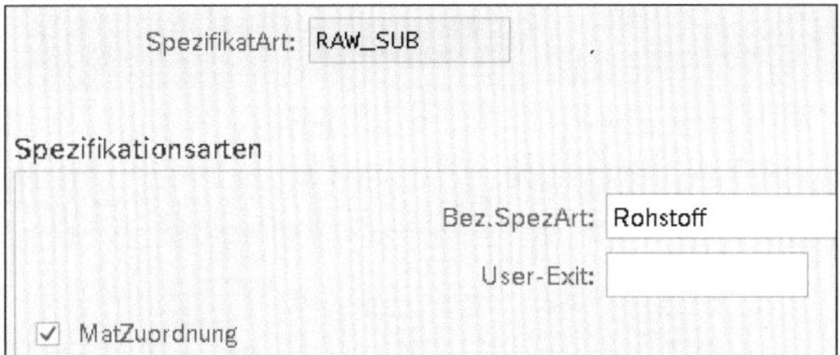

Abbildung 4.4 Erlaubte Materialzuordnung

Das Nummernkreisintervall geben Sie in den Detaildaten der Spezifikationsart an. In Abbildung 4.5 sehen Sie die beiden Felder **Int.NKrlntv** und **Ext.NKrlntv**, die Ihnen die Zuordnung der Nummernkreisintervalle ermöglichen.

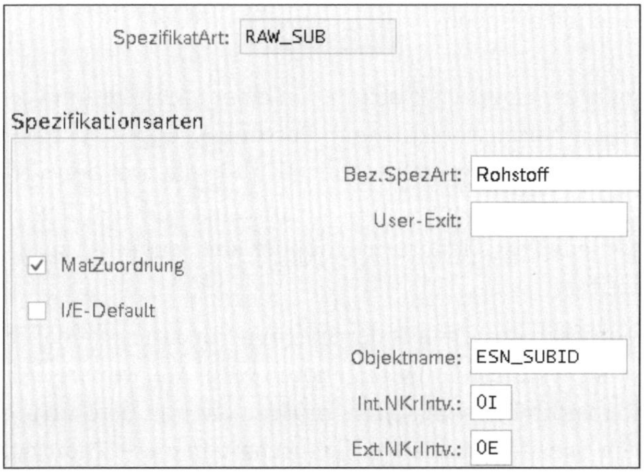

SpezifikatArt: RAW_SUB

Spezifikationsarten

Bez.SpezArt: Rohstoff

User-Exit:

MatZuordnung

I/E-Default

Objektname: ESN_SUBID

Int.NKrlntv.: 0I

Ext.NKrlntv.: 0E

Abbildung 4.5 Nummernkreisintervalle zuordnen

Eine andere zur Verfügung stehende Einstellung betrifft den Eigenschaftsbaum. Abhängig von der Spezifikationsart können hier unterschiedliche Angaben für die Kolleginnen und Kollegen aus der Produktentwicklung relevant sein.

Diese Angaben sind in Eigenschaftsbäumen (siehe Abschnitt 3.1.3, »Eigenschaften«, und Abschnitt 4.12, »Eigenschaftsbaum«) gesammelt. Damit auch nur die relevanten Kriterien zur Verfügung stehen, können Sie an der Spezifikationsart gezielt einen speziellen Eigenschaftsbaum im Feld **EigenschBaum** hinterlegen, der dann auf der Weboberfläche voreingestellt ist (siehe Abbildung 4.6). Dies erleichtert das Vorgehen in der Datenpflege. Auch die Angabe des Eigenschaftsbaumes nehmen Sie in der Detailpflege der Spezifikationsart vor.

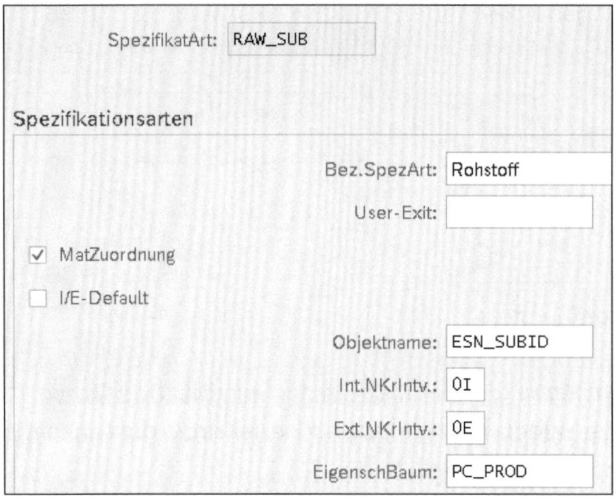

SpezifikatArt: RAW_SUB

Spezifikationsarten

Bez.SpezArt: Rohstoff

User-Exit:

☑ MatZuordnung

☐ I/E-Default

Objektname: ESN_SUBID

Int.NKrIntv.: 0I

Ext.NKrIntv.: 0E

EigenschBaum: PC_PROD

Abbildung 4.6 Voreingestellter Eigenschaftsbaum

Es kann Gründe dafür geben, mehrere Eigenschaftsbäume in einer Spezifikation verfügbar zu machen. Zum Beispiel arbeiten verschiedene Personengruppen in einer Spezifikation. Um die Arbeit effizienter zu gestalten, bündeln Sie die von den verschiedenen Personengruppen einzupflegenden Daten in unterschiedlichen Eigenschaftsbäumen. Nun muss es für jede Personengruppe möglich sein, auf ihren speziellen Eigenschaftsbaum zuzugreifen.

Die Angabe des Eigenschaftsbaumes in den Details der Spezifikationsart sorgt dafür, dass dieser den Mitarbeitenden als Voreinstellung angeboten wird. Alle weiteren Eigenschaftsbäume, die zusätzlich verfügbar sein sollen, müssen Sie im Customizing der Spezifikationsart im Bereich **Spezifikationsart – Eigenschaftsbaum – Zuordng.** aufführen (siehe Abbildung 4.7).

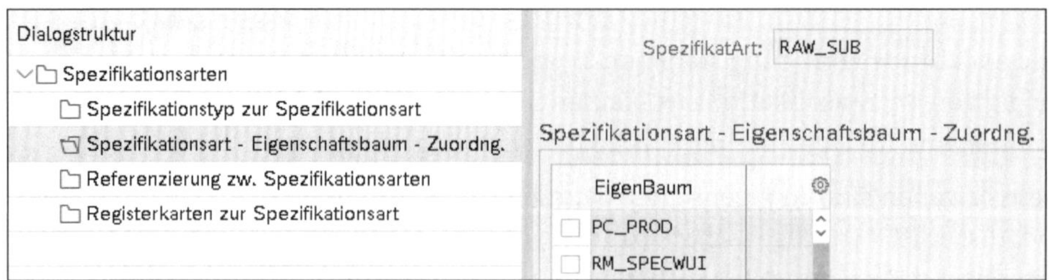

Abbildung 4.7 Weitere Eigenschaftsbäume

Oft ähneln sich Spezifikationen in vielen Eigenschaften, speziell dann, wenn Sie in der Produktentwicklung bis zur Verpackungsebene arbeiten. In diesem Fall ist davon auszugehen, dass die produktspezifischen Eigenschaften bei der Halbfertigware dieselben sind wie bei der Fertigware. Damit Sie die Eigenschaften nicht doppelt pflegen müssen, gibt es die Vererbung. Anhand der Spezifikationsarten legen Sie im Bereich

Referenzierung zw. Spezifikationsarten fest, zwischen welchen Spezifikationsarten eine Vererbung möglich sein darf. Abbildung 4.8 zeigt die Spezifikationsart RAW_SUB und dass diese von der Spezifikationsart PURE_SUB Daten erben darf.

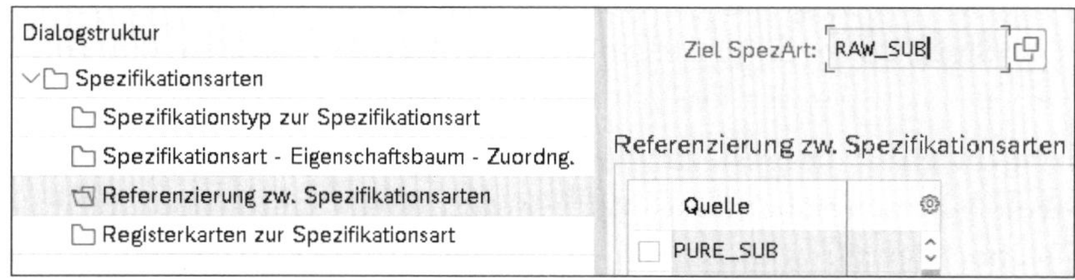

Abbildung 4.8 Vererbung zwischen Spezifikationsarten

Des Weiteren dient die Spezifikationsart dazu, einzustellen, welche Sichten Sie in welcher Reihenfolge auf der Benutzeroberfläche sehen möchten. Berücksichtigen Sie dabei, dass die Registerkarte HEAD (Spezifikationskopf) für die Kopfdaten der Spezifikationen nicht verschoben oder ersetzt werden kann. Die Weboberfläche im SAP Fiori Launchpad oder im SAP Business Client umfasst im Standard fünf Registerkarten:

- HEAD (Spezifikationskopf)
- IDENT (Identifikatoren)
- MATJOIN (Materialzuordnung)
- SAM_STATUS (Kopfstatus)
- REL (Beziehungen)

Die übrigen Registerkarten in Abbildung 4.9 stammen aus der GUI-Version und sind auf der Weboberfläche nicht verfügbar. Mithilfe der Spalte **V** (Voreingestellte Registerkarte im Spezifikationskopf) legen Sie fest, welche Sicht beim Aufruf einer Spezifikation direkt angezeigt werden soll.

Abbildung 4.9 Registerkarten für Spezifikationsarten definieren

Änderungen an Spezifikationsdaten, wie z. B. Anpassungen der allergenen Eigenschaften eines Rohstoffes, können massive Auswirkungen auf eine Rezeptur haben und dadurch sehr sensibel sein. Sie können pro Spezifikationsart entscheiden, ob Sie dabei auf den Einsatz von Änderungsnummern setzen möchten. Werfen wir nun einen Blick an die Stelle, an der Sie einstellen können, ob die Verwendung von Änderungsnummern in einer Spezifikationsart erlaubt sein soll.

Im Customizing finden Sie die Einstellung über den Customizing-Pfad **Logistik Allgemein • PLM-Web-Benutzungsoberfläche • Rezeptentwicklung • Spezifikationsverwaltung • Spezifikation • Spezifikationsstamm • Änderungsnummerverwendung für das Anlegen von Spezifikationen einrichten**. Sie schalten über das Kennzeichen **ÄndNr. ein** die Verwendung der Änderungsnummer pro Spezifikationsart ein (siehe Abbildung 4.10).

Änderungsnummerverwendung im SpezUI aktivieren		
SpezifikatArt	ÄndNr. ein	
☐ RAW_SUB	☑	

Abbildung 4.10 Änderungsnummern aktivieren

[zB]

Beispiel für Spezifikationsarten

Angenommen, eine Gemüsebrühe wird als RAW_SUB (Rohstoff) angelegt. Hier ist es sinnvoll, dass die Spezifikationsart eine Materialzuordnung zulässt, ein eigenes Nummernkreisintervall bekommt, der Eigenschaftsbaum für die Rohstoffspezifikationen vorbelegt wird und dass die Spezifikationsart Vererbungen mit anderen Rohstoffen erlaubt. Auf Änderungen an der Reihenfolge der Sichten sowie auf das Einschalten der Änderungsnummer verzichten wir.

Die Allergene müssen mit der Spezifikationsart ALLERGEN angelegt werden. In dieser Spezifikationsart muss die Materialzuordnung deaktiviert sein. Da die Nummern wegen der ALE-Verteilung manuell vergeben werden, wird kein eigenes Nummernkreisintervall benötigt.

Nehmen wir an, dass es keine Vererbungen geben wird und dass auch Änderungen an der Allergenspezifikation selten sind, weshalb die Änderungsnummer ebenfalls nicht eingeschaltet wird. Im Hinblick auf die Sichten stellen Sie sicher, dass keine Materialzuordnung enthalten ist, damit bei der Anlage der Allergene keine Verwirrung entsteht.

4.2.2 Mögliche relevante Spezifikationsarten

Um Ihnen den Einstieg zu erleichtern, sind in Tabelle 4.2 einige Spezifikationsarten aufgelistet, die Sie in SAP Recipe Development nutzen können. Selbstverständlich können Sie individuell entscheiden und festlegen, welche Spezifikationsarten genutzt werden sollen.

Spezifikationsart	Bezeichnung
ALLERGEN	Allergen
ALLERG_GRP	Allergengruppe
DIET	Diät
DIET_GROUP	Diätstoffgruppe
CCK_GRP	Stoffgruppe mit Vorgaben
GENMOD	Genmodifizierte Inhaltsstoffe
GENMOD_GRP	Genmodifizierte Inhaltsstoffe (Gruppe)
LIST_SUB	Listenstoff
NUTRIENT	Nährstoff
NUTR_GROUP	Nährstoffgruppe
PACKAGE	Paket
PACKAGING	Verpackungsteile
PROC_LOSS	Profil für Prozessverluste
RAW_SUB	Rohstoff
RCP_PROP	Eigenschaftsspezifikation
REAL_SUB	Realstoff
RELIGIOUS	Religiöse Zertifikate
RELIG_GRP	Religiöses Zertifikat (Gruppe)
RMSL_RDA	ETM-Datenprofil
STORE_LOSS	Profil für Lagerungsverluste
STREAM	Intermediatstoff

Tabelle 4.2 Mögliche Spezifikationsarten

Individuelle Spezifikationsarten können Sie problemlos über das Customizing anlegen. Sollten Sie weitere Spezifikationsarten unter einem bestehenden Spezifikationstyp benötigen, ist dies ohne Programmierung möglich.

Es gibt unterschiedliche Möglichkeiten, um Spezifikationsarten mit Spezifikationstypen zu verknüpfen. Wenn Sie für die Arbeit mit Spezifikationen auf die App **Spezifikationen verwalten** setzen möchten, genügt es, wenn Sie in den meisten Spezifikationsarten mit dem Spezifikationstyp SUBSTANCE arbeiten (siehe Abbildung 4.11).

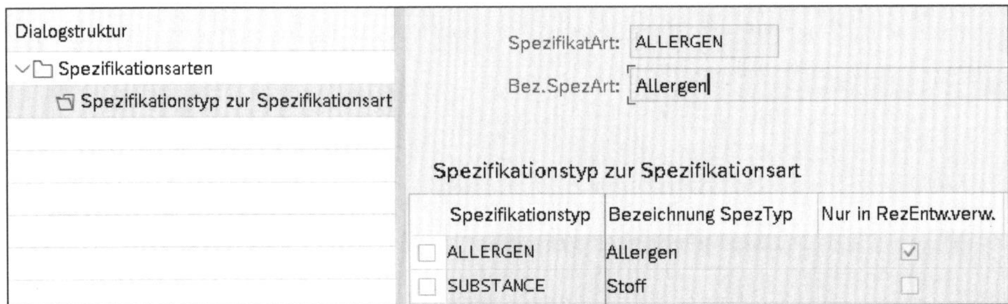

Abbildung 4.11 Spezifikationsarten mit Spezifikationstypen

Wenn Sie die Apps zur vereinfachten Anlage der Spezifikationen nutzen möchten, benötigen die Spezifikationsarten die Spezifikationstypen, die neu für SAP Recipe Development entwickelt wurden. In Abbildung 4.11 handelt es sich dabei um den Spezifikationstyp ALLERGEN.

Tipp für die Zuordnung von Spezifikationsarten zu Spezifikationstypen

Beachten Sie, dass Spezifikationen einer Spezifikationsart, die ausschließlich einen neuen Spezifikationstypen zugeordnet hat, nicht in der Spezifikations-Workbench aufgerufen werden und deshalb nicht per ALE verteilt werden können. Weisen Sie bei Einsatz der neuen Spezifikationstypen für Nährstoffe, Diäten, Allergene, religiöse Zertifikate und dazugehörige Gruppen trotzdem noch den Spezifikationstyp SUBSTANCE zu.

4.3 Berechtigungsgruppen

Die *Berechtigungsgruppe* ist dazu da, den Zugriff auf Spezifikationen mithilfe des Rollen- und Berechtigungskonzepts zu steuern. Die Berechtigungsgruppe kann die unterschiedlichen Spezifikationen vor unbefugtem Aufruf oder unbefugter Bearbeitung schützen.

Beispiel für Berechtigungsgruppen

Wenn aus dem Team der Produktentwicklung nur bestimmte Personen auf die Rohstoffe Zugriff haben sollen, sollte die Spezifikationsart für die Gemüsebrühe mit einem Spezifikationstyp verknüpft sein, dem eine besondere Berechtigungsgruppe zugewiesen worden ist. Dürfen alle zugreifen, ist die Berechtigungsgruppe ALL im Spezifikationstyp ausreichend.

Sie definieren die Berechtigungsgruppe abhängig vom Spezifikationstyp. In Abbildung 4.12 sehen Sie, wie Ihnen das Feld **Berechtigungsgruppe** bei der Suche nach Spezifikationen helfen kann. Eine Suche über die Berechtigungsgruppe ist sowohl in der App **Spezifikationen verwalten** als auch in den Spezial-Apps für die vereinfachte Anlage der Spezifikationen möglich.

Abbildung 4.12 Suche in der App »Rohstoffe verwalten« mithilfe der Berechtigungsgruppe

Beim Anlegen einer Spezifikation ist es Pflicht, eine neue Berechtigungsgruppe anzugeben. Ob Sie hierzu eine ausgefeilte Struktur an Berechtigungsgruppen benötigen, hängt davon ab, wie Sie in der Produktentwicklung arbeiten. Wenn das gesamte Team Einblick in alle Spezifikationen haben darf, genügt eine Berechtigungsgruppe. Wenn Sie die Aufgabenfelder strikt voneinander trennen, können Sie verschiedene Berechtigungsgruppen anlegen. Eine Berechtigungsgruppe allein bringt Sie allerdings noch nicht weit. Binden Sie die Berechtigungsgruppen in die betreffenden Rollen ein, und ordnen Sie die entsprechenden Aktivitätstypen zu.

Berechtigungsgruppen pflegen Sie im Customizing über den Pfad **Logistik Allgemein • PLM-Web-Benutzungsoberfläche • Rezeptentwicklung • Spezifikationsverwaltung • Spezifikation • Spezifikationsstamm • Berechtigungsgruppen festlegen**. Sie sehen das Bild aus Abbildung 4.13.

Dialogstruktur
- Berechtigungsgruppe
  - Spezifikationstyp

BerGruppe	Bezeichnung der Berechtigungsgruppe	Datenlief.	Default	OT	Verantwortlicher
ALL	Zugriffsrecht für alle Geschäftsbereiche		●		
ZRAW	Zugriffsrecht für Rohstoffverantwortl.		○		

Abbildung 4.13 Berechtigungsgruppen im Customizing pflegen

Tabelle 4.3 gibt Ihnen einen Überblick über die Felder in Abbildung 4.13.

Feld	Bezeichnung	Beschreibung
BerGruppe	Berechtigungsgruppe	■ Schlüssel der Berechtigungsgruppe ■ 10-stelliges alphanumerisches Feld
Bezeichnung der Berechtigungsgruppe	Bezeichnung der Berechtigungsgruppe	■ Name der Berechtigungsgruppe ■ 40-stelliges alphanumerisches Feld
Datenlief.	Datenlieferant	■ Angabe der für die Daten dieser Berechtigungsgruppe verantwortlichen Person ■ Anlage mit Transaktion CVD5 ■ kann bei Schnittstellen helfen
Default	Default	Vorbelegung einer Berechtigungsgruppe
OT	Objekttyp	■ Vorselektion für den Verantwortlichen ■ Entscheidung, ob Verantwortlicher z. B. aus der Planstelle stammen soll
Verantwortlicher	Verantwortlicher	■ Default im Kopfstatus ■ erhält Informationen zu Vererbungsbeziehungen ■ Verwaltung in der Personalwirtschaft
Spezifikationstyp	Spezifikationstyp	Angabe der Spezifikationstypen, bei denen die Berechtigungsgruppe verwendet werden darf

Tabelle 4.3 Mögliche Angaben in der Berechtigungsgruppe

Wenn mehrere Berechtigungsgruppen für einen Spezifikationstyp genutzt werden können, ist es dem System in den Apps zur vereinfachten Anlage von Spezifikationen nicht mehr möglich, die Berechtigungsgruppe vorzudefinieren. In solche Fällen muss die Berechtigungsgruppe manuell ausgewählt werden. In Abschnitt 3.1.1, »Spezifikation anlegen«, sehen Sie ein Beispiel, in dem die Berechtigungsgruppe direkt vorgegeben wurde.

[»]

Arbeiten mit Berechtigungsgruppen

Wenn Sie wissen, dass die Spezifikationsdaten durch die Anwenderinnen und Anwender gepflegt werden und Sie auch keine Personalwirtschaft im SAP-System einsetzen, ist es vollkommen ausreichend, mit der Berechtigungsgruppe, der Bezeichnung, dem Default und den Spezifikationstypen zu arbeiten. SAP empfiehlt, am Anfang Zeit für die Definition von Berechtigungsgruppen einzuplanen. Denn nachträgliche Änderungen bringen erhöhten Aufwand mit sich.

4.4 Identifikatoren

Die *Identifikatoren* dienen dazu, eine Spezifikation näher zu beschreiben (siehe Abschnitt 3.1.2, »Allgemeine Daten«). Ein Identifikator setzt sich aus den folgenden Bestandteilen zusammen:

- einem *Identifikationstyp* (`NAM`, `NUM`, `FRM`, `IND`)
- einer zum jeweiligen Identifikationstyp zugehörigen *Identifikationsart* (`NAM DESC`, `NUM CAS` usw.)
- einem passenden *Inhalt* (Gemüsebrühe, Sahnesoße usw.)

An dieser Stelle soll es darum gehen, welche Einflussmöglichkeiten Sie auf die Identifikatoren im Customizing haben.

4.4.1 Identifikationsarten anlegen

Da die Identifikationstypen vom SAP-System vorgegeben sind, bleibt als wesentliche Konfigurationsoption, dass Sie selbst Identifikationsarten im Customizing definieren können. Es steht Ihnen offen, eigene Identifikationsarten zu den bestehenden Identifikationstypen `NAM`, `NUM`, `FRM` und `IND` anzulegen. Die Einstellungen nehmen Sie im Customizing über den folgenden Pfad vor: **Logistik Allgemein • PLM-Web-Benutzungsoberfläche • Rezeptentwicklung • Spezifikationsverwaltung • Spezifikation • Spezifikationsstamm • Identifikationsarten überprüfen**. Dabei stehen Ihnen verschiedene Felder zur Verfügung, die Ihre neue Identifikationsart gestalten und »mit Leben füllen« (siehe Abbildung 4.14).

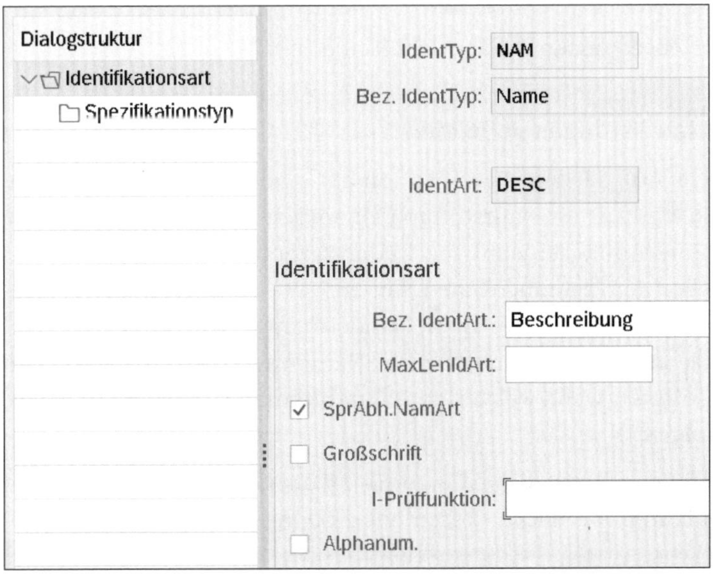

Abbildung 4.14 Verfügbare Felder im Bereich »Identifikationsart«

Tabelle 4.4 zeigt, wozu die Felder aus Abbildung 4.14 genutzt werden können.

Feld	Bezeichnung	Beschreibung
IdentTyp	Identifikationstyp	Form der Beschreibung eines Identifikators (NAM, NUM, ...)
Bez.IdentTyp	Bezeichnung Identifikationstyp	Name des Identifikationstyps (NAM – Name, NUM – Nummer, ...)
IdentArt	Identifikationsart	Untergliederung des Identifikationstyps
Bez.IdentArt	Bezeichnung Identifikationsart	Name der Identifikationsart
MaxLenIdArt	Maximale Eingabelänge für Identifikationsart	Begrenzung der Zeichenanzahl (Max 132 Zeichen)
SprAbh.NamArt	Namensart der Identifikation ist sprachabhängig	Kennzeichen, ob Identifikator sprachabhängig gepflegt werden kann
Großschrift	Konvertierung in Großschrift	Alle Kleinbuchstaben werden in Großbuchstaben umgewandelt.
I-Prüffunktion	Identifikatorprüffunktion	Prüfroutinen für Eintrag am Identifikator
Alphanum.	Alphanumerische Zeichen erlaubt	Buchstaben und Ziffern sind erlaubt, Sonderzeichen werden abgelehnt.

Tabelle 4.4 Einstellungsmöglichkeiten in einer Identifikationsart

4.4.2 Identifikationsauflistungen definieren

Abhängig davon, welche Aufgabe eine Spezifikation hat, sind unterschiedliche Identifikatoren relevant. So wird z. B. ein Nährstoff mit einem Namen (NAM PROD) versehen, den Sie auch in den Berechnungsergebnissen in der Rezeptur sehen möchten. Ein Rohstoff erhält z. B. neben dem gebräuchlichen Namen (NAM PROD) noch alternative Bezeichnungen (ein Synonym NAM SYN oder einen Handelsnamen NAM TRADE). In der Rezeptformel möchten Sie neben dem gebräuchlichen Namen auch den Handelsnamen sehen. Um steuern zu können, wann welche Identifikatoren angezeigt werden, gibt es *Identifikationsauflistungen*.

Identifikationsauflistungen pflegen Sie im Customizing über den Pfad **Logistik Allgemein • PLM-Web-Benutzungsoberfläche • Rezeptentwicklung • Spezifikationsverwal-**

tung • Spezifikation • Spezifikationsstamm • Identifikationsauflistungen definieren. Bei Bedarf können Sie eigene Identifikationsauflistungen definieren. Wählen Sie einen Schlüssel und eine Bezeichnung für die Auflistung.

Immer wieder wird es Ihnen begegnen, dass auf einer Benutzeroberfläche zwei Felder für die Anzeige von Identifikatoren zur Verfügung stehen. Über den Zähler in der Spalte **IdAnPos.** (Position innerhalb einer Identifikationsanzeigeart) legen Sie fest, welche Identifikatoren im ersten Feld aufgeführt werden sollen und welche im zweiten.

Über den Zähler in der Spalte **IdAnPrio.** (Priorität innerhalb einer Position einer Identifikationsanzeigeart) legen Sie fest, welche Identifikatoren nacheinander geprüft werden sollen. Der erste gefundene Identifikator wird angezeigt. Sehen Sie sich zum besseren Verständnis Abbildung 4.15 an.

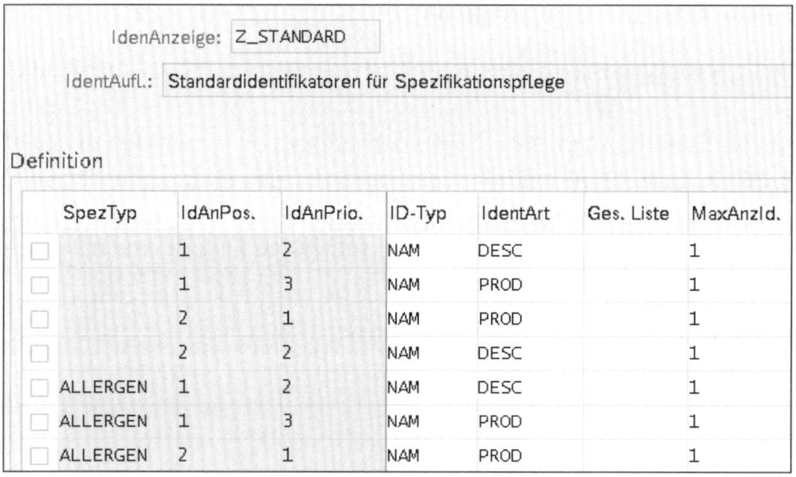

IdenAnzeige: Z_STANDARD

IdentAufl.: Standardidentifikatoren für Spezifikationspflege

Definition

	SpezTyp	IdAnPos.	IdAnPrio.	ID-Typ	IdentArt	Ges. Liste	MaxAnzId.
☐		1	2	NAM	DESC		1
☐		1	3	NAM	PROD		1
☐		2	1	NAM	PROD		1
☐		2	2	NAM	DESC		1
☐	ALLERGEN	1	2	NAM	DESC		1
☐	ALLERGEN	1	3	NAM	PROD		1
☐	ALLERGEN	2	1	NAM	PROD		1

Abbildung 4.15 Exemplarische Identifikationsauflistung

Über die Angabe spezieller Spezifikationstypen können Sie die Identifikationsauflistungen auch in den Apps für die vereinfachte Pflege von Spezifikationen verfügbar machen. Dieser kleine Schritt hat für die Anwendung große Auswirkungen, da erst über die Zuordnung der Spezifikationstypen überhaupt Identifikatoren in der Suche sichtbar werden.

Wenn Sie einen Identifikator mehrfach nutzen, weil Sie beispielsweise mehrere Synonyme zu einer Spezifikationsbezeichnung (z. B. Gemüsebrühe, Gemüsefond, Fond) angeben, steuern Sie über das Feld **MaxAnzId.** (Maximale Anzahl der darzustellenden Identifikatoren), wie viele Identifikatoren maximal angezeigt werden sollen. Im obigen Screenshot soll immer maximal ein Identifikator angegeben werden.

4.4.3 Identifikationsauflistungen Views zuordnen

Damit Sie auch möglichst großen Gestaltungsspielraum bei der Anzeige von Identifikatoren haben, können Sie die Identifikationsauflistungen bestimmten Views zuordnen. Nutzen Sie dazu den Customizing-Pfad **Logistik Allgemein • PLM-Web-Benutzungsoberfläche • Rezeptentwicklung • Spezifikationsverwaltung • Spezifikation • Spezifikationsstamm • Identifikationsauflistung für Views definieren**.

Achten Sie bei der Pflege der Identifikationsauflistungen zu einer View darauf, dass Sie auch die Spalte **Bild** passend zu Ihren Anforderungen auswählen. Sie haben die Möglichkeit, einzelne Bilder der Weboberfläche mit unterschiedlichen Identifikationsauflistungen zu versorgen. Sie können z. B. in der Übersicht der Vererbungsbeziehungen andere Identifikatoren nutzen als in der Zusammensetzung (siehe Abbildung 4.16).

Sie können folgende Anwendungen gestalten:

- Etikettierung
- Rezept
- Suche
- Spezifikation

In den einzelnen Anwendungen können Sie in den folgenden Bildern eine individuelle Identifikationsauflistung hinterlegen:

- Identifikationsbereich
- Zusammensetzung
- Inhaltsstoffauflistung
- Beziehungen
- Bezüge

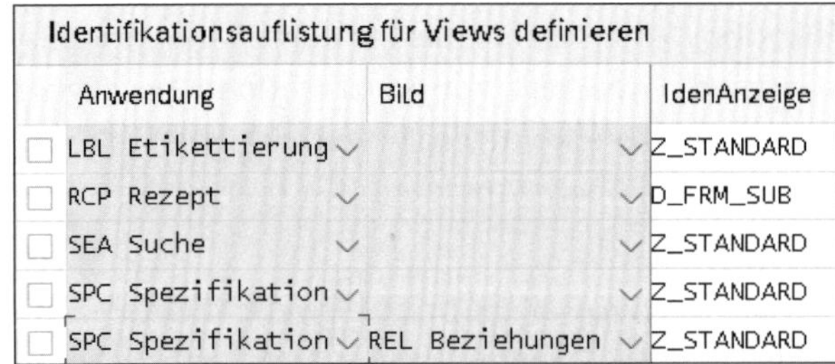

Identifikationsauflistung für Views definieren

Anwendung	Bild	IdenAnzeige
LBL Etikettierung		Z_STANDARD
RCP Rezept		D_FRM_SUB
SEA Suche		Z_STANDARD
SPC Spezifikation		Z_STANDARD
SPC Spezifikation	REL Beziehungen	Z_STANDARD

Abbildung 4.16 Identifikationsauflistung für Anwendungen und Bilder zuordnen

Als Fallback-Auflistung greift das System immer auf die Identifikationsauflistung D_DEFAULT zurück, sollte es keine anderweitigen Angaben finden.

4.4.4 Standard-Identifikatoren zuweisen

Welche Identifikationsarten die Mitarbeitenden aus der Produktentwicklung in den verschiedenen Spezifikationsarten benötigen, kann sehr unterschiedlich sein. Um das Arbeiten effizienter zu gestalten, hilft Ihnen die Definition von Standard-Identifikatoren in Abhängigkeit zu den Spezifikationsarten. Voraussetzung ist, dass Sie, wie in Abschnitt 4.4.2, »Identifikationsauflistungen definieren«, aufgezeigt, so viele Identifikationsauflistungen definieren, wie Sie unterschiedliche Einsätze haben.

Im Customizing pflegen Sie dazu die Identifikationsauflistung zu jeder gewünschten Spezifikationsart über den Customizing-Pfad **Logistik Allgemein • PLM-Web-Benutzungsoberfläche • Rezeptentwicklung • Spezifikationsverwaltung • Spezifikation • Spezifikationsstamm • Standardidentifikatoren definieren**. SAP liefert Voreinstellungen aus, die Ihnen für Anpassungen offenstehen. In Abbildung 4.17 sehen Sie, wie das aussehen kann.

Standardidentifikatoren

SpezifikatArt	BezSpezifikationsart	IdenAnzeige	IdentAuflistBez.
REAL_GRP	Realstoffgruppe	D_DEFAULT	Standardauflistung für Identifikatoren
REAL_SUB	Realstoff	Z_STANDARD	Standardidentifikatoren für Spezifikationspflege

Abbildung 4.17 Customizing der Standard-Identifikatoren

Wie es in Abbildung 4.18 zu sehen ist, können Sie über den Menüpunkt **Hinzufügen • Standard-ID-Arten** Identifikatoren einer Spezifikation bearbeiten. Das System zieht daraufhin alle Identifikatoren, die in der Identifikationsauflistung enthalten sind, die der Spezifikationsart im Customizing zugeordnet wurde.

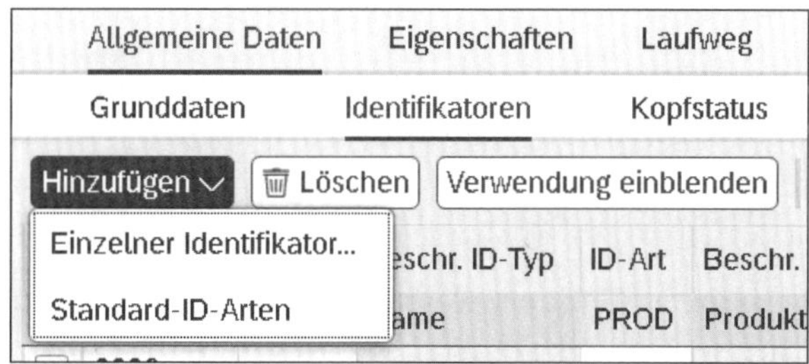

Abbildung 4.18 Standard-Identifikatoren in der Anwendung hinzufügen

Dadurch lässt sich das mühsame Hinzufügen einzelner Identifikatoren vermeiden, und Sie haben die Identifikatoren vor Augen, die Sie für die Standardpflege benötigen. Wie Sie in Abbildung 4.19 sehen, gibt es sehr viele verschiedene Identifikatoren, und auch die Anlage individueller Identifikatoren wird in Projekten gerne genutzt.

Allgemeine Daten | Eigenschaften | Laufweg

Grunddaten | Identifikatoren | Kopfstatus | Materialzuordnungen | E

Hinzufügen | Löschen | Verwendung einblenden | Informationen

	Sortieren	ID-Typ	Beschr. ID-Typ	ID-Art	Beschr. ID-Art	Identifikator	Sprache
☑	0001	NAM	Name	PROD	Produktname	Halbfertig...	DE
☐	0002	NUM	Nummer	CAS	CAS-Nummer		
☐	0003	NUM	Nummer	UN	UN-Nummer		
☐	0004	NAM	Name	PROD	Produktname		DE
☐	0005	NAM	Name	SYN	Synonym		DE
☐	0006	NAM	Name	PSN	Proper Ship...		DE
☐	0007	NAM	Name	CAS	CAS-Name		DE
☐	0008	NAM	Name	TRIV	Trivialname		DE
☐	0009	FRM	Chemische F...	STR...	Strukturformel		

Abbildung 4.19 Hinzugefügte Standard-Identifikatoren in der Anwendung

4.5 Stoffnatur

Die *Stoffnatur* kann dazu verwendet werden, Spezifikationsarten weiter zu kategorisieren.

[zB]

Beispiel für die Stoffnatur

Die Gemüsebrühe ist eine von verschiedenen Brühen, die in den Produkten eingesetzt wird. Daher erhält dieser Rohstoff die Stoffnatur ZBROTH (Brühe).

SAP bezieht sich in ihren Beschreibungen auf einen chemischen Kontext. Da dieses Feld in der App **Spezifikationen verwalten** als Suchkriterium zur Verfügung steht, spricht nichts dagegen, dass Sie dieses Feld auch in anderen Branchen nutzen (siehe Abbildung 4.20).

In unserem Beispiel gibt es die Aufteilung in »Soßen«, »Gemüse« und »Brühe«. Wenn sich das für andere Spezifikationsarten ebenfalls anbietet, steht es Ihnen frei, auch hier die Stoffnatur zu nutzen. Wichtig ist dabei die Information, dass die Einträge der Stoffnatur in allen Spezifikationen dieselben sind. Es gibt bis dato keine Möglichkeit, um die Einträge in Abhängigkeit zur Spezifikationsart zu definieren.

Die Ausprägungen für die Stoffnatur nehmen Sie über den folgenden Customizing-Pfad vor: **Logistik Allgemein • PLM-Web-Benutzungsoberfläche • Rezeptentwicklung • Spezifikationsverwaltung • Spezifikation • Spezifikationsstamm • Stoffnatur festlegen**.

Identifikator: Spezifikation:

Suchen

Stoffnatur: Änderungsnummer: Status:

Soßen × 2 mehr

Spezifikationen (6) Standard

Identifikator	Spezifikation	Spezifikationsart	Status	Stoffnatur
Tomatensoße	000000000137	Realstoff		Soßen
Käsesoße	000000000138	Realstoff		Soßen
Gemüsebrühe konventionell	000000000066	Rohstoff	Aktiv	Brühe
Gemüsebrühe	000000000057	Rohstoff	Aktiv	Brühe
grüne Paprika	000000000026	Rohstoff	Aktiv	Gemüse
Sahnesoße	000000000004	Realstoff	Aktiv	Soßen

Abbildung 4.20 Suche in der App »Spezifikationen verwalten« mithilfe der Stoffnatur

Achten Sie darauf, einen neuen Schlüssel zu vergeben, der den SAP-Regeln (Einträge des Kundennamenraumes beginnen mit Y oder Z) entspricht. Ob Sie dabei numerisch vorgehen oder wie in Abbildung 4.21 einen sprechenden Schlüssel vergeben, bleibt Ihnen überlassen.

Stoffnatur

Stoffnatur	Bezeichnung Stoffart
ZBROTH	Brühe
ZPASTAFISH	Pasta Fisch
ZPASTAMEET	Pasta Fleisch
ZPASTAVEG	Pasta vegetarisch
ZSAUCE	Soßen
ZVEGETABLE	Gemüse

Abbildung 4.21 Customizing der Stoffnatur

4.6 Materialzuordnung

Um eine Verknüpfung zwischen der Produktentwicklung und anderen Abteilungen wie Einkauf oder Produktion zu ermöglichen, können Spezifikationen wie Rohstoffe oder Halbfertigwaren mit einer Materialnummer verknüpft werden. Bei manchen Spezifikationsarten (z. B. Allergenen oder Listenstoffen) ist eine Materialzuordnung unerwünscht, da diese Spezifikationen keine greifbaren Rohstoffe abbilden sondern Eigenschaften von anderen Spezifikationen darstellen (siehe Abschnitt 4.2, »Spezifikationsarten«).

[zB]

Beispiel für eine Materialzuordnung

Die Gemüsebrühe ist ein bewährter Rohstoff; daher ist der Spezifikation die Materialnummer des Rohstoffes zugeordnet, den der Einkauf für seine Bestellungen nutzt.

Dass keine Materialzuordnung erfolgen soll, legen Sie im Customizing der Spezifikationsarten fest (siehe Abschnitt 4.2.1, »Konfigurationsmöglichkeiten in der Spezifikationsart«). Wenn Sie sicherstellen möchten, dass die Sicht für ein übersichtlicheres Arbeiten auch auf der Weboberfläche ausgeblendet ist, verwenden Sie den Customizing-Pfad **Logistik Allgemein • PLM-Web-Benutzungsoberfläche • Rezeptentwicklung • Spezifikationsverwaltung • Spezifikation • Spezifikationsstamm • Teil-Views für Allgemeine Daten definieren**.

An dieser Stelle legen Sie pro Spezifikationsart fest, welche Sichten in der Sicht **Allgemeine Daten** angezeigt werden sollen. Stellen Sie für Spezifikationsarten, die keine Materialzuordnung benötigen, sicher, dass die Teil-View `MATASS` (Materialzuordnungen) nicht ausgewählt ist (siehe Abbildung 4.22).

SpezifikatArt: ALLERGEN

Views für Allgemeine Daten

Default-View:	IDENT Identifikatoren
View anzeigen:	BASIC Grunddaten
View anzeigen:	IDENT Identifikatoren
View anzeigen:	RELREF Beziehungen/Bezüge
View anzeigen:	SAM_STATUS Status der Zugriffsverwaltung im Kopfbereich
View anzeigen:	

Abbildung 4.22 Teil-Views pro Spezifikationsart ohne Materialzuordnung festlegen

Wenn die Kolleginnen und Kollegen aus Produktentwicklung und Materialwirtschaft eng zusammenarbeiten, kann es stellenweise hilfreich sein, wenn aus Sicht der Materialwirtschaft schnell zu erkennen ist, welche Materialien eine Verknüpfung zu einer Spezifikation haben. Dazu kann eine Sicht in den Zusatzdaten des Materialstamms aktiviert werden. Voraussetzung ist, dass die Spezifikation auch dem Spezifikationstyp SUBSTANCE angehören kann. Die Erklärungen im Customizing sind sehr detailliert, zu erreichen über den Pfad **Logistik Allgemein • PLM-Web-Benutzungsoberfläche • Rezeptentwicklung • Spezifikationsverwaltung • Spezifikation • Spezifikationsstamm • Spezifikationszuordnung im Materialstamm einrichten**. Nachfolgend sind die Schritte kurz aufgeführt:

1. Navigieren Sie im Customizing über den Pfad **Logistik Allgemein • Materialstamm • Konfigurieren des Materialstamms**.
2. Prüfen Sie in der IMG-Aktivität **Aufbau der Datenbilder pro Bildsequenz definieren**, ob die Bildsequenz SP mit dem Bild 91 vorhanden ist.
3. Prüfen Sie in der IMG-Aktivität **Nebenbilder zuordnen**, ob das Bild 91 mit Bildsequenz SP als Zusatzbild definiert ist.
4. Prüfen Sie in der IMG-Aktivität **Bildsequenzen zu Benutzern/Materialarten/Transaktionen/Branchen zuordnen**, ob die Bearbeitung der Bildsequenz eingestellt ist.

Abbildung 4.23 zeigt, wie die neue Bildsequenz **Spezifik. Zuordnung** in den Zusatzdaten des Materialstamms aussieht.

Abbildung 4.23 Zugeordnete Spezifikation in den Zusatzdaten des Materialstamms

Suchen Sie für diese Einstellungen den Kontakt zu den Kolleginnen und Kollegen, die sich im Detail mit den Konfigurationsmöglichkeiten des Materialstamms auskennen, allein, um sicherzustellen, dass alle relevanten Personen im Boot sind und es keine unliebsamen Überraschungen gibt.

Spezifikationszuordnung im Materialstamm einrichten

[«]

Zum aktuellen Stand der Veröffentlichung (Mai 2022) hat die Aktivierung der Sicht in den Zusatzdaten ausschließlich Auswirkungen auf den klassischen Materialstamm in MM02.

4.7 Beziehungen

In der Sicht **Beziehungen** in einer Spezifikation werden die Vererbungsbeziehungen zwischen verschiedenen Spezifikationen definiert.

[zB]

Beispiel für Beziehungen

Unsere Gemüsebrühe ist eine Standardbrühe und weist allgemeine Eigenschaften auf, die für spezielle Gemüsebrühen als Basis dienen können. Deshalb vererbt die Gemüsebrühe ihre mikrobiologischen sowie die physikalisch-chemischen Daten an andere Gemüsebrühen (z. B. Gemüsebrühe mit Hefe und Zucker oder Gemüsebrühe mit Fenchel o. Ä.).

Welche Spezifikationsarten voneinander erben dürfen, wird im Customizing über den folgenden Pfad festgelegt: **Logistik Allgemein • PLM-Web-Benutzungsoberfläche • Rezeptentwicklung • Spezifikationsverwaltung • Spezifikation • Spezifikationsstamm • Spezifikationsarten festlegen**. Diese Informationen sind bereits in Abschnitt 4.2, »Spezifikationsarten«, detaillierter ausgeführt.

Zusätzlich können Sie über die Sichtbarkeit der Teil-View **Beziehungen** entscheiden. Die Vorgehensweise ist identisch mit der in Abschnitt 4.6, »Materialzuordnung«, beschriebenen Vorgehensweise für die Teil-View der Materialzuordnung. Der einzige Unterschied ist, dass Sie sich hier auf die View RELREF (**Beziehungen/Bezüge**) konzentrieren müssen. Die View RELREF ist in Abbildung 4.24 zu sehen.

Views für Allgemeine Daten

Default-View:	IDENT Identifikatoren
View anzeigen:	BASIC Grunddaten
View anzeigen:	IDENT Identifikatoren
View anzeigen:	RELREF Beziehungen/Bezüge
View anzeigen:	MATASS Materialzuordnungen
View anzeigen:	SAM_STATUS Status der Zugriffsverwaltung im Kopfbereich
View anzeigen:	

Abbildung 4.24 Teil-View RELREF für Beziehungen/Bezüge

Der Tabelle TCGTPLREL (EHS: Vererbungsbeziehungen) können Sie entnehmen, welche Vererbungsbeziehungen bestehen. Das Feld RECNROOT_SCR beinhaltet die interne Spezifikationsnummer der Quellspezifikation, und das Feld RECNROOT_DST zeigt die interne Spezifikationsnummer der Zielspezifikation. Abbildung 4.25 zeigt einen Ausschnitt aus Tabelle TCGTPLREL mit den internen Schlüsseln einer Quellspezifikation und einer Zielspezifikation.

Laufende Satznummer	5738	00000000000000005738	RECNROOT_SRC
Laufende Satznummer	7	00000000000000000007	RECNROOT_DST

Abbildung 4.25 Quell- und Zielspezifikation aus Tabelle TCGTPLREL (Bildausschnitt)

Es ist anzunehmen, dass SCR für Source (Quelle) und DST für Destination (Ziel) steht. Die Nachsilben der beiden Felder haben Stand Mai 2022 keinen Weg in die Feldbeschreibungen gefunden (weder im Deutschen noch im Englischen).

Damit die Vererbungen »rund« laufen, sollten Sie den Report RC1R0INH (EHS: Vererbungsreport) im Hintergrund einplanen. Der Job sorgt dafür, dass alle Zielspezifikationen auf der Datenbankebene die Information erhalten, von welcher Quellspezifikation die Daten vererbt worden sind. Der Report muss durch das Ereignis SAP_START_EHS_INH_PROCESS eingeplant werden. Eine Variante mit speziellen Selektionskriterien kann und muss nicht angelegt werden. Eine Beschreibung der detaillierten Vorgehensweise finden Sie im Customizing über den Pfad **Logistik Allgemein • PLM-Web-Benutzungsoberfläche • Rezeptentwicklung • Spezifikationsverwaltung • Spezifikation • Spezifikationsstamm • Job zur Vererbung einrichten**.

Es gibt zusätzlich für die Steuerung der Vererbung *Umgebungsparameter*, die z. B. eine Jobwiederholung nach einer temporären Sperre einer Spezifikation vorsehen können. Die Pflege der Umgebungsparameter erfolgt über den Customizing-Pfad **Logistik Allgemein • PLM-Web-Benutzungsoberfläche • Rezeptentwicklung • Spezifikationsverwaltung • Grundeinstellungen • Umgebungsparameter festlegen**.

Führen Sie sich mit Tabelle 4.5 vor Augen, welche Umgebungsparameter für die Vererbungsbeziehungen nutzbar sind:

Umgebungsparameter	Bezeichnung	Beschreibung
INH_JOB_DELAY	Zeitspanne bis zum Neustart der Vererbung	Zeitspanne, wann der Job nach einem erfolglosen Vererbungsversuch neu gestartet wird. Standardwert: 10 Minuten.
INH_RESOLVE_STATUS_CONFLICT	Berücksichtigung des Status bei Vererbung	Wert 0 sorgt dafür, dass der Status der Zielspezifikation berücksichtigt wird. Ein Status, der Änderungen ausschließt, sorgt dafür, dass keine Daten vererbt werden. Wert 1 sorgt dafür, dass der Status der Zielspezifikation nicht berücksichtigt wird. Daten werden dann immer vererbt. Der Standardwert ist 1.

Tabelle 4.5 Umgebungsparameter für die Vererbung

Umgebungs-parameter	Bezeichnung	Beschreibung
INH_BACKGROUND_START_CONDITION	Vererbung im Hintergrund ab der Anzahl	Anzahl an erbenden Spezifikationen, ab der die Vererbung im Hintergrund vorgenommen werden soll, um die Systemperformance zu optimieren. Der Standardwert ist 30.

Tabelle 4.5 Umgebungsparameter für die Vererbung (Forts.)

4.8 Komponentenarten

Komponentenarten dienen dazu, an einer Standard-Zusammensetzung, einer Inhaltsstoffliste oder einer Formel im Rezept zu erläutern, welche Aufgabe eine Spezifikation hat und wie mit dieser Spezifikation umzugehen ist.

[zB]

Beispiel für Komponentenarten

Die Gemüsebrühe muss in Produkten in der Regel als Bestandteil ausgewiesen werden. Daher erhält die Gemüsebrühe die Standard-Komponentenart COMPONENT (Komponente).

Die Bestandteile der Gemüsebrühe müssen hingegen in ihren inhaltlichen Gruppen gebündelt ausgewiesen werden; daher werden in der Standard-Zusammensetzung der Gemüsebrühe auch Komponentenarten wie Gewürze, Kräuter und natürliche Aromen verwendet.

Die Nutzung der Komponentenart beginnt bereits bei der näheren Definition einer Rohstoffspezifikation. Schon die Zutaten eines Rohstoffes müssen eine Information dazu enthalten, wofür sie bei einem Rohstoff zuständig sind, damit bei der Aufbereitung der Etikettendaten (siehe Abschnitt 8.3, »Inhaltsstoffetikett«) entsprechende Gruppen wie Kräuter, Gemüse usw. schnell identifiziert und zusammengefasst werden können. Eine Zutat in einem Rohstoff kann beispielsweise ein Wirkstoff, ein Katalysator oder ein Süßungsmittel sein. Die Komponentenarten spielen auch bei der späteren Betrachtung der Rezepte eine Rolle, da Sie durch eine Komponentenart steuern, wie das System mit einer Spezifikation verfahren soll. Durch entsprechende Einstellungen in Abhängigkeit zur Komponentenart können Sie dafür sorgen, dass z. B. eine Verpackung von der Nährwertberechnung ausgeschlossen, aber bei der Kostenermittlung berücksichtigt werden soll.

Welche Komponentenarten von SAP ausgeliefert werden, finden Sie im Customizing über den Pfad **Logistik Allgemein • PLM-Web-Benutzungsoberfläche • Rezeptentwicklung • Spezifikationsverwaltung • Spezifikation • Datenbankstruktur der Spezifika-**

tionen • Einstellungen für die Komponente • Komponentenarten für Zusammensetzungen festlegen.

4.8.1 Komponentenarten anlegen

Sie können über den genannten Customizing-Pfad eigene Komponentenarten festlegen. Definieren Sie dazu einen Schlüssel sowie eine Bezeichnung für die Komponentenart. Beispiele für Schlüssel und Bezeichnungen von Komponentenarten finden Sie in Abbildung 4.26.

Damit eine Komponentenart für die Kennzeichnung einer Spezifikation verwendet werden kann, markieren Sie das Kennzeichen in der Spalte **K** (Komponentenzuordnung). Zusätzlich steht es Ihnen frei, die Komponentenarten auch abhängig von Gültigkeitsräumen auf der Benutzeroberfläche verfügbar zu machen. Ist kein Gültigkeitsraum angegeben, ist die Komponentenart für alle Gültigkeitsräume nutzbar. Nähere Informationen zum Thema Gültigkeitsräume erhalten Sie in Abschnitt 4.10, »Verwendung und Verwendungsprofile«.

Komponentenarten anlegen

Beginnen Sie zunächst ohne Bezug zu den Gültigkeitsräumen. Denn dies erleichtert Ihnen die Durchführung der ersten Schritte.

Dialogstruktur
- Komponentenart
  - Gültigkeitsraum

Komponentenart

Komponentenart	Komponentenart	K
ACT_AGENT	Wirkstoff	☑
ADDITIVE	Additiv	☑
ADJUVANT	Hilfsstoff	☑
CATALYST	Katalysator	☑
COMPONENT	Komponente	☑
CONFIDENT	Vertrauliche Komponente	☑
COPRODUCT	Nebenprodukt	☑
EMULSIFIER	Emulgator	☑
IMPURITY	Verunreinigung	☑
INGREDIENT	Inhaltsstoff	☑

Abbildung 4.26 Verfügbare Komponentenarten (Bildausschnitt)

Für mehrsprachig aufgestellte Unternehmen gibt es über den Menüpfad **Mehr • Springen • Übersetzung** auch hier die Möglichkeit, die Bezeichnungen der Komponentenarten in andere Sprachen zu übersetzen.

4.8.2 Komponentenarten kontextspezifisch festlegen

Ist eine Komponentenart angelegt, ist sie noch nicht automatisch auf der Benutzeroberfläche verfügbar. Sie legen dafür im Customizing abhängig vom Spezifikationstyp und einem Kontextparameter fest, welche Komponentenart wo verwendet werden darf. Hierzu folgen Sie dem Pfad **Logistik Allgemein • PLM-Web-Benutzungsoberfläche • Rezeptentwicklung • Spezifikationsverwaltung • Spezifikation • Datenbankstruktur der Spezifikationen • Einstellungen für die Komponente • Komponentenarten kontextspezifisch festlegen**.

Die hier vorgenommenen Einstellungen haben auch Auswirkungen auf das Arbeiten mit dem Rezept. Abhängig davon, welche Spezifikationstypen Sie im Einsatz haben, müssen Sie für diese die zulässigen Komponentenarten angeben. Die verfügbaren Kontextparameter sind:

- FRM_SUB_IN_DIALOG (Formel-Dialog Einsatz)
- FRM_SUB_OUT_DIALOG (Formel-Dialog Ausbeute)
- SUB_COMP_STD_DIALOG (Bewertungsdialog für Zusammensetzungen)

Sie sehen in Abbildung 4.27, dass die Kontextparameter zum Spezifikationstyp SUBSTANCE definiert sind. Der Kontextparameter SUB_COMP_STD_DIALOG ist sogar mit Bezug zu den Bewertungsarten ausgeprägt, sodass über den Unterpunkt **Komponentenarten** den Bewertungsarten unterschiedliche Komponentenarten zugeordnet werden können.

Dialogstruktur
- Objekt-Parameter-Zuordnung
  - Komponentenarten

SpezifikTyp: SUBSTANCE

Objekt-Parameter-Zuordnung

Kontextparameter	Bewertungsart
FRM_SUB_IN_DIALOG	
FRM_SUB_OUT_DIALOG	
SUB_COMP_STD_DIALOG	
SUB_COMP_STD_DIALOG	SAP_EHS_1012_001
SUB_COMP_STD_DIALOG	SAP_RMS_1012_005
SUB_COMP_STD_DIALOG	SAP_RMS_1012_010
SUB_COMP_STD_DIALOG	SAP_RMS_1012_020

Abbildung 4.27 Übersicht über die Kontextparameter und Bewertungsarten

Mit den Formel-Kontextparametern sorgen Sie dafür, dass die Komponentenarten zu einem Spezifikationstyp auch in Einsatz und Ausbeute eines Rezepts verwendet werden können. Mit dem Kontextparameter SUB_COMP_STD_DIALOG für den Bewertungsdialog für Zusammensetzungen steuern Sie, dass die Komponentenarten im Eigenschaftsbaum bei Zusammensetzungen genutzt werden können. Da es verschiedene Zusammensetzungen geben kann, haben Sie durch die gezielte Angabe von Bewertungsarten zusätzlich die Möglichkeit, unterschiedliche Komponentenarten in ausgewählten Zusammensetzungen verfügbar zu machen. Wie das aussieht, zeigt Abbildung 4.28.

SpezifikTyp: SUBSTANCE
Kontextpar.: SUB_COMP_STD_DIALOG
Bewertungsart: SAP_EHS_1012_003

Komponentenarten

KompArt	Komponentenart	S
ACT_AGENT	Wirkstoff	●
INGREDIENT	Inhaltsstoff	○
PRESERV	Konservierungsmittel	○
COMPONENT	Komponente	○

Abbildung 4.28 Zu Kontextparameter und Bewertungsart zugeordnete Komponentenarten

Wenn eine solch präzise Steuerung Ihre Anforderungen übersteigt, genügt es auch, die Komponentenarten auf der Ebene des Kontextparameters zu pflegen. In diesem Fall sind diese automatisch in allen Bewertungsarten vom Typ **Zusammensetzung** nutzbar. Wie an vielen anderen Stellen in den Konfigurationsmöglichkeiten des SAP-Systems, können Sie über den Radiobutton in der Spalte **S** (Standardwert) eine Komponentenart definieren, die als Standard vorbelegt werden soll.

4.8.3 Standard-Komponentenart

Da es gut sein kann, dass eine Spezifikation in den meisten Einsatzfällen dieselbe Aufgabe übernimmt (z. B. wird Pfeffer in der Regel als Gewürz verwendet), besteht die Möglichkeit, in einer Spezifikation eine sogenannte *Standard-Komponentenart* zu definieren. Dafür liefert SAP die Bewertungsart SAP_EHS_1012_020 (Standard-Komponentenart) inklusive zugehöriger Klasse und Merkmal aus. Das Merkmal stellt in der Auswahlhilfe Einträge aus Tabelle TCG76 (EHS: Komponentenart) zur Verfügung. In dieser Tabelle werden alle verfügbaren Komponentenarten gespeichert. Binden Sie diese Bewertungsart in die Eigenschaftsbäume ein, in denen Sie die Standard-Komponentenart benötigen. Abschnitt 4.12, »Eigenschaftsbaum«, vermittelt Ihnen das dazu erforderlich Wissen. Ziel ist es, dass Sie nach dem Lesen dieses Abschnitts ein mit Abbildung 4.29 und Abbildung 4.30 vergleichbares Ergebnis erzielen. Abbildung 4.29 zeigt die Bewertungsart **Standard-Komponentenart**, die im Eigenschaftsbaum eingebunden ist.

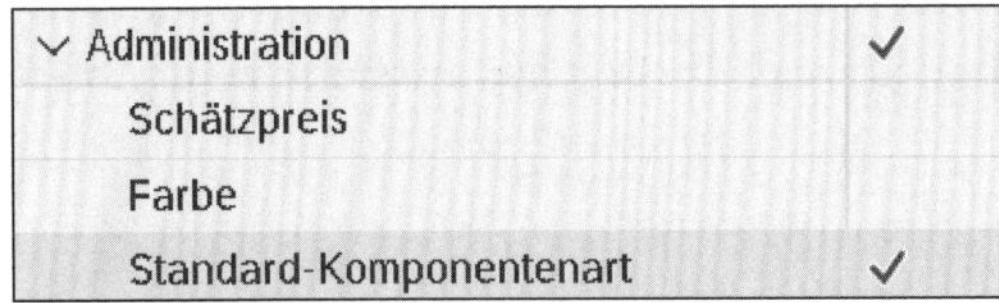

Abbildung 4.29 Bewertungsart »Standard-Komponentenart« im Eigenschaftsbaum

Abbildung 4.30 zeigt eine Komponentenart, die der Bewertungsart im Eigenschaftsbaum zugeordnet wurde.

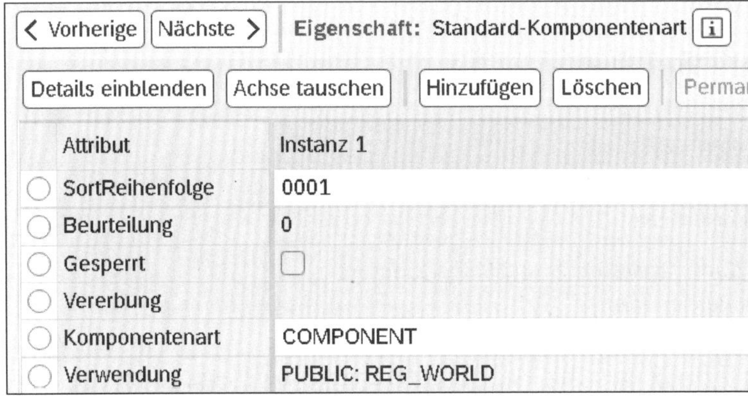

Abbildung 4.30 Ausgewählte Standard-Komponentenart zu einem Reinstoff

Haben Sie z. B. zu einem Reinstoff eine Standard-Komponentenart hinterlegt, soll die hinterlegte Komponentenart automatisch genutzt werden, wenn der Reinstoff in einer Standard-Zusammensetzung eines Rohstoffes verwendet wird (siehe Abbildung 4.31).

Verwendung | Zusammensetzung | Quellen | Benutzerdefinierte Texte | Dokumentenverknüpfungen

Löschen | Referenzwert: W/W | Gesamtwert:100,0000

Sorti...	Spezifikation	Identifikator 1	* Komponen...	Komponent...	Wert	* Mengen...
0001	000000000019	Reinstoff A	COMPONENT	Komponente	100	%

Abbildung 4.31 Standard-Zusammensetzung eines Rohstoffes mit Standard-Komponentenart aus dem Reinstoff

Um das zu erreichen, stellen Sie zuvor sicher, dass die Bewertungsart und das Merkmal für die Standard-Komponentenart im Customizing der Zielspezifikationsart (hier: Rohstoff) hinterlegt sind (siehe Abbildung 4.32). Nur so »weiß« das System, in welchem Merkmal es nach der Standard-Komponentenart suchen muss.

Zum Customizing der Spezifikationsarten gelangen Sie über den Pfad **Logistik Allgemein • PLM-Web-Benutzungsoberfläche • Rezeptentwicklung • Spezifikationsverwaltung • Spezifikation • Spezifikationsstamm • Spezifikationsarten festlegen**.

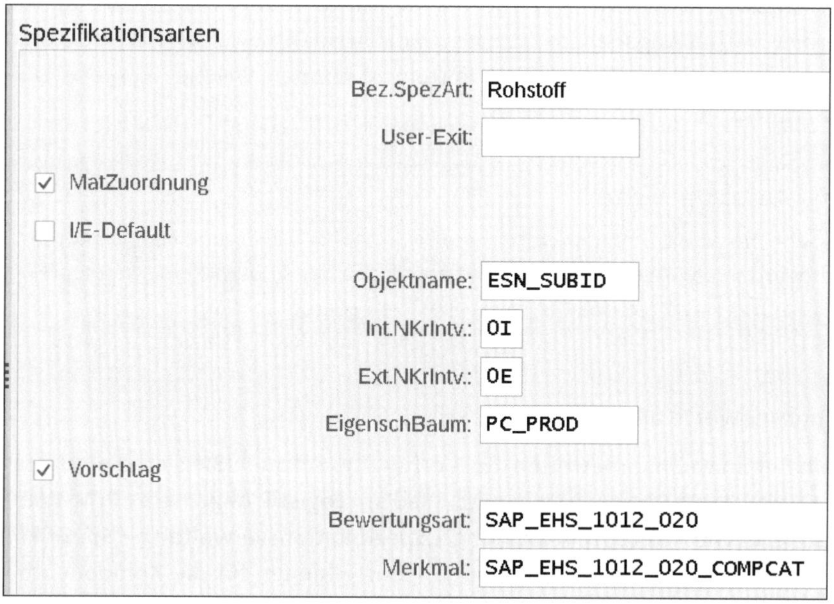

Spezifikationsarten

Bez.SpezArt: Rohstoff

User-Exit:

☑ MatZuordnung

☐ I/E-Default

Objektname: ESN_SUBID

Int.NKrIntv.: OI

Ext.NKrIntv.: OE

EigenschBaum: PC_PROD

☑ Vorschlag

Bewertungsart: SAP_EHS_1012_020

Merkmal: SAP_EHS_1012_020_COMPCAT

Abbildung 4.32 Customizing der Spezifikationsart zum Lesen der Standard-Komponentenart

Die im Eigenschaftsbaum hinterlegte Standard-Komponentenart übersteuert den Standardwert, der mit dem Radiobutton in Abschnitt 4.8.2, »Komponentenarten kontextspezifisch festlegen«, gesetzt ist.

So viel also an dieser Stelle zur Standard-Komponentenart in Spezifikationen. In Abschnitt 6.1.6, »Verfügbare Komponentenarten für Einsatz- oder Ausbeutepositionen definieren«, und Abschnitt 6.1.8, »Berechnungsrelevante Komponentenarten für eine Formel setzen«, erhalten Sie weitere Informationen zum Umgang mit den Komponentenarten für das Rezept.

4.9 Ausnahmewerte

Ausnahmewerte dienen, ähnlich wie die Komponentenart, zur Versorgung der Zusammensetzungen mit erweiternden Informationen. Primär kann bei Zusammensetzungen mit numerischen Angaben eine Information hinterlegt werden, wenn die numerische Angabe noch nicht getätigt werden kann. Dies kann beispielsweise der Fall sein, wenn ein Wert noch nicht gemessen wurde.

Ausnahmewerte werden aber auch genutzt, um bei den Bewertungsarten für die Allergene, Diäteignung usw. die Bewertung für die einzelnen Objekte der verschiedenen Gruppen anzugeben. Bei diesem Einsatzzweck steht der Ausnahmewert ohne numerische Angaben als zentrales Bewertungsinstrument im Fokus. Speziell für die Weiterverarbeitung der Angaben im Rezept sind die Ausnahmewerte von Bedeutung, um über mehrere Einsatzstoffe hinweg ermitteln zu können, welche Allergene, Diäten usw. zutreffend sind.

Beispiel für Ausnahmewerte

Die Gemüsebrühe weist durch ihre Inhaltsstoffe so manche allergene Eigenschaften auf. Daher werden alle Allergene, die zur Pflege verfügbar sind, mit einem entsprechenden Ausnahmewert (05 (Ja), 06 (Nein) usw.) versehen.

4.9.1 Ausnahmewerte anlegen

SAP stellt ein Set an Ausnahmewerten zur Verfügung. Schauen Sie sich die Ausprägungen im Customizing über den folgenden Pfad an: **Logistik Allgemein • PLM-Web-Benutzungsoberfläche • Rezeptentwicklung • Spezifikationsverwaltung • Spezifikation • Datenbankstruktur der Spezifikationen • Einstellungen für die Komponente • Ausnahmewerte für eine Komponente festlegen**. Entscheiden Sie auf dieser Grundlage, ob Sie weitere Ausnahmewerte benötigen. Sollten Sie eigene Ausnahmewerte anlegen, vergeben Sie einen zweistelligen Schlüssel und eine Bezeichnung (siehe Abbildung 4.33).

AW	Ausnahmewert einer Komponente
01	Unbekannt
02	Nicht gemessen
03	Spurenelement
04	Fehlt
05	Ja
06	Nein
07	Warnung
RE	Rückstand

Abbildung 4.33 Verfügbare Ausnahmewerte (Bildausschnitt)

Für Übersetzungen steht Ihnen über den Menüpfad **Mehr • Springen • Übersetzung** ein entsprechender Pflegedialog zur Verfügung.

4.9.2 Ausnahmewerte kontextspezifisch festlegen

Eine weitere Ähnlichkeit zwischen Komponentenarten und Ausnahmewerten zeigt sich bei der Customizing-Einstellung zur kontextspezifischen Festlegung von Ausnahmenwerten. Die entsprechenden Einstellungen finden Sie über den folgenden Customizing-Pfad **Logistik Allgemein • PLM-Web-Benutzungsoberfläche • Rezeptentwicklung • Spezifikationsverwaltung • Spezifikation • Datenbankstruktur der Spezifikationen • Einstellungen für die Komponente • Ausnahmewerte kontextspezifisch festlegen**.

Auch für die Ausnahmewerte können Sie in Abhängigkeit vom Spezifikationstyp entscheiden, welche Einträge an welcher Stelle auf der Weboberfläche verfügbar sein sollen. Das Prinzip der Kontextparameter aus Abbildung 4.34 ist gleichermaßen zu verstehen wie bei der Komponentenart in Abschnitt 4.8.2, »Komponentenarten kontextspezifisch festlegen«.

- FRM_SUB_IN_DIALOG (Formel-Dialog Einsatz)
- FRM_SUB_OUT_DIALOG (Formel-Dialog Ausbeute)
- SUB_COMP_STD_DIALOG (Bewertungsdialog für Zusammensetzungen)

Geben Sie für den Kontextparameter SUB_COMP_STD_DIALOG keine spezifische Bewertungsart an, stehen die aufgelisteten Ausnahmewerte automatisch in allen Bewertungsarten vom Typ **Zusammensetzung** oder **Diäteignung** zur Verfügung.

Dialogstruktur
- Objekt-Parameter-Zuordnung
  - Ausnahmewerte

SpezifikTyp: SUBSTANCE

Objekt-Parameter-Zuordnung

Kontextparameter	Bewertungsart
FRM_SUB_IN_DIALOG	
FRM_SUB_OUT_DIALOG	
SUB_COMP_STD_DIALOG	
SUB_COMP_STD_DIALOG	SAP_EHS_1012_001
SUB_COMP_STD_DIALOG	SAP_EHS_1012_003
SUB_COMP_STD_DIALOG	SAP_RMS_1012_005
SUB_COMP_STD_DIALOG	SAP_RMS_1012_010

Abbildung 4.34 Übersicht der Kontextparameter für die Auflistung der Ausnahmewerte

In Abbildung 4.35 sehen Sie die Detailsicht der Ausnahmewerte zu einem Kontextparameter. Jeder Ausnahmewert erhält in der Spalte **Sortierreihenfolge** einen Zähler. Je höher der Wert ist, desto mehr Gewicht hat der Ausnahmewert in späteren Berechnungen. Wir werfen in Abschnitt 6.2.6, »Ausnahmewerte zu Spezifikationsarten zuordnen«, und in Abschnitt 6.2.7, »Standard-Ausnahmewert definieren«, im Rahmen der Berechnungsergebnisse im Rezept nochmals einen Blick auf diese Thematik.

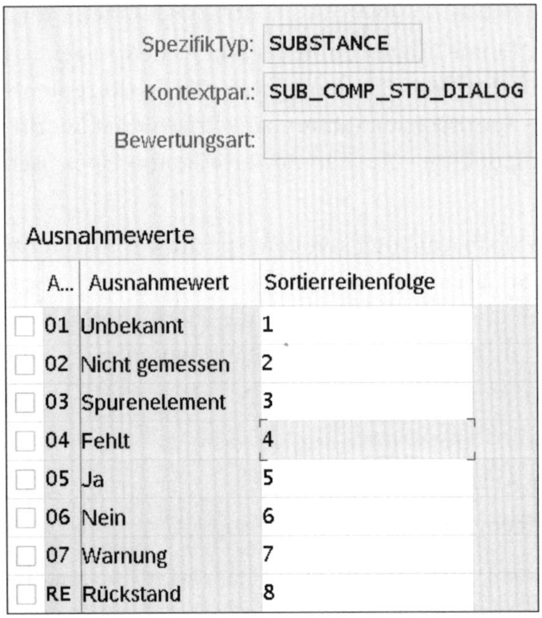

SpezifikTyp: SUBSTANCE
Kontextpar.: SUB_COMP_STD_DIALOG
Bewertungsart:

Ausnahmewerte

A...	Ausnahmewert	Sortierreihenfolge
01	Unbekannt	1
02	Nicht gemessen	2
03	Spurenelement	3
04	Fehlt	4
05	Ja	5
06	Nein	6
07	Warnung	7
RE	Rückstand	8

Abbildung 4.35 Sortierreihenfolge der Ausnahmewerte für eine korrekte Datenermittlung im Rezept

[!]

Ausnahmewerte mit Bezug zur Bewertungsart

Wenn Sie sich vorstellen, dass sowohl das Allergen »Krebstiere und Krebstiererzeugnisse« als auch die Diäteigenschaft »Vegan« mit denselben Ausnahmewerten **Ja**, **Nein** und **Unbekannt** bewertet werden, kann die Bewertung spannend werden. Bei der Prüfung aller Rohstoffe im Rezept sollte das System beim Vorliegen des Allergens »Krebstiere und Krebstiererzeugnisse« dafür sorgen, dass bereits eine Ja-Bewertung eines Rohstoffes für eine komplette Ja-Bewertung im Rezept sorgt. Die Diäteigenschaft »Vegan« sollte jedoch genau gegenteilig gewichtet werden. Eine Nein-Bewertung eines Rohstoffes muss dafür sorgen, dass die Diäteigenschaft im Rezept mit **Nein** gewichtet wird. Achten Sie daher, bei Ihren qualitativen Bewertungsarten darauf, dass Sie die Sortierreihenfolge der Ausnahmewerte in Abhängigkeit der Bewertungsart vornehmen.

Wenn Sie Abschnitt 8.4, »Qualitatives Etikett«, gelesen haben, kommen Sie vielleicht auch zu der Erkenntnis, dass Sie einen Ausnahmewert **Ja** für Allergene und einen weiteren Ausnahmewert **Ja** für Diäten anlegen werden.

4.10 Verwendung und Verwendungsprofile

Wie viel Zeit Sie mit dem Thema *Verwendung* und *Verwendungsprofile* in der Vorbereitung Ihres Projekts verbringen, hängt davon ab, ob Sie verschiedene Personenkreise in Ihrem Unternehmen sowie Märkte oder Normen und Vorschriften mit unterschiedlichen Datenausprägungen abdecken möchten.

Die Verwendung setzt sich aus einer *Einstufung* und einem *Gültigkeitsraum* zusammen. Verschiedene Gültigkeitsräume sind in *Gültigkeitsraumtypen* gebündelt. Welche Steuerungsmöglichkeiten es bei welchem Objekt gibt, führen die folgenden Abschnitte aus.

4.10.1 Einstufungen

Mit der Einstufung werden der Zugriff auf und die Weiterverarbeitung der Daten geregelt. Die Anwenderinnen und Anwender entscheiden beispielsweise, ob die Daten für den internen Gebrauch sind oder auch nach außen gegeben werden dürfen.

Auf dieser Basis können Sie oder die Expertinnen und Experten in Ihrem Haus z. B. bei Formular-Implementierungen einstellen, dass Daten nur dann auf der Produktspezifikation gedruckt werden sollen, wenn sie für den allgemeinen Gebrauch durch die entsprechende Einstufung freigegeben sind. Exemplarische Einstufungen werden von SAP ausgeliefert und können bei Bedarf um eigene Einträge ergänzt werden. Verwenden Sie hierzu den folgenden Customizing-Pfad: **Logistik Allgemein • PLM-Web-Benutzungsoberfläche • Rezeptentwicklung • Spezifikationsverwaltung • Spezifikation • Weitere Informationen für die Bewertung • Verwendung • Einstufungen festlegen.**

Abbildung 4.36 zeigt eine Übersicht der Einstufungen und dazugehörigen Ausprägungen.

Bewertungseinstufung pflegen

	Einstufung	Bez.Einstufung	Prio. GG	QMRel
☐	CUSTOMER	Freigegeben für Kunden		☐
☐	DANGEROUSG	Gefahrgutrelevant	1	☐
☐	HAZSUB	Gefahrstoffrelevant		☐
☐	INTERNAL	Nur für internen Gebrauch		☐
☐	OFFICIAL	Freigegeben für Behörden		☐
☐	PUBLIC	Vollständig freigegeben	2	☐

Abbildung 4.36 Verfügbare Einstufungen im Customizing (Bildausschnitt)

In der Spalte **Prio. GG** (Priorität für Gefahrgut) steuern Sie, welche Einstufung bei der Befüllung des Gefahrgutstamms zuerst berücksichtigt werden soll. Da das Themengebiet Gefahrgutmanagement zu umfassend und komplex ist, um es kurz anzureißen, soll es bei dieser Anmerkung bleiben.

Mit dem Relevanzkennzeichen für die Erzeugung eines QM-Prüfplans in der Spalte **QMRel** sorgen Sie dafür, dass Bewertungen mit dieser Einstufung bei der Ableitung eines Prüfplans als Datenlieferanten erkannt werden. Mehr zur Ableitung eines QM-Prüfplans aus den Spezifikationsdaten finden Sie in Abschnitt 11.3, »Qualitätsmanagement«.

4.10.2 Gültigkeitsraumtypen

Gültigkeitsraumtypen werden genutzt, um darin Gültigkeitsräume zu bündeln. So werden z. B. im Gültigkeitsraumtyp REGION verschiedene Länder (Gültigkeitsräume) zusammengefasst. Abbildung 4.37 zeigt auf, dass Ihnen die Gültigkeitsraumtypen verschiedene Steuerungsmöglichkeiten bieten.

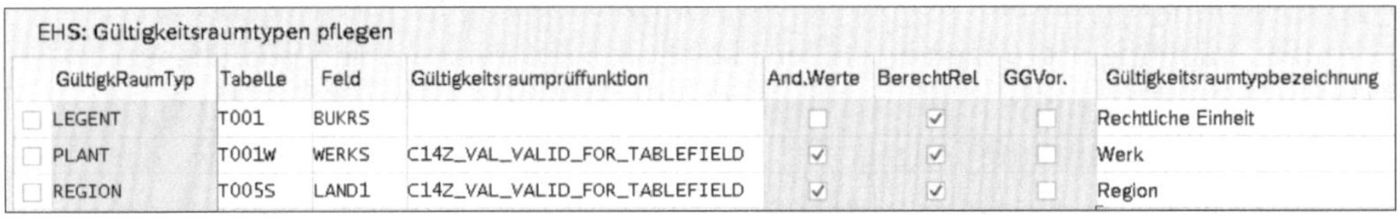

EHS: Gültigkeitsraumtypen pflegen

GültigkRaumTyp	Tabelle	Feld	Gültigkeitsraumprüffunktion	And.Werte	BerechtRel	GGVor.	Gültigkeitsraumtypbezeichnung
LEGENT	T001	BUKRS		☐	☑	☐	Rechtliche Einheit
PLANT	T001W	WERKS	C14Z_VAL_VALID_FOR_TABLEFIELD	☑	☑	☐	Werk
REGION	T005S	LAND1	C14Z_VAL_VALID_FOR_TABLEFIELD	☑	☑	☐	Region

Abbildung 4.37 Auszug aus den verfügbaren Gültigkeitsraumtypen

Die folgenden Einstellungsmöglichkeiten finden Sie im Customizing über den Pfad **Logistik Allgemein • PLM-Web-Benutzungsoberfläche • Rezeptentwicklung • Spezifikationsverwaltung • Spezifikation • Weitere Informationen für die Bewertung • Verwendung • Gültigkeitsraumtypen festlegen**. Was die einzelnen Felder bedeuten, sehen Sie in Tabelle 4.6.

Feld	Bezeichnung	Beschreibung
GültigkRaumTyp	Gültigkeitsraumtyp	10-stelliger Schlüssel für den Gültigkeitsraumtyp.
Tabelle	Tabelle für dynamische Eingabehilfe	Tabelle für die Eingabehilfe bei der Pflege der Gültigkeitsräume im Customizing.
Feld	Feld für dynamische Eingabehilfe	Feld aus der Tabelle für die Eingabehilfe bei der Pflege der Gültigkeitsräume im Customizing.

Tabelle 4.6 Einstellungsmöglichkeiten zum Gültigkeitsraumtyp

Feld	Bezeichnung	Beschreibung
Gültigkeitsraum-prüffunktion	Prüffunktion für Gültigkeitsräume zum Gültigkeitsraumtyp	Funktionsbaustein, der im Customizing der Gültigkeitsräume prüft, ob Wert laut Tabelle und Feld zulässig ist.
And.Werte	Andere Werte neben Eingabehilfe sind erlaubt	Werte, unabhängig von der Eingabehilfe, können im Customizing der Gültigkeitsräume angegeben werden.
BerechtRel	Berechtigungsrelevanter Gültigkeitsraumtyp	Der Gültigkeitsraumtyp ist berechtigungsrelevant. Jeder Gültigkeitsraumtyp mit diesem Kennzeichen sollte konsequenterweise ein eigenes Berechtigungsobjekt erhalten.
GGVor.	Gültigkeitsräume sind Gefahrgutvorschriften	Steuert, dass Gültigkeitsräume zu diesem Gültigkeitsraumtyp als Gefahrgutvorschriften erkannt werden.
Gültigkeitsraum-typbezeichnung	Bezeichnung des Gültigkeitsraumtyps	Sprechende Bezeichnung für den Gültigkeitsraumtyp.

Tabelle 4.6 Einstellungsmöglichkeiten zum Gültigkeitsraumtyp (Forts.)

4.10.3 Gültigkeitsräume

Gültigkeitsräume können Sie dazu nutzen, Regionen, Länder oder Bestandteile einer Organisation abzubilden. Welche Gültigkeitsräume Sie benötigen, hängt davon ab, wie unterschiedlich Sie Ihre Daten für spezielle Länder oder Werke in Ihrer Organisation ausprägen müssen.

In Abbildung 4.38 sehen Sie, dass ein Gültigkeitsraum immer mit Bezug zu einem Gültigkeitsraumtyp angelegt werden muss (Spalten **GültRTyp** und **GültRaum**). Über diese Zuordnung haben Sie beispielsweise die Möglichkeit, verschiedene Länder, die Sie als Gültigkeitsräume angelegt haben, im Gültigkeitsraumtyp REGION zu bündeln.

Dialogstruktur
Gültigkeitsraum
Gültigkeitsraum/Land zuordnen

Gültigkeitsraum

GültRTyp	GültRaum	Bezeichnung des Gültigkeitsraums
REGION	FR	Frankreich
REGION	GB	Großbritannien
REGION	REG_EU	Europäische Gemeinschaft
REGION	REG_REACH	Relevant für die Gesetzgebung REACH
REGION	REG_WORLD	Welt
REGION	RID	RID-Staaten
REGION	TEXAS	Texas
REGION	US	USA

Abbildung 4.38 Auszug aus den verfügbaren Gültigkeitsräumen an Gültigkeitsraumtyp

Hierdurch wird das Hinterlegen einer korrekten Verwendung vereinfacht. Das Customizing steht Ihnen über den folgenden Pfad für weitere Einträge zur Verfügung: **Logistik Allgemein • PLM-Web-Benutzungsoberfläche • Rezeptentwicklung • Spezifikationsverwaltung • Spezifikation • Weitere Informationen für die Bewertung • Verwendung • Gültigkeitsräume festlegen**.

Sie geben den Schlüssel und die Bezeichnung des Gültigkeitsraumes an und spezifizieren im nächsten Schritt, was alles zu diesem Gültigkeitsraum dazugehört. Hier werden die Einstellungen aus dem Gültigkeitsraumtyp interessant, denn abhängig davon, was Sie dort hinterlegt haben, erhalten Sie nun eine Eingabehilfe zum Gültigkeitsraum. Im Falle des Gültigkeitsraumtyps `REGION` stehen Ihnen verschiedene Länder und Regionen zur Auswahl (siehe Abbildung 4.39).

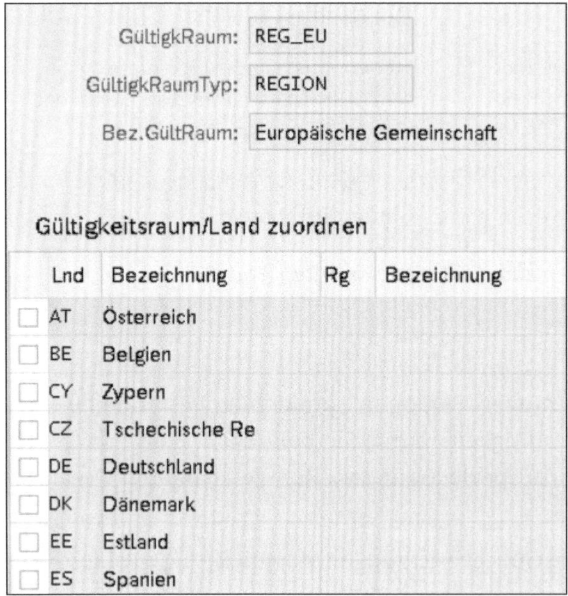

Abbildung 4.39 Detailausprägungen eines Gültigkeitsraums

4.10.4 Verwendungsprofil

Gibt es in Ihrem Unternehmen Bewertungsarten, die überwiegend dieselbe Verwendung haben? Dann hilft Ihnen das *Verwendungsprofil*, erreichbar über **Logistik Allgemein • PLM-Web-Benutzungsoberfläche • Rezeptentwicklung • Spezifikationsverwaltung • Spezifikation • Weitere Informationen für die Bewertung • Verwendung • Verwendungsprofile festlegen**.

Im Verwendungsprofil legen Sie eine bestimmte Verwendung fest, bestehend aus mindestens einer Einstufung und einem Gültigkeitsraum. Bei Bedarf können die Ausprägungen auch kombiniert werden. Besteht Ihre Anforderung z. B. darin, eine Verwendung zu definieren, die für alle Länder gültig sein soll, außer für ein bestimmtes Land, können Sie das Ausschlusskennzeichen (Spalte **Außer**) setzen. Dies reduziert den Konfigurationsaufwand von vielen verschiedenen Gültigkeitsräumen (siehe Abbildung 4.40).

Beispiel für ein Verwendungsprofil

Die Angaben zur Gemüsebrühe gelten sowohl für Produkte, die innerhalb Deutschlands verkauft werden, als auch für Produkte, die dem globalen Markt offenstehen. Daher nutzen Sie die Vorbelegung der Verwendung PUBLIC REG_WORLD in den einzelnen Bewertungsarten durch das Verwendungsprofil PROF001, das den Bewertungsarten im Customizing zugewiesen ist.

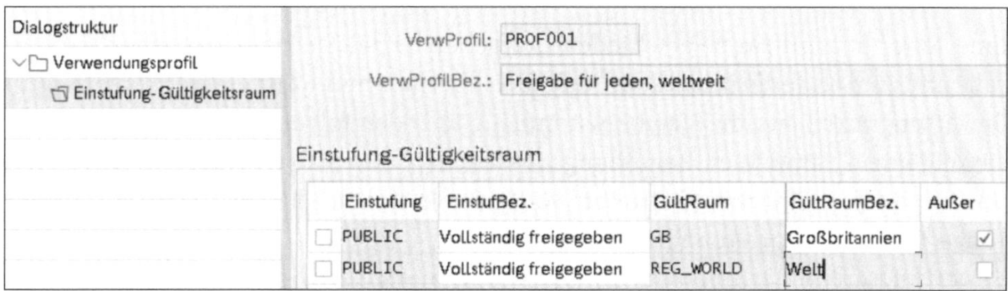

Abbildung 4.40 Verwendungsprofil definieren

Sobald das Verwendungsprofil in einer Bewertungsart hinterlegt ist, greift das System beim Anlegen einer Bewertungsinstanz darauf zurück. Details zur Hinterlegung eines Verwendungsprofils in einer Bewertungsart entnehmen Sie Abschnitt 4.11.1, »Eigene Bewertungsarten definieren«. Abbildung 4.41 zeigt eine, in einer Bewertungsart automatisch hinzugefügte Verwendung im Eigenschaftsbaum einer Spezifikation.

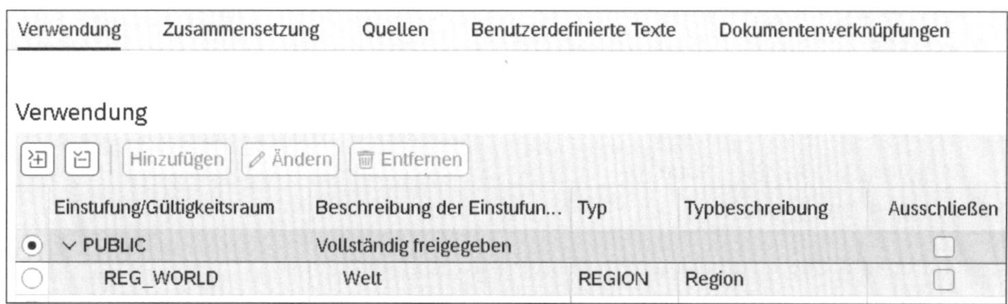

Abbildung 4.41 Automatisch hinterlegte Verwendung durch das Verwendungsprofil

Als Minimalumfang ist die Verwendung PUBLIC REG_WORLD empfehlenswert.

Wenn die Verwendungen bei Ihnen benutzerspezifisch vergeben werden sollen, kann das Verwendungsprofil auch über den User vordefiniert werden. Das Verwendungsprofil kann manuell im Benutzerparameter ESU (EHS: Default user usage profile (USERPROF)) des Benutzerstamms angegeben werden (siehe Abbildung 4.42). Als Parameterwert geben Sie den Schlüssel des entsprechenden Verwendungsprofils an.

Gruppenbezeichnung	Zelleninhalt
Set-/Get-Parameter-Id	ESU
Parameterwert	ESCOMXML
Kurzbeschreibung	EHS: Default user usage profile (USEPROF)

Abbildung 4.42 User-Parameter für das Verwendungsprofil

4.11 Bewertungsart

Eine *Bewertungsart* kann verschiedene Aufgaben haben. Sie kann zum einen strukturelle und zum anderen inhaltliche Aufgaben übernehmen. SAP liefert eine Vielzahl an Bewertungsarten aus, die Sie im Customizing über den folgenden Pfad finden: **Logistik Allgemein • PLM-Web-Benutzungsoberfläche • Rezeptentwicklung • Spezifikationsverwaltung • Datenbankstruktur der Spezifikationen • Einstellungen für Bewertung • Bewertungsarten angeben**. In Abbildung 4.43 sehen Sie einen Ausschnitt an Bewertungsarten, die Ihnen im SAP-Standardumfang zur Verfügung gestellt werden.

Bewertungsart	Bezeichnung der Bewertungsart
SAP_EHS_1013	Physikalisch-chemische Daten
SAP_EHS_1013_001	Aggregatzustand
SAP_EHS_1013_002	Auslaufzeit
SAP_EHS_1013_003	Dampfdruck
SAP_EHS_1013_004	Dampfdruck für Komponenten
SAP_EHS_1013_005	Dichte
SAP_EHS_1013_006	Relative Dichte
SAP_EHS_1013_007	Feststoffanteil in Lösung
SAP_EHS_1013_008	Farbe
SAP_EHS_1013_009	Form
SAP_EHS_1013_010	Geruch

Abbildung 4.43 Bewertungsarten im Customizing (Bildausschnitt)

Eine Bewertungsart, die für die Struktur des Eigenschaftsbaumes genutzt wird, hat eine dreigliedrige Struktur im Schlüssel (siehe Abbildung 4.43, Bewertungsart SAP_EHS_1013). Eine zur Pflege von Daten genutzte Bewertungsart hat einen viergliedrigen Schlüssel. Wie es anhand des Beispiels der physikalisch-chemische Daten gut zu sehen ist, werden die Bewertungsarten, die zum Themengebiet physikalisch-chemische

Daten gehören, im vierten Glied numerisch hochgezählt. Über den dritten Teil des Schlüssels der Bewertungsart (1013) ist ersichtlich, welche Bewertungsarten inhaltlich zusammengehören.

4.11.1 Eigene Bewertungsarten definieren

Es ist möglich, eigene Bewertungsarten zu definieren. Dabei empfiehlt es sich, von vornherein eine einheitliche Vorgehensweise festzulegen: Wenn z. B. Inhalte für die physikalisch-chemischen Daten fehlen, können Sie festlegen, dass die neuen Bewertungsarten den Schlüssel ZSAP_EHS_1013_Z001 erhalten.

Für den Schlüssel stehen Ihnen 30 Zeichen zur Verfügung. Da die Vergabe von Nummern von Unternehmen zu Unternehmen unterschiedlich gehandhabt wird, ist der hier gewählte Schlüssel lediglich als Beispiel und ohne Anspruch auf Allgemeingültigkeit zu sehen. Handhaben Sie das am besten so, wie es in Ihrem Unternehmen üblich ist.

Wenn Sie eine neue Kategorie benötigen, wie beispielsweise Mikrobiologie, denken Sie daran, die strukturgebende Bewertungsart mit einem Schlüssel zu definieren, über den weitere Bewertungsarten hochgezählt werden können.

In Abbildung 4.44 ist das gut zu erkennen. Es gibt die Kategorie **Mikrobiologie** mit dem Schlüssel ZSAP_EHS_1010. Darunter können sämtliche relevanten Einträge angelegt werden. Im Beispiel sehen Sie die Bewertungsart **Salmonellen** mit dem Zähler _001.

Bewertungsart	Bezeichnung der Bewertungsart
ZSAP_EHS_1010	Mikrobiologie
ZSAP_EHS_1010_001	Salmonellen

Abbildung 4.44 Beispiel: Schlüssel von neuen Bewertungsarten

[«]

Bezeichnung von Bewertungsarten

SAP empfiehlt, dass die ersten 31 Zeichen der Bezeichnung der Bewertungsart immer voneinander abweichen, da sonst beim Export nach Microsoft Excel Laufzeitfehler auftreten können.

Nun ist nicht jede Bewertungsart gleich. Es gibt Bewertungsarten, die im Eigenschaftsbaum eine Zwischenebene einziehen sollen. Andere Bewertungsarten sollen normale Klassen (siehe Abschnitt 3.4, »Klasse«) abbilden, und wieder andere Bewertungsarten sollen komplexe Zusammensetzungen abbilden. Dies wird über den sogenannten *Bewertungstyp* unterschieden. Wichtig bei der Anlage von neuen Bewertungsarten ist, dass Sie den richtigen Bewertungstyp auswählen. Die in Tabelle 4.7 aufgeführten Bewertungstypen können für die Spezifikationen mit Bezug zu SAP Recipe Development relevant werden.

Bewertungstyp	Bezeichnung	Beschreibung
A	Normale Eigenschaft (mit Klasse)	Numerische und alphanumerische Eigenschaften wie Dichte, Aussehen o.ä.
B	Auflistung (mit Klasse)	Auflistung von Spezifikationen, wie die einzelnen Allergene in einer Allergengruppe. Auflistung ohne Angabe von Mengen.
C	Zusammensetzung (mit Klasse)	Definition einer Zusammensetzung, wie z. B. die Zusammensetzung eines Rohstoffes. Auflistung mit Angabe von Mengen. Kann im Rezept weiterverarbeitet werden.
E	Knoten im Eigenschaftsbaum (ohne Klasse)	Für strukturgebende Bewertungsarten ohne Inhalt, wie z. B. physikalisch-chemische Daten.
RMS_D	Diäteignung	Für qualitative Bewertungen wie Allergene oder religiöse Zertifikate. Kann im Rezept weiterverarbeitet werden.
RMS_N	Nährwertzusammensetzung	Für quantitative Bewertungen wie Nährwerte oder andere mengenbasierte Komponenten, die im Rezept aus allen Inhaltsstoffen zusammengerechnet werden sollen.

Tabelle 4.7 Übersicht der relevanten Bewertungstypen

Es gibt weitere Bewertungstypen, die für SAP Environment, Health, and Safety Management (SAP EH&S Management) relevant sind.

[+]

Anlage neuer Bewertungsarten

Nutzen Sie ähnliche Bewertungsarten als Kopiervorlage. Achten Sie nach dem Kopieren darauf, dass Sie die Übersetzungen an die neue Bezeichnung anpassen. Gehen Sie dazu im Menü über **Mehr • Springen • Übersetzung**.

In den Details einer Bewertungsart sind verschiedene Einstellungen zu treffen. Welche das sind und welche Felder für welchen Bewertungstyp relevant sind, zeigt Tabelle 4.8.

Feld	Beschreibung	Relevant für Bewertungstypen
Bewertungsart	Schlüssel für die neue Bewertungsart	Pflicht für alle
Bezeichnung	Bezeichnung für die Bewertungsart, die auf der Benutzeroberfläche angezeigt werden soll.	Pflicht für alle
Vermerk	Ergänzende Informationen zur Bewertungsart.	alle
Bewertungstyp	Entscheidung über Einsatzzweck der Bewertungsart, siehe Tabelle 4.7.	Pflicht für alle
Klasse	Angabe der Klassennummer. Die Klasse muss denselben Schlüssel wie die Bewertungsart verwenden. Eine Prüfung auf ein Vorhandensein der Klasse erfolgt an dieser Stelle nicht.	Pflicht für A, B, C, RMS_D, RMS_N
Automatische Aktivierung kopierter Bewertungen	Steuert, ob kopierte Bewertungen in einer Spezifikation automatisch aktiv sein sollen.	Empfehlung für A, B, C, RMS_D, RMS_N
Einzelinstanz	Bei gesetzter Checkbox darf für diese Bewertungsart maximal eine Bewertungsinstanz gepflegt werden.	A, B, C, RMS_D, RMS_N
Interne Bewertungsart	Steuert, dass die Bewertungsart nicht im Eigenschaftsbaum angezeigt werden kann.	ist für keinen Bewertungstyp relevant
Achsentausch	Die einzelnen Merkmale einer Bewertungsart sind im Standard in Spalten dargestellt. Dies ist für Bewertungsarten mit wenig Merkmalen sinnvoll. Bei Bewertungsarten mit vielen Merkmalen, kann es übersichtlicher sein, das Kennzeichen zu setzen und die Merkmale in Zeilen zu erhalten.	A, B, C, RMS_D, RMS_N

Tabelle 4.8 Feldbeschreibung für die Pflege von Bewertungsarten

Feld	Beschreibung	Relevant für Bewertungstypen
Automatische Aktivierung neuer Bewertungen	Steuert, ob neue Bewertungen in einer Spezifikation automatisch aktiv sein sollen.	Empfehlung für A, B, C, RMS_D, RMS_N
Automatische Aktivierung geänderter Bewertungen	Steuert, ob neue Bewertungen in einer Spezifikation automatisch aktiv sein sollen.	Empfehlung für A, B, C, RMS_D, RMS_N
Verwendungsprofil	Vordefinition eines Gültigkeitsraums (weltweit, EU, DE, o.Ä.), wenn klar ist, dass immer oder in den meisten Fällen ein bestimmter Gültigkeitsraum zutreffend ist.	A, B, C, RMS_D, RMS_N
Identifikationsanzeige	Steuert für Auflistungen und Zusammensetzungen, welche Identifikationsauflistung gezogen werden soll. Standard ist D_VALPOS.	B, C
Profil übersteuert	Legt fest, ob das Verwendungsprofil aus dem Benutzerstamm (Parameter ESU) durch das Verwendungsprofil aus der Bewertungsart übersteuert wird.	A, B, C, RMS_D, RMS_N
Einstiegsfunktion für Dialog	Angabe des Funktionsbausteines, der in einen eigenen Dialog weiterverzweigt.	A, B, C, RMS_D, RMS_N

Tabelle 4.8 Feldbeschreibung für die Pflege von Bewertungsarten (Forts.)

Sie entscheiden für jede Bewertungsart, für welche Spezifikationsarten diese verwendet werden darf.

Setzen Sie das entsprechende Kennzeichen in der Spalte **E** (Eintrag als Filter im Eigenschaftsbaum nutzen), sorgen Sie dafür, dass die Bewertungsart bei der angegebenen Spezifikationsart im Eigenschaftsbaum ausgeblendet wird. In Abbildung 4.45 bedeutet dies, dass die Bewertungsart **Salmonellen** bei der Spezifikationsart PACKAGING (Verpackungen) nicht angezeigt werden darf.

Über die Aktivierung des Kennzeichens in der Spalte **Z** (Eintrag als Filter in Zusammensetzung nutzen) steuern Sie, dass nur Spezifikationen, die der angegebenen Spezifikationsart angehören, bei Zusammensetzungen oder Auflistungen genutzt werden können. Im Beispiel in Abbildung 4.46 bedeutet dies, dass nur Spezifikationen der Spezifikationsart PURE_SUB (Reinstoff) in der Standard-Zusammensetzung aufgeführt werden können.

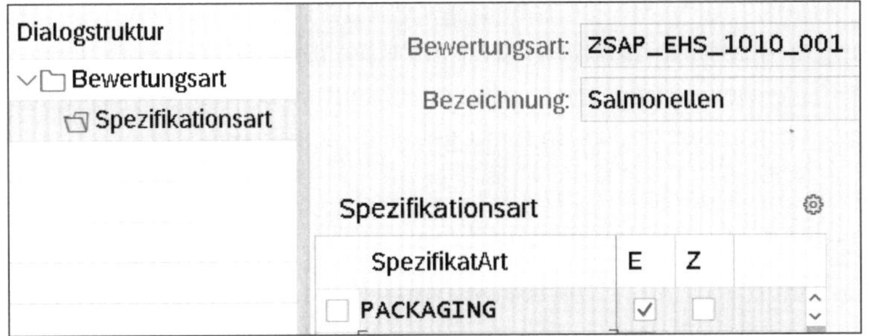

Abbildung 4.45 Bewertungsart für die Anzeige im Eigenschaftsbaum der Spezifikationsart ausschließen

Abbildung 4.46 Spezifikationsart für die Angabe bei Bewertungsarten vom Typ »Zusammensetzung« oder »Auflistung« definieren

Die Anwenderinnen und Anwender stellen dann bei der Pflege der Standard-Zusammensetzung fest, dass ausschließlich Einträge für Reinstoffe vorgeschlagen werden. In Abbildung 4.47 sehen Sie, dass Reinstoff A in einer Standard-Zusammensetzung hinterlegt ist. Andere Spezifikationsarten sind hier nicht möglich.

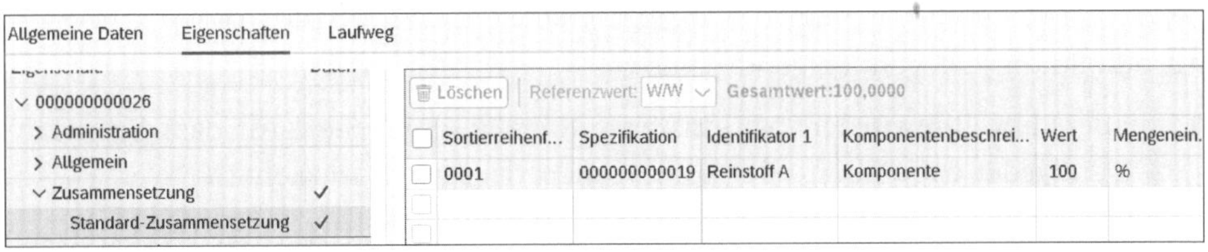

Abbildung 4.47 Auswirkung der Einschränkung der Bewertungsart auf die Spezifikationsart

Geben Sie keine speziellen Spezifikationsarten an, können die Bewertungsarten bei allen Spezifikationsarten genutzt werden. Den Anwenderinnen und Anwendern steht es frei, alle Spezifikationsarten in der Bewertungsart zu nutzen.

Wichtig für die Arbeit mit Bewertungsarten ist, dass Sie eine Bewertungsart nicht mehr löschen, sobald diese im Produktivsystem mit Einträgen versehen ist. Dies kann zu Inkonsistenzen führen. Ob eine Bewertungsart im Produktivsystem im Einsatz ist, finden Sie heraus, indem Sie die Tabelle ESTVH (EHS: Spezifikation – Bewertungsart – Zuordnung) z. B. mit Transaktion SE16N aufrufen und die relevante Bewertungsart im Feld ESTCAT (Bewertungsart) eingeben. Erhalten Sie Treffer, wird die Bewertungsart gerade verwendet und kann nicht gelöscht werden.

4.11.2 Anzeigeeinstellungen für Bewertungstypen definieren

Abhängig vom Bewertungstyp in einer Bewertungsart stehen bei der Pflege der Daten in der Spezifikation unterschiedliche Aspekte im Fokus: So sind bei Bewertungsarten vom Bewertungstyp A (Normale Eigenschaft (mit Klasse)) die Bewertungsinstanzen mit den enthaltenen Merkmalen relevant. Bei Bewertungsarten vom Typ B (Auflistung (mit Klasse)), C (Zusammensetzung (mit Klasse)), RMS_D (Diäteignung) oder RMS_N (Nährwertzusammensetzung) stehen dafür die Detailbereiche im Vordergrund.

Mit den betreffenden Customizing-Einstellungen können Sie verschiedene Voreinstellungen abhängig vom Bewertungstyp treffen. Verwenden Sie hierzu den Customizing-Pfad **Logistik Allgemein • PLM-Web-Benutzungsoberfläche • Rezeptentwicklung • Spezifikationsverwaltung • Datenbankstruktur der Spezifikationen • Einstellungen für Bewertung • Anzeigeeinstellungen für Bewertungstypen definieren**.

Einstellungen für Wertzuordnungstypen anzeigen

Bewertungstyp	Beschreibung des Bewertungstyps	Instanzentabelle	Sichtbar...	Detailbereich
A	normale Eigenschaft (mit Klasse)	EXPAND Expandie...	20	HIDE Ausblenden
B	Auflistung (mit Klasse)	COLLAPSE Kompri...	5	SHOW Einblenden
C	Zusammensetzung (mit Klasse)	COLLAPSE Kompri...	5	SHOW Einblenden
E	Knoten im Eigenschaftsbaum (ohne Klasse)	COLLAPSE Kompri...	5	HIDE Ausblenden
RMS_D	Diäteignung	COLLAPSE Kompri...	5	SHOW Einblenden
RMS_N	Nährwertzusammensetzung	COLLAPSE Kompri...	5	SHOW Einblenden

Abbildung 4.48 Anzeigeeinstellungen für Bewertungstypen definieren

Aus Abbildung 4.48 geht Folgendes hervor:

- Mit der Einstellung in der Spalte **Instanzentabelle** sorgen Sie dafür, dass die Instanzen entweder expandiert oder komprimiert dargestellt werden. Der Wert EXPAND steht für Expandieren und der Wert COLLAPSE steht für Komprimieren.
- Die Spalte **Sichtbare Zeilen** steuert, wie viele Zeilen angezeigt werden dürfen.
- Ob der Detailbereich ein- oder ausgeblendet wird, legen Sie in der Spalte **Detailbereich** fest.

Abbildung 4.49 zeigt eine Bewertungsart vom Typ C (Zusammensetzung). Aus den Ausführungen zu Abbildung 4.48 wissen Sie, dass bei einer Bewertungsart vom Typ C keine Instanzen zu sehen sind. Dafür ist der Detailbereich eingeblendet. Es sind hier fünf Positionen ersichtlich.

Abbildung 4.49 Bewertungsart vom Typ C: Zusammensetzung mit komprimierter Instanz und eingeblendetem Detailbereich

Abbildung 4.50 zeigt eine Bewertungsart vom Typ A. Im Zusammenhang mit Abbildung 4.48 wird deutlich, dass die Customizing-Einstellungen Wirkung zeigen. Instanzen sind mit 20 sichtbaren Positionen dargestellt, und die Detaildaten sind ausgeblendet.

Abbildung 4.50 Bewertungsart vom Typ A mit expandierten Instanzen und ausgeblendetem Teilbereich

4.11.3 Teil-Views für Bewertungen definieren

Wenn Sie eine Bewertungsart im Eigenschaftsbaum aufrufen, sehen Sie unterschiedliche Bereiche, in denen Sie Angaben vornehmen können. Dies kann z. B. ein Bereich zur eigentlichen Datenpflege oder ein Bereich für die Pflege von Notizen sein. Abhängig vom Bewertungstyp können Sie steuern, welche Teil-Views in einer Bewertungsart verfügbar sein sollen.

Sie können mit den Einstellungen im Customizing über den folgenden Pfad festlegen, was Sie in den Detailbereichen sehen möchten: **Logistik Allgemein • PLM-Web-Benutzungsoberfläche • Rezeptentwicklung • Spezifikationsverwaltung • Datenbankstruktur der Spezifikationen • Einstellungen für Bewertung • Teil-Views für Bewertungen definieren**.

Tabelle 4.9 zeigt die zur Auswahl stehenden Teil-Views und welche Teil-Views für welchen Bewertungstyp relevant sind.

Teil-View	Bezeichnung	Rel. Bewertungstypen
COMP	Zusammensetzung	C
LIST	Spezifikationsauflistung	B
QUAL	Bewertung für qualitative Daten	RMS_D
QUANT	Bewertung für mengenbasierte Komponentenliste	RMS_N
SOURCE	Quellen	A, B, C, RMS_D, RMS_N
TEXTS	Benutzerdefinierte Texte	A, B, C, RMS_D, RMS_N
USAGE	Verwendung	A, B, C, RMS_D, RMS_N

Tabelle 4.9 Teil-Views mit relevanten Bewertungstypen

Sie legen in den Feldern **View anzg** jeweils fest, welche Views angezeigt werden sollen. Welche View bei Aufruf der Detaildaten einer Bewertungsart von einem bestimmten Bewertungstyp automatisch geöffnet werden soll, bestimmen Sie im Feld **Default-View** (siehe Abbildung 4.51).

Abbildung 4.51 Ausgewählte Teil-Views für die Detailsicht eines Bewertungstyps

Die Reihenfolge, in der die Views in den Feldern eingetragen werden, hat keine Auswirkungen auf die Reihenfolge, in der die Views auf der Benutzeroberfläche angezeigt werden.

4.11.4 Stammdatenabgleich

Der *Stammdatenabgleich* in Transaktion CGCZ (EHS: Stammdaten abgleichen) ist eine zentrale Funktion, um Verknüpfungen zwischen Customizing-Einstellungen und den dazugehörenden Stammdaten wie Merkmal, Phrasenauswahlmenge und Berichtssymbol für den WWI-Bericht (Windows Wordprocessor Integration) zu schaffen. Abhängig von Ihrem verfolgten Ziel, sollten Sie die Funktionen aus Abbildung 4.52 auswählen.

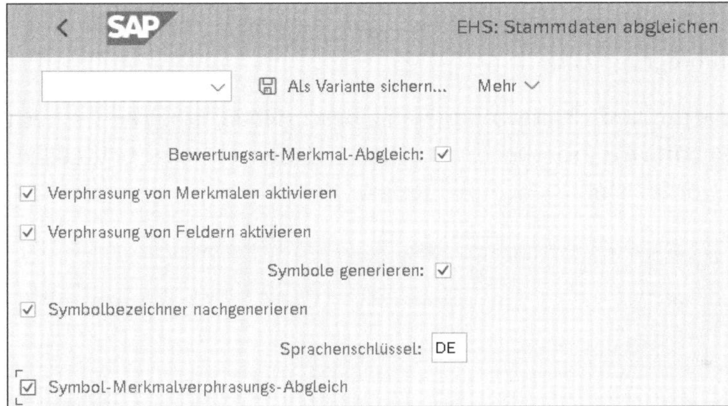

Abbildung 4.52 Selektionskriterien beim Abgleichen der Stammdaten

Welche Funktionen es gibt und wofür sie gut sind, erfahren Sie in den nächsten Abschnitten.

- **Bewertungsart-Merkmal-Abgleich**
  Mit dieser Funktion werden alle Merkmale mit dem Datentyp CHAR 30 identifiziert und in Tabelle TCG66 (EHS: Bewertungsartklassenmerkmal) hinterlegt. Des Weiteren werden mit dieser Funktion Einträge aus der Tabelle gelöscht, deren Merkmale nicht mehr existieren. Das Ausführen dieser Funktion bei neuen verphrasten Merkmalen ist die Voraussetzung für die Zuordnung von Phrasenauswahlmengen zu Merkmalen in Transaktion CGAB (Phrasenauswahlmengen-Attribut-Zuordnung bearbeiten).
- **Verphrasung von Merkmalen aktivieren**
  Setzen Sie hier das Häkchen, erhalten alle verphrasten Merkmale die Eingabehilfe zum Aufruf der in Transaktion CGAB verknüpften Phrasenauswahlmenge. Damit stehen den Anwenderinnen und Anwendern ausschließlich die Phrasen zur Pflege zur Verfügung, die der Phrasenauswahlmenge zugeordnet sind.

- **Verphrasung von Feldern aktivieren**
  Auch Feldern können Phrasen zugeordnet werden. Diese Felder werden mit dieser Funktion aktiviert. Dies betrifft in der Regel Felder für die alte Gefahrgutlösung.
- **Symbole generieren**
  Generiert für Merkmale, Tabellenfelder und Strukturfelder Berichtssymbole, die im WWI-Bericht verwendet werden können. Der Bezeichner für die Symbole wird in der Anmeldesprache generiert.
- **Symbolbezeichner nachgenerieren mit Sprachenschlüssel**
  Hiermit generieren Sie die Bezeichnungen der Berichtssymbole in der angegebenen Sprache.
- **Symbol-Merkmalverphrasungs-Abgleich**
  Aktualisierung der Symbolangaben der Merkmalssymbole im Customizing über den Pfad **Berichtssymbole überprüfen und festlegen**. Verphraste Merkmale erhalten die Berichtssymbolgruppe 00.

Wie in Abschnitt 1.8, »Standardinhalte generieren«, beschrieben, erhalten Sie nach der Ausführung des Reports ein Protokoll. Dort sehen Sie, wie viele Sätze bei welcher Funktion verarbeitet worden sind (siehe Abbildung 4.53).

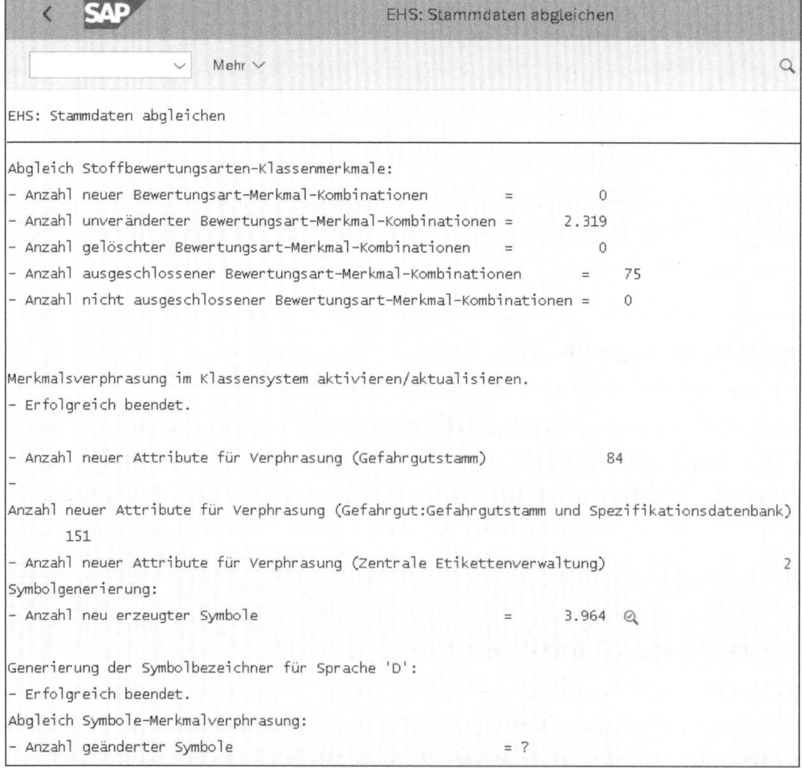

Abbildung 4.53 Protokoll nach dem Stammdatenabgleich

4.12 Eigenschaftsbaum

Neben den allgemeinen Daten ist der *Eigenschaftsbaum* der zentrale Dreh- und Angelpunkt der Spezifikation. Im Eigenschaftsbaum werden darunter sämtliche Detailangaben zu Rohstoffen, Halbfertigwaren, Fertigwaren oder anderen Spezifikationen abgebildet. Diese betreffen die physikalisch-chemischen Daten, die mikrobiologischen Eigenschaften, die für das Rezept relevanten Angaben sowie sonstige Angaben, die in der Spezifikation abgelegt werden sollen. Zum Eigenschaftsbaum auf der Benutzeroberfläche führt der Weg über die Sicht **Eigenschaften** (siehe Abbildung 4.54).

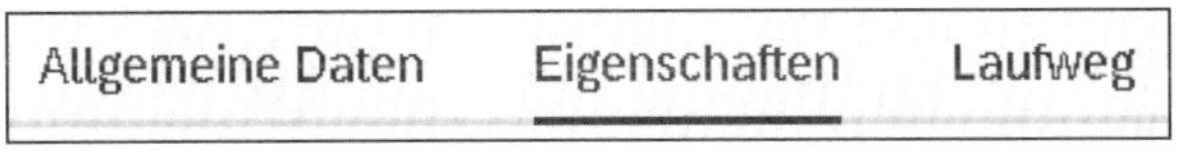

Allgemeine Daten | Eigenschaften | Laufweg

Abbildung 4.54 Eigenschaftsbaum auf der Weboberfläche aufrufen

Beispiel für einen Eigenschaftsbaum

Da Sie für Rohstoffe, wie die Gemüsebrühe, andere Daten pflegen möchten, als für Ihre Produkte, gibt es einen eigenen Eigenschaftsbaum für die Rohstoffe. Der Eigenschaftsbaum ist an der Spezifikationsart als einziger Eigenschaftsbaum aufgeführt, damit keine unnötigen oder falschen Angaben gemacht werden können.

4.12.1 Grundinformationen und Struktur des Eigenschaftsbaumes

SAP liefert verschiedene Eigenschaftsbäume aus. Bei der Pflege der relevanten Daten für Spezifikationen wie Allergene oder Nährstoffe/quantitative Komponenten, können die Eigenschaftsbäume aus dem Standard oft ausreichend sein.

Bei Rohstoffen, Halbfertigwaren usw. ist es eher unüblich, dass auf die Standardauslieferung gesetzt wird. Hintergrund ist, dass die Produktentwicklungsteams aus den unterschiedlichen Branchen teilweise sehr verschiedene Anforderungen haben, was die zu verwaltenden Daten anbelangt. Ein Unternehmen, dessen Produktentwicklung sich mit Babynahrung beschäftigt, muss andere Daten in den Fokus rücken als ein Unternehmen, das Druckfarben entwickelt.

Gehen Sie auf die Anforderungen der Produktentwicklungsteams ein. Mit der Pflege des Eigenschaftsbaumes werden die Kolleginnen und Kollegen einige Zeit ihres Arbeitsalltages verbringen. Einen exemplarischen Eigenschaftsbaum sehen Sie in Abbildung 4.55.

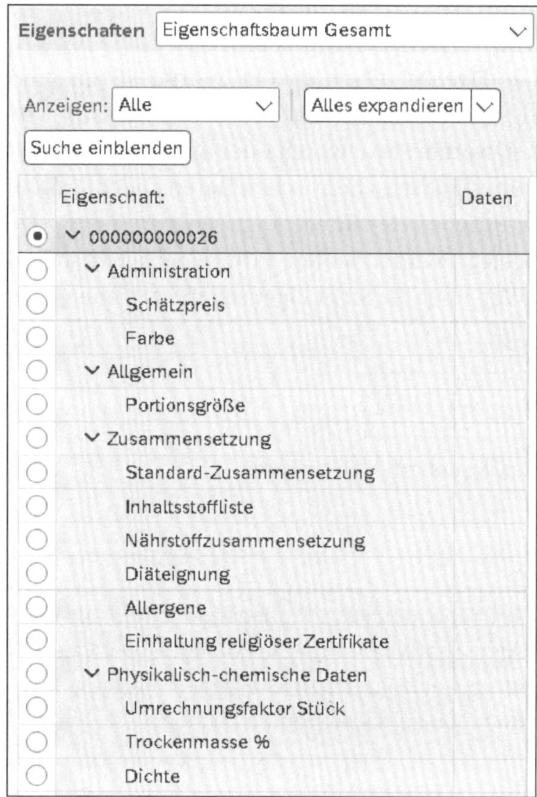

Abbildung 4.55 Übersicht über einen Eigenschaftsbaum

Ein Eigenschaftsbaum setzt sich aus drei verschiedenen Objekten zusammen.

1. Merkmal (siehe Abschnitt 3.3, »Merkmal«)
2. Klasse (siehe Abschnitt 3.4, »Klasse«)
3. Bewertungsart (siehe Abschnitt 4.11, »Bewertungsart«)

Die Bewertungsart wird im Customizing definiert und sorgt dafür, dass auf der Benutzeroberfläche im Eigenschaftsbaum ein Eintrag vorhanden ist, der von den Anwenderinnen und Anwendern aufgerufen werden kann. Alle Einträge, die Sie in Abbildung 4.55 sehen, stellen verschiedene Bewertungsarten dar.

Soll eine Bewertungsart die Pflege von Daten ermöglichen, muss dieser Bewertungsart im Customizing eine Klasse zugewiesen werden. Die Klasse ist ein Stammdatenobjekt. Klassen werden an unterschiedlichen Stellen im SAP-System eingesetzt und werden überall dazu verwendet, Merkmale zusammenzufassen, die zu einem Thema gehören.

Damit die der Bewertungsart im Customizing zugeordnete Klasse auch einen Mehrwert bietet, benötigen Sie Merkmale. Auch Merkmale gehören zu den Stammdatenobjekten und versetzen die Anwenderinnen und Anwender in die Lage, numerische Werte, Textbausteine oder Freitext (bis maximal 29 Zeichen) zu pflegen. Damit ein Merkmal im Eigenschaftsbaum erscheint, muss es einer Klasse zugeordnet sein.

Anlage von Merkmalen und Klassen für den Eigenschaftsbaum

Stammdatenobjekte werden zur Pflege gern in die Hände der Kundenunternehmen gegeben. Dies kann bei den Klassen und Merkmalen für die Eigenschaftsbäume auch funktionieren. Voraussetzung ist, dass Sie mit Personen zusammenarbeiten, die frühzeitig ins Projekt eingebunden sind und die das Datenkonzept von Bewertungsart, Klasse und Merkmal verstanden haben.

Da der Eigenschaftsbaum und seine Daten bei produktiver Nutzung problemlos erweitert werden, aber bestehende Inhalte nur bedingt geändert werden können, sollte auf die Gestaltung des Eigenschaftsbaumes großen Wert gelegt werden. Denken Sie daran, dass Sie Merkmale und Klassen nicht transportieren können. Die Verteilung per ALE ist in Abschnitt 1.10, »ALE-Verteilung«, beschrieben.

4.12.2 Eigenschaftsbäume einrichten

In den vorangehenden Abschnitten haben Sie Informationen dazu erhalten, was der Eigenschaftsbaum ist und wofür er genutzt wird. In diesem Abschnitt geht es um die Konfiguration des Eigenschaftsbaumes im Customizing. Die Pflege des Eigenschaftsbaumes führen Sie im Customizing über den folgenden Pfad durch: **Logistik Allgemein • PLM-Web-Benutzungsoberfläche • Rezeptentwicklung • Spezifikationsverwaltung • Datenbankstruktur der Spezifikationen • Einstellungen für Bewertung • Eigenschaftsbäume einrichten**.

Aus den einzelnen Bewertungsarten setzen Sie den Eigenschaftsbaum zusammen. Aus Abbildung 4.56 geht hervor, dass Sie mit den üblichen Aktivitäten beginnen, wie der Festlegung des Schlüssels (Feld **EigenBaum**) und der Bezeichnung (Feld **Eigenschaftsbaumbezeichnung**). Über die Spalte **Version** können Sie relevante Änderungen am Eigenschaftsbaum nachhalten. Die aktive Nutzung steht Ihnen frei und hat rein informativen Charakter für die Personen, die für die Konfiguration des Eigenschaftsbaums verantwortlich sind.

Setzen Sie den Radiobutton in der Spalte **V** (Voreingestellter Eigenschaftsbaum für die Spezifikationsverwaltung), um diesen Eigenschaftsbaum als Voreinstellung in der Spezifikationspflege zu definieren.

In Abschnitt 4.2, »Spezifikationsarten«, wurde bereits ausgeführt, dass der Eigenschaftsbaum im Detail einer Spezifikationsart vorbelegt werden kann. Der Eintrag hier am Eigenschaftsbaum greift nur dann, wenn in der Spezifikationsart das Detailfeld leer ist. Dies bedeutet, dass der Eintrag in der Spezifikationsart den Vorbelegungswert hier am Eigenschaftsbaum übersteuert. Gab es für die Bewertungsarten einen Weg, um Übersetzungen zu hinterlegen, müssen Sie sich für Übersetzungen von Eigenschaftsbäumen in der jeweiligen Sprache am System anmelden und an derselben Stelle die Bezeichnung eintragen. Wird die Produktentwicklung in verschiedenen Anmeldesprachen genutzt, ist die Übersetzung empfehlenswert, damit alle eine Chance haben, sich auf der Benutzeroberfläche zurechtzufinden.

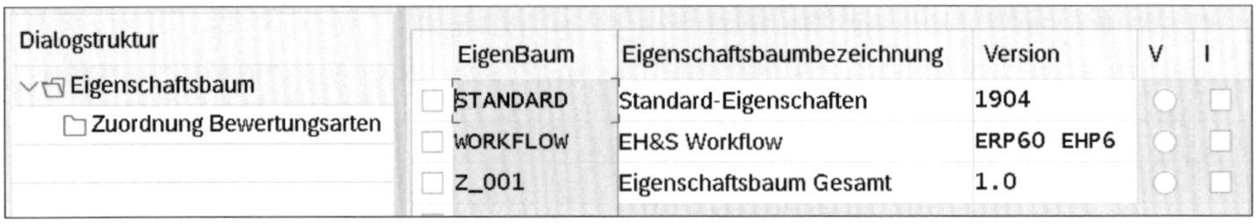

Dialogstruktur
- Eigenschaftsbaum
  - Zuordnung Bewertungsarten

EigenBaum	Eigenschaftsbaumbezeichnung	Version	V	I
STANDARD	Standard-Eigenschaften	1904		
WORKFLOW	EH&S Workflow	ERP60 EHP6		
Z_001	Eigenschaftsbaum Gesamt	1.0		

Abbildung 4.56 Übersicht über die verfügbaren Eigenschaftsbäume

Ihren Anwenderinnen und Anwendern können Sie es mithilfe des User-Parameters ES6 (EHS: Eigenschaftsbaum (MENID)) ermöglichen, selbst zu entscheiden, welcher Eigenschaftsbaum als Voreinstellung gesetzt werden soll. Dieser User-Parameter übersteuert beide Stellen im Customizing.

Der eigentliche Aufbau des Eigenschaftsbaumes erfolgt über den Punkt **Zuordnung Bewertungsarten**. Sehen Sie sich dazu Abbildung 4.57 an. Anhand der ID (Spalte **Id**) definieren Sie, welche Bewertungsarten nacheinander angezeigt werden. Lassen Sie zwischen den IDs genug Platz, damit Sie bei späteren Erweiterungen eines Eigenschaftsbaumes problemlos Bewertungsarten dazwischenschieben können.

Die Spalte **Level** steuert die Hierarchie der Bewertungsarten. Die ID 1 mit Level 1 ist der oberste Knoten in jedem Eigenschaftsbaum. Sobald Sie eine Hierarchieebene einziehen möchten, kommen die Bewertungsarten vom Bewertungstyp E (Knoten im Eigenschaftsbaum (ohne Klasse)) zum Tragen (Details zu den Bewertungstypen finden Sie in Abschnitt 4.11, »Bewertungsart«).

Sobald Sie eine Ebene erreicht haben, auf der die Pflege der Daten stattfinden soll (in Abbildung 4.57 die Ebene 3), geben Sie die Bewertungsarten an, die eine Klassenzuordnung haben. Sie können dabei auf die Vielzahl der Bewertungsarten des SAP-Standards und auf Ihre eigenen Bewertungsarten zurückgreifen. Das Komprimierungskennzeichen (Spalte **KomprKenz.**) sorgt dafür, dass der Ordner mit den darunterliegenden Bewertungsarten zugeklappt ist.

Wenn Sie von Bewertungsarten wissen, die prominent hervorgehoben werden sollten, können Sie das Komprimierungskennzeichen weglassen, und der Eintrag ist direkt aufgeklappt. Da Eigenschaftsbäume dazu neigen, schnell sehr groß zu werden, empfiehlt es sich, das Komprimierungskennzeichen häufiger zu setzen.

Nun steht den Anwenderinnen und Anwendern ein einsatzbereiter Eigenschaftsbaum auf der Weboberfläche zur Verfügung (siehe Abbildung 4.58).

Dialogstruktur
- Eigenschaftsbaum
  - Zuordnung Bewertungsarten

EigenschBaum: Z_001 Eigenschaftsbaum Gesamt

Id	Level	KomprKenz.	Bewertungsart
1	1	✓	SAP_RMS
10000	2	✓	SAP_EHS_1010
10100	3	✓	SAP_RMS_1010_001
10200	3	✓	SAP_EHS_1013_008
20000	2	✓	SAP_EHS_1011
20100	3	✓	SAP_RMS_1011_002
30000	2	✓	SAP_EHS_1012

Abbildung 4.57 Detailsicht eines Eigenschaftsbaumes

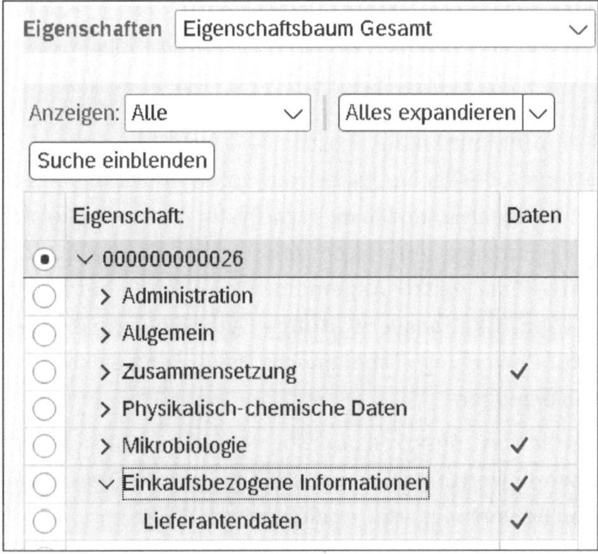

Abbildung 4.58 Einsatzbereiter Eigenschaftsbaum auf der Weboberfläche

4.12.3 Tabellarische Bewertung einstellen

Damit die Bewertungsarten mit ihren Klassen und Merkmalen im Eigenschaftsbaum auch tatsächlich angezeigt und bearbeitet werden können, liegen noch ein paar Schritte vor Ihnen. In diesem Abschnitt finden Sie Informationen zur *tabellarischen Bewertung*.

Rufen Sie eine fertige Bewertungsart auf der Weboberfläche auf, erscheinen die zu pflegenden Merkmale in Form einer Tabelle. Im nachfolgenden Bild sehen Sie zudem, dass neben den Merkmalen, die Sie der Klasse zugeordnet haben, weitere Felder wie

Sortierreihenfolge, **Beurteilung**, **Vererbung** u. a. in der Tabelle enthalten sind (siehe Abbildung 4.59).

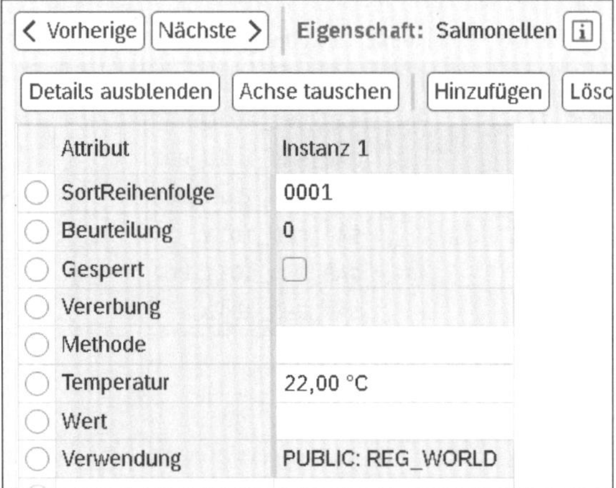

Abbildung 4.59 Fertige Bewertungsart auf der Weboberfläche

Damit die angelegten und verknüpften Merkmale, Klassen und Bewertungsarten in dieser Tabellenform auf der Benutzeroberfläche erscheinen, muss eine Tabelle mit Einträgen gefüllt werden. Diese Einträge müssen Sie nicht mühsam manuell anlegen, sondern es gibt die Möglichkeit, die Einträge generieren zu lassen. Zu dieser Aktivität gelangen Sie über den Customizing-Pfad **Logistik Allgemein • PLM-Web-Benutzungsoberfläche • Rezeptentwicklung • Spezifikationsverwaltung • Datenbankstruktur der Spezifikationen • Einstellungen für Bewertung •Tabellarische Bewertung einstellen • Einträge für die Bewertungsarten erzeugen**.

Zunächst legen Sie fest, für welche Bewertungsarten oder für welche Spezifikationsart die Generierung der tabellarischen Bewertung laufen soll. Abbildung 4.60 zeigt mit den Feldern **Spezifikationsart** und **Bewertungsart** die Selektionskriterien.

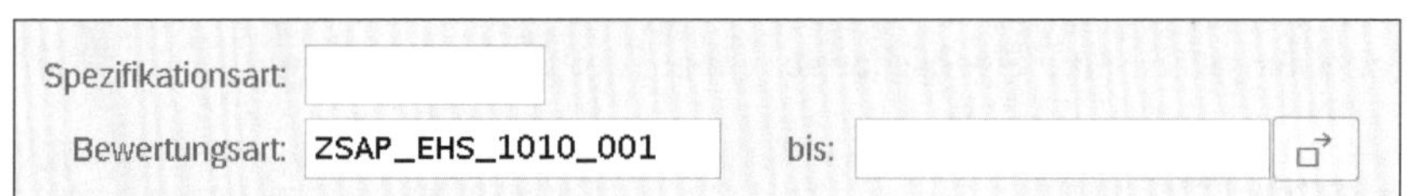

Abbildung 4.60 Selektionskriterien für die tabellarische Bewertung

Im nächsten Schritt können Sie an der Gestaltung der Benutzeroberfläche aktiv teilnehmen. Sie entscheiden, welche der Standardobjekte in einer Bewertungsinstanz angezeigt werden sollen. Abbildung 4.61 zeigt eine mögliche Ausprägung.

In Tabelle 4.10 sehen Sie die Funktionsweisen der einzelnen Standardobjekte und treffen die für sich richtige Entscheidung. Nehmen Sie sich im Zweifel die Zeit, und probieren Sie verschiedene Einstellungen in einzelnen ausgewählten Bewertungsarten aus.

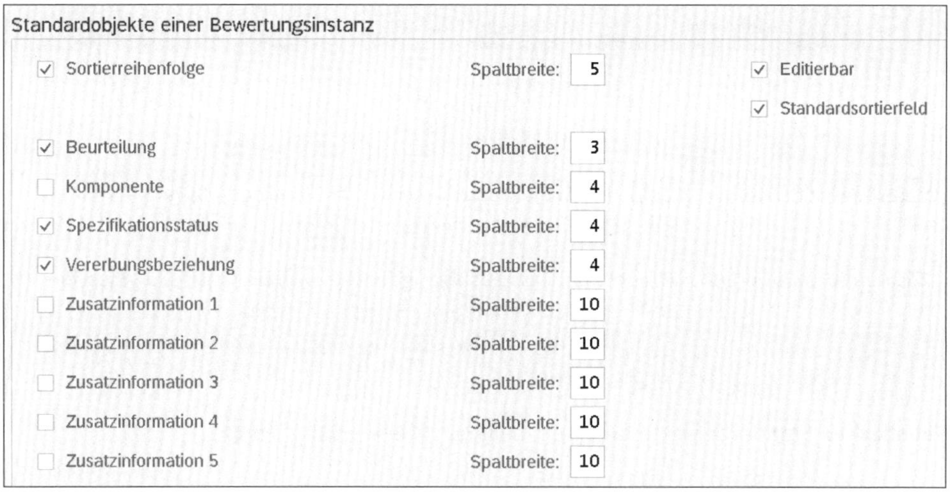

Standardobjekte einer Bewertungsinstanz

☑ Sortierreihenfolge	Spaltbreite:	5	☑ Editierbar
			☑ Standardsortierfeld
☑ Beurteilung	Spaltbreite:	3	
☐ Komponente	Spaltbreite:	4	
☑ Spezifikationsstatus	Spaltbreite:	4	
☑ Vererbungsbeziehung	Spaltbreite:	4	
☐ Zusatzinformation 1	Spaltbreite:	10	
☐ Zusatzinformation 2	Spaltbreite:	10	
☐ Zusatzinformation 3	Spaltbreite:	10	
☐ Zusatzinformation 4	Spaltbreite:	10	
☐ Zusatzinformation 5	Spaltbreite:	10	

Abbildung 4.61 Generierung steuern: Standardobjekte einer Bewertungsinstanz

Tabelle 4.10 gibt Ihnen eine Vorstellung davon, wozu Sie die einzelnen Standardobjekte nutzen können.

Feld	Beschreibung
Sortierreihenfolge	Vierstelliger Zähler, mit dem die Instanzen in einer Bewertungsart sortiert werden können. Als Spalte ist die Sortierreihenfolge fünf Zeichen breit. Für die folgenden Standardobjekte ist die Spaltbreite identisch zu verstehen.
Editierbar	Sorgt dafür, dass die Sortierreihenfolge, die Freitexte sowie die Merkmale an einer Bewertungsart eingabebereit sind.
Standardsortierfeld	Bezieht sich auf die Sortierreihenfolge. Das gesetzte Kennzeichen steuert, dass die Zähler der Sortierreihenfolge für die Anordnung der Instanzen genutzt werden.
Beurteilung	In der Spezifikations-Workbench nutzbare Beurteilung (**Nicht beurteilt**, **Gültig**, **Nicht gültig**, ...) einzelner Bewertungsinstanzen. Für SAP-Fiori-Apps gibt es laut aktuellem Stand keine Möglichkeit zur Pflege der Beurteilung.
Komponente	Soll bei Zusammensetzungen oder Auflistungen anzeigen, wie viele Komponenten in der Instanz gepflegt sind. Ein Einbinden in die Benutzeroberfläche ist mit Standard-Bordmitteln nicht möglich.

Tabelle 4.10 Standardobjekte für eine tabellarische Bewertung

Feld	Beschreibung
Spezifikationsstatus	Soll den Status (Achtung: nicht den Kopfstatus) der Spezifikation anzeigen. Ein Einbinden in die Weboberfläche ist nach aktuellem Stand nicht möglich.
Vererbungsbeziehung	Zeigt an, ob die Daten geerbt, nach Vererbung temporär/dauerhaft überschrieben oder manuell gepflegt worden sind.
Zusatzinformation 1–5	Dient dazu, dass Zusatzangaben (z. B. Freitext, Literaturquellen u. Ä.) aus den Details einer Bewertungsinstanz angezeigt werden. Kann über die SAP-Erweiterung C1B40001 an Ihre Bedürfnisse angepasst werden.

Tabelle 4.10 Standardobjekte für eine tabellarische Bewertung (Forts.)

Mit den Einstellungen in den Standardobjekten steuern Sie den Aufbau der Tabelle zu einer Bewertungsart.

In Abbildung 4.62 sehen Sie die Einstellungsmöglichkeiten zur Darstellung innerhalb der Merkmale in den Bereichen **Phrasendarstellung** und **Freitext**.

Phrasendarstellung
Phrasentext:
Phrasencode:
Phrasencode und -text:
Freitext
Freitextart:
Spaltenbreite: 25
Editierbar

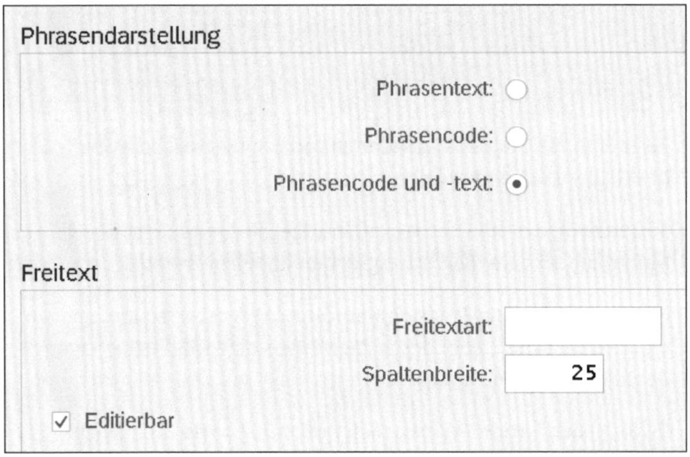

Abbildung 4.62 Generierung steuern: Phrasendarstellung und Freitext

Wie es in Abschnitt 3.2, »Phrasenverwaltung«, bereits gezeigt ist, stellt eine Phrase einen Textbaustein dar, der neben seiner Beschreibung auch einen Code haben kann. Über die Phrasendarstellung in Abbildung 4.62 legen Sie fest, ob ausschließlich der Phrasentext, der Phrasencode oder beide Informationen auf der Benutzeroberfläche zu sehen sein sollen. Dies ist von Fall zu Fall und am besten mit dem Fachbereich zusammen zu entscheiden.

Im Bereich **Freitext** entscheiden Sie, welche **Freitextart** z. B. RM (Bemerkung in Textform) direkt in der tabellarischen Bewertung angezeigt werden soll. Ist jedes Objekt als Spalte dargestellt, sind durch die Angabe im Feld **Spaltenbreite** zunächst 25 Zeichen sichtbar. Mit dem Kennzeichen **Editierbar** soll gesteuert werden, ob die Freitextart auch bearbeitet werden kann. Eine Auswirkung auf die Benutzeroberfläche konnte bisher nicht festgestellt werden.

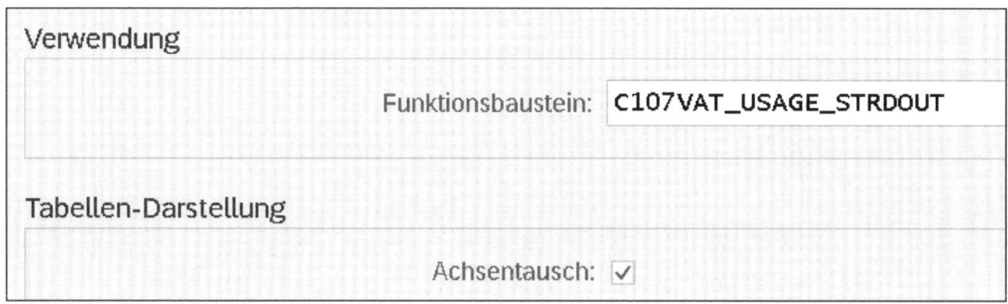

Abbildung 4.63 Generierung steuern: Verwendung und Tabellendarstellung

Mit dem Funktionsbaustein, den Sie wie in Abbildung 4.63 gezeigt für die Verwendung angeben, wird gesteuert, wie die Verwendungsdaten in einer Bewertungsinstanz angezeigt werden. Die Pflege der Verwendung muss immer über die Detaildaten erfolgen, ausgenommen, Sie geben eine Standardverwendung für Ihre Bewertungsarten (siehe Abschnitt 4.10.4, »Verwendungsprofil«) mit, denn dann ist die Verwendung schon vorbelegt. Der von der SAP ausgelieferte Funktionsbaustein erfüllt seinen Zweck. Wenn Sie eine andere Darstellung der Verwendung in der Bewertungsinstanz wünschen, sind Sie frei darin, einen eigenen Funktionsbaustein zu definieren. Der hier hinterlegte Funktionsbaustein wirkt sich ausschließlich auf die Verwendung aus.

Die Darstellung der Standardobjekte und Merkmale in einer Bewertungsart erfolgt im Standard in Spalten, und jede Bewertungsinstanz wird als Zeile angezeigt (siehe Abbildung 4.64).

< Vorherige | Nächste > | Eigenschaft: Salmonellen | Enthalten in: 000000000026 >Mikrobiologie | Instanzen ausblenden

Details einblenden | Achse tauschen | Hinzufügen | Löschen | Permanent überschreiben | Temporär überschreiben

Instanz	SortReihenfolge	Beurteilung	Gesperrt	Vererbung	Methode	Temperatur	Wert	Verwendung
1	0001	0				22,00 °C	< 100 KbE	PUBLIC: REG_WORLD
2	0002	0				36,00 °C	< 200 KbE	PUBLIC: REG_WORLD

Abbildung 4.64 Tabellarische Bewertung in der Spaltendarstellung

Wird das Kennzeichen **Achsentausch** (siehe Abbildung 4.63) für eine Bewertungsart beim Generieren gesetzt, gibt es einen Zeilen-Spalten-Wechsel. Die Standardobjekte mit Merkmalen werden zu Zeilen, und die Bewertungsinstanz wird zur Spalte. Durch den Wechsel der Objekte und Merkmale in die Zeile, wirken sich die verschiedenen Spaltenbreiten auf die Standardobjekte und Merkmale nicht mehr aus (siehe Abbildung 4.65).

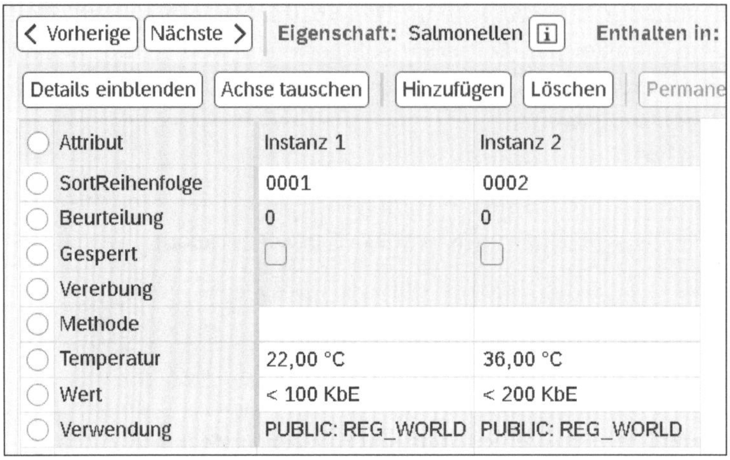

< Vorherige | Nächste > | **Eigenschaft:** Salmonellen | **Enthalten in:**

Details einblenden | Achse tauschen | Hinzufügen | Löschen | Permane

Attribut	Instanz 1	Instanz 2
SortReihenfolge	0001	0002
Beurteilung	0	0
Gesperrt	☐	☐
Vererbung		
Methode		
Temperatur	22,00 °C	36,00 °C
Wert	< 100 KbE	< 200 KbE
Verwendung	PUBLIC: REG_WORLD	PUBLIC: REG_WORLD

Abbildung 4.65 Tabellarische Bewertung in der Zeilendarstellung

SAP empfiehlt, dass bei Bewertungsarten mit nur wenig Merkmalen die Spaltendarstellung und bei Bewertungsarten mit vielen Merkmalen die Zeilendarstellung genutzt wird.

Generierung der tabellarischen Bewertung

Bei erstmaliger Generierung der tabellarischen Bewertung orientiert sich das System bei der Anordnung der Merkmale an der Reihenfolge in der Klasse. Die Schlussinformation ist im Standard die Verwendung. Wird ein Merkmal nach erfolgreicher Generierung der tabellarischen Bewertung in einer Klasse ergänzt und wird die Generierung der tabellarischen Bewertung erneut ausgeführt, hat das zur Folge, dass das Merkmal ganz am Ende angehängt wird. Um das Merkmal an die gewünschte Stelle zu befördern, muss die tabellarische Bewertung manuell angepasst werden.

Nach diesem Einschub zur Verdeutlichung der Auswirkung des Kennzeichens **Achsentausch** geht es nun um die Fortführung der Generierung.

Beim Ausführen der Generierung der tabellarischen Bewertung erhalten Sie eine Sicherheitsabfrage, wie in Abbildung 4.66 gezeigt, die Sie mit **Ja** bestätigen.

Nach der erfolgreichen Ausführung erhalten Sie eine Information über die Anzahl der unveränderten, neuen und gelöschten Einträge. Achten Sie auf diese Zahlen, um ein Gefühl dafür zu bekommen, ob alles geklappt hat (siehe Abbildung 4.67).

Transport der tabellarischen Bewertung

Die generierten Tabelleneinträge müssen Sie manuell in einen Transportauftrag einbinden, um sicherzustellen, dass die Einträge über den Transportweg in die angrenzenden Systeme gelangen.

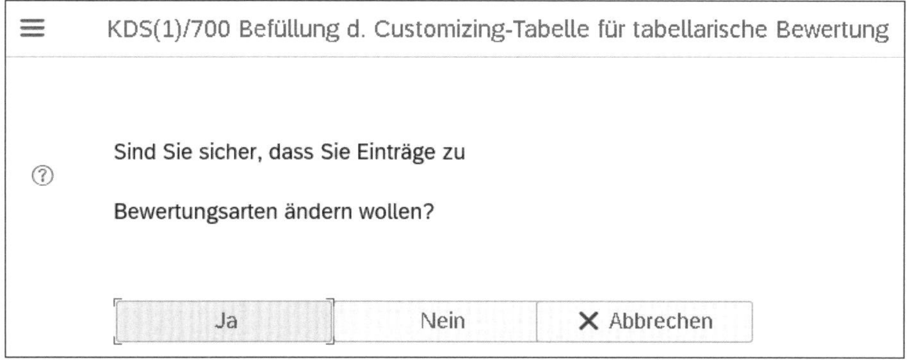

Abbildung 4.66 Sicherheitsabfrage vor der Generierung

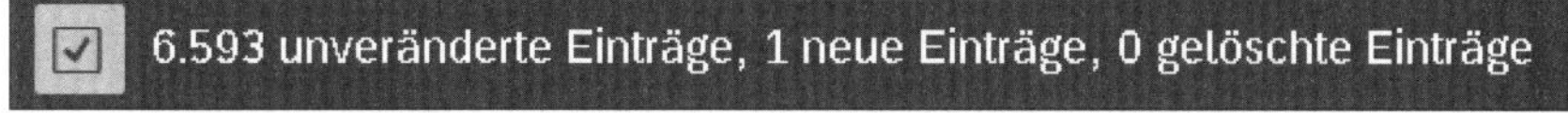

Abbildung 4.67 Rückmeldung nach erfolgreicher Generierung

Es kann verschiedene Gründe geben, weshalb die tabellarische Bewertung angepasst werden muss. So kommen z. B. neue Merkmale zu einer Klasse dazu, Merkmale fallen weg, die Darstellung der Phrasen muss nach der Rückmeldung aus dem Fachbereich geändert werden oder sonstige Änderungswünsche werden an Sie herangetragen, die Auswirkungen auf die Darstellung der tabellarischen Bewertung haben.

Um manuell einzugreifen, verwenden Sie den Customizing-Pfad zur Tabellenübersicht: **Logistik Allgemein • PLM-Web-Benutzungsoberfläche • Rezeptentwicklung • Spezifikationsverwaltung • Datenbankstruktur der Spezifikationen • Einstellungen für Bewertung •Tabellarische Bewertung einstellen • Tabellarische Bewertung einstellen**. Navigieren Sie zur gewünschten Bewertungsart, und passen Sie die Einträge an. Den ersten Teil der Spaltenübersicht sehen Sie in Abbildung 4.68. Die Beschreibung der einzelnen Spalten finden Sie in Tabelle 4.11.

Bewertungsart - Tabellenanzeige

Bewertungsart	S...	Spalte	Objekt	Obj...	Spaltenpos	SpBreite	Ausricht.
ZSAP_EHS_1010_001		1	OBJID_STDVAI_SORT	SVA	1	5	
ZSAP_EHS_1010_001		2	OBJID_STDVAI_ASSESSMENT	SVA	2	3	
ZSAP_EHS_1010_001		3	OBJID_STDVAI_STATUS	SVA	3	4	
ZSAP_EHS_1010_001		4	OBJID_STDVAI_RELATION	SVA	4	4	
ZSAP_EHS_1010_001		14	OBJID_USAGE	USA	8	30	
ZSAP_EHS_1010_001		15	ZSAP_EHS_1010_001_METHOD	CHA	5	7	
ZSAP_EHS_1010_001		16	ZSAP_EHS_1010_001_TEMP	CHA	6	10	
ZSAP_EHS_1010_001		17	ZSAP_EHS_1010_001_VALUE	CHA	7	4	

Abbildung 4.68 Tabellarische Bewertung nachbearbeiten (Spalten »Objekt«bis »Ausrichtung«)

Spalte	Beschreibung
Bewertungsart	Ist zusammen mit der Spezifikationsart und der Spalte der Schlüssel für einen Eintrag. Kann nachträglich nur mit der kompletten Zeile gelöscht werden.
Spezifikationsart	Ist zusammen mit der Bewertungsart und der Spalte der Schlüssel für einen Eintrag. Kann nachträglich nur mit der kompletten Zeile gelöscht werden.
Spalte	Ist zusammen mit der Bewertungsart und der Spezifikationsart der Schlüssel für einen Eintrag. Kann nachträglich nur mit der kompletten Zeile gelöscht werden.
Objekt	Ist entweder ein Standardobjekt (OBJID_*) oder ein Merkmal (ZSAP_EHS*). Objekte können für Positionswechsel getauscht werden oder mit der kompletten Zeile gelöscht werden. Bei einem Tausch ist auf den Objekttyp zu achten.
Objekttyp	Standardwerte, die das Objekt z. B. CHA für Merkmale oder USA für die Verwendung spezifizieren. Muss bei Positionswechsel eines Objekts überprüft werden.
Spaltenposition	Steuert die Reihenfolge auf der Benutzeroberfläche. Eine Nummer darf nur einmal vergeben sein.
Spaltenbreite	Passen Sie bei Bedarf die Spaltenbreite an. Angabe der Anzahl Zeichen, die sichtbar sein sollen.
Ausrichtung	Anzeige der Feldinhalte: ▪ 0 – ohne Ausrichtung ▪ R – rechtsbündig ▪ L – linksbündig ▪ C – zentriert ▪ Leer

Tabelle 4.11 Spalten in der tabellarischen Bewertung (Bewertungsart bis Ausrichtung)

[»]

Änderungen der Spaltenposition

Wenn Sie Reihenfolgen ändern möchten und die Spalte 4 soll z. B. einen anderen Nachfolger haben, muss die aktuelle Spalte 5 erst eine Nummer erhalten, die es in dieser Spaltensortierung noch nicht gibt. Das System meldet sonst, dass die angegebene Nummer schon vergeben ist.

Den zweiten Teil der Spaltenübersicht sehen Sie in Abbildung 4.69. Die Beschreibung der einzelnen Spalten finden Sie in Tabelle 4.12.

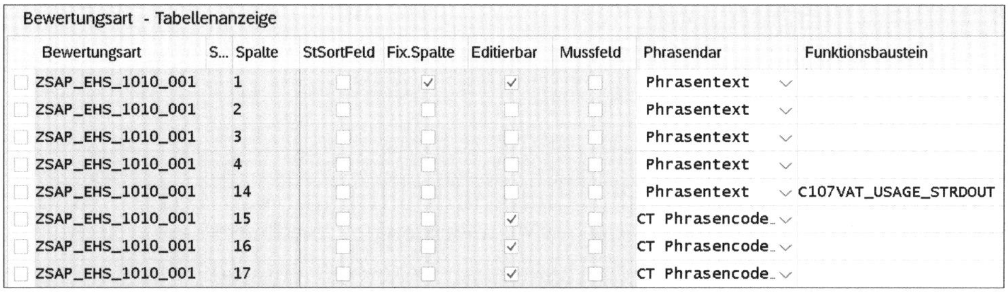

Bewertungsart - Tabellenanzeige

Bewertungsart	S...	Spalte	StSortFeld	Fix.Spalte	Editierbar	Mussfeld	Phrasendar	Funktionsbaustein
ZSAP_EHS_1010_001	1		☐	☑	☑	☐	Phrasentext	
ZSAP_EHS_1010_001	2		☐	☐	☐	☐	Phrasentext	
ZSAP_EHS_1010_001	3		☐	☐	☐	☐	Phrasentext	
ZSAP_EHS_1010_001	4		☐	☐	☐	☐	Phrasentext	
ZSAP_EHS_1010_001	14		☐	☐	☐	☐	Phrasentext	C107VAT_USAGE_STRDOUT
ZSAP_EHS_1010_001	15		☐	☐	☑	☐	CT Phrasencode_	
ZSAP_EHS_1010_001	16		☐	☐	☑	☐	CT Phrasencode_	
ZSAP_EHS_1010_001	17		☐	☐	☑	☐	CT Phrasencode_	

Abbildung 4.69 Tabellarische Bewertung nachbearbeiten (Spalten »Standardsortierfeld« bis »Funktionsbaustein«)

Spalte	Beschreibung
Standardsortierfeld	Falls die Sortierreihenfolge nicht als Standardsortierfeld genutzt werden soll, kann ein anderes Merkmal gekennzeichnet werden. Achtung: Das Merkmal darf nur einfach bewertbar sein.
Fixierte Spalte	Fixiert eine Spalte, sodass die Spalte beim Scrollen nach rechts immer sichtbar ist.
Editierbar	Kann für Sortierreihenfolge, Freitexte (ohne Dokumentanhang) und Merkmale gesetzt werden. Damit sind die Objekte für Eingaben geöffnet.
Mussfeld	Prüft vor dem Sichern für Merkmale, ob ein Eintrag erfolgt ist. Die Kennzeichnung des Merkmals **für Eingabe erforderlich** zählt auch ohne Eintrag in dieser Tabelle.
Phrasendarstellung	Anpassung der Phrasendarstellung: ■ Phrasentext ■ COD – Phrasencode ■ CT – Phrasencode und -text ■ Leer Wird nur für verphraste Merkmale benötigt.
Funktionsbaustein	Funktionsbaustein für die Verwendung.

Tabelle 4.12 Spaltenbeschreibung in der tabellarischen Bewertung (Standardsortierfeld bis Funktionsbaustein)

Ein Hinweis zur Spalte **Editierbar**. Folgende Situationen könnten eintreten:

- Merkmal in der Merkmalsverwaltung für Eingaben gesperrt + Kennzeichen Editierbar im Customizing gesetzt => Felder sehen offen aus, können aber nicht gesichert werden.

- Merkmal in der Merkmalsverwaltung für Eingaben offen + Kennzeichen Editierbar im Customizing fehlt => Felder sehen zu aus und sind es auch.

4.13 Änderungsdienst

Änderungen der Stammdaten sind in vielen Firmen ein sensibles Thema, da mit der Qualität der Stammdaten auch die Qualität der Prozesse steht und fällt. Daher wünschen sich viele eine Nachvollziehbarkeit in den Punkten, wer wann was geändert hat. Dafür bietet SAP Recipe Development sogenannte *Änderungsbelege*. Um für die Anpassung von Stammdaten eine Hürde zu setzen, kann das System so eingestellt werden, dass für die Pflege von Spezifikationen eine *Änderungsnummer* angelegt und zugeordnet werden muss.

4.13.1 Änderungsbelege

Änderungsbelege zeigen mit Bezug zu Datum und Uhrzeit auf, welche Änderungen von wem in der Spezifikation vorgenommen worden sind (siehe Abschnitt 3.1.8, »Weitere Funktionen«). Im Grunde können Sie die Änderungsbelege so nutzen, wie sie im Standard zur Verfügung gestellt werden. Das System zeigt Ihnen den konkreten Namen des geänderten Merkmals an. Problematisch kann es werden, wenn Sie Merkmale einsetzen, die allgemeine Bezeichnungen haben. Nehmen Sie einmal an, dass Sie eine Bewertungsart nutzen, in der das Merkmal **Wert** enthalten ist. Ein Merkmal mit dieser Bezeichnung könnte in verschiedenen anderen Bewertungsarten ebenfalls enthalten sein. Sie schauen nun in die Änderungsbelege und sehen, dass das Merkmal **Wert** geändert wurde.

Zu welcher Bewertungsart das Merkmal gehört, erkennen Sie in der Standardauslieferung nicht. Es stehen Ihnen im Customizing über den folgenden Pfad verschiedene BAdIs zur Verfügung, um die Änderungsbelege auch in Ihrer Darstellung zu beeinflussen **Logistik Allgemein • PLM-Web-Benutzungsoberfläche • PLM-Web-Applikationen • Änderungsdokumente**.

Um für die Anwenderinnen und Anwender eine umfassend hilfreiche Änderungshistorie verfügbar zu machen, ist es empfehlenswert, die eine oder andere Anpassung vorzunehmen.

4.13.2 Änderungsnummer

Auf der Ebene der Spezifikationsart können Sie festlegen, ob die Anlage der Spezifikationen unter der Verwendung einer *Änderungsnummer* stattfinden soll. Wenn Sie die Änderungsnummer für eine Spezifikationsart aktivieren, kann bei der Anlage einer

Spezifikation eine Änderungsnummer mitgegeben werden. Wie Sie den Gebrauch von Änderungsnummern in einer Spezifikationsart aktivieren, ist in Abschnitt 4.2, »Spezifikationsarten«, beschrieben.

Sie können eine Änderungsnummer mit einer neuen Version einer Spezifikation gleichsetzen. Die unterschiedlichen Spezifikationsversionen können über die globalen Parameter aufgerufen werden. Details dazu sind in Abschnitt 3.1.6, »Globale Parameter«, aufgeführt.

An der Änderungsnummer gibt es Felder, in denen die Anwenderinnen und Anwender Gründe für die Änderungen eintragen können. Wichtig ist die Information, dass sich der Kopfstatus einer Spezifikation änderungsnummernübergreifend auswirkt. Dies bedeutet, dass ein Status, der das Bearbeiten einer Spezifikation erlaubt, automatisch alle Änderungsnummern bearbeitbar macht (auch alte Änderungsnummern in einer Spezifikation) – außer die Änderungsnummer wurde manuell für Änderungen gesperrt. Weitere Details zum Thema Kopfstatus erhalten Sie in Abschnitt 4.14, »Kopfstatus«.

Ein wenig bedauerlich ist es, dass der Standard das Anlegen einer Änderungsnummer aus einer Spezifikation heraus nicht zulässt. Ebenso wenig können Sie eine neue Änderungsnummer zuordnen, wenn bei Ihnen eine Spezifikation noch offen ist. Dies müssen die Anwenderinnen und Anwender entscheiden, bevor sie auf die Spezifikation zugreifen. Hier lohnt es sich, darüber nachzudenken, ob Sie mithilfe der Entwicklung eigene Services definieren möchten, die die fehlenden Funktionen in das Menü der Spezifikation einbauen.

4.14 Kopfstatus

Der *Kopfstatus* hilft dabei, Spezifikationen zu kennzeichnen und bei Bedarf vor Änderungen zu schützen. Im Customizing werden Schemadefinitionen ausgeliefert, die verwendet werden können. Nichtsdestotrotz können Sie problemlos eigene Einstellungen vornehmen. Ein Statusschema setzt sich aus verschiedenen Status zusammen. Ein Status hat verschiedene Attribute, über die Sie steuern können, was an der Spezifikation möglich oder unterbunden werden soll.

Beispiel für einen Kopfstatus

Das Produktentwicklungsteam ist recht klein, und alle Entwickler und Entwicklerinnen haben einen Überblick, welche Aufgaben bei welchen Spezifikationen anstehen. Deshalb hat die Gemüsebrühe ein kleines Statusschema aus dem SAP-Standard, bestehend aus dem Status **Aktiv** (Änderungen erlaubt) und **Veraltet** (Keine Änderungen erlaubt).

Der Kopfstatus für Spezifikationen ist im Objekttyp PLM_RSPSUB (Spezifikation) näher definiert (siehe Abbildung 4.70 oder Abbildung 4.71). Unter diesem Objekttyp finden Sie im Customizing alle Details, zu erreichen über den Pfad **Logistik Allgemein • PLM-Web-Benutzungsoberfläche • Rezeptentwicklung • Spezifikationsverwaltung • Spezifikation • Spezifikationsstamm • Statusverwaltung für Kopfstatus • Statusschema definieren**.

4.14.1 Status definieren

Bei der Definition eines Status stellen Sie über Attribute ein, was den Anwenderinnen und Anwendern an einem Status erlaubt ist und was das System im Hintergrund prüft. Sollten Sie im Verlaufe eines Projekts feststellen, dass Sie weitere Attribute benötigen, um die verschiedenen Status zu definieren, nehmen Sie Kontakt zu Ihrem Entwicklungsteam auf, da hierzu eine Implementierungsklasse definiert werden muss. Die in Tabelle 4.13 gezeigten Attribute sind derzeit für Spezifikationen verfügbar.

Attribut	Bezeichnung	Beschreibung
CONSISTENT	Objekt ist konsistent	Prüft als Vorbedingung, ob die Spezifikation konsistent ist.
LOCKED_FOR_CHANGE	Für Änderungen gesperrt	Legt fest, dass die Spezifikation für Änderungen gesperrt ist.
NO_ACTIVE_INHERIT_TO	Es gibt keine aktive Vererbung an die Beziehung	Prüft als Vorbedingung, ob es noch aktive Vererbungsbeziehungen gibt.
NO_ACTIVE_RATING_STS	Alle Bewertungs- und Gültigkeitsbereiche sind freigegeben	Prüft als Vorbedingung, ob alle Bewertungs- und Gültigkeitsbereiche freigegeben sind.
NO_ACTIVE_RCP_USG_AL	Keine Verwendung in aktivem Rezept	Prüft als Vorbedingung, dass die Spezifikation in keinem aktiven Rezept verwendet wird.
NO_ACTIVE_RCP_USG_IN	Keine Verwendung als Eingabespezifikation in aktivem Rezept	Prüft als Vorbedingung, dass die Spezifikation in keinem aktiven Rezept als Einsatzspezifikation enthalten ist.
NO_ACTIVE_RCP_USG_OS	Wird nicht als Ausbeuteintermediat in aktiv. Rezept verwendet.	Prüft als Vorbedingung, dass die Spezifikation in keinem aktiven Rezept als Ausbeuteintermediat enthalten ist.
NO_ACTIVE_RCP_USG_PO	Keine Verwendung als PrimärausbSpezifik. in aktivem Rezept	Prüft als Vorbedingung, dass die Spezifikation in keinem aktiven Rezept als Primärausbeute enthalten ist.

Tabelle 4.13 Attribute für den Spezifikationsstatus

Attribut	Bezeichnung	Beschreibung
NO_ACTIVE_RCP_USG_PS	Keine Verwendung als Eigenschaftsspezifik. in aktivem Rezept	Prüft als Vorbedingung, dass die Spezifikation in keinem aktiven Rezept als Eigenschaftsspezifikation enthalten ist.
NO_ACTIVE_RCP_USG_SO	Keine Verwendung als Sekundärausbeute in aktivem Rezept	Prüft als Vorbedingung, dass die Spezifikation in keinem aktiven Rezept als Sekundärausbeute enthalten ist.
NO_ACTIVE_SPC_CMP_US	Wird nicht als Zusammensetzung in aktiver Spez. verwendet	Prüft als Vorbedingung, dass die Spezifikation in keiner aktiven Spezifikation in einer Zusammensetzung verwendet wird.
OBSOLETE	Spezifikation ist veraltet	Legt fest, dass die Spezifikation veraltet ist.

Tabelle 4.13 Attribute für den Spezifikationsstatus (Forts.)

Die Vorbedingungen sind in der Regel als Automatismus definiert. Wenn Sie den Anwenderinnen und Anwendern die Entscheidung über einzelne Vorbedingungen selbst überlassen möchten, können Sie dies im Customizing umstellen und Attribute als manuelle Vorbedingung festlegen. In Abbildung 4.70 sehen Sie in der Spalte **Art**, dass Sie zwischen **Automatischer Vorbedingung** und **Manueller Vorbedingung** entscheiden können.

Attribute definieren

Objekttyp	Attribut	Attributbeschreibung	Art
PLM_RSPSUB	CONSISTENT	Objekt ist konsistent	A Automatische Vorbedin...
PLM_RSPSUB	LOCKED_FOR_CHANGE	Für Änderungen gesperrt	Aktion
PLM_RSPSUB	NO_ACTIVE_INHERIT_TO	Es gibt keine aktive Vererbung an die Beziehung	A Automatische Vorbeding
PLM_RSPSUB	NO_ACTIVE_RATING_STS	Alle Bewertungs- und Gütigkeitsbereiche sind freigegeben	M Manuelle Vorbedingung
PLM_RSPSUB	NO_ACTIVE_RCP_USG_AI	Keine Verwendung in aktivem Rezept	A Automatische Vorbedingung
PLM_RSPSUB	NO_ACTIVE_RCP_USG_IN	Keine Verwendung als Eingabespezifikation in aktivem Re	

Abbildung 4.70 Attribut als manuelle Vorbedingung

Nun gilt es, für den Objekttyp der Spezifikation zu prüfen, ob die vorhandenen Status die Anforderungen des Fachbereichs abdecken. Werden weitere Status benötigt, steht es Ihnen frei, diese im Customizing zu definieren. In Abbildung 4.71 sehen Sie verschiedene Status und die jeweils dazugehörige Statusbeschreibung.

Letztendlich ist die Definition eines neuen Status eine überschaubare Angelegenheit. Der Objekttyp ist durch den Fokus auf die Spezifikation mit PLM_RSPSUB gesetzt. Einen Schlüssel legen Sie selbst fest, ebenso die Beschreibung für den Status. Falls gewünscht, steht Ihnen eine breite Auswahl an Symbolen zur Verfügung, die Sie zu einem Status zuordnen können. Dadurch gestalten Sie die Weboberfläche mit, wie es in Abbildung 4.72 das Symbol bei der Bezeichnung **Veraltet** anzeigt.

Dialogstruktur
- Objekttypen
  - Attribute definieren
  - Statusfeld definieren
  - Status
    - Attribute
    - Feldwerte
  - Schemadefinition

Status

Objekttyp	Status	Statusbeschreibung	Symbol
PLM_RSPSUB	050	Aktiv	~Icon/GreenLed
PLM_RSPSUB	100	In Bearbeitung	
PLM_RSPSUB	200	Zur Freigabe	
PLM_RSPSUB	300	Freigegeben	
PLM_RSPSUB	400	Veraltet	~Icon/RedLed

Abbildung 4.71 Übersicht über den Status für Spezifikationen

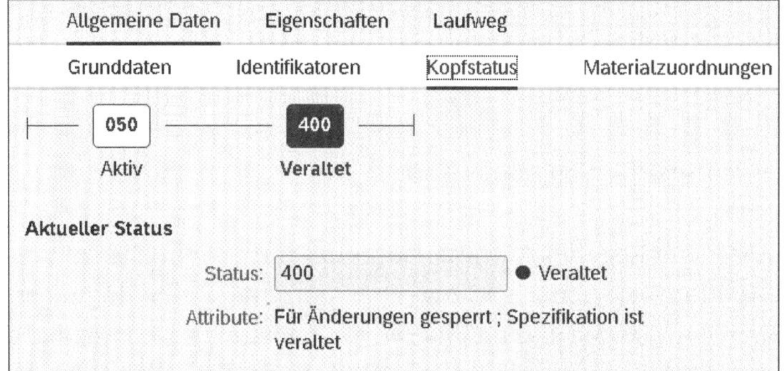

Abbildung 4.72 Symbol im Status auf der Weboberfläche

Ist der Rahmen für den Status gesteckt, dürfen Sie ihn nun mit Leben füllen. Dies wird Ihnen über die Zuordnung der benötigten Attribute ermöglicht. In Abbildung 4.73 sehen Sie den Status **300**, den **Objekttyp**, für den der Status gültig ist, sowie die **Attribute**, die für den Status gelten Mit der Spalte **Optionale Vorbedingung** können Sie, abhängig vom Status, ein Attribut abschwächen. Der Status kann durch dieses Kennzeichen von den Anwenderinnen und Anwendern auch dann gesetzt werden, wenn die Vorbedingung nicht zutrifft.

Dialogstruktur
- Objekttypen
  - Attribute definieren
  - Statusfeld definieren
  - Status
    - Attribute
    - Feldwerte

Attribute

Status	Objekttyp	Attribut	Optionale Vorbedingung
300	PLM_RSPSUB	CONSISTENT	☐
300	PLM_RSPSUB	LOCKED_FOR_CHANGE	☐
300	PLM_RSPSUB	NO_ACTIVE_RATING_STS	☐

Abbildung 4.73 Attribute zu einem Status

Mithilfe des Customizings ist es zudem möglich, Felder in Abhängigkeit vom Status mit einem bestimmten Wert zu versehen. Wie das im Detail aussehen kann, erfahren

Sie in Abschnitt 5.4, »Rezeptzwecke definieren«, und in Abschnitt 5.8.2, »Status definieren«, wenn es um das Rezept geht.

4.14.2 Statusschema definieren

Um nun aus den einzelnen Status ein Schema zu formen, das in einer Spezifikation eingesetzt werden kann, können Sie die Übergänge zwischen den einzelnen Status festlegen. Wie Sie es aus Abbildung 4.74 ersehen, werden zuerst auf der Ebene **Schemadefinition** der Schlüssel, die Bezeichnung und der initiale Status für das Statusschema festgelegt. Im Anschluss steigen Sie in die Struktur der Übergänge ein (siehe Abbildung 4.75).

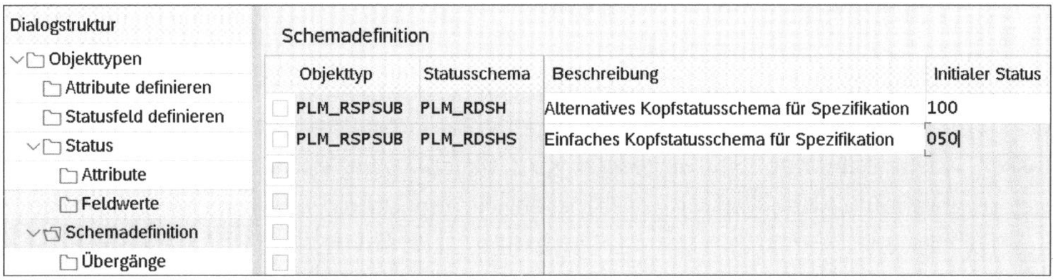

Dialogstruktur
- Objekttypen
  - Attribute definieren
  - Statusfeld definieren
  - Status
    - Attribute
    - Feldwerte
  - Schemadefinition
    - Übergänge

Schemadefinition

Objekttyp	Statusschema	Beschreibung	Initialer Status
PLM_RSPSUB	PLM_RDSH	Alternatives Kopfstatusschema für Spezifikation	100
PLM_RSPSUB	PLM_RDSHS	Einfaches Kopfstatusschema für Spezifikation	050

Abbildung 4.74 Statusschema anlegen

Für die Übergänge ist es entscheidend, dass Sie sich zum einen über den Weg nach vorne Gedanken machen, aber auch den Weg zurück nicht vergessen. So ist es beispielsweise sinnvoll, vom Status **Zur Freigabe** zurück in den Status **In Arbeit** zu wechseln. Aber vom Status **Freigegeben** darf ein Wechsel in den Status **In Arbeit** nicht möglich sein.

[«]

Übergänge im Statusschema

Da die Versionsverwaltung für die Spezifikation zum Stand der Veröffentlichung des Buches recht sperrig ist (siehe Abschnitt 4.13.2, »Änderungsnummer«), empfiehlt es sich, das Statusschema für Spezifikationen nicht allzu streng zu definieren, da den Anwenderinnen und Anwendern sonst das Arbeiten erschwert wird. Beim Rezept ist das sehr schön gelöst. Bei der Versionierung von Spezifikationen darf SAP noch »eine Schippe« drauflegen.

Wie es aus Abbildung 4.75 hervorgeht, ist pro Übergang eine Zeile zu definieren. In der Customizing-Tabelle sind nach dem aktuellen Stand nur die Schlüssel der Status aufgeführt. Im Zweifel legen Sie einen zweiten Modus daneben, in dem die Statusübersicht angezeigt wird.

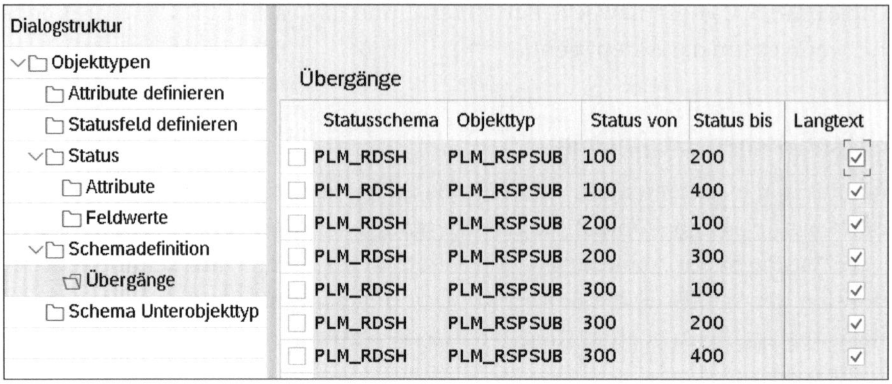

Dialogstruktur
- Objekttypen
  - Attribute definieren
  - Statusfeld definieren
  - Status
    - Attribute
    - Feldwerte
  - Schemadefinition
    - Übergänge
  - Schema Unterobjekttyp

Übergänge

Statusschema	Objekttyp	Status von	Status bis	Langtext
PLM_RDSH	PLM_RSPSUB	100	200	☑
PLM_RDSH	PLM_RSPSUB	100	400	☑
PLM_RDSH	PLM_RSPSUB	200	100	☑
PLM_RDSH	PLM_RSPSUB	200	300	☑
PLM_RDSH	PLM_RSPSUB	300	100	☑
PLM_RDSH	PLM_RSPSUB	300	200	☑
PLM_RDSH	PLM_RSPSUB	300	400	☑

Abbildung 4.75 Übergänge in einem Statusschema

Mit dem Kennzeichen **Langtext** entscheiden Sie, ob die Anwenderinnen und Anwender beim Wechsel auf einen Status die Möglichkeit erhalten sollen, einen Text zu erfassen, weshalb der neue Status gesetzt wird. Beachten Sie, dass sich das Feld zwar öffnet, es aber auch ohne Eintrag geschlossen werden kann. Wer wann welchen Status gesetzt hat, wird vom System in der Statusübersicht dokumentiert (siehe Abbildung 4.76).

Statushistorie

Export ∨ Filter Einstellungen

Quellstatus	Zielstatus	Datum	Uhrzeit	Benutzer	Langtext
	050 - Aktiv	31.07.2021	14:03:30	MS	
050 - Aktiv	400 - Veraltet	31.07.2021	14:03:30	MS	
400 - Veraltet	050 - Aktiv	01.08.2021	12:04:28	MS	Display

Abbildung 4.76 Statushistorie auf der Weboberfläche

[»]

Einsatz von Status

Machen Sie sich und dem Fachbereich bewusst, dass die Status in einem Schema auch gepflegt werden müssen. Abhängig von der Sensibilität Ihrer Daten und den Anforderungen an Ihre Branche, »ist weniger manchmal mehr«.

Wenn Ihre Anwenderinnen und Anwender eine neue Spezifikation anlegen, wird der Initialstatus erst zugeordnet, nachdem die Sicht **Kopfstatus** im Bearbeitungsmodus aufgerufen worden ist. Dieser Schritt kann vergessen oder als zu umständlich abgelehnt werden. Damit keine Lücken in der Stammdatenpflege entstehen und bei den Anwenderinnen und Anwendern auch kein Frust aufkommt, gibt es die Möglichkeit, den Report `/PLMI/SPC_SAM_MASS_STS_CHANGE` (Massenänderung für Kopfstatus von Spezifikationen) einzuplanen, der z. B. einmal am Tag läuft.

Dieser Report sucht alle Spezifikationen, denen kein Status zugeordnet ist und fügt dann den Initialstatus des im Customizing für diese Spezifikationsart festgelegten Statusschemas als aktuellen Kopfstatus ein. Dadurch stellen Sie sicher, dass alle Spezifikationen zumindest den Initialstatus erhalten. Abhängig davon, wie oft Sie den Report einplanen, kann das mit einer zeitlichen Verzögerung passieren, aber es passiert. Selbstverständlich steht es Ihnen bei diesem Report frei, die Selektionskriterien so zu wählen, wie es zu Ihrem Einsatzzweck passt. Die Felder aus Abbildung 4.77 können Sie dazu nutzen. So können Sie z. B. die Spezifikationsart vorgeben.

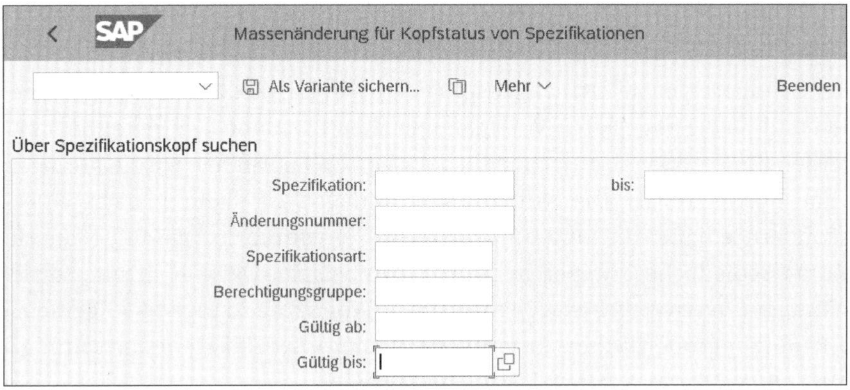

Abbildung 4.77 Selektionskriterien im Report Massenänderung für den Kopfstatus von Spezifikationen

Sollten Sie Bedarf sehen, die Darstellung auf der Weboberfläche anzupassen, steht Ihnen die Implementierung eines BAdIs offen, für das Sie die Kolleginnen und Kollegen aus der Entwicklung hinzuziehen sollten. Des Weiteren steht ein BAdI zur Verfügung, um das Verhalten des Reports `/PLMI/SPC_SAM_MASS_STS_CHANGE` (Massenänderung für Kopfstatus von Spezifikationen) anzupassen. Detailbeschreibungen zu den beiden BAdIs finden Sie im Customizing über den Pfad **Logistik Allgemein • PLM-Web-Benutzungsoberfläche • Rezeptentwicklung • Spezifikationsverwaltung • Spezifikation • Spezifikationsstamm • Statusverwaltung für Kopfstatus**.

4.15 Vererbung und Kopie

Um Vererbungsbeziehungen aufbauen zu können und Spezifikationsdaten zu kopieren, sind Vorlagen erforderlich, über die gesteuert wird, welche Daten vererbt/kopiert werden sollen.

Die Vorlagen können Sie bislang ausschließlich über Transaktion CG02 (Spezifikations-Workbench) anlegen. Sobald Sie sich im Bearbeitungsmodus befinden, können Sie im Menü über **Mehr • Spezifikation • Vererbung • Vorlagen bearbeiten** mit der Definition von Vererbungs-/Kopiervorlagen beginnen.

Beispiel für Vererbungsbeziehungen

Wir erinnern uns, dass die Gemüsebrühe die mikrobiologischen Informationen und physikalisch-chemischen Eigenschaften an andere Brühen vererben soll. Daher wird eine Vererbungsvorlage »Phys-Chem & MiBi« angelegt, in der ausschließlich die Bewertungsarten dieser beiden Kategorien ausgewählt sind.

Eine Vorlage muss immer in einer sogenannten *Gruppe* angelegt werden. Ihnen wird die Gruppe TEMPLATE (Standard-Vererbungsvorlagen) von SAP zur Verfügung gestellt. Diese Gruppe sehen Sie in Abbildung 4.78.

Anhand der Gruppe legen Sie fest, wie viele Objekte (Spalte **Max.Obj.**) darunter angelegt werden und ob die angelegten Vorlagen von allen Personen bearbeitet oder angezeigt werden dürfen oder ob ausschließlich die Person Zugriff hat, die die Vorlagen angelegt hat (Spalte **privat**). Die Nutzung der Vorlagen ist dadurch nicht eingeschränkt, sondern lediglich die Änderung oder Anzeige, wie die Vorlage aufgebaut ist. Wenn Sie unterschiedliche Gruppen benötigen, um beispielsweise auch eine Sortierung der Vorlagen zu ermöglichen, gehen Sie im Customizing zu **Logistik Allgemein • PLM-Web-Benutzungsoberfläche • Rezeptentwicklung • Spezifikationsverwaltung • Spezifikation • Spezifikationsstamm • Gruppen festlegen**.

Dialogstruktur		Gruppe	Gruppenbezeichnung	Max. Obj.	privat
Gruppen	☐	QUERY	Standard-Anfragen	999	☐
Spezifikationstyp	☐	RULE	Standard-Easy-Expert-Regelwerke	999	☐
	☐	TEMPLATE	Standard-Vererbungsvorlagen	999	☐

Abbildung 4.78 Gruppe TEMPLATE für Vererbungsvorlagen

In den Kopfdaten der Vorlage vergeben Sie einen Schlüssel (Feld **GrpEintrag**). Sie entscheiden, ob Sie bei der Vorlagenpflege mit Änderungsnummern arbeiten möchten oder nicht (siehe Abbildung 4.79).

Die Bezeichner in den gewünschten Sprachen pflegen Sie in der dafür vorgesehenen Sicht **Bezeichner** (siehe Abbildung 4.80).

In den Details der Vorlage können Sie sehr präzise vorgeben, welche Daten enthalten sein sollen. Alternativ wählen Sie in den einzelnen Abschnitten das Kennzeichen für alle verfügbaren Objekte. Im Einzelnen bedeutet dies, dass Sie entscheiden können, ob alle **Verwendungen** vererbt respektive kopiert werden sollen. Alternativ können Sie genau die Verwendungen angeben, die vererbt werden sollen. In Abbildung 4.81 ist eine bestimmte Verwendung angegeben.

Abbildung 4.79 Schlüssel und Verwaltungsdaten einer Vorlage

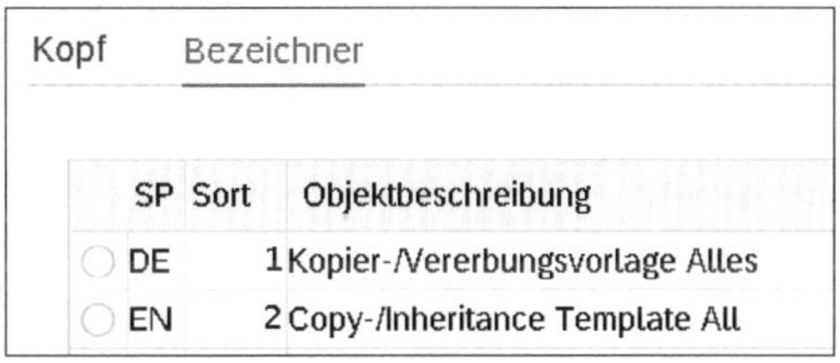

Kopf Bezeichner

SP	Sort	Objektbeschreibung
DE	1	Kopier-/Vererbungsvorlage Alles
EN	2	Copy-/Inheritance Template All

Abbildung 4.80 Bezeichner einer Vorlage

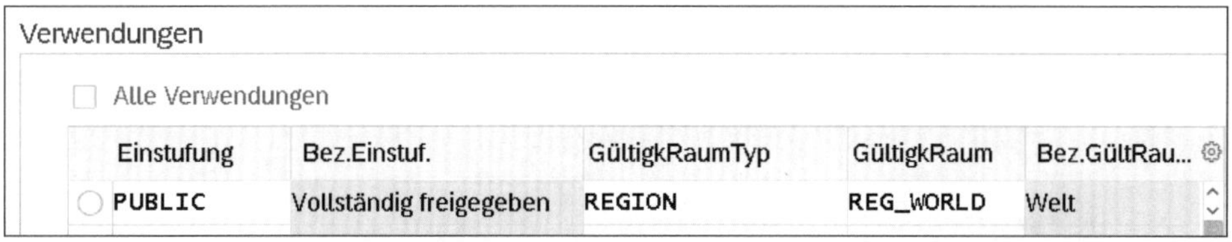

Verwendungen

☐ Alle Verwendungen

Einstufung	Bez.Einstuf.	GültigkRaumTyp	GültigkRaum	Bez.GültRau...
PUBLIC	Vollständig freigegeben	REGION	REG_WORLD	Welt

Abbildung 4.81 Selektion relevanter Verwendungen für Vererbung und Kopie

Gleiches gilt für die Identifikatoren. In Abbildung 4.82 sehen Sie, dass zwei bestimmte Identifikationsarten angegeben sind, die bei der Verwendung dieser Vererbungs- und Kopiervorlage berücksichtigt werden.

Identifikatoren

☐ Alle Identifikatoren

	S...	IdentTyp	Bez. IdentTyp	IdentArt	Bez. IdentArt.
○		NAM	Name	PROD	Produktname
○		NAM	Name	DESC	Beschreibung

Abbildung 4.82 Selektion relevanter Identifikatoren für Vererbung und Kopie

Bei den Bewertungsarten haben Sie zusätzlich noch die Möglichkeit, den Eigenschaftsbaum zu wechseln und einzelne Einträge darin zu markieren (siehe Abbildung 4.83).

Abbildung 4.83 Absprung zur Selektion einzelner Bewertungsarten

Wenn Sie einen Eintrag wie in Abbildung 4.84 gefunden haben, der in der Vorlage berücksichtigt werden soll, klicken Sie mit der Maus darauf und betätigen die Taste [F9]. Dadurch ist der Eintrag selektiert.

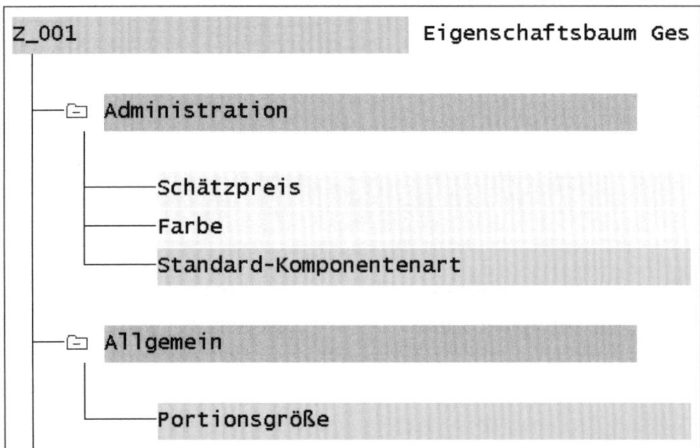

Abbildung 4.84 Selektion relevanter Bewertungsarten für Vererbung und Kopie

Der Bereich **Erlaubte Änderungsoptionen** in Abbildung 4.85 entscheidet bei Vererbungen darüber, was passieren darf, sobald eine Vererbungsbeziehung zwischen zwei Spezifikationen eingestellt ist. Die Vorlagen können auch für das Kopieren von Daten genutzt werden. Die Änderungsoptionen sind allerdings ausschließlich für die Vererbungen relevant.

Erlaubte Änderungsoptionen

- [ ] Änderungen an Zielspezifikation
- [ ] Vererbungsausschluß
- [ ] Deakt. Vererbungsbeziehungen

Abbildung 4.85 Selektion erlaubter Änderungsoptionen bei einer Vererbung

Im Einzelnen bedeutet dies:

- **Änderungen in der Zielspezifikation**
  Die vererbten Daten können in der Zielspezifikation temporär überschrieben werden. Wenn sich die Quellspezifikation ändert, werden die temporär überschriebenen Daten auch geändert.
- **Vererbungsausschluss**
  Die vererbten Daten können in der Zielspezifikation dauerhaft überschrieben werden. Änderungen in der Quellspezifikation wirken sich nicht auf die überschriebenen Daten aus.
- **Deaktivierung der Vererbungsbeziehungen**
  Die Vererbungsbeziehung zwischen zwei Spezifikationen kann in der Anwendung deaktiviert und aktiviert werden. Bei einer deaktivierten Vererbung verbleiben die Änderungen in der Quellspezifikation. Wird die Vererbung wieder aktiviert, werden die Daten in der Zielspezifikation mit den Daten der Quellspezifikation überschrieben. Auch geänderte Daten werden überschrieben.

Die Standardeinstellungen sehen vor, dass Vererbungsbeziehungen immer einzeln aufgebaut werden. Wenn sich bei Ihnen der Bedarf ergibt, dass Vererbungen auch für viele Spezifikationen auf einmal angelegt werden sollen, können Sie dafür im Customizing über den folgenden Pfad den Parameter `SPC_MULTI_INHERIT_ADD_ON` mit X aktivieren **Logistik Allgemein • PLM-Web-Benutzungsoberfläche • Rezeptentwicklung • Spezifikationsverwaltung • Spezifikation • Spezifikationsstamm • Zusatzeinstellungen**.

Wie viele Zeilen Ihnen zur Verfügung stehen, kann abhängig von der Größe und Auflösung Ihres Bildschirms sein. Abbildung 4.86 zeigt exemplarisch, wie die Mehrfachvererbung aussehen kann.

Vererbungsziele zur Spezifikation hinzufügen

☐	* Spezifikation	* Vorlagengruppe	* Vorlage
☐	000000000001	TEMPLATE	ZALL
☐	000000000002	TEMPLATE	ZALL
☐	000000000003	TEMPLATE	ZALL
☐	000000000004	TEMPLATE	ZALL
☐	000000000005	TEMPLATE	ZALL
☐	000000000006	TEMPLATE	ZALL
☐	000000000007	TEMPLATE	ZALL

Abbildung 4.86 Selektionsbild für die Mehrfachvererbung

4.16 Funktionen im Menü definieren

Wenn Sie eigene Funktionen im Menü der Spezifikation wünschen, benötigen Sie dafür Services, die einer Servicegruppe zugeordnet sind.

4.16.1 Generische Services definieren

Im Customizing finden Sie eine Auswahl an Ihnen zur Verfügung stehenden Services über den Pfad **Logistik Allgemein • PLM-Web-Benutzungsoberfläche • Einstellungen für BO Framework und Navigation • Navigation, Parameter-Mapping und Services • Generische Services definieren**.

Neue Einträge sind problemlos hinzuzufügen. Orientieren Sie sich hierzu an Abbildung 4.87.

Für einen neuen Eintrag benötigen Sie folgende Informationen:

1. **Servicename**: Schlüssel für den Service
2. **Beschreibung**: Bezeichnung für den Service
3. **Klassenname für Aktionshilfe**: Klasse, aus der hervorgeht, was die Funktion kann.
4. **Reihenfolge anzeigen**: Nummerierung des Service, damit dieser immer an derselben Stelle zu finden ist, auch wenn er von verschiedenen Objekttypen genutzt wird.
5. **Service-Verfügbarkeit**: Der Service ist im Änderungs- und Anzeigemodus oder im Anlege-, Änderungs- und Anzeigemodus verfügbar.

Entscheidend für einen funktionierenden Service ist, dass von einem Kollegen oder einer Kollegin aus der Entwicklung der Funktionsumfang des Service in einer Klasse über den Class Builder in Transaktion SE24 definiert wird.

Generische Services definieren

Servicename	Beschreibung	Klassenname für Aktionshilfe	Reihenfolge ...	Service-Verfügbarkeit
PLM_WWI	WWI-Report-Generierung starten	/PLMU/CL_WWI_SRVCALL	34	0 Verfügbar in Änderungs- und Anzei…
RCP_EXP	Daten herunterladen	/PLMU/CL_EXP_GOS_SERVICE	90	0 Verfügbar in Änderungs- und Anzei…
RCP_EXP_Q	Daten über Schnellauswahl herunterladen	/PLMU/CL_EXP_GOS_SERVICE_QUICK	91	0 Verfügbar in Änderungs- und Anzei…
RCP_MFE	Mehrere Rezepte anzeigen	/PLMU/CL_RCP_MFE_GOS	102	0 Verfügbar in Änderungs- und Anzei…
RCP_STRT_R	Ad-hoc-Bericht Rezept	/PLMU/CL_RCP_GOS_SERV	29	0 Verfügbar in Änderungs- und Anzei…
SPC_STRT_R	Ad-hoc-Bericht Spezifikation	/PLMU/CL_SPC_BAS_GOS_SERV	82	0 Verfügbar in Änderungs- und Anzei…

Abbildung 4.87 Services definieren

4.16.2 Servicegruppe

Eine *Servicegruppe* ist dazu da, verschiedene Services für Objekttypen oder Kontextmenüs zu bündeln. Für die Steuerung des Menüs der Spezifikation ist die Servicegruppe PLM_SPC (Services für PLM-Spezifikation) relevant.

Wenn Sie Services für die Spezifikation im Rezept zusammenstellen möchten, benötigen Sie die Servicegruppe PLM_RSPSUB (Services für PLM-Spezifikation in Rezept). Mit den Servicegruppen, die Sie im Standardumfang finden, kommen Sie recht weit.

4.16.3 Services zu Servicegruppen zuordnen

Damit ein Service auf der Benutzeroberfläche verfügbar wird, ordnen Sie diesen der entsprechenden Servicegruppe zu, bei der der Service benötigt wird. Das Customizing dafür finden Sie über den Pfad **Logistik Allgemein • PLM-Web-Benutzungsoberfläche • Einstellungen für BO Framework und Navigation • Navigation, Parameter-Mapping und Services • Services zu Service-Gruppen zuordnen**. In Abbildung 4.88 sehen Sie eine Übersicht dazu, welche Services der Servicegruppe zugeordnet sind.

Service-Gruppe

Service-Gruppe	Servicename
PLM_SPC	FRW_MCH
PLM_SPC	FRW_OSET
PLM_SPC	FRW_OWNCTX
PLM_SPC	FRW_TRNSFL
PLM_SPC	PLM_CD
PLM_SPC	RCP_EXP
PLM_SPC	RCP_EXP_Q
PLM_SPC	SPC_STRT_R

Abbildung 4.88 Services der Servicegruppe zuordnen

4.17 Ausgabemethoden

Wenn sich in Ihrem Projekt die Frage stellt, wie die Spezifikationsdaten aus dem System geholt werden können, gibt es zwei verschiedene Möglichkeiten: Das Herunterladen der Daten sowie ein Ad-hoc-Bericht zur Spezifikation. Diese Optionen werden in diesem Kapitel nacheinander dargestellt.

4.17.1 Daten herunterladen

Die erste Ausgabemethode ist das Herunterladen der Daten. Wie in Abschnitt 3.1.8, »Weitere Funktionen«, im Unterabschnitt »Daten herunterladen« beschrieben, können Sie im Menü einer Spezifikation die relevanten Daten auswählen. Das Arbeiten mit dieser Anwendung ist recht selbsterklärend. Interessant ist die Frage, welche Möglichkeiten Sie haben, um diese Anwendung an Ihre Anforderungen anzupassen. Es stehen BAdIs zur Verfügung, mit denen Sie die Anwendung anpassen können. Die Änderungen reichen heute in folgende Bereiche hinein:

- **Neue Variante anlegen**
  Um überhaupt mit der Eigenimplementierung beginnen zu können, wird eine eigene Variante benötigt.
- **XSL-Transformation anpassen**
  Sie können die Darstellungsform in Microsoft Excel anpassen.
- **Feld auf der Benutzeroberfläche umbenennen**
  Felder auf der Benutzeroberfläche können umbenannt werden. Achtung: Diese Änderungen wirken sich ausschließlich auf die Benutzeroberfläche aus, nicht aber auf die Ausgabe.
- **Benutzerdefinierte Felder hinzufügen**
  Weitere Felder können in die Benutzeroberfläche eingebunden werden. Voraussetzung ist, dass das betreffende Feld in der Knotenstruktur vorhanden ist.
- **Gruppe auf der Benutzeroberfläche umbenennen**
  Sie können die Bezeichnung einer Gruppe ändern.
- **Benutzerdefinierte Gruppe auf der Benutzeroberfläche hinzufügen**
  Eine neue Gruppe kann entweder als neuer Abschnitt oder in eine bestehende Gruppe eingebunden werden.
- **Vorhandene Felder in benutzerdefinierte Gruppe hinzufügen**
  Ihrer neuen Gruppe können Sie Felder zuordnen, die sich in der Knotenstruktur befinden.

Im Customizing wird über den folgenden Pfad auf SAP-Hinweis 1727698 (Implementieren von BAdIs für den Daten-Download) verwiesen: **Logistik Allgemein • PLM-Web-**

Benutzungsoberfläche • PLM-Web-Applikationen • Daten herunterladen • Implementierung von BAdIs für das Herunterladen von Daten.

In diesem Hinweis ist sehr ausführlich beschrieben, wie bei der Implementierung vorzugehen ist.

Ihnen steht mit dem Herunterladen der Daten folglich eine Funktion zur Verfügung, die Sie im Standardumfang direkt nutzen können, die Sie aber auch mithilfe der BAdIs an Ihre Bedürfnisse anpassen können.

4.17.2 Ad-hoc-Bericht zur Spezifikation

Die zweite Ausgabemöglichkeit ist der Ad-hoc-Bericht zur Spezifikation. Auch diese Funktion ist in Abschnitt 3.1.8, »Weitere Funktionen«, im Unterabschnitt »Ad-hoc-Bericht Spezifikation« kurz beschrieben worden. Der große Unterschied zum Herunterladen der Daten ist, dass der Ad-hoc-Bericht mit einigen Vorarbeiten verbunden ist. Bereits in Abschnitt 1.3.1, »WWI-Server«, ist der WWI-Server aufgeführt, den Sie benötigen, um den Ad-hoc-Bericht zu einer Spezifikation über die Weboberfläche generieren zu können.

Mit den WWI-Berichtsvorlagen haben Sie die Möglichkeit, Ihre individuellen Formulare für die Produktentwicklung zu gestalten. Auch länderspezifische Inhalte oder Layouts sind darüber abbildbar. Es gibt treffliche Diskussionen im Netz über das Arbeiten mit WWI, und alle Beteiligten sind sich in einer Sache einig: Es ist ein herausforderndes Tool, das viele Möglichkeiten bietet, wenn man die nötige Geduld aufbringt.

Um dieser Anwendung und ihren Möglichkeiten gerecht zu werden, wären sicher ein ganzes Buch und ein ganzes Expertenteam erforderlich, die ihr Wissen zusammentragen. Haben Sie daher bitte Verständnis, wenn es an dieser Stelle dabeibleibt, darüber zu informieren, dass sämtliche Daten aus der Spezifikation in einem WWI-Bericht abgebildet werden können.

4.18 Daten für das Rezept

Im Folgenden wenden wir uns den Angaben in Spezifikationen zu, die speziell für die Weiterverarbeitung in Rezepten gedacht sind. Der Fokus soll hierbei auf den Rohstoffen liegen.

Abhängig davon, wie groß Ihr Eigenschaftsbaum ist, ist es möglich, dass die Orientierung schwerfällt. Sie sollten daher die Bewertungsarten, die im Rezept verarbeitet werden, an einer Stelle bündeln. Zu den Daten, die im Rezept verarbeitet werden, gehören folgende Bewertungsarten:

- Standard-Zusammensetzung
- Nährstoffzusammensetzung/quantitative Zusammensetzung
- Nährstoffzusammensetzung/quantitative Zusammensetzung nach Lagerungsverlust
- Diäten/qualitative Zusammensetzung
- Allergene
- Religiöse Zertifikate
- Genmodifizierte Inhaltsstoffe
- Schätzpreis

SAP liefert dafür Bewertungsarten aus. Wenn Sie andere Bewertungsarten einsetzen möchten oder weitere Berechnungen für das Rezept vorbereiten möchten, können Sie dafür jederzeit eigene Bewertungsarten anlegen. Damit das System weiß, wie die Sichten aufgebaut werden sollen, muss den Bewertungsarten eine Berechnungs-ID zugeordnet werden.

Abbildung 4.89 zeigt, dass z. B. der Bewertungsart für die **Nährstoffzusammensetzung** die Berechnungs-ID NUTRIENTS zugeordnet ist. Wenn Sie hier Handlungsbedarf sehen, verwenden Sie im Customizing den Pfad **Logistik Allgemein • PLM-Web-Benutzungsoberfläche • Rezeptentwicklung • Spezifikationsverwaltung • Weitere Informationen für die Bewertung • Spezifische Einstellungen für die Rezeptentwicklung • Berechnungs-ID zu Bewertungsart zuordnen**.

Zuordnung Bewertungsart - Berechnungs-ID

Std./Kunde	Bewertungsart	Bezeichn. BewArt	Berechnungs-ID
X Standard	SAP_RMS_1012_005	Nährstoffzusammensetzung	NUTRIENTS
X Standard	SAP_RMS_1012_010	Diäteignung	DIETS
X Standard	SAP_RMS_1012_019	Nährstoffzusammensetz. nach LagerVerlust	NUTRIENTS_HIER
X Standard	SAP_RMS_1012_021	Allergene	ALLERGENS
X Standard	SAP_RMS_1012_023	Einhaltung religiöser Zertifikate	RELIGIOUS
X Standard	SAP_RMS_1012_025	Genmodifizierte Inhaltsstoffe	GENMODIFICATION

Abbildung 4.89 Zugeordnete Berechnungs-IDs zu Bewertungsarten

Für den Fall, dass Begriffe wie Nährstoffzusammensetzung und Diäteignung nicht zu Ihren Spezifikationen passen, gibt es die Berechnungs-IDs QUANTITATIVE und QUALITATIVE. Darüber steuern Sie, dass in den Teil-Views der zugeordneten Bewertungsart die neutraleren Begriffe **quantitativ** und **qualitativ** gesetzt werden.

Diese Konfigurationsmöglichkeit hat zum aktuellen Zeitpunkt (Stand Mai 2022) noch nicht alle »Kinderkrankheiten« überstanden. Daher lautet die derzeitige Empfehlung, die Einstellungen im Standard zu belassen. Es ist davon auszugehen, dass SAP hier nacharbeitet.

Eine andere Möglichkeit, um die Bezeichnungen anzupassen, ist das Customizing über den Pfad **Logistik Allgemein • PLM-Web-Benutzungsoberfläche • Rezeptentwicklung • Spezifikationsverwaltung • Weitere Informationen für die Bewertung • Spezifische Einstellungen für die Rezeptentwicklung • Beschriftungen für Views mit Berechnungsergebnissen definieren**. Wie aus Abbildung 4.90 und Abbildung 4.91 hervorgeht, können Sie die Beschriftungen für die Gruppen und Bezeichner für Daten anpassen. In Abbildung 4.90 sehen Sie, dass Sie in der Spalte **Beschriftung f. Gruppen** und in der Spalte **Beschriftung f. Gruppe** die Plural- und Singular-Bezeichnungen für die Allergengruppen anpassen können.

Etiketten für qualitative und quantitative Views

Berechnungs-ID	Std./Kunde	Beschriftg f.Gruppen	Beschrift. f. Gruppe
ALLERGENS	X Standard	Allergengruppen	Allergengruppe
DIETS	X Standard	Diätstoffgruppen	Diätstoffgruppe
GENMODIFICATION	X Standard	Genmodifizierte Inhaltsstoffe	Genmodifizierte Inhaltsstoffe
NUTRIENTS	X Standard	Gruppen quant. Zusammensetzung	Gruppe quant. Zusammensetzung

Abbildung 4.90 Beschriftungen für Berechnungs-IDs (Spalten »Beschriftung für Gruppen« und »Beschriftung für Gruppe«)

In Abbildung 4.91 sehen Sie, dass Sie zudem über die Spalten **Bezeichner für Daten**, **Berechn.n.Inhaltsst.** und **Berechn.n.ZusSetzung** die Bezeichnungen auf der Benutzeroberfläche steuern können.

Etiketten für qualitative und quantitative Views

Berechnungs-ID	Std./Kunde	Bezeichner für Daten	Berechn.n.Inhaltsst.	Berechn.n.ZusSetzung
ALLERGENS	X Standard	Allergen	Nach Inhaltsstoff	Allergene
DIETS	X Standard	Diät	Nach Inhaltsstoff	Diäten
GENMODIFICATION	X Standard	Genmodifizierte Inhaltsstoffe	Nach Inhaltsstoff	Genmodifizierte Inhaltsstoffe
NUTRIENTS	X Standard	Quantitative Daten	Nach Inhaltsstoff	Zusammensetzung quant. Daten

Abbildung 4.91 Beschriftungen für Berechnungs-IDs (Spalten »Bezeichner für Daten« bis »Berechnung nach Zusammensetzung«)

Sie sehen die Auswirkungen der Anpassungen im Detail der Bewertungsart (siehe Abbildung 4.92).

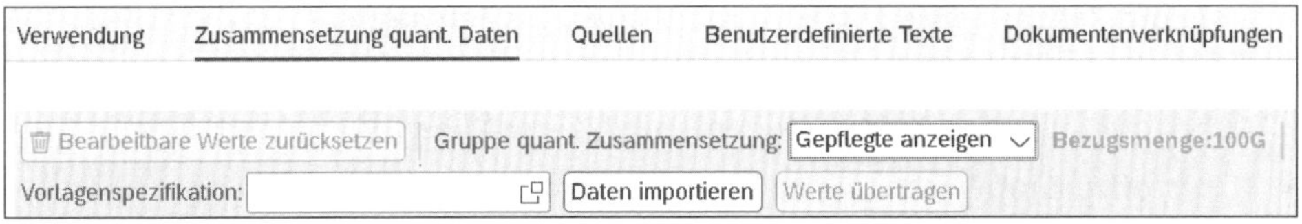

Verwendung | Zusammensetzung quant. Daten | Quellen | Benutzerdefinierte Texte | Dokumentenverknüpfungen

Bearbeitbare Werte zurücksetzen | Gruppe quant. Zusammensetzung: Gepflegte anzeigen | Bezugsmenge:100G

Vorlagenspezifikation: | Daten importieren | Werte übertragen

Abbildung 4.92 Geänderte Bezeichnungen auf der Benutzeroberfläche

Wenn Sie bei Nährstoffzusammensetzungen/mengenbasierten Zusammensetzungen eine bestimmte Bezugsgröße benötigen, auf die sich die Werte beziehen, können Sie dies nach Abbildung 4.93 im Customizing definieren. Die Bezugsmenge, zu der die Angaben erfolgen sollen, ist speziell im Lebensmittelbereich mit 100 g eine gängige Bezugsgröße.

Änderungen an der Bezugsgröße nehmen Sie im Customizing über den folgenden Pfad vor: **Logistik Allgemein • PLM-Web-Benutzungsoberfläche • Rezeptentwicklung • Spezifikationsverwaltung • Weitere Informationen für die Bewertung • Spezifische Einstellungen für die Rezeptentwicklung •Bezugsmenge für Zusammensetzung pro Spezifikationsart definieren**. Geben Sie die Spezifikationsart, die Bezugsmenge und die Mengeneinheit in den gleichnamigen Spalten an.

Bezugsmenge für Zusammensetzung pro Spezifikationsart

SpezifikatArt	Bezugsmenge	Mengeneinh
NUTR_GROUP	100	G
REAL_SUB	100	G

Abbildung 4.93 Beispielausprägungen für die Bezugsmenge

Wie es Abbildung 4.94 aufzeigt, ist die Bezugsmenge auf der Benutzeroberfläche auch für die Anwenderinnen und Anwender sichtbar.

Verwendung | Nährstoffzusammensetzung | Quellen | Benutzerdefinierte Texte | Dokumentenverknüpfungen

Bearbeitbare Werte zurücksetzen | Nährstoffgruppe: Nährstoffe allgemein | Bezugsmenge:100G

Vorlagenspezifikation: | Daten importieren | Werte übertragen

Sortierreihenfolge	Spezifikation	Identifikator 2	Wert	Mengeneinheit	Text für Mengeneinh.	Letzte Änderung am
0001	ZNUT_0001	Brennwert	99,0000	KJ	kJ	17.08.2021
0002	ZNUT_0002	fett	1,6900	G	g	17.08.2021

Abbildung 4.94 Bezugsmenge auf der Benutzeroberfläche

Was alle Daten im Eigenschaftsbaum mit Ausnahme des Schätzpreises für das Rezept gemeinsam haben ist, dass dafür weitere Spezifikationen benötigt werden.

- Standard-Zusammensetzung erfordert angelegte Reinstoffe.
- Nährstoffzusammensetzung/quantitative Komponenten erfordert angelegte Nährstoffe/quantitative Komponenten inklusive Nährstoffgruppen.
- Nährstoffzusammensetzung nach Lagerungsverlust erfordert angelegte Nährstoffe und angelegte Verlustprofile.
- Diäteignung/qualitative Komponenten erfordert angelegte Diäten/qualitative Komponenten inklusive Diätgruppen.

- Allergene erfordern angelegte Allergene inklusive Allergengruppen.
- Einhaltung religiöser Zertifikate erfordert angelegte religiöse Zertifikate inklusive Zertifikatsgruppen.
- Genmodifizierte Inhaltsstoffe erfordern angelegte Spezifikationen, die die genmodifizierten Inhaltsstoffe darstellen.

Bezüglich des Schätzpreises gibt es keine speziellen Einstellungsmöglichkeiten.

4.19 Spezifikationssuche

Derzeit (Stand Mai 2022) gibt es verschiedene Apps, mit denen Spezifikationen angelegt und gleichzeitig auch gesucht werden können. Die Auswahl der darin enthaltenen Suchkriterien ist überschaubar und beschränkt sich auf die Verwaltungsdaten der Spezifikationen.

Dazu gehören beispielsweise **Spezifikationsart**, **Kopfstatus**, **Stoffnatur**, **Angelegt von**, **Angelegt am** usw. Was in SAP S/4HANA noch fehlt, ist die Suche nach Kriterien aus dem Eigenschaftsbaum einer Spezifikation. Die sogenannte erweiterte Suche ist für Spezifikationen bislang noch nicht nutzbar. Wenn Sie in der Systemkonfiguration dafür gesorgt haben, dass ihre Spezifikationsarten neben dem konkreten Spezifikationstyp immer auch den Spezifikationstyp `SUBSTANCE` zugeordnet haben, können Sie die Spezifikations-Workbench als App in das SAP Fiori Launchpad einbinden und dort die umfassenden Suchkriterien nutzen (siehe Abbildung 4.95).

Suchen Sie nach Produkten, die bestimmte Eigenschaften aufweisen, steht Ihnen die erweiterte Suche im Rezept zur Verfügung. Sie gelangen zur Suche über die App **Meine Rezeptübersicht**. Bei den Quick-Links finden Sie die **Mehrfachbearbeitung für Formeln**. Im nächsten Schritt gehen Sie auf **Mehrere Rezepte hinzufügen** und gelangen dann in die erweiterte Suche für das Rezept (siehe Abbildung 4.96). Allerdings finden Sie darüber lediglich Rezepte, auf deren Primärausbeuten, die Eigenschaften zutreffen. Rohstoffe finden Sie hingegen auf diese Weise nicht.

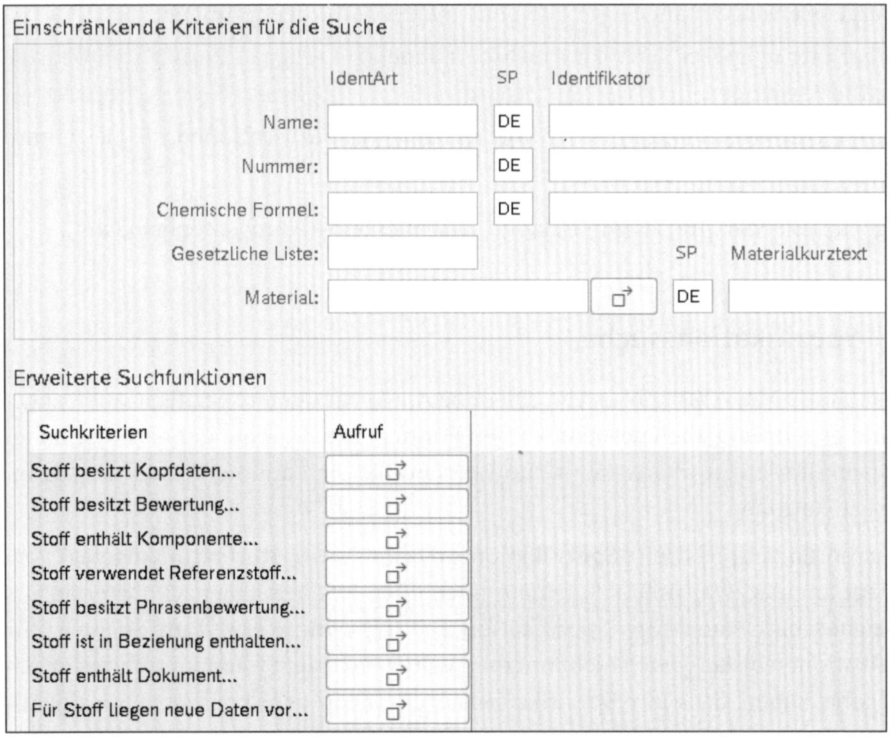

Abbildung 4.95 Zahlreiche Suchkriterien in der Spezifikations-Workbench

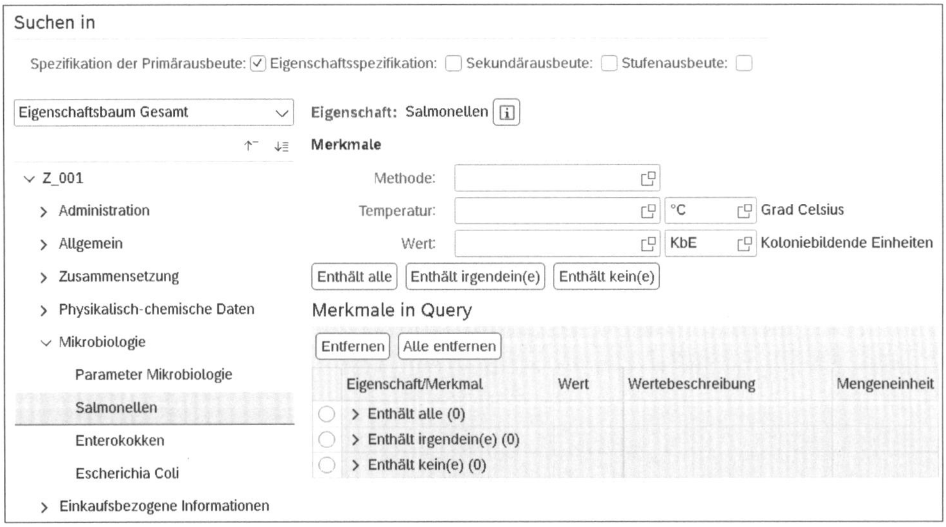

Abbildung 4.96 Erweiterte Suche für Primärausbeuten

4.20 Zusammenfassung

Zusammenfassend lässt sich sagen, dass die Spezifikation ein zentraler Bestandteil von SAP Recipe Development ist. Es gibt zahlreiche Möglichkeiten, um die Spezifikation zu konfigurieren. Daher sollten Sie in einem Projekt konzentriert abstimmen, was benötigt wird und dies dann sorgfältig umsetzen.

Trotz der vielen Möglichkeiten werden Sie an Punkte kommen, an denen Sie feststellen, dass Individualprogrammierungen notwendig sind, um die Anforderungen der Fachbereiche abzubilden. SAP hat an einigen Stellen die Voraussetzungen geschaffen, damit Sie selbst aktiv werden können. Nutzen Sie diese Möglichkeiten. Auch wenn die Spezifikation schon einige Jahre im System in Gebrauch ist, empfiehlt es sich, immer wieder zu schauen, was es Neues gibt. Denn solange SAP das Werkzeug SAP Recipe Development weiterentwickelt, besteht immer die Chance, dass sich auch etwas an der Spezifikation verändert.

Nachdem Sie in diesem Kapitel viel über die Konfiguration der Spezifikation erfahren haben, legt das nächste Kapitel den Fokus auf die Grundlagen des Rezepts. Sie erfahren, welcher Funktionsumfang Ihnen zur Verfügung steht und was Sie konfigurieren können.

Kapitel 5
Grundlagen des Rezepts

Verschaffen Sie sich einen Überblick darüber, wie das Rezept in Grundzügen funktioniert. Machen Sie sich mit dem Funktionsumfang vertraut, und bekommen Sie ein Gefühl für dieses wichtige Stammdatenobjekt.

Neben der Spezifikation ist das *Rezept* ein weiteres zentrales Stammdatenobjekt. Mithilfe des Rezepts definieren Sie, welche Komponenten benötigt werden und welche Schritte in der Herstellung unternommen werden müssen. Auch erhalten Sie Erkenntnisse, die aus den Spezifikationsdaten ermittelt wurden. Das Rezept kann, ähnlich wie die Spezifikation, unterschiedliche Rollen einnehmen: Es kann entweder eine Fertigware oder eine Halbfertigware beschreiben. Sie können damit aber auch Mischungen definieren, die Sie selbst herstellen und die für die interne Verwendung vorgesehen sind, jedoch nicht für den Verkauf.

In Abschnitt 5.1 erhalten Sie einen Überblick darüber, was mit dem Rezept grundsätzlich möglich ist. Ein Grundverständnis für Formel, Berechnungsergebnisse und Prozess liefert Ihnen Abschnitt 5.2. In Abschnitt 5.3 erfahren Sie, wie Sie Rezeptarten konfigurieren. Gewinnen Sie mit Abschnitt 5.4, »Rezeptzwecke definieren«, Abschnitt 5.5, »Allgemeine Einstellungen«, Abschnitt 5.6, »Berechtigungsgruppen«, und Abschnitt 5.7, »Funktionen in der Rezeptentwicklung ausblenden«, Erkenntnisse zu den Konfigurationsmöglichkeiten im Rezept. Ausführungen zur Statusverwaltung finden Sie in Abschnitt 5.8.

Erfahren Sie in Abschnitt 5.9, »Vorgabenprüfung«, sowie in Abschnitt 5.10, »Massenänderung«, mehr über hilfreiche Funktionen für das Arbeiten mit Rezepten. Wozu die Eigenschaftsspezifikation dient und was konfigurationsseitig zu berücksichtigen ist, lesen Sie in Abschnitt 5.11. Abschließend geht es in Abschnitt 5.12 um die SAP-Fiori-App **Rezeptsuche**.

5.1 Funktionsumfang

Machen Sie sich in den nachfolgenden Abschnitten mit dem Funktionsumfang des Rezepts vertraut.

5.1.1 Rezept als verbindendes Element

In Kapitel 3, »Spezifikation – Funktionsumfang und grundlegende Stammdatenobjekte«, und in Kapitel 4, »Spezifikation – Customizing«, haben Sie die Spezifikation bereits kennengelernt. In Kapitel 7, »Herstellverfahren in der Sicht ›Prozess‹«, erhalten Sie Informationen zu den Prozessbausteinen. Das Rezept beinhaltet, wie fast alle Stammdaten im SAP-System, Basisdaten, die primär für die Abbildung organisatorischer Inhalte verwendet werden. Daneben gibt es die Sicht **Formel**. Darin geben Sie an, welche Spezifikationen benötigt werden, um ein (Zwischen)produkt herzustellen. Wichtig ist, dass es sich hierbei um physisch greifbare Spezifikationen handelt. Reinstoffe oder Bestandteile eines Rohstoffes lassen Sie bei einer Formel außen vor.

Wenn Sie die Spezifikationen sorgfältig gepflegt haben, werden Sie in den **Berechnungsergebnissen** u. a. von Informationen zur detaillierten Zusammensetzung der Formel, den Nährwerten/quantitativen Komponenten, den Allergenen, den Diäten/qualitativen Komponenten und den Kosten profitieren.

Zuletzt gibt es im Rezept die Sicht **Prozess**. Darin können Sie das Herstellverfahren, die benötigten Ausrüstungsanforderungen (Ressourcen) sowie die Prozessparameter (z. B. Temperatur, Dauer eines Prozessschrittes usw.) pflegen. Speziell bei der Beschreibung des Herstellverfahrens werden die Prozessbausteine interessant, da Sie hier vordefinierte Prozessbausteine nutzen können.

Sie sehen, dass das Rezept in der Formel verschiedene Spezifikationen zu einem Produkt verbindet, im Prozess verschiedene Prozessbausteine zu einem Herstellverfahren verbindet und in den Berechnungsergebnissen die Detaildaten der Spezifikationen zu wertvollen Informationen für die Produktentwicklung verbindet.

Wichtig zu wissen ist, dass ein Rezept immer und ausnahmslos mit Bezug zu einer Spezifikation angelegt wird. Dies wird deutlich, wenn Sie sich den Schlüssel eines Rezepts in Abbildung 5.1 anschauen.

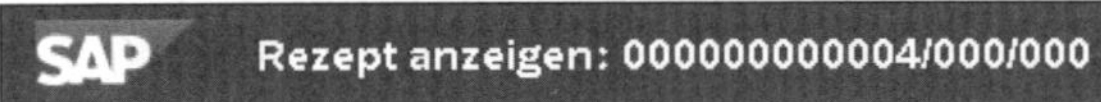

Abbildung 5.1 Rezeptschlüssel

Der Rezeptschlüssel setzt sich aus drei Elementen zusammen, die im Standard durch Schrägstriche voneinander getrennt sind:

1. **Nummer der Spezifikation**
   Wenn Sie in der SAP-Fiori-App **Spezifikationen verwalten** nach der Spezifikation mit der Nummer aus dem Rezeptschlüssel (in diesem Beispiel »*4«) suchen, werden Sie dort eine Spezifikation finden.

2. **Rezeptalternative**
   Die Rezeptalternative beschreibt, vergleichbar mit der Stücklistenalternative, verschiedene Möglichkeiten, um zu demselben Ziel zu gelangen. Im gezeigten Beispiel ist es die 000. Mehr dazu finden Sie in Abschnitt 5.1.2, »Rezeptalternative«.
3. **Rezeptversion**
   Die Rezeptversion ist ein dreistelliger Zähler, hier 000, mit dem Sie die Entwicklungshistorie des Rezepts (gegebenenfalls über mehrere Jahre hinweg) verwalten können. Mehr dazu finden Sie in Abschnitt 5.1.3, »Rezeptversion«.

Auch hier tritt das Rezept wieder als verbindendes Element auf.

5.1.2 Rezeptalternative

Wie im vorangehenden Abschnitt in aller Kürze angedeutet, dient die Rezeptalternative dazu, unterschiedliche Herangehensweisen für dasselbe Ziel zu beschreiben. Wenn Sie schon länger mit dem SAP-System arbeiten, ist Ihnen vielleicht bereits die Stücklistenalternative begegnet. In beiden Fällen gibt es denselben Grund für den Einsatz einer Alternative. Das Wort *Alternative* deutet schon in die richtige Richtung: Eine Alternative zu haben, bedeutet, dass es mehrere Möglichkeiten gibt, am Ende das gewünschte Ziel zu erreichen. Oft wird eine bestehende Rezeptur in eine neue Rezeptalternative kopiert, sodass Sie nur die Veränderungen angeben müssen.

Beispiel für eine Rezeptalternative

Stellen Sie sich das Prinzip der Rezeptalternative anhand eines praktischen Beispiels vor: Sie möchten eine Sahnesoße entwickeln. Ein Bestandteil dieser Sahnesoße ist eine gekörnte Gemüsebrühe; diese wird in der Regel als eingekaufter Rohstoff zugegeben. Sollte Ihr Lieferant Engpässe bei der Zustellung der Ware haben oder Ihr unternehmenseigener Gemüse- und Kräutergarten wirft so viel ab, dass Sie die wertvolle Ernte in Ihrer Produktion einsetzen möchten, könnten Sie die gekörnte Gemüsebrühe durch die Einzelzutaten ersetzen. Damit Sie eine bestehende Rezeptur bei einer solchen (temporären) Veränderung trotzdem belassen können, gibt es die Rezeptalternative.

Die Rezeptalternative wird durch eine dreistellige Zahl dargestellt, die das System selbsttätig von 000 aufwärts zählen kann. Wenn Sie bestimmte Rezeptalternativen (z. B. eine Basisalternative) immer unter demselben Alternativzähler abbilden möchten, können Sie die Rezeptalternative auch manuell eingeben.

5.1.3 Rezeptversion

Auch Produktentwicklerinnen und Produktentwickler wissen in Bezug auf ihre Rezepte, dass – frei nach Heraklit – nichts so beständig ist wie der Wandel. Die Beschaffenheit von Rohstoffen kann sich mit der Zeit verändern, oder es kann Ersatzstoffe geben, was dazu führt, dass eine bewährte Rezeptur verändert werden muss. Natürlich soll die einst gültige Rezeptur in ihrem Zustand eingefroren werden und bei Bedarf zu Vergleichen herangezogen werden. Dafür gibt es die *Rezeptversion*. Sobald sich an einer Rezeptur, die operativ im Einsatz ist, Zutaten oder Zubereitung verändern, legen die Kolleginnen und Kollegen aus der Produktentwicklung eine neue Rezeptversion an.

Mit Bezug zur Rezeptalternative können Sie sich merken, dass jede Rezeptalternative einen eigenen Versionszähler hat. Dies bedeutet, dass die unterschiedlichen Rezeptalternativen zu einem Produkt im Versionszähler komplett auseinanderlaufen können.

Beispiel für eine Rezeptversion

Auch das Prinzip der Rezeptversion können Sie anhand eines praktischen Beispiels nachvollziehen. Die Sahnesoße ist fester Bestandteil Ihrer Produktpalette. Es gibt eine Rezeptalternative mit gekörnter Gemüsebrühe als Rohstoff und eine Rezeptalternative, in der die gekörnte Gemüsebrühe durch Einzelzutaten ersetzt wird. Im Laufe der Zeit hat sich die Zusammensetzung des Rohstoffes der gekörnten Brühe geändert, sodass Sie die gesamte Rezeptur anpassen müssen, um den einzigartigen Geschmack der Sahnesoße zu erhalten. Dafür wird aus der bestehenden Rezeptversion eine neue Version kopiert, und Sie nehmen die erforderlichen Veränderungen vor.

Die Rezeptversion ist eine dreistellige Zahl, die das System selbsttätig von 000 aufwärts zählt. Anders als bei der Rezeptalternative ist eine manuelle Angabe der Rezeptversion nicht möglich.

5.1.4 Rezept anlegen

Bei der Anlage eines Rezepts entscheiden Sie, unter welcher Rezeptart und zu welcher Spezifikation das Rezept angelegt werden soll. Abhängig davon, wie die Einstellungen im Customizing aussehen, können Sie die Spezifikation der Primärausbeute vom System anlegen lassen, oder Sie haben die Spezifikation vorab manuell angelegt.

Wenn Sie eine spezielle Rezeptalternative weiterentwickeln möchten, geben Sie die Rezeptalternative manuell an. Wenn Sie neu beginnen oder eine neue Rezeptalternative benötigen, lassen Sie das Feld einfach leer. Das System legt in diesem Fall ein Rezept zur nächsten freien Rezeptalternative an. Die Rezeptversion lautet bei der initialen Anlage einer Rezeptalternative immer 000.

In Abbildung 5.2 im Bereich **Kopieren von** sehen Sie, dass Sie die Möglichkeit haben, die Daten von einer bestehenden Rezeptur zu kopieren.

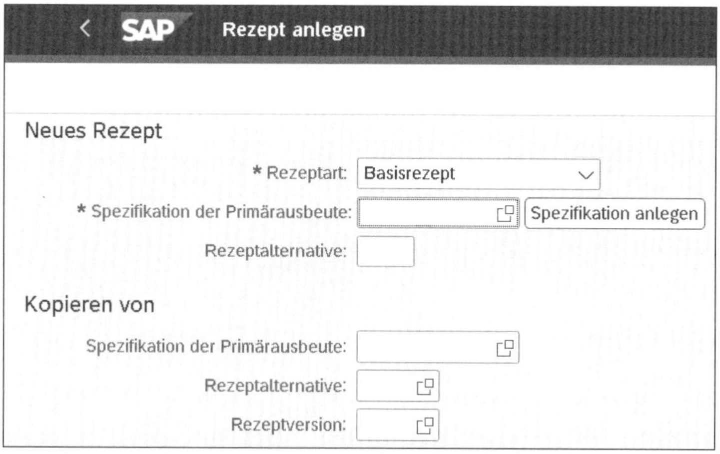

Abbildung 5.2 Felder bei der Anlage eines Rezepts

Zur Anlage eines Rezepts gelangen Sie über verschiedene Wege. Diese sind:

- **Aufruf der App »Rezepte verwalten«**
  In der SAP-Fiori-App **Rezepte verwalten** können Sie über den Button **Anlegen** zur Anlage eines Rezepts verzweigen (siehe Abbildung 5.3).

  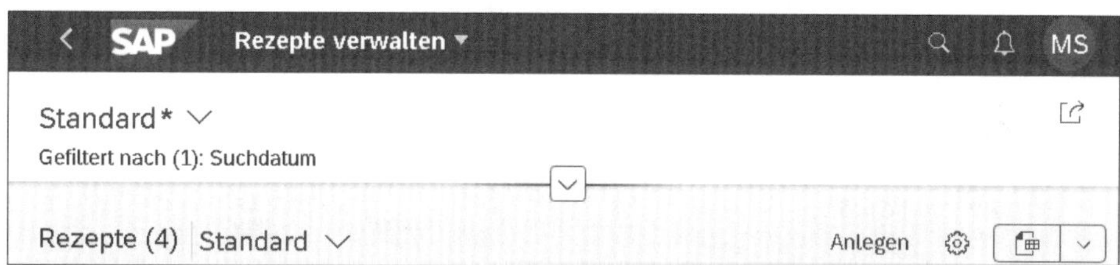

  Abbildung 5.3 Rezept in der SAP-Fiori-App »Rezepte verwalten« anlegen

  Das Einstiegsbild in Abbildung 5.4 zeigt die Felder **Rezeptart**, **Spezifikation der Primärausbeute** und **Rezeptalternative** sowie Kopierdaten wie die **Spezifikation der Primärausbeute**, die **Rezeptalternative** und die **Rezeptversion** der Kopiervorlage, in denen Sie Ihre Angaben vornehmen können.

- **Aufruf der SAP-Fiori-App »Meine Rezeptübersicht«**
  In Abbildung 5.5 sehen Sie einen Auszug aus der SAP-Fiori-App **Meine Rezeptübersicht**. Sie erhalten verschiedene Informationen in den Bereichen **Zuletzt geöffnete Rezepte** oder **Quick-Links**. Der Quick-Link **Rezept anlegen** führt Sie direkt zur Anlage eines Rezepts. Auch bei diesem Startpunkt ist das Eingabebild wie in Abbildung 5.4 leer und wartet auf Ihre Eingabe.

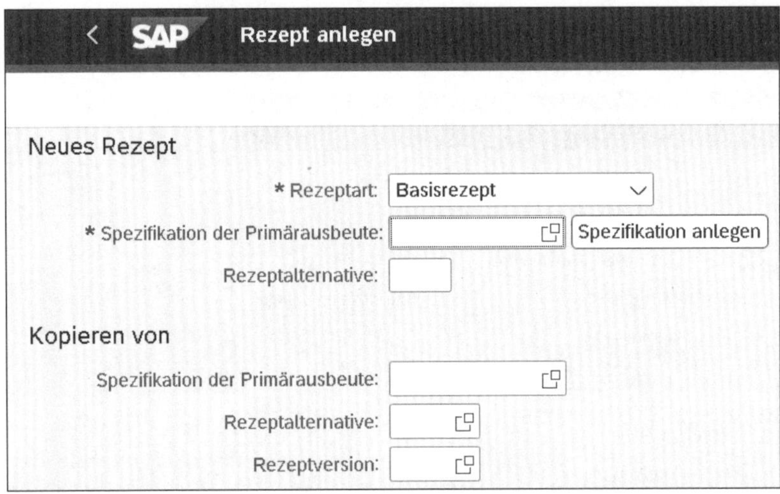

Abbildung 5.4 Rezept anlegen in der SAP-Fiori-App »Rezepte verwalten«

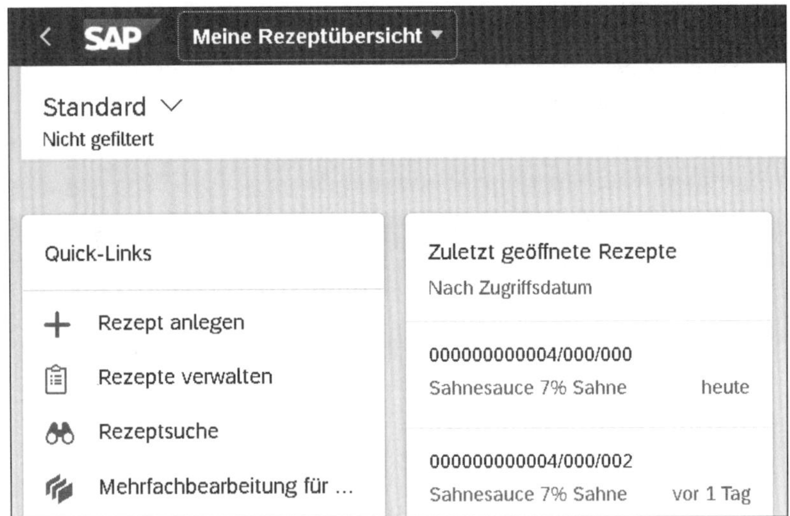

Abbildung 5.5 Link zur Anlage eines Rezepts in der SAP-Fiori-App »Meine Rezeptübersicht«

Wenn Sie sich bereits in einem bestehenden Rezept bewegen und aus diesem Rezept heraus neue Rezepte anlegen möchten, ist dies über den Menüpfad **Weitere Möglichkeiten • Rezept anlegen** problemlos möglich (siehe Abbildung 5.6).

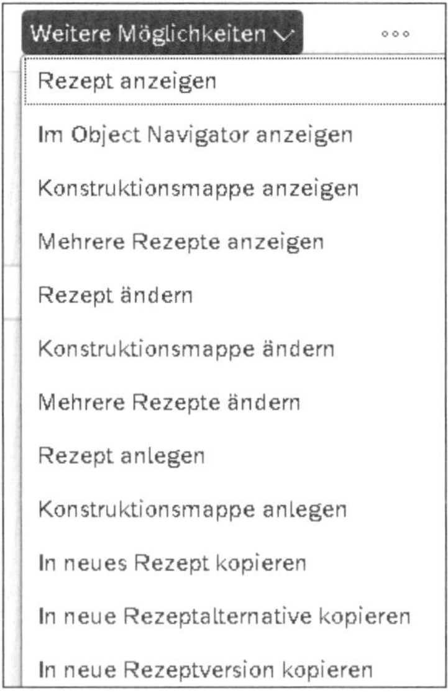

Abbildung 5.6 Möglichkeiten der Rezeptanlage in einem geöffneten Rezept

Über den Menüeintrag **Weitere Möglichkeiten** stehen Ihnen die folgenden Optionen zur Verfügung:

- **Rezept anlegen**
  Das System navigiert Sie, wie bei den vorherigen Wegen, zum Eingabebild ohne vorbelegte Informationen.
- **In neues Rezept kopieren**
  Über diesen Menüeintrag trägt das System die Daten des aktuellen Rezepts im Bereich **Kopieren von** automatisch ein, und Sie können sich auf die Angaben im Bereich **Neues Rezept** konzentrieren (siehe Abbildung 5.7).

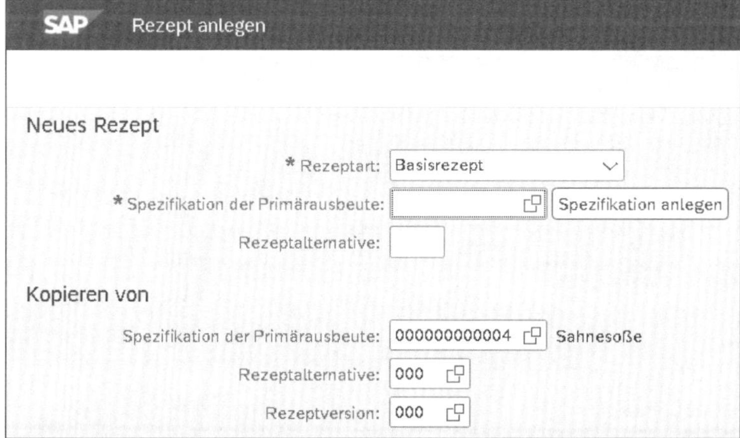

Abbildung 5.7 Vorbelegte Werte bei der Auswahl von »In neues Rezept kopieren«

- **In neue Rezeptalternative kopieren**
  Wählen Sie den Eintrag **In neue Rezeptalternative kopieren**, belegt das System im Bereich **Kopieren von** die Daten des geöffneten Rezepts vor und ergänzt zusätzlich im Bereich **Neues Rezept** den Schlüssel der Spezifikation, zu der die neue Rezeptalternative angelegt werden soll. Wie in Abschnitt 5.1.2, »Rezeptalternative«, bereits beschrieben, können Sie die Nummer der Rezeptalternative entweder leer lassen, dann zählt das System selbst hoch, oder Sie vergeben manuell eine gewünschte Nummer (siehe Abbildung 5.8).

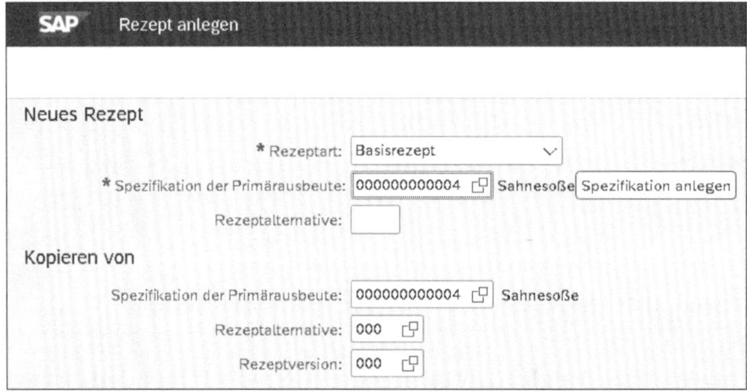

Abbildung 5.8 Vorbelegte Werte bei der Auswahl von »In neue Rezeptalternative kopieren«

- **In neue Rezeptversion kopieren**
  Wählen Sie den Eintrag **In neue Rezeptversion kopieren**, belegt das System im Bereich **Kopieren von** die Daten des geöffneten Rezepts vor und ergänzt zusätzlich im Bereich **Neues Rezept** den Schlüssel der Spezifikation sowie die Rezeptalternative, zu der die neue Rezeptversion angelegt werden soll. Wie in Abschnitt 5.1.3, »Rezeptversion«, beschrieben, können Sie die Nummer der Rezeptversion nicht beeinflussen (siehe Abbildung 5.9).

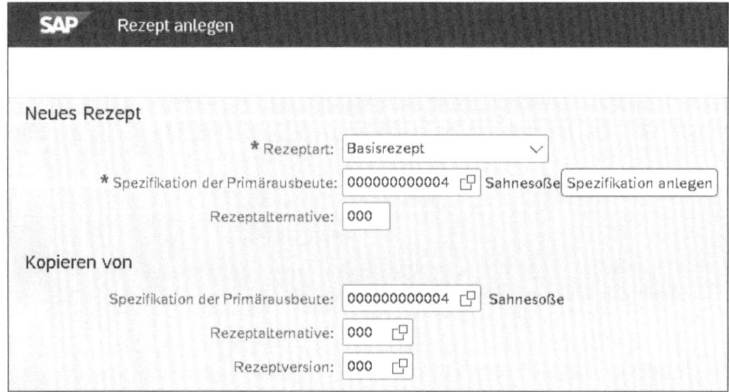

Abbildung 5.9 Vorbelegte Werte bei der Auswahl von »In neue Rezeptversion kopieren«

5.1.5 Allgemeine Daten

In einem Rezept vereinen die allgemeinen Daten verschiedene organisatorische Informationen mit inhaltlichen Angaben, die Sie beispielsweise für die effektive Suche nach Rezepten nutzen können. Sehen Sie sich dafür die folgenden Abschnitte an.

Grunddaten

In Abbildung 5.10 sehen Sie einen Auszug aus den Grunddaten des Rezepts. In den Grunddaten eines Rezepts können Sie im Bereich **Kopfdaten** im Feld **Beschreibung** eine solche in der Anmeldesprache inklusive eines Langtextes für Notizen definieren. Des Weiteren verwalten Sie im Feld **Status** das Statusschema, das für die Rezeptart gültig ist. Abhängig vom Status kann sich der **Verwendungszweck** ändern. Über den Verwendungszweck geben Sie den Anwenderinnen und Anwendern einen Anhaltspunkt, ob sich das Rezept noch in einem Entwicklungsstadium findet oder ob das Rezept schon für die Produktion geeignet ist. Zudem steuern Sie das Auflösungsverhalten des Systems.

Setzen Sie auch das Projektsystem von SAP ein, können Sie im Feld **PSP-Element** das entsprechende Element auswählen, um die korrekte Zuordnung im Projekt vorzunehmen. Um den Zugriff auf das Rezept zu steuern, wählen Sie eine entsprechende **Berechtigungsgruppe**. Anders als bei der Spezifikation ist die Berechtigungsgruppe im Rezept kein Pflichtfeld, sondern es steht Ihnen die optionale Nutzung frei.

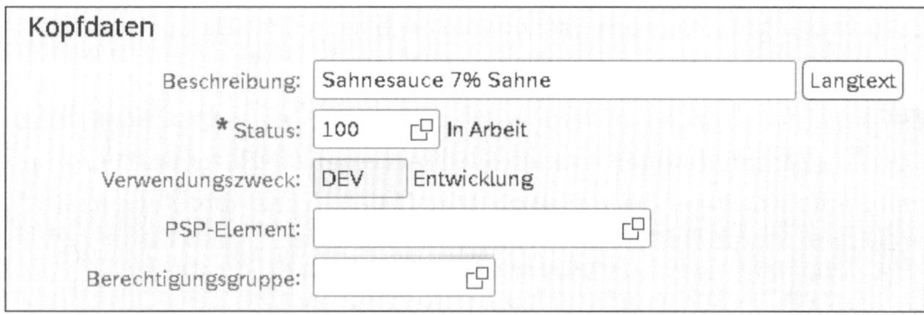

Abbildung 5.10 Kopfdaten in den Grunddaten der allgemeinen Daten

In Abbildung 5.11 sehen Sie in den Grunddaten den Bereich **Gültigkeit**. In diesem Abschnitt können Sie das **Gültig von**- und das **Gültig bis**-Datum angeben sowie bei mehreren Versionen eine Übersicht öffnen, welche Version welchen Gültigkeitszeitraum hat. Über die Felder **Menge von** und **Menge bis** haben Sie die Möglichkeit, eine Art Losgröße anzugeben, in deren Rahmen die Rezeptur gilt. Hat das Rezept seine besten Tage bei Ihnen in der Produktentwicklung hinter sich, kann es über das Kennzeichen **Für Archivierung vorgemerkt** gekennzeichnet werden, damit das Rezept bei einem Archivierungslauf erfolgreich verarbeitet werden kann.

Gültigkeit

Gültig von / bis: 13.10.2021 | 31.12.9999 | Gültigkeit der Versionen anzeigen

Menge von / bis: 0 | 0

Für Archivierung vorgemerkt:

Abbildung 5.11 Gültigkeitsdaten in den Grunddaten der allgemeinen Daten

Im Bereich **Verwaltungsdaten** in Abbildung 5.12 haben Sie hingegen keine Möglichkeit, um manuell einzugreifen. Diese Felder werden komplett vom System gefüllt und zeigen auf, wann das Rezept von wem angelegt (**Angelegt von** und **Angelegt am**) und geändert (**Letzte Änd. von** und **Letzte Änd. am**) wurde. Handelt es sich um eine Kopie, sehen Sie auch den Rezeptschlüssel des Rezepts, das als Kopiervorlage verwendet wurde (**Kopiert von**).

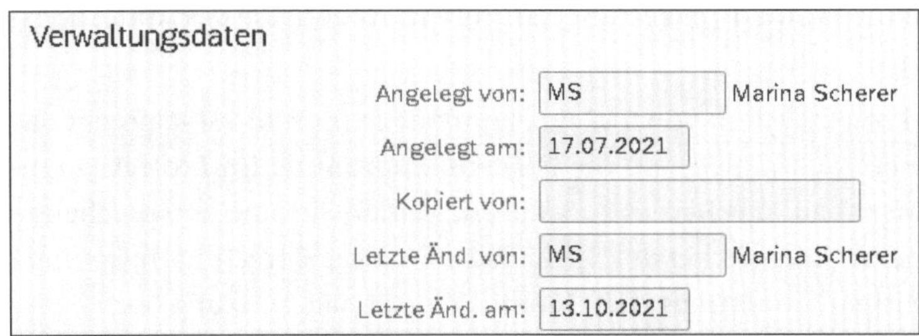

Abbildung 5.12 Verwaltungsdaten in den Grunddaten der allgemeinen Daten

Beschreibungen

Auf der Registerkarte **Beschreibungen** können Sie den Namen des Rezepts in verschiedenen Sprachen und die dazugehörigen Langtexte pflegen (siehe Abbildung 5.13).

Grunddaten | Beschreibungen | Dokumente | Klassen | Merkmalswerte

Export | Löschen

Sprac...	Beschreibung	Langtext vorhanden	Langtext
DE	Sahnesauce 7% Sahne	☑	Ändern
EN	Cream sauce 7% cream	☐	Anlegen
FR	Sauce à la crème 7% de la crème	☐	Anlegen

Abbildung 5.13 Mehrsprachige Rezeptbeschreibungen

Wie Sie in Abbildung 5.14 sehen, haben Sie im **Langtext** verschiedene Formatierungsmöglichkeiten, die Ihnen helfen können, die unterschiedlichen Informationen zu verwalten. Hier können Sie z. B. die Überschrift **H1** und Aufzählungszeichen nutzen, um die Angaben zu strukturieren.

Abbildung 5.14 Formatierter Langtext in einem Rezept

Dokumente

Die Registerkarte **Dokumente** ermöglicht es Ihnen, Dokumenteninfosätze mit dem Rezept zu verknüpfen (siehe Abbildung 5.15). Sämtliche für das Rezept relevante Unterlagen, die in den Dokumenteninfosätzen abgelegt wurden, können dafür genutzt werden. Voraussetzung dafür ist, dass Sie eine Dokumentart gewählt haben, die dafür auch vorgesehen ist. Dazu ist es notwendig, frühzeitig mit den Kolleginnen und Kollegen des SAP-Dokumentenmanagments zu klären, welche Dokumentarten benötigt werden.

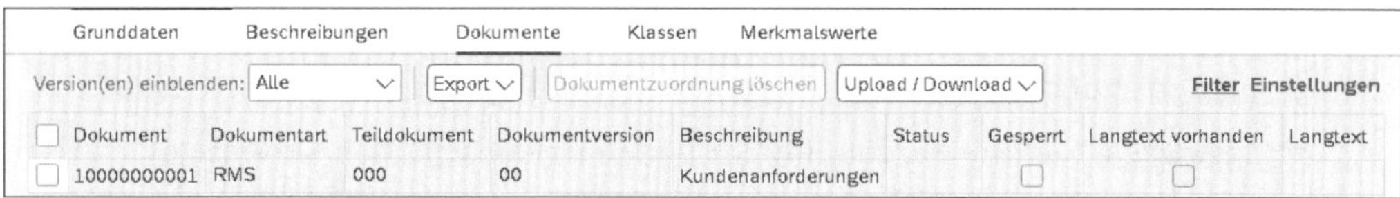

Abbildung 5.15 Hinterlegtes Dokument im Rezept

Sie können bequem über den Browser aus dem Rezept in den Dokumenteninfosatz abspringen und dort die Originaldatei öffnen. In Abbildung 5.16 sehen Sie einen Dokumenteninfosatz mit einer hinterlegten Originaldatei.

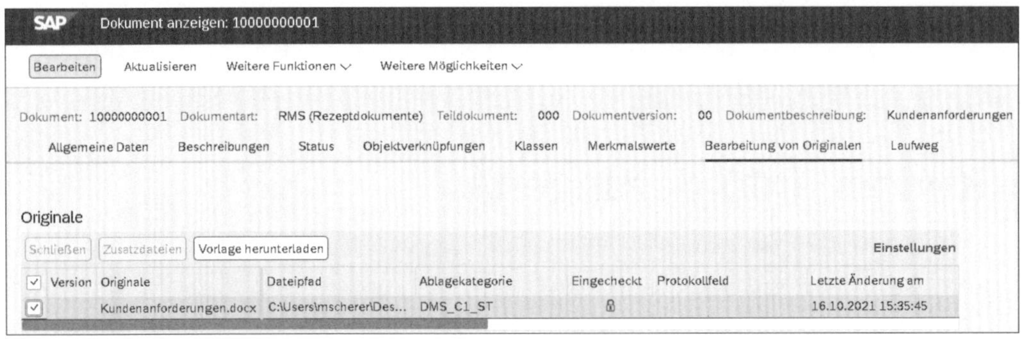

Abbildung 5.16 Dokumenteninfosatz in der Sicht der Originaldatei

In Abbildung 5.17 sehen Sie eine heruntergeladene Originaldatei aus dem Dokumenteninfosatz.

Abbildung 5.17 Heruntergeladene Originaldatei aus dem Dokumenteninfosatz

Klassen

Klassen haben Sie bereits ausführlich in Abschnitt 3.4, »Klasse«, kennengelernt. Bei den Klassen, die im Rezept verwendet werden können, handelt es sich um dasselbe Stammdatenobjekt. Der einzige Unterschied ist, dass Sie beim Anlegen einer Klasse, die Sie in einem Rezept verwenden möchten, die Klassenart 104 (Rezept) auswählen müssen. Ausschließlich Klassen, die zu dieser Klassenart angelegt wurden, können von den Anwenderinnen und Anwendern ausgewählt werden. Die Klassen und die Werte der darin enthaltenen Merkmale können Sie dann bei der Rezeptsuche verwenden. Wenn Sie sich also die Frage stellen, welche Klassen und Merkmale Ihnen bei der Rezeptverwaltung helfen könnten, überlegen Sie sich, welche zusätzlichen Suchkriterien Sie benötigen.

So oder so ähnlich könnten die Fragen und die dazugehörigen Antworten lauten:

- Entwickeln Sie Ihre Rezepte immer kundenspezifisch? Dann könnte es hilfreich sein, in der Klasse ein Merkmal für die Kundennummer oder den Kundennamen zu ergänzen.
- Sollen die Produktentwicklerinnen und Produktentwickler nach den Rezepten suchen können, die als Nächstes fertiggestellt werden sollen? Dann bietet es sich an, ein Datumsmerkmal **Fertig bis** in die Klasse einzubinden.

In Abbildung 5.18 ist in den allgemeinen Daten im Bereich **Klassen** eine exemplarische Klasse zugeordnet.

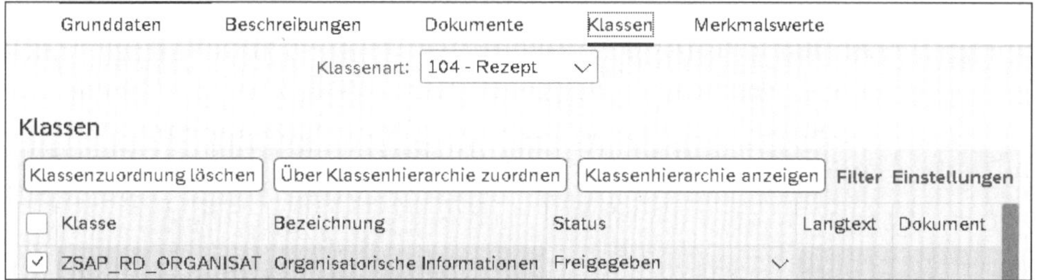

Abbildung 5.18 Zugeordnete Klasse im Rezept

Merkmalswerte

In Abschnitt 3.3, »Merkmal«, haben Sie bereits die verschiedenen Möglichkeiten der Merkmalsanlage kennengelernt. Erst wenn eine Klasse im Rezept zugewiesen ist, können die Anwenderinnen und Anwender die Merkmalswerte pflegen respektive aus den Auswahlhilfen auswählen. In Abbildung 5.19 sehen Sie verschiedene Merkmale einer Klasse, die mit Werten gefüllt wurden.

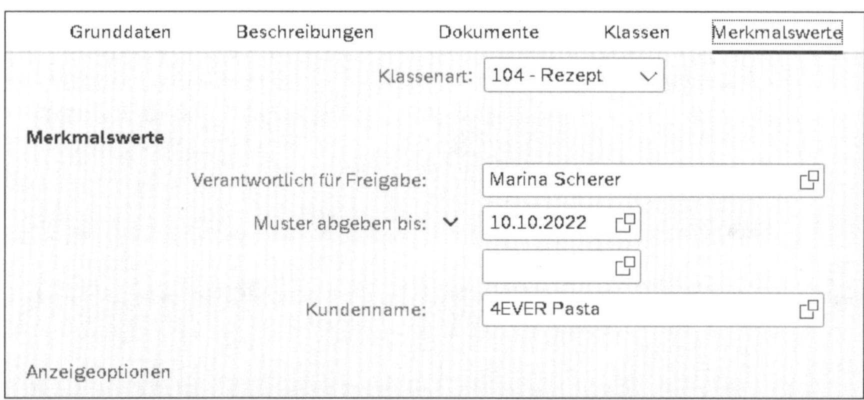

Abbildung 5.19 Merkmalswerte im Rezept

Falls Sie mehrere Klassen im Rezept nutzen, können die Anwenderinnen und Anwender über den Button **Anzeigeoptionen** steuern, ob nur die Merkmale einer ausgewählten Klasse angezeigt werden sollen. Dies kann für eine bessere Übersichtlichkeit sorgen.

5.1.6 Konsistenz prüfen

Mit der Funktion **Konsistenz prüfen** können Sie das Rezept auf mögliche Fehler hin überprüfen. Die Konsistenzprüfung ist fester Bestandteil bei einem Statuswechsel. Alternativ können Sie die Prüfung manuell anfordern. In Abhängigkeit dessen, welche Attribute im Status hinterlegt sind, werden vom System unterschiedliche Kriterien angesetzt. Das SAP-System ordnet die Kriterien unterschiedlichen Kategorien zu.

Es gibt allgemeine Kriterien (z. B. ist das Material von Formelposition X auch wirklich mit der Spezifikation verknüpft), Kriterien für die Auflösung (z. B. ist bei jeder Formelposition eine Komponentenart gepflegt) und Kriterien für die Synchronisierung (z. B. ist jeder Formelposition ein Material zugeordnet). Folgende Statusattribute haben Auswirkungen auf die Konsistenzprüfung:

- CONSIST_EXPLOSION: Konsistent für die Auflösung, gesperrt gegen Änderungen.
- CONSIST_SYNC_BOM: Konsistent für Synchronisierung von Rezept zu Stückliste, gesperrt gegen Änderungen.
- REL_SYNC_BOM: Relevant für die Synchronisierung von Rezept zu Stückliste, gesperrt gegen Änderungen.

In Tabelle 5.1 sehen Sie die verschiedenen Prüfkategorien, die darin abgeprüften Kriterien und wann die Prüfung erfolgt.

Kategorie	Kriterien	Prüfung bei
Allgemeine Kriterien	Der Formelposition sind ein Material und eine Spezifikation zugeordnet: Das System prüft, ob das Material der Spezifikation zugeordnet ist.	■ manuellem Aufruf immer ■ Statuswechsel mit einem der Zielstatusattribute CONSIST_EXPLOSION, CONSIST_SYNC_BOM oder REL_SYNC_BOM
	Das System prüft, ob die Summe der Mengen aller Einsatzpositionen der Summe der Mengen aller Ausbeutepositionen entspricht.	
	Das System prüft, ob die berechneten Werte (speziell die absolute Masse) korrekt sind.	
	Für das Rezept ist ein Werk angegeben: Das System prüft, ob das zugeordnete Material im Werk angelegt ist.	
Kriterien für die Auflösung	Das System prüft, ob bei jeder Formelposition die Komponentenart gepflegt ist (Ausnahme Intermediate).	■ manuellem Aufruf, bei Status mit einem der Attribute CONSIST_EXPLOSION, CONSIST_SYNC_BOM oder REL_SYNC_BOM ■ Statuswechsel mit dem Zielstatusattribut CONSIST_EXPLOSION, CONSIST_SYNC_BOM oder REL_SYNC_BOM
	Die Formelposition ist ein Intermediat und hat eine Komponentenart, die einen Auflösungsstopp verursacht. Das System prüft, ob der Formelposition eine Spezifikation zugeordnet ist.	

Tabelle 5.1 Prüfkriterien bei der Konsistenzprüfung

Kategorie	Kriterien	Prüfung bei
Kriterien für die Auflösung (Forts.)	Das System prüft, ob die Mengenangaben in allen auflösungsrelevanten Positionen in Massen umrechenbar sind.	
Kriterien für die Synchronisierung	Das System prüft, ob jeder Position eine Menge oder ein Ausnahmewert zugeordnet ist.	▪ manuellem Aufruf bei Status mit dem Attribut `CONSIST_SYNC_BOM` oder `REL_SYNC_BOM` ▪ Statuswechsel mit dem Zielstatusattribut `CONSIST_SYNC_BOM` oder `REL_SYNC_BOM`
	Das System prüft, ob jeder Formelposition ein Material zugeordnet ist (Ausnahme Intermediate).	
	Einer Formelposition ist ein zusätzliches Material zugeordnet. Das System prüft, ob die verwendeten Mengeneinheiten zum Material passen.	
	Das System prüft, ob mindestens eine Einsatzposition vorhanden ist.	

Tabelle 5.1 Prüfkriterien bei der Konsistenzprüfung (Forts.)

5.1.7 Stammdaten erneut laden

Sollten Sie aktiv im Rezept arbeiten und dabei feststellen, dass in einer Spezifikation fehlerhafte Eingaben vorliegen, können Sie die Spezifikationsdaten anpassen. Damit das Rezept die angepassten Informationen erhält, genügt es, den Button **Stammdaten erneut laden** zu betätigen. Das lästige, früher notwendige Schließen und wieder Öffnen des Rezepts entfällt somit.

Stammdaten erneut laden

Stellen Sie sich vor, Sie entdecken, dass der Schätzpreis einer Spezifikation nicht stimmt. Sie rufen die Spezifikation auf, korrigieren den Schätzpreis und speichern die Daten. Dann klicken Sie in der Rezeptur lediglich auf den Button **Stammdaten erneut laden** und erhalten sofort die aktualisierten Angaben.

5.1.8 Berechnungsparameter

Wie Sie in Abbildung 5.20 sehen, öffnet sich bei Aufruf der Funktion **Berechnungsparameter** ein Fenster, in dem Sie zum einem sehen können, welche Parameter das System nutzt, um die Berechnungsergebnisse zu ermitteln. Zum anderen haben Sie auch die Möglichkeit, die Parameter anzupassen. Die Parameter lauten im Einzelnen:

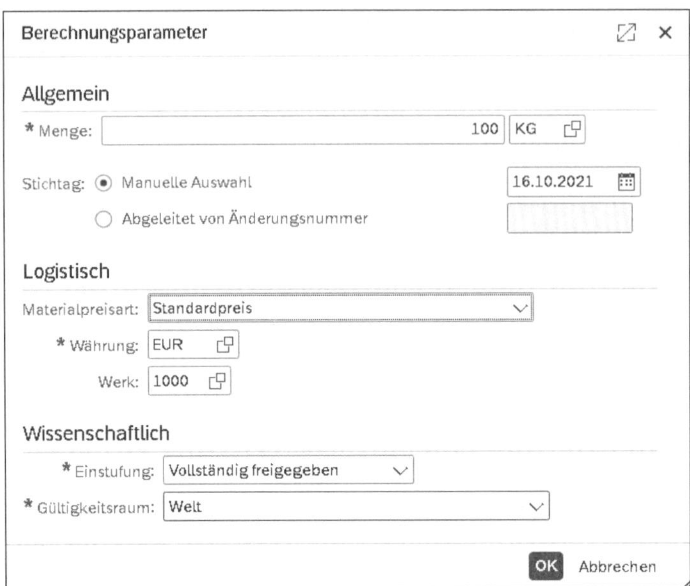

Abbildung 5.20 Möglichkeiten in der Funktion »Berechnungsparameter«

- Allgemein
  - **Menge**: Hier passen Sie die Menge und/oder die Mengeneinheit an, zu der die Nährwerte/quantitativen Komponenten und Kosten der Rezeptur ermittelt werden sollen.
  - **Stichtag**: Mit dieser Funktion wählen Sie den Stichtag aus, zu dem die Spezifikationsdaten gelesen werden sollen. Wählen Sie entweder ein freies Datum (**Manuelle Auswahl**) oder ein Datum mit Bezug zu einer Änderungsnummer (**Abgeleitet von Änderungsnummer**).
- Logistisch
  - **Materialpreisart**: Hier stellen Sie ein, zu welcher Materialpreisart die Kosten der Rezeptur ermittelt werden sollen.
  - **Währung**: Über **Währung** prüfen Sie, in welcher Währung die Kosten berechnet werden und passen sie bei Bedarf an.
  - **Werk**: Hiermit identifizieren Sie das Werk, zu dem die Materialpreise gelesen werden.
- Wissenschaftlich
  - **Einstufung**: Über **Einstufung** entscheiden Sie, ob Sie die Spezifikationsdaten für den internen Gebrauch oder für die Allgemeinheit in den Berechnungsergebnissen verarbeitet wissen möchten.
  - **Gültigkeitsraum**: Hiermit geben Sie an, für welche Region oder welche Vorschrift die Daten aus der Spezifikation zur Einstufung gelesen werden sollen.

Nutzung der Berechnungsparameter

In den wissenschaftlichen Berechnungsparametern wirken sich die Verwendungen der Bewertungsinstanzen in den Spezifikationen aus. Wenn z. B. für verschiedene Länder unterschiedliche Nährwerte gelten, haben Sie dazu mehrere Bewertungsinstanzen mit unterschiedlichen Verwendungen in der Spezifikation angelegt. Damit das System »weiß«, welche Verwendung bei der Ermittlung der Nährwerte im Rezept verarbeitet werden soll, geben Sie dies in den wissenschaftlichen Parametern an.

5.1.9 Auflösungsprotokoll

Das *Auflösungsprotokoll* unterstützt Sie dabei herauszufinden, welche untergeordneten Rezeptversionen und Spezifikationsdaten das System für die Ermittlung der Berechnungsergebnisse verwendet hat.

Das Auflösungsprotokoll öffnet sich erst dann, wenn Sie sich im Rezept mindestens einmal die Berechnungsergebnisse haben anzeigen lassen. Denn erst mit dem Aufruf der Berechnungsergebnisse beginnt das System damit, die in der Formel enthaltenen Spezifikationen in Abhängigkeit ihrer Komponentenarten auf weitere Rezepte bzw. auf die im Eigenschaftsbaum hinterlegten Daten hin zu untersuchen. Damit Sie in Erfahrung bringen können, welche untergeordneten Rezepte das System gefunden hat und an welcher Stelle das System die Aufforderung für einen Auflösungsstopp erhalten hat, gibt es dieses Protokoll.

Bei einer einfachen Rezeptur ohne untergeordnete Rezepturen ist das Auflösungsprotokoll verhältnismäßig unspektakulär. Interessant wird es dann, wenn Sie einen mehrstufigen und vielgliedrigen Unterbau haben und Komponentenarten nutzen, die eine Auflösung verbieten. In diesen Fällen ist das Auflösungsprotokoll ein hilfreiches und verlässliches Instrument in der Analyse des Pfads, den das System im Rahmen der Ermittlung der Berechnungsergebnisse zurücklegt. Abbildung 5.21 zeigt ein exemplarisches Auflösungsprotokoll.

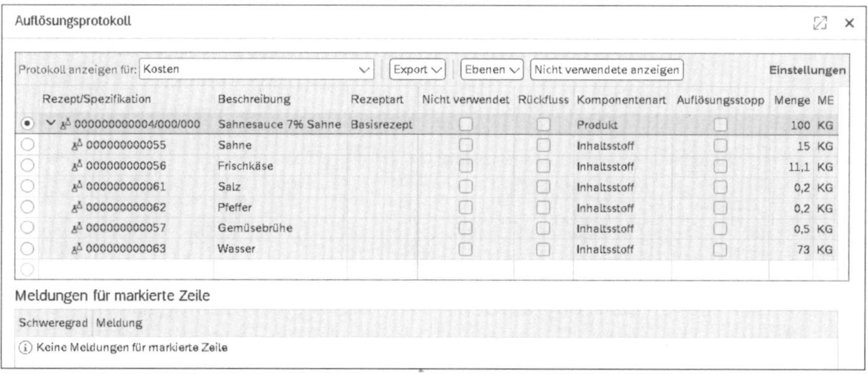

Abbildung 5.21 Auflösungsprotokoll einer einfachen Rezeptur

5.1.10 In Primärausbeute übernehmen

In Abschnitt 5.2.2, »Berechnungsergebnisse«, erhalten Sie einen Einblick darin, welche Berechnungen das Rezept für die Primärausbeute vornehmen kann. Damit diese Berechnungsergebnisse auch dauerhaft gespeichert werden können, können Sie die Berechnungsergebnisse über den Button **In Primärausbeute übernehmen** an die Primärausbeute schreiben. Voraussetzung ist, dass Sie das Rezept im Bearbeitungsmodus geöffnet haben und dass der **Stichtag** und das **Gültig ab**-Datum des Rezepts übereinstimmen.

Welche Daten an die Primärausbeute übertragen werden können und wo diese im Standard im Eigenschaftsbaum gespeichert werden, zeigt Ihnen Tabelle 5.2.

Berechnungsergebnis	Berechnungs-ID	Bewertungsart	Beschreibung Bewertungsart
Inhaltsstoffe	INGREDIENT	SAP_RMS_1012_017	Inhaltsstoffliste
Zusammensetzung	COMPOSITION	SAP_EHS_1012_003	Standard-Zusammensetzung
Diäten	DIETS	SAP_RMS_1012_010	Diäteignung
Allergene	ALLERGENS	SAP_RMS_1012_021	Allergene
Genmodifizierte Inhaltsstoffe	GENMODIFICATION	SAP_RMS_1012_025	Genmodifizierte Inhaltsstoffe
Religiöse Zertifikate	RELIGIOUS	SAP_RMS_1012_023	Religiöse Zertifikate
Nährstoffe	NUTRIENTS	SAP_RMS_1012_005	Nährstoffzusammensetzung
Nährstoffverlustberechnung	NUTRIENTS_HIER	SAP_RMS_1012_028	Hierarchische Nährstoffzusammensetzung
		SAP_RMS_1012_027	Hierarchische Nährstoffzusammensetzung nach Lagerungsverlust
Kosten	COSTS	SAP_RMS_1010_001	Schätzpreis
Berechnung in der Formel	INTRACALCULATION	SAP_EHS_1013_005	Dichte

Tabelle 5.2 Übersicht der an die Primärausbeute übertragbaren Berechnungsergebnisse

Sie können bei der Übertragung der Berechnungsergebnisse an die Primärausbeute selbst entscheiden, welche Daten übertragen werden sollen. Zudem können Sie bei den quantitativen und qualitativen Komponenten wie Nährstoffen und Allergenen wählen, ob alle Gruppen übertragen werden oder ob nur eine bestimmte Gruppe übertragen werden soll (siehe Abbildung 5.22).

Berechnungsergebnisse in Spezifikation übernehmen

Zielspezifikation

Spezifikation:	000000000004	
Stichtag:	08.03.2022	
Änderungsnummer:		
Einstufung:	PUBLIC	Vollständig freigegeben
Gültigkeitsraum:	REG_EU	Europäische Gemeinschaft

Zu übernehmende Daten

☑ Einsatz und Ausbeute	
☑ Inhaltsstoffe	
☑ Zusammensetzung	
☑ Nährstoffe	Alle Gruppen
☑ Diäten	Alle Gruppen
☑ Allergene	Alle Gruppen
☑ Einhaltung religiöser Zertifikate	Alle Gruppen
☑ Genmodifizierte Inhaltsstoffe	Alle Gruppen
☑ Kosten	
☑ Nährstoffverlustberechnung	Alle Gruppen

Abbildung 5.22 Daten selektieren für Übertragung an Primärausbeute

5.1.11 Simulation aktivieren

Die Auflösung des Rezepts und der darunterliegenden Rezepte hängt stark von den Komponentenarten ab, die den Spezifikationen in der Formel zugewiesen sind, und vom Status der potenziell aufzulösenden Rezepte. Auf Basis der Customizing-Einstellungen entscheidet sich das System am Ende immer für einen konkreten Weg.

Es kann der Fall eintreten, dass Sie eine neue Rezeptalternative für eine Vormischung definieren und herausfinden möchten, wie sich diese veränderte Rezeptalternative auf die darüberliegende Rezeptur auswirkt. Da sich die neue Rezeptalternative natürlich noch mitten in der Entwicklung befindet, kann die Rezeptur nicht freigegeben werden.

Hier kommt die *Simulation* ins Spiel: Sie haben in der Simulation die Möglichkeit, für die Spezifikationen in einer Formel abweichende Auflösungsregeln zu definieren. Dies bedeutet, dass Sie entweder eine Position von einem Auflösungsstopp »befreien« oder, wie in diesem Fall, einer Position eine andere Rezeptur zuweisen können, die das System unter normalen Umständen in der Auflösung ignorieren würde. Sie erhalten dadurch frühzeitig Erkenntnisse darüber, mit welchen Auswirkungen Sie rechnen müssen und können bei Bedarf Maßnahmen einleiten.

Zunächst müssen Sie ein Simulationsmodell anlegen (siehe Abschnitt 5.1.15, »Verwandte Themen«). Das Simulationsmodell kann über den Menüeintrag **Simulation aktivieren** bei Bedarf auf das Rezept angewendet werden, damit Sie die Veränderung im Rezept überprüfen können. In Abbildung 5.23 sehen Sie das Selektionsbild für die Auswahl eines Simulationsmodells. Über den Button **OK** sorgen Sie dafür, dass die geänderte Auflösung im Rezept zur Ermittlung der Berechnungsergebnisse verwendet wird.

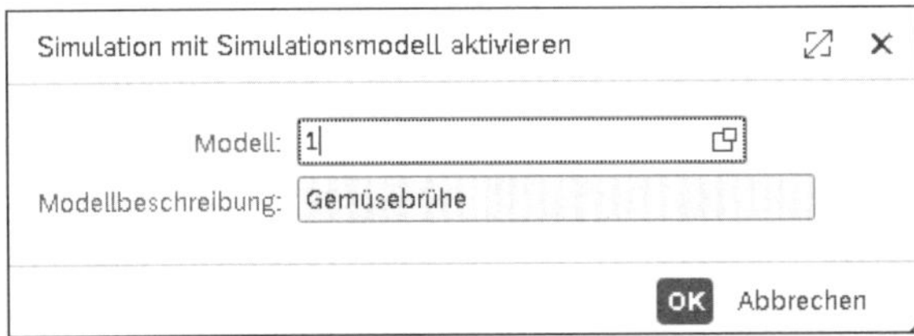

Abbildung 5.23 Ausgewähltes Simulationsmodell

Dass eine Simulation angewendet wird, erkennen Sie daran, dass in der Kopfzeile des Rezepts konkret darauf hingewiesen wird (siehe Abbildung 5.24).

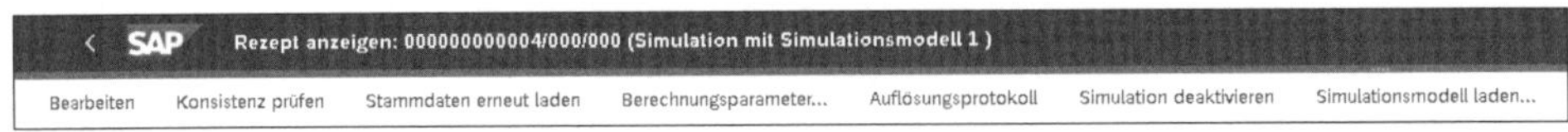

Abbildung 5.24 Kennzeichnung der aktiven Simulation im Rezept

Sind Sie mit den Auswirkungen einverstanden, können Sie die notwendigen Schritte einleiten, damit sich die Änderungen dauerhaft auswirken. Es kann z. B. sein, dass die bisherige Rezeptversion obsolet gesetzt und die neue Rezeptversion freigegeben wird.

[!]

Menüeintrag »Simulation aktivieren«

Der Menüeintrag **Simulation aktivieren** ist nur dann verfügbar, wenn das Rezept im Anzeigemodus geöffnet ist. Sollten Sie den Menüeintrag zu einem Zeitpunkt vermissen, prüfen Sie, ob Sie das Rezept im Anzeigemodus geöffnet haben.

5.1.12 Anwendungsprotokoll

Im Anwendungsprotokoll erhalten Sie eine Übersicht der Meldungen, die das System zum geöffneten Rezept ausgegeben hat. Wie Sie in Abbildung 5.25 sehen, reichen die Meldungen, die Sie im Anwendungsprotokoll nachlesen können, von Informationsmeldungen bis hin zu Fehlermeldungen. Über die zur Verfügung stehenden Kennzeichen selektieren Sie, welche Meldungsarten Sie sehen möchten. Sie erhalten Informationen dazu, wann (Spalte **Datum**) bei wem (Spalte **Benutzer**) welche Meldung (Spalte **Nachricht**) ausgegeben wurde.

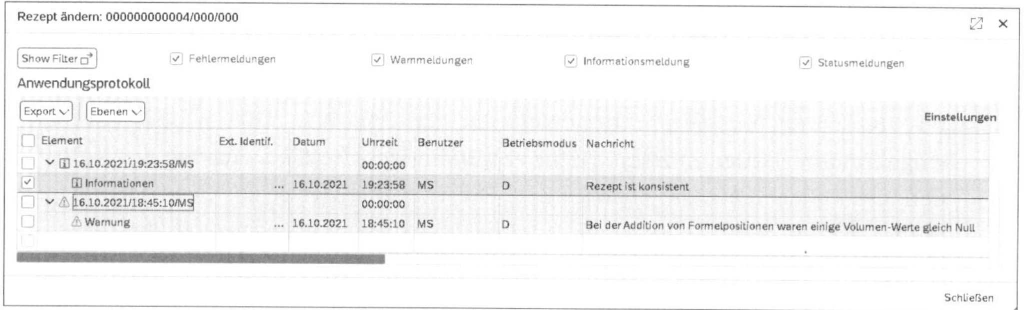

Abbildung 5.25 Übersicht über die Meldungen im Anwendungsprotokoll

Wenn Sie die Übersicht auf bestimmte Meldungen reduzieren möchten (z. B. ausschließlich Fehlermeldungen zu Ihrem User), nutzen Sie bei Bedarf die Filtermöglichkeiten, die in Abbildung 5.26 dargestellt sind und die Sie über **Show Filter** ausklappen können.

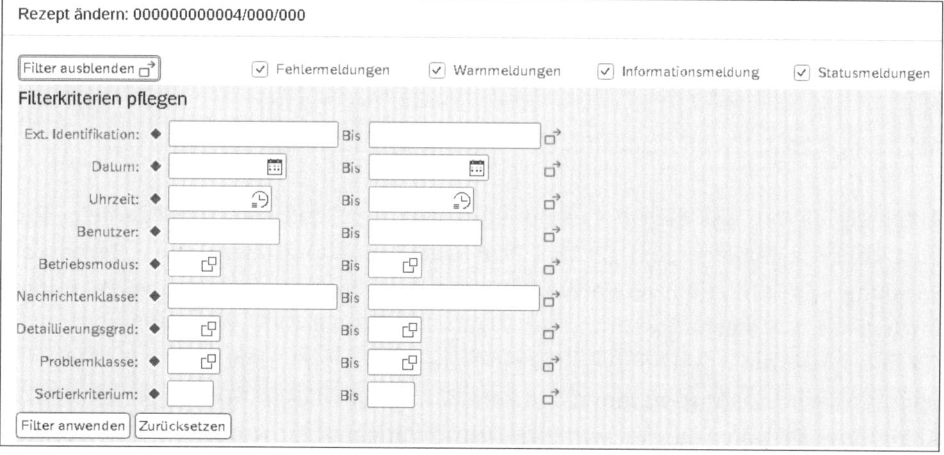

Abbildung 5.26 Filterkriterien im Anwendungsprotokoll

5.1.13 Weitere Funktionen

Im Menü des Rezepts gibt es außerdem den Eintrag **Weitere Funktionen**. Dort finden Sie verschiedene Einträge, die Sie für das Arbeiten mit Rezepten verwenden können. In den nachfolgenden Abschnitten werden die zentralen Funktionen herausgegriffen.

Ad-hoc-Bericht Rezept

Wenn Sie durch die Arbeit mit Spezifikationen Gefallen an der Definition von Windows-Wordprocessor-Integration-Berichten (WWI-Berichten) gefunden haben, ist die Funktion **Ad-hoc-Bericht Rezept** für Sie interessant. Auch für Rezepte ist es möglich, WWI-Berichte zu definieren. Der größte Unterschied zur Definition von WWI-Berichten für Spezifikationen ist der, dass die Rezeptdaten über User-Exits eingebunden werden müssen. Dafür empfiehlt sich die Abstimmung mit Kolleginnen und Kollegen aus der Entwicklung. Die Vorgehensweise zur Generierung eines Ad-hoc-Berichts für das Rezept ist identisch zur Vorgehensweise bei der Spezifikation (siehe Abschnitt 3.1.8, »Weitere Funktionen«). Wie Sie in Abbildung 5.27 sehen, wählen Sie eine bestehende **Generierungsvariante** aus, entscheiden sich für die **Sprache**, in der der Bericht generiert werden soll und für den **Stichtag**, zu dem die Daten aus dem System gelesen werden sollen. Anschließend bestätigen Sie die Eingaben mit **OK**.

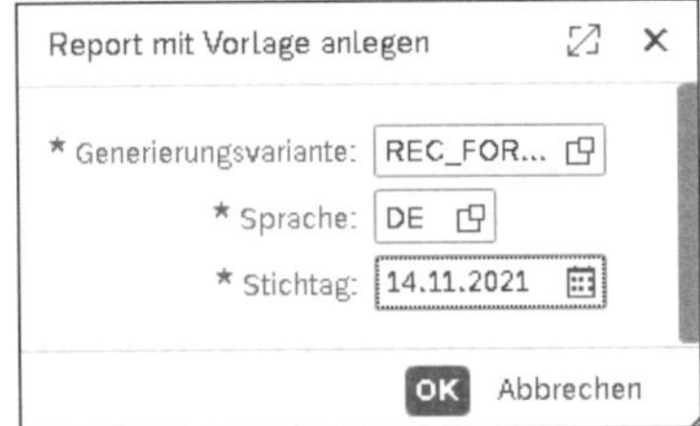

Abbildung 5.27 Auswahlkriterien für einen Ad-hoc-Bericht für das Rezept

Abhängig davon, was Sie im Customizing über den Pfad **Logistik Allgemein • Product Lifecycle Management (PLM) • PLM-Web-Benutzungsoberfläche • Rezeptentwicklung • Spezifikationsverwaltung • Grundeinstellungen • Umgebungsparameter festlegen** am Umgebungsparameter **WWI_GENSERVER_SYN_WEB_APPL** (Dateityp für den synchronen WWI-Server) für ein Dateiformat hinterlegt haben (DOC/DOCX oder PDF), wird das System Ihnen den Bericht in genau diesem Format generieren. In Abbildung 5.28 sehen Sie, dass ein PDF-Dokument generiert wurde.

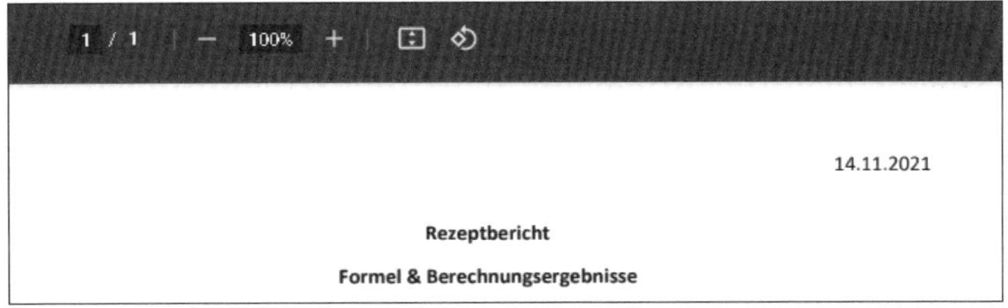

Abbildung 5.28 Kopfbereich eines exemplarischen Ad-hoc-Berichts für ein Rezept

Änderungsbelege anzeigen

Die nächste Funktion **Änderungsbelege anzeigen** wird Ihnen ebenfalls aus den Spezifikationen aus Abschnitt 3.1.8, »Weitere Funktionen«, bekannt vorkommen. Wie Sie es Abbildung 5.29 entnehmen können, erhalten Sie über die Spalte **Struktur** die Information, an welcher Stelle im Rezept etwas geändert wurde, z. B. in der **Formel**.

Über die Spalte **Zusatzinformationen** sehen Sie direkt, an welchen Positionen Änderungen vorgenommen wurden. Um welche Art der Änderung es sich handelt, zeigt Ihnen die dafür vorgesehene Spalte **Art der Änderung**. Des Weiteren erhalten Sie konkrete Informationen über das **Feld**, in dem die Änderung vorgenommen wurde, sowie über den alten Wert und den neuen Wert. Mithilfe von **Benutzername** können Sie bei Bedarf auf Kolleginnen und Kollegen zugehen und Rücksprache zu einer Änderung halten. Die Spalte **Technisches Feld** ist insofern hilfreich, als dass Sie über den technischen Feldnamen im Bereich **Suchkriterien** die Anzahl der angezeigten Änderungsbelege einschränken können.

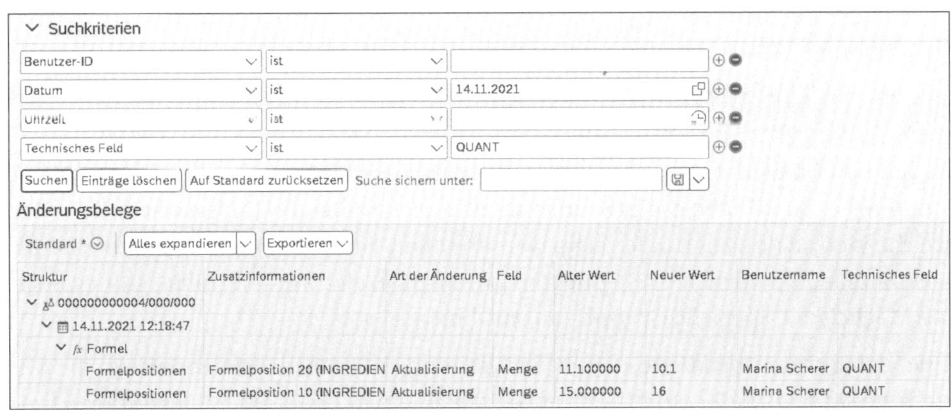

Abbildung 5.29 Änderungsbelege in einem Rezept

Link per E-Mail senden

Sollten Sie in die Situation kommen, dass Sie Kolleginnen und Kollegen gezielt auf eine Rezeptur hinweisen möchten, weil Sie z. B. nicht im Haus sind und die Rezeptur für einen Kunden dringend fertiggestellt werden soll oder jemand sich die Rezeptur unter bestimmten Gesichtspunkten anschauen soll, können Sie über die Funktion **Link per E-Mail senden** ein E-Mail-Fenster öffnen. Wie Sie es Abbildung 5.30 entnehmen können, fügt das System einen **Link** zum Rezept sowie den **Betreff** der E-Mail direkt ein. Alle weiteren Informationen können von Ihnen ergänzt werden.

Betreff	Rezept : 000000000004/000/000 : Sahnesauce 7% Sahne

https://sapkd1.mucdom.de:44303/sap/bc/webdynpro/plmu/wda_rcp_oif?ALT_NO=000&FRW_OTYPE=PLM_RCP&KEYDATE=20211115&MDL_NAME=&RCP_ID=&SUBID=000000000004&VERS_NO=000&WERKS=&WDCONFIGURATIONID=%2fPLMU%2fWDA_RCP_OIF_CFG&FRW_MODE=D

Abbildung 5.30 Link per E-Mail senden

Vorgabenprüfung starten/Vorgabenprüfung mit Varianten starten

Mit den beiden Funktionen **Vorgabenprüfung starten** und **Vorgabenprüfung mit Varianten starten** können Sie aus dem Rezept zur Überprüfung von diversen Vorgaben navigieren. Details zur Vorgabenprüfung finden Sie in Kapitel 9, »Vorgabenprüfung«.

Daten herunterladen

Es wird Fälle geben, in denen Sie sich zwischen vergleichbaren Rezepturen entscheiden müssen oder zur Entscheidungsfindung eine einzelne Rezeptur vorlegen möchten. Dabei kann Ihnen die Funktion **Daten herunterladen** helfen. Schauen Sie sich für die weiteren Ausführungen Abbildung 5.31 an. Neben der Wahl über das Feld **Variante**, in dem Sie definieren, ob Sie eine **vergleichende Gegenüberstellung** oder eine **Einzelanzeige** generieren möchten, können Sie über das Feld **Format** entscheiden, ob Sie ein Excel-Dokument generieren oder ob Sie das Ergebnis in einem HTML-Format im Browser sehen möchten.

In Abbildung 5.31 sehen Sie zudem im Bereich **Objektdaten** Selektionsmöglichkeiten für die Daten aus den verschiedenen Registerkarten des Rezepts. Dazu gehören die allgemeinen Daten, die Formel, der Prozess und die Berechnungsergebnisse.

Neben den Objektdaten können Sie im Bereich **Zusatzinformationen** weitere Daten eingrenzen. So können Sie z. B. auswählen, welche Allergengruppe angezeigt oder welche Werksdaten zugrunde gelegt werden sollen. Neben der Option, dass entweder alle Daten oder lediglich die gepflegten Daten angezeigt werden sollen, gibt es noch die Möglichkeit, spezielle Gruppen auszuwählen.

Über den Button **Objektliste**, den Sie in Abbildung 5.31 sehen, gelangen Sie in die Ansicht von Abbildung 5.32. Hier können Sie mit einem Klick auf **Objekt hinzufügen** weitere Rezepte einbinden oder gezielt Objekte entfernen, falls Sie eine vergleichende Gegenüberstellung im Sinn haben.

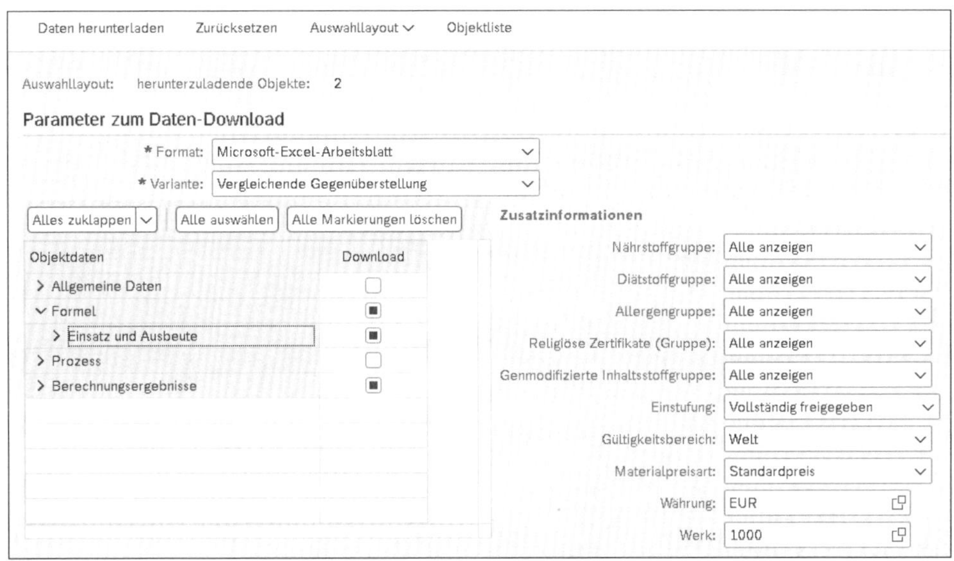

Abbildung 5.31 Selektionskriterien in der Funktion »Daten herunterladen«

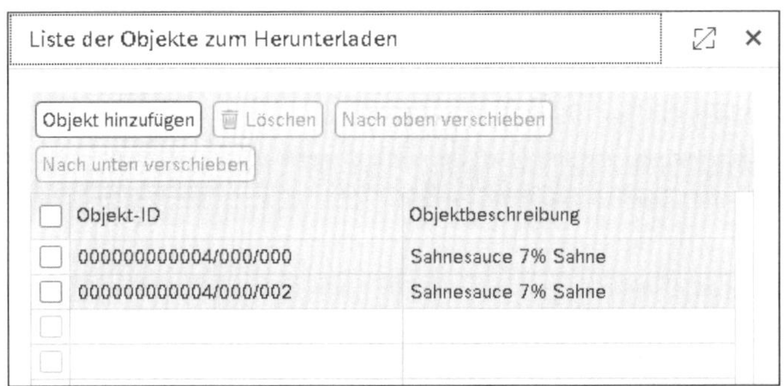

Abbildung 5.32 Objektliste in der Funktion »Daten herunterladen«

Abbildung 5.33 zeigt eine exemplarische Gegenüberstellung von zwei verschiedenen Rezeptversionen zu derselben Primärausbeute: In der Spalte **Auflösungsrezept** ist zu sehen, dass die Rezeptur mit der Version 002 bei der Gemüsebrühe eine spezielle Rezeptur zur Auflösung heranzieht, wohingegen die Rezeptur mit der Version 000 keine Rezeptur zur Auflösung nutzt, sondern auf die Spezifikationsdaten der Gemüsebrühe zugreift. Diese Übersicht können Sie gut als Diskussionsgrundlage verwenden.

Wenn Sie immer wieder ähnliche Informationen benötigen, um eine Entscheidungsfindung zu beschleunigen, bietet es sich an, diese Informationen bequem als *Variante* zu speichern. Über den Button **Auswahllayout** in Abbildung 5.31 können Sie die Selektionskriterien in einem Layout speichern. Dies ermöglicht es Ihnen, im Nachgang effizient und komfortabel über **Daten über Schnellauswahl herunterladen** zu agieren.

1. Informationen zur Ausbeute

Angelegt am:	14.11.2021
Angelegt von:	MS (Marina Scherer)
Datumsformat:	TT.MM.JJJJ (gregorianisches Datum) (T=Tag; M=Monat; J=Jahr)
Zeitformat:	24-Stunden-Format (Beispiel: 12:05:10)

2. Formel

2.1. Einsatz und Ausbeute

	Spezifikation	Beschreibung 1	Material	Beschreibung des Materi	Komponentenart	Menge	Mengeneinheit	Auflösungsrezept
000000000004/000/000	000000000004	Sahnesoße			PRODUCT	100,00	KG	
000000000004/000/000	000000000055	Sahne	3017	Sahne	INGREDIENT	16,00	KG	
000000000004/000/000	000000000056	Frischkäse	3018	Frischkäse	INGREDIENT	10,10	KG	
000000000004/000/000	000000000061	Salz	3019	Salz	INGREDIENT	0,20	KG	
000000000004/000/000	000000000062	Pfeffer	3020	Pfeffer	INGREDIENT	0,20	KG	
000000000004/000/000	000000000057	Gemüsebrühe	3021	Gemüsebrühe	INGREDIENT	0,50	KG	
000000000004/000/000	000000000063	Wasser	3022	Wasser	INGREDIENT	73,00	KG	
000000000004/000/002	000000000004	Sahnesoße			PRODUCT	100,00	KG	
000000000004/000/002	000000000055	Sahne	3017	Sahne	INGREDIENT	16,00	KG	
000000000004/000/002	000000000056	Frischkäse	3018	Frischkäse	INGREDIENT	10,10	KG	
000000000004/000/002	000000000061	Salz	3019	Salz	INGREDIENT	0,20	KG	
000000000004/000/002	000000000062	Pfeffer	3020	Pfeffer	INGREDIENT	0,20	KG	
000000000004/000/002	000000000057	Gemüsebrühe	3021	Gemüsebrühe	INGREDIENT	0,50	KG	000000000057/000/000
000000000004/000/002	000000000063	Wasser	3022	Wasser	INGREDIENT	73,00	KG	

Abbildung 5.33 Vergleichende Gegenüberstellung von Rezepten

In Abbildung 5.34 sehen Sie das Bild innerhalb der Funktion **Daten über Schnellauswahl herunterladen**, in der über den Button **Daten herunterladen** das gewünscht Auswahllayout heruntergeladen werden kann. Über den Button **Objektliste** können Sie die Auswahl der zu vergleichenden Rezepturen verändern.

Abbildung 5.34 Daten über Schnellauswahl herunterladen

Mehrere Rezepte anzeigen

Die Funktion **Mehrere Rezepte anzeigen** ermöglicht es Ihnen, innerhalb von SAP Recipe Development einen Vergleich der verschiedenen Rezepte vorzunehmen. Wie Sie in Abbildung 5.35 auf der rechten Seite sehen, wird zunächst das einzelne Rezept in der Übersicht angezeigt, wenn Sie aus einem geöffneten Rezept heraus starten.

SAP Mehrere Rezepte anzeigen

Bearbeiten | Berechnungsparameter... | Rezeptauswahl ändern... | Einzelnes Rezept anzeigen | Weitere Funktionen | Weitere Möglichkeiten

Formel | Berechnungsergebnisse

Export | Details einblenden | Einfügen | Löschen | Kopieren | Einsetzen | Nach oben verschieben | Nach unten verschieben | Formelpositionen neu nummerieren

Formelpositionen — 000000000004/000/000

Sortiern...	Spezifikation	Beschreibung 1	PositArt	Komponentenart	Material	Kurztext	Menge	Mengeneinheit
1			Primärausbeute				100	KG
10	000000000055	Sahne	Einsatz	INGREDIENT	3017	Sahne	16	KG
20	000000000056	Frischkäse	Einsatz	INGREDIENT	3018	Frischkäse	10,1	KG
30	000000000061	Salz	Einsatz	INGREDIENT	3019	Salz	0,2	KG
40	000000000062	Pfeffer	Einsatz	INGREDIENT	3020	Pfeffer	0,2	KG
50	000000000057	Gemüsebrühe	Einsatz	INGREDIENT	3021	Gemüsebrühe	0,5	KG
60	000000000063	Wasser	Einsatz	INGREDIENT	3022	Wasser	73	KG

Abbildung 5.35 Das Einstiegsbild »Mehrere Rezepte anzeigen« aus einem Einzelrezept

Über den Button **Rezeptauswahl ändern** gelangen Sie in ein Bild, in dem Sie gezielt Rezepte eingeben können (siehe Abbildung 5.35). Wie aus Abbildung 5.36 hervorgeht, können Sie über die Spalten **Spezifikation der Primärausbeute**, **Rezeptalternative** und **Rezeptversion** einzelne Rezepte hinzufügen.

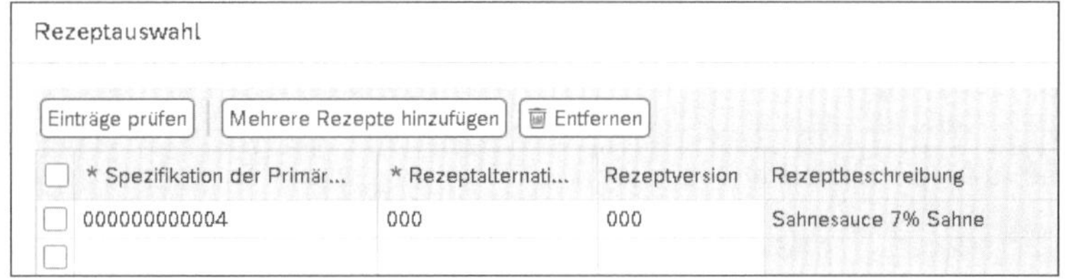

Rezeptauswahl

Einträge prüfen | Mehrere Rezepte hinzufügen | Entfernen

* Spezifikation der Primär...	* Rezeptalternati...	Rezeptversion	Rezeptbeschreibung
000000000004	000	000	Sahnesauce 7% Sahne

Abbildung 5.36 Rezeptauswahl ändern

Alternativ nutzen Sie den Button **Mehrere Rezept hinzufügen** in Abbildung 5.36 und gelangen darüber in ein vielseitiges Suchbild, in dem Sie nach mehreren Rezepten suchen können (siehe Abbildung 5.37).

Nachdem Sie, wie in Abbildung 5.38 gezeigt, mehrere Rezepte in die Rezeptauswahl übernommen haben, können Sie die Ansicht über den Button **OK** schließen.

Im Anschluss werden Sie feststellen, dass beide Rezepte am rechten Bildrand in Spalten aufgeführt sind (siehe Abbildung 5.39). Die Unterschiede in den Formelpositionen der beiden Rezepte können so leichter erkannt werden.

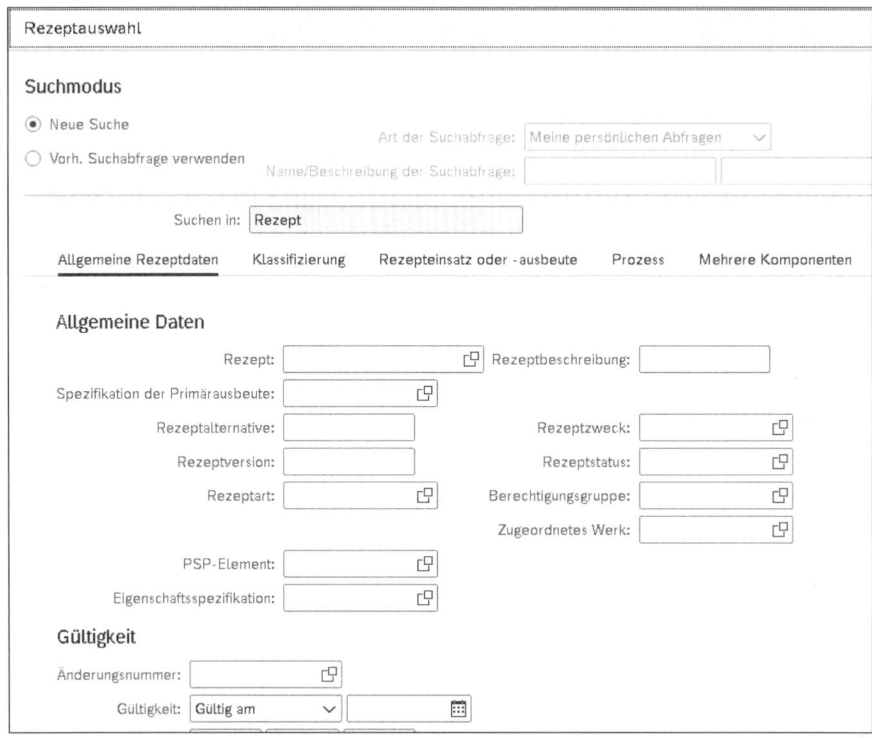

Abbildung 5.37 Suchbild für die Rezeptauswahl

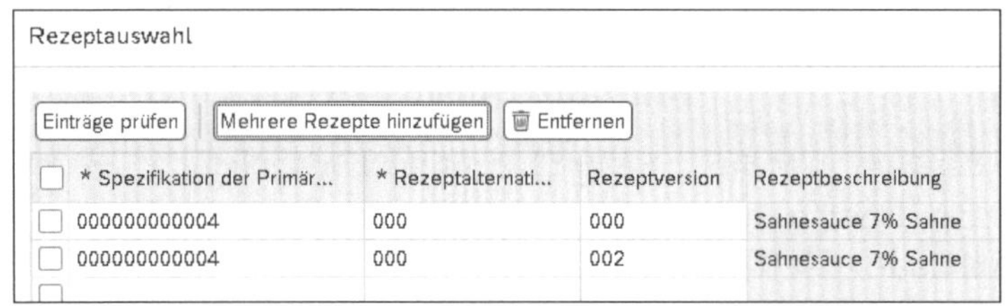

* Spezifikation der Primär...	* Rezeptalternati...	Rezeptversion	Rezeptbeschreibung
000000000004	000	000	Sahnesauce 7% Sahne
000000000004	000	002	Sahnesauce 7% Sahne

Abbildung 5.38 Mehrere Rezepte in der Rezeptauswahl

Sortiern...	Spezifikation	Beschreibung 1	PositArt	Komponentenart	Material	Kurztext	000000000004/000/000 Menge	Mengeneinheit	000000000004/000/002 Menge	Mengeneinheit
1			Primärausbeute				100	KG	100	KG
10	000000000055	Sahne	Einsatz	INGREDIENT	3017	Sahne	16	KG	16	KG
20	000000000056	Frischkäse	Einsatz	INGREDIENT	3018	Frischkäse	10,1	KG	10,1	KG
30	000000000061	Salz	Einsatz	INGREDIENT	3019	Salz	0,2	KG	0,2	KG
40	000000000062	Pfeffer	Einsatz	INGREDIENT	3020	Pfeffer	0,2	KG	0,2	KG
50	000000000057	Gemüsebrühe	Einsatz	INGREDIENT	3021	Gemüsebrühe	0,5	KG	1,5	KG
60	000000000063	Wasser	Einsatz	INGREDIENT	3022	Wasser	73	KG	72	KG

Abbildung 5.39 Mehrere Rezepte in der Anzeige

Da bei einem Vergleich von verschiedenen Rezepten nicht nur die Formelpositionen entscheidend sind, sondern auch die Daten der Berechnungsergebnisse (z. B. Nährstoffe bzw. quantitative Komponenten, Allergene oder Kosten), gibt es in dieser Ansicht die Möglichkeit, entweder in die Sicht **Berechnungsergebnisse** zu wechseln oder über den Button **Details einblenden** unterhalb der Formelpositionen weitere Sichten zu öffnen. Es stehen Ihnen in beiden Fällen die gesamten Sichten zur Verfügung, die Sie auch bei einem Einzelrezept in den Berechnungsergebnissen einsehen können.

In der Sicht **Berechnungsergebnisse** sind die Formelpositionen nicht mehr zu sehen. Dafür müssen Sie nicht so viel scrollen. In Abbildung 5.40 sehen Sie, dass sich die beiden Rezepturen im Wasser-, Sahne-, und Gemüsebrühanteil unterscheiden und dadurch auch die reinen Einsatzkosten pro 100 kg variieren. Insgesamt ist dies ein hilfreiches Instrument, wenn es um den Vergleich von Rezepturen geht.

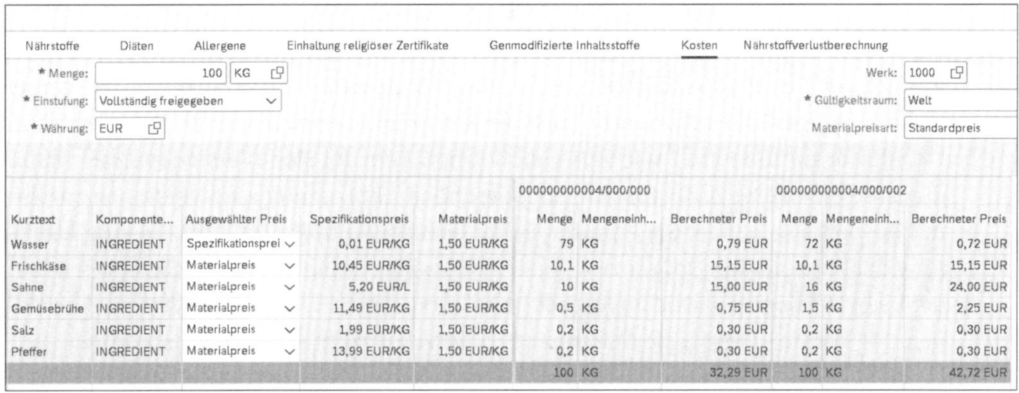

					000000000004/000/000			000000000004/000/002		
Kurztext	Komponente...	Ausgewählter Preis	Spezifikationspreis	Materialpreis	Menge	Mengeneinh...	Berechneter Preis	Menge	Mengeneinh...	Berechneter Preis
Wasser	INGREDIENT	Spezifikationsprei	0,01 EUR/KG	1,50 EUR/KG	79	KG	0,79 EUR	72	KG	0,72 EUR
Frischkäse	INGREDIENT	Materialpreis	10,45 EUR/KG	1,50 EUR/KG	10,1	KG	15,15 EUR	10,1	KG	15,15 EUR
Sahne	INGREDIENT	Materialpreis	5,20 EUR/L	1,50 EUR/KG	10	KG	15,00 EUR	16	KG	24,00 EUR
Gemüsebrühe	INGREDIENT	Materialpreis	11,49 EUR/KG	1,50 EUR/KG	0,5	KG	0,75 EUR	1,5	KG	2,25 EUR
Salz	INGREDIENT	Materialpreis	1,99 EUR/KG	1,50 EUR/KG	0,2	KG	0,30 EUR	0,2	KG	0,30 EUR
Pfeffer	INGREDIENT	Materialpreis	13,99 EUR/KG	1,50 EUR/KG	0,2	KG	0,30 EUR	0,2	KG	0,30 EUR
					100	KG	32,29 EUR	100	KG	42,72 EUR

Abbildung 5.40 Kostenvergleich in der Funktion »Mehrere Rezepte anzeigen«

[!]

Mehrere Rezepte anzeigen

Achten Sie bei der Auswahl Ihrer Objekte darauf, dass Sie nicht zu viele Rezepte selektieren. Abhängig von der Größe Ihres Bildschirms müssen Sie bei zu vielen Rezepten viel scrollen, was die Erfassung der Unterschiede ineffizient macht.

5.1.14 Weitere Möglichkeiten

Mithilfe von **Weitere Möglichkeiten** im Menü eines Rezepts stehen Ihnen verschiedene Hilfsmittel zur Verfügung, die das Arbeiten erleichtern sollen. In den nachfolgenden Abschnitten werden die zentralen Einträge aufgeführt.

Rezept anzeigen

Über den Eintrag **Rezept anzeigen** öffnet das System ein neues Fenster, in dem Sie ohne vorbelegte Felder ein Rezept auswählen und im Anzeigemodus öffnen können (siehe Abbildung 5.41).

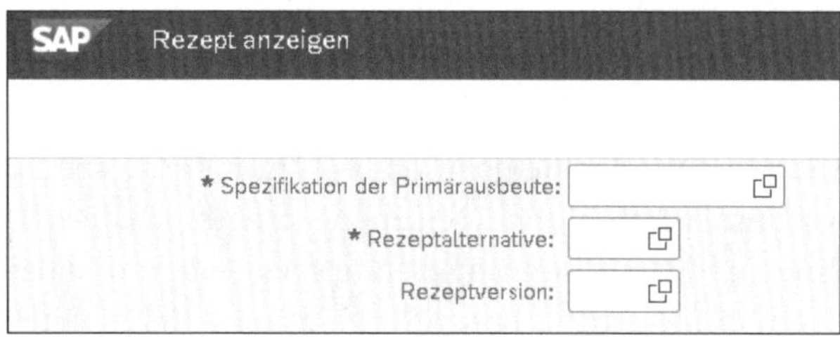

Abbildung 5.41 Rezept anzeigen

Im Object Navigator anzeigen

Ähnlich wie bei der Spezifikation in Abschnitt 3.1.9, »Weitere Möglichkeiten«, dargestellt, zeigt der Object Navigator auch bei Rezepten in verschiedenen Registerkarten Detailinformationen auf. Wie Sie in Abbildung 5.42 in der Sicht **Versionen** sehen, kann dies zum einen eine Auflistung der existierenden Alternativen und Versionen zur Primärausbeute sein, oder Sie erhalten in der Sicht **Verknüpfte Dokumente** eine Auflistung der hinterlegten Dokumente. Interessant sind Auflistungen von Rezepten wie in der Sicht **Versionen**, da Sie aus dieser Sicht heraus über den Button **Weitere Funktionen** z. B. komfortabel in die **Massenänderung** von Rezepten navigieren können.

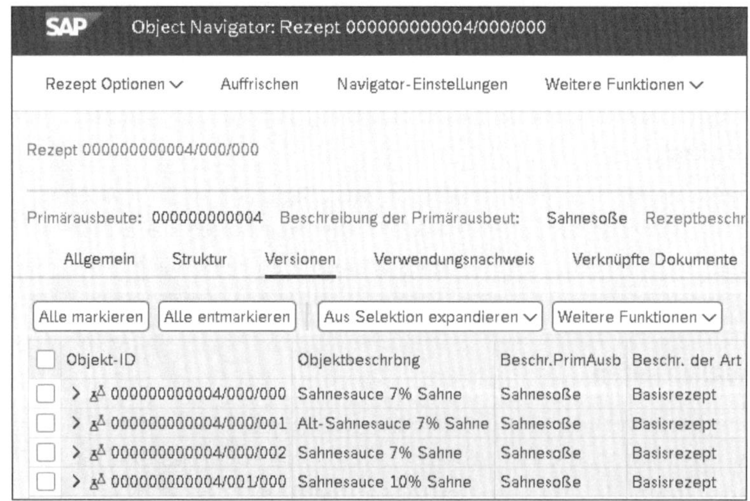

Abbildung 5.42 Versionen zu einem Rezept im Object Navigator

Mithilfe des Buttons **Navigator-Einstellungen** im oberen Bereich von Abbildung 5.42 können Sie für jede Sicht Einstellungen vornehmen (siehe Abbildung 5.43), wie z. B.

die maximale Anzahl der aufzulösenden Objekte in einer Sicht (Feld **Maximale Anzahl an aufzulösend**), oder Sie nehmen eine Einschränkung auf bestimmte Rezeptarten (Feld **Rezeptart**) vor, die Sie im Object Navigator sehen möchten.

Falls Sie irgendwann den Überblick verlieren, wie die Originaleinstellungen aussahen, nutzen Sie einfach das Kennzeichen **Personalisierung löschen**.

Navigator-Einstellungen

View: Struktur

Gültig von: 14.11.2021

Rezeptart:

Rezeptzweck:

Benutzereinstellungen

* Maximale Anzahl an aufzulösend: 500

Untergeordnete Elemente vorab: ☑

Navigator-Einstellungen personalis.

Werte anpassen: ☐

Personalisierung löschen: ☐

OK Abbrechen

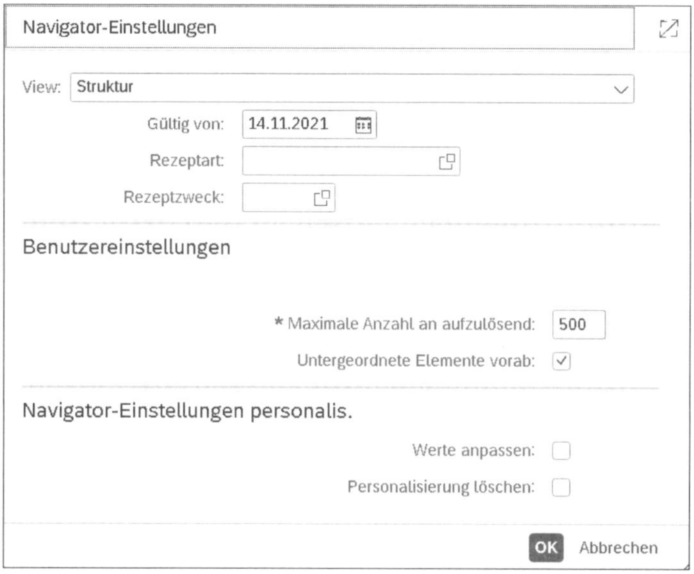

Abbildung 5.43 Navigator-Einstellungen für die Sicht »Struktur«

Mehrere Rezepte ändern

Der Eintrag **Mehrere Rezepte ändern** erinnert Sie vermutlich stark an die Funktion **Mehrere Rezepte anzeigen** aus Abschnitt 5.1.13, »Weitere Funktionen«. Damit liegen Sie auch ganz richtig. Aus der Funktion **Mehrere Rezepte anzeigen** können Sie problemlos in den Änderungsmodus wechseln. Während sich die Betrachtung in Abschnitt 5.1.13, »Weitere Funktionen«, mit den Selektionsmöglichkeiten und den Ansichten befasst hat, schauen wir nun auf die Felder, die bei der Betrachtung von mehreren Rezepten geändert werden können. In Abbildung 5.44 sehen Sie, dass Ihnen die folgenden Eingabemöglichkeiten zur Verfügung stehen:

- **Spezifikation**
  Sie können eine bestehende Spezifikationsnummer ändern. Dabei sollten Sie allerdings berücksichtigen, dass sich die Änderung direkt auf alle Rezepturen auswirkt, die die Spezifikation enthalten und in der Auswahl aufgeführt sind. Ist die Spezifikation mit einer Materialnummer verknüpft, müssen Sie gegebenenfalls auch die Materialnummer manuell anpassen. Alternativ können Sie eine neue Spezifikationsnummer in eine leere Zeile einfügen. Der neue Eintrag wird im Zusammenhang mit den Mengenangaben in den einzelnen Rezepten konkret.

- **Positionsart (PositArt)**
  Sie können in der Spalte **PositArt** eine Positionsart verändern, indem Sie z. B. eine Position zu einer Sekundärausbeute ändern. Aber Achtung: Auch hier ändert sich die Position für alle Rezepte, die in dieser Position bereits Mengenangaben umfassen und in der Auswahl enthalten sind.
- **Komponentenart**
  Wenn die Komponentenart einer Position angepasst werden muss, geht dies über die dafür vorgesehene Spalte.
- **Material**
  In Kombination mit der Spalte **Spezifikation** kann auch die Materialnummer einer Position geändert werden, oder Sie fügen sie in einer leeren Zeile komplett neu ein.
- **Menge**
  Sollten Sie Änderungen an den Mengen der einzelnen Positionen vornehmen, sind diese Änderungen jeweils pro Rezept vorzunehmen. Die Änderungen wirken sich nicht automatisch auf alle Rezepte in der Auswahl aus.
- **Mengeneinheit**
  Auch Änderungen der Mengeneinheit müssen Sie pro Position und pro Rezept einzeln vornehmen.

SAP Mehrere Rezepte ändern

Nur anzeigen | Einträge prüfen | Rezept kopieren | Berechnungsparameter... | Rezeptauswahl ändern... | Änderbarkeitsübersicht... | Einzelnes Rezept anzeigen | Weitere Funktionen

Formel | Berechnungsergebnisse

Export | Details einblenden | Einfügen | Löschen | Kopieren | Einsetzen | Nach oben verschieben | Nach unten verschieben | Formelpositionen neu nummerieren

Formelpositionen							000000000004/000/000		000000000004/000/002	
Sortiern...	Spezifikation	Beschreibung 1	PositArt	Komponentenart	Material	Kurztext	Menge	Mengeneinheit	Menge	Mengeneinheit
1			Primärausbeute				100	KG	100	KG
10	000000000055	Sahne	Einsatz	INGREDIENT	3017	Sahne	10	KG	16	KG
20	000000000056	Frischkäse	Einsatz	INGREDIENT	3018	Frischkäse	10,1	KG	10,1	KG
30	000000000061	Salz	Einsatz	INGREDIENT	3019	Salz	0,2	KG	0,2	KG
40	000000000062	Pfeffer	Einsatz	INGREDIENT	3020	Pfeffer	0,2	KG	0,2	KG
50	000000000057	Gemüsebrühe	Einsatz	INGREDIENT	3021	Gemüsebrühe	0,5	KG	1,5	KG
60	000000000063	Wasser	Einsatz	INGREDIENT	3022	Wasser	79	KG	72	KG
70			Einsatz							

Abbildung 5.44 Änderungsmöglichkeiten in der Funktion »Mehrere Rezepte ändern«

[!]

Mehrere Rezepte ändern

Es handelt sich bei der Funktion **Mehrere Rezepte ändern** nicht um Massenänderungsfunktionen. Für diesen Zweck hat SAP separate Funktionen entwickelt, die in Abschnitt 5.10, »Massenänderung«, erläutert werden.

Rezept anlegen/kopieren

Aus dem Menüeintrag **Weitere Möglichkeiten** können Sie zu verschiedenen Wegen der Anlage eines Rezepts navigieren. Dazu gehören:

- Rezept anlegen
- In neues Rezept kopieren
- In neue Rezeptalternative kopieren
- In neue Rezeptversion kopieren

All diese Schritte sind in Abschnitt 5.1.4, »Rezept anlegen«, bereits beschrieben worden. An dieser Stelle soll der Verweis auf diesen Abschnitt ausreichen.

Rezept mit Stückliste synchronisieren

Haben Sie ein Rezept so weit bearbeitet und fertiggestellt, dass die Formeldaten an die Produktion übergeben werden können, wird der Eintrag **Rezept mit Stückliste synchronisieren** relevant. Über diese Sicht nehmen Sie alle Schritte vor, um die Integration der Stücklistendaten zwischen Produktentwicklung und Produktion abzubilden. Für die Detailbetrachtung dieses Bereichs schauen Sie sich Abschnitt 11.2.2, »Stückliste«, an.

Rezept zu Planungsrezept synchronisieren

Für den Eintrag **Rezept zu Planungsrezept synchronisieren** gilt dasselbe wie für den Eintrag **Rezept mit Stückliste synchronisieren**: Wenn alle Aktivitäten seitens der Produktentwicklung erledigt sind und die Prozessdaten an die Produktion übergeben werden können, gelangen Sie über diesen Menüeintrag an die Stelle, an der Sie alle Aktivitäten für die Integration der Prozessdaten zwischen Produktentwicklung und Produktion abbilden. Hierzu finden Sie in Abschnitt 11.2.3, »Planungsrezept«, eine detailliertere Ausführung.

5.1.15 Verwandte Themen

Die Einträge im Menü **Verwandte Themen** haben allesamt Bezug zu einem Stammdatenobjekt, das in Verbindung mit dem Rezept steht. Dazu gehören die Prozessparameter, die Spezifikation, das Etikett und die Simulationsmodelle.

Prozessparameterstamm anzeigen/ändern

Wie in der Einführung dieses Kapitels bereits beschrieben, helfen Ihnen die Prozessparameter dabei, Angaben zu präzisieren, die für den Herstellprozess relevant sind. Dazu gehören Angaben wie die Temperatur, bei der ein Herstellschritt ausgeführt werden muss, die Dauer, für die ein Herstellschritt ausgeführt werden muss oder andere Angaben, die sich auf die Maschineneinstellungen auswirken. In Abbildung 5.45 sehen Sie die Sicht, zu der Sie gelangen, wenn Sie die Einträge **Prozessparameterstamm anzeigen** und **Prozessparameterstamm ändern** aufrufen. In dieser Sicht können Sie neben der Anzeige und dem Ändern auch die Anlage der Prozessparameter vornehmen. Details zur Anlage von Prozessparametern finden Sie in Abschnitt 7.4.1, »Prozessparameter anlegen«.

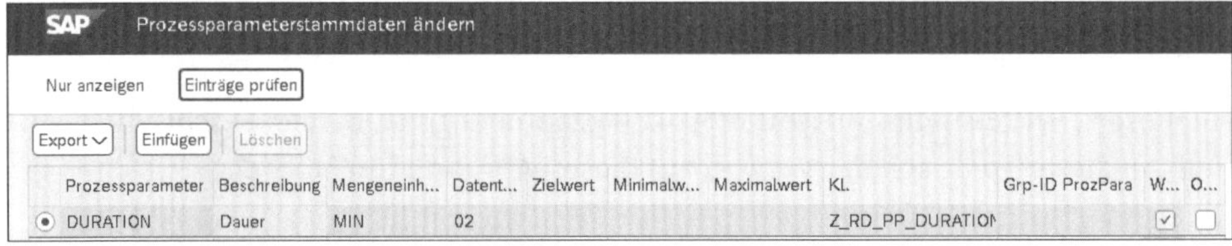

Abbildung 5.45 Prozessparameter ändern

Spezifikation anzeigen/ändern/anlegen

Um zur Anzeige, Änderung oder Anlage von Spezifikationen zu gelangen, gibt es jeweils entsprechende Einträge. Wie Sie in Abbildung 5.46 sehen, müssen Sie in den jeweiligen Einstiegsbildern die Spezifikationsnummer auswählen.

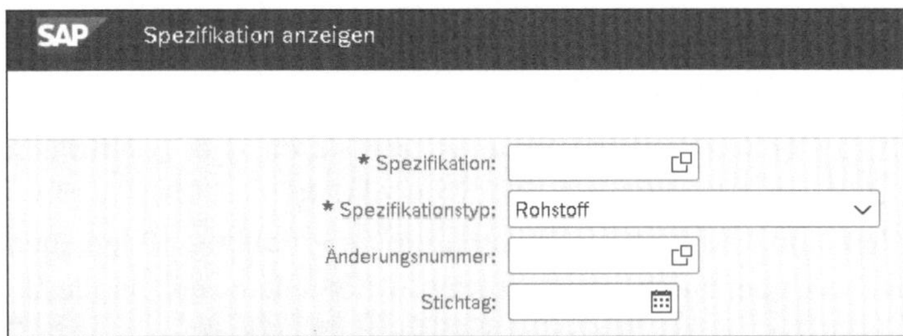

Abbildung 5.46 Einstiegsbild »Spezifikation anzeigen«

Etikett anzeigen/ändern/anlegen

Um zur Anzeige, zum Ändern oder zum Anlegen von Etiketten zu gelangen, finden Sie die entsprechenden Einträge unter **Verwandte Themen**. Wie Sie in Abbildung 5.47 sehen, müssen Sie auch hier den konkreten Etikettensatz auswählen.

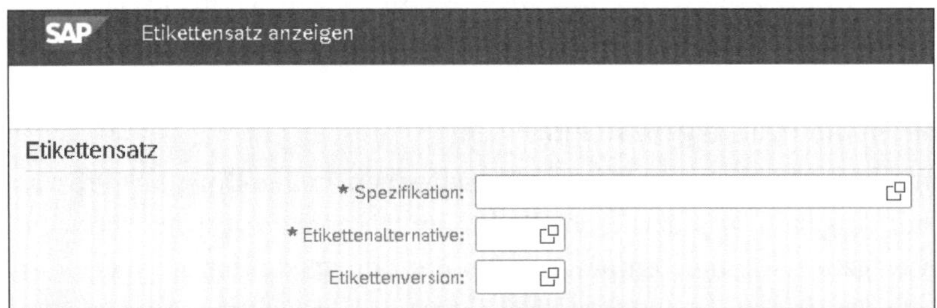

Abbildung 5.47 Einstiegsbild in der Funktion »Etikettensatz anzeigen«

Simulationsmodell anzeigen/ändern/anlegen

Sie haben bereits einen Einblick dazu erhalten, wie ein Simulationsmodell in einem Rezept aktiviert werden kann. Hierzu müssen Sie zunächst ein Simulationsmodell anlegen. Diesen Vorgang lernen Sie in diesem Abschnitt kennen.

In Abbildung 5.48 sehen Sie die Grunddaten eines Simulationsmodells. Beim Anlegen können Sie manuell eine externe Nummer für das Simulationsmodell vergeben oder die Nummer vom System vergeben lassen. In den Grunddaten des Simulationsmodells nehmen Sie im Feld **Beschreibung** eine Beschreibung in der Anmeldesprache vor. Falls Sie Notizen zum Simulationsmodell hinterlegen möchten, können Sie die **Langtext**-Option nutzen – ähnlich wie im Rezept.

Im Bereich **Verwaltungsdaten** dokumentiert das System, wer (Feld **Angelegt von**) das Simulationsmodell wann (Feld **Angelegt am**) angelegt hat und wer (Feld **Geändert von**) wann (Feld **Geändert am**) die letzte Änderung im Simulationsmodell vorgenommen hat.

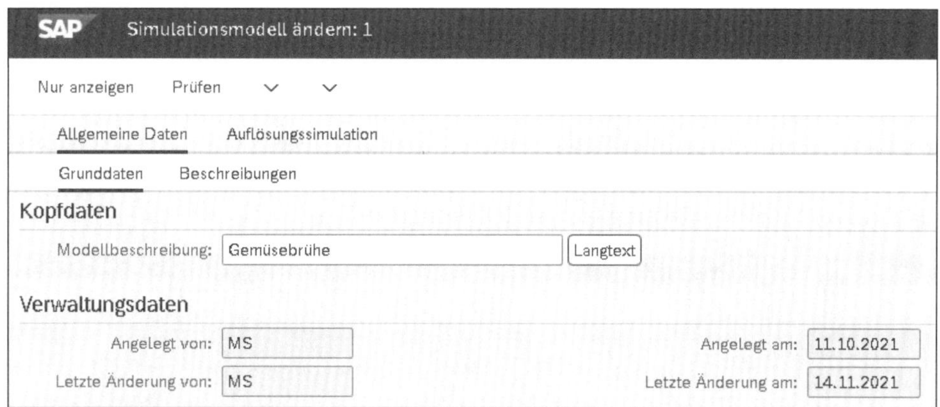

Abbildung 5.48 Grunddaten des Simulationsmodells

In der Sicht **Allgemeine Daten** können Sie auf der Registerkarte **Beschreibungen** verschiedene Sprachen pflegen (siehe Abbildung 5.49).

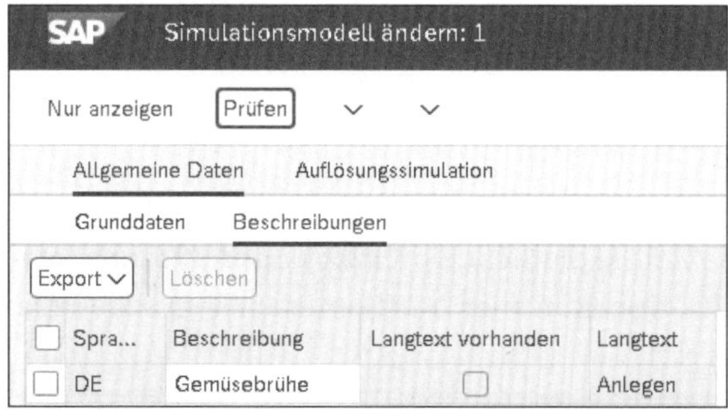

Abbildung 5.49 Beschreibungen eines Simulationsmodells

In der Sicht **Auflösungssimulation** gibt es zwei Unterabschnitte. In Abbildung 5.51 sehen Sie die **Simulationsregeln**. Über den Button **Spezifikationen aus Rezept kopieren** können Sie die Spezifikationen aus der Formel in die Simulationsregeln laden. In Abbildung 5.50 sehen Sie, dass Sie die **Rezeptalternative** sowie die **Rezeptversion** auswählen können, aus der die Spezifikationen in die Simulationsregeln geladen werden.

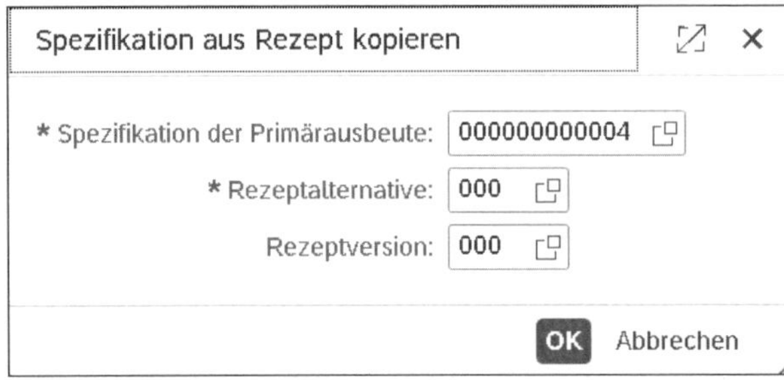

Abbildung 5.50 Rezeptselektion nach »Spezifikation aus Rezept kopieren«

In Abbildung 5.51 sehen Sie die Spezifikationen, die aus dem Rezept in die Simulationsregeln geladen wurden. Nun können Sie in der Spalte **Regelart** definieren, wie die Auflösung vorgenommen werden soll. Im Falle der Gemüsebrühe wurde manuell eingestellt, dass ein bestehendes Rezept für die Auflösung verwendet werden soll. Falls es mehrere verfügbare Rezepte gibt, entscheiden Sie in der Spalte **Rezept**, welches Rezept konkret für die Auflösung verwendet werden soll.

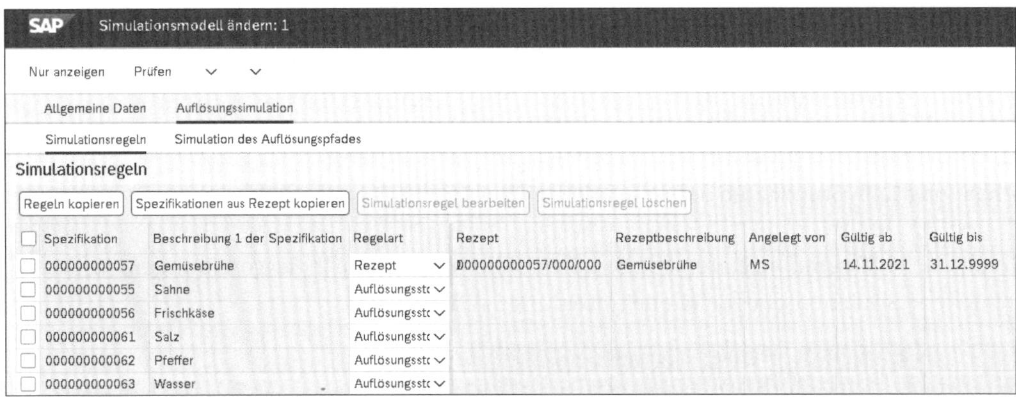

Spezifikation	Beschreibung 1 der Spezifikation	Regelart	Rezept	Rezeptbeschreibung	Angelegt von	Gültig ab	Gültig bis
000000000057	Gemüsebrühe	Rezept	000000000057/000/000	Gemüsebrühe	MS	14.11.2021	31.12.9999
000000000055	Sahne	Auflösungsstc					
000000000056	Frischkäse	Auflösungsstc					
000000000061	Salz	Auflösungsstc					
000000000062	Pfeffer	Auflösungsstc					
000000000063	Wasser	Auflösungsstc					

Abbildung 5.51 Simulationsregeln einstellen

Sie können direkt im Simulationsmodell in groben Zügen prüfen, was die Simulationsregel bewirkt. In Abbildung 5.52 sehen Sie die Sicht **Simulation des Auflösungspfades**. Bei der Position mit der Spezifikationsnummer *57 (Gemüsebrühe) sehen Sie, dass es eine weitere Auflösungsstufe gibt.

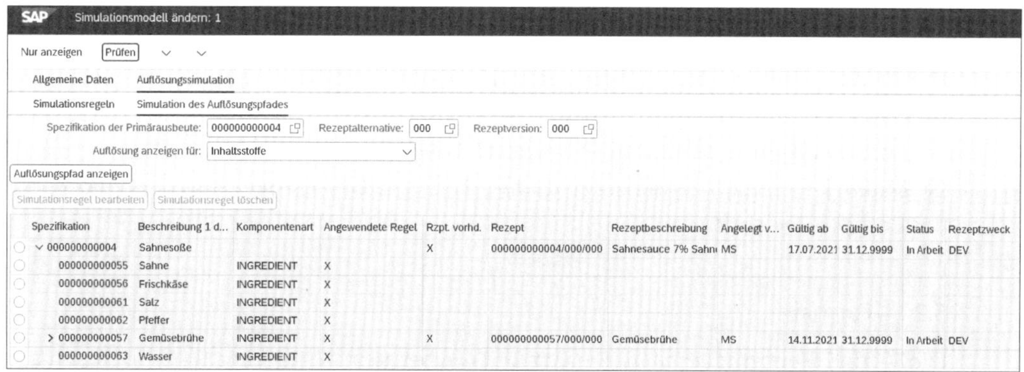

Abbildung 5.52 Simulation des Auflösungspfads

Wird diese Stufe aufgeklappt, sind die einzelnen Bestandteile der nächsten Auflösungsstufe zu sehen (siehe Abbildung 5.53).

SAP Simulationsmodell ändern: 1

Nur anzeigen | Prüfen

Allgemeine Daten | Auflösungssimulation

Simulationsregeln | Simulation des Auflösungspfades

Simulationsregel bearbeiten | Simulationsregel löschen

Spezifikation	Beschreibung 1 der...	Komponent...	Angewendete Regel	Rzpt. vorhd.	Rezept
000000000004	Sahnesoße			X	000000000004/000/000
000000000055	Sahne	INGREDIENT	X		
000000000056	Frischkäse	INGREDIENT	X		
000000000061	Salz	INGREDIENT	X		
000000000062	Pfeffer	INGREDIENT	X		
000000000057	Gemüsebrühe	INGREDIENT	X	X	000000000057/000/000
000000000091	Meersalz	INGREDIENT			
000000000092	Zwiebeln	ZVEGETABLE			
000000000093	Karotten	ZVEGETABLE			
000000000094	Lauchpulver	ZVEGETABLE			
000000000095	Röstzwiebeln	ZVEGETABLE			
000000000096	Kürbis	ZVEGETABLE			
000000000097	Maisstärke	INGREDIENT			
000000000098	Sonnenblumenöl	INGREDIENT			
000000000099	Liebstöckelblätter	ZHERBS			

Abbildung 5.53 Simulation des Auflösungspfads mit geöffneter Stufe

Für die Prüfung der Auswirkungen auf die Berechnungsergebnisse muss das Simulationsmodell wie in Abschnitt 5.1.11, »Simulation aktivieren«, beschrieben, aktiviert werden.

5.2 Formel, Berechnungsergebnisse und Prozess

Die Bereiche Formel, Berechnungsergebnisse und Prozess werden in Kapitel 6, »Formel und Berechnungsergebnisse«, Kapitel 7, »Herstellverfahren in der Sicht ›Prozess‹«, und Kapitel 8, »Etikett«, ausführlich beschrieben. An dieser Stelle soll ein kurzer Einblick in diese Themen dazu dienen, Ihnen in Grundzügen ein Verständnis für das Rezept zu vermitteln.

5.2.1 Formel

Die Formel dient mit der Sicht **Einsatz und Ausbeute** in erster Linie dazu, um in einem Rezept festzuhalten, welche Zutaten in welcher Menge benötigt werden, damit das gewünschte Ergebnis entstehen kann. Im Grunde verhält es sich hier ähnlich wie bei der Zutatenauflistung in einem Kochbuch, nur mit dem Unterschied, dass Ihnen die Eingaben in der Formel direkt in den Berechnungsergebnissen und im Prozess zur Verfügung stehen, um diese weiter zu nutzen.

Abhängig davon, welchen Schwerpunkt Sie legen, können Sie über die Spalten in der Formel steuern, welche Inhalte Sie sehen möchten. Abbildung 5.54 zeigt eine Auswahl an Spalten, die ausgewählt sein können.

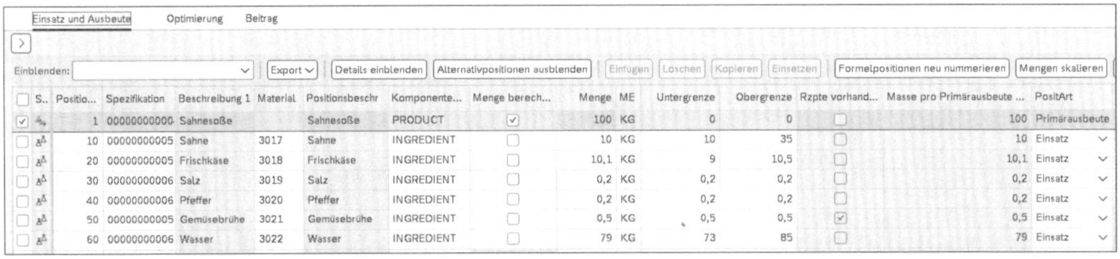

Einsatz und Ausbeute | Optimierung | Beitrag

Einblenden: | Export | Details einblenden | Alternativpositionen ausblenden | Einfügen | Löschen | Kopieren | Einsetzen | Formelpositionen neu nummerieren | Mengen skalieren

S..	Positio...	Spezifikation	Beschreibung 1	Material	Positionsbeschr	Komponente...	Menge berech...	Menge	ME	Untergrenze	Obergrenze	Rzpte vorhand...	Masse pro Primärausbeute ...	PositArt
	1	00000000000	Sahnesoße		Sahnesoße	PRODUCT	✓	100	KG	0	0		100	Primärausbeute
	10	00000000005	Sahne	3017	Sahne	INGREDIENT		10	KG	10	35		10	Einsatz
	20	00000000005	Frischkäse	3018	Frischkäse	INGREDIENT		10,1	KG	9	10,5		10,1	Einsatz
	30	00000000006	Salz	3019	Salz	INGREDIENT		0,2	KG	0,2	0,2		0,2	Einsatz
	40	00000000006	Pfeffer	3020	Pfeffer	INGREDIENT		0,2	KG	0,2	0,2		0,2	Einsatz
	50	00000000005	Gemüsebrühe	3021	Gemüsebrühe	INGREDIENT		0,5	KG	0,5	0,5	✓	0,5	Einsatz
	60	00000000006	Wasser	3022	Wasser	INGREDIENT		79	KG	73	85		79	Einsatz

Abbildung 5.54 Einsatz und Ausbeute der Formel

Sollte Ihnen bei der Pflege der Einsatzpositionen bei der Erstellung einer Formel auffallen, dass eine Spezifikation fehlt, können Sie diese direkt in der Formel anlegen und für die Stammdatenpflege zu dieser neuen Spezifikation navigieren.

Eine Stammdatenprüfung der einzelnen Einsatzpositionen ist über den Button **Details einblenden** (siehe Abbildung 5.54) problemlos möglich – selbstverständlich auch integriert in die Sicht **Einsatz und Ausbeute**.

Des Weiteren können Sie zusätzliche Sichten nutzen, u. a. die Sicht **Optimierung**. Mit der Optimierung können Sie verschiedene Randbedingungen (Ober- oder Untergrenzen für bestimmte Einsatzpositionen und die Anforderung, die Kosten so gering wie möglich zu halten) setzen und sich vom System vorschlagen lassen, wie die Mengenverteilung der Einsatzpositionen aussehen könnte. In Abbildung 5.55 sehen Sie im Bereich **Zielfunktion**, dass ein **Minimum** für die Eigenschaft **Berechneter Preis** erzielt werden soll.

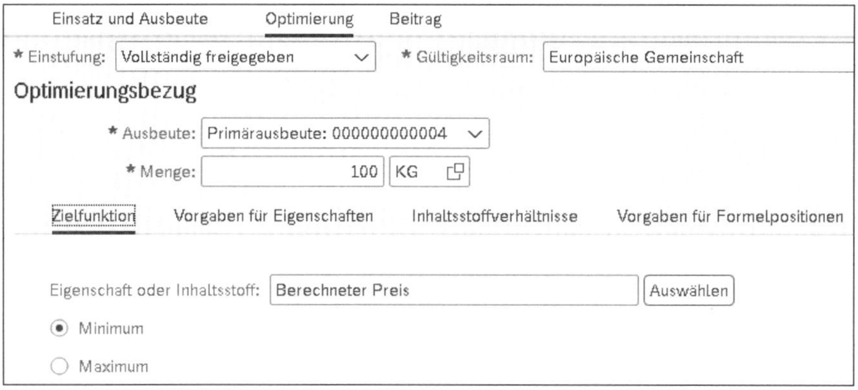

Einsatz und Ausbeute Optimierung Beitrag
* Einstufung: Vollständig freigegeben * Gültigkeitsraum: Europäische Gemeinschaft
Optimierungsbezug
* Ausbeute: Primärausbeute: 000000000004
* Menge: 100 KG
Zielfunktion Vorgaben für Eigenschaften Inhaltsstoffverhältnisse Vorgaben für Formelpositionen
Eigenschaft oder Inhaltsstoff: Berechneter Preis Auswählen
Minimum
Maximum

Abbildung 5.55 Optimierung: Definition der Zielfunktion

In Abbildung 5.56 sehen Sie, dass im Bereich **Vorgaben für Eigenschaften** eine **Unter- und Obergrenze** für einen Nährstoff angegeben worden ist. Diese Angaben wird das System bei der Optimierung der Formel neben weiteren Unter- und Obergrenzen für die Mengen der Einsatzpositionen selbst berücksichtigen.

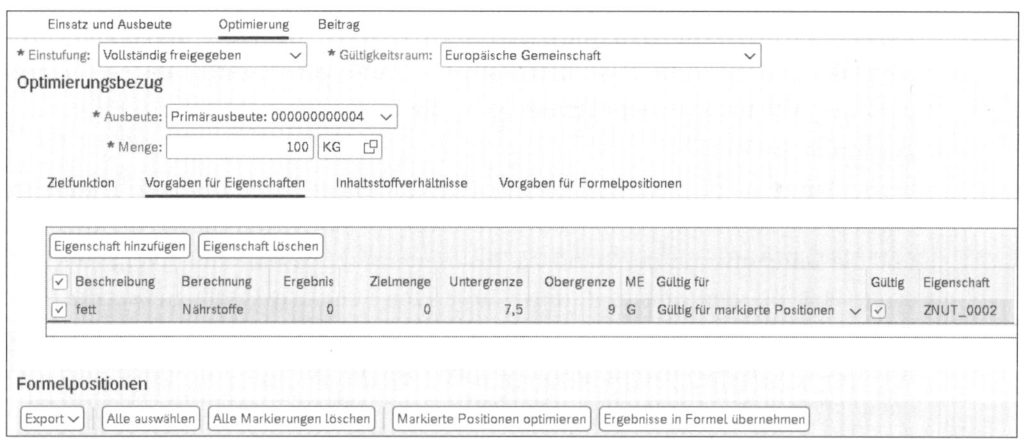

Abbildung 5.56 Optimierung: Definition von Vorgaben für Eigenschaften

Des Weiteren können Sie über den **Beitrag**, wie in Abschnitt 10.3.2, »Beitrag«, beschrieben, prüfen, welche Einsatzposition welche Auswirkung auf die Rezeptur hat. Dabei kann der Fokus, wie aus Abbildung 5.57 ersichtlich, z. B. auf den Nährwerten bzw. quantitativen Komponenten liegen oder auf den Kosten. Integriert in diese Sicht sehen Sie direkt, welchen Effekt Veränderungen der Mengenverhältnisse auf die ausgewählten Informationen haben. Die einzelnen Nährstoffe sind in Form von Spalten (z. B. **Brennwert**) in die Sicht eingebunden und spiegeln die Bedeutung der Einsatzpositionen direkt wider.

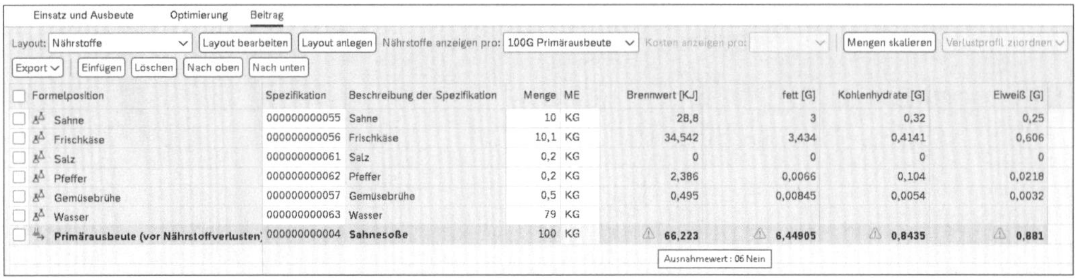

Einsatz und Ausbeute Optimierung Beitrag

Layout: Nährstoffe | Layout bearbeiten | Layout anlegen | Nährstoffe anzeigen pro: 100G Primärausbeute | Kosten anzeigen pro: | Mengen skalieren | Verlustprofil zuordnen

Export | Einfügen | Löschen | Nach oben | Nach unten

Formelposition	Spezifikation	Beschreibung der Spezifikation	Menge	ME	Brennwert [KJ]	fett [G]	Kohlenhydrate [G]	Eiweiß [G]
Sahne	000000000055	Sahne	10	KG	28,8	3	0,32	0,25
Frischkäse	000000000056	Frischkäse	10,1	KG	34,542	3,434	0,4141	0,606
Salz	000000000061	Salz	0,2	KG	0	0	0	0
Pfeffer	000000000062	Pfeffer	0,2	KG	2,386	0,0066	0,104	0,0218
Gemüsebrühe	000000000057	Gemüsebrühe	0,5	KG	0,495	0,00845	0,0054	0,0032
Wasser	000000000063	Wasser	79	KG				
Primärausbeute (vor Nährstoffverlusten)	000000000004	**Sahnesoße**	100	KG	**66,223**	**6,44905**	**0,8435**	**0,881**

Ausnahmewert : 06 Nein

Abbildung 5.57 Die Sicht »Beitrag«

5.2.2 Berechnungsergebnisse

Wie Sie in Abbildung 5.58 sehen, gibt es in der Sicht **Berechnungsergebnisse** diverse Abschnitte, in denen verschiedene Inhalte auf Basis der Formel und der darin enthaltenen Spezifikationen ermittelt werden. Dazu gehören:

- **Inhaltsstoffe**
  In der Sicht **Inhaltsstoffe** zeigt das System die Spezifikationen an, die benötigt werden, um die Primärausbeute des Rezepts herzustellen. Dies kann im Falle eines mehrstufigen Rezepts bedeuten, dass auch die Einsatzpositionen von untergeordneten Rezepten aufgeführt werden. Die Anzeige erfolgt prozentual absteigend und orientiert sich nicht an der Reihenfolge in der Formel.
- **Zusammensetzung**
  Bei der Zusammensetzung geht das System eine Ebene tiefer. Die Spezifikationen, die über die Formel(n) gefunden wurden, werden dafür in ihre Einzelteile zerlegt und die Reinstoffe aus der Standard-Zusammensetzung werden aufgeführt – vorausgesetzt, bei den Einsatzstoffen wurde eine Standard-Zusammensetzung gepflegt. Auch hier erfolgt die Darstellung prozentual absteigend, und Sie erhalten wichtige Einblicke in die Eigenschaften der Primärausbeute. SAP spricht hier von der *analytischen Zusammensetzung der Primärausbeute*.
- **Nährstoffe**
  Die Berechnung der Nährstoffe ist ein zentraler Aspekt, speziell für Unternehmen aus den Bereichen der Nahrungs- und Genussmittel. Allerdings empfiehlt SAP, diese Berechnung nicht mehr zu verwenden, sondern auf die Nährstoffverlustberechnung zu setzen.
- **Diäten/Allergene/Genmodifizierte Inhaltsstoffe/Religiöse Zertifikate**
  In der jeweiligen Sicht zu **Diäten/Allergene/Genmodifizierte Inhaltsstoffe/Religiöse Zertifikate** erhalten Sie die Berechnungsergebnisse für alle Gruppen, die im System angelegt wurden. Ausgewertet wird im Standard über die in den Spezifikationen gepflegten Ausnahmewerte. Sie entscheiden, ob Sie alle Gruppen oder nur bestimmte Gruppen sehen möchten. Des Weiteren können Sie zwischen verschie-

denen Ansichten wechseln: Einmal steht Ihnen die Auswertung auf Basis der Gruppen zur Verfügung, sodass Sie die Information erhalten, welche Diätstoffe, Allergene usw. wie für das Rezept gelten. Zum anderen können Sie sich anzeigen lassen, welcher Einsatzstoff der Formel welche Ausprägung in den einzelnen Diätstoffen, Allergenen usw. hat.

- **Kosten**
  In dieser Sicht ermittelt das System die Kosten für eine spezifische Menge der Primärausbeute. Zunächst nutzt das System die im Customizing hinterlegten Einstellungen für die Ermittlung der Preisarten. Bei Bedarf können Sie manuelle Änderungen in der Selektion der Preisarten vornehmen oder die Menge verändern.
- **Nährstoffverlustberechnung**
  Rufen Sie die Sicht **Nährstoffverlustberechnung** auf, erhalten Sie die Berechnungsergebnisse für alle Nährstoffgruppen. Für Unternehmen, die nicht mit Nährstoffen arbeiten, ersetzen Sie den Begriff durch *quantitative Komponenten*. Ähnlich wie in den Sichten für Diäten, Allergene usw. können Sie selbst entscheiden, welche der Gruppen Sie sehen möchten. Auch hier besteht die Möglichkeit, zwischen den verschiedenen Ansichten zu wechseln. Einmal steht Ihnen die Auswertung auf Basis der Gruppen zur Verfügung, sodass Sie die Information erhalten, welche Nährstoffe in welcher Menge im Rezept enthalten sind. Zum anderen können Sie sich anzeigen lassen, welcher Einsatzstoff der Formel welche Ausprägung in den einzelnen Nährstoffen hat. Hinzu kommt an dieser Stelle, dass Sie Lagerungs- und Prozessverlustprofile aktivieren können.

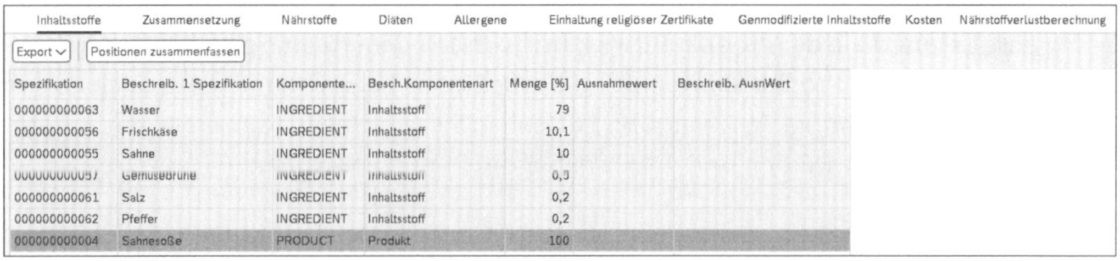

Inhaltsstoffe | Zusammensetzung | Nährstoffe | Diäten | Allergene | Einhaltung religiöser Zertifikate | Genmodifizierte Inhaltsstoffe | Kosten | Nährstoffverlustberechnung

Export | Positionen zusammenfassen

Spezifikation	Beschreib. 1 Spezifikation	Komponente...	Besch.Komponentenart	Menge [%]	Ausnahmewert	Beschreib. AusnWert
000000000063	Wasser	INGREDIENT	Inhaltsstoff	79		
000000000056	Frischkäse	INGREDIENT	Inhaltsstoff	10,1		
000000000055	Sahne	INGREDIENT	Inhaltsstoff	10		
000000000057	Gemüsebrühe	INGREDIENT	Inhaltsstoff	0,5		
000000000061	Salz	INGREDIENT	Inhaltsstoff	0,2		
000000000062	Pfeffer	INGREDIENT	Inhaltsstoff	0,2		
000000000004	Sahnesoße	PRODUCT	Produkt	100		

Abbildung 5.58 Übersicht der Berechnungsergebnisse

5.2.3 Prozess

Die Sicht **Prozess** dient dazu, das Herstellverfahren für die Formel zu definieren. Bleiben wir wie in Abschnitt 5.2.1, »Formel«, in der Analogie zum Kochbuch, entspricht der Prozess der Anleitung, in welcher Reihenfolge die Zutaten zusammengemischt werden sollen, welche Ruhezeiten eingehalten werden müssen, welche Temperatur z. B. beim Backvorgang eingestellt sein muss u. a. Im Prozess besteht zudem die Möglichkeit, Informationen zu den benötigten Ressourcen zu hinterlegen und die einzelnen Herstellschritte mit den Formelpositionen zu verknüpfen. In Abbildung 5.59 sehen Sie einen exemplarischen Herstellprozess, der nicht manuell im Rezept angelegt, sondern über einen Prozessbaustein in die Prozesssicht des Rezepts geladen wurde.

Details: 000000000004/000/000
Enthalten in:

Prozesselemente | Formelpositionen | Prozessparameter | Beschreibungen | Ausrüstungsanforderungen

Export | In Struktur markieren | Einfügen | Löschen | Kopieren | Einsetzen | Elemente neu nummerieren

	Stufennr.	Vorgangsnr.	Beschreibung	Elementtyp	Herkunft	Herkunftsbeschreibung
◉	10		Flüssigzutaten bereitstellen & vermischen	Stufen in der Prozesshierarchie	000000000118	Herstellprozess Sahnesauce 7%
○	10	10	Wasser einfüllen	Vorgänge in der Prozesshierarcl	000000000118	Herstellprozess Sahnesauce 7%
○	10	20	Wasser erhitzen	Vorgänge in der Prozesshierarcl	000000000118	Herstellprozess Sahnesauce 7%
○	10	30	Gemüsebrühe zugeben	Vorgänge in der Prozesshierarcl	000000000118	Herstellprozess Sahnesauce 7%
○	10	40	Sahne zugeben	Vorgänge in der Prozesshierarcl	000000000118	Herstellprozess Sahnesauce 7%
○	10	50	Alles 1x aufkochen lassen	Vorgänge in der Prozesshierarcl	000000000118	Herstellprozess Sahnesauce 7%
○	20		Festzutaten bereitstellen & auflösen	Stufen in der Prozesshierarchie	000000000118	Herstellprozess Sahnesauce 7%
○	20	10	Frischkäse zugeben	Vorgänge in der Prozesshierarcl	000000000118	Herstellprozess Sahnesauce 7%
○	20	20	Unter Rühren auflösen lassen (ca. 10 Min.)	Vorgänge in der Prozesshierarcl	000000000118	Herstellprozess Sahnesauce 7%
○	20	30	Temperatur beständig auf 82 °C halten	Vorgänge in der Prozesshierarcl	000000000118	Herstellprozess Sahnesauce 7%
○	20	40	Salz & Pfeffer zugeben	Vorgänge in der Prozesshierarcl	000000000118	Herstellprozess Sahnesauce 7%

Abbildung 5.59 Exemplarischer Herstellprozess aus einem vordefinierten Prozessbaustein

5.3 Rezeptarten

Die *Rezeptart* dient wie die Spezifikationsart (siehe Abschnitt 4.2, »Spezifikationsarten«) oder die Materialart dazu, die vielen Rezepte zu unterteilen. Unterschiede werden im Hinblick auf den Detaillierungsgrad der Rezepte und den Einsatz in unterschiedlichen Produktentwicklungsbereichen gemacht. Es kann z. B. vorkommen, dass es innerhalb der Produktentwicklung verschiedene Teams gibt, die sich mit unterschiedlichen Produktsparten des Unternehmens befassen und dafür auch eigene Rezeptarten benötigt. In Abbildung 5.60 sehen Sie verschiedene Rezeptarten, die von SAP ausgeliefert werden und die Sie daher direkt nutzen können.

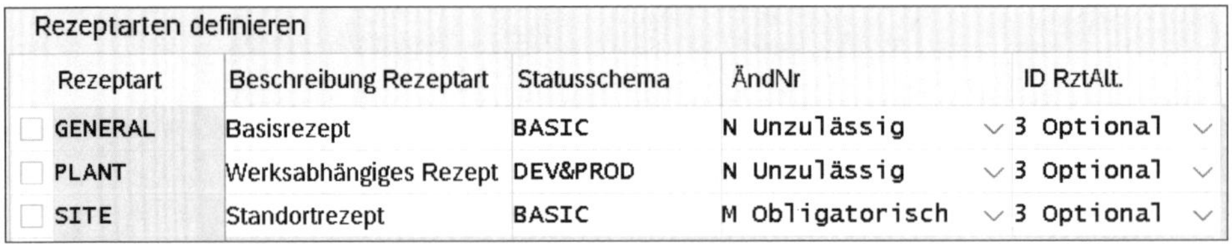

Rezeptarten definieren

Rezeptart	Beschreibung Rezeptart	Statusschema	ÄndNr	ID RztAlt.
GENERAL	Basisrezept	BASIC	N Unzulässig	3 Optional
PLANT	Werksabhängiges Rezept	DEV&PROD	N Unzulässig	3 Optional
SITE	Standortrezept	BASIC	M Obligatorisch	3 Optional

Abbildung 5.60 Übersicht über die Rezeptarten im Standard

Alternativ können Sie eigene Rezeptarten anlegen. Abhängig von der Rezeptart können Sie im Customizing über den Pfad **Logistik Allgemein • Product Lifecycle Management (PLM) • PLM-Web-Benutzungsoberfläche • Rezeptentwicklung • Rezept • Rezeptarten definieren** verschiedene Einstellungen vornehmen. Welche dies sind, wird in diesem Abschnitt ausgeführt. Zunächst geht es um die Rezeptart selbst. Im Anschluss daran erfahren Sie, wie verschiedene Rezeptarten in der Rezeptauflösung berücksichtigt werden können. In den darauffolgenden Abschnitten werden die Vorschlagswerte für die Anlage von Eigenschaftsspezifikationen, Ausbeuteintermediaten und Primärausbeutespezifikationen beschrieben.

5.3.1 Rezeptarten definieren

In Abbildung 5.61 sehen Sie den ersten Abschnitt der Felder, die bei der Definition von Rezeptarten gepflegt werden können. Die Felder werden im Anschluss genauer beschrieben.

Abbildung 5.61 Rezeptart definieren: allgemeine Angaben

- **Rezeptart**
  Im Feld **Rezeptart** wird der Schlüssel der Rezeptart definiert. Es stehen Ihnen 20 Zeichen zur Verfügung.
- **Beschreibung der Rezeptart**
  Im Feld **Beschreib. Rezeptart** wird die Bezeichnung der Rezeptart definiert. Es stehen 40 Zeichen zur Verfügung. Für eine Übersetzung in andere Sprachen als die Anmeldesprache gehen Sie im Menü über **Mehr • Springen • Übersetzung**.
- **Statusschema**
  Im Feld **Statusschema** geben Sie das Statusschema an, das bei dieser Rezeptart genutzt werden soll, um den Arbeitsfortschritt im Rezept abzubilden sowie die Bearbeitungsmöglichkeiten im Rezept einzuschränken. Weitere Details zum Statusschema finden Sie in Abschnitt 5.8, »Status«.
- **Änderungsnummer**
  Ob für die Anlage von Rezepten eine Änderungsnummer verwendet werden soll, legen Sie im Feld **Änderungsnummer** fest. Sie können zwischen den Einträgen **N Unzulässig** und **M Obligatorisch** wählen.
- **Zuordnung eines Bezeichners für Rezeptalternative**
  Über das Feld **ID RezptAltern.** definieren Sie, ob die Rezeptalternative vom System nach einer vorgegebenen Reihenfolge definiert werden soll. Alternativ können Sie

festlegen, dass der Benutzer respektive die Benutzerin die Rezeptalternative eingeben kann oder sogar muss. Es stehen die Einträge **1 Intern** (System vergibt die Rezeptalternative), **2 Extern** (der Benutzer oder die Benutzerin muss die Rezeptalternative vergeben) und **3 Optional** zur Verfügung (der Benutzer oder die Benutzerin kann die Rezeptalternative vergeben).

Abbildung 5.62 zeigt die nächsten Felder für die Definition einer Rezeptart. Auch diese Felder sind im Anschluss ausgeführt.

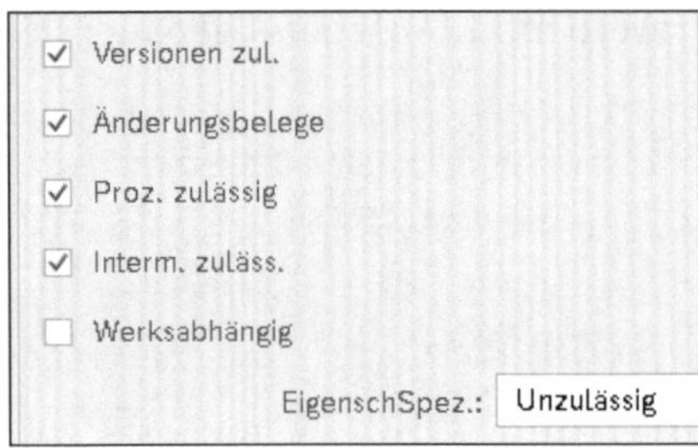

Abbildung 5.62 Rezeptart definieren: mittlerer Bildteil

- **Versionen zulässig**
  Mit dem Kennzeichen **Versionen zul.** legen Sie fest, ob ein Rezept Versionen haben kann. Rezeptversionen sind in Abschnitt 5.1.3, »Rezeptversion«, beschrieben.
- **Änderungsbelege**
  Mit dem Kennzeichen **Änderungsbelege** legen Sie fest, ob zu einem Rezept Änderungen dokumentiert werden sollen. Änderungsbelege sind in Abschnitt 5.1.13, »Weitere Funktionen«, beschrieben.
- **Prozessdefinition zulässig**
  Um die Definition eines Prozesses in einem Rezept zu ermöglichen, muss das Kennzeichen **Proz. zulässig** gesetzt werden. Mit diesem Kennzeichen wird die benötigte Sicht in Rezepten, deren Rezeptart einen Prozess vorsieht, angezeigt.
- **Intermediate zulässig**
  Wenn die Rezepte einer Rezeptart potenziell mit Zwischenprodukten arbeiten, markieren Sie das Kennzeichen **Interm. zuläss.** Entscheidend dabei ist, dass ein Intermediat zugleich Ausbeute aus einer Stufe und Einsatz in einer anderen Stufe im Herstellprozess ist. Ein Intermediat ist per Definition nie eine Primärausbeute. Hinzu kommt, dass die Intermediate immer nur in einer Rezeptversion verwendet werden können. Wird eine neue Rezeptversion angelegt, kopiert das System aus der Vorlagerezeptur das Ausbeuteintermediat in neue Intermediatspezifikationen.
- **Werksabhängig**
  Mit dem Kennzeichen **Werksabhängig** sorgen Sie dafür, dass bei der Anlage eines Rezepts die Werknummer angegeben werden muss. Dadurch wird das Feld in den

allgemeinen Daten zum Pflichtfeld, das ausgefüllt werden muss. Des Weiteren prüft das System im Rahmen der Konsistenzprüfung, ob die Materialien in den Formelpositionen im angegebenen Werk ausgeprägt sind. Alle Rezeptversionen zu einer Rezeptalternative mit Werksbezug sind demselben Werk zugeordnet. Beachten Sie, dass es sich bei der Angabe des Werkes um das Werk handelt, in dem die Rezeptur in der Produktion verwendet werden soll – nicht aber um das Werk, in dem die Rezeptur entwickelt wurde. Bei der Synchronisierung einer Stückliste schlägt das System das im Rezept angegebene Werk vor. Zudem wird das Werk als Berechnungsparameter herangezogen.

- **Eigenschaftsspezifikation**
  Das Feld **EigenschSpez.** legt fest, ob im Rezept eine Eigenschaftsspezifikation verwendet werden darf. Es gibt die Ausprägungen **Unzulässig**, **O (Optional)** und **M (Obligatorisch)**. Die Eigenschaftsspezifikation wird in Abschnitt **5.11**, »Eigenschaftsspezifikation«, näher erläutert.

In Abbildung 5.63 sehen Sie den dritten und letzten Teil der Basiskonfiguration einer Rezeptart. Welche Einflussmöglichkeiten Sie mit diesen Feldern haben, erfahren Sie in den nachfolgenden Ausführungen.

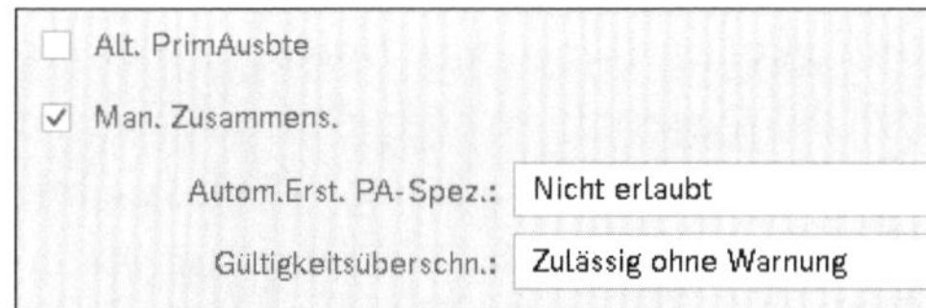

Abbildung 5.63 Rezeptart definieren: unterer Bildteil

- **Alternativposition für Primärausbeuteposition zulässig**
  Mit dem Kennzeichen **Alt. PrimAusbte** ermöglichen Sie es, dass in einem Rezept Alternativen zur Primärausbeute definiert werden können. Damit ist eine Dokumentationsmöglichkeit geschaffen, dass es neben der fest verbundenen Primärausbeute noch andere Spezifikationen und Materialien geben kann, die aus dem Rezept hervorgehen. Es ist zu betonen, dass es sich dabei um rein informative Angaben handelt. Eine angegebene Alternative kann nicht als verwendete Alternative gekennzeichnet werden, denn, wie bereits in Abschnitt **5.1.1**, »Rezept als verbindendes Element«, beschrieben, ist das Rezept immer fest mit einer Spezifikation als Primärausbeute verbunden.
- **Manuelle Zusammensetzung für Rezeptart zulässig**
  Wenn Sie Rezepte definieren, in denen innerhalb des Herstellungsprozesses Reaktionen stattfinden und Einsatzstoffe verschwinden oder entstehen, hilft Ihnen das Kennzeichen **Man. Zusammens.** Die Zusammensetzung muss in solchen Fällen manuell angepasst werden. Neben den Einstellungen in der Rezeptart ist es wichtig, dass eine geeignete Komponentenart für die Primärausbeute oder das Ausbeu-

teintermediat verwendet wird (siehe Abschnitt 6.2.5, »Auflösungsbereiche definieren und Komponentenarten zuordnen«).

- **Primärausbeutespezifikation automatisch erstellen**
  Über das Feld **Autom.Erst. PA-Spez.** legen Sie fest, ob das System bei der Rezeptanlage die Spezifikation für die Primärausbeute automatisch anlegen soll. Ihnen stehen die Einträge **Nicht erlaubt**, **O Optional** und **M Obligatorisch** zur Auswahl. Ist der Eintrag **Nicht erlaubt** ausgewählt, muss die Spezifikation immer manuell angelegt werden. Im Einstiegsbild der Rezeptanlage steht Ihnen ein Button (**Spezifikation anlegen**) zur Verfügung, mit dem Sie die Spezifikation der Primärausbeute anlegen können. Im Falle des Eintrags **O Optional** können Sie entweder eine bestehende Spezifikation angeben, oder Sie lassen das Feld leer, denn dann legt das System die Spezifikation an. Bei dieser Customizing-Einstellung ist der Button zum Anlegen der Primärausbeute im Einstiegsbild nicht verfügbar. Ist der Eintrag **M Obligatorisch** ausgewählt, legt das System die Spezifikation der Primärausbeute an. Der Button zum Anlegen von Spezifikationen ist im Einstiegsbild der Rezeptanlage nicht verfügbar.
- **Kennzeichen für sich überschneidende Gültigkeiten**
  Im Entwicklungsprozess kann es vorkommen, dass es zu einer Rezeptalternative mehrere Rezeptversionen gibt, deren Gültigkeiten sich überschneiden. Im Feld **Gültigkeitsüberschn.** legen Sie fest, wie sich das System in solchen Fällen verhalten soll. Mögliche Einträge für dieses Feld sind **Zulässig ohne Warnung**, **W Zulässig mit Warnung** und **E Unzulässig**. Durch den Eintrag **Zulässig ohne Warnung** sorgen Sie dafür, dass sich die Gültigkeiten von verschiedenen Rezeptversionen zu einer Rezeptalternative überschneiden können. Der Eintrag **W Zulässig mit Warnung** sorgt bei einer Überschneidung der Gültigkeiten von verschiedenen Rezeptversionen zu einer Rezeptalternative dafür, dass eine Warnung vom System ausgegeben wird. Ist eine Überschneidung unzulässig, können sich die Gültigkeiten von Rezeptversionen zu einer Rezeptalternative nicht überschneiden. Das Rezept kann in solchen Fällen nicht gesichert oder im Status geändert werden. Wenn Sie in einer Rezeptart die Verwendung von Änderungsnummern aktiviert haben, müssen Sie den Eintrag **Zulässig ohne Warnung** selektieren, um die Konsistenz sicherzustellen. Des Weiteren müssen Sie den Eintrag **Zulässig ohne Warnung** auswählen, wenn Sie für die Rezeptart keine Versionen zulassen möchten (das Kennzeichen **Versionen zul.** ist nicht gesetzt).

5.3.2 Reihenfolge

Im Unterordner **Reihenfolge** in einer Rezeptart legen Sie fest, in welcher Reihenfolge andere Rezeptarten in einer Auflösung verwendet werden sollen. Stellen Sie sich die Frage, ob an verschiedenen Standorten Ihres Unternehmens unterschiedliche

Schwerpunkte in der Produktentwicklung gesetzt werden. Auch gibt es Standorte, die die Vorprodukte für Ihr Endprodukt entwickeln. Gehen wir nun davon aus, dass normalerweise die erste Stufe der Vorprodukte im Werk 1000 entwickelt wird und im Ausnahmefall das Werk 2000 einspringt, wenn die Kapazitäten in Werk 1000 erschöpft sind. Tritt der Ausnahmefall ein, wird es mit Bezug zu Werk 1000 kein Rezept für das Vorprodukt geben – dafür wird es ein Rezept mit Bezug zu Werk 2000 geben. Wenn Sie sich Abbildung 5.64 anschauen, sehen Sie, dass die Rezeptarten PLANT_1000 und PLANT_2000 in der Spalte **Reih** eine Sortiernummer erhalten haben. Dadurch wird gesteuert, dass das System bei einer Auflösung zuerst prüft, ob es ein Rezept zur Rezeptart PLANT_1000 gibt. Gibt es kein Rezept zur Rezeptart PLANT_1000, prüft das System, ob ein Rezept zur Rezeptart PLANT_2000 vorliegt.

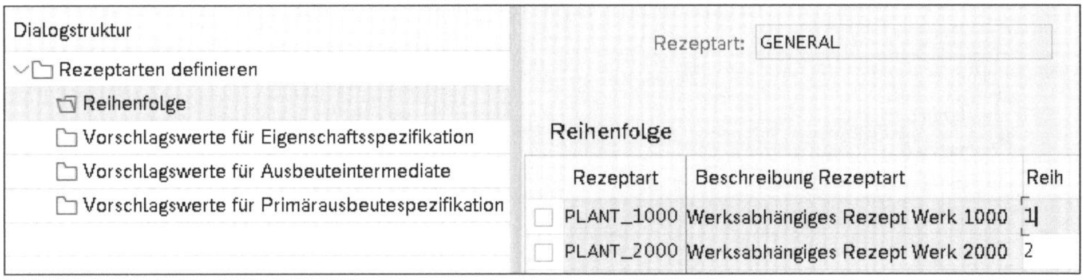

Abbildung 5.64 Reihenfolge der Auflösung von Rezeptarten

5.3.3 Vorschlagswerte für Eigenschaftsspezifikation

Haben Sie in einer Rezeptart definiert, dass Eigenschaftsspezifikationen genutzt werden können, müssen Sie die Vorschlagswerte für Eigenschaftsspezifikation pflegen. Ist die Eigenschaftsspezifikation obligatorisch, verwendet das System die Vorschlagswerte, um bei der Neuanlage eines Rezepts dieser Rezeptart die Eigenschaftsspezifikation mit diesen Werten anzulegen. Ist die Eigenschaftsspezifikation optional, erhalten Sie bei der Anlage einer Eigenschaftsspezifikation die hier definierten Werte als Vorschlagswerte in einem Rezept.

Die Vorschlagswerte hängen davon ab, ob Sie mit Standard-Spezifikationsarten und Standard-Spezifikationstypen arbeiten oder ob Sie selbst aktiv geworden sind. Gehen wir vom Standardfall aus, führt dies zu den in Tabelle 5.3 aufgeführten Einträgen.

Feld	Bezeichnung	Wert	Standard
SpezTyp	Spezifikationstyp	RECIPE_WUI	X
SpezifikatArt	Spezifikationsart	RCP_PROP	X
BerechtGruppe	Berechtigungsgruppe	ALL	X

Tabelle 5.3 Vorschlagswerte für Eigenschaftsspezifikation

Feld	Bezeichnung	Wert	Standard
Vorlage	Kopiervorlage	**Kundenspezifisch**	
Vorlagengruppe	Gruppe Kopiervorlage	**Kundenspezifisch**	
Materialzuordnung kopieren	Materialzuordnung kopieren	**Kundenspezifisch**	

Tabelle 5.3 Vorschlagswerte für Eigenschaftsspezifikation (Forts.)

In den Feldern **SpezTyp** und **SpezifikatArt** sowie im Feld **BerechtGruppe** bietet es sich zumindest am Anfang an, mit den in Tabelle 5.3 aufgeführten Standardwerten zu arbeiten. Diese Felder sind in Abbildung 5.65 aufgeführt.

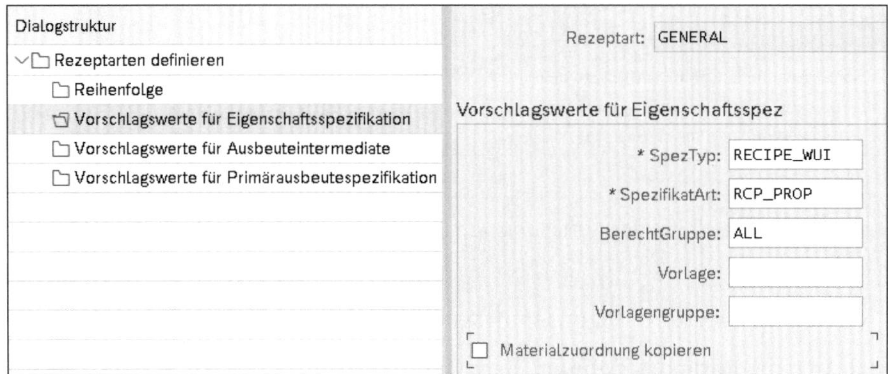

Abbildung 5.65 Vorschlagswerte für die Eigenschaftsspezifikation in der Rezeptart

Falls Sie bei der manuellen Anlage einer Eigenschaftsspezifikation Bedarf sehen, einige Grunddaten von anderen Spezifikationen zu kopieren (z. B. von der Primärausbeute des Rezepts), sollten Sie die Felder **Vorlage**, **Vorlagengruppe** und das Kennzeichen **Materialzuordnung kopieren** entsprechend Ihren Anforderungen ausfüllen (siehe Abbildung 5.65). Dadurch können diese direkt beim Anlegen einer Eigenschaftsspezifikation im Bild vorbelegt werden (siehe Abbildung 5.66).

Sobald Sie im Rezept zur Anlage der Eigenschaftsspezifikation verzweigen, sind, wie in Abbildung 5.66 gezeigt, die Vorschlagswerte für den **Spezifikationstyp**, die **Spezifikationsart** und die **Berechtigungsgruppe** aus dem Customizing vorbelegt. Geben Sie keine Vorschlagswerte in der Rezeptart an, stehen Ihnen keine Einträge zur Selektion zur Verfügung. Es handelt sich bei den Vorschlagswerten für die Eigenschaftsspezifikation also um obligatorische Angaben, wenn Sie die Eigenschaftsspezifikation nutzen möchten.

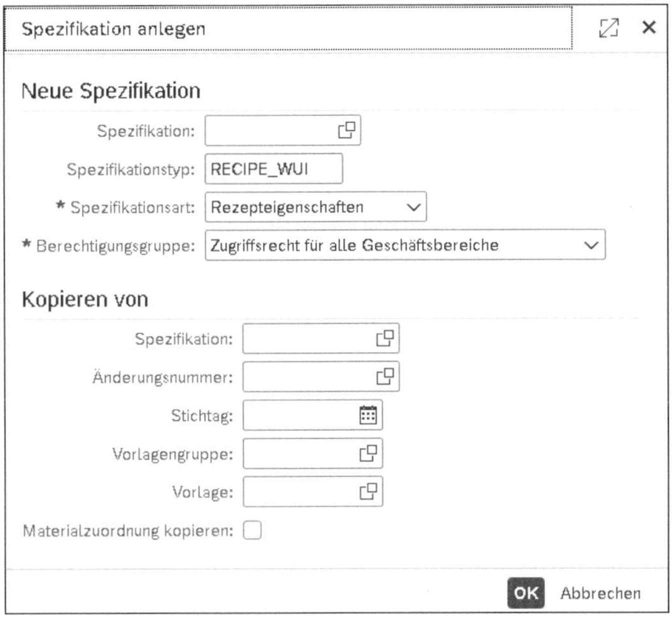

Abbildung 5.66 Vorschlagswerte beim Anlegen einer Eigenschaftsspezifikation im Rezept

5.3.4 Vorschlagswerte für Ausbeuteintermediate

Wie Sie in Abschnitt 5.3.1, »Rezeptarten definieren«, gelesen haben, ist ein Intermediat nur in der Rezeptversion einsetzbar, in der es angelegt wurde. Wird eine neue Rezeptversion angelegt, kopiert das System automatisch die Daten der Ausbeuteintermediate in neue Spezifikationen. Damit das System auch nur die Daten kopiert, die Sie vorsehen, geben Sie zu einer Rezeptart, bei der Intermediate erlaubt sind, unter **Vorschlagswerte für Ausbeuteintermediate** die Vorlage und die Vorlagengruppe an. Abbildung 5.67 zeigt, wie die Felder **Vorlage** und **Vorlagengruppe** exemplarisch gefüllt sein können. Wie Kopiervorlagen definiert werden, ist in Abschnitt 4.15, »Vererbung und Kopie«, beschrieben.

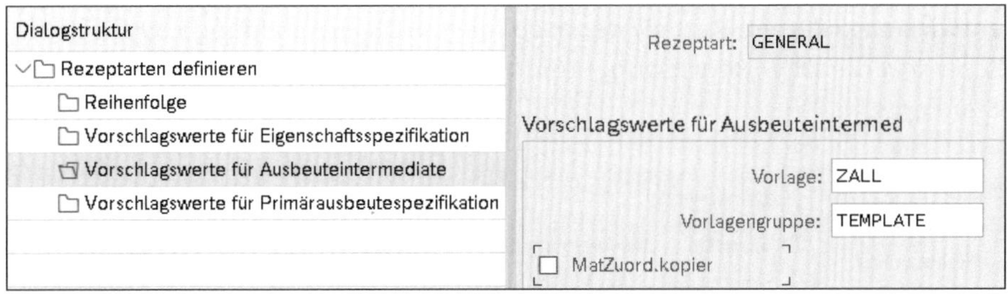

Abbildung 5.67 Vorschlagswerte für Ausbeuteintermediate

5.3.5 Vorschlagswerte für die Primärausbeutespezifikation

Nutzen Sie eine Rezeptart, bei der die Anlage der Primärausbeute als optional oder obligatorisch (siehe Abschnitt 5.3.1, »Rezeptarten definieren«) festgelegt wurde, können Sie unter **Vorschlagswerte für Primärausbeutespezifikation** in den Feldern **Spezifikationsart** und **Berechtigungsgruppe** die Werte angeben, die Ihnen das System bei der manuellen Anlage vorschlagen soll bzw. bei der automatischen Anlage direkt verwenden soll (siehe Abbildung 5.68).

Der Spezifikationstyp SUBSTANCE ist vom System vorgegeben. Dies bedeutet, dass Sie eine Spezifikationsart verwenden müssen, die in jeden Fall dem Spezifikationstyp SUBSTANCE zugeordnet ist.

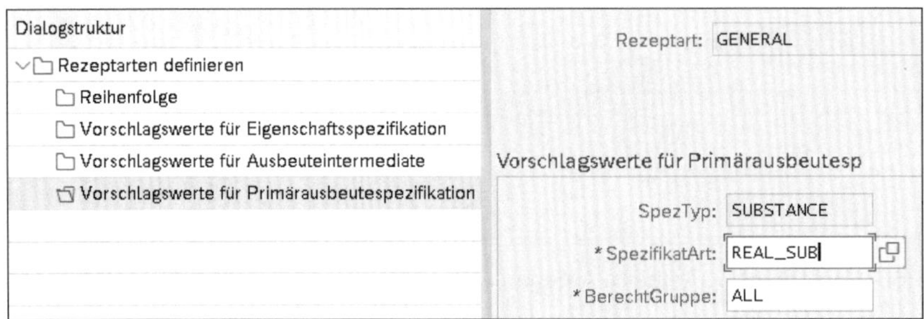

Abbildung 5.68 Vorschlagswerte für Primärausbeute

5.4 Rezeptzwecke definieren

Der Begriff *Rezeptzweck* wird synonym mit dem Begriff des Verwendungszwecks aus Abschnitt 5.1.5, »Allgemeine Daten«, verwendet. Die beiden Begriffe sollen eine Information darüber geben, für welchen Unternehmensbereich das Rezept vorgesehen ist. Zudem beeinflusst der Rezeptzweck die Reihenfolge bei der Rezeptauflösung. Für einen leichteren Lesefluss bleibt dieses Kapitel aber beim Begriff des Rezeptzwecks. Die verschiedenen Rezeptzwecke finden Sie im Customizing über den Pfad **Logistik Allgemein • Product Lifecycle Management (PLM) • PLM-Web-Benutzungsoberfläche • Rezeptentwicklung • Rezept • Rezeptzwecke definieren**. Die in Abbildung 5.69 abgebildeten Rezeptzwecke **DEV** (Entwicklung) und **PROD** (Produktion) sind Bestandteil des SAP-Standards.

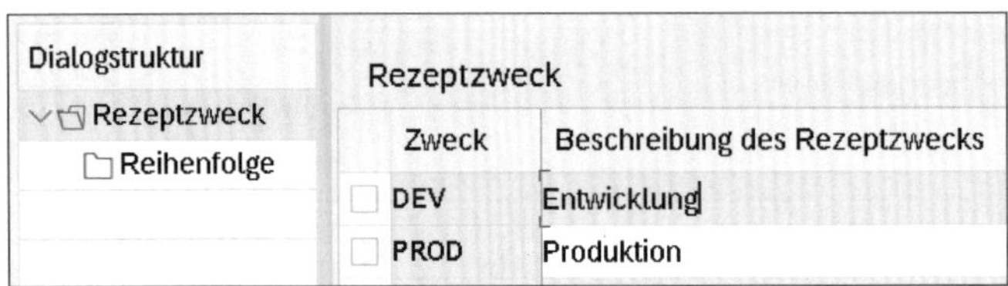

Abbildung 5.69 Standard-Rezeptzwecke

Mithilfe des Unterordners **Reihenfolge** können Sie das Systemverhalten bezüglich der Rezeptauflösung beeinflussen. Stellen Sie sich vor, dass Sie ein Rezept anlegen, dem Sie zu Beginn den Rezeptzweck **DEV** zugewiesen haben. Nun kann das Rezept aus Spezifikationen bestehen, zu denen es wiederum Rezepte gibt.

Auch diese Rezepte haben einen Rezeptzweck; manche haben den Rezeptzweck **PROD** und wieder andere den Rezeptzweck **DEV**. Nehmen wir an, die Rezepte mit dem Rezeptzweck **PROD** sind Rezepte, die operativ genutzt werden. Dann ist es für das neue Rezept mit dem Rezeptzweck **DEV** wünschenswert, dass bei der Auflösung die operativ genutzten Rezepte herangezogen werden.

Um dies steuern zu können, listen Sie in der **Reihenfolge** die beiden Rezeptzwecke auf und setzen im Rezeptzweck **PROD** in der Spalte **Reih** den Zähler auf 1 und beim Rezeptzweck **DEV** den Zähler auf 2 (siehe Abbildung 5.70). Dies hat zur Folge, dass das System nun bei einem Rezept mit dem Rezeptzweck **DEV** im Falle einer Rezeptauflösung zunächst nach Rezepten mit dem Rezeptzweck **PROD** sucht und diese bei der Rezeptauflösung bevorzugt berücksichtigt. Gibt es kein Rezept mit dem Rezeptzweck **PROD**, sucht das System nach Rezepten mit dem Rezeptzweck **DEV**.

Abbildung 5.70 Reihenfolge der Rezeptauflösung in einem Rezeptzweck

Falls Sie weitere Abgrenzungsmöglichkeiten für die Rezeptauflösung benötigen, können Sie auch eigene Rezeptzwecke anlegen und jeweils deren individuellen Reihenfolgen festlegen. Der Rezeptzweck kann sich in Abhängigkeit vom Status verändern. Details dazu finden Sie in Abschnitt 5.8.2, »Status definieren«.

Der Schlüssel des Rezeptzweckes ist ein fünfstelliges Feld, und für die Bezeichnung stehen Ihnen 40 Zeichen zur Verfügung. Um die Rezeptzwecke zu übersetzen, gehen Sie im Menü über den Pfad **Mehr • Springen • Übersetzung**.

5.5 Allgemeine Einstellungen

Im Customizing legen Sie verschiedene Basiseinstellungen über den folgenden Pfad fest: **Logistik Allgemein • Product Lifecycle Management (PLM) • PLM-Web-Benutzungsoberfläche • Rezeptentwicklung • Rezept • Allgemeine Einstellungen**.

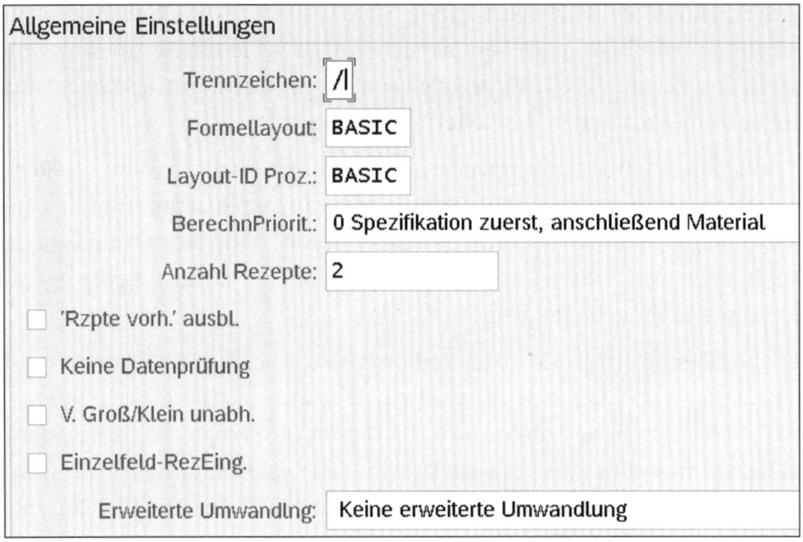

Abbildung 5.71 Allgemeine Einstellungen zum Rezept

Die in Abbildung 5.71 abgebildeten Einstellungsmöglichkeiten sind:

- **Trennzeichen**
  Im Feld **Trennzeichen** legen Sie fest, mit welchem Zeichen die verschiedenen Teile des zusammengesetzten Rezeptschlüssels voneinander abgegrenzt werden sollen (siehe Abbildung 5.72). SAP nennt dies auch *Bezeichner*. Im Standard ist es ein Schrägstrich. Es handelt sich hierbei um ein einstelliges CHAR-Feld, sodass Sie ein beliebiges Zeichen angeben können.

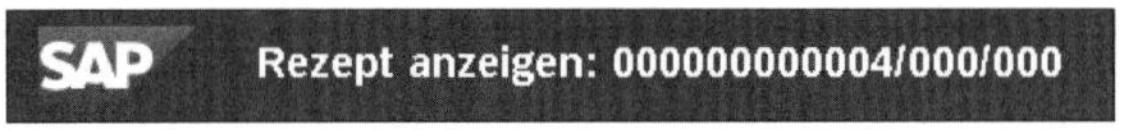

Abbildung 5.72 Bezeichner des Rezepts

[!]

Trennzeichen im laufenden Betrieb ändern

Wenn Sie bereits Rezepte angelegt haben und dann das Trennzeichen im Customizing ändern, bleibt das Trennzeichen der bisherigen Rezepte zunächst unverändert, sodass es zu Problemen kommen wird. Um dem entgegenzuwirken, steht Ihnen der Report /PLMB/RCP_SEARCH_TERM_GENERATE (Suchbegriff generieren) zur Verfügung. Mit diesem Report sorgen Sie dafür, dass die alten Trennzeichen im Rezeptschlüssel mit dem neuen Trennzeichen überschrieben werden. Wie es aus Abbildung 5.73 hervorgeht, ändert sich auch die Ansicht in der Trefferliste, sobald der Report ausgeführt worden ist.

Rezept-ID
00000000106$000$000
00000000057$000$000
000000000004$000$001
000000000004$000$002
000000000004$001$000
000000000004$000$000

Abbildung 5.73 Trefferliste nach dem ausgeführtem Report »Suchbegriff generieren«

- **Formellayout**
  Das Formellayout wird im Detail in Abschnitt 6.1.1, »Layouts definieren«, beschrieben. Hier legen Sie ein Standardlayout fest, das initial in allen Rezepten vorbelegt wird. Es gibt bislang noch keine Möglichkeit, um das Formellayout in Abhängigkeit der Rezeptart vorzubelegen. Wird das Formellayout in einem Rezept manuell umgestellt, sichert das System die geänderten Einstellungen.
- **Layout-ID für Formel-View des Prozesses**
  Über das Feld **Layout-ID Proz.** steuern Sie, welche Spalten in der Sicht **Prozess** im Bereich **Formelpositionen** angezeigt werden sollen. Im Detail wird die Definition von Layouts in Abschnitt 6.1.1, »Layouts definieren«, beschrieben. Hier wird das Layout vordefiniert. Wie in der Formel selbst gilt auch hier, dass das Layout manuell geändert werden kann.
- **BerechnPriorit**
  Wie das Feld **BerechnPriorit** ausgeschrieben heißt, kann nur gemutmaßt werden, da auch die Feldbeschreibung von SAP nicht konkret ist. Es geht hierbei um die Entscheidung, wie die Formelpositionen berechnet werden sollen. Das System kann entweder auf die Spezifikationsdaten oder den Materialstamm zurückgreifen. Ihnen stehen hierzu die folgenden Möglichkeiten zur Verfügung:
  - 0 (Spezifikation zuerst, anschließend Material)
  - 1 (Material zuerst, anschließend Spezifikation)
  - 2 (Nur Material)
  - 3 (Nur Spezifikation)

  Die Einstellung zur Priorität der Berechnung kann sich z. B. auf die Umrechnungen auswirken. Für die Ermittlung des Volumens von Formelpositionen können Sie entweder über die Dichte im Eigenschaftsbaum der Spezifikation umrechnen oder das System auf die hinterlegten alternativen Mengeneinheiten im Materialstamm zurückgreifen lassen. Auch hier ist es wichtig, dass Sie eine Entscheidung treffen, die für alle Rezeptarten gleichermaßen gelten kann.

- **Anzahl der Rezepte**
  Mit dem Feld **Anzahl Rezepte** legen Sie fest, wie viele Rezepte nebeneinander angezeigt werden sollen, ohne dass auf der Benutzeroberfläche geblättert werden muss. Dies ist für die Anwendung »Mehrere Rezepte anzeigen« in Abschnitt 5.1.13, »Weitere Funktionen«, relevant. Abhängig davon, wie groß die Bildschirme der Kolleginnen und Kollegen aus der Produktentwicklung sind, kann die Zahl beliebig groß gewählt werden. Empfehlenswert ist es, nicht über 5 zu gehen.
- **Rezepte vorhanden**
  In der Formel gibt es die Spalte **'Rzpte vorh.' ausbl.** Ist diese Spalte aktiv (Kennzeichen ist nicht gesetzt), ermittelt das System beim Öffnen der Formel stets alle verknüpften Rezepte für jede Formelposition. SAP weist das nicht ausdrücklich aus, jedoch ist davon auszugehen, dass die Systemperformance verbessert wird, wenn Sie dieses Kennzeichen setzen. Dadurch wird die Spalte **Rezepte vorhanden** in der Formel ausgeblendet. Wenn Sie an den Rezepten interessiert sind, die das System zur Auflösung verwendet, können Sie den Object Navigator des Rezepts nutzen.
- **Keine Datenprüfung**
  Das Kennzeichen **Keine Datenprüfung** entscheidet darüber, ob beim Aufruf eines Rezepts geprüft wird, ob die gespeicherten Daten aktuell sind. Haben sich z. B. die Eigenschaften einer Spezifikation geändert, kann dies Auswirkungen auf die Berechnungsergebnisse des Rezepts haben. Darauf weist Sie das System hin, wenn Sie das Kennzeichen nicht gesetzt haben. SAP erwähnt in den Erklärungen, dass durch das Setzen des Kennzeichens die Systemperformance verbessert wird. Sollten Sie das Kennzeichen gesetzt haben, haben Sie über den Button **Stammdaten erneut laden** trotzdem jederzeit die Möglichkeit, das Rezept mit aktuellen Daten zu versorgen. Sie erhalten aber keinen Hinweis mehr, dass veraltete Daten vorliegen.
- **Von Groß-/Kleinschreibung unabhängige Rezeptsuche nach Beschreibung**
  Mit dem Kennzeichen **V. Groß/Klein unabh.** sorgen Sie dafür, dass bei der Suche nach Rezepten unabhängig von der Groß- und Kleinschreibung gesucht wird. Sollten Sie das Kennzeichen setzen, nachdem mit der Rezeptpflege begonnen worden ist, müssen Sie den Report `/PLMB/RCP_CONV_DESCR` (Rezeptbeschr. für von Groß-/Kleinschreibung unabh. Suche generieren) ausführen. Damit werden die bereits bestehenden Beschreibungen angepasst, sodass diese unabhängig von der Groß-/Kleinschreibung gefunden werden können.
- **Rezepteingabe über Einzelfeld aktivieren**
  Das Kennzeichen **Einzelfeld-RezEing.** steuert, dass aus den drei Eingabefeldern **Spezifikation der Primärausbeute**, **Rezeptalternative** und **Rezeptversion**, die Sie in Abbildung 5.74 sehen, ein einzelnes Eingabefeld wird.

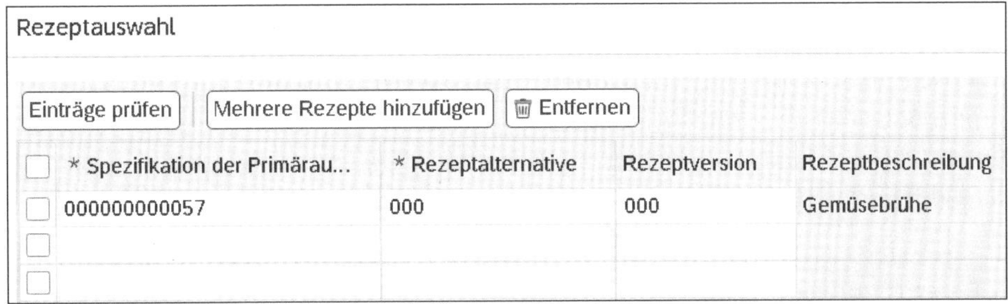

Abbildung 5.74 Drei Eingabefelder

Nach der Aktivierung des Kennzeichens wird aus den drei Spalten eine Spalte (siehe Abbildung 5.75). Davon betroffen sind die folgenden Stellen:

- Anlegemodus Rezept
- Anzeigemodus Rezept
- Änderungsmodus Rezept
- In der Sicht **Prozess** im Rezept: Importdrucktaste des Prozessstrukturbaums
- Rezeptauswahl bei der Anzeige und beim Ändern mehrerer Rezepte

Rezeptauswahl

Einträge prüfen | Mehrere Rezepte hinzufügen | Entfernen

* Rezept	Rezeptbeschreibung	Änderbarkeit
000000000057/000/0	Gemüsebrühe	Rezeptart von 0000000005...

Abbildung 5.75 Einzelfeld

Damit das System bei einer nachträglichen Aktivierung des Kennzeichens bereits gespeicherte Suchbegriffe zu den bestehenden Rezepten umstellen kann, führen Sie den Report /PLMB/RCP_SEARCH_TERM_GENERATE (Suchbegriff generieren) aus.

- **Erweiterte Umwandlung für Rezeptmaterial**
  Im Feld **Erweiterte Umwandlng.** legen Sie fest, ob das System auf das Nettogewicht des Materialstamms zugreifen darf, um Einheiten umzuwandeln (siehe Abbildung 5.71). Dies kann dann hilfreich sein, wenn davon auszugehen ist, dass die alternativen Mengeneinheiten nicht gepflegt sind, um eine Masseeinheit in andere Einheiten umzuwandeln. Ihnen stehen die folgenden Einträge zur Auswahl:
  - **Keine erweiterte Umwandlung**
  - **Erweiterte Umwandlung auf Basis des Nettogewichts**

5.6 Berechtigungsgruppen

In Abschnitt 5.1.5, »Allgemeine Daten«, haben Sie bereits erfahren, dass es auch im Rezept möglich ist, mit Berechtigungsgruppen zu arbeiten. Das Feld ist im Rezept kein Pflichtfeld und kann so bei Bedarf genutzt werden, um den Zugriff z. B. auf unterschiedliche Produktbereiche einzuschränken.

Berechtigungsgruppen

Wenn aus dem Team der Produktentwicklung z. B. nur bestimmte Personen für die Entwicklung der Soßen zuständig sind, sollte bei der Anlage eines Rezepts eine spezielle Berechtigungsgruppe angegeben werden. Dürfen alle zugreifen, ist die Berechtigungsgruppe `ALL` im Spezifikationstyp `RECIPE_WUI` ausreichend.

In Abschnitt 4.3, »Berechtigungsgruppen«, ist alles zur Berechtigungsgruppe für die Spezifikation beschrieben. Die Definition von Berechtigungsgruppen von Rezepten ist identisch mit der Vorgehensweise bei Berechtigungsgruppen für Spezifikationen. Denken Sie daran: Eine Berechtigungsgruppe muss immer in die Rollen eingebunden werden, die für die Zugriffssteuerung verwendet werden sollen. Ordnen Sie auch die entsprechenden Aktivitätstypen zu.

Berechtigungsgruppen pflegen Sie im Customizing über den Pfad **Logistik Allgemein • PLM-Web-Benutzungsoberfläche • Rezeptentwicklung • Rezept • Berechtigungsgruppen festlegen**. Es handelt sich hierbei um dieselbe View, wie für die Berechtigungsgruppen für Spezifikationen.

Dialogstruktur
- Berechtigungsgruppe
  - Spezifikationstyp

BerGruppe	Bezeichnung der Berechtigungsgruppe	Datenlief.	Default	OT	Verantwortlicher
ALL	Zugriffsrecht für alle Geschäftsbereiche		●		
ZRAW	Zugriffsrecht für Rohstoffverantwortl.		○		

Abbildung 5.76 Berechtigungsgruppen im Customizing pflegen

Die nachfolgende Tabelle 5.4 gibt Ihnen einen Überblick dazu, wofür die Felder in Abbildung 5.76 einzusetzen sind.

Feld	Bezeichnung	Beschreibung
BerGruppe	Berechtigungsgruppe	▪ Schlüssel der Berechtigungsgruppe ▪ 10-stelliges alphanumerisches Feld
Bezeichnung der Berechtigungsgruppe	Bezeichnung der Berechtigungsgruppe	▪ Name der Berechtigungsgruppe ▪ 40-stelliges alphanumerisches Feld

Tabelle 5.4 Mögliche Angaben in der Berechtigungsgruppe

Feld	Bezeichnung	Beschreibung
Datenlief.	Datenlieferant	■ Angabe der für die Daten dieser Berechtigungsgruppe verantwortlichen Person ■ Anlage mit Transaktion CVD5 ■ kann bei Schnittstellen helfen
Default	Default	Vorbelegung einer Berechtigungsgruppe
OT	Objekttyp	■ Vorselektion für den Verantwortlichen ■ Entscheidung, ob die verantwortliche Person z. B. aus der Planstelle stammen soll
Verantwortlicher	Verantwortliche Person	■ Default im Kopfstatus ■ erhält Informationen zu Vererbungsbeziehungen ■ Verwaltung in der Personalwirtschaft
Spezifikationstyp	Spezifikationstyp	Angabe der Spezifikationstypen, bei denen die Berechtigungsgruppe verwendet werden darf

Tabelle 5.4 Mögliche Angaben in der Berechtigungsgruppe (Forts.)

Wenn die Berechtigungsgruppe eines Rezepts ausgewählt werden soll, muss dieser Berechtigungsgruppe der Spezifikationstyp `RECIPE_WUI` zugeordnet werden. In Abbildung 5.77 sehen Sie, dass die Berechtigungsgruppe `ALL` u. a. für den Spezifikationstyp `RECIPE_WUI` gelten soll.

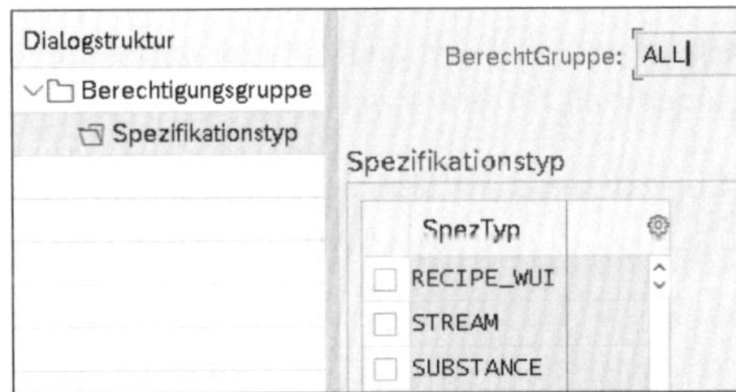

Abbildung 5.77 Spezifikationstyp RECIPE_WUI in einer Berechtigungsgruppe

[«]

Arbeiten mit Berechtigungsgruppen

Auch für die Berechtigungsgruppen für Rezepte gilt: Wenn Sie wissen, dass die Rezepte durch die Anwenderinnen und Anwender gepflegt werden und Sie keine Personalwirtschaft im SAP-System einsetzen, ist es vollkommen ausreichend, mit der Berechtigungsgruppe, der Bezeichnung, dem Default und den Spezifikationstypen zu arbeiten. SAP empfiehlt, am Anfang etwas Zeit für die Definition von Berechtigungsgruppen einzuplanen. Nachträgliche Änderungen bringen erhöhten Aufwand mit sich.

5.7 Funktionen in der Rezeptentwicklung ausblenden

Wenn Sie bestimmte Funktionen im Rezept nicht verwenden möchten, können Sie dies im Customizing über den folgenden Pfad entsprechend einstellen: **Logistik Allgemein • PLM-Web-Benutzungsoberfläche • Rezeptentwicklung • Rezept • Funktionen in der Rezeptentwicklung ausblenden**. Sie können die in Tabelle 5.5 aufgeführten Funktionen ausblenden.

Funktion	Beschreibung
Verluste	Felder und Spalten zur Funktion zu Prozessverlust und Lagerverlust werden ausgeblendet.
Rezept-simulation	Die Einträge im Menü **Verwandte Themen Simulationsmodell anlegen, Simulationsmodell ändern, Simulationsmodell anzeigen** werden ausgeblendet.
PSP-Element	Das Feld **PSP-Element** in den Grunddaten des Rezepts wird ausgeblendet.
Baustein	Die Option **Baustein laden** in der Sicht **Prozess** wird nicht verfügbar sein.
Verwendung	Die Felder **Bewertung** und **Gültigkeitsraum** werden ausgeblendet. Damit kann z. B. kein Wechsel zwischen PUBLIC REG_WORLD und PUBLIC REG_EU vorgenommen werden.
Spezifikations-kopie	Bei der Anlage einer Spezifikation aus der Rezeptformel werden die Felder zum Kopieren von einer anderen Spezifikation ausgeblendet.
Qualitative Grenze	Blendet in den Berechnungsergebnissen bei den qualitativen Daten die Spalten **Grenzwert** und **Mengeneinheit für Grenzwert** aus.
Objektmenge	Entfernt die Funktion **Meine Objektmenge** aus der Rezeptformel. Damit können keine Spezifikationen aus geführten Objektmengen in das Rezept geladen werden.
Laufweg	Blendet die Registerkarte **Laufweg** im Rezept aus.
WWI-Bericht	Alle Funktionen zum WWI-Bericht werden im Rezept ausgeblendet, auch die Registerkarte **WWI-Berichte** im Rezept.
Weitere Funktionen	Blendet das Menü **Weitere Funktionen** und die Untermenüs im Rezept aus.
»Weit Mögl« (erw)ausb	Reduziert das Menü **Weitere Möglichkeiten**. Es sind bei gesetztem Kennzeichen nur die Optionen **Mehrere Rezepte anzeigen, In neues Rezept kopieren, In neue Rezeptalternative kopieren, In neue Rezeptversion kopieren** und **Rezept mit Stückliste synchronisieren** verfügbar.

Tabelle 5.5 Funktionen in der Rezeptentwicklung ausblenden

Funktion	Beschreibung
Verwandte Themen	Blendet das Menü **Verwandte Themen** und die Untermenüs im Rezept aus.

Tabelle 5.5 Funktionen in der Rezeptentwicklung ausblenden (Forts.)

Um eine Funktion auszublenden, setzen Sie bei den relevanten Einträgen das Häkchen in dem dafür vorgesehenen Kennzeichen (siehe Abbildung 5.78).

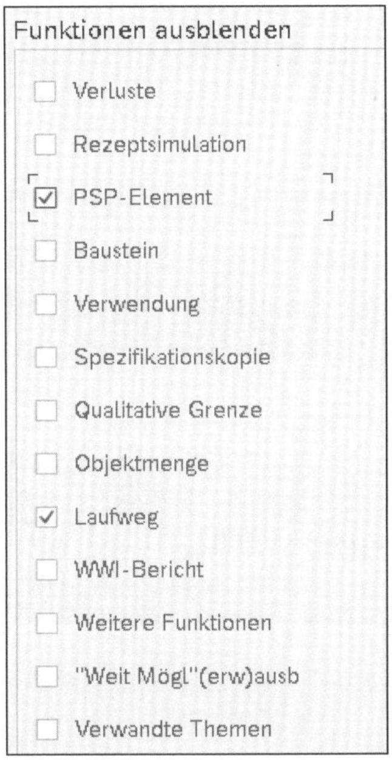

Funktionen ausblenden
☐ Verluste
☐ Rezeptsimulation
☑ PSP-Element
☐ Baustein
☐ Verwendung
☐ Spezifikationskopie
☐ Qualitative Grenze
☐ Objektmenge
☑ Laufweg
☐ WWI-Bericht
☐ Weitere Funktionen
☐ "Weit Mögl"(erw)ausb
☐ Verwandte Themen

Abbildung 5.78 Funktionen in der Rezeptentwicklung ausblenden

5.8 Status

In Abschnitt 5.1.5, »Allgemeine Daten«, haben Sie erfahren, dass in einem Rezept ein Statusschema hinterlegt werden kann. Ähnlich wie bei der Spezifikation müssen Sie dafür sicherstellen, dass die benötigten Status vorhanden und dass die Übergänge im Statusschema definiert sind.

5.8.1 Allgemeines zum Status

Um die Status für Rezepte (sowie Etiketten und Prozessbausteine) funktionsfähig verfügbar zu haben, sollten Sie die IMG-Aktivität zunächst über den folgenden Pfad ausführen: **Logistik Allgemein • PLM-Web-Benutzungsoberfläche • Rezeptentwicklung •**

Rezept • Status- und Aktionsverwaltung • Objekttypen und zugeordnete Attribute erfassen.

Dabei ordnet das System den Objekttypen PLM_LBL (Etikett), PLM_RCP (Rezept) und PLM_RCP_BB (Baustein) die notwendigen Attribute zu. Wie aus Abbildung 5.79 hervorgeht, legt das System eigenständig einen *Transport* an und speichert die Zuordnungen zwischen Objekttypen und Attributen in diesem Transport. Sie haben hier mit Bordmitteln keine Möglichkeit, selbst einzugreifen.

Abbildung 5.79 Objekttypen und zugeordnete Attribute erfassen

Wenn Sie sehen möchten, welche Objekttypen und Attribute das System miteinander verbunden hat, schauen Sie sich am besten den Transport in Transaktion SE09 (Transport Organizer) an.

In Abbildung 5.80 sehen Sie, dass über die Tabelle /PLMB/SAM_OBJAC nachvollziehbar ist, welche Objekttypen mit welchen Attributen verknüpft wurden. So ist z. B. der Objekttyp PLM_LBL mit dem Attribut DELETION_ALLOWED verknüpft worden.

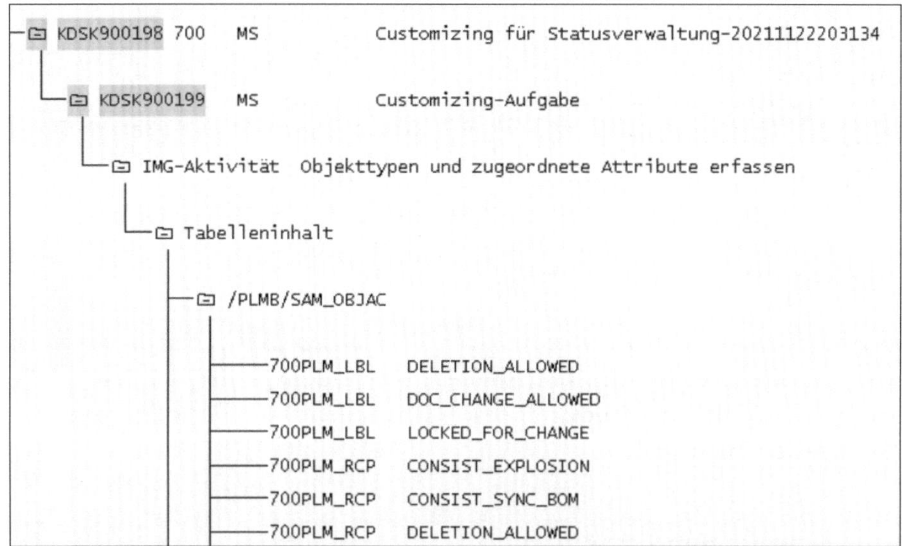

Abbildung 5.80 Transport für Objekttypen und zugeordnete Attribute

5.8.2 Status definieren

Die Definition eines neuen Rezeptstatus unterliegt denselben Aktivitäten wie die Definition eines Spezifikationsstatus aus Abschnitt 4.14, »Kopfstatus«. Zunächst gilt es zu klären, ob die vorhandenen Attribute ausreichend sind. In Tabelle 5.6 sind die verfügbaren Attribute mit ihren Schlüsseln, Bezeichnungen und einer kurzen Beschreibung aufgeführt.

Attribut	Bezeichnung	Beschreibung
CONSIST_EXPLOSION	Konsistent für Auflösung, schreibgeschützt	Die Rezeptdaten, die für die Auflösung relevant sind, sind konsistent, und das Rezept kann nicht geändert werden.
CONSIST_SYNC_BOM	Konsistent für Synch. Rezept zu STL, schreibgeschützt	Die Rezeptdaten für die Synchronisierung mit der Stückliste sind konsistent, und das Rezept kann nicht geändert werden.
DELETION_ALLOWED	Darf zum Löschen vorgemerkt werden	Das Löschkennzeichen kann gesetzt werden.
DESC_CHANGE_ALLOWED	Änderungen an der Beschreibung sind zulässig	Die Rezeptbeschreibung kann verändert werden.
DOC_CHANGE_ALLOWED	Änderungen am Dokument sind zulässig	Die Einträge in der Sicht **Dokument** können geändert werden.
LOCKED_FOR_CHANGE	Schreibgeschützt	Das Rezept kann nicht geändert werden.
REL_EXPLOSION	Auflösungsrelevant	Das Rezept kann für Auflösungen verwendet werden.
REL_SYNC_BOM	Relevant für Synch. Rezept zu STL, schreibgeschützt	Die Rezeptdaten für die Synchronisierung mit der Stückliste sind konsistent, und das Rezept kann nicht geändert werden.
REL_SYNC_MRCP	Relevant für Synchronisierung Rezept zu Planungsrezept	Das Rezept ist für die Synchronisierung mit dem Planungsrezept relevant.
REUSE_RESTRICTED	Eingeschränkt wiederverwendbar	Eingeschränkter Rückfluss

Tabelle 5.6 Attribute für den Objekttyp PLM_RCP

Attribut	Bezeichnung	Beschreibung
TIMELINE_RELEVANT	Status ist zeitplanrelevant	Die Prüfung der Gültigkeitsüberschneidung berücksichtigt Rezepte mit diesem Attribut.
VALIDITY_CHG_ALLOWED	Gültigkeitsänderung zulässig	Die Gültigkeit des Rezepts darf geändert werden.

Tabelle 5.6 Attribute für den Objekttyp PLM_RCP (Forts.)

Wenn Sie die Attribute zum Objekttyp PLM_RCP (Rezept) im Customizing sehen möchten, finden Sie die Einträge über den Pfad: **Logistik Allgemein • PLM-Web-Benutzungsoberfläche • Rezeptentwicklung • Spezifikationsverwaltung • Spezifikationsstamm • Statusverwaltung für Kopfstatus • Statusschema definieren**.

Im Customizing-Abschnitt für die Rezepte sind die verschiedenen Objekttypen mit den zugehörigen Attributen nicht verfügbar. Daher unternehmen wir an dieser Stelle einen kleinen Ausflug in den Bereich der Spezifikationsverwaltung: In Abbildung 5.81 sehen Sie die Attribute, die für die Rezeptstatus verwendet werden können. In der Spalte **Art** fällt auf, dass alle Attribute als **Aktion** gekennzeichnet sind. Wird nun z. B. der Status 300 (**Freigegeben**) gesetzt, führt das System im Hintergrund Aktionen abhängig von den am Status hinterlegten Attributen aus, sodass das Rezept für Änderungen gesperrt ist und für die Synchronisierung zu Stückliste und Planungsrezept verwendet werden kann.

Attribute definieren

Objekttyp	Attribut	Attributbeschreibung	Art	Vorbedingungsklasse
PLM_RCP	CONSIST_EXPLOSION	Konsistent für Auflösung, schreibgeschützt	Aktion	
PLM_RCP	CONSIST_SYNC_BOM	Konsistent für Synch. Rezept zu STL, schreibgeschützt	Aktion	
PLM_RCP	DELETION_ALLOWED	Darf zum Löschen vorgemerkt werden	Aktion	
PLM_RCP	DESC_CHANGE_ALLOWED	Änderungen an der Beschreibung sind zulässig	Aktion	
PLM_RCP	DOC_CHANGE_ALLOWED	Änderungen am Dokument sind zulässig	Aktion	
PLM_RCP	LOCKED_FOR_CHANGE	Schreibgeschützt	Aktion	
PLM_RCP	REL_EXPLOSION	Auflösungsrelevant	Aktion	
PLM_RCP	REL_SYNC_BOM	Relevant für Synch. Rezept zu STL, schreibgeschützt	Aktion	
PLM_RCP	REL_SYNC_MRCP	Relevant für Synchronisierung Rezept zu Planungsrezept	Aktion	
PLM_RCP	REUSE_RESTRICTED	Eingeschränkt wiederverwendbar	Aktion	
PLM_RCP	TIMELINE_RELEVANT	Status ist zeitplanrelevant	Aktion	
PLM_RCP	VALIDITY_CHG_ALLOWED	Gültigkeitsänderung zulässig	Aktion	

Abbildung 5.81 Attribute für den Objekttyp PLM_RCP

Wenn Sie eigene Status definieren möchten, navigieren Sie im Customizing zu **Logistik Allgemein • PLM-Web-Benutzungsoberfläche • Rezeptentwicklung • Rezept • Status- und Aktionsverwaltung • Statusschema definieren**. Vergeben Sie dort einen Schlüssel (maximal 20 Zeichen) und eine Beschreibung (maximal 60 Zeichen). Abbildung 5.82 zeigt Ihnen die im Standard verfügbaren **Status**, inklusive der **Statusbeschreibung**. Um einen Status zu übersetzen, markieren Sie ihn und navigieren im Menü zu **Mehr • Springen • Übersetzung**.

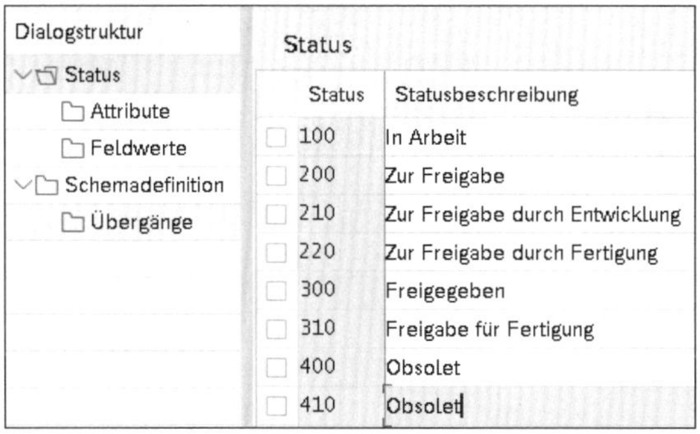

Dialogstruktur
- Status
  - Attribute
  - Feldwerte
- Schemadefinition
  - Übergänge

Status

Status	Statusbeschreibung
100	In Arbeit
200	Zur Freigabe
210	Zur Freigabe durch Entwicklung
220	Zur Freigabe durch Fertigung
300	Freigegeben
310	Freigabe für Fertigung
400	Obsolet
410	Obsolet

Abbildung 5.82 Statusübersicht

Ordnen Sie im nächsten Schritt die benötigten Attribute zu. Dies kann z. B. wie in Abbildung 5.83 für den Status 300 (**Freigegeben**) aussehen. Der **Status** wird mit dem Objekttyp PLM_RCP und dem gewünschten **Attribut** aufgeführt.

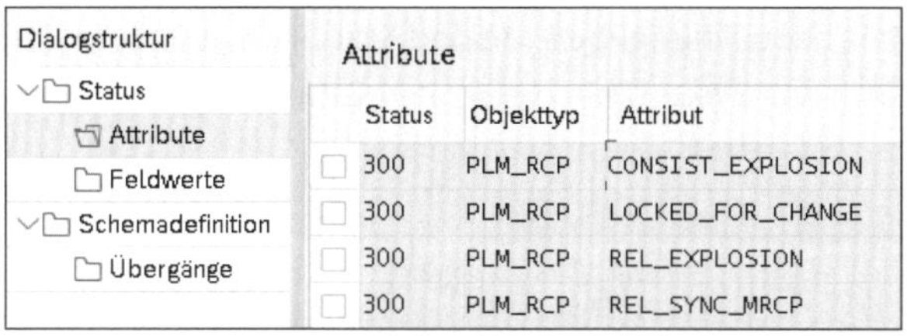

Dialogstruktur
- Status
  - Attribute
  - Feldwerte
- Schemadefinition
  - Übergänge

Attribute

Status	Objekttyp	Attribut
300	PLM_RCP	CONSIST_EXPLOSION
300	PLM_RCP	LOCKED_FOR_CHANGE
300	PLM_RCP	REL_EXPLOSION
300	PLM_RCP	REL_SYNC_MRCP

Abbildung 5.83 Statusattribute im Status 300

Wie in Abschnitt 5.4, »Rezeptzwecke definieren«, angekündigt, kann der Rezeptzweck in den Grunddaten des Rezepts in Abhängigkeit des Status vergeben werden. Dazu öffnen Sie im Status den Unterordner **Feldwerte** und tätigen die folgenden Angaben (siehe Abbildung 5.84):

- **Status**
  Auch wenn Sie den Status markiert haben, müssen Sie bei einer Neuanlage trotzdem den Schlüssel des Status eingeben.
- **Objekttyp**
  Geben Sie den Objekttyp PLM_RCP an.
- **Technischer Feldname**
  Geben Sie hier den technischen Feldnamen RCP_USAGE an. Damit wird der Rezeptzweck in den Grunddaten des Rezepts angesprochen.

- **Feldwert**
  Geben Sie den Rezeptzweck an, der bei diesem Status automatisch vom System in den Grunddaten des Rezepts hinterlegt werden soll. Denken Sie daran, dass dies zum einen bei der Suche nach Rezepten helfen kann. Allen voran aber kann der Rezeptzweck die Rezeptauflösung beeinflussen.

Dialogstruktur
- Status
  - Attribute
  - Feldwerte

Feldwerte

Status	Objekttyp	Technischer Feldname	Feldwert
300	PLM_RCP	RCP_USAGE	DEV

Abbildung 5.84 Rezeptzweck über Feldwerte steuern

5.8.3 Statusschema definieren

Damit auch das Rezept verschiedene Status durchlaufen kann, definieren Sie ein Statusschema. Für die ID des Statusschemas stehen Ihnen 20 Zeichen zur Verfügung, und für die Beschreibung des Statusschemas sind es 60 Zeichen. Zur Übersetzung gelangen Sie wieder über den Pfad **Mehr • Springen • Übersetzung**. Wie Sie es Abbildung 5.85 entnehmen können, gehört neben der ID für das **Statusschema** und der **Beschreibung** auch die Spalte **Initialer Status** dazu. Hier geben Sie den Status an, mit dem das Statusschema beginnen soll. So kann das System bei der Anlage eines Rezepts diesen Status vorbelegen.

Schemadefinition

Statusschema	Beschreibung	Initialer Status
BASIC	Einfaches Statusschema	100
DEV&PROD	Schema für Entwicklung und Produktion	100

Abbildung 5.85 Statusschemata für Rezepte

Um einen Übergang zu definieren, markieren Sie das gewünschte Schema und öffnen den Unterordner **Übergänge**. Wie aus Abbildung 5.86 hervorgeht, geben Sie für einen neuen Eintrag nochmals das Statusschema an und ergänzen dies mit einem Quellstatus (**Status von**) und einem zugehörigen Zielstatus (**Status bis**). Denken Sie bei der Definition der Übergänge auch an den Weg zurück: So muss es z. B. möglich sein, vom Status **Zur Freigabe durch Entwicklung** (210) zurück auf den Status **in Arbeit** (100) zu wechseln.

In der Übersicht der Übergänge gibt es leider ausschließlich die Schlüssel der Status und keine Bezeichnungen. Nehmen Sie bei Bedarf Tabelle 5.7 zur Hilfe, in der die Rezeptstatus des SAP-Standards, inklusive zugehöriger Attribute, aufgeführt sind.

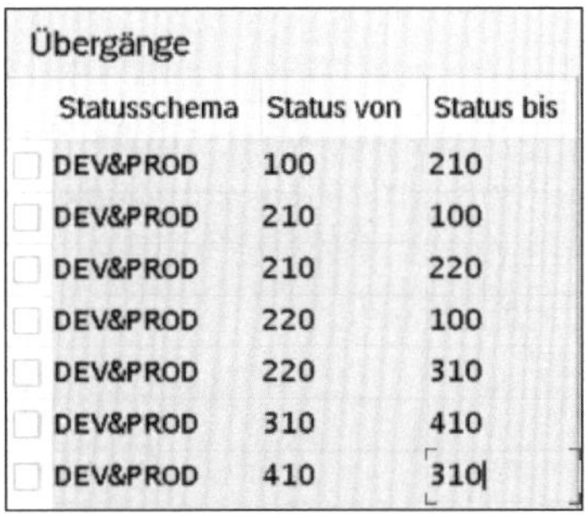

Übergänge

Statusschema	Status von	Status bis
DEV&PROD	100	210
DEV&PROD	210	100
DEV&PROD	210	220
DEV&PROD	220	100
DEV&PROD	220	310
DEV&PROD	310	410
DEV&PROD	410	310

Abbildung 5.86 Statusübergänge in einem Statusschema

Status	Statusbeschreibung	Attribute
100	In Arbeit	DELETION_ALLOWED
200	Zur Freigabe	▪ CONSIST_EXPLOSION ▪ LOCKED_FOR_CHANGE
210	Zur Freigabe durch Entwicklung	▪ CONSIST_EXPLOSION ▪ CONSIST_SYNC_BOM ▪ LOCKED_FOR_CHANGE
220	Zur Freigabe durch Fertigung	▪ CONSIST_EXPLOSION ▪ CONSIST_SYNC_BOM ▪ LOCKED_FOR_CHANGE ▪ REL_EXPLOSION
300	Freigegeben	▪ CONSIST_EXPLOSION ▪ LOCKED_FOR_CHANGE ▪ REL_EXPLOSION ▪ REL_SYNC_MRCP
310	Freigabe für Fertigung	▪ CONSIST_EXPLOSION ▪ CONSIST_SYNC_BOM ▪ LOCKED_FOR_CHANGE ▪ REL_EXPLOSION ▪ REL_SYNC_BOM
400	Obsolet	▪ DELETION_ALLOWED ▪ LOCKED_FOR_CHANGE
410	Obsolet	▪ DELETION_ALLOWED ▪ LOCKED_FOR_CHANGE

Tabelle 5.7 Status mit Statusbeschreibung und Attributauflistung im Standard

5.9 Vorgabenprüfung

Auch beim Rezept haben Sie mithilfe der Vorgabenprüfung die Möglichkeit, sicherzustellen, ob bestimmte Rahmenbedingungen eingehalten wurden. Da die Konfiguration dieser Funktion sowie die Vorbereitung der Stammdaten etwas komplexer ist, sind diese Inhalte in Kapitel 9, »Vorgabenprüfung« zusammengefasst.

5.10 Massenänderung

Die *Massenänderung von Rezepten* ist eine Funktion, die, abhängig von der Sensibilität Ihrer Daten, für Sie durchaus von Interesse sein kann. Wenn Sie z. B. einen Rohstoff austauschen müssen, kann es hilfreich sein, alle Rezepte zu identifizieren, in denen dieser Rohstoff verwendet wird und sie dann zu verändern. Zunächst geht es um die Massenänderung im Allgemeinen. Im Anschluss werden die einzelnen Massenänderungsfunktionen vertieft.

5.10.1 Massenänderung im Allgemeinen

Um die Rezepte zu identifizieren, in denen die Spezifikation verwendet wird, navigieren Sie in den Object Navigator der relevanten Spezifikation und prüfen die Sicht **Verwendung**. In Abbildung 5.87 sehen Sie, dass in der Sicht **Verwendung** mehrere Rezepte aufgeführt sind, in denen Pfeffer enthalten ist. Markieren Sie die Rezepte, bei denen Sie eine Massenänderung vornehmen möchten, und betätigen Sie den Button **Weitere Funktionen**.

Abbildung 5.87 Verwendung einer Spezifikation im Object Navigator

[!]

> **Weitere Funktionen im Object Navigator**
>
> Im Object Navigator gibt es zwei Mal den Button **Weitere Funktionen**. Es gibt den Button **Weitere Funktionen** einmal direkt über den aufgelisteten Rezepten. Und es gibt oben im Menü kurz unter der Überschrift **Object Navigator: Spezifikation *62**

den Button **Weitere Funktionen** noch einmal. Um zur Massenänderung zu gelangen, die in diesem Abschnitt behandelt wird, klicken Sie auf den Button **Weitere Funktionen** bei den aufgelisteten Rezepten.

Wie es aus Abbildung 5.88 hervorgeht, ist die Massenänderung eine Funktion von vielen, die Sie hier auswählen können.

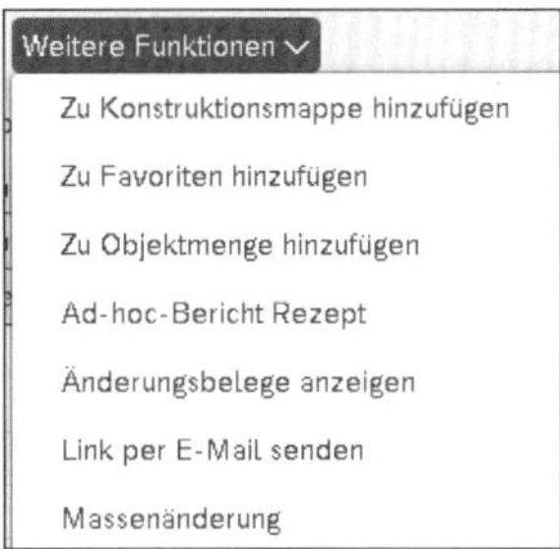

Abbildung 5.88 Absprung zur Massenänderung über »Weitere Funktionen«

Im Einstiegsbild der Massenänderung entscheiden Sie sich für eine bestimmte Massenänderungsfunktion (siehe Abbildung 5.89). Sie haben folgende Auswahlmöglichkeiten:

- **Rezept – Allgemeine Daten**
  Hier ändern Sie die Kopfdaten der Rezepte. Dazu gehören die Beschreibung, die Gültigkeit und der Rezeptstatus. Zudem können Sie die Rezepte zur Archivierung vormerken, die Inhalte der Felder **Menge von** und **Menge bis** inklusive Mengeneinheit anpassen sowie das zugehörige PSP-Element aus dem SAP-Projektmanagement ändern.
- **Rezept – Formelpositionen**
  Hier ändern Sie die Formelpositionen der Rezepte. Sie tauschen Positionen aus, ändern Mengen und Mengeneinheiten oder fügen neue Positionen hinzu. Zudem können Sie die Zuordnung der Formelpositionen im Prozess anpassen.
- **Rezept – Neue Version anlegen**
  Zu den ausgewählten Rezepten legen Sie neue Versionen an.

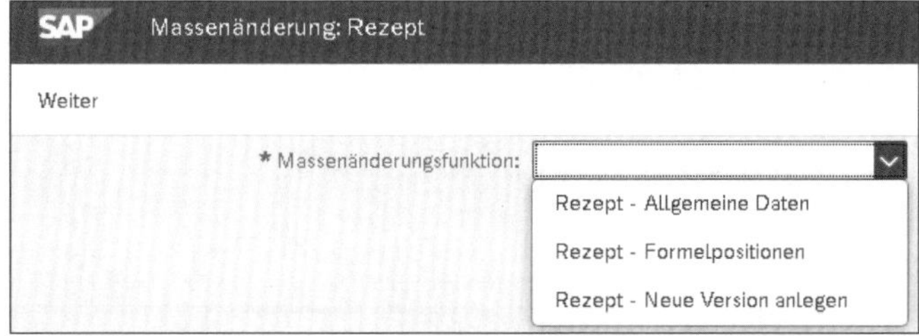

Abbildung 5.89 Massenänderungsfunktion auswählen

5.10.2 Massenänderungsfunktion »Rezept – Allgemeine Daten«

Voraussetzung dafür, dass Sie die Sicht **Allgemeine Daten** in den ausgewählten Rezepten ändern können ist, dass die Rezepte änderbar sind. Verbietet der Rezeptstatus Änderungen in einem Rezept, gilt das auch für die Massenänderung, und alle Felder sind ausgegraut. Die in Abbildung 5.90 aufgeführten Rezepte können angepasst werden. Die offenen Spalten sind:

- **Rezeptbeschreibung**
  Sie können die Rezeptbeschreibung in der Anmeldesprache ändern. Der Langtext, auf den Sie bei der Einzelpflege von Rezepten zugreifen können, ist an dieser Stelle nicht verfügbar.
- **Status-ID**
  In der Spalte **Status-ID** können Sie einen anderen Status setzen. Voraussetzung ist, dass der neue Status im Statusschema der Rezeptart als Folgestatus des aktuellen Status vorgesehen ist.
- **Gültig ab/Gültig bis**
  Passen Sie bei Bedarf das **Gültig ab**- und das **Gültig bis**-Datum über die entsprechenden Spalten an.
- **Für Archivierung vorgemerkt**
  Um Rezepte für eine Archivierung zu kennzeichnen, nutzen Sie die Spalte **F.Archvrng vorgemrkt**. Setzen Sie dafür ein **X**.
- **Menge von/Menge bis**
  Die Mengengrenzen, innerhalb derer das Rezept gültig ist, können Sie mit den Spalten **Menge von** und **Menge bis** anpassen.
- **ME**
  Die zugehörige Mengeneinheit in der Spalte **ME** zu den Mengengrenzen können Sie ebenfalls ändern.
- **PSP-Element**
  Falls Sie für mehrere Rezepte die Projektzugehörigkeit ändern möchten, gelingt Ihnen das über die Spalte **PSP-Element**.

Abbildung 5.90 Allgemeine Daten ändern via Massenänderung

5.10.3 Massenänderungsfunktion »Rezept – Formelpositionen«

Wenn Sie viele Rezepte mithilfe der Massenänderung anpassen möchten, kann das spätestens bei den Formelpositionen unübersichtlich werden. In Abbildung 5.91 sehen Sie, dass zu jedem Rezept jede Formelposition aufgeführt ist.

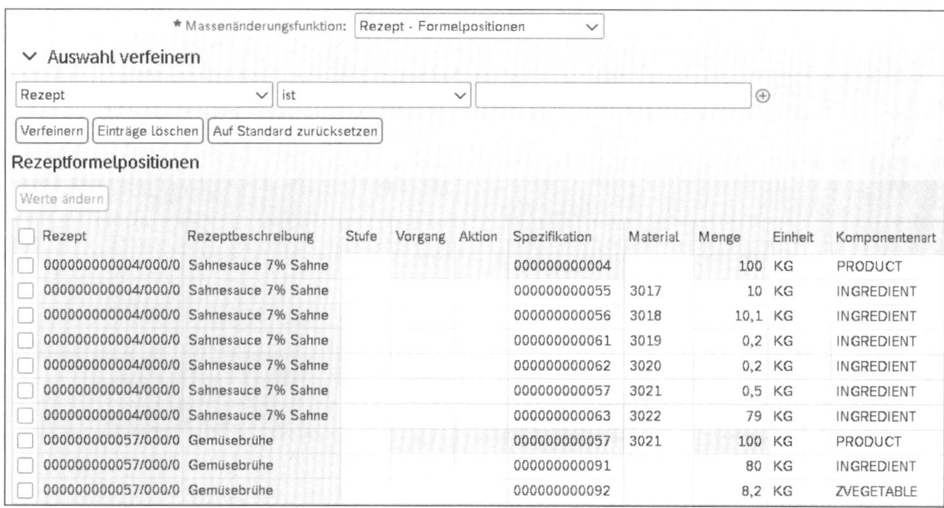

Abbildung 5.91 Formeldaten ändern via Massenänderung

Im Normalfall geht es bei einer Massenänderung der Formelpositionen um einige wenige Spezifikationen. Um hier eine Einschränkung vornehmen zu können, stehen Ihnen im Bereich **Auswahl verfeinern** Selektionskriterien zur Verfügung. In Abbildung 5.92 sehen Sie z. B., dass in der Spalte **Spezifikation** auf die Spezifikation *62 eingeschränkt wurde. Mithilfe des Buttons **Verfeinern** wenden Sie die Selektionskriterien an und verringern so die Zeilenanzahl.

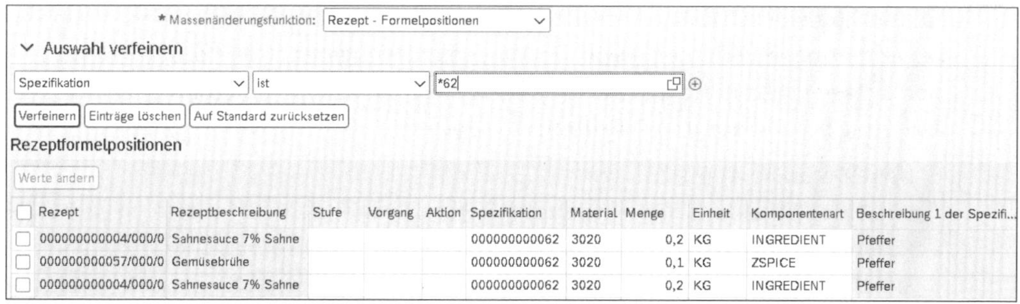

Abbildung 5.92 Auswahl verfeinern

Um nun tatsächlich Werte anzupassen, können Sie entweder die Zeilen einzeln manuell pflegen, oder Sie verwenden alternativ den Button **Werte ändern**. Dieser Button wird aber erst aktiv, wenn die Zeilen selektiert sind. Sie sehen dies exemplarisch in Abbildung 5.93 durch die selektierten Kennzeichen im Hintergrund. Nachdem Sie den Button betätigt haben, öffnet sich ein Fenster, in dem Sie angeben, welche Spalte (siehe Abbildung 5.93 unter **Daten**) mit welchem Wert (siehe Abbildung 5.93 unter **Neuer Wert**) gepflegt werden soll. Bei Bedarf können Sie auch mehrere Daten auf einmal ändern.

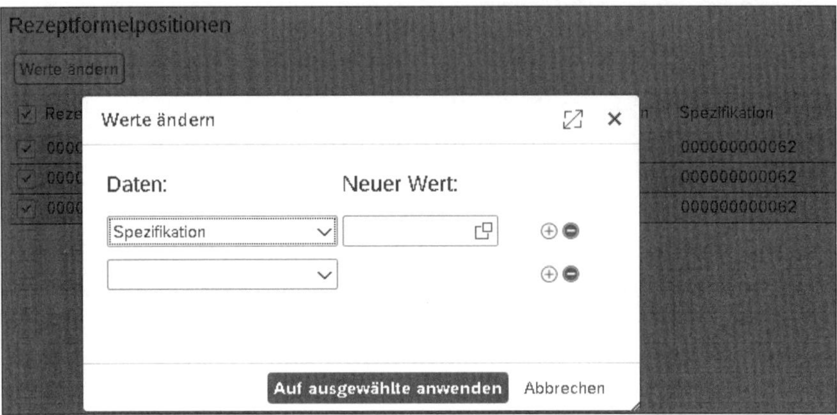

Abbildung 5.93 Werte ändern

[»]

Auswahl verfeinern und Werte ändern

Die Möglichkeiten zum Verfeinern der Auswahl und zum Ändern der Werte steht Ihnen auch in der Massenänderungsfunktion **Rezept – Allgemeine Daten** zur Verfügung. Die Erklärung anhand der Formelpositionen ist ein wenig anschaulicher.

5.10.4 Massenänderungsfunktion »Rezept – Neue Version anlegen«

Sollten Sie gleichzeitig Änderungen in vielen Rezepten vornehmen wollen, deren Status Änderungen verbieten, kann die Massenänderungsfunktion **Rezept – Neue Version anlegen** sehr hilfreich sein. Die Anlage von Rezeptversionen über die Massenänderung besteht aus drei Schritten:

1. **Neue Daten bestimmen**
   Wie Sie es Abbildung 5.94 entnehmen können, werden Ihnen im ersten Schritt alle Rezepte angezeigt, zu denen das System versuchen wird, neue Rezeptversionen anzulegen. Sie haben die Möglichkeit, die Rezeptselektion anzupassen. Alle markierten Rezepte werden für die Anlage einer neuen Version berücksichtigt. In Abbildung 5.87 haben Sie bereits gesehen, dass drei Rezepte für die Massenänderung markiert waren. Zwei dieser Rezepte waren zu derselben Primärausbeute und derselben Rezeptalternative angelegt. Beim Anlegen neuer Rezeptversionen erkennt

das System, wenn Rezepte zu derselben Primärausbeute und Rezeptalternative ausgewählt sind. Das System übernimmt die aktuellste Rezeptversion und schließt die ältere Rezeptversion von den weiterführenden Schritten aus. Daher ist das Rezept *04/000/002 in Abbildung 5.94 enthalten und das Rezept *04/000/000 nicht.

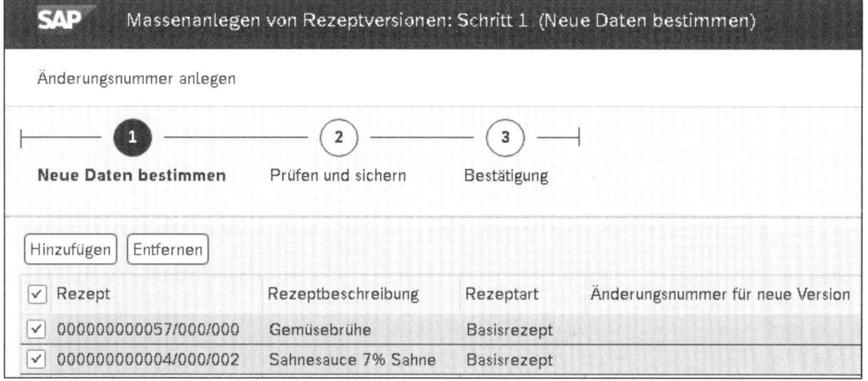

Abbildung 5.94 Neue Version anlegen via Massenänderung: Schritt 1

2. **Prüfen und sichern**
   In Abbildung 5.95 sehen Sie, dass Ihnen im zweiten Schritt angezeigt wird, welche neuen Rezeptversionen das System anlegen wird. Sie können die **Rezeptbeschreibungen** anpassen. Wenn Sie diesen Schritt fortsetzen, wird das System die neuen Rezeptversionen anlegen.

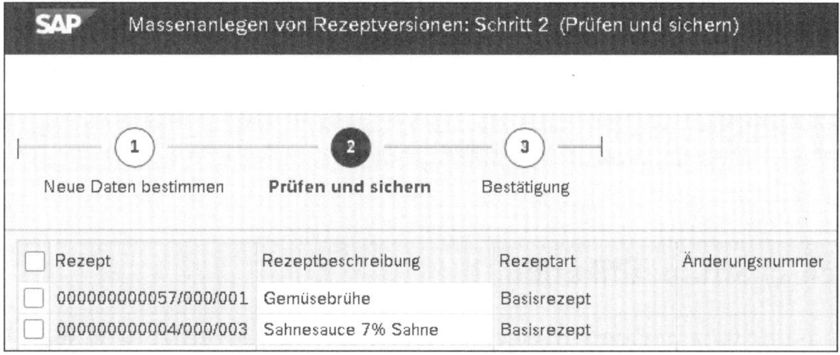

Abbildung 5.95 Neue Version anlegen via Massenänderung: Schritt 2

3. **Bestätigung**
   Im letzten Schritt erhalten Sie eine Protokollübersicht, aus der hervorgeht, bei welchem Rezept welche Meldung aufgetreten ist. Aus Abbildung 5.96 ist ersichtlich, dass zwei neue Rezeptversionen angelegt wurden. Die Nachrichten im Anwendungsprotokoll, dass zwei neue Rezepte angelegt worden seien, bestätigen dies.

Massenänderung

1 Neue Daten bestimmen — 2 Prüfen und sichern — 3 **Bestätigung**

Weitere Funktionen

Rezept	Rezeptbeschreibung	Beschreibung Rezeptart	Änderungsnummer
000000000057/000/001	Gemüsebrühe	Basisrezept	
000000000004/000/003	Sahnesauce 7% Sahne	Basisrezept	

Show Filter — Fehlermeldungen — Warnmeldungen

Anwendungsprotokoll

Export — Ebenen

Element	Nachricht	Ext. Identif.
30.11.2021/19:38:10/MS		
Status	Rezept 000000000057/000/001 wurde angelegt	
Status	Rezept 000000000004/000/003 wurde angelegt	

Abbildung 5.96 Neue Version anlegen via Massenänderung: Schritt 3

Meine Rezeptübersicht

Zu den Grundlagen des Rezepts sei mit Blick auf SAP S/4HANA auch die SAP-Fiori-App **Meine Rezeptübersicht** erwähnt. Sie vereint verschiedene Auflistungen der zuletzt geöffneten oder geänderten Rezepte mit Quick-Links zur Pflege von Spezifikationen, die Rezeptsuche oder die Bearbeitung von mehreren Formeln. Da dies eine Veränderung ist, die nur SAP S/4HANA betrifft, und im Vergleich zur Arbeit mit dem SAP Business Client heraussticht, ist diese App in Abschnitt 10.3.1 »Meine Rezeptübersicht«, im Rahmen des Vergleichs von SAP Recipe Development unter SAP ERP und unter SAP S/4HANA ausgeführt.

5.11 Eigenschaftsspezifikation

Sie wissen aus den vorangehenden Abschnitten bereits, dass ein Rezept und seine Primärausbeute untrennbar miteinander verbunden sind. Alle Rezeptalternativen und Rezeptversionen werden zu derselben Spezifikation angelegt. Dies bedeutet, dass die im Rezept ermittelten Eigenschaften, abhängig von der Rezeptalternative oder Rezeptversion, abweichen können. Für etwaige Rückverfolgungen nach dem Inverkehrbringen eines Produkts stellt diese Veränderung der Eigenschaften eine Herausforderung dar, da es keinen gespeicherten Stand in einer Spezifikation gibt.

Hier schafft die *Eigenschaftsspezifikation* Abhilfe. Sofern die Rezeptart es erlaubt, wird eine Eigenschaftsspezifikation zu genau einem Rezept angelegt. Das Rezept hat neben der Primärausbeute eine zweite Spezifikation. Das Rezept mit der nächsten Version hat dieselbe Primärausbeute, aber eine andere Eigenschaftsspezifikation.

5.11.1 Eigenschaftsspezifikation für Rezeptarten aktivieren

Im Customizing legen Sie über den folgenden Pfad fest, ob die Eigenschaftsspezifikation bei einer Rezeptart eingesetzt werden darf: **Logistik Allgemein • Product Lifecycle Management (PLM) • PLM-Web-Benutzungsoberfläche • Rezeptentwicklung • Rezept • Rezeptarten definieren**. Wie Sie es in Abbildung 5.97 sehen, ist im Feld **EigenschSpez.** der Eintrag **O Optional** ausgewählt.

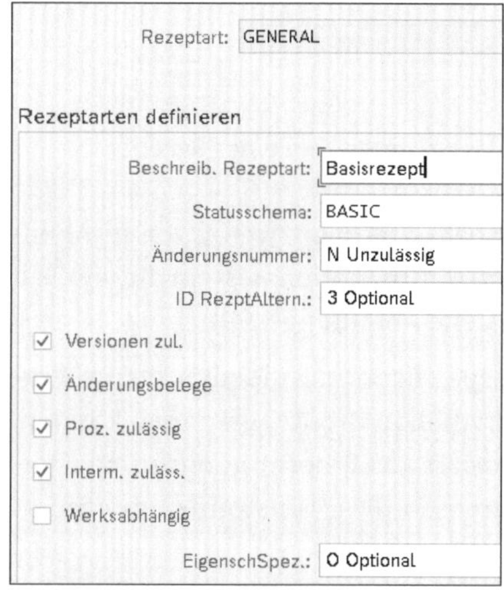

Abbildung 5.97 Eigenschaftsspezifikation in einer Rezeptart ist zulässig

Des Weiteren sollten Sie im Customizing der Rezeptart im Unterordner **Vorschlagswerte für Eigenschaftsspezifikation** mindestens den Spezifikationstyp `RECIPE_WUI` und die Spezifikationsart `RCP_PROP` angeben (siehe Abbildung 5.98).

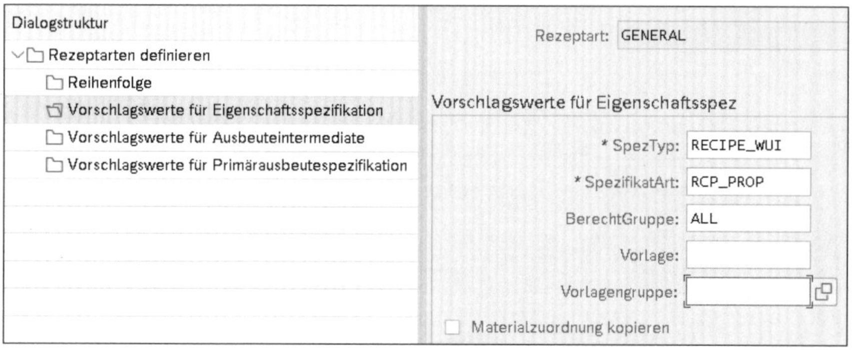

Abbildung 5.98 Vorschlagswerte für die Eigenschaftsspezifikation

5.11.2 Eigenschaftsspezifikation anlegen

Wie aus Abbildung 5.99 hervorgeht, erscheint mit der Aktivierung der Eigenschaftsspezifikation in der Rezeptart in den Grunddaten des Rezepts das Feld **Eigenschaftsspezifikation**.

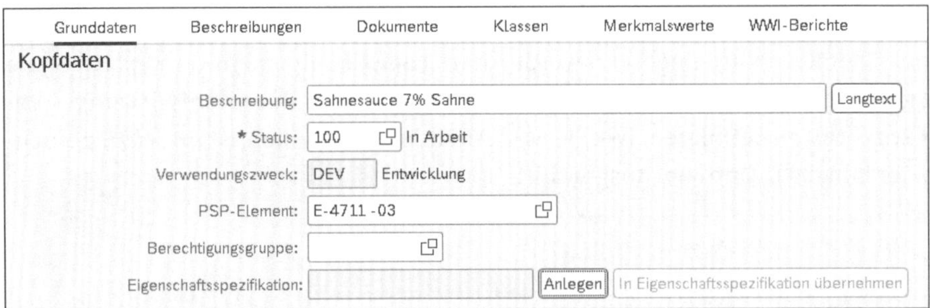

Abbildung 5.99 Feld »Eigenschaftsspezifikation« in den Grunddaten eines Rezepts

Eine Eigenschaftsspezifikation kann manuell angelegt werden, wenn, wie in Abbildung 5.97, die Verwendung der Eigenschaftsspezifikation optional ist. In diesem Fall steht Ihnen der Button **Anlegen** zur Verfügung (siehe Abbildung 5.99).

Das Vorgehen bei der Anlage einer Eigenschaftsspezifikation ist identisch zum Vorgehen in den anderen Spezifikationen. Wie Sie in Abbildung 5.100 erkennen können, werden die Felder **Spezifikationstyp**, **Spezifikationsart** und **Berechtigungsgruppe** vorbelegt. Das hängt mit den Vorschlagswerten zusammen, die im Customizing definiert worden sind (siehe Abbildung 5.98).

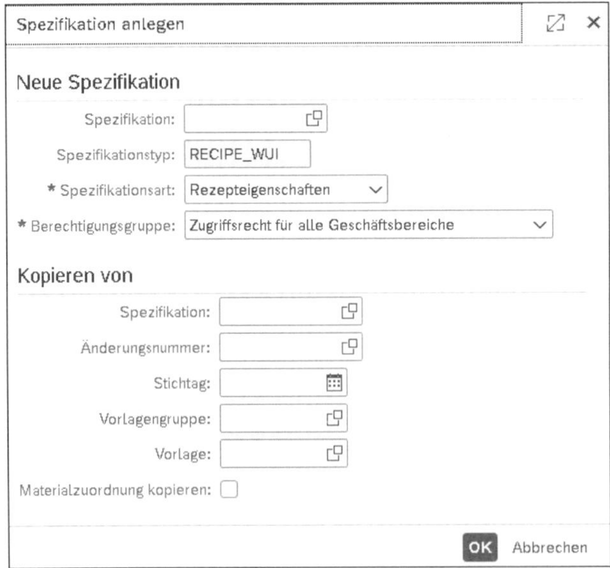

Abbildung 5.100 Eigenschaftsspezifikation anlegen

Ist die Eigenschaftsspezifikation angelegt, ist der Schlüssel der Spezifikation automatisch in den Grunddaten hinterlegt (siehe Abbildung 5.101).

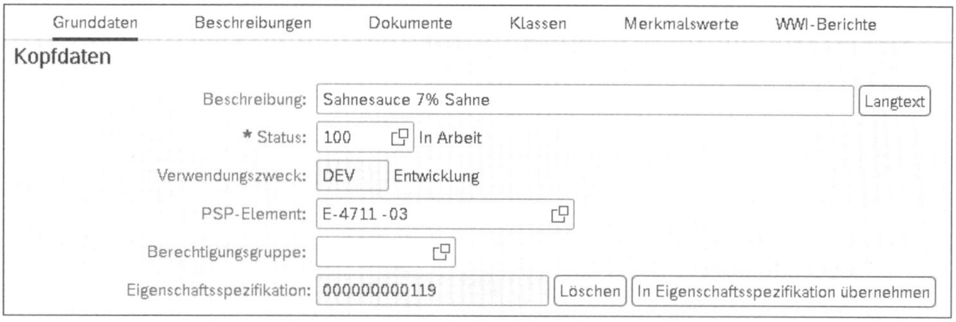

Grunddaten | Beschreibungen | Dokumente | Klassen | Merkmalswerte | WWI-Berichte

Kopfdaten

Beschreibung: Sahnesauce 7% Sahne [Langtext]
* Status: 100 In Arbeit
Verwendungszweck: DEV Entwicklung
PSP-Element: E-4711 -03
Berechtigungsgruppe:
Eigenschaftsspezifikation: 000000000119 [Löschen] [In Eigenschaftsspezifikation übernehmen]

Abbildung 5.101 Optional angelegte Eigenschaftsspezifikation

Ist die Verwendung der Eigenschaftsspezifikation im Customizing als obligatorisch festgelegt, übernimmt das System das Anlegen der Eigenschaftsspezifikation und ordnet den Schlüssel der Eigenschaftsspezifikation direkt im entsprechenden Feld zu. Es gibt keinen Button für die Anlage. Mit dem Anlegen des Rezepts entsteht automatisch die Eigenschaftsspezifikation. Abbildung 5.102 zeigt eine Eigenschaftsspezifikation, bei der die Systemeinstellungen auf **obligatorisch** gesetzt sind. Es fällt auf, dass im Gegensatz zu Abbildung 5.101 kein Button für das Löschen der Eigenschaftsspezifikation vorgesehen ist.

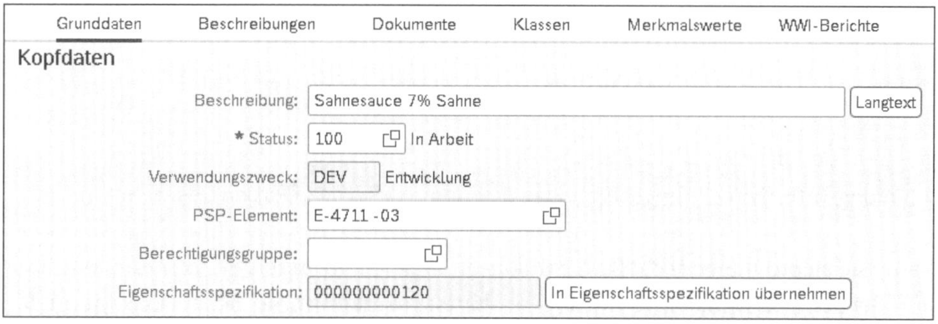

Grunddaten | Beschreibungen | Dokumente | Klassen | Merkmalswerte | WWI-Berichte

Kopfdaten

Beschreibung: Sahnesauce 7% Sahne [Langtext]
* Status: 100 In Arbeit
Verwendungszweck: DEV Entwicklung
PSP-Element: E-4711 -03
Berechtigungsgruppe:
Eigenschaftsspezifikation: 000000000120 [In Eigenschaftsspezifikation übernehmen]

Abbildung 5.102 Obligatorisch angelegte Eigenschaftsspezifikation

5.11.3 Eigenschaften in Eigenschaftsspezifikation übernehmen

Wie Sie aus Abschnitt 5.1.10, »In Primärausbeute übernehmen«, wissen, können die Berechnungsergebnisse des Rezepts in die Primärausbeute übernommen werden. Diese Funktion gibt es auch für die Eigenschaftsspezifikation. Alle im Rezept ermittelten Eigenschaften können per Mausklick in der Eigenschaftsspezifikation gespeichert werden, sodass die zum Zeitpunkt der Rezeptfreigabe gültigen Eigenschaften in der Eigenschaftsspezifikation konserviert werden.

In Abbildung 5.102 ist neben dem Feld der Eigenschaftsspezifikation der Button **In Eigenschaftsspezifikation übernehmen** zu sehen. Wird dieser Button betätigt, öffnet sich ein Fenster, in dem Sie entscheiden können, welche Eigenschaften an die Eigenschaftsspezifikation übertragen werden sollen. Abbildung 5.103 zeigt die Selektionsmöglichkeiten auf.

Abbildung 5.103 Berechnungsergebnisse in Eigenschaftsspezifikation übernehmen

Wenn Sie sich die Eigenschaftsspezifikation anschauen möchten, öffnen Sie mit einem Rechtsklick in das Feld der Eigenschaftsspezifikation im Rezept das Menü. Sie können über die Menüeinträge **Spezifikation anzeigen** und **Spezifikation ändern** zur Eigenschaftsspezifikation navigieren.

Die Eigenschaftsspezifikation folgt dem Status des Rezepts. Ist ein Rezept für Änderungen gesperrt, ist automatisch auch die Eigenschaftsspezifikation für Änderungen gesperrt. So können sich die Eigenschaften der Primärausbeute mit jedem neuen Rezept verändern, und die Eigenschaften in Abhängigkeit von den einzelnen Rezepten bleiben in der Eigenschaftsspezifikation gesichert. Dies erhöht die Datensicherheit.

5.11.4 Eigenschaftsspezifikation löschen

Ist der Einsatz einer Eigenschaftsspezifikation optional, kann die Eigenschaftsspezifikation über einen Klick auf den Button **Löschen** gelöscht werden, sofern das Rezept eine Bearbeitung erlaubt.

Ist der Einsatz der Eigenschaftsspezifikation obligatorisch, kann die Eigenschaftsspezifikation nur in Zusammenhang mit dem Rezept gelöscht werden. Löschen Sie das Rezept, wird dadurch automatisch die Eigenschaftsspezifikation gelöscht. Achtung: Sobald für das Rezept WWI-Berichte angelegt worden sind, können das Rezept und die Eigenschaftsspezifikation allerdings nicht mehr gelöscht werden.

5.12 Rezeptsuche

Die SAP-Fiori-App **Rezeptsuche** unterstützt Sie bei verschiedenen Auswertungen Ihrer Rezepte. Zunächst soll es um die wichtigsten Konfigurationsschritte gehen. Im Anschluss daran werden die verschiedenen Such- und Analysemöglichkeiten der App beschrieben.

5.12.1 Konfiguration

Zunächst ist es entscheidend, dass Sie im Customizing definiert haben, wie die Rezeptauflösung ablaufen soll. Dazu gehören Einstellungen in Rezeptart, Rezeptzweck und in den allgemeinen Rezeptberechnungen. Mehr dazu finden Sie in Abschnitt 6.2, »Berechnungsergebnisse«. Speziell für die SAP-Fiori-App **Rezeptsuche** ist es wichtig, dass Sie im Customizing über den folgenden Pfad die benötigten Einträge vornehmen: **Logistik Allgemein • Product Lifecycle Management (PLM) • PLM-Web-Benutzungsoberfläche • Rezeptentwicklung • Rezept • Berechnungen • Verwendungsberechnungen definieren** (Abbildung 5.104). Dazu gehört, dass Sie im Feld **InhaltsstBerechn.-ID** angeben, nach welcher Rezeptberechnungs-ID die Inhaltsstoffe ermittelt werden. Wenn Sie standardnah arbeiten und keine eigenen Berechnungen definiert haben, werden Sie in der Selektionshilfe einen Eintrag finden.

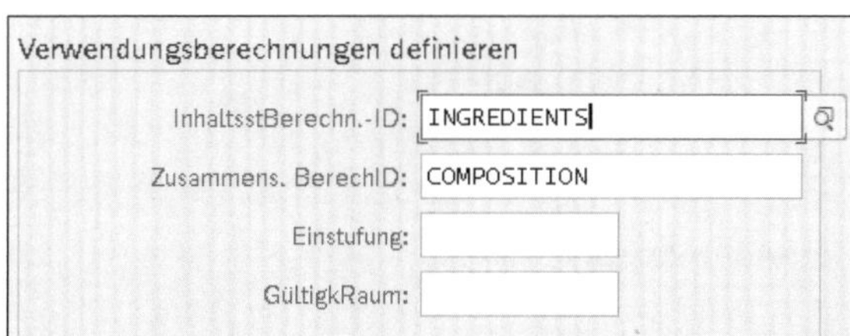

Abbildung 5.104 Verwendungsberechnung für die Rezeptsuche definieren

5.12.2 Suchkriterien

Nach dem Aufruf der SAP-Fiori-App **Rezeptsuche** befinden Sie sich in einer Ansicht, in der Sie zunächst entscheiden, welche Suchkriterien Sie nutzen möchten. Es stehen Ihnen die in Tabelle 5.8 aufgelisteten Suchkriterien zur Verfügung.

Suchkriterium	Bezeichnung
Berechtigungsgruppe	Berechtigungsgruppe des Rezepts
Beschreibung	Beschreibung des Rezepts
ID	Rezept-ID
Inhaltsstoff	Nummer des gesuchten Inhaltsstoffes
Material	Nummer des gesuchten Einsatzmaterials
Status	Rezeptstatus
Suchdatum	Stichtag, zu dem die Suchergebnisse gültig sein sollen
Typ	Rezeptart
Werk	Werk des Rezepts
Angelegt am	Datum der Rezeptanlage
Angelegt von	User-ID der Rezeptanlage
Geändert am	Datum der letzten Rezeptänderung
Geändert von	User-ID der letzten Rezeptänderung
Gültig ab	Datum aus den Grunddaten des Rezepts
Gültig bis	Datum aus den Grunddaten des Rezepts
PA-Materialbeschreibung	Materialbezeichnung der Primärausbeute
PA-Materialnr.	Materialnummer der Primärausbeute
PA-Spezifikationsart	Spezifikationsart der Primärausbeute
PA-Stoffnatur	Stoffnatur der Primärausbeute
Rezeptzweck	Rezeptzweck

Tabelle 5.8 Suchkriterien in der SAP-Fiori-App »Rezeptsuche«

In vielen Feldern können Sie mehrere Angaben machen, bevor Sie die Suche ausführen. Wenn Sie regelmäßig dieselbe Suchanfrage ausführen, haben Sie auch die Möglichkeit, die Suchkriterien zu speichern.

In der Trefferliste in Abbildung 5.105 zeigt das System alle Rezepte an, die zu den angegebenen Suchkriterien gefunden wurden. In diesem Fall wurde nach einem bestimmten **Inhaltsstoff** gesucht, und die Trefferliste informiert Sie in der Spalte mit dem Spezifikationsschlüssel aus dem Suchkriterium darüber, ob der Inhaltsstoff **direkt** im Rezept enthalten ist oder **indirekt**. Ein Inhaltsstoff ist direkt enthalten, wenn er Bestandteil der Formel des Rezepts ist. Ein Inhaltsstoff ist indirekt enthalten, wenn er Bestandteil eines Rezepts ist, dessen Primärausbeute Teil des gefundenen Rezepts ist und von der Auflösung berücksichtigt wurde. Aus der Trefferliste können Sie zu verschiedenen Aktivitäten mit Bezug zum ausgewählten Rezept navigieren.

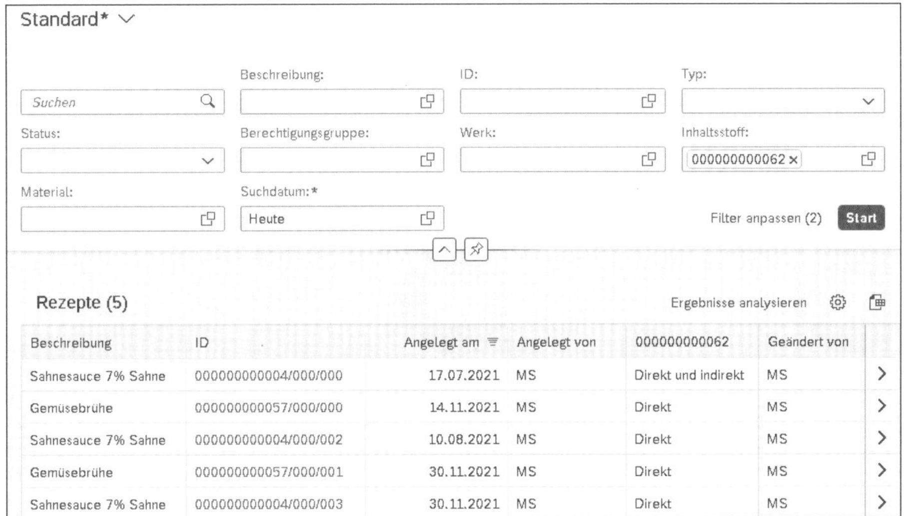

Beschreibung	ID	Angelegt am	Angelegt von	000000000062	Geändert von
Sahnesauce 7% Sahne	000000000004/000/000	17.07.2021	MS	Direkt und indirekt	MS
Gemüsebrühe	000000000057/000/000	14.11.2021	MS	Direkt	MS
Sahnesauce 7% Sahne	000000000004/000/002	10.08.2021	MS	Direkt	MS
Gemüsebrühe	000000000057/000/001	30.11.2021	MS	Direkt	MS
Sahnesauce 7% Sahne	000000000004/000/003	30.11.2021	MS	Direkt	MS

Abbildung 5.105 Suchkriterien und Trefferliste bei der Rezeptsuche

5.12.3 Suchergebnis analysieren nach Kopfdaten

In Abbildung 5.106 sehen Sie die verschiedenen Analysearten. Abhängig davon, welche Analyseart Sie auswählen, erhalten Sie eine kurze Beschreibung, was die Analyseart tut. Möchten Sie die Kopfdaten der Rezepte näher beleuchten, wählen Sie die Analyseart **Nach Kopfdaten**.

In der darauffolgenden Übersicht erhalten Sie verschiedene Darstellungen in Diagrammform, die es Ihnen ermöglichen sollen, schnell einen Überblick zu erhalten. Dies sind z. B. die **Anzahl der Rezepte nach Rezeptart** oder die **Anzahl der Rezepte nach Status** im oberen Abschnitt von Abbildung 5.107.

Des Weiteren wird die Anzahl der Rezepte in Abhängigkeit vom Status in Form eines Stapelsäulendiagrammes aufbereitet. Dies ist mittig in Abbildung 5.107 zu sehen. Falls Sie eine andere Diagrammform bevorzugen, können Sie dies in der Anwendung verändern. Im unteren Abschnitt von Abbildung 5.107 befindet sich eine reine Auflistung der Rezepte, die bei Bedarf nach Microsoft Excel exportiert werden kann.

Analyseparameter

Analyseart

- (•) Nach Kopfdaten
- ( ) Nach Quelle
- ( ) Nach Suchpositionsmenge

Berechnungsdatum*

02.12.2021

Nach Kopfdaten

Analysieren Sie Ihre Ergebnisse anhand verschiedener Attribute, z.B. Rezeptart, Status oder Werk. Sie können einen Drill-Down in Ihre Rezepte ausführen sowie Ihre Ergebnisse zur Analyse sortieren, filtern und gruppieren und die Anzahl der Rezepte für jede Gruppe vergleichen.

OK Abbrechen

Abbildung 5.106 Analysearten

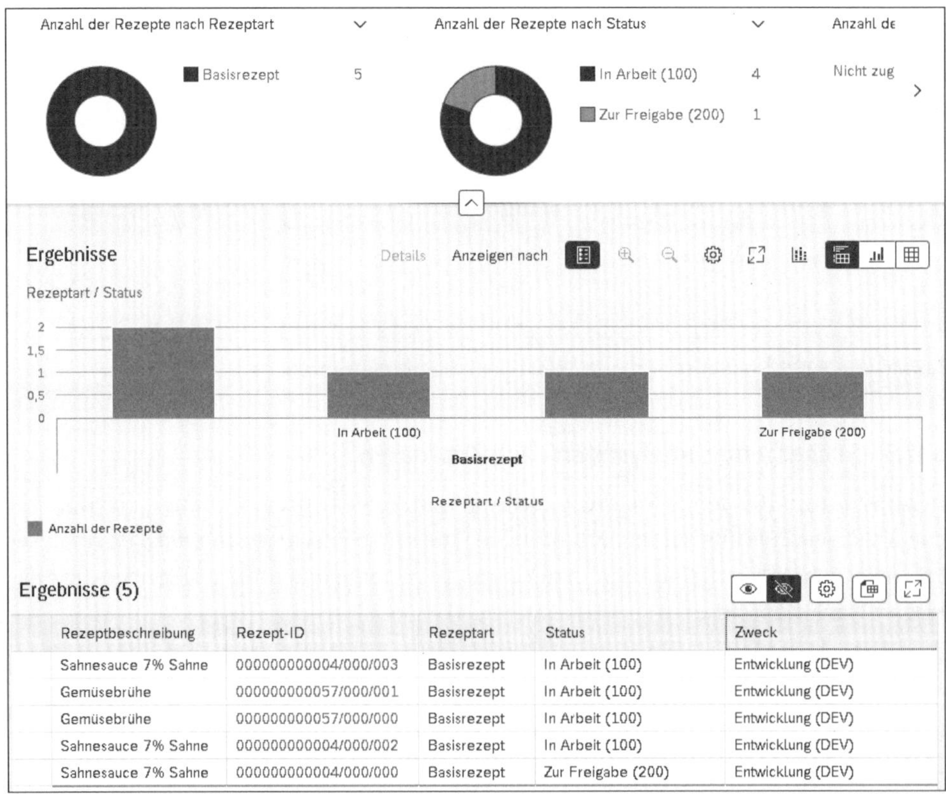

Rezeptbeschreibung	Rezept-ID	Rezeptart	Status	Zweck
Sahnesauce 7% Sahne	000000000004/000/003	Basisrezept	In Arbeit (100)	Entwicklung (DEV)
Gemüsebrühe	000000000057/000/001	Basisrezept	In Arbeit (100)	Entwicklung (DEV)
Gemüsebrühe	000000000057/000/000	Basisrezept	In Arbeit (100)	Entwicklung (DEV)
Sahnesauce 7% Sahne	000000000004/000/002	Basisrezept	In Arbeit (100)	Entwicklung (DEV)
Sahnesauce 7% Sahne	000000000004/000/000	Basisrezept	Zur Freigabe (200)	Entwicklung (DEV)

Abbildung 5.107 Rezeptanalyse nach Kopfdaten

5.12.4 Suchergebnis analysieren nach Quelle

Wenn Sie Rezepte zu einem bestimmten Inhaltsstoff suchen, können Sie eine Analyse nach der Quelle durchführen. Bei dieser Analyse erhalten Sie neben der Information, welchen Anteil der Inhaltsstoff im Rezept ausmacht, zusätzlich die Information, aus welchem Quellrezept der Inhaltsstoff stammt. Dies hilft speziell bei Inhaltsstoffen, die indirekt in einem Rezept enthalten sind. Wie Sie in Abbildung 5.108 sehen, ist im oberen Bereich ein Diagramm aufbereitet, dessen Darstellungsform Sie nach Belieben ändern können. Im unteren Bereich sind die Rezepte in Tabellenform zu finden. Sie sehen dabei in der Spalte **Quellrezept** das Rezept, das für den Inhaltsstoff verantwortlich ist. Wie viel von der Suchposition in den Rezepten sowie insgesamt über alle Rezepte hinweg enthalten ist, erfahren Sie über die Spalte **Gesamtmenge (%)**.

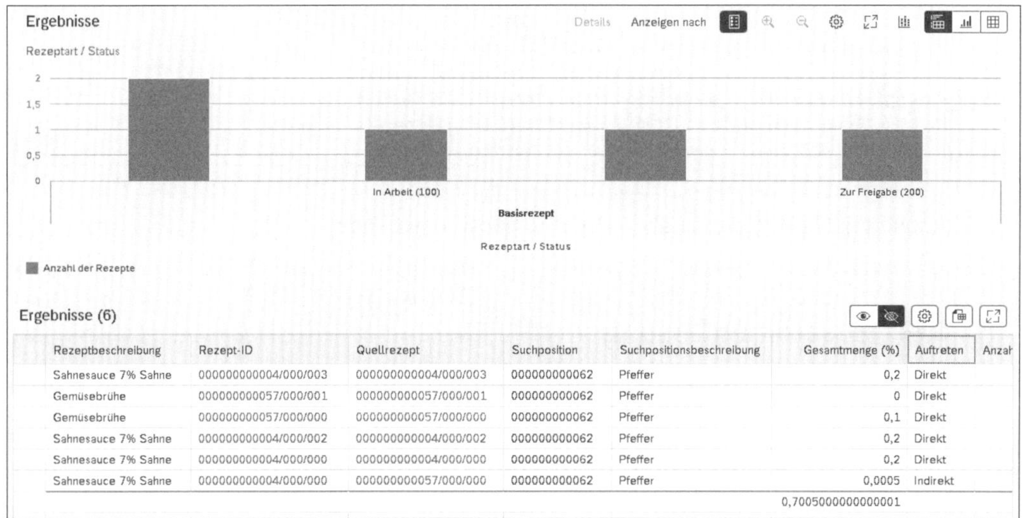

Abbildung 5.108 Rezeptanalyse nach Quelldaten

5.12.5 Suchergebnis nach Suchpositionsmenge analysieren

Eine weitere Analysemöglichkeit, wenn Sie Rezepte zu einem bestimmten Inhaltsstoff suchen, ist die **Analyse nach Suchpositionsmenge**. Hier geht es um die durchschnittlichen Mengen der Suchposition in den einzelnen Rezepten sowie über alle gefilterten Rezepte hinweg. In Abbildung 5.109 sehen Sie im oberen Bereich ein aufbereitetes Diagramm, dessen Darstellungsform Sie nach Belieben ändern können. Im unteren Bereich sind die Rezepte in Tabellenform zu finden. Wie viel von der Suchposition im Schnitt in den Rezepten sowie im Durchschnitt über alle Rezepte hinweg enthalten ist, erfahren Sie über die Spalte **DurchschnittMge (%)**.

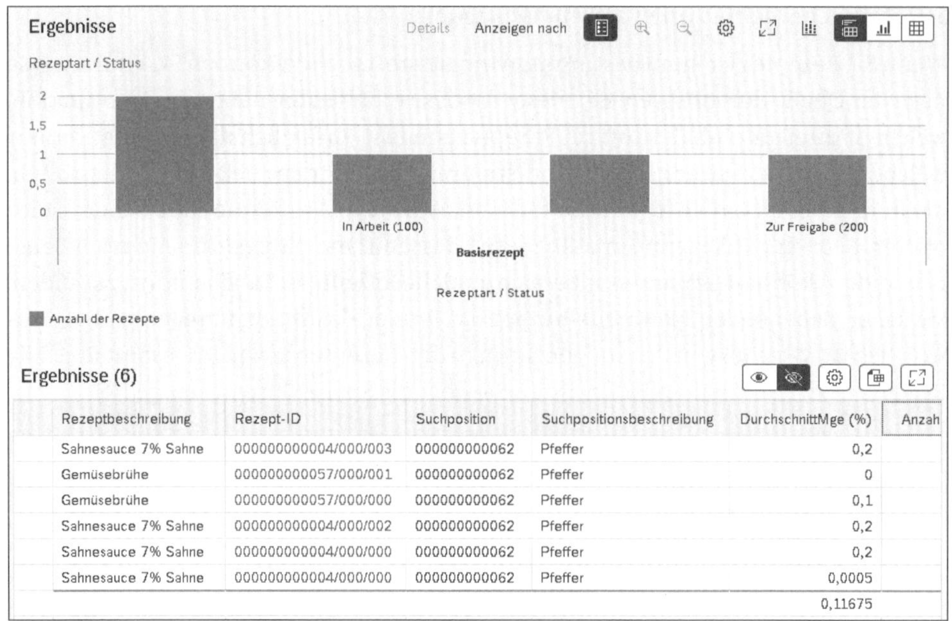

Rezeptbeschreibung	Rezept-ID	Suchposition	Suchpositionsbeschreibung	DurchschnittMge (%)	Anzah
Sahnesauce 7% Sahne	000000000004/000/003	000000000062	Pfeffer	0,2	
Gemüsebrühe	000000000057/000/001	000000000062	Pfeffer	0	
Gemüsebrühe	000000000057/000/000	000000000062	Pfeffer	0,1	
Sahnesauce 7% Sahne	000000000004/000/002	000000000062	Pfeffer	0,2	
Sahnesauce 7% Sahne	000000000004/000/000	000000000062	Pfeffer	0,2	
Sahnesauce 7% Sahne	000000000004/000/000	000000000062	Pfeffer	0,0005	
				0,11675	

Abbildung 5.109 Rezeptanalyse nach Suchpositionsmenge

5.13 Zusammenfassung

Mit den in diesem Kapitel beschriebenen Funktionen und Konfigurationsmöglichkeiten haben Sie einen Einblick in die Grundfunktionalitäten und Grundeinstellungen für das Arbeiten mit dem Rezept erhalten. Es gibt vielfältige Möglichkeiten, deren Einsatz von Unternehmen zu Unternehmen geprüft werden muss. Denken Sie daran, dass es nicht zwingend »All in or nothing« heißen muss. Es kann sein, dass manche Funktionen zu einem späteren Zeitpunkt einen größeren Mehrwert schaffen.

Im nächsten Kapitel erfahren Sie, was es bei der Konfiguration für die Formel und Berechnungsergebnisse zu berücksichtigen gibt.

Kapitel 6
Formel und Berechnungsergebnisse

In diesem Kapitel erfahren Sie, wie Sie die Einstellungen für die Formel und die Berechnungsergebnisse im Rezept vornehmen. Lernen Sie, wie Sie die Darstellung auf der Benutzeroberfläche anpassen. Nutzen Sie die Möglichkeit, Verknüpfungen aus diesem Kapitel zu anderen Kapiteln herzustellen.

In Kapitel 5, »Grundlagen des Rezepts«, haben Sie erfahren, was die Formel ist und welche Funktionen es innerhalb einer Formel gibt. Des Weiteren haben Sie Einblick in die Berechnungsergebnisse im Rezept erhalten. In diesem Kapitel stehen die Konfigurationsmöglichkeiten für die Formel und die Berechnungsergebnisse im Fokus.

Abschnitt 6.1 befasst sich zunächst detailliert mit dem Customizing der Formel. In Abschnitt 6.2, »Berechnungsergebnisse«, geht es um die Steuerung der Berechnungen innerhalb des Rezepts. Abschnitt 6.3, »Darstellung der Berechnungsergebnisse«, geht auf die Möglichkeiten der Beeinflussung der Darstellung der Benutzeroberfläche ein.

6.1 Formel

In der *Formel* werden alle Spezifikationen aufgeführt, die als Einsatzstoffe für die Herstellung der Primärausbeute benötigt werden. In der View **Einsatz und Ausbeute** stehen verschiedene Spalten zur Verfügung, die Ihnen zusätzliche Informationen über die Positionen vermitteln. Zudem gibt es verschiedene Funktionen, die speziell mit der Formel genutzt werden können. Wie die View **Formel** gestaltet werden kann und welche Konfigurationsmöglichkeiten für spezielle Funktionen zur Verfügung stehen, zeigen die nachfolgenden Abschnitte.

6.1.1 Layouts definieren

Abhängig davon, wer sich mit der Formel eines Rezepts beschäftigt, können unterschiedliche Inhalte von Bedeutung sein. Wie Sie es Abbildung 6.1 entnehmen können, gibt es unterschiedliche Spalten, die verschiedene Informationen beinhalten.

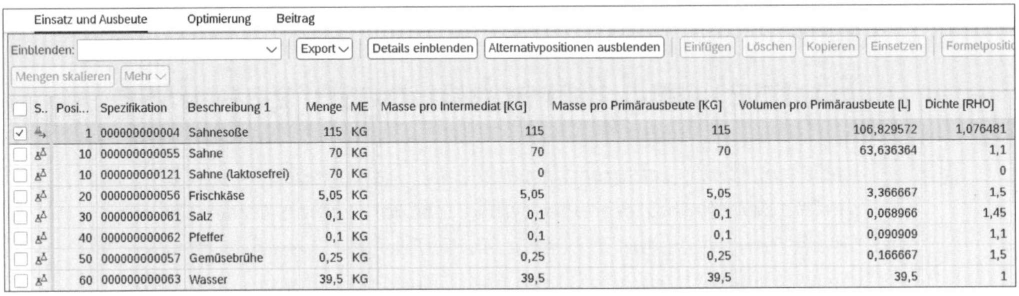

Einsatz und Ausbeute | Optimierung | Beitrag

Einblenden: | Export | Details einblenden | Alternativpositionen ausblenden | Einfügen | Löschen | Kopieren | Einsetzen | Formelpositi

Mengen skalieren | Mehr

S..	Posi...	Spezifikation	Beschreibung 1	Menge	ME	Masse pro Intermediat [KG]	Masse pro Primärausbeute [KG]	Volumen pro Primärausbeute [L]	Dichte [RHO]
	1	000000000004	Sahnesoße	115	KG	115	115	106,829572	1,076481
	10	000000000055	Sahne	70	KG	70	70	63,636364	1,1
	10	000000000121	Sahne (laktosefrei)	70	KG	0			0
	20	000000000056	Frischkäse	5,05	KG	5,05	5,05	3,366667	1,5
	30	000000000061	Salz	0,1	KG	0,1	0,1	0,068966	1,45
	40	000000000062	Pfeffer	0,1	KG	0,1	0,1	0,090909	1,1
	50	000000000057	Gemüsebrühe	0,25	KG	0,25	0,25	0,166667	1,5
	60	000000000063	Wasser	39,5	KG	39,5	39,5	39,5	1

Abbildung 6.1 Verschiedene Spalten in der Formel

Damit ein komfortabler Wechsel zwischen verschiedenen zusammengestellten Spalten möglich ist, können Sie in der Formel das Layout verändern. Sie erhalten durch die Standardauslieferung von SAP Recipe Development ein Set an Layouts. Dazu gehören (Stand Mai 2022):

- `ALL` (Alle Spalten)
- `BASIC` (Basisfelder)
- `EVPTS` (Verdunstung und Trockenmasse)
- `LOGIS` (Logistische Information)
- `LOSS` (Verlustdefinition)
- `PROC` (Prozess)
- `VOLUM` (Volumenberechnungen)

Wenn Sie eigene Layouts definieren möchten, navigieren Sie im Customizing über den Pfad **Logistik Allgemein • Product Lifecycle Management (PLM) • PLM-Web-Benutzungsoberfläche • Rezeptentwicklung • Rezept • Layouts für formelrelevante Views definieren**. Die wichtigsten Spalten sind nachfolgend ausgeführt:

- **ACTION_DESC – Beschreibung der Aktion**
  Beschreibung eines der untersten Bestandteile eines Prozesses. Diese Spalte wird gefüllt, wenn eine Formelposition mit einer Aktion verknüpft ist.
- **ACTION_ID – Aktion**
  Schlüssel eines der untersten Bestandteile eines Prozesses. Diese Spalte wird gefüllt, wenn eine Formelposition mit einer Aktion verknüpft ist.
- **CALCULATED – Menge berechnen**
  Dieses Kennzeichen kann bei einer Position gesetzt werden. Für die entsprechende Position ermittelt das System dann die Menge. Typischerweise ist dieses Kennzeichen bei der Primärausbeute gesetzt. Dadurch berechnet das System automatisch über die Mengenangaben der Einsatzpositionen die Menge für die Primärausbeute. Wenn Sie z. B. einen Rohstoff wie Wasser nutzen, um ein Rezept aufzufüllen, können Sie das Kennzeichen bei dieser Position in der Formel setzen. Sie geben

nun manuell die Menge der Primärausbeute an, und die Formel ermittelt automatisch die Menge an Wasser, die benötigt wird, um auf die gewünschte Menge der Primärausbeute zu kommen.

- **COMP_TYPE – Komponentenart**
  In dieser Spalte ist der Schlüssel der Komponentenart der einzelnen Formelpositionen enthalten. Solange das Rezept bearbeitet werden kann, kann der Wert in dieser Spalte angepasst werden. Sie kann über die Standard-Komponentenart der einzelnen Spezifikationen automatisch befüllt oder aus den Customizing-Vorschlagswerten für die Formelpositionsarten vorbelegt werden. Anhand der Komponentenart in der Formel wird die Rezeptauflösung beeinflusst.
- **COMP_TYPE_DESC – Beschreibung der Komponentenart**
  Dies ist die Bezeichnung der Komponentenart. Diese Spalte kann nur über einen anderen Wert in der Spalte **Komponentenart** geändert werden.
- **DENSITY – Dichte**
  Hier wird die Dichte dargestellt, die bei der Spezifikation im Eigenschaftsbaum hinterlegt ist. Sind die Dichten bei allen Einsatzpositionen gepflegt, kann das System daraus die Dichte der Primärausbeute ermitteln.
- **EXCEPTION_VALUE – Ausnahmewert**
  An einer Formelposition kann ein Ausnahmewert hinterlegt werden. Über den Ausnahmewert kann das Systemverhalten z. B. bei Individualentwicklungen gesteuert werden.
- **EXCEPTION_VALUE_DESC – Beschreibung des Ausnahmewertes**
  In dieser Spalte wird die Bezeichnung des Ausnahmewertes angezeigt.
- **EXPL_RCP_NAME – Auflösungsrezept**
  Wenn Sie eine Formelposition im Rezept haben, zu der es mehrere Rezeptalternativen und Rezeptversionen gibt, können Sie in diesem Feld mit der Angabe eines konkreten Rezepts ein bestimmtes Rezept für die Auflösung vorgeben.
- **ICON – Symbol**
  Die erste Spalte der Formel stellt in Symbolform die unterschiedlichen Positionsarten dar.
- **IS_BALANCING_ITEM – Ausgleichsposition**
  Hierbei handelt es sich um eine Formelposition, die verdunstete oder aufgenommene Mengen eines Stoffes anzeigt. Ein negativer Wert steht für eine Verdunstung und ein positiver Wert für eine Aufnahme.
- **ITEM_DESC – Positionsbeschreibung**
  Diese Spalte zeigt die Beschreibung der Position an. Ist ein Material angegeben, wird der Materialkurztext gezogen. Gibt es kein Material, wird ein Identifikator aus der Spezifikation angezeigt, der in Abhängigkeit von der Identifikationsauflistung ermittelt wird.

- **ITEM_TYPE – Formelpositionsart**
  Hierbei handelt es sich um ein Drop-down-Menü für die Definition der Formelpositionsart. Es gibt vier verschiedene Formelpositionsarten: PO (Primärausbeute), SO (Sekundärausbeute), IN (Einsatz) und OS (Ausbeuteintermediat).
- **LOG_QUANT – Logistische Menge**
  Diese Spalte berücksichtigt Angaben wie den Ausschuss in Prozent. Die Menge der Formelposition wird für die logistische Menge um den Ausschussanteil erhöht. Ist ein Intermediat in der Formel enthalten, gibt die Spalte die logistische Menge für das Intermediat an.
- **LOG_QUANT_PO – Logistische Menge pro Primärausbeute**
  Diese Spalte berücksichtigt Angaben wie den Ausschuss in Prozent. Die Menge der Formelposition mit Bezug zur Primärausbeute wird für die logistische Menge um den Ausschussanteil erhöht.
- **LOSS_QUANT – Verlustmenge**
  Hier wird die Menge angegeben, die durch den Ausschuss verloren geht. Ist ein Intermediat in der Formel enthalten, gibt die Spalte die Menge für das Intermediat an.
- **LOSS_QUANT_PO – Ausschuss pro Primärausbeute**
  Diese Spalte gibt mit Bezug zur Primärausbeute die Menge an, die durch den Ausschuss verloren geht.
- **MASS – Masse**
  Diese Spalte rechnet die angegebene Menge in Kilogramm um. Ist ein Intermediat in der Formel enthalten, gibt die Spalte die Masse für das Intermediat an.
- **MASS_PCT – Masse in %**
  Diese Spalte gibt den Masseanteil für das Intermediat in Prozent an.
- **MASS_PCT_PO – Masse pro Primärausbeute in Prozent**
  Diese Spalte gibt den Masseanteil für die Primärausbeute in Prozent an.
- **MASS_PO – Masse pro Primärausbeute**
  Hier wird die angegebene Menge für die Primärausbeute in Kilogramm umgerechnet.
- **MAT_DESC – Materialkurztext**
  Diese Spalte zeigt den Materialkurztext in der Anmeldesprache an.
- **MATERIAL – Material**
  Dies ist die Spalte, in der die Materialnummer angegeben werden kann. Wird eine Spezifikation mit zugeordneter Materialnummer eingetragen, ergänzt das System automatisch die Materialnummer in diesem Feld.
- **OPERATION_DESC – Vorgangsbeschreibung**
  Hier finden Sie die Beschreibung des Vorgangs aus der View **Prozess**. Diese Spalte wird angezeigt, sofern eine Formelposition mit diesem Vorgang verknüpft ist.

- **OPERATION_ID – Vorgang**
  Diese Spalte zeigt die ID des Vorgangs aus der View **Prozess**. Sie wird angezeigt, sofern eine Formelposition mit diesem Vorgang verknüpft ist.
- **OVERRUN – Aufschlagfaktor in Prozent**
  Diese Spalte dient zur Angabe eines Aufschlagfaktors in Prozent, der sich auf das Volumen auswirkt.
- **POSNR – Formelpositionsnummer**
  Dies ist die Spalte zur Pflege der Formelpositionsnummer. Das System gibt die Nummern zunächst vor. Sie können manuell überschrieben werden, um so die Reihenfolge der Formelpositionen anzupassen.
- **QUANT – Menge**
  Hier können Sie die einzusetzende Menge pro Formelposition pflegen. Die Position mit dem Kennzeichen **Menge berechnen** wird vom System berechnet.
- **QUANT_HIGH – Obergrenze**
  Diese Spalte dient der Pflege einer Mengenobergrenze. Wenn der Wert in der Spalte **Menge** überschritten wird, gibt das System eine Meldung aus.
- **QUANT_LOW – Untergrenze**
  Hier pflegen Sie die Mengenuntergrenze. Wird der Wert in der Spalte **Menge** unterschritten, gibt das System eine Meldung aus.
- **REL_RECIPE – Rezepte vorhanden**
  Diese Spalte zeigt an, ob es zur Formelposition Rezepte gibt.
- **SCRAP – Ausschussfaktor in %**
  Diese Spalte dient zur Pflege des Ausschussfaktors pro Formelposition in Prozent. Sie wirkt sich auf die logistische Menge und die Ausschussmengen in Kilogramm aus.
- **ST_ID – Stufe**
  Hier wird die ID der Stufe aus der View **Prozess** angezeigt. Diese Spalte wird gefüllt, sofern eine Formelposition mit dieser Stufe verknüpft ist.
- **STAGE_DESC – Stufenbeschreibung**
  Hier finden Sie die Beschreibung der Stufe aus der View **Prozess**. Diese Spalte wird gefüllt, sofern eine Formelposition mit dieser Stufe verknüpft ist.
- **SUBID – Spezifikation**
  Diese Spalte dient zur Angabe des Spezifikationsschlüssels. Sie ist für die Primärausbeute nicht änderbar.
- **SUBST_IDENT1 – Beschreibung 1 der Spezifikation**
  Hier finden Sie die Beschreibung 1 der Spezifikation. Welcher Identifikator angezeigt wird, hängt von den Identifikationsauflistungen ab.

- **SUBST_IDENT2 – Beschreibung 2 Spezifikation**
  Hier ist die Beschreibung 2 der Spezifikation aufgeführt. Welcher Identifikator angezeigt wird, hängt von den Identifikationsauflistungen ab.
- **UOM – Mengeneinheit**
  Diese Spalte dient zur Angabe der Mengeneinheit der Formelposition.
- **USE_FOR_CALC – Verwendete Alternative**
  Dieses Kennzeichen dient beim Einsatz von Alternativpositionen dazu anzugeben, welche Formelposition zur Berechnung verwendet wird.
- **VOLUME – Volumen**
  Hier finden Sie das Volumen der Positionen in Liter. Ist ein Intermediat in der Formel enthalten, gibt die Spalte das Volumen mit Bezug zum Intermediat an.
- **VOLUME_PCT – Volumen in %**
  Hier ist das Volumen der Positionen in Prozent angegeben. Ist ein Intermediat in der Formel enthalten, gibt die Spalte das Volumen mit Bezug zum Intermediat an.
- **VOLUME_PCT_PO – Volumen pro PrAB in %**
  Diese Spalte zeigt das Volumen der Positionen in Liter mit Bezug zur Primärausbeute.
- **VOLUME_PO – Volumen pro PrimAB**
  Hier finden Sie das Volumen der Positionen in Prozent mit Bezug zur Primärausbeute.

Es gibt für die Definition der Layouts noch weitere Spalten im Customizing. Schauen Sie sich bei Bedarf an, ob Ihre Anforderungen durch diese abgedeckt werden.

Wenn Sie ein eigenes Layout definieren möchten, legen Sie zuerst die ID und die Bezeichnung des Layouts fest. Bei der ID handelt es sich um einen fünfstelligen alphanumerischen Schlüssel. Für die Bezeichnung stehen Ihnen 30 Zeichen zur Verfügung. Die Übersetzung einer Layout-Bezeichnung nehmen Sie über den Menüpfad **Mehr • Springen • Übersetzung** vor. In Abbildung 6.2 sehen Sie einen Ausschnitt der im Standard enthaltenen Formellayouts inklusive **Formellayout-ID** und **Layout-Beschreibung**.

Dialogstruktur
- Layout
  - Feldzuordnung

Layout

Formellayout-ID	Layout-Beschreibung
ALL	Alle Spalten
BASIC	Basisfelder
EVPTS	Verdunstung und Trockenmasse
LOGIS	Logistische Information

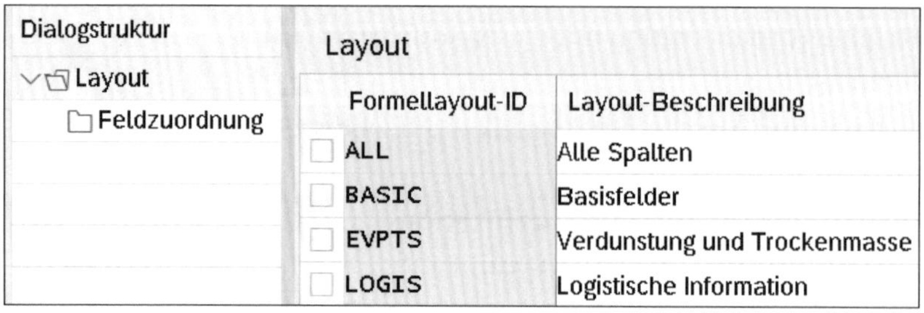

Abbildung 6.2 Formellayout-ID und Layout-Beschreibung

In Abbildung 6.3 sehen Sie, dass Sie, um ein Layout mit Leben zu füllen, die gewünschten Spalten über die Suchhilfe nacheinander auflisten. In der Spalte **Technischer Feldname** sind die Namen der Spalten aufgeführt. In der Spalte **Rhnflgenr.** vergeben Sie einen Zähler, mit dem Sie die Reihenfolge der Spalten im Layout festlegen.

Das System sortiert die Spalten in der Customizing-Aktivität alphabetisch, sodass im Customizing nicht direkt ersichtlich ist, wie die Spaltenreihenfolge auf der Benutzeroberfläche aussehen wird. Wenn Sie sich an der Nummernvergabe von SAP orientieren, werden Sie die Reihenfolgenummern, beginnend bei 1, vergeben. Problematisch ist, dass Sie bei einer Veränderung der Spaltensortierung alle Spalten neu nummerieren müssen. Sie könnten überlegen, die Spaltennummern mit etwas Abstand zu vergeben, damit Sie Handlungsspielraum für Veränderungen haben.

Dialogstruktur
- Layout
  - Feldzuordnung

Formellayout: BASIC

Feldzuordnung

Technischer Feldname	Rhnflgenr.
COMP_TYPE	6
ICON	1
ITEM_TYPE	3
MASS	9
MASS_PCT	10

Abbildung 6.3 Spalten für ein Formellayout

Welches Layout bei den Rezepten standardmäßig vorbelegt werden soll, legen Sie im Customizing über den folgenden Pfad fest: **Logistik Allgemein • Product Lifecycle Management (PLM) • PLM-Web-Benutzungsoberfläche • Rezeptentwicklung • Rezept • Allgemeine Einstellungen**. Wie es aus Abbildung 6.4 hervorgeht, können Sie unterschiedliche Layouts für die Rezeptformel (**Formellayout**) und die Prozesssicht im Rezept (**Layout-ID Proz.**) angeben.

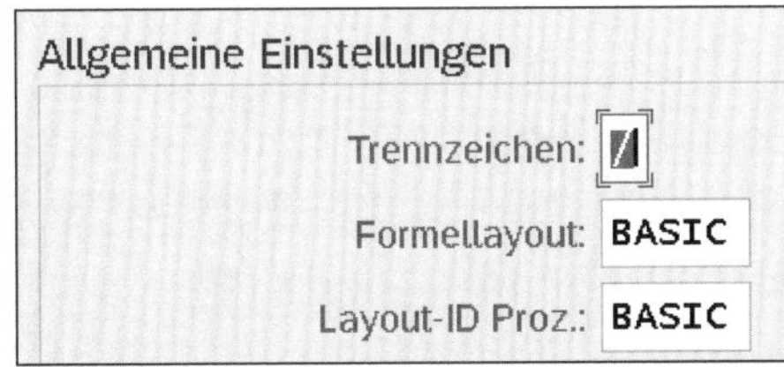

Abbildung 6.4 Vorbelegung von Layouts

6.1.2 Zulässige Mengeneinheiten definieren

Eine weitere Konfigurationsmöglichkeit für die Formel betrifft die Mengeneinheiten: Im Customizing legen Sie über den folgenden Pfad fest, welche Mengeneinheiten in der Formel genutzt werden können: **Logistik Allgemein • Product Lifecycle Management (PLM) • PLM-Web-Benutzungsoberfläche • Rezeptentwicklung • Rezept • Zulässige Mengeneinheiten definieren**. Es stehen die Mengeneinheiten zur Verfügung, die in Tabelle T006 (Maßeinheiten) enthalten sind. In Abbildung 6.5 sehen Sie, dass in der Spalte **ME** (Mengeneinheit) lediglich die Einheit aufgeführt sein muss. Mit der Spalte **Standard** haben Sie die Möglichkeit, eine Einheit als Standard festzulegen, hier z. B. Kilogramm.

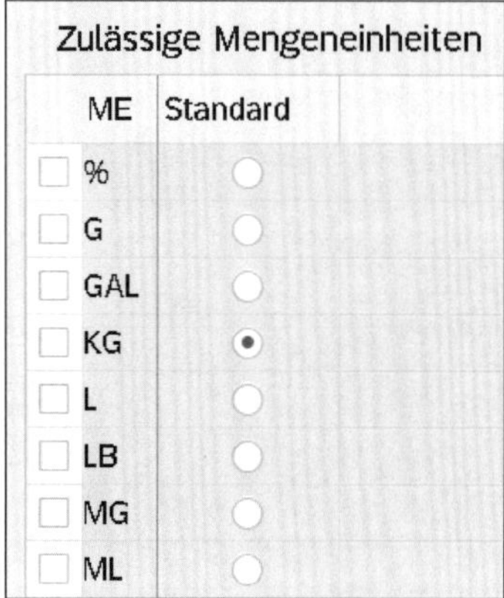

Abbildung 6.5 Zulässige Mengeneinheiten in der Formel

6.1.3 Mengeneinheiten für Spalten in View »Einsatz und Ausbeute« definieren

Es gibt einige Spalten, die in der Formelberechnung verwendet werden, bei denen in der Überschrift eine Mengeneinheit in eckigen Klammern angegeben ist (siehe die Spalte **Masse pro Intermediat [KG]** in Abbildung 6.6).

Einsatz und Ausbeute | Optimierung | Beitrag

Einblenden: | Export | Details einblenden | Alternativpositionen ausblenden | Einfügen | Löschen | Kopieren | Einsetzen | Formelpositio
Mengen skalieren | Mehr

S..	Posi...	Spezifikation	Beschreibung 1	Menge	ME	Masse pro Intermediat [KG]	Masse pro Primärausbeute [KG]	Volumen pro Primärausbeute [L]	Dichte [RHO]
	1	000000000004	Sahnesoße	115	KG	115	115	106,829572	1,076481
	10	000000000055	Sahne	70	KG	70	70	63,636364	1,1
	10	000000000121	Sahne (laktosefrei)	70	KG	0			0
	20	000000000056	Frischkäse	5,05	KG	5,05	5,05	3,366667	1,5
	30	000000000061	Salz	0,1	KG	0,1	0,1	0,068966	1,45
	40	000000000062	Pfeffer	0,1	KG	0,1	0,1	0,090909	1,1
	50	000000000057	Gemüsebrühe	0,25	KG	0,25	0,25	0,166667	1,5
	60	000000000063	Wasser	39,5	KG	39,5	39,5	39,5	1

Abbildung 6.6 Mengeneinheiten in der Spaltenüberschrift

Diese Mengeneinheiten können im Customizing über den Pfad **Logistik Allgemein • Product Lifecycle Management (PLM) • PLM-Web-Benutzungsoberfläche • Rezeptentwicklung • Rezept • Berechnungsrelevante Views • Mengeneinheiten für Spalten in View »Einsatz und Ausbeute« definieren** festgelegt werden.

Wie es aus Abbildung 6.7 hervorgeht, benötigen Sie den technischen Feldnahmen der Mengeneinheit (**Techn. Feldname ME**) und die **Mengeneinheit** selbst. Folgende technischen Feldnamen sind im Standardumfang enthalten:

- `DENSITY_UOM` (Mengeneinheit für die Dichteberechnung)
- `MASS_UOM` (Mengeneinheit für die Masseberechnung)
- `VOLUME_UOM` (Mengeneinheit für die Volumenberechnung)

In der Spalte **Mengeneinheit** stehen aktuell die folgenden Einheiten zur Verfügung:

- % (Prozent)
- G (Gramm)
- GAL (US-Gallone)
- KG (Kilogramm)
- L (Liter)
- LB (Pfund (Pound))
- MG (Milligramm)
- ML (Milliliter)
- OZ (Unze)
- PT (Pint, U.S. liquid)
- QT (Quart, U.S. liquid)
- RHO (Gramm/Kubikzentimeter)
- ST (Stück)
- TO (Tonne)
- TON (US-Tonne)

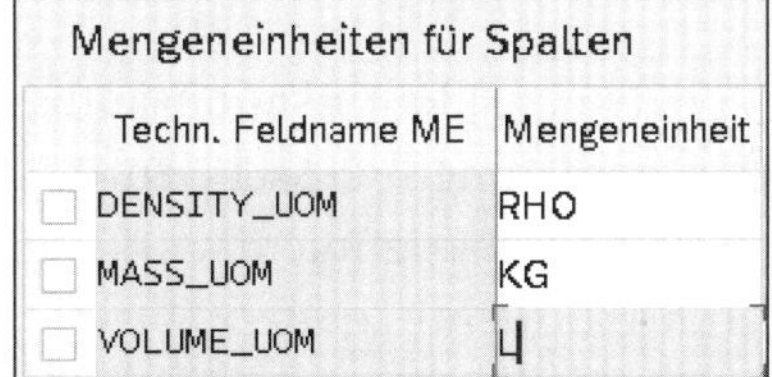

Mengeneinheiten für Spalten

Techn. Feldname ME	Mengeneinheit
DENSITY_UOM	RHO
MASS_UOM	KG
VOLUME_UOM	L

Abbildung 6.7 Mengeneinheiten für die Spalten im Customizing

6.1.4 Identifikationsauflistung Views zuordnen

In Abschnitt 4.4.2, »Identifikationsauflistungen definieren«, haben Sie erfahren, wie Sie steuern, welche Identifikatoren der Spezifikationen nacheinander angezeigt werden. Diese Identifikationsauflistungen können auch für die Darstellung der Spezifikationsbeschreibungen im Rezept verwendet werden. Aus Abschnitt 4.4.3, »Identifikationsauflistungen Views zuordnen«, wissen Sie, wie Sie steuern, welche Identifikationsauflistung wo in der Weboberfläche genutzt werden. Mit Bezug zum Rezept verhält sich die Systemkonfiguration identisch: Sie haben im Customizing über den folgenden Pfad die gleichen Konfigurationsmöglichkeiten wie für die Spezifikation: **Logistik Allgemein • Product Lifecycle Management (PLM) • PLM-Web-Benutzungsoberfläche • Rezeptentwicklung • Rezept • Identifikationsauflistung für Views definieren**.

In Abbildung 6.8 sehen Sie exemplarische Ausprägungen für die Anwendung **RCP Rezept**. Wenn Sie keine speziellen Bilder für das Rezept ausprägen möchten, greift die Identifikationsauflistung bei allen Sichten im Rezept. Dazu gehören die Spezifikationsbeschreibungen in allen Formelsichten und in den Berechnungsergebnissen. Sie können die Identifikatoren für die Spezifikationsbeschreibungen im Rezept für die Inhaltsstoffe und die Zusammensetzung von den anderen Spezifikationsbeschreibungen lösen. Für eine spezielle Identifikationsauflistung für die Inhaltsstoffe geben Sie zur Anwendung **RCP Rezept** das Bild **LIST Inhaltsstoffauflistung** und die gewünschte Identifikationsauflistung in der Spalte **IdenAnzeige** an. Für die Zusammensetzung prägen Sie im Bild **COMP Zusammensetzung** eine andere Identifikationsauflistung aus.

Identifikationsauflistung für Views definieren

Anwendung	Bild	IdenAnzeige
LBL Etikettier...		D_FRM_SUB
RCP Rezept		D_DEFAULT
RCP Rezept	COMP Zusammensetzung	D_FRM_SUB

Abbildung 6.8 Identifikationsauflistung für Views definieren

Auch für das Rezept gilt: Wenn das System für eine Sicht keine Identifikationsauflistung findet, greift das System auf die Identifikationsauflistung D_DEFAULT zurück. Wenn Sie allerdings eine Identifikationsauflistung für eine Sicht definieren, und die Spezifikationen beinhalten keinen der darin aufgeführten Identifikatoren, bleiben die Felder für die Spezifikationsbeschreibung leer (siehe Abbildung 6.9 in der Spalte **Beschreibung 1**).

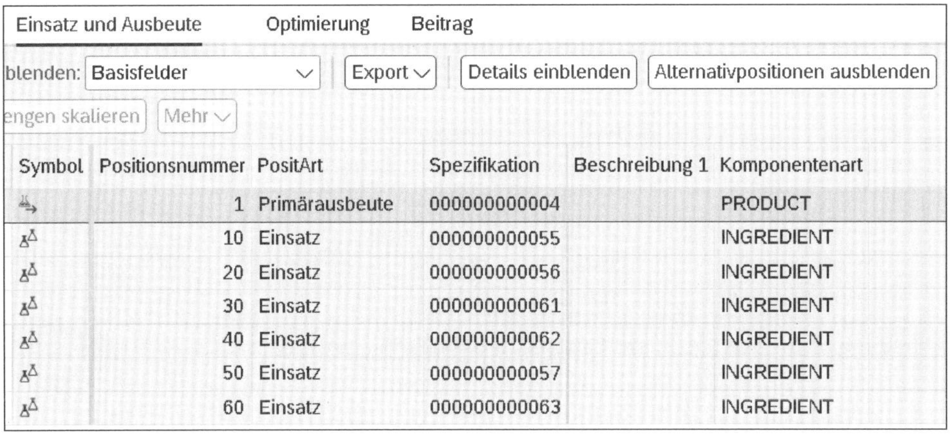

Einsatz und Ausbeute | Optimierung | Beitrag

blenden: Basisfelder | Export | Details einblenden | Alternativpositionen ausblenden

engen skalieren | Mehr

Symbol	Positionsnummer	PositArt	Spezifikation	Beschreibung 1	Komponentenart
	1	Primärausbeute	000000000004		PRODUCT
	10	Einsatz	000000000055		INGREDIENT
	20	Einsatz	000000000056		INGREDIENT
	30	Einsatz	000000000061		INGREDIENT
	40	Einsatz	000000000062		INGREDIENT
	50	Einsatz	000000000057		INGREDIENT
	60	Einsatz	000000000063		INGREDIENT

Abbildung 6.9 Spezifikationsbeschreibung im Rezept bei falscher Identifikationsauflistung

6.1.5 Zulässige Spezifikationsarten pro Formelpositionsart definieren

Bei der Definition von Formeln sollen Spezifikationen wie Allergene, Reinstoffe oder Ähnliches von einer versehentlichen Zuordnung ausgenommen werden. Im Gegenzug kann es sein, dass Sie nur Spezifikationen von einer bestimmten Spezifikationsart als Primärausbeute zulassen möchten. Um dies zu gewährleisten, können Spezifikationsarten für verschiedene Formelpositionsarten definiert werden. Dazu navigieren Sie im Customizing zu **Logistik Allgemein • Product Lifecycle Management (PLM) • PLM-Web-Benutzungsoberfläche • Rezeptentwicklung • Rezept • Zulässige Spezifikationsarten pro Formelpositionsart definieren**. Die Formelpositionsarten in der Spalte **PositArt** in Abbildung 6.10 sind vom System vorgegeben:

- IN Einsatz
- OS Ausbeuteintermediat
- PO Primärausbeute
- SO Sekundärausbeute

Pro Formelpositionsart geben Sie in der Spalte **SpezifikatArt** alle Spezifikationsarten an, die Ihnen dort zur Verfügung stehen sollen. Das System zeigt in der Spalte **BezSpezifikationsart** die Bezeichnung der Spezifikationsart in der Anmeldesprache an.

Durch die Zuordnung von Spezifikationsarten zu den Formelpositionsarten sorgen Sie dafür, dass das System bei der manuellen Zuordnung einer Spezifikation prüft, ob die Spezifikationsart für diese Formelpositionsart zulässig ist. Wenn Sie über die Suchhilfe gehen, erhalten Sie ausschließlich Spezifikationen, deren Spezifikationsart für die Formelpositionsart zulässig ist. Des Weiteren prüft das System die Kompatibilität einer Spezifikationsart zur Formelpositionsart, wenn Sie die Formelpositionsart nachträglich in einer Formelposition im Rezept ändern.

Zulässige Spezifikationsarten pro Formelpositionsart		
PositArt	SpezifikatArt	BezSpezifikationsart
IN Einsatz	PACKAGE	Paket
IN Einsatz	RAW_SUB	Rohstoff
IN Einsatz	REAL_SUB	Realstoff
IN Einsatz	STREAM	Intermediatsstoff
OS Ausbeuteintermediat	STREAM	Intermediatsstoff
PO Primärausbeute	REAL_SUB	Realstoff
SO Sekundärausbeute	REAL_SUB	Realstoff

Abbildung 6.10 Zulässige Spezifikationsarten pro Formelpositionsart

6.1.6 Verfügbare Komponentenarten für Einsatz- oder Ausbeutepositionen definieren

Wie Sie in Abschnitt 6.1.1, »Layouts definieren«, erfahren haben, gibt es in der Formel Spalten für die Komponentenart. Sie können im Customizing über den folgenden Pfad festlegen, welche Komponentenarten zum Einsatz kommen dürfen: **Logistik Allgemein • Product Lifecycle Management (PLM) • PLM-Web-Benutzungsoberfläche • Rezeptentwicklung • Rezept • Berechnungen • Verfügbare Komponentenarten für Einsatz- oder Ausbeutepositionen definieren.**

In Abbildung 6.11 sehen Sie, dass die Überschrift der Tabelle **Komponentenarten zu Formelpositionsarten zuordnen** heißt.

Komponentenarten zu Formelpositionsarten zuordnen		
Eins./Ausb	KompArt	Stdrd
1 Einsatz	ACT_AGENT	☐
1 Einsatz	ADDITIVE	☐
1 Einsatz	COMPONENT	☐
1 Einsatz	COPRODUCT	☐
1 Einsatz	EMULSIFIER	☐
1 Einsatz	INGREDIENT	☑
1 Einsatz	MONOMERE	☐
1 Einsatz	PACKAGE	☐
1 Einsatz	PRODUCT	☐
1 Einsatz	ZHERBS	☐
1 Einsatz	ZNOEXPLSN	☐
1 Einsatz	ZSPICE	☐
1 Einsatz	ZVEGETABLE	☐
2 Ausbeut...	COPRODUCT	☐
2 Ausbeut...	PACKAGE	☐
2 Ausbeut...	PRODUCT	☑

Abbildung 6.11 Komponentenarten für Einsatz- oder Ausbeutepositionen

Beachten Sie, dass Sie im Gegensatz zu Abschnitt 6.1.5, »Zulässige Spezifikationsarten pro Formelpositionsart definieren«, hier in der Spalte **Eins./Ausb** lediglich zwischen **1 Einsatz** und **2 Ausbeute** unterscheiden können. In der Spalte **KompArt** führen Sie die Komponentenarten an, die Ihnen für die Einsatzpositionen oder Ausbeutepositionen zur Verfügung stehen sollen. In der Spalte **Stdrd** legen Sie einmal für Einsatzpositionen und einmal für Ausbeutepositionen fest, welche Komponentenart als Standardwert verwendet werden sollen. Beachten Sie, dass auch wirklich nur ein Standardwert für die Einsatzposition und ein Standardwert für die Ausbeuteposition definiert werden kann.

6.1.7 Bewertungsart und Merkmal für Standard-Komponentenart angeben

In Abschnitt 4.8, »Komponentenarten«, haben Sie Einblick darin erhalten, wie Komponentenarten angelegt werden und wie Standard-Komponentenarten Spezifikationen zugeordnet werden.

Die Standard-Komponentenart kann mit Bezug zum Rezept ebenfalls gewinnbringend eingesetzt werden. Stellen Sie sich vor, Sie haben, wie in Abschnitt 6.1.6, »Verfügbare Komponentenarten für Einsatz- oder Ausbeutepositionen definieren«, festgelegt, dass die Komponentenart `INGREDIENT` für Einsatzpositionen als Standardwert verwendet werden soll. Nun wird es immer Spezifikationen geben, die von dieser Standardregel abweichen und eine andere Komponentenart benötigen. Das kann unterschiedliche Hintergründe haben: Vielleicht gibt es bei Ihnen Spezifikationen, die bei Einsatz im Rezept nicht weiter aufgelöst werden dürfen, oder es gibt Spezifikationen, die speziell vorbereitet werden müssen. Um dies zu erreichen, muss in den jeweiligen Spezifikationen eine Standard-Komponentenart im Eigenschaftsbaum gepflegt werden. Wie das funktioniert, erfahren Sie in Abschnitt 4.8, »Komponentenarten«.

Im Customizing sorgen Sie über den folgenden Menüpfad dafür, dass das Rezept in der richtigen Bewertungsart in den Spezifikationen nach der hinterlegten Standard-Komponentenart sucht: **Logistik Allgemein • Product Lifecycle Management (PLM) • PLM-Web-Benutzungsoberfläche • Rezeptentwicklung • Rezept • Berechnungen • Bewertungsart und Merkmal für Standard-Komponentenart angeben**.

In Abbildung 6.12 sehen Sie, dass im Feld **Bewertungsart** der Schlüssel für die Bewertungsart der Standard-Komponentenart hinterlegt wird. Im Feld **Merkmal f. KompArt** geben Sie das Merkmal an, in dem die Standard-Komponentenart gespeichert ist. Sobald die Bewertungsart hinterlegt ist, unterstützt Sie das System bei der Suche im Merkmal und reduziert die [F4]-Suchhilfe auf die zur Bewertungsart verfügbaren Merkmale. Sollten Sie mit der SAP-Standard-Bewertungsart (`SAP_EHS_1012_020`) und dem dazugehörigen Merkmal (`SAP_EHS_1012_020_COMPCAT`) arbeiten, steht lediglich ein Merkmal zur Verfügung.

Bewertungsart:	SAP_EHS_1012_020
Merkmal f. KompArt:	SAP_EHS_1012_020_COMPCAT

Abbildung 6.12 Bewertungsart und Merkmal für die Standard-Komponentenart

Zusätzlich müssen zwei Voraussetzungen erfüllt sein: Die Komponentenart muss für Spezifikationen angelegt sein (siehe Abschnitt 4.8, »Komponentenarten«). Außerdem muss die Komponentenart für die Einsatz- oder Ausbeuteposition erlaubt sein (siehe Abschnitt 6.1.6, »Verfügbare Komponentenarten für Einsatz- oder Ausbeutepositionen definieren«).

6.1.8 Berechnungsrelevante Komponentenarten für eine Formel setzen

Es kann der Fall eintreten, dass eine Spezifikation für die Menge der Primärausbeute keine Rolle spielen sollte. Dies kann für Verpackungen gelten, falls Sie im SAP Recipe Development bis zur Fertigware Rezepte definieren möchten, oder für Einsatzstoffe, die nur temporär eingelegt werden und im weiteren Herstellprozess wieder entfernt werden (z. B. Nelken, die lediglich für ein besonderes Geschmackserlebnis sorgen sollen). Wenn diese Spezifikationen mit einer besonderen Komponentenart gekennzeichnet werden, haben Sie die Möglichkeit, diese Komponentenarten von der Berechnung innerhalb der Formel auszuschließen.

Eine solche besondere Komponentenart kann z. B. die Komponentenart PACKAGE (Verpackungen) sein, um die soeben beschriebenen Verpackungen zu kennzeichnen. Wenn Sie im Customizing über den folgenden Pfad keine Einträge vornehmen, berücksichtigt das System alle Komponentenarten für die Berechnung innerhalb der Formel: **Logistik Allgemein • Product Lifecycle Management (PLM) • PLM-Web-Benutzungsoberfläche • Rezeptentwicklung • Rezept • Berechnungen • Berechnungsrelevante Komponentenarten für Formel setzen**.

Um eine Komponentenart von den Berechnungen in der Formel auszuschließen, führen Sie diese in der Customizing-Aktivität auf. In Abbildung 6.13 sehen Sie die Spalten **KompArt**, **Nicht ber.** und **Keine Sum.** In der Spalte **KompArt** führen Sie die Komponentenart auf. Mit dem Kennzeichen der Spalte **Nicht ber.** sorgen Sie dafür, dass die Positionen mit dieser Komponentenart von Berechnungen innerhalb der Formel ausgeschlossen werden.

Mit dem Kennzeichen der Spalte **Keine Sum.** schließen Sie die Positionen mit dieser Komponentenart von der Summierung für weitere Berechnungen innerhalb der Formel oder die Ermittlung des Wertes der Primärausbeute aus.

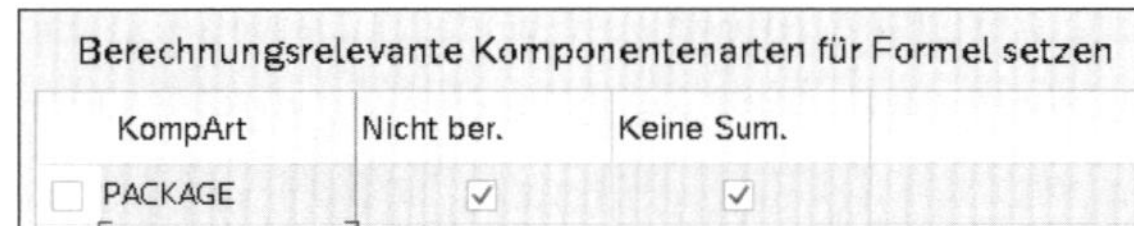

Berechnungsrelevante Komponentenarten für Formel setzen

KompArt	Nicht ber.	Keine Sum.
PACKAGE	☑	☑

Abbildung 6.13 Berechnungsrelevante Komponentenarten für die Formel setzen

6.1.9 Formelberechnungen definieren

In Abschnitt 6.1.1, »Layouts definieren«, sind die verschiedenen Spalten beschrieben, die innerhalb der Formel zur Verfügung stehen. In einigen dieser Spalten führt das System Berechnungen durch. Dazu gehört z. B. die Ermittlung von Volumen oder die Ermittlung von prozentualen Anteilen der verschiedenen Positionen. Im Customizing ist über den folgenden Pfad aufgeführt, wie die einzelnen Berechnungen innerhalb der Formel ablaufen: **Logistik Allgemein • Product Lifecycle Management (PLM) • PLM-Web-Benutzungsoberfläche • Rezeptentwicklung • Rezept • Berechnungen • Formelberechnungen definieren**.

Betrachten Sie als Beispiel die Berechnung der Masse der einzelnen Formelpositionen: Diese Berechnung nimmt das System für Sie vor. In Abbildung 6.14 sind die Inhalte der Customizing-Tabelle für diese Formelberechnung aufgeführt und werden nachfolgend beschrieben:

Formelberechnungen definieren

Rflg.-Nr.	Std./Kunde	Prio. Ber.	Quellendimension	Quell-Mengeneinheit	Zieldimension	Zielmengeneinheit	ME	Berechnungsklasse	Berechnungsmethode
10	X Standard	☐	QUANT	UOM	MASS	MASS_UOM		/PLMI/CL_RCA_CALC_FRML_MAIN	CALC_FIELD Wert ...

Abbildung 6.14 Formelberechnungen definieren

- **Reihenfolgenummer**
  In der Spalte **Rflg.-Nr.** legen Sie fest, welche Berechnungen nacheinander ablaufen sollen. Je kleiner die Nummer, desto früher findet die Berechnung statt. Da die Berechnung der Masse die Grundlage für weitere Berechnungen darstellt, ist es einleuchtend, dass diese Berechnung einen niedrigen Zähler erhält. Es handelt sich dabei um ein dreistelliges numerisches Feld.
- **Standard/Kundenspezifisch**
  Mit der Spalte **Std./Kunde** geben Sie dem System vor, aus welchem Namensraum das System die Parameter für die Berechnungs-ID ermitteln soll. Ihnen stehen zwei Ausprägungen zur Verfügung: X (Standard) und C (Kundenspezifisch). Die Ausprägung C (Kundenspezifisch) ist nur dann relevant, wenn Sie tatsächlich selbst eigene Berechnungen implementieren.
- **Berechnung mit Priorität**
  Die Spalte **Prio. Ber.** ermöglicht es Ihnen, eine Berechnung gegenüber anderen zu priorisieren. Dies kann dann interessant werden, wenn Ihnen (aus welchem Grund

auch immer) für einen Zielwert mehrere Berechnungen vorliegen. Dann kann das System die relevante Berechnung nicht mehr über die Reihenfolgenummer identifizieren.

- **Quellendimension**
  In der Spalte **Quellendimension** geben Sie den technischen Feldnamen an, aus dem das System den Wert für die Berechnung der Zieldimension nehmen soll. Den Großteil der technischen Feldnamen erhalten Sie über die in Abschnitt 6.1.1, »Layouts definieren«, aufgeführten Spalten. Wenn Sie im Customizing an diese Stelle navigieren, finden Sie die verfügbaren technischen Feldnamen.

  Wenn Sie sich unsicher sind, ob Sie den richtigen Feldnamen im Fokus haben, gibt es noch eine weitere Möglichkeit, wie Sie an den technischen Feldnamen kommen: Sie führt über den Customizing-Modus der Formel. Dort können Sie die **Einstellungen für aktuelle Konfiguration** aufrufen und erhalten eine übersichtliche Darstellung der Spaltennamen. Wählen Sie aus dem dargestellten Baum die Spalte aus, die das System als Basis für die Berechnungen verwenden soll. In Abbildung 6.15 handelt es sich um die Menge.

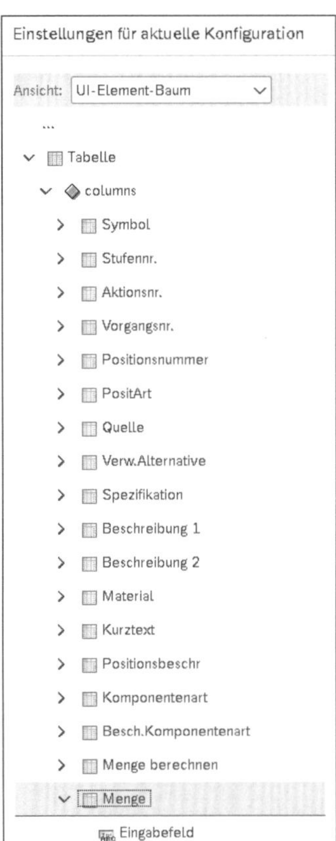

Abbildung 6.15 Selektion der Tabellenspalte in den Einstellungen für die aktuelle Konfiguration

Sie erhalten dadurch den Namen der Tabellenspalte. Wie Sie es Abbildung 6.16 entnehmen können, handelt es sich im gewählten Beispiel um TBC_QUANT. Es ist anzunehmen, dass die Vorsilbe TBC für *Table Column* steht. Nehmen Sie nun lediglich den Teil nach dem Unterstrich (QUANT) für den Wert der Quellendimension.

Abbildung 6.16 Name der Tabellenspalte »Menge« in den Einstellungen für die aktuelle Konfiguration

- **Quell-Mengeneinheit**
In der Spalte **Quell-Mengeneinheit** haben Sie dieselbe Aufgabe wie in der Spalte **Quellendimension**. Das System benötigt den technischen Feldnamen für die Mengeneinheit. Auch hier gehen Sie entweder über das in Abschnitt 6.1.1, »Layouts definieren«, beschriebene Customizing, oder Sie schauen sich im Customizing-Modus der Anwendung nach dem benötigten Feldnamen um. In Abbildung 6.17 sehen Sie, dass es sich hierbei um UOM handelt.

Abbildung 6.17 Name der Tabellenspalte »Mengeneinheit« in den Einstellungen für aktuelle Konfiguration

- **Zieldimension**
In der Spalte **Zieldimension** geben Sie den technischen Feldnamen an, in dem der berechnete Wert gespeichert werden soll. Die Vorgehensweise zur Ermittlung des technischen Feldnamens deckt sich mit den im Bereich **Quelldimension** beschriebenen Möglichkeiten. Wie Sie es Abbildung 6.18 entnehmen können, handelt es sich hierbei um den technischen Feldnamen MASS.

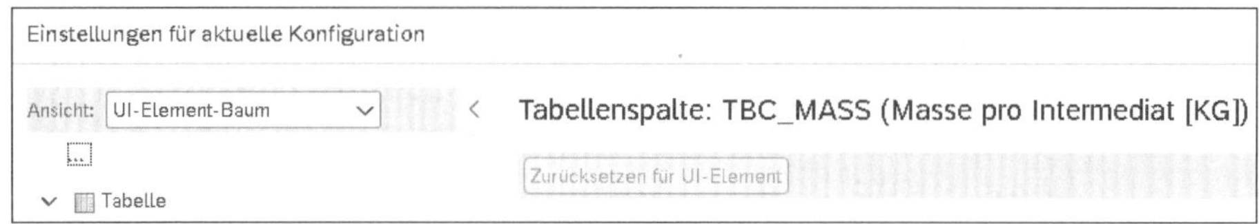

Abbildung 6.18 Name der Tabellenspalte »Masse« in den Einstellungen für die aktuelle Konfiguration

- **Zielmengeneinheit**
  Wenn es für die Mengeneinheit des Ergebnisses eine eigene Spalte gibt, gehen Sie zur Ermittlung des technischen Feldnamens, wie oben beschrieben, vor. In manchen Fällen gibt es für die Zielmengeneinheit auf der Benutzeroberfläche keine eigene Spalte. In solchen Fällen ist anzunehmen, dass das SAP-System diese Felder trotzdem im Hintergrund abgelegt hat und dazu den Namen der Zieldimension um ein `_UOM` ergänzt hat. Wenn Sie eigene Spalten definieren, achten Sie darauf, dass Sie ebenfalls ein Feld für die Zielmengeneinheit vorsehen.
- **Feste Mengeneinheit für Ziel**
  Wenn Sie in der Spalte **ME** eine Einheit angeben, ignoriert das System den Eintrag in der Spalte **Zielmengeneinheit**.
- **Berechnungsklasse**
  In dieser Spalte ist die Berechnungsklasse angegeben. Wenn Sie eine eigene Berechnung haben, geben Sie hier die Berechnungsklasse an, mit der die Schnittstelle für die Berechnung von Feldwerten implementiert wurde.
- **Berechnungsmethode**
  In der Spalte **Berechnungsmethode** geben Sie an, wie das System bei der Berechnung vorgehen soll. Sie haben die folgenden Möglichkeiten:
  - `CALC_FIELD` (Wert für jede Formelposition einzeln berechnet)

    Der Wert wird für jede einzelne Formelposition berechnet.
  - `CALC_RATIO` (Anteil pro Intermediat berechnet)

    Es werden in einer Prozessstufe die Werte aller Positionen addiert. Im Anschluss ermittelt das System den Anteil in Prozent für jede Position, die zum Intermediat beiträgt.
  - `CALC_TARGT` (Menge für gewählte Formelposition berechnet)

    Dieser Eintrag funktioniert nur in Verbindung mit dem Kennzeichen **Menge berechnen** in der Formel. Für die Position mit dem gesetzten Kennzeichen wird auf Basis der anderen Positionen der entsprechende Wert berechnet.
  - `C_PO_RATIO` (Anteil pro Primärausbeute berechnet)

    Es werden für die Primärausbeute die Werte aller Positionen addiert. Im Anschluss ermittelt das System für jede Position den Anteil an der Primärausbeute in Prozent.
  - `STR_TO_PO` (Ausbeuteintermediatwerte gem. Einsatzintermediaten angepasst)

    Mit diesem Eintrag werden die Ausbeuteintermediatwerte mithilfe der Werte der Einsatzintermediate ermittelt, die das Ausbeuteintermediat verbraucht.

[«]

Hinweis für Formelberechnungen

In vielen Fällen ist es ausreichend, wenn Sie mit den Formelberechnungen des SAP-Standards arbeiten. Eine neue Formelberechnung ist dann sinnvoll, wenn Sie nach ausgiebigen Tests zu der Erkenntnis kommen, dass weitere Informationen benötigt werden.

Einige zusätzliche Dinge gibt es zu beachten, wenn Sie eigene Formelberechnungen definieren:

- Binden Sie die Felder, die Sie als Quelle oder als Ziel für Berechnungen benötigen, in die Struktur `/PLMB/S_RCA_INTRA_FRML_ITEM_AT` ein.
- Binden Sie die Felder, die addiert werden sollen, in die Struktur `/PLMB/S_RCA_INTRA_FRML_SUM_UP` ein.
- Binden Sie etwaige Zusatzfelder in die Struktur `/PLMB/S_RCA_INCL_EEW_INTRA_ITM` ein.
- Binden Sie Zusatzfelder, die addiert werden sollen, in die Struktur `/PLMB/S_RCA_INCL_EEW_SUM_UP` ein.
- Damit eigene Zielwerte in der Formel erscheinen können, binden Sie den technischen Feldnamen in ein Formellayout ein (siehe Abschnitt 6.1.1, »Layouts definieren«).

6.1.10 Berechnung in der Sicht »Beitrag« anpassen

In Abschnitt 5.2.1, »Formel«, haben Sie einen Einblick in die Sicht **Beitrag** innerhalb der Formel erhalten. Wenn Sie für die Formelberechnungen eigene Berechnungen nutzen möchten, müssen diese für die Sicht **Beitrag** verfügbar gemacht werden. Wie dafür vorzugehen ist, entnehmen Sie SAP-Hinweis 2791046.

6.1.11 Zulässige Berechnungsmodi definieren

Bisher wurde die Formel unter dem Aspekt beleuchtet, dass Mengen aufaddiert und als Gesamtmenge der Primärausbeute ausgegeben werden. Abhängig davon, auf welche Produkte Ihr Schwerpunkt in der Entwicklung fällt, kann es sein, dass Sie vom System ein anderes Verhalten erwarten, da z. B. im Herstellprozess Wasser verdunstet und die Einsatzmenge ungleich der Ausbeutemenge ist. Dafür stehen in SAP Recipe Development sogenannte *Berechnungsmodi* zu Verfügung.

Berechnungsmodi im Customizing definieren

Damit die Berechnungsmodi so zur Verfügung stehen, wie es für Ihre Zwecke dienlich ist, können Sie pro Rezeptart festlegen, welche Berechnungsmodi zulässig sind. Die

Definition von Berechnungsmodi nehmen Sie im Customizing über den folgenden Pfad vor: **Logistik Allgemein • Product Lifecycle Management (PLM) • PLM-Web-Benutzungsoberfläche • Rezeptentwicklung • Rezept • Berechnungen • Zulässige Berechnungsmodi definieren**. Aus Abbildung 6.19 geht hervor, dass Sie in der Spalte **Rezeptart** die Rezeptart angeben und in der Spalte **BerechnMod** die jeweiligen Berechnungsmodi auswählen. Es stehen drei verschiedene Modi zur Auswahl:

- `SAPEA` (Verdunstung/Aufnahme mit Trockenmasse)
- `SAPEAONLY` (Verdunstung/Aufnahme)
- `SAPTS` (Trockenmasse)

Wenn Ihnen die angegebenen Berechnungsmodi in allen Rezeptarten zur Verfügung stehen sollen, können Sie als Platzhalter »<*>« angeben, anstatt alle Rezeptarten einzeln aufzuführen.

Zulässige Formelberechnungen

Rezeptart	BerechnMod
<*>	SAPEA Verdunstung/Aufnahme mit Trockenmasse
<*>	SAPEAONLY Verdunstung/Aufnahme
<*>	SAPTS Trockenmasse

Abbildung 6.19 Berechnungsmodi pro Rezeptart festlegen

Damit Sie einen Berechnungsmodus in der Formel aktivieren können, müssen Sie, wie in Abbildung 6.20 gezeigt, in die Sicht **Verdunstung und Trockenmasse** umschalten. Das System blendet dann neben den Spalten für die Trockenmasse auch die Spalte **Berechnungsmodus** ein, in der Sie aus der Drop-down-Liste aus den verfügbaren Berechnungsmodi auswählen können. Es kann immer nur ein Berechnungsmodus aktiv sein.

Einblenden: Verdunstung und Trockenmasse | Export | Details einblenden | Alternativpositionen ausblenden | Einfügen | Löschen | Kopieren | Einsetzen | Formelpositionen neu nur
Mengen skalieren | Mehr

Positionsnummer	PositArt	Spezifikation	Beschreibung 1	Komponenten...	Menge	ME	Trockenmasse [KG]	Trockenmasse [%]	Berechnungsmodus
1	Primärausbeute	000000000004	Sahnesoße	PRODUCT	115	KG	52	45,217391	Trockenmasse
10	Einsatz	000000000055	Sahne DESC	INGREDIENT	70	KG	7	10	
20	Einsatz	000000000056	Frischkäse	INGREDIENT	5,05	KG	5,05	100	
30	Einsatz	000000000061	Salz	INGREDIENT	0,1	KG	0,1	100	
40	Einsatz	000000000062	Pfeffer	INGREDIENT	0,1	KG	0,1	100	
50	Einsatz	000000000057	Gemüsebrühe	INGREDIENT	0,25	KG	0,25	100	
60	Einsatz	000000000063	Wasser	INGREDIENT	39,5	KG	39,5	100	

Abbildung 6.20 Berechnungsmodus in der Formel aktivieren

Eigenen Berechnungsmodus definieren

Im Customizing erhalten Sie über den folgenden Customizing-Pfad ausführliche Informationen dazu, wie bei der Definition eines eigenen Berechnungsmodus vorzugehen ist: **Logistik Allgemein • Product Lifecycle Management (PLM) • PLM-Web-Benutzungsoberfläche • Rezeptentwicklung • Rezept • Berechnungen • Business Add-Ins (BAdIs) • BAdI: Zusätzliche Berechnungen in der Formel definieren** und **BAdI: Zusätzliche Berechnungen in der Formel implementieren.** Damit der neue Berechnungsmodus im Customizing gesetzt werden kann, muss dessen Filtername im Wertebereich der Domäne /PLMB/RCA_FRML_CALC_TYPE_D aufgeführt werden.

Berechnungsmodus »Trockenmasse«

Für den Berechnungsmodus **Trockenmasse** muss in der Stammdatenpflege sichergestellt werden, dass alle Spezifikationen im Eigenschaftsbaum die Trockenmasse gepflegt haben. Dazu dient im Standard die Bewertungsart SAP_RMS_1013_002 (Trockenmasse %) mit dem Merkmal SAP_RMS_1013_002_TS (Trockenmasse %). Sorgen Sie dafür, dass diese Bewertungsart im Eigenschaftsbaum der Spezifikationen verfügbar ist. In Abbildung 6.21 sehen Sie den Ausschnitt eines Eigenschaftsbaumes, in dem die Trockenmasse mit 10 % angegeben wurde.

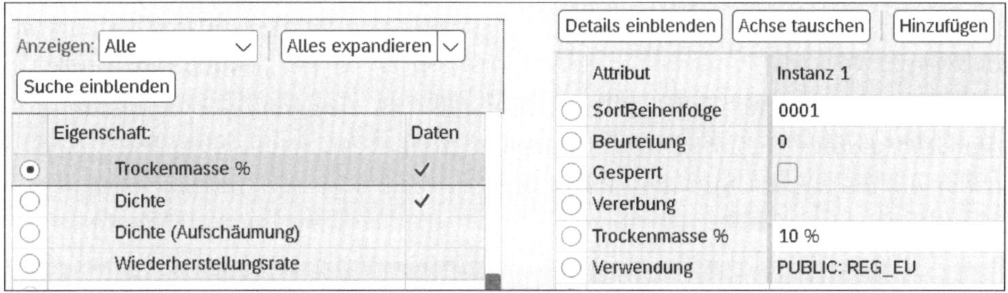

Abbildung 6.21 Pflege der Trockenmasse im Eigenschaftsbaum (Bildausschnitt)

Wie Sie in Abbildung 6.20 sehen, ist dort der Berechnungsmodus **Trockenmasse** aktiviert. Dies sorgt dafür, dass die Angaben der Trockenmasse aus den Eigenschaftsbäumen der Spezifikationen in der Spalte **Trockenmasse [%]** gelesen werden. Nun gibt es für den Berechnungsmodus **Trockenmasse** in der Formel zwei Herangehensweisen:

1. Sie geben an der Formelposition in der Spalte **Menge** an, wie viel von der Formelposition dazugegeben werden soll, und das System ermittelt die Trockenmasse in der Spalte **Trockenmassen [KG]** der Formelposition.
2. Sie geben an der Formelposition in der Spalte **Trockenmasse [KG]** die Trockenmasse an, und das System ermittelt für Sie die einzugebende Menge der Spezifikation.

Daher sind die beiden Spalten **Menge** und **Trockenmasse [KG]** für Eingaben offen. Durch die Angaben der Trockenmasse auf der Ebene der Formelpositionen wird die Trockenmasse der Primärausbeute berechnet.

Berechnungsmodus Verdunstung/Aufnahme mit Trockenmasse

Der Berechnungsmodus **Verdunstung/Aufnahme mit Trockenmasse** geht davon aus, dass im Herstellungsprozess ein Stoff verdunstet oder aufgenommen wird und damit die Menge der Primärausbeute nicht 1:1 aus den Einsatzmengen der Formelpositionen ermittelt werden kann. Damit dieser Berechnungsmodus funktionieren kann, legen Sie zuvor eine Spezifikation oder ein Material an, das als Ausgleichsposition verwendet werden kann (siehe Abschnitt 6.1.11, »Zulässige Berechnungsmodi definieren«, im Unterabschnitt »Ausgleichsposition pflegen«). Sobald der Berechnungsmodus eingeschaltet wird, ergänzt das System die Ausgleichsposition. Das sehen Sie in Abbildung 6.22 an der letzten Formelposition. Dabei setzt das System bei der Ausgleichsposition das Kennzeichen **Menge berechnen**. Reduzieren Sie nun z. B. die Menge einer Einsatzposition, bleibt die Menge der Primärausbeute gleich, und das System geht davon aus, dass im Herstellprozess etwas aufgenommen wird. Daher wird bei der Ausgleichsposition die reduzierte Menge als positiver Wert angezeigt und die Formelpositionsart **Einsatz** gesetzt.

Bleiben wie in Abbildung 6.22 die Mengen der Formelpositionen gleich, und Sie reduzieren die Menge der Primärausbeute, geht das System davon aus, dass im Herstellprozess etwas verloren geht. Die Ausgleichsposition erhält die reduzierte Menge als negativen Wert (-15), und die die Formelpositionsart ist auf **Sekundärausbeute** gesetzt. Nehmen Sie Veränderungen an der Menge vor, wird automatisch die Trockenmasse in Kilogramm berechnet. Alternativ können Sie wie beim Berechnungsmodus **Trockenmasse** auch Angaben in der Spalte **Trockenmasse** vornehmen, und das System ermittelt die Menge.

	S..	Beschreibung 1	Komponenten...	Menge	ME	Berechnungsmodus	Trockenmasse [KG]	Trockenmasse [%]	Ausgleichsposi...	Menge berechnen
☑		Sahnesoße	PRODUCT	100	KG	Verdunstung/Aufnahme mit Trockenmasse	52	52	☐	☐
☐		Sahne	INGREDIENT	70	KG		7	10	☐	☐
☐		Frischkäse	INGREDIENT	5,05	KG		5,05	100	☐	☐
☐		Salz	INGREDIENT	0,1	KG		0,1	100	☐	☐
☐		Pfeffer	INGREDIENT	0,1	KG		0,1	100	☐	☐
☐		Gemüsebrühe	INGREDIENT	0,25	KG		0,25	100	☐	☐
☐		Wasser	INGREDIENT	39,5	KG		39,5	100	☐	☐
☐		Ausgleichsposition	PRODUCT	-15	KG		0	0	☑	☑

Abbildung 6.22 Berechnungsmodus »Verdunstung/Aufnahme mit Trockenmasse«

Berechnungsmodus »Verdunstung/Aufnahme ohne Trockenmasse«

Auch der Berechnungsmodus **Verdunstung/Aufnahme** geht davon aus, dass im Herstellungsprozess ein Stoff verdunstet oder aufgenommen wird und damit die Menge der Primärausbeute nicht 1:1 aus den Einsatzmengen der Formelpositionen ermittelt werden kann. Auch für diesen Berechnungsmodus benötigen Sie eine Ausgleichsposition. Sobald der Berechnungsmodus eingeschaltet wird, ergänzt das System die Ausgleichsposition. Dabei setzt das System in der Ausgleichsposition das Kennzeichen **Menge berechnen**.

Reduzieren Sie nun z. B. die Menge einer Einsatzposition, bleibt die Menge der Primärausbeute gleich, und das System geht davon aus, dass im Herstellprozess etwas aufgenommen wird. Daher wird bei der Ausgleichsposition die reduzierte Menge als positiver Wert angezeigt und die Formelpositionsart **Einsatz** gesetzt. Bleiben die Mengen der Formelpositionen wie in Abbildung 6.23 gleich, und Sie reduzieren die Menge der Primärausbeute, geht das System davon aus, dass im Herstellprozess etwas verloren geht, und die Ausgleichsposition erhält die reduzierte Menge als negativen Wert. Die Formelpositionsart ist auf **Sekundärausbeute** gesetzt. Die Spalten für die Trockenmasse (**Trockenmasse [KG]** und **Trockenmasse [%]**) bleiben bei diesem Berechnungsmodus leer und sind auch für Eingaben geschlossen.

☐	S..	Beschreibung 1	Komponenten...	Menge	ME	Berechnungsmodus	Trockenmasse [KG]	Trockenmasse [%]	Ausgleichsposi...	Menge berechnen
☑		Sahnesoße	PRODUCT	100	KG	Verdunstung/Aufnahme			☐	☐
☐		Sahne	INGREDIENT	70	KG				☐	☐
☐		Frischkäse	INGREDIENT	5,05	KG				☐	☐
☐		Salz	INGREDIENT	0,1	KG				☐	☐
☐		Pfeffer	INGREDIENT	0,1	KG				☐	☐
☐		Gemüsebrühe	INGREDIENT	0,25	KG				☐	☐
☐		Wasser	INGREDIENT	39,5	KG				☐	☐
☐		Ausgleichsposition	PRODUCT	-15	KG				☑	☑

Abbildung 6.23 Berechnungsmodus »Verdunstung und Aufnahme«

Aktivierung der Berechnungsmodi mit Verdunstung/Aufnahme

Aktivieren Sie die Berechnungsmodi **Verdunstung/Aufnahme mit Trockenmasse** und **Verdunstung/Aufnahme ohne Trockenmasse** erst dann, wenn Sie die Einsatzpositionen mit ihren Mengen in der Formel aufgeführt haben. Die Aktivierung sorgt dafür, dass die Menge der Ausgleichsposition ermittelt wird und sich sämtliche Veränderungen an den Mengen ausschließlich auf die Ausgleichsposition auswirken.

Ausgleichsposition pflegen

Wie in den vorangehenden Abschnitten erwähnt, kann eine Ausgleichsposition entweder in Form einer Spezifikation oder in Form eines Materials angelegt werden. Bei der Anlage einer Ausgleichsposition in Form einer Spezifikation wählen Sie am besten einen Spezifikationstyp und eine Spezifikationsart, die sowohl für Einsatzpositionen als auch für Sekundärausbeuten verwendet werden können. Achten Sie bei der Anlage der Ausgleichsposition darauf, dass das System Möglichkeiten zur Umrechnung hat. Bei der Spezifikation bedeutet dies, dass Sie die Dichte pflegen. Beim Material bedeutet es, dass Sie die Umrechnungen im Materialstamm pflegen.

Anlegen der Ausgleichsposition

In den meisten Fällen werden Sie die interne Nummernvergabe für Spezifikationsschlüssel bei Rohstoffen und Ausbeutestoffen im Einsatz haben. Ausgleichspositionen wird es deutlich weniger geben. Damit Sie die Ausgleichspositionen direkt erkennen, können Sie den Schlüssel manuell vergeben z. B. BALANCINGITM. Dieser Tipp findet natürlich auch Anwendung, wenn Sie die Ausgleichsposition als Material anlegen.

Damit das System die richtige Ausgleichsposition bei der richtigen Rezeptart und beim richtigen Berechnungsmodus setzt, verwenden Sie Transaktion /PLMB/RCA_BALITM (Pflege Ausgleichsposition). Die Transaktion ist auch im SAP Fiori Launchpad aufrufbar. Wie Sie in Abbildung 6.24 sehen, geben Sie die **Rezeptart**, den Berechnungsmodus (**BerechnMod**) und die Ausgleichsposition entweder über die **Spezifikation** oder das **Material** an. Wichtig ist, dass Sie tatsächlich jeden benötigten Berechnungsmodus aufführen. Soll ein Eintrag für alle Rezeptarten gelten, können Sie anstatt einer konkreten Rezeptart auch den Platzhalter »<*>« eingeben.

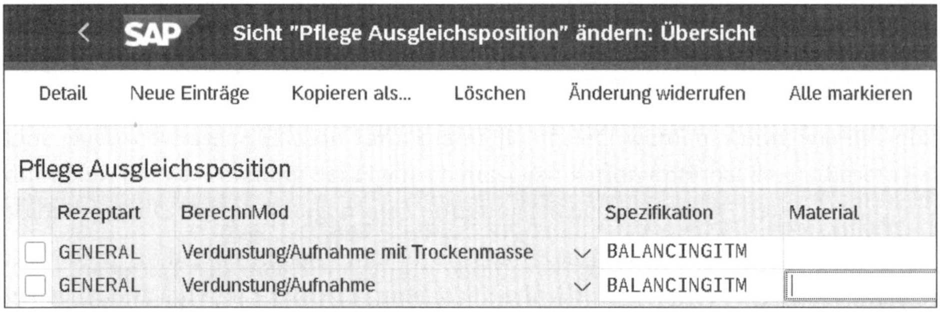

Rezeptart	BerechnMod	Spezifikation	Material
GENERAL	Verdunstung/Aufnahme mit Trockenmasse	BALANCINGITM	
GENERAL	Verdunstung/Aufnahme	BALANCINGITM	

Abbildung 6.24 Ausgleichsposition pflegen

Abbildung 6.25 zeigt, dass Sie in den Details einer Zeile noch die Möglichkeit haben, eine **Mengeneinheit** anzugeben. Falls Sie keine Mengeneinheit angeben, wählt das System die Standardmengeneinheit aus, die Sie im Customizing festgelegt haben (siehe 6.1.2, »Zulässige Mengeneinheiten definieren«).

Abbildung 6.25 Ausgleichsposition pflegen: Detailbild

6.1.12 Alternative Positionen

Eine Funktion, die ohne Customizing-Aktivitäten auskommt, die jedoch für die Anwendung der Formel durchaus ihren Reiz hat, ist die Möglichkeit, für Formelpositionen Alternativen anzugeben. Wenn Sie z. B. bei Lieferschwierigkeiten auf einen anderen Rohstoff umstellen können, steht es Ihnen offen, diesen Rohstoff in der Formel zu pflegen. Wie Sie es Abbildung 6.26 entnehmen können, tragen Sie dazu die Spezifikations- und/oder Materialnummer ein und sorgen dafür, dass dieser Eintrag dieselbe Positionsnummer erhält wie die Formelposition, für die er als Alternative verwendet werden kann. In der gewählten Abbildung kann z. B. die Sahne durch eine laktosefreie Sahne ersetzt werden. Das System übernimmt automatisch die Menge der ursprünglichen Formelposition.

Achten Sie darauf, dass pro Formelposition nur eine Ausprägung in der Spalte **Verw.Alternative** gekennzeichnet ist, denn sonst erhalten Sie vom System eine Fehlermeldung. Änderungen an der Menge oder der Formelpositionsart können Sie nur an der Position vornehmen, die als verwendete Alternative gekennzeichnet ist (siehe **Sahne** in Abbildung 6.26). Auch für die Ermittlung der Berechnungsergebnisse wird ausschließlich die markierte Position verwendet. Sie können mehrere alternative Positionen aufführen. Bei der Synchronisierung der Formel zur Stückliste können Sie auswählen, welche der alternativen Positionen verwendet werden soll.

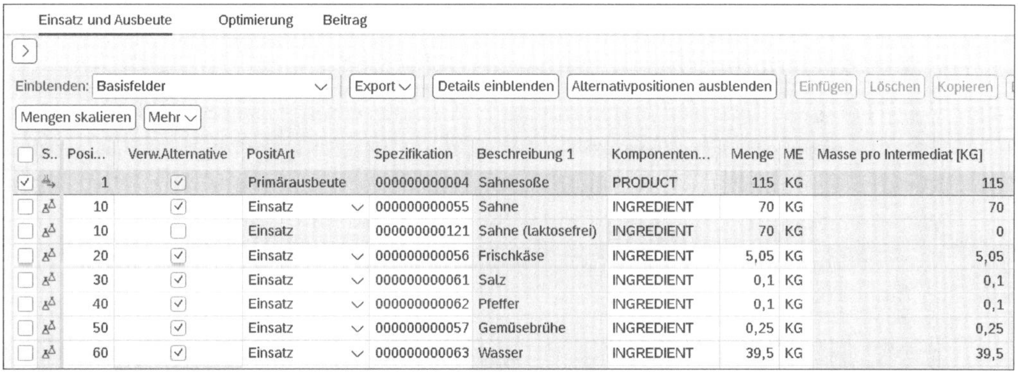

Einsatz und Ausbeute | Optimierung | Beitrag

Einblenden: Basisfelder | Export | Details einblenden | Alternativpositionen ausblenden | Einfügen | Löschen | Kopieren | Mengen skalieren | Mehr

S..	Posi...	Verw.Alternative	PositArt	Spezifikation	Beschreibung 1	Komponenten...	Menge	ME	Masse pro Intermediat [KG]
	1	☑	Primärausbeute	000000000004	Sahnesoße	PRODUCT	115	KG	115
	10	☑	Einsatz	000000000055	Sahne	INGREDIENT	70	KG	70
	10	☐	Einsatz	000000000121	Sahne (laktosefrei)	INGREDIENT	70	KG	0
	20	☑	Einsatz	000000000056	Frischkäse	INGREDIENT	5,05	KG	5,05
	30	☑	Einsatz	000000000061	Salz	INGREDIENT	0,1	KG	0,1
	40	☑	Einsatz	000000000062	Pfeffer	INGREDIENT	0,1	KG	0,1
	50	☑	Einsatz	000000000057	Gemüsebrühe	INGREDIENT	0,25	KG	0,25
	60	☑	Einsatz	000000000063	Wasser	INGREDIENT	39,5	KG	39,5

Abbildung 6.26 Alternative Positionen in der Formel

Falls Ihre Formel aufgrund zu vieler alternativer Positionen zu unübersichtlich wird, können Sie mithilfe des Buttons **Alternativpositionen ausblenden** für eine Reduzierung sorgen. Wie es der Button vermuten lässt, blendet das System daraufhin die Alternativpositionen aus (siehe Abbildung 6.27). Die Alternativpositionen blenden Sie über **Alternativpositionen einblenden** wieder ein.

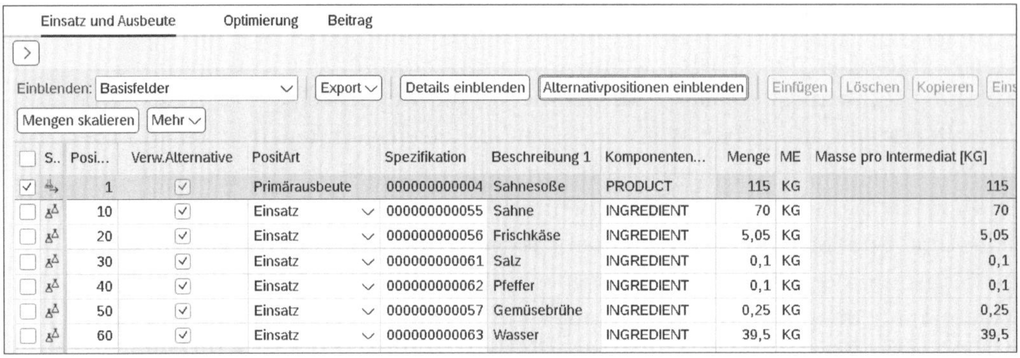

Einsatz und Ausbeute | Optimierung | Beitrag

Einblenden: Basisfelder | Export | Details einblenden | Alternativpositionen einblenden | Einfügen | Löschen | Kopieren | Ein
Mengen skalieren | Mehr

S..	Posi...	Verw.Alternative	PositArt	Spezifikation	Beschreibung 1	Komponenten...	Menge	ME	Masse pro Intermediat [KG]
	1	☑	Primärausbeute	000000000004	Sahnesoße	PRODUCT	115	KG	115
	10	☑	Einsatz	000000000055	Sahne	INGREDIENT	70	KG	70
	20	☑	Einsatz	000000000056	Frischkäse	INGREDIENT	5,05	KG	5,05
	30	☑	Einsatz	000000000061	Salz	INGREDIENT	0,1	KG	0,1
	40	☑	Einsatz	000000000062	Pfeffer	INGREDIENT	0,1	KG	0,1
	50	☑	Einsatz	000000000057	Gemüsebrühe	INGREDIENT	0,25	KG	0,25
	60	☑	Einsatz	000000000063	Wasser	INGREDIENT	39,5	KG	39,5

Abbildung 6.27 Ausgeblendete alternative Positionen

6.2 Berechnungsergebnisse

Bei den Berechnungsergebnissen in einem Rezept laufen verschiedene Stränge zusammen. Zum einen sind hier die Spezifikationsdaten wichtig, auf die am Ende alles hinausläuft. Des Weiteren spielen die Formel des Rezepts sowie andere Rezepte, deren Primärausbeuten im Rezept verwendet werden, eine Rolle. Auch die Komponentenart in der Formel hat Auswirkungen auf die Berechnungsergebnisse.

6.2.1 Standard-Berechnungsparameter definieren

Wenn bei Ihren Rezepten in den meisten Fällen dieselben Parameter bei der Berechnung berücksichtig werden sollen, sind die Einstellungen über den folgenden Menüpfad hilfreich: **Logistik Allgemein • Product Lifecycle Management (PLM) • PLM-Web-Benutzungsoberfläche • Rezeptentwicklung • Rezept • Berechnungen • Standard-Berechnungsparameter definieren**. Die in Abbildung 6.28 enthaltenen Felder werden in Tabelle 6.1 beschrieben.

Feld	Beschreibung
Menge	Wert, auf den sich die Ermittlung der Nährwertberechnung und die Kostenberechnung bezieht.
Mengeneinheit	Mengeneinheit mit Bezug zur Menge für die Nährwertberechnung und die Kostenberechnung.
Währung	Währung, in der die Kosten initial ermittelt werden sollen.
Werk	Angabe des Werkes, aus dem z. B. die Materialpreise für die Kostenberechnung ermittelt werden sollen.

Tabelle 6.1 Felder für Standard-Berechnungsparameter definieren

Feld	Beschreibung
Einstufung	Angabe der Einstufung, zu der die Spezifikationsdaten aus den Instanzen der Standard-Zusammensetzung, Allergene usw. ermittelt werden sollen. Funktioniert in Verbindung mit dem Gültigkeitsraum.
GültigkRaum	Angabe des Gültigkeitsraumes, in dem die Spezifikationsdaten aus den Instanzen der Standard-Zusammensetzung, Allergene usw. ermittelt werden sollen. Funktioniert in Verbindung mit der Einstufung.

Tabelle 6.1 Felder für Standard-Berechnungsparameter definieren (Forts.)

Abbildung 6.28 Standard-Berechnungsparameter

Die Berechnungsparameter können jederzeit auf der Benutzeroberfläche im Rezept angepasst werden.

6.2.2 Bezugsmenge für die Zusammensetzung pro Spezifikationsart definieren

Die Berechnungsergebnisse im Rezept können an die Primärausbeute, die Eigenschaftsspezifikation oder an Ausbeuteintermediate übertragen werden. In der Regel haben Berechnungsergebnisse wie die Nährstoffzusammensetzung Bezug zu einer Menge, z. B. 100 g. Im Rezept kann der Fall eintreten, dass eine andere Berechnungsmenge verwendet wird. Damit bei der Übertragung an die Primärausbeute, Eigenschaftsspezifikation oder Ausbeuteintermediate auch immer dieselbe Bezugsmenge für die Nährstoffzusammensetzung verwendet wird, können Sie diese im Customizing über den folgenden Pfad festlegen: **Logistik Allgemein • Product Lifecycle Management (PLM) • PLM-Web-Benutzungsoberfläche • Rezeptentwicklung • Rezept • Berechnungen • Bezugsmenge für Zusammensetzung pro Spezifikationsart definieren.** Wie Sie in Abbildung 6.29 sehen, geben Sie in der Spalte **SpezifikatArt** die Spezifikationsart an. In der Spalte **Bezugsmenge** tragen Sie die gewünschte Menge ein, und in der Spalte **Mengeneinh** geben Sie die Mengeneinheit an.

Bezugsmenge für Zusammensetzung pro Spezifikationsart		
SpezifikatArt	Bezugsmenge	Mengeneinh
NUTR_GROUP	100	G

Abbildung 6.29 Bezugsmenge für die Zusammensetzung pro Spezifikationsart definieren

Bei der Übertragung stellt das System fest, ob eine Umrechnung auf die Bezugsmenge vorgenommen werden muss und führt diese bei Bedarf durch, sodass sichergestellt ist, dass die Berechnungsergebnisse korrekt in den Spezifikationen ankommen. In Abbildung 6.30 sehen Sie einen Ausschnitt aus dem Eigenschaftsbaum einer Primärausbeute: Bei der Bewertungsart **Hierarchische Nährstoffzusammensetzung** ist die Bezugsmenge von 100 g ersichtlich. Diese Angabe kommt aus der oben beschriebenen Customizing-Einstellung.

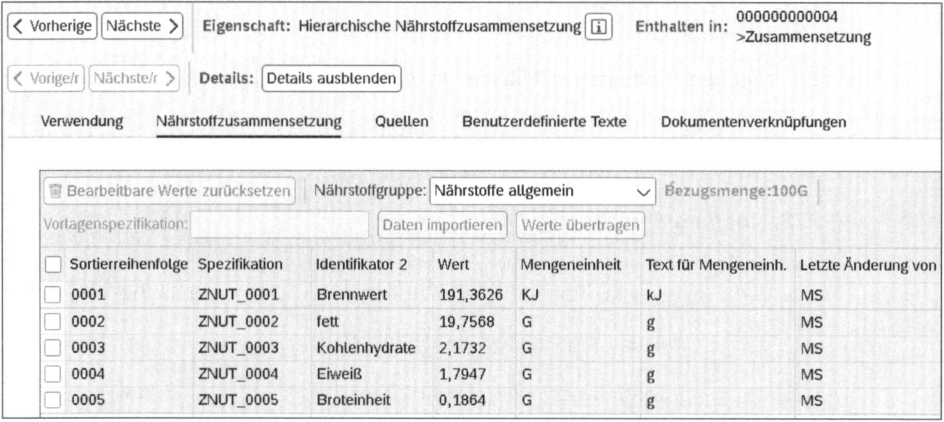

Sortierreihenfolge	Spezifikation	Identifikator 2	Wert	Mengeneinheit	Text für Mengeneinh.	Letzte Änderung von
0001	ZNUT_0001	Brennwert	191,3626	KJ	kJ	MS
0002	ZNUT_0002	fett	19,7568	G	g	MS
0003	ZNUT_0003	Kohlenhydrate	2,1732	G	g	MS
0004	ZNUT_0004	Eiweiß	1,7947	G	g	MS
0005	ZNUT_0005	Broteinheit	0,1864	G	g	MS

Abbildung 6.30 Auswirkung der Definition der Bezugsmenge pro Spezifikationsart

6.2.3 Rezeptberechnungen definieren

Neben den Berechnungen, die innerhalb der Formel ablaufen, gibt es verschiedenste Berechnungen, die die Berechnungsergebnisse des Rezepts oder auch die Synchronisierung zur Stückliste beeinflussen. Diese Berechnungen sind unter dem Titel *Rezeptberechnungen* zusammengefasst.

Die verschiedenen Rezeptberechnungen sind über den folgenden Customizing-Pfad gebündelt: **Logistik Allgemein • Product Lifecycle Management (PLM) • PLM-Web-Benutzungsoberfläche • Rezeptentwicklung • Rezept • Berechnungen • Rezeptberechnungen definieren**. Die in Tabelle 6.2 aufgeführten Berechnungs-IDs sind zum Stand der Veröffentlichung im Standard enthalten.

Hinter jeder Berechnungs-ID verbirgt sich eine Sammlung verschiedener Informationen, die nachfolgend näher erläutert werden.

Berechnungs-ID	Beschreibung
ALLERGENS	Allergene
COMPOSITION	Zusammensetzung
DIETS	Diäten
GENMODIFICATION	Genmodifizierte Inhaltsstoffe
GSS_RCP_BOM	Synchronisierung Rezept zu STL
INGREDIENTS	Inhaltsstoffe
INTRACALCULATION	Einsatz und Ausbeute
LOGISTIC	Kosten
NUTRIENTS	Nährstoffe
NUTRIENTS_HIER	Nährstoffverlustberechnung
OPTIMIZATION	Optimierung
QUALITATIVE	Qualitative Berechnung
QUANTITATIVE	Quantitative Berechnung
RELIGIOUS	Einhaltung religiöse Zertifikate

Tabelle 6.2 Berechnungs-IDs für die Rezeptberechnung

Basisdaten einer Berechnungs-ID

Damit eine Berechnung mit Leben gefüllt werden kann, wird zunächst im Feld **Berechnungs-ID** der maximal 20-stellige Schlüssel für die Berechnung definiert. Anschließend legen Sie im Feld **Std./Kunde** fest, ob das System bei der Berechnung Standardparameter oder kundenspezifische Parameter verwenden soll. Des Weiteren geben Sie an, um welche **Berechnungsart** es sich handelt. Schauen Sie sich zur Verdeutlichung Abbildung 6.31 an. Dabei stehen zur Auswahl:

- **A – Quantitative Zusammensetzung (gruppenbasiert)**
  Zur Berechnung von quantitativen Werten, wie Nährstoffen. Wird im Standard durch J (Quantitative hierarchische Zusammensetzung (gruppenbasiert)) abgelöst.
- **B – Qualitative Zusammensetzung (gruppenbasiert)**
  Zur Berechnung von qualitativen Angaben, wie z. B. Diäteignung.
- **C – Standard-Zusammensetzung**
  Zur Ermittlung der Standard-Zusammensetzung von Einsatzstoffen in der Formel.
- **D – Inhaltsstoffauflistung**
  Zum Aufruf der Inhaltsstoffliste eines Rezepts.

- **E – Kosten (Logistische Berechnung)**
  Zur Ermittlung der Kosten.
- **F – Berechnung in der Formel**
  Zur Berechnung der Formelpositionen.
- **G – Optimierung**
  Zur Implementierung einer Optimierung.
- **H – Synchronisierung Rezept zu STL (GSS)**
  Zur Synchronisierung der Materialstückliste.
- **I – Auflösungssimulation**
  Zur internen Verwendung.
- **J – Quantitative hierarchische Zusammensetzung (gruppenbasiert)**
  Zur Berechnung von quantitativen Werten, wie Nährstoffen inklusive Prozess- und Lagerungsverlust.

Berechnungs-ID

Berechnungs-ID	Std./Kunde	BerechnArt	Beschreibung
ALLERGENS	Standard	B Qualitative Zusammensetzung (gruppenbasiert)	Allergene
COMPOSITION	Standard	C Standardzusammensetzung	Zusammensetzung
DIETS	Standard	B Qualitative Zusammensetzung (gruppenbasiert)	Diäten
GENMODIFICATION	Standard	B Qualitative Zusammensetzung (gruppenbasiert)	Genmodifizierte Inhaltsstoffe
GSS_RCP_BOM	Standard	H Synchronisierung Rezept zu STL (GSS)	Synchronisierung Rezept zu STL
INGREDIENTS	Standard	D Inhaltsstoffauflistung	Inhaltsstoffe

Abbildung 6.31 Basisdaten: Berechnungs-ID

Allgemeine Parameter

Wie Sie Abbildung 6.32 entnehmen können, geben Sie im Bereich **Allgemeine Parameter** eine **Eigenschaftsklasse**, eine **Berechnungsklasse** und den **Auflösungsbereich** an. Mit der Eigenschaftsklasse werden die Spezifikationsdaten aus dem Eigenschaftsbaum gelesen. Für Standardberechnungen ist das die Eigenschaftsklasse /PLMI/CL_RSP_PROPERTY.

Mit der Berechnungsklasse geben Sie eine implementierte Schnittstelle an, die für die Berechnungsart verwendet werden soll. Es gibt folgende Standard-Berechnungsklassen:

- /PLMI/CL_RCA_CALC_FRML (Berechnung in der Formel)
- /PLMI/CL_RCA_CALC_CMP (Berechnung der Zusammensetzung)
- /PLMI/CL_RCA_CALC_COSTS (Logistische Berechnung)
- /PLMI/CL_RCA_CALC_DIET (Qualitative Berechnung)

- /PLMI/CL_RCA_CALC_NUTR (Quantitative Berechnung)
- /PLMI/CL_RCA_CALC_NUTR_HIER (Quantitative hierarchische Berechnung)

Wenn Sie eigene Berechnungsklassen implementieren, denken Sie daran, diese hier anzugeben.

[!]

Berechnungsklasse in der Berechnungs-ID

Wenn Sie die Berechnungsart D (Inhaltsstoffauflistung) verwenden, benötigen Sie keine Berechnungsklasse.

Mit dem Auflösungsbereich steuern Sie, wie die Komponentenarten bei der Rezeptauflösung verarbeitet werden und wie die Auflösung selbst abläuft. Im Standard gibt es die folgenden Auflösungsbereiche:

- GSS_R2B (Synchronisierung Rezept zu STL)
- LOGISTIC (Logistische Auflösung)
- SCIENTIFIC (Wissenschaftliche Auflösung)

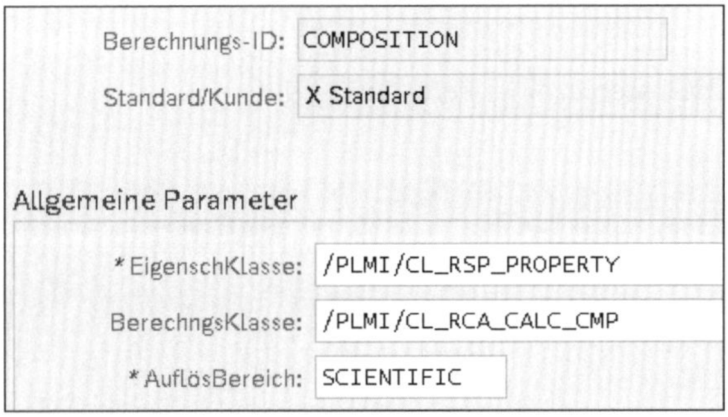

Berechnungs-ID: COMPOSITION
Standard/Kunde: X Standard

Allgemeine Parameter

*EigenschKlasse: /PLMI/CL_RSP_PROPERTY
BerechngsKlasse: /PLMI/CL_RCA_CALC_CMP
*AuflösBereich: SCIENTIFIC

Abbildung 6.32 Allgemeine Parameter

Physikalisch-chemische Daten

Im Bereich **Physikalisch-chemische Daten** gibt es einige zu pflegende Felder. SAP empfiehlt, die Einträge unter den physikalisch-chemischen Daten für jede Berechnungs-ID gleich zu halten, was die Verwaltung vereinfacht. Für einen funktionierenden Einsatz können Sie die Standardauslieferung verwenden. Dazu gehören die in Tabelle 6.3 aufgeführten und in Abbildung 6.33 abgebildeten Felder.

Berechnungs-ID: COMPOSITION
Standard/Kunde: X Standard

Physikalisch-chemische Daten

Stückeinheit: ST
BewArtStckMasse: SAP_RMS_1013_001
Merkm.StckMasse: SAP_RMS_1013_001_CF_MASS
BewArt Stck Vol: SAP_RMS_1013_001
Merkm.Stck Vol.: SAP_RMS_1013_001_CF_VOLUME
BewArt Dichte: SAP_EHS_1013_005
Merkmal Dichte: SAP_EHS_1013_005_VALUE
BewArt WhstRate: SAP_RMS_1013_004
MerkmWdrhstRate: SAP_RMS_1013_004_VALUE
Zus. BewertgArt:
Zustzl. Merkmal:

Abbildung 6.33 Physikalisch-chemische Daten in einer Berechnungs-ID

Feld	Beschreibung	Standardwert
Stückeinheit	Mengeneinheit, die für Stück verwendet werden soll	ST
BewArtStckMasse	Bewertungsart für die Umrechnung Stück in Masse	SAP_RMS_1013_001
Merkm.StckMasse	Merkmal für die Umrechnung Stück in Masse	SAP_RMS_1013_001_CF_MASS
BewArt Stck Vol	Bewertungsart für die Umrechnung Stück in Volumen	SAP_RMS_1013_001
Merkm.Stck Vol	Merkmal für die Umrechnung Stück in Volumen	SAP_RMS_1013_001_CF_VOLUME
BewArt Dichte	Bewertungsart für die Ermittlung der Dichte für Berechnung Masse aus Volumen	SAP_EHS_1013_005

Tabelle 6.3 Felder: physikalisch-chemische Daten für die Berechnungs-ID

Feld	Beschreibung	Standardwert
Merkmal Dichte	Merkmal für die Ermittlung der Dichte für Berechnung Masse aus Volumen	SAP_EHS_1013_005_VALUE
BewArt WhstRate	Bewertungsart der Wiederherstellungsrate zur Angabe, wie viel von einem Stoff in einer bestimmten Menge Flüssigkeit aufgelöst werden kann	SAP_RMS_1013_004
MerkmWdrhstRate	Merkmal der Wiederherstellungsrate zur Angabe, wie viel von einem Stoff in einer bestimmten Menge Flüssigkeit aufgelöst werden kann	SAP_RMS_1013_004_VALUE
Zus. BewertgArt	Feld für weitere Bewertungsart	(leer)
Zustzl. Merkmal	Feld für Merkmal zur weiteren Bewertungsart	(leer)

Tabelle 6.3 Felder: physikalisch-chemische Daten für die Berechnungs-ID (Forts.)

Inhaltsstoffauflistung

In der Sicht **Inhaltsstoffauflistung** machen Sie nur dann Angaben, wenn Sie etwas für die Berechnungsart D (Inhaltsstoffauflistung definieren). Sie geben im Feld die Bewertungsart an, in der die Inhaltsstoffliste gespeichert werden soll. Im Standard handelt es sich um die Bewertungsart SAP_RMS_1012_017 (siehe Abbildung 6.34).

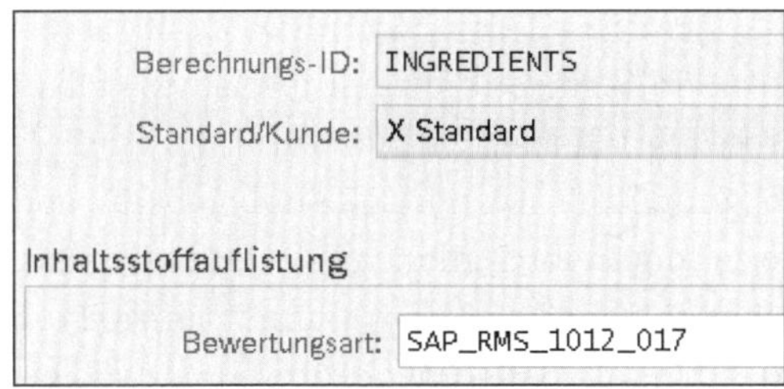

Abbildung 6.34 Inhaltsstoffauflistung für eine Berechnungs-ID

Standard-Zusammensetzung

Angaben in der Sicht **Standardzusammensetzung** nehmen Sie vor, wenn Sie eine Berechnungs-ID zur Berechnungsart C (Standard-Zusammensetzung) definieren. Die in Abbildung 6.35 aufgeführten Felder und Kennzeichen sind in Tabelle 6.4 beschrieben.

Feld	Bezeichnung	Beschreibung
Zusammen-setzung	Zusammensetzung	Bewertungsart, in der die Zusammensetzung gespeichert werden soll. Voreingestellt ist SAP_EHS_1012_003.
ZusSetz-Dat.eingg.	Zusammensetzungsdaten müssen eingegeben werden	Ist das Kennzeichen gesetzt, sucht das System in der Standard-Zusammensetzung im Eigenschaftsbaum nach Daten. Sind dort keine Daten vorhanden, wird die Spezifikation in der Zusammensetzung ignoriert (Achtung: Die Zusammensetzung ist dann ungleich 100%). Ist das Kennzeichen nicht gesetzt, weicht das System bei Fehlen der Standard-Zusammensetzung auf die Rezeptdaten der Spezifikation aus (sofern ein Rezept vorhanden ist).
Null über-nehmen	null übernehmen	Dieses Kennzeichen sorgt dafür, dass Positionen der Zusammensetzung mit Wert 0 an die Primärausbeute übergeben werden können.
Autom. Übernahme	Automatische Übernahme der manuellen Zusammensetzung	Manuelle Änderungen an der Zusammensetzung werden automatisch in der Spezifikation der Primärausbeute oder des Ausbeuteintermediats gespeichert. Andernfalls muss eine manuelle Pflege an der betreffenden Spezifikation erfolgen.

Tabelle 6.4 Felder der Standard-Zusammensetzung

Berechnungs-ID: COMPOSITION
Standard/Kunde: X Standard
Standardzusammensetzung
Zusammensetzung: SAP_EHS_1012_003
ZusSetzDat.eingg.
Null übernehmen
Autom.Übernahme

Abbildung 6.35 Standard-Zusammensetzung für eine Berechnungs-ID

Qualitative Zusammensetzung (gruppenbasiert)

In der Sicht **Qualitative Zusammensetzung (gruppenbasiert)** legen Sie für Berechnungs-IDs der Berechnungsart B (Qualitative Zusammensetzung (gruppenbasiert)) fest, woher welche Daten gelesen werden und wohin die Berechnungsergebnisse gespeichert werden. Hier müssen Sie beachten, dass es für die Berechnungs-IDs der Diäten, Allergene und religiösen Zertifikate jeweils eigene Ausprägungen gibt. Daher gibt es in dieser Sicht nicht einen Standardwert für die einzelnen Felder. Das muss immer von Fall zu Fall entschieden werden. In Abbildung 6.36 sehen Sie die in Tabelle 6.5 beschriebenen Felder.

Feld	Beschreibung
Auflistung	Bewertungsart, in der in einer Gruppe (z. B. Allergengruppe) die einzelnen, zur Gruppe gehörigen Allergene aufgelistet sind.
Aufl. ohne Verwend.	Kennzeichen, das dafür sorgt, dass die Auflistung einer Gruppe ohne Berücksichtigung der Verwendung gelesen wird.
Eignung	Bewertungsart, aus der die am Rohstoff gepflegten Allergene für die Berechnung ermittelt werden. Zudem wird in diese Bewertungsart das Berechnungsergebnis für die Primärausbeute gespeichert.
SpezArt Gruppe	Angabe der Spezifikationsart, deren Gruppen bei der Berechnung berücksichtigt werden müssen (z. B. ALLERG_GRP).
SpezArt GrpMgld	Angabe der Spezifikationsart, zu der die Mitglieder einer Gruppe angelegt sein müssen, damit sie für die Berechnung verwendet werden (z. B. ALLERGEN). Liegt kein Eintrag vor, verwendet das System alle Bestandteile der Gruppe für die Berechnung.
Komponentenart	Angabe der Komponentenart, die beim Speichern des qualitativen Berechnungsergebnisses der Primärausbeute zugeordnet werden soll.
BewArt Grenzwt	Angabe der Bewertungsart, in der der Grenzwert der qualitativen Komponente gespeichert wird (der Grenzwert ist rein informativ).
Merkml Grenzwrt	Angabe des Merkmals, in dem der Grenzwert der qualitativen Komponente gespeichert wird (der Grenzwert ist rein informativ).
MerkmME Grenzw	Angabe des Merkmals, in dem die Einheit des Grenzwerts der qualitativen Komponente gespeichert wird (der Grenzwert ist rein informativ).
ArbUmgeb-Param.	Parameter für die Steuerung der Benutzeroberfläche der qualitativen Komponenten.

Tabelle 6.5 Felder: qualitative Zusammensetzung (gruppenbasiert)

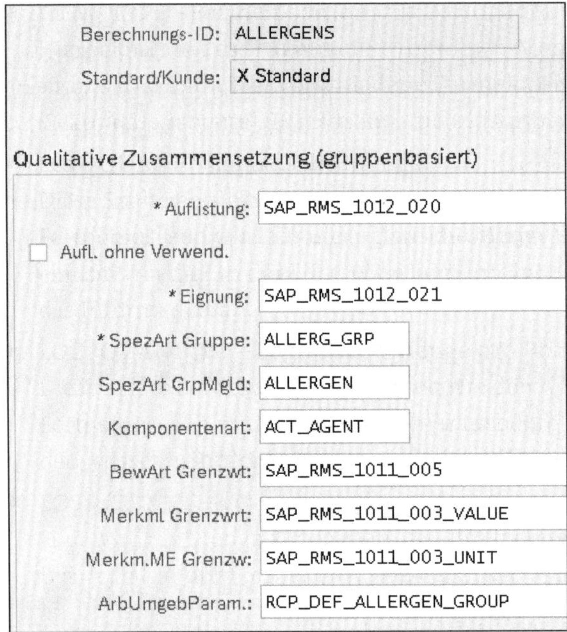

Abbildung 6.36 Qualitative Zusammensetzung (gruppenbasiert) für eine Berechnungs-ID

Quantitative Zusammensetzung (gruppenbasiert)

In der Sicht **Quantitative Zusammensetzung (gruppenbasiert)** legen Sie für Berechnungs-IDs der Berechnungsarten A (Quantitative Zusammensetzung (gruppenbasiert)) und J (Quantitative hierarchische Zusammensetzung (gruppenbasiert)) fest, woraus welche Daten gelesen werden und wohin die Berechnungsergebnisse gespeichert werden sollen. Hier müssen Sie beachten, dass es für die Berechnungs-IDs der alten Nährstoffe, der neuen Nährstoffverlustberechnung oder anderen quantitativen Berechnungen jeweils eigene Ausprägungen gibt. Daher gibt es in dieser Sicht nicht einen Standardwert für die einzelnen Felder. Dies muss immer von Fall zu Fall entschieden werden. In Abbildung 6.37 sehen Sie die in Tabelle 6.6 beschriebenen Felder.

Feld	Bezeichnung	Beschreibung
Quant. Auflist.	Bewertungsart für Auflistung quantitativer Daten	Bewertungsart, in der in einer Gruppe (z. B. Nährstoffgruppe) die einzelnen zur Gruppe gehörigen Nährstoffe aufgelistet sind.
Aufl. ohne Verwend.	Auflistung ohne Verwendung lesen	Kennzeichen, das dafür sorgt, dass die Auflistung einer Gruppe ohne Berücksichtigung der Verwendung gelesen wird.

Tabelle 6.6 Felder: quantitative Zusammensetzung (gruppenbasiert)

Feld	Bezeichnung	Beschreibung
ZusSetzung (q.)	Bewertungsart für Zusammensetzung quantitativer Daten	Bewertungsart, aus der die zum Rohstoff gepflegten Nährwerte für die Berechnung ermittelt werden. Zudem wird in dieser Bewertungsart das Berechnungsergebnis für die Primärausbeute gespeichert.
SpezArt Gruppe	Spezifikationsart für Gruppen der quantitativen Daten	Angabe der Spezifikationsart, deren Gruppen bei der Berechnung berücksichtigt werden müssen (z. B. NUTR_GRP).
SpezArt Daten	Spezifikationsart für quantitative Daten	Angabe der Spezifikationsart, zu der Mitglieder einer Gruppe angelegt sein müssen, damit sie für die Berechnung verwendet werden (z. B. NUTRIENT). Liegt kein Eintrag vor, verwendet das System alle Bestandteile der Gruppe für die Berechnung.
SpezArt Prozvl.	Spezifikationsart Prozessverlust	Angabe der Spezifikationsart für Prozessverlustprofile. Standard: PROC_LOSS
SpezArt LagVerl.	Spezifikationsart Lagerungsverlust	Angabe der Spezifikationsart für Lagerungsverlustprofile. Standard: STORE_LOSS
Komponentenart	Komponentenart	Angabe der Komponentenart, die beim Speichern des quantitativen Berechnungsergebnisses der Primärausbeute zugeordnet werden soll.
BewArt abgel.	Bewertungsart für abgeleitete quantitative Daten	Angabe der Bewertungsart, in der gekennzeichnet wird, ob die quantitative Komponente von anderen abgeleitet wird.
Merkmal abgel.	Merkmal für abgeleitete quantitative Daten	Angabe des Merkmals, mit dem gekennzeichnet wird, ob die quantitative Komponente von anderen abgeleitet wird.
Merkm. ImpKlasse	Merkmal für Implementierungsklasse der abgeleiteten quantitativen Daten	Angabe des Merkmals, mit dem die Berechnungsklasse für die quantitative Komponente festgelegt wird.
BewertArt Einht	Bewertungsart für Basiseinheit der quantitativen Daten	Angabe der Bewertungsart, in der die Basiseinheit der quantitativen Komponente angegeben wird.

Tabelle 6.6 Felder: quantitative Zusammensetzung (gruppenbasiert) (Forts.)

Feld	Bezeichnung	Beschreibung
Merkmal Einheit	Merkmal für Einheit der quantitativen Daten	Angabe des Merkmals, in dem die Basiseinheit der quantitativen Komponente angegeben wird.
BewArt ProzVerl	Bewertungsart für Prozessverlust	Angabe der Bewertungsart, aus der das Prozessverlustprofil gelesen wird.
BewArt LagVerl.	Bewertungsart für Lagerungsverlust	Angabe der Bewertungsart, aus der das Lagerungsverlustprofil gelesen wird.
Leerz. behalten	Leerzeichen behalten	Das gesetzte Kennzeichen sorgt dafür, dass leere Felder (nicht gepflegte quantitative Komponenten in einer Spezifikation) als solche interpretiert werden. Entfernen Sie das Kennzeichen, werden leere Felder als Nullwerte interpretiert.
ZusSetz. ProzVer.	Bewertungsart für Zusammensetzung quant.Daten (Prozessverlust)	Angabe der Bewertungsart, in der die berechneten quantitativen Daten nach Prozessverlust gespeichert werden.
ZusSetzg LagerV.	Bewertungsart für Zusammensetzung quant.Daten (Lagerungsverlust)	Angabe der Bewertungsart, in der die berechneten quantitativen Daten nach Lagerungsverlust gespeichert werden.
ArbUmgeb-Param.	Parameter für Standardgruppe in Arbeitsumgebung	Parameter für die Steuerung der Benutzeroberfläche der qualitativen Komponenten.
Dezimal-stellen UI	Dezimalstellen in UI-Feld	Angabe der Dezimalstellen für quantitative Komponenten auf der Benutzeroberfläche. Ist das Feld leer, werden 6 Dezimalstellen verwendet. Das Feld ist zweistellig.

Tabelle 6.6 Felder: quantitative Zusammensetzung (gruppenbasiert) (Forts.)

Berechnungs-ID:	NUTRIENTS_HIER
Standard/Kunde:	X Standard

Quantitative Zusammensetzung (gruppenbasiert)

Quant. Auflist.:	SAP_RMS_1012_003
☐ Aufl. ohne Verwend.	
ZusSetzung (q.):	SAP_RMS_1012_028
SpezArt Gruppe:	NUTR_GROUP
SpezArt Daten:	NUTRIENT
SpezArt Prozvl.:	PROC_LOSS
SpezArt LagVerl:	STORE_LOSS
Komponentenart:	ACT_AGENT
BewArt abgel.:	SAP_RMS_1012_014
Merkmal abgel.:	SAP_RMS_1012_014_VALUE
Merkm.ImpKlasse:	SAP_RMS_1012_014_CLASS
BewertArt Einht:	SAP_RMS_1011_001
Merkmal Einheit:	SAP_RMS_1011_001_VALUE
BewArt ProzVerl:	SAP_RMS_1012_007
BewArt LagVerl.:	SAP_RMS_1012_008
☑ Leerz. behalten	
ZusSetz.ProzVer.:	SAP_RMS_1012_028
ZusSetzg LagerV.:	SAP_RMS_1012_027
ArbUmgebParam.:	RCP_DEF_NUTR_GROUP
Dezimalstellen UI:	

Abbildung 6.37 Quantitative Zusammensetzung (gruppenbasiert) für eine Berechnungs-ID

Kosten

In der Sicht **Kosten** legen Sie für Berechnungs-IDs der Berechnungsart E (Kosten (Logistische Berechnung)) fest, woher welche Daten gelesen werden und wohin die Berechnungsergebnisse gespeichert werden. Für die Kostenberechnung gibt es Standardeinträge, die verwendet werden können. In Abbildung 6.38 sehen Sie die in Tabelle 6.7 beschriebenen Felder.

Feld	Bezeichnung	Beschreibung
BewertArt Preis	Bewertungsart für Stoffpreis	Bewertungsart, in der der Stoffpreis für die Berechnung der Kosten gelesen und das Ergebnis für die Primärausbeute gespeichert wird. Voreingestellt ist SAP_RMS_1010_001.
Merkmal Preis	Merkmal für Schätzpreis	Merkmal, in dem der Stoffpreis für die Berechnung der Kosten gelesen und das Ergebnis für die Primärausbeute gespeichert wird. Voreingestellt ist SAP_RMS_1010_001_PRICE.
Merkmal Währung	Merkmal für Währung	Merkmal, in dem die Währung für die Berechnung der Kosten gelesen und das Ergebnis für die Primärausbeute gespeichert wird. Voreingestellt ist SAP_RMS_1010_001_CURR.
Merkm. Bez-Menge	Merkmal für Bezugsmenge für Schätzpreis	Merkmal, in dem die Bezugsmenge für die Berechnung der Kosten gelesen und das Ergebnis für die Primärausbeute gespeichert wird. Voreingestellt ist SAP_RMS_1010_001_PEINH.
Merkm.f. BezugEH	Merkmal für Bezugseinheit	Merkmal, in dem die Einheit zur Bezugsmange für die Berechnung der Kosten gelesen und das Ergebnis für die Primärausbeute gespeichert wird. Voreingestellt ist SAP_RMS_1010_001_UNIT.

Tabelle 6.7 Felder für die Kosten

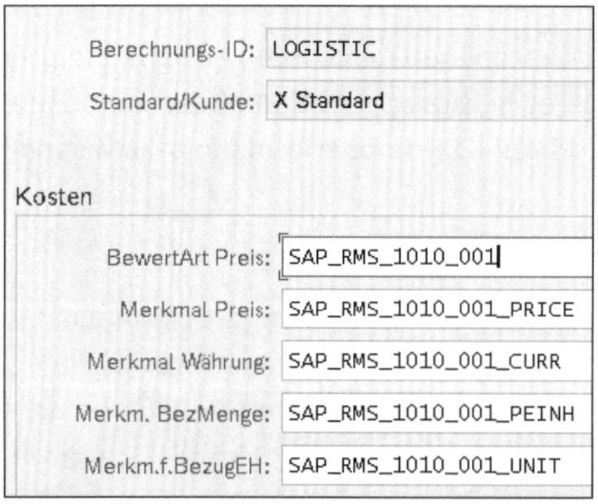

Abbildung 6.38 Kosten für eine Berechnungs-ID

6.2.4 Verwendungsberechnungen definieren

In Abschnitt 6.2.1, »Standard-Berechnungsparameter definieren«, haben Sie erfahren, dass die Verwendungen der Spezifikationen Auswirkungen auf die Berechnungen haben. Im Customizing steuern Sie über den folgenden Pfad, wie das System für die Ermittlung der Inhaltsstoffe und Zusammensetzung im Rezept vorgehen soll: **Logistik Allgemein • Product Lifecycle Management (PLM) • PLM-Web-Benutzungsoberfläche • Rezeptentwicklung • Rezept • Berechnungen • Verwendungsberechnungen definieren.** Für die Rezeptsuche haben Sie bereits in Abschnitt 5.12.1, »Konfiguration«, einen Abstecher an diese Stelle im Customizing gemacht. Wie Sie in Abbildung 6.39 sehen, können Sie angeben, wie die Inhaltsstoffe und die Zusammensetzung ermittelt werden sollen und welche Verwendung (Kombination aus Einstufung und Gültigkeitsraum) das System verwenden soll.

Wie die Felder **InhaltsstBerech.-ID** und **Zusammens. BerechID** andeuten, müssen in diesen Feldern Berechnungs-IDs angegeben werden. Für eine funktionsfähige Anwendung können Sie mit den Berechnungs-IDs aus der Standardauslieferung arbeiten. Welche dies sind, ist in Abschnitt 6.2.3, »Rezeptberechnungen definieren«, aufgeführt.

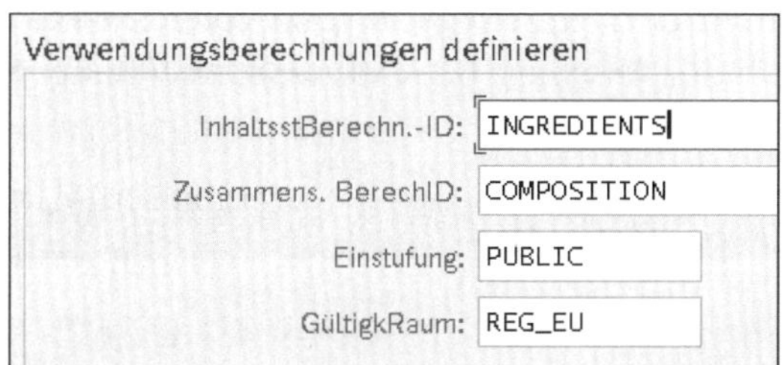

Abbildung 6.39 Verwendungsberechnungen definieren

6.2.5 Auflösungsbereiche definieren und Komponentenarten zuordnen

In Abschnitt 6.2.3, »Rezeptberechnungen definieren«, haben Sie erfahren, dass den verschiedenen Berechnungs-IDs für die Rezeptberechnung ein sogenannter *Auflösungsbereich* zugeordnet werden muss. Auflösungsbereiche werden im Customizing über den folgenden Pfad definiert: **Logistik Allgemein • Product Lifecycle Management (PLM) • PLM-Web-Benutzungsoberfläche • Rezeptentwicklung • Rezept • Berechnungen • Auflösungsbereiche definieren und Komponentenarten zuordnen.**

Im Auflösungsbereich legen Sie zunächst fest, wie sich das System bei der Auflösung verhalten soll (siehe Abbildung 6.40). Wenn Sie keine der Kennzeichen markieren, können Sie eine wissenschaftliche Auflösung definieren. Dann berücksichtigt das System bei der Auflösung ausschließlich physikalische und chemische Eigenschaften der Spezifikationen. Entscheiden Sie sich mithilfe der Spalte **Logist.Auflösung** für eine logistische Auflösung, berücksichtigt das System bei der Auflösung Ausschussdaten. Darüber hinaus können Sie durch die Spalte **Rzp.zu STL** festlegen, ob die Rezepte einen Status haben müssen, der für die Synchronisierung mit der Stückliste relevant ist, um bei der Auflösung berücksichtigt werden zu können.

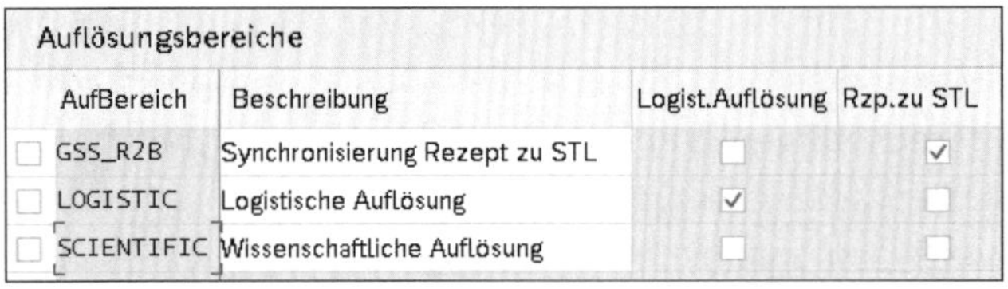

Auflösungsbereiche

AufBereich	Beschreibung	Logist.Auflösung	Rzp.zu STL
GSS_R2B	Synchronisierung Rezept zu STL	☐	☑
LOGISTIC	Logistische Auflösung	☑	☐
SCIENTIFIC	Wissenschaftliche Auflösung	☐	☐

Abbildung 6.40 Auflösungsbereiche

Die drei verschiedenen Auflösungsbereiche des SAP-Standards sind:

- GSS_R2B (Synchronisierung Rezept zu STL)
- LOGISTIC (Logistische Auflösung)
- SCIENTIFIC (Wissenschaftliche Auflösung)

Wie eingangs in diesem Abschnitt erläutert, ist ein Auflösungsbereich erst dann von Bedeutung, wenn dieser in einer Berechnungs-ID hinterlegt ist. Verknüpfen Sie diese Informationen mit den Berechnungs-IDs aus Abschnitt 6.2.3, »Rezeptberechnungen definieren«, können Sie daraus Tabelle 6.8 ableiten.

Berechnungs-ID	Beschreibung	Auflösungsbereich
ALLERGENS	Allergene	SCIENTIFIC
COMPOSITION	Zusammensetzung	SCIENTIFIC
DIETS	Diäten	SCIENTIFIC
GENMODIFICATION	Genmodifizierte Inhaltsstoffe	SCIENTIFIC
GSS_RCP_BOM	Synchronisierung Rezept zu STL	GSS_R2B
INGREDIENTS	Inhaltsstoffe	SCIENTIFIC
INTRACALCULATION	Einsatz und Ausbeute	SCIENTIFIC
LOGISTIC	Kosten	LOGISTIC
NUTRIENTS	Nährstoffe	SCIENTIFIC
NUTRIENTS_HIER	Nährstoffverlustberechnung	SCIENTIFIC
OPTIMIZATION	Optimierung	SCIENTIFIC

Tabelle 6.8 Berechnungs-IDs mit zugeordneten Auflösungsbereichen

Berechnungs-ID	Beschreibung	Auflösungsbereich
QUALITATIVE	Qualitative Berechnung	–
QUANTITATIVE	Quantitative Berechnung	–
RELIGIOUS	Einhaltung religiöse Zertifikate	SCIENTIFIC

Tabelle 6.8 Berechnungs-IDs mit zugeordneten Auflösungsbereichen (Forts.)

Sie sehen, dass der Schwerpunkt deutlich auf den wissenschaftlichen Auflösungen liegt.

Die Auflösungsbereiche können in Kombination mit Abschnitt 6.1.8, »Berechnungsrelevante Komponentenarten für eine Formel setzen«, auch Auswirkungen auf den Umgang mit den Komponentenarten haben. In diesem Abschnitt haben Sie gelernt, dass die Komponentenarten von der Summierung in einer Formel und von Berechnungen wie der Ermittlung des Volumens oder Ähnlichem ausgeschlossen werden können. Dies ist z. B. bei Verpackungen sinnvoll, da diese das Gewicht der Spezifikation der Primärausbeute nicht verändern und auch das Volumen nicht beeinflussen.

Ein ähnlicher Gedanke ist auch für die Berechnungsergebnisse anzusetzen: Die Verpackung hat z. B. keine Auswirkung auf die Inhaltsstoffe oder die Zusammensetzung. Ebenso sollte bei der Beschaffung von Verpackungen auch immer darauf geachtet werden, dass diese keine Auswirkungen auf quantitative oder qualitative Komponenten haben. Auf die Kosten einer Rezeptur wirkt sich die Verpackung jedoch aus. Nun wissen Sie bereits aus Tabelle 6.8, dass die Berechnungs-IDs für quantitative und qualitative Komponenten einen anderen Auflösungsbereich haben als die Berechnungs-ID für die Ermittlung der Kosten. Daher kann es interessant sein, einzelnen Komponentenarten abhängig vom Auflösungsbereich eine gesonderte Behandlung zukommen zu lassen. In Abbildung 6.41 sehen Sie, welche Möglichkeiten es pro Komponentenart gibt. Die einzelnen Spalten werden in den nachfolgenden Abschnitten ausgeführt:

- **Auflösungsstopp**
- **Nicht ber.** (nicht berechnen)
- **EignsSpez.** (Eigenschaftsspezifikation)
- **Man.Zus.** (Manuelle Zusammensetzung)

Sie müssen an einem Auflösungsbereich nur dann eine Komponentenart aufführen, wenn Sie Einfluss auf den Umgang des Systems mit der Komponentenart nehmen möchten. Alle nicht aufgeführten Komponentenarten werden vom System für die Berechnungen und die Auflösung verwendet.

Dialogstruktur
- Auflösungsbereiche
  - Komponentenarten

AuflösBereich: SCIENTIFIC

Komponentenarten

	KompArt	Auflösungsstopp	Nicht ber.	EignsSpez.	Man. Zus.
☐	PACKAGE	☐	☑	☐	☐
☐	REACTION	☑	☐	☐	☑

Abbildung 6.41 Komponentenarten zu einem Auflösungsbereich zuordnen

Auflösungsstopp

Bei der Ermittlung der Berechnungsergebnisse geht das System die einzelnen Formelpositionen durch und prüft, ob es Rezepte gibt, bei denen eine Formelposition als Primärausbeute verwendet wird. Wird ein gültiges Rezept gefunden, wird die darin enthaltene Formel wiederum aufgelöst.

Nun kann der Fall eintreten, dass Sie für die Berechnungsergebnisse verhindern möchten, dass das System nach weiteren Rezepten sucht. Stattdessen soll die Formelposition selbst für die Berechnungsergebnisse verwendet werden. Entscheiden Sie sich intern für eine Komponentenart, bei der das System die Auflösung unterbinden soll, und legen Sie fest, für welchen Auflösungsbereich der Auflösungsstopp bei der gewählten Komponentenart gelten soll. Dann führen Sie die Komponentenart im entsprechenden Auflösungsbereich an und markieren das Kennzeichen **Auflösungsstopp**. Das Kennzeichen **Auflösungsstopp** ist Voraussetzung dafür, dass die Kennzeichen **EignsSpez.** und **Man. Zus.** gesetzt werden können.

[!]

Auflösungsstopp für eine Komponentenart setzen

Ist die Komponentenart in einem Auflösungsbereich mit einem Auflösungsstopp versehen, gilt dies für die Komponentenart bei allen Rezepten. Daher kann es ratsam sein, eine individuelle Komponentenart anzulegen, die speziell für den Auflösungsstopp verwendet wird.

Ein Beispiel soll das Systemverhalten verdeutlichen: Es gibt eine Komponentenart `ZNOEXPLSN` (Auflösungsstopp). Diese Komponentenart ist im Customizing im Auflösungsbereich `SCIENCTIFIC` mit einem Auflösungsstopp versehen (siehe Abbildung 6.42).

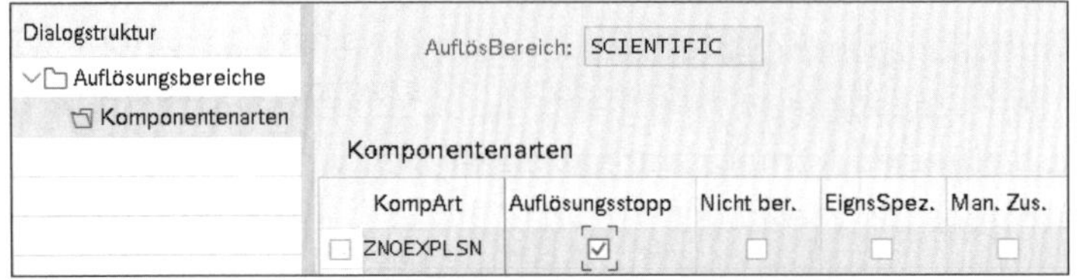

Abbildung 6.42 Auflösungsstopp für eine Komponentenart

In einer Formel ist eine Einsatzposition eingebunden, zu der es ein eigenes Rezept gibt. Dies erkennen Sie an der Formelposition 50 (Gemüsebrühe) in Abbildung 6.43. Hier ist in der Spalte **Rzpte vorhanden** ein Häkchen gesetzt, das Sie darauf hinweist, dass es Rezepte zu dieser Formelposition gibt. In der Spalte **Komponentenart** sehen Sie die Komponentenart ZNOEXPLSN.

Pos...	PositArt	Spezifikation	Beschreibung 1	Komponente...	Rzpte vorhand...	Menge	ME
1	Primärausbeute	00000000000	Sahnesoße	PRODUCT	☐	115	KG
10	Einsatz	00000000005	Sahne	INGREDIENT	☐	70	KG
20	Einsatz	00000000005	Frischkäse	INGREDIENT	☐	5,05	KG
30	Einsatz	00000000006	Salz	INGREDIENT	☐	0,1	KG
40	Einsatz	00000000006	Pfeffer	INGREDIENT	☐	0,1	KG
50	Einsatz	00000000005	Gemüsebrühe	ZNOEXPLSN	☑	0,25	KG
60	Einsatz	00000000006	Wasser	INGREDIENT	☐	39,5	KG

Abbildung 6.43 Auflösungsstopp in der Formel vorbereiten

In der Formel hat dies keine Auswirkungen. Erst wenn Sie auf die Berechnungsergebnisse navigieren, werden Sie feststellen, dass das System die existierenden Rezepte ignoriert und stattdessen auf die Spezifikation zurückgreift. Dies wird speziell im Auflösungsprotokoll deutlich.

In Abbildung 6.44 sehen Sie das Auflösungsprotokoll zu den Inhaltsstoffen, und dabei wird deutlich, dass für die Gemüsebrühe keine weiteren Rezepte aufgelöst werden. In der Spalte **Komponentenart** ist die Bezeichnung der Komponentenart ZNOEXPLSN abgebildet, und in der Spalte **Auflösungsstopp** weist das System darauf hin, dass für diese Position keine Auflösung vorgenommen wird.

Auflösungsprotokoll

Protokoll anzeigen für: Inhaltsstoffe | Export | Ebenen | Nicht verwendete anzeigen

	Rezept/Spezifikation	Beschreibung	Formelpositi...	Formelpositionsart	Komponentenart	Auflösungsstopp
◉	000000000004/000/000	Sahnesauce 7% Sahne	1		Produkt	☐
○	000000000055	Sahne	10	Einsatz	Inhaltsstoff	☐
○	000000000056	Frischkäse	20	Einsatz	Inhaltsstoff	☐
○	000000000061	Salz	30	Einsatz	Inhaltsstoff	☐
○	000000000062	Pfeffer	40	Einsatz	Inhaltsstoff	☐
○	000000000057	Gemüsebrühe	50	Einsatz	Auflösungsstopp	☑
○	000000000063	Wasser	60	Einsatz	Inhaltsstoff	☐

Abbildung 6.44 Aus dem Auflösungsprotokoll ersichtlicher Auflösungsstopp

Ist in der Formel eine Komponentenart gesetzt, die eine Auflösung zulässt, wird im Auflösungsprotokoll das Rezept angezeigt, das für die Auflösung verwendet wird (siehe Abbildung 6.45).

Auflösungsprotokoll

Protokoll anzeigen für: Inhaltsstoffe | Export | Ebenen | Nicht verwendete anzeigen

Rezept/Spezifikation	Beschreibung	Formelpositi...	Formelpositionsart	Komponentenart	Auflösungsstopp
⦿ ∨ 000000000004/000/000	Sahnesauce 7% Sahne	1		Produkt	☐
○ 000000000055	Sahne	10	Einsatz	Inhaltsstoff	☐
○ 000000000056	Frischkäse	20	Einsatz	Inhaltsstoff	☐
○ 000000000061	Salz	30	Einsatz	Inhaltsstoff	☐
○ 000000000062	Pfeffer	40	Einsatz	Inhaltsstoff	☐
○ ∨ 000000000057	Gemüsebrühe	50	Einsatz	Inhaltsstoff	☐
○ ∨ 000000000057/000/000	Gemüsebrühe	1		Produkt	☐
○ 000000000091	Meersalz	10	Einsatz	Inhaltsstoff	☐
○ 000000000092	Zwiebeln	20	Einsatz	Gemüse	☐
○ 000000000093	Karotten	30	Einsatz	Gemüse	☐
○ 000000000094	Lauchpulver	40	Einsatz	Gemüse	☐

Abbildung 6.45 Auflösungsprotokoll ohne Auflösungsstopp

Nicht berechnen

Wenn Sie eine Formelposition von der Ermittlung der Berechnungsergebnisse ausschließen möchten, ist das Kennzeichen **Nicht ber.** (nicht berechnen) das Mittel der Wahl. Dieses Kennzeichen kommt Ihnen vermutlich aus Abschnitt 6.1.9, »Formelberechnungen definieren«, bekannt vor. Dort wird das Kennzeichen dazu verwendet, Formelpositionen mit einer bestimmten Komponentenart von Formelberechnungen auszuschließen. Die dort gewählte Komponentenart für Verpackungen PACKAGE soll Ihnen auch in diesem Abschnitt als Beispiel dienen.

Wie in den einleitenden Sätzen dieses Abschnitts ausgeführt, soll sich eine Formelposition, die eine Verpackung abbildet, nicht auf die Ermittlung der Inhaltsstoffe oder andere wissenschaftlichen Berechnungen auswirken, auf die Kosten hingegen schon. Glücklicherweise ist bei den Berechnungs-IDs für die Inhaltsstoffe, die Zusammensetzung u. a. der Auflösungsbereich SCIENTIFIC zugewiesen und bei der Berechnungs-ID für die Kosten der Auflösungsbereich LOGISTIC. Wie Sie es in Abbildung 6.46 sehen, ist die Komponentenart PACKAGE im Auflösungsbereich SCIENTIFIC mit dem Kennzeichen **Nicht ber.** versehen. Der Auflösungsbereich LOGISTIC hat keine Komponentenarten aufgeführt; daher ist die Komponentenart PACKAGE für die Ermittlung der Kosten relevant.

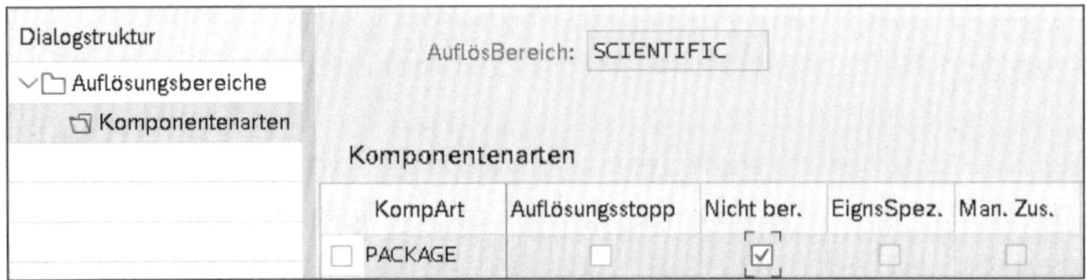

Abbildung 6.46 Nicht berechnen für eine Komponentenart

Dieselbe Komponentenart ist im Customizing über den folgenden Pfad aufgeführt und dort von den Formelberechnungen und der Summenbildung ausgeschlossen: **Logistik Allgemein • Product Lifecycle Management (PLM) • PLM-Web-Benutzungsoberfläche • Rezeptentwicklung • Rezept • Berechnungen • Berechnungsrelevante Komponentenarten für Formel setzen**. Dies zeigt Abbildung 6.47 mit den gesetzten Kennzeichen **Nicht ber.** und **Keine Sum.** (keine Summierung) für die Komponentenart PACKAGE.

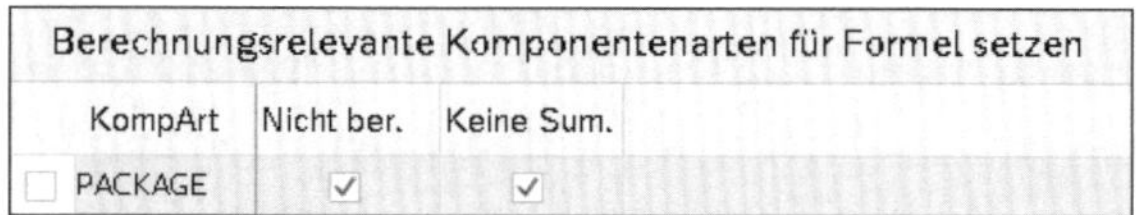

Berechnungsrelevante Komponentenarten für Formel setzen

KompArt	Nicht ber.	Keine Sum.
PACKAGE	✓	✓

Abbildung 6.47 Nicht berechnen für eine Komponentenart für Formelberechnungen

[!]

Kennzeichen »Nicht ber.«

Achten Sie konsequent darauf, dass Komponentenarten mit dem Kennzeichen **Nicht ber.** in der Customizing-Aktivität **Auflösungsbereiche definieren und Komponentenarten zuordnen** auch in der Customizing-Aktivität **Berechnungsrelevante Komponentenarten** mit dem Kennzeichen **Nicht ber.** versehen sind. Ist dies nicht der Fall, kann es in den Berechnungsergebnissen zu unerwünschten Nebeneffekten führen.

Angenommen, 100 kg unserer Sahnesoße werden in 500 Gläser abgefüllt, sodass jedes Glas eine Füllmenge von 200 g hat. Nun wird zum Verschließen der Gläser jeweils noch einen Deckel benötigt. In Abbildung 6.48 sehen Sie, dass dafür die Formelpositionen 70 (Glas) und 80 (Deckel) eingebunden wurden. Beide Positionen sind mit der Komponentenart PACKAGE versehen, sodass bereits in der Formel die Masse der Primärausbeute von diesen beiden Positionen unbeeinflusst bleibt. Das System ermittelt keine Werte in den Spalten **Masse pro Primärausbeute [KG]** und **Masse pro Primärausbeute [%]**.

	S..	Pos...	PositArt	Spezifikation	Beschreibung 1	Komponente...	Rzpte vorhand...	Menge	ME	Masse pro Primärausbeute [KG]	Masse pro Primärausbeute [%]
☑		1	Primärausbeute	0000000000	Sahnesoße	PRODUCT	☐	100	KG	100	100
☐		10	Einsatz	0000000005	Sahne	INGREDIENT	☐	65	KG	65	65
☐		20	Einsatz	0000000005	Frischkäse	INGREDIENT	☐	5,05	KG	5,05	5,05
☐		30	Einsatz	0000000006	Salz	INGREDIENT	☐	0,1	KG	0,1	0,1
☐		40	Einsatz	0000000006	Pfeffer	INGREDIENT	☐	0,1	KG	0,1	0,1
☐		50	Einsatz	0000000005	Gemüsebrühe	ZNOEXPLSN	☑	0,25	KG	0,25	0,25
☐		60	Einsatz	0000000006	Wasser	INGREDIENT	☐	29,5	KG	29,5	29,5
☐		70	Einsatz	0000000012	Glas	PACKAGE	☐	500	ST	0	0
☐		80	Einsatz	0000000012	Deckel	PACKAGE	☐	500	ST	0	0

Abbildung 6.48 Komponentenart PACKAGE in der Formel

In den Berechnungsergebnissen erhalten Sie bei allen wissenschaftlichen Berechnungen den Hinweis, dass die Komponentenart PACKAGE im Berechnungsergebnis nicht eingeschlossen ist (siehe Abbildung 6.49).

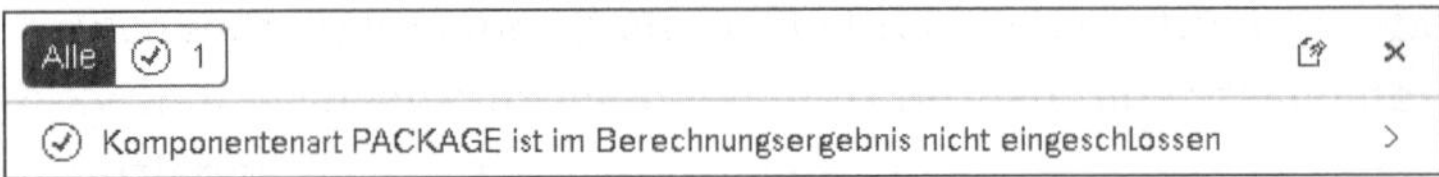

Abbildung 6.49 Hinweis bei einer wissenschaftlichen Berechnungs-ID

Die beiden Positionen **Glas** und **Deckel** werden nicht aufgeführt. Trotzdem geht das System korrekterweise von einem 100%-Wert bei den Inhaltsstoffen aus (siehe Abbildung 6.50). Dieses Systemverhalten kommt nicht von ungefähr: Das System verhält sich auf diese Weise, weil die Komponentenart PACKAGE im Customizing im Auflösungsbereich SCIENTIFIC sowohl von der Berechnung als auch bei den berechnungsrelevanten Komponentenarten ausgeschlossen wurde.

Inhaltsstoffe | Zusammensetzung | Nährstoffe | Diäten | Allergene | Einhaltung religiöser Zertifikate

Export | Positionen zusammenfassen

Spezifikation	Beschreib. 1 Spezifikation	Komponente...	Besch.Komponentenart	Menge [%]	Ausnahmewert	Beschreib.
000000000055	Sahne	INGREDIENT	Inhaltsstoff	65		
000000000063	Wasser	INGREDIENT	Inhaltsstoff	29,5		
000000000056	Frischkäse	INGREDIENT	Inhaltsstoff	5,05		
000000000057	Gemüsebrühe	ZNOEXPLSN	Auflösungsstopp	0,25		
000000000061	Salz	INGREDIENT	Inhaltsstoff	0,1		
000000000062	Pfeffer	INGREDIENT	Inhaltsstoff	0,1		
000000000004	Sahnesoße	PRODUCT	Produkt	100		

Abbildung 6.50 Korrekte Ermittlung der Inhaltsstoffe ohne Komponentenart PACKAGE

Schauen Sie sich hingegen die Kosten des Rezepts an, werden Sie feststellen, dass die beiden Verpackungspositionen **Glas** und **Deckel** aufgeführt sind und in den Gesamtpreis einfließen (siehe Abbildung 6.51). Dies liegt daran, dass die Kosten mithilfe des Auflösungsbereiches LOGISTIC ermittelt werden und die Komponentenart PACKAGE in diesem Auflösungsbereich nicht ausgenommen wurde.

Ein weiterer Aspekt wird anhand Abbildung 6.50 und Abbildung 6.51 deutlich: Die aufgeführten Inhaltsstoffe unterscheiden sich. In der Kostenübersicht in Abbildung 6.51 sind erheblich mehr Positionen aufgeführt als bei den Inhaltsstoffen in Abbildung 6.50. Dies liegt daran, dass die Komponentenart ZNOEXPLSN ausschließlich für den Auflösungsbereich SCIENTIFIC mit einem Auflösungsstopp versehen wurde. Im Auflösungsbereich LOGISTIC ist diese Komponentenart nicht aufgeführt, sodass das System für die Ermittlung der Kosten auch das gültige Rezept für die Formelposition der Gemüsebrühe auflösen kann. Dies führt zu der größeren Anzahl an aufgeführten Positionen in den Kosten.

Inhaltsstoff							Spezifikationspreis		Materialpreis		Berechneter Preis	
Spezifikation	Beschreib. 1 Spezi...	Material	Besch.Komponentenart	Menge	Mengeneinheit	Ausgewählter Preis	Preis	Währung/...	Preis	Währung/...	Preis	Währung
000000000091	Meersalz		Inhaltsstoff	2,222222	KG	Spezifikationsprei	1,00	EUR/KG			2,22	EUR
000000000061	Salz	3019	Inhaltsstoff	1,111111	KG	Materialpreis			1,50	EUR/KG	1,67	EUR
000000000062	Pfeffer	3020	Inhaltsstoff	1,111111	KG	Materialpreis			1,50	EUR/KG	1,67	EUR
000000000092	Zwiebeln		Gemüse	0,227778	KG	Spezifikationsprei	1,00	EUR/KG			0,23	EUR
000000000093	Karotten		Gemüse	0,172222	KG	Spezifikationsprei	1,00	EUR/KG			0,17	EUR
000000000094	Lauchpulver		Gemüse	0,061111	KG	Spezifikationsprei	1,00	EUR/KG			0,06	EUR
000000000095	Röstzwiebeln		Gemüse	0,033333	KG	Spezifikationsprei	1,00	EUR/KG			0,03	EUR
000000000096	Kürbis		Gemüse	0,013889	KG	Spezifikationsprei	1,00	EUR/KG			0,01	EUR
000000000097	Maisstärke		Inhaltsstoff	0,013889	KG	Spezifikationsprei	1,00	EUR/KG			0,01	EUR
000000000098	Sonnenblumenöl		Inhaltsstoff	0,005556	KG	Spezifikationsprei	1,00	EUR/KG			0,01	EUR
000000000099	Liebstöckelblätter		Kräuter	0,005556	KG	Spezifikationsprei	1,00	EUR/KG			0,01	EUR
000000000100	Petersilie		Kräuter	0,005556	KG	Spezifikationsprei	1,00	EUR/KG			0,01	EUR
000000000101	Curcuma		Gewürze	0,005556	KG	Spezifikationsprei	1,00	EUR/KG			0,01	EUR
000000000062	Pfeffer	3020	Gewürze	0,002778	KG	Materialpreis			1,50	EUR/KG	0,00	EUR
000000000102	Liebstöckelwurzel		Gewürze	0,002778	KG	Spezifikationsprei	1,00	EUR/KG			0,00	EUR
000000000104	Fenchelsamen		Gewürze	0,002778	KG	Spezifikationsprei	1,00	EUR/KG			0,00	EUR
000000000105	Knoblauch		Inhaltsstoff	0,002778	KG	Spezifikationsprei	1,00	EUR/KG			0,00	EUR
000000000122	Glas		Verpackung	5.555,5...	ST	Spezifikationsprei	0,25	EUR/ST			1.388,89	EUR
000000000123	Deckel		Verpackung	5.555,5...	ST	Spezifikationsprei	0,15	EUR/ST			833,33	EUR
000000000004	Sahnesoße		Produkt	1.000	KG						3.995,84	EUR

Abbildung 6.51 Korrekte Ermittlung der Kosten mit der Komponentenart PACKAGE

Eigenschaftsspezifikation

In Abschnitt 5.11, »Eigenschaftsspezifikation«, haben Sie Informationen zur Eigenschaftsspezifikation erhalten. Die Eigenschaftsspezifikation kann dazu genutzt werden, Eigenschaften eines Rezepts nachhaltig zu speichern, da sich die Eigenschaften einer Primärausbeute mit jedem neuen Rezept ändern können.

Angenommen Sie haben eine Formelposition, zu der es eigene Rezepte gibt, und diese Rezepte haben jeweils Eigenschaftsspezifikationen, in denen die Berechnungsergebnisse gespeichert wurden. In diesem Fall ist es möglich, dass Sie die Daten aus der Eigenschaftsspezifikation im aktuellen Rezept für die Berechnungsergebnisse nutzen. Dies kann interessant sein, wenn sich z. B. die Stammdaten für das Rezept geändert haben, Sie jedoch mit den bisherigen Berechnungsergebnissen arbeiten möchten/müssen, die in der Eigenschaftsspezifikation hinterlegt sind. Voraussetzung ist, dass Sie in der Formelposition im Rezept, das Sie aktuell bearbeiten, eine Komponentenart setzen, für die ein Auflösungsstopp definiert ist und das Kennzeichen **EignsSpez** (Eigenschaftsspezifikation) gesetzt ist.

Zur Verdeutlichung soll wieder die Position der Gemüsebrühe dienen. Zu dieser Formelposition gibt es Rezepte – dies ist aus der Spalte **Rezepte vorhanden** ersichtlich (siehe Abbildung 6.43). Allerdings sollen die Daten aus der Eigenschaftsspezifikation eines Rezepts für die Berechnungsergebnisse der Sahnesoße genutzt werden. In der Formel der Sahnesoße ist die Gemüsebrühe wieder mit der Komponentenart ZNOEX-PLSN versehen. Auch das sieht wie in Abbildung 6.43 in der Spalte **Komponentenart** aus. Zu dieser Komponentenart wissen Sie aus den vorhergehenden Abschnitten, dass im Customizing ein Auflösungsstopp definiert wurde. In der Zwischenzeit ist bei dieser Komponentenart auch das Kennzeichen **Eigenschaftsspezifikation** im Customizing gesetzt worden (siehe Abbildung 6.52).

AuflösBereich: SCIENTIFIC

Komponentenarten

	KompArt	Auflösungsstopp	Nicht ber.	EignsSpez.	Man. Zus.
☐	ZNOEXPLSN	☑	☐	☑	☐

Abbildung 6.52 Eigenschaftsspezifikation für eine Komponentenart

Für die Rezeptur der Sahnesoße hat das die folgenden Auswirkungen: Die Spezifikation der Gemüsebrühe, die Sie in der Formelposition in Abbildung 6.43 sehen, wird in den Berechnungsergebnissen durch die Eigenschaftsspezifikation ersetzt. Dies wird in Abbildung 6.53 anhand der Spezifikation *124 (Eigenschaftsspezifikation Gemüsebrühe) in der Sicht **Inhaltsstoffe** deutlich. Auch für die Ermittlung der anderen Berechnungsergebnisse, die zum Auflösungsbereich `SCIENTIFIC` gehören, werden die Daten aus der Eigenschaftsspezifikation verwendet. Das System wählt die Eigenschaftsspezifikation des Rezepts, das bei einer Auflösung verwendet würde.

Inhaltsstoffe | Zusammensetzung | Nährstoffe | Diäten | Allergene | Einhaltung religiöser Zertifikate

Export ∨ | Positionen zusammenfassen

Spezifikation	Beschreib. 1 Spezifikation	Komponente...	Besch.Komponentenart	Menge [%]	Ausnahmewert
000000000055	Sahne	INGREDIENT	Inhaltsstoff	65	
000000000063	Wasser	INGREDIENT	Inhaltsstoff	29,5	
000000000056	Frischkäse	INGREDIENT	Inhaltsstoff	5,05	
000000000124	Eigenschaftsspezifikation Gemüsebrühe	ZNOEXPLSN	Auflösungsstopp	0,25	
000000000061	Salz	INGREDIENT	Inhaltsstoff	0,1	
000000000062	Pfeffer	INGREDIENT	Inhaltsstoff	0,1	
000000000004	Sahnesoße	PRODUCT	Produkt	100	

Abbildung 6.53 Korrekte Ermittlung einer Eigenschaftsspezifikation statt Formelposition

Manuelle Zusammensetzung

Wenn Sie Rezepte entwickeln, bei denen im Verlauf des Herstellungsprozesses neue Stoffe entstehen oder Stoffe verschwinden, müssen Sie dies über die manuelle Zusammensetzung abbilden. Die Primärausbeute des relevanten Rezepts benötigt eine Komponentenart, bei der im Customizing die Kennzeichen für Auflösungsstopp, Eigenschaftsspezifikation und manuelle Zusammensetzung gesetzt sind (siehe Abbildung 6.54).

Ist dies der Fall, erhalten Sie, wie es in Abbildung 6.55 zu sehen ist, in der Sicht **Zusammensetzung** eine neue Spalte **Angepasste Menge [%]**, in der Sie die geänderten Angaben vornehmen können. Des Weiteren erscheinen neue Buttons, mit denen Sie neue Positionen hinzufügen oder obsolete Positionen entfernen können (**Einfügen** und **Löschen**). Zudem können Sie getätigte Angaben in der Spalte **Angepasste Menge [%]** über den Button **Alles zurücksetzen** wieder entfernen.

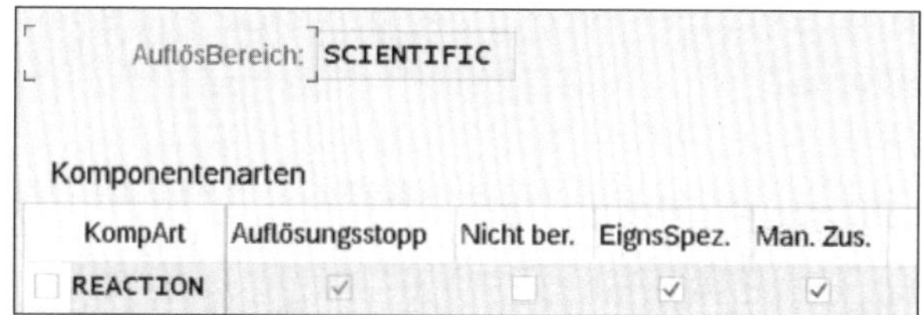

Abbildung 6.54 Manuelle Zusammensetzung in einer Komponentenart

Damit die Daten der manuellen Zusammensetzung gespeichert werden können, benötigt das Rezept zwingend eine Eigenschaftsspezifikation. Denn nur dorthin schreibt das System die manuelle Zusammensetzung einer Primärausbeute. Sie sehen in Abbildung 6.55 in der letzten Zeile, dass hier die Eigenschaftsspezifikation der Rezeptur aufgeführt ist (*120 (Eigenschaftsspezifikation Sahnesoße)). Achten Sie darauf, dass bei der Berechnungs-ID für die Zusammensetzung das Kennzeichen **Autom. Übernahme** gesetzt ist (siehe Abbildung 6.35). Dann speichert das System die manuelle Zusammensetzung automatisch in der Eigenschaftsspezifikation, wenn das Rezept gespeichert wird.

Wenn Sie nur wenige Positionen anpassen müssen, bietet es sich an, dass Sie alle Positionen markieren und den Button **Berechnete Werte übernehmen** betätigen. Dadurch werden die berechneten Werte in die Spalte **Angepasste Menge [%]** übertragen, und Sie passen manuell die zu verändernden Zeilen an.

Inhaltsstoffe | Zusammensetzung | Nährstoffe | Diäten | Allergene | Einhaltung religiöser Zertifikate

* Einstufung: Vollständig freigegeben | * Gültigkeitsraum: Europäische Gemeinschaft

Export | Positionen zusammenfassen | Einfügen | Löschen | Berechnete Werte übernehmen | Alles zurücksetzen

Spezifikation	Beschreib. 1 Spezifikation	Komponentenart	Menge [%]	Angepasste Menge [%]	Ausnahmew.
000000000042	Kürbis	ZVEGETABLE	0,00125	0,00125	
000000000043	Maisstärke	COMPONENT	0,00125	0,00125	
000000000044	Sonnenblumenöl	COMPONENT	0,0005	0,0005	
000000000045	Liebstöckelblätter	ZHERBS	0,0005	0,0005	
000000000046	Petersilie	ZHERBS	0,0005	0,001	
000000000047	Curcuma	ZSPICE	0,0005	0	
000000000048	Liebstöckelwurzel	ZSPICE	0,00025	0,00025	
000000000050	Fenchelsamen	ZSPICE	0,00025	0,00025	
000000000051	Knoblauch	COMPONENT	0,00025	0,00025	
000000000120	Eigenschaftsspezifikation Sahnesoße	REACTION	100	100	

Abbildung 6.55 Manuelle Zusammensetzung im Rezept

Eine andere Option für den Einsatz der manuellen Zusammensetzung ist das Ausbeuteintermediat. Wenn sich aufgrund einer Reaktion die Zusammensetzung eines Ausbeuteintermediats ändert, können Sie das ebenfalls über eine gesonderte Komponentenart abbilden. Dazu ist es ausreichend, wenn für die Komponentenart der

Auflösungsstopp und die manuelle Zusammensetzung definiert sind. Die Eigenschaftsspezifikation wird nicht benötigt.

6.2.6 Ausnahmewerte zu Spezifikationsarten zuordnen

In Abschnitt 4.9, »Ausnahmewerte«, haben Sie erfahren, wie Ausnahmewerte für den Einsatz im Eigenschaftsbaum in den Spezifikationen vorbereitet werden können. In diesem Abschnitt soll es um die angekündigten Auswirkungen im Rezept gehen. Wenn Sie in den Rohstoffspezifikationen im Eigenschaftsbaum die Allergene pflegen, wertet das System die dort gepflegten Ausnahmewerte im Rezept aus. Voraussetzung ist, dass die Komponentenart der Formelposition für die Berechnungsergebnisse vorgesehen ist (siehe Abschnitt 6.2.5, »Auflösungsbereiche definieren und Komponentenarten zuordnen« und Abschnitt 6.1.8, »Berechnungsrelevante Komponentenarten für eine Formel setzen«). Im Customizing können Sie über den folgenden Menüpfad speziell für die Berechnungen im Rezept die Ausnahmewerte zu den Spezifikationsarten zuordnen: **Logistik Allgemein • Product Lifecycle Management (PLM) • PLM-Web-Benutzungsoberfläche • Rezeptentwicklung • Rezept • Berechnungen • Ausnahmewerte zu Spezifikationsarten zuordnen**.

In Abbildung 6.56 sehen Sie in der Spalte **SpezifikatArt** die Spezifikationsarten, die bereits in der Standardauslieferung aufgeführt sind. In der Spalte **BezSpezifikationsart** wird die Bezeichnung der Spezifikationsarten angezeigt. In der Spalte **SekAb.aus.** können Sie die Sekundärausbeuten von der Berechnung der Ausnahmewerte ausschließen.

Spezifikationsart

	SpezifikatArt	BezSpezifikationsart	SekAb.aus.
☐	ALLERGEN	Allergen	☑
☐	DIET	Diät	☑
☐	GENMOD	Genmodifizierter Inhaltsstoff	☑
☐	NUTRIENT	Nährstoff	☑
☐	RELIGIOUS	Religiöses Zertifikat	☑

Abbildung 6.56 Spezifikationsarten für die Zuordnung der Ausnahmewerte

Wenn Sie eine Spezifikationsart auswählen und die Ausnahmewertreihenfolge aufrufen, erhalten Sie eine Ansicht wie in Abbildung 6.57. In der Spalte **AW** wird der Ausnahmewert zugeordnet, sodass in der Spalte **Ausnahmewert** dessen Bezeichnung angezeigt werden kann. In der Spalte **Reihenfolge** legen Sie über den Zähler fest, welcher Ausnahmewert wie gewichtet werden soll. Je höher die Reihenfolgenummer, desto gewichtiger ist der Ausnahmewert. Dies bedeutet in diesem Fall, dass der Ausnahmewert 05 (Ja) für die Primärausbeute gilt, sobald eine Formelposition an einem Allergen mit 05 (Ja) bewertet ist (siehe Abbildung 6.57). Wenn Sie keine Reihenfolge festlegen, nutzt das System die IDs der Ausnahmewerte. Auch hier folgt das System der Logik, dass der Ausnahmewert mit der höchsten ID das größte Gewicht hat. In diesem Beispiel wäre das der Ausnahmewert 06 (Nein). Folglich sollten Sie sich diese Customizing-Einstellung anschauen, damit keine unerwünschten Berechnungsergebnisse im Rezept ermittelt werden. Mit dem Kennzeichen in der Spalte **Standard** definieren Sie, welcher Ausnahmewert vom System in den Berechnungsergebnissen verwendet werden soll, wenn in den Spezifikationen keine Daten gepflegt sind.

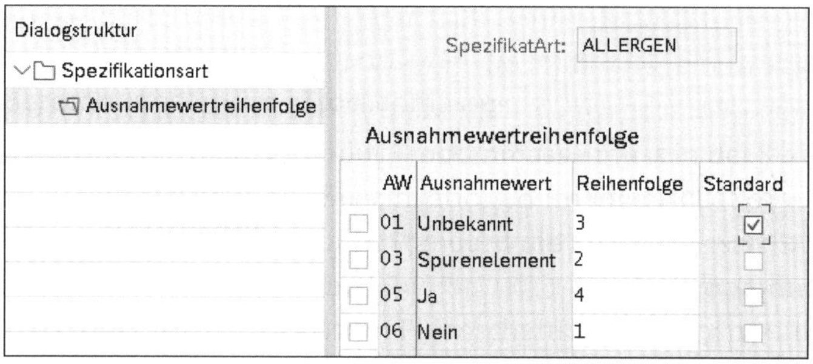

Dialogstruktur
Spezifikationsart
Ausnahmewertreihenfolge

SpezifikatArt: ALLERGEN

Ausnahmewertreihenfolge

AW	Ausnahmewert	Reihenfolge	Standard
01	Unbekannt	3	☑
03	Spurenelement	2	☐
05	Ja	4	☐
06	Nein	1	☐

Abbildung 6.57 Ausnahmewerte einer Spezifikationsart zuordnen

In Abbildung 6.58 sehen Sie, wie die einzelnen Inhaltsstoffe für das Allergen »Milch und Milcherzeugnisse« bewertet sind: Es gibt Inhaltsstoffe, wie das Wasser, die mit 06 (Nein) bewertet sind. Die Eigenschaftsspezifikation »Gemüsebrühe« ist mit 01 (Unbekannt) bewertet und die Spezifikationen »Sahne« und »Frischkäse« sind mit 05 (Ja) bewertet. Da der Ausnahmewert 05 (Ja) für die Spezifikationsart ALLERGEN mit der höchsten Gewichtung festgelegt wurde (siehe Abbildung 6.57), ist das Allergen »Milch und Milcherzeugnisse« für die Primärausbeute mit 05 (Ja) bewertet. Sie sehen zudem in Abbildung 6.58, dass die beiden Verpackungspositionen (Glas und Deckel) in der Bewertung des Allergens nicht berücksichtigt werden.

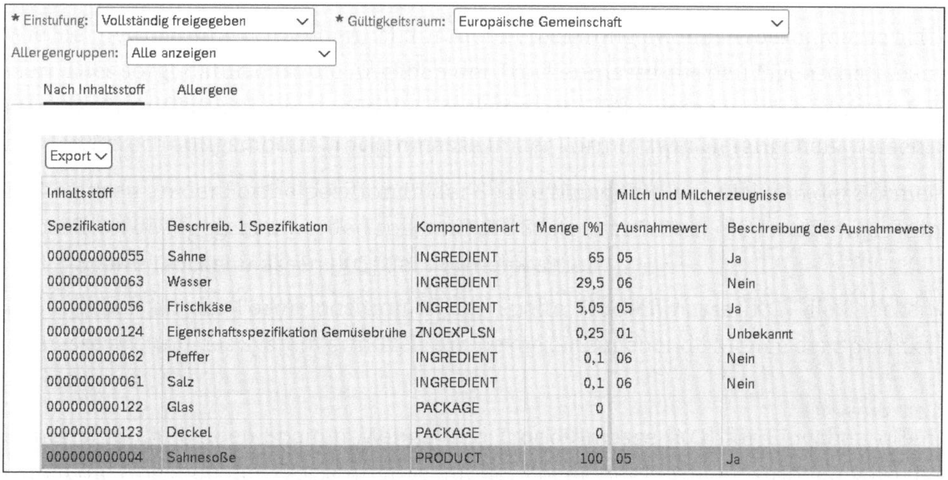

* Einstufung: Vollständig freigegeben   * Gültigkeitsraum: Europäische Gemeinschaft
Allergengruppen: Alle anzeigen
Nach Inhaltsstoff   Allergene
Export

Inhaltsstoff				Milch und Milcherzeugnisse	
Spezifikation	Beschreib. 1 Spezifikation	Komponentenart	Menge [%]	Ausnahmewert	Beschreibung des Ausnahmewerts
000000000055	Sahne	INGREDIENT	65	05	Ja
000000000063	Wasser	INGREDIENT	29,5	06	Nein
000000000056	Frischkäse	INGREDIENT	5,05	05	Ja
000000000124	Eigenschaftsspezifikation Gemüsebrühe	ZNOEXPLSN	0,25	01	Unbekannt
000000000062	Pfeffer	INGREDIENT	0,1	06	Nein
000000000061	Salz	INGREDIENT	0,1	06	Nein
000000000122	Glas	PACKAGE	0		
000000000123	Deckel	PACKAGE	0		
000000000004	Sahnesoße	PRODUCT	100	05	Ja

Abbildung 6.58 Ausnahmewerte in den Berechnungsergebnissen

6.2.7 Standard-Ausnahmewert definieren

Wenn alle Stricke reißen und weder in den Spezifikationen im Eigenschaftsbaum Werte (numerische Werte bei quantitativen Berechnungen oder Ausnahmewerte bei qualitativen Berechnungen) gepflegt noch im Customizing ein Standard-Ausnahmewert für die Spezifikationsart festgelegt worden ist (siehe 6.2.6, »Ausnahmewerte zu Spezifikationsarten zuordnen«), greift das System auf den Standard-Ausnahmewert zurück, der im Customizing über den folgenden Pfad angegeben worden ist: **Logistik Allgemein • Product Lifecycle Management (PLM) • PLM-Web-Benutzungsoberfläche • Rezeptentwicklung • Rezept • Berechnungen • Standard-Ausnahmewert definieren**. Wie es in Abbildung 6.59 zu sehen ist, müssen Sie lediglich im Feld **Ausnahmewert** einen Eintrag auswählen. Sollte das System weder in den Spezifikationen Daten finden, noch Ausnahmewerte zu den Spezifikationsarten ermitteln können, noch den Standard-Ausnahmewert aus diesem Abschnitt, der als Fall-Back-Wert verwendet wird, finden, wird auf der Benutzeroberfläche kein Ausnahmewert angezeigt.

Abbildung 6.59 Standard-Ausnahmewert als Fall-Back-Wert

6.3 Darstellung der Berechnungsergebnisse

Die Vielzahl und Diversität der verschiedenen Berechnungsergebnisse bringt es mit sich, dass die einzelnen Ansichten einen unterschiedlichen Aufbau benötigen. Wie Sie die Darstellung der Berechnungsergebnisse beeinflussen können, zeigen die nächsten Abschnitte.

6.3.1 Views für Berechnungsergebnis definieren

Zunächst benötigt jede Berechnungs-ID aus Abschnitt 6.2.3, »Rezeptberechnungen definieren«, eine sogenannte *View*. Beachten Sie, dass bei den Berechnungs-IDs auch eine Position für **Einsatz und Ausbeute** (Berechnungs-ID `INTRACALCULATION`) und eine Position für die **Optimierung** (Berechnungs-ID `OPTIMIZATION`) aufgeführt ist. Dazu navigieren Sie im Customizing zu **Logistik Allgemein • Product Lifecycle Management (PLM) • PLM-Web-Benutzungsoberfläche • Rezeptentwicklung • Rezept • Berechnungsrelevante Views • Views für Berechnungsergebnis definieren**.

Teil-View-ID

In der Customizing-Aktivität hat jede **Berechnungs-ID** des SAP-Standards eine eigene Teil-View-ID (siehe Abbildung 6.60). Dabei handelt es sich um ein 10-stelliges alphanumerisches Feld. Für die Bezeichnung einer Teil-View wird die Bezeichnung der Berechnungs-ID verwendet. Des Weiteren wird zu jeder Teil-View-ID eine View-Art ausgewählt. Mit der View-Art werden die Struktur und das Layout der Teil-View-ID festgelegt. Die View-Arten sind aktuell vorgegeben. Folgende View-Arten stehen zur Auswahl:

- **TAB_INOUT – Einsatz und Ausbeute – in der View »Formel«**
  Diese View-Art wird für Berechnungen der Berechnungsart F (Berechnung in der Formel) genutzt. Für Einsatz und Ausbeute können Sie eigene Layouts anlegen (siehe Abschnitt 6.1.1, »Layouts definieren«).
- **TAB_INGR – Inhaltsstoffe**
  Diese View-Art wird für Berechnungen der Berechnungsart D (Inhaltsstoffauflistung) genutzt. Es werden die Inhaltsstoffe des Rezepts angezeigt. Die Spaltendarstellung kann über das Customizing nicht weiter beeinflusst werden.
- **TAB_COMP – Standard-Zusammensetzung**
  Diese View-Art wird für Berechnungen der Berechnungsart C (Standard-Zusammensetzung) genutzt. Es wird die Zusammensetzung der Formelpositionen angezeigt. Die Spaltendarstellung kann über das Customizing nicht weiter beeinflusst werden.
- **TAB_QUANT Quantitative Daten (gruppenbasiert)**
  Diese View-Art wird für Berechnungen der Berechnungsart A (Quantitative Zusammensetzung (gruppenbasiert)) genutzt. Es werden alle quantitativen Daten angezeigt. Wenn Sie z. B. noch die Nährstoffzusammensetzung statt der hierarchischen Nährstoffzusammensetzung im Einsatz haben, ist diese View-Art zu wählen. Im Customizing können die Beschriftungen (siehe Abschnitt 6.3.2, »Beschriftungen für Views mit Berechnungsergebnissen definieren«) und angezeigte Spalten (siehe Abschnitt 6.3.3, »Spalten für Views mit Berechnungsergebnissen definieren«) definiert werden.
- **TAB_QUAL – Qualitative Daten (gruppenbasiert)**
  Diese View-Art wird für Berechnungen der Berechnungsart B (Qualitative Zusammensetzung (gruppenbasiert)) genutzt. Es werden alle qualitativen Daten (z. B. Allergene oder Diäten) angezeigt. Im Customizing können die Beschriftungen (siehe Abschnitt 6.3.2, »Beschriftungen für Views mit Berechnungsergebnissen definieren«) und angezeigte Spalten (siehe Abschnitt 6.3.3, »Spalten für Views mit Berechnungsergebnissen definieren«) definiert werden.
- **TAB_COSTS – Kosten (Logistische Berechnung)**
  Diese View-Art wird für Berechnungen der Berechnungsart E (Kosten (Logistische Berechnung)) genutzt. Es werden die Preise der Einsatzpositionen des Rezepts angezeigt und der Preis für die Primärausbeute ermittelt. Die Spaltendarstellung kann über das Customizing nicht weiter beeinflusst werden.

- **TAB_OPT – Optimierung**
  Diese View-Art wird für Berechnungen der Berechnungsart G (Optimierung) genutzt. Es wird innerhalb der Formel die View-Optimierung dargestellt. Die Spaltendarstellung kann über das Customizing nicht weiter beeinflusst werden.
- **TAB_QTHIER – Quantitativ, hierarchisch (gruppenbasiert)**
  Diese View-Art wird für Berechnungen der Berechnungsart J (Quantitative hierarchische Zusammensetzung (gruppenbasiert)) verwendet. Es werden alle quantitativen Daten inklusiver positionsbezogener Prozessverlust- und Lagerungsverlustangaben angezeigt. Im Customizing können die Beschriftungen (siehe Abschnitt 6.3.2, »Beschriftungen für Views mit Berechnungsergebnissen definieren«) und angezeigte Spalten (siehe Abschnitt 6.3.3, »Spalten für Views mit Berechnungsergebnissen definieren«) definiert werden.

Teil-View-ID

T-View-ID	View-Art	Berechnungs-ID
TAB_ALLERG	TAB_QUAL Qualitative Daten (gruppenbasiert)	ALLERGENS
TAB_COMP	TAB_COMP Standardzusammensetzung	COMPOSITION
TAB_COSTS	TAB_COSTS Kosten (Logistische Berechnung)	LOGISTIC
TAB_GEN	TAB_QUAL Qualitative Daten (gruppenbasiert)	GENMODIFICATION
TAB_INGR	TAB_INGR Inhaltsstoffe	INGREDIENTS
TAB_INOUT	TAB_INOUT "Einsatz und Ausbeute" in View "Formel"	INTRACALCULATION
TAB_OPT	TAB_OPT Optimierung	OPTIMIZATION
TAB_QTHIER	TAB_QTHIER Quantitativ, hierarchisch (gruppenbasiert)	NUTRIENTS_HIER
TAB_QUAL	TAB_QUAL Qualitative Daten (gruppenbasiert)	DIETS
TAB_QUANT	TAB_QUANT Quantitative Daten (gruppenbasiert)	NUTRIENTS
TAB_RELIG	TAB_QUAL Qualitative Daten (gruppenbasiert)	RELIGIOUS

Abbildung 6.60 Teil-View-IDs mit View-Art und Berechnungs-ID

Formel: Reihenfolge der Teil-Views

Für die einzelnen Teil-Views kann eine Reihenfolge festgelegt werden. Zwar werden alle Berechnungs-IDs in einer Übersicht einer Teil-View-ID zugeordnet, unabhängig davon, ob es sich um Berechnungs-IDs für die Formel oder für die Berechnungsergebnisse handelt. Bei der Definition der Reihenfolge der Teil-Views wird jedoch eine klare Trennung vorgenommen. Alle Views, die die Formel betreffen, werden im Bereich **Formel: Reihenfolge der Teil-Views** sortiert. Wie Sie in Abbildung 6.61 sehen, wird die Teil-View-ID in der Spalte **T-View-ID** aufgeführt und mit einem Zähler in der Spalte **Reihenfol.** in die gewünschte Ordnung gebracht. Je kleiner die Zahl, desto weiter vorne (links) ist die Teil-View angesiedelt.

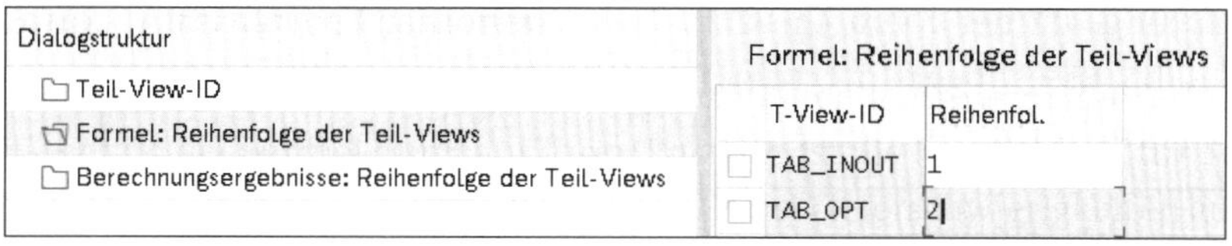

Dialogstruktur
- Teil-View-ID
- Formel: Reihenfolge der Teil-Views
- Berechnungsergebnisse: Reihenfolge der Teil-Views

Formel: Reihenfolge der Teil-Views

T-View-ID	Reihenfol.
TAB_INOUT	1
TAB_OPT	2

Abbildung 6.61 Reihenfolge der Teil-Views innerhalb der Formel

Berechnungsergebnis: Reihenfolge der Teil-Views

Abschließend zur Definition von Views für Berechnungsergebnisse ist noch die Reihenfolge der Teil-Views für die Berechnungsergebnisse (z. B. Inhaltsstoffe, Allergene, Kosten usw.) relevant. Alle Views, die Berechnungsergebnisse betreffen, werden im Bereich **Berechnungsergebnisse: Reihenfolge der Teil-Views** sortiert. Wie Sie in Abbildung 6.62 sehen, wird die Teil-View-ID in der Spalte **T-View-ID** aufgeführt und mit einem Zähler in der Spalte **Reihenfol.** in die gewünschte Ordnung gebracht. Je kleiner die Zahl ist, desto weiter vorne (links) ist die Teil-View einsortiert. Zusätzlich gibt es bei der Sortierung der Teil-Views der Berechnungsergebnisse die Spalte **Beschreibung**, in der die Beschreibungen der Teil-Views aufgeführt werden.

Dialogstruktur
- Teil-View-ID
- Formel: Reihenfolge der Teil-Views
- Berechnungsergebnisse: Reihenfolge der Teil-Views

Berechnungsergebnisse: Reihenfolge der Teil-Views

T-View-ID	Beschreibung	Reihenfol.
TAB_ALLERG	Allergene	5
TAB_COMP	Zusammensetzung	2
TAB_COSTS	Kosten	8
TAB_GEN	Genmodifizierte Inhaltsstoffe	7
TAB_INGR	Inhaltsstoffe	1
TAB_QTHIER	Nährstoffverlustberechnung	10
TAB_QUAL	Diäten	4
TAB_QUANT	Nährstoffe	3
TAB_RELIG	Einhaltung religiöser Zertifikate	6

Abbildung 6.62 Reihenfolge der Teil-Views innerhalb der Berechnungsergebnisse

6.3.2 Beschriftungen für Views mit Berechnungsergebnissen definieren

Auch wenn die Bezeichnungen der Teil-Views aus den Beschreibungen der Berechnungs-IDs abgeleitet werden, gibt es noch weitere Möglichkeiten, um die Beschriftungen innerhalb der Berechnungsarten A (Quantitative Zusammensetzung (gruppenbasiert)), B (Qualitative Zusammensetzung (gruppenbasiert)) und J (Quantitative hierarchische Zusammensetzung (gruppenbasiert)) zu beeinflussen. Im Customizing finden Sie die Einstellungsmöglichkeiten über den folgenden Pfad: **Logistik Allgemein • Product Lifecycle Management (PLM) • PLM-Web-Benutzungsoberfläche • Rezeptentwicklung • Rezept • Berechnungsrelevante Views • Beschriftungen für Views mit Berechnungsergebnissen definieren**. In Abbildung 6.63 sind die Beschreibungen für die Berechnungs-ID der hierarchischen Nährstoffzusammensetzung (Berechnungs-ID NUTRIENTS_HIER) abgebildet. Folgende Anpassungen können Sie in den einzelnen Feldern vornehmen:

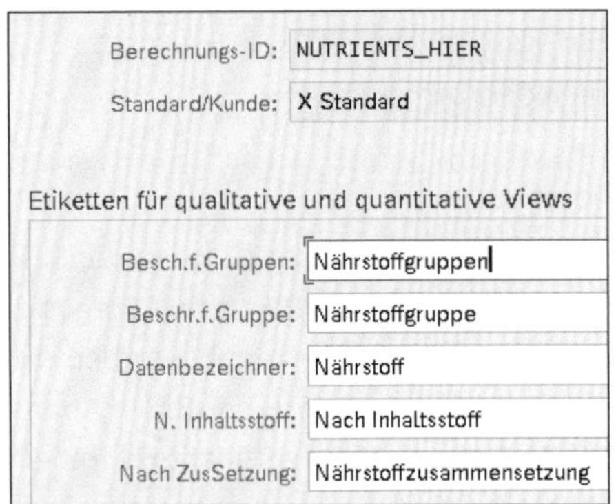

Abbildung 6.63 Beschriftungen für die quantitative hierarchische Zusammensetzung (gruppenbasiert)

- **Beschriftung für Gruppen**
  Im Feld **Besch.f.Gruppen** geben Sie an, wie die Bezeichnung im Rezept – Berechnungsergebnisse im Feld für die Selektion der Gruppe – lauten soll. Im Beispiel der **hierarchischen Nährstoffzusammensetzung** lautet die Standardbezeichnung **Nährstoffgruppen** (❶ in Abbildung 6.64).

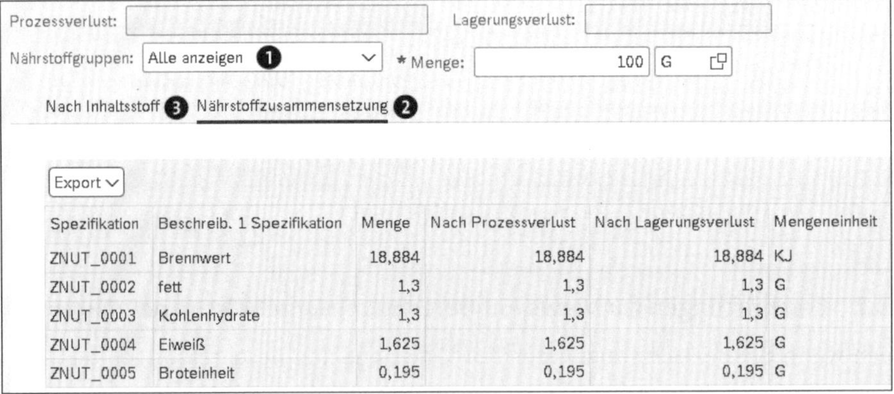

Spezifikation	Beschreib. 1 Spezifikation	Menge	Nach Prozessverlust	Nach Lagerungsverlust	Mengeneinheit
ZNUT_0001	Brennwert	18,884	18,884	18,884	KJ
ZNUT_0002	fett	1,3	1,3	1,3	G
ZNUT_0003	Kohlenhydrate	1,3	1,3	1,3	G
ZNUT_0004	Eiweiß	1,625	1,625	1,625	G
ZNUT_0005	Broteinheit	0,195	0,195	0,195	G

Abbildung 6.64 Beschriftungen für die quantitative hierarchische Zusammensetzung (gruppenbasiert) im Rezept

- **Beschriftung für Gruppe**
  Im Feld **Beschr.f.Gruppe** geben Sie an, wie die Bezeichnung im Eigenschaftsbaum der Spezifikation an der Stelle lauten soll, an der die einzelnen Gruppen gepflegt werden. Im Beispiel der hierarchischen Nährstoffzusammensetzung lautet die Standardbezeichnung **Nährstoffgruppe** (❷ in Abbildung 6.65).

Abbildung 6.65 Beschriftungen für die quantitative hierarchische Zusammensetzung (gruppenbasiert) in der Spezifikation

- **Datenbezeichner**
  Im Feld **Datenbezeichner** legen Sie fest, welche Bezeichnung in einer Meldung verwendet werden soll. Im Beispiel der hierarchischen Nährstoffzusammensetzung lautet die Standardbezeichnung **Nährstoff**.
- **Nach Inhaltsstoff**
  Die Bezeichnung der Teil-View, in der die Berechnungsergebnisse in Abhängigkeit zu den Inhaltsstoffen angezeigt werden, können Sie im Feld **N. Inhaltsstoff** steuern. Am Beispiel der hierarchischen Nährstoffzusammensetzung ist die Standardbezeichnung **Nach Inhaltsstoff** (❸ in Abbildung 6.64).
- **Nach Zusammensetzung**
  Die Bezeichnung der Teil-View, in der die Berechnungsergebnisse in Abhängigkeit zu den Zusammensetzungen (z. B. Nährstoffzusammensetzung, Zusammensetzung der Allergene/Diäten/religiösen Zertifikate) angezeigt werden, können Sie im Feld **Nach ZusSetzung** definieren. Zudem steuert dieses Feld auch die Bezeichnung der Registerkarte zur Pflege der Nährstoffzusammensetzung im Eigenschaftsbaum der Spezifikation. Am Beispiel der hierarchischen Nährstoffzusammensetzung ist die Standardbezeichnung **Nährstoffzusammensetzung** (❷ in Abbildung 6.64 und ❶ in Abbildung 6.65).

6.3.3 Spalten für Views mit Berechnungsergebnissen definieren

Neben den Beschriftungen der quantitativen und qualitativen Berechnungsergebnisse können Sie im Customizing über den folgenden Pfad einstellen, welche Spalten angezeigt werden sollen: **Logistik Allgemein • Product Lifecycle Management (PLM) • PLM-Web-Benutzungsoberfläche • Rezeptentwicklung • Rezept • Berechnungsrelevante Views • Spalten für Views mit Berechnungsergebnissen definieren**.

Die in Abbildung 6.66 aufgeführten Möglichkeiten sind anschließend in Tabelle 6.9 erklärt.

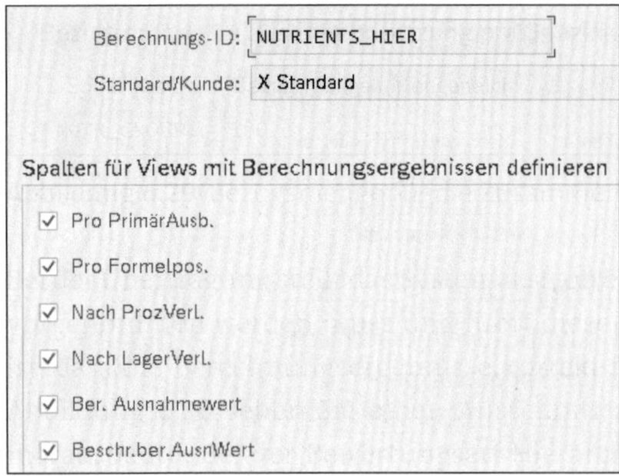

Abbildung 6.66 Spalten für die Nährstoffverlustberechnung festlegen

In den Tabellenspalten **Qualitativ** und **Quantitativ** ist gekennzeichnet, ob die Spalten für qualitative Berechnungsergebnisse und/oder quantitative Berechnungsergebnisse (inklusive quantitative hierarchische Zusammensetzungen) sinnvoll eingesetzt werden können. Die Spalteneinstellungen wirken sich im Rezept in der View **Nach Inhaltsstoff** aus.

Spalte	Beschreibung	Qualitativ	Quantitativ
Pro PrimärAusb.	Berechnete Menge der Einsatzposition pro Primärausbeute anzeigen.		X
Pro Formelpos.	Gepflegte Menge an der Einsatzposition pro Formelposition anzeigen.		X
Nach ProzVerl.	Berechnete Menge nach Prozessverlust der Einsatzposition pro Primärausbeute.		X
Nach LagerVerl.	Berechnete Menge nach Lagerungsverlust der Einsatzposition pro Primärausbeute.		X
Ber. Ausnahmewert	Berechneter Ausnahmewert der Einsatzposition. Wird für die Primärausbeute über alle Einsatzpositionen hinweg ermittelt.	X	X
Beschr.ber.Ausn Wert	Beschreibung der berechneten Ausnahmewerte.	X	X

Tabelle 6.9 Feldbeschreibung »Spalten für Views mit Berechnungsergebnissen definieren«

Bei der Ermittlung von quantitativen Berechnungsergebnissen können neben den numerischen Werten auch Ausnahmewerte hilfreich sein, wenn z. B. ein Hinweis hinterlegt werden soll, dass noch Angaben fehlen. Daher können im Zweifel alle verfügbaren Spalten eingeblendet werden.

In Abbildung 6.67 sehen Sie am Beispiel der Nährstoffverlustberechnung in der View **Nach Inhaltsstoff** die verschiedenen Spalten, die über die Einstellungen in Abbildung 6.66 ausgewählt wurden. Zur Verdeutlichung dient der Nährstoff **Brennwert [KJ]**. Die Spalten, die Sie unterhalb dieses Nährstoffes in Abbildung 6.67 sehen, sind im Folgenden noch einmal erläutert.

Die Spalte **Pro Position** zeigt an, was für den Nährstoff in der jeweiligen Spezifikation aktuell in der hierarchischen Nährstoffzusammensetzung im Eigenschaftsbaum gepflegt ist. Dieser Wert wird als Basis für die Ermittlung der Spalte **Pro Primärausbeute** verwendet. Der Nährwert wird in Abhängigkeit vom Anteil der Formelposition für die Primärausbeute verrechnet. In der Spalte **Nach Prozessverlust** zeigt das System den Wert des Nährstoffes pro Formelposition nach Abzug eines Prozessverlustes aus dem zugeordneten Prozessverlustprofil. Ist wie in Abbildung 6.67 kein Prozessverlustprofil zugeordnet, sind die Werte dieselben wie in der Spalte **Pro Primärausbeute**. In der Spalte **Nach Lagerungsverlust** wird der Wert des Nährstoffes pro Formelposition nach Abzug eines Lagerungsverlustes aus dem Lagerungsverlustprofil ermittelt. In Abbildung 6.67 sehen Sie, dass die Werte in der Spalte **Nach Lagerungsverlust** kleiner sind als in der Spalte **Pro Primärausbeute**. Dies liegt daran, dass ein Lagerungsverlustprofil zugeordnet ist, das beim Brennwert einen Lagerungsverlust von 1 % vorsieht. In der Spalte **Berechneter Ausnahmewert** sehen Sie in Abhängigkeit der Pflege der Stammdaten die ID des ermittelten Ausnahmewertes. Im Fall der Eigenschaftsspezifikation »Gemüsebrühe« ist der Brennwert noch nicht in der Spezifikation gepflegt. Daher werden die numerischen Spalten mit 0 gefüllt. In Abschnitt 6.2.6, »Ausnahmewerte zu Spezifikationsarten zuordnen«, haben Sie erfahren, dass für verschiedene Spezifikationsarten ein Standard-Ausnahmewert festgelegt werden kann, der vom System genutzt wird, wenn keine vollständige Berechnung möglich ist. Für die Nährstoffe ist dies der Ausnahmewert 01 (Unbekannt). Diesen Ausnahmewert berücksichtigt das System und informiert darüber, dass Stammdaten fehlen. In der Spalte **Beschreibung des berechneten Ausnahmewerts** zeigt das System die Beschreibung des Ausnahmewertes an.

Da es bei qualitativen Berechnungen keine numerischen Berechnungen gibt, fallen dort die Spalten **Pro Position**, **Pro Primärausbeute**, **Nach Prozessverlust** und **Nach Lagerungsverlust** weg.

Prozessverlust: [ ] Lagerungsverlust: Lagerungsverlust
Nährstoffgruppen: Alle anzeigen * Menge: 100 G

Nach Inhaltsstoff | Nährstoffzusammensetzung

Export

Inhaltsstoff		Brennwert [KJ]					
Beschreib. 1 ...	Menge [%]	Pro Position	Pro Primärausbeute	Nach Prozessverlust	Nach Lagerungsverlust	Ausnahmewert	Beschreibung des Ausnahmewerts
Sahne	65	196	127,4	127,4	126,126		
Wasser	29,5	0	0	0	0		
Frischkäse	5,05	342	17,271	17,271	17,09829		
Gemüsebrühe	0,25	0	0	0	0		
Pfeffer	0,1	285	0,285	0,285	0,28215		
Salz	0,1	0	0	0	0		
Sahnesoße	100	23,2922	144,956	144,956	143,50644		

Abbildung 6.67 Eingeblendete Spalten für die Nährstoffverlustberechnung

Einstellungen für die View »Kosten« vornehmen

Bei den Berechnungsergebnissen spielen auch die Kosten eine zentrale Rolle. Da die Kosten u. a. durch die Materialstammdaten beeinflusst werden, sind die Einstellungen, die Sie in der Customizing-Aktivität **Einstellungen für View »Kosten« vornehmen** tätigen können, in Abschnitt 11.1.3, »Der Materialstamm in der Kalkulation«, beschrieben.

6.4 Zusammenfassung

Zusammenfassend sind die Standardeinstellungen für die Formel und Berechnungsergebnisse für das Sammeln von ersten Erfahrungen und einfachen Produkten vollkommen ausreichend. Die Möglichkeiten für eigene Berechnungen (innerhalb der Formel und in den Berechnungsergebnissen) sind gegeben, und die Ausführungen sollten Sie in die Lage versetzen, aktiv zu werden. Erfahren Sie im nächsten Kapitel, wie der Prozess innerhalb des Rezepts dazu verwendet werden kann, ein Herstellverfahren abzubilden, und welche Konfigurationsmöglichkeiten Ihnen dabei offenstehen.

Kapitel 7
Herstellverfahren in der Sicht »Prozess«

Neben der Formel gibt es innerhalb des Rezepts die Möglichkeit, den Herstellprozess zu definieren. Verschaffen Sie sich in diesem Kapitel einen Überblick darüber, welche Funktionen Ihnen in der Sicht »Prozess« zur Verfügung stehen und welche Konfigurationsmöglichkeiten Sie dort haben.

Bereits im Rahmen der Produktentwicklung machen sich die kreativen Köpfe im Unternehmen oft Gedanken darüber, wie der spätere Herstellprozess ablaufen sollte. Vielleicht gibt es auch eine Entwicklungsküche, in der eine Beschreibung für die Herstellung hilfreich ist. Im Rahmen von SAP Recipe Development und im weiteren Verlauf des Kapitels wird der Begriff *Prozess* verwendet.

Die Grundlagen zum Prozess werden in Abschnitt 7.1 erläutert. In Abschnitt 7.2 erfahren Sie, wie Sie verschiedene Prozesselemente definieren. Auch die Hinterlegung von sogenannten Ausrüstungsanforderungen (Abschnitt 7.3) und Prozessparametern (Abschnitt 7.4) ist Teil der Ausführungen.

Des Weiteren erfahren Sie in Abschnitt 7.5, wie Sie gängige Schritte in der Herstellung in Form von Prozessbausteinen anlegen und immer wieder verwenden können. Unternehmen, die sich nicht mit dem Herstellprozess befassen, können dieses Kapitel komplett außen vor lassen.

7.1 Prozessgrundlagen

Um im Rahmen der Produktentwicklung auch den Fokus auf den Herstellprozess legen zu können, muss die verwendete Rezeptart den Einsatz des Prozesses erlauben. Dazu haben Sie im Customizing über den folgenden Pfad die Möglichkeit, pro Rezeptart den Einsatz des Prozesses einzustellen: **Logistik Allgemein • Product Lifecycle Management (PLM) • PLM-Web-Benutzungsoberfläche • Rezeptentwicklung • Rezept • Rezeptarten definieren**. Ist das Kennzeichen **Proz. zulässig** gesetzt, können Sie die benötigten Prozesselemente im Rezept definieren (siehe Abbildung 7.1). Dabei stehen Ihnen alle Prozesselementtypen zur Auswahl, z. B. Stufe, Vorgang und Aktion (für Details siehe Abschnitt 7.2, »Prozesselemente«). In Verbindung mit dem Kennzeichen **Interm. zuläss.** sorgen Sie dafür, dass in einem Rezept mit Ausbeute- und Einsatzintermediaten gearbeitet werden kann (siehe Abschnitt 7.2.2, »Formelpositionen zu Prozesselementen zuordnen«).

Wenn Sie das Kennzeichen **Proz. zulässig** nicht setzen, ist die View **Prozess** im Rezept trotzdem vorhanden. Es steht Ihnen jedoch nicht das volle Spektrum an Prozesselementtypen zur Verfügung. In dieser Konstellation können Sie ausschließlich Prozesselemente des Prozesselementtyps **Stufe** definieren. In Verbindung mit dem Einsatz von Intermediaten können Sie auf diese Weise weiterhin jedem Ausbeuteintermediat eine eigene Prozessstufe zuordnen. Vorgangs- und Aktionselemente können Sie nicht anlegen. Die entsprechenden Felder sind ausgegraut.

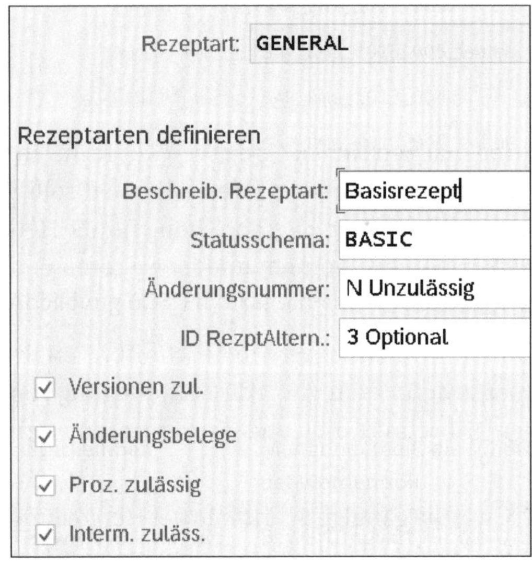

Abbildung 7.1 Prozess in der Rezeptart genehmigen

7.2 Prozesselemente

Um einen Prozess zu definieren, legen Sie verschiedene Prozesselemente an. Dazu gibt es im Rezept in der View **Prozess** eine weitere Teil-View namens **Prozesselemente**, die in diesem Abschnitt genauer beleuchtet werden soll.

7.2.1 Allgemeine Infos zu Prozesselementen

Wie Sie es in Abbildung 7.2 sehen, können Sie in der Teil-View **Prozesselemente** definieren, wie der Herstellprozess aussehen soll. Ein Prozess kann mit bis zu drei Ebenen ausgeprägt werden. Diese Ebenen werden auch *Prozesselementtypen* genannt. Es stehen die Typen **Stufe**, **Vorgang** und **Aktion** zur Verfügung:

- **Stufe**
  Die Stufe stellt die oberste Ebene der Prozesselemente dar. Mithilfe von Stufen können Sie verschiedene Phasen Ihres Herstellprozesses abbilden. Wenn ein Prozess definiert werden soll, wird mindestens eine Stufe benötigt. Eine Stufe kann in verschiedene Vorgänge unterteilt werden. Die Stufe entspricht einem **Vorgang** im Planungsrezept von PP-PI.
- **Vorgang**
  Ein Vorgang unterteilt eine Stufe in kleinere Blöcke und ist damit die zweite Ebene im Prozess. Ein Vorgang kann nur in Verbindung mit einer Stufe angelegt werden. Ein Vorgang kann durch Aktionen präzisiert werden und entspricht einer Phase im Planungsrezept von PP-PI.
- **Aktion**
  Eine Aktion kann dazu verwendet werden, genauere Informationen in einem Vorgang zu hinterlegen. Sie kann nur in Verbindung mit einem Vorgang angelegt werden. Unterhalb der Aktion gibt es keine weitere Ebene. Eine Aktion entspricht einer Prozessvorgabe in einer Phase im Planungsrezept von PP-PI.

Jedes Prozesselement verlangt in der Spalte **Beschreibung** einen Text, aus dem hervorgeht, was zu tun ist. In der Spalte **Langtext vorhanden** sehen Sie, ob zu einem Prozesselement ein Langtext definiert worden ist. Falls Sie einen **Langtext** anlegen möchten, können Sie dies über die gleichlautende Spalte tun.

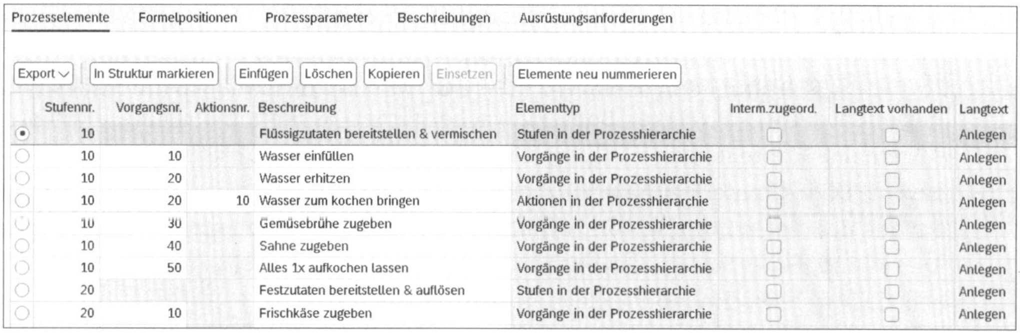

Prozesselemente | Formelpositionen | Prozessparameter | Beschreibungen | Ausrüstungsanforderungen

Export | In Struktur markieren | Einfügen | Löschen | Kopieren | Einsetzen | Elemente neu nummerieren

	Stufennr.	Vorgangsnr.	Aktionsnr.	Beschreibung	Elementtyp	Interm.zugeord.	Langtext vorhanden	Langtext
●	10			Flüssigzutaten bereitstellen & vermischen	Stufen in der Prozesshierarchie	☐	☐	Anlegen
○	10	10		Wasser einfüllen	Vorgänge in der Prozesshierarchie	☐	☐	Anlegen
○	10	20		Wasser erhitzen	Vorgänge in der Prozesshierarchie	☐	☐	Anlegen
○	10	20	10	Wasser zum kochen bringen	Aktionen in der Prozesshierarchie	☐	☐	Anlegen
○	10	30		Gemüsebrühe zugeben	Vorgänge in der Prozesshierarchie	☐	☐	Anlegen
○	10	40		Sahne zugeben	Vorgänge in der Prozesshierarchie	☐	☐	Anlegen
○	10	50		Alles 1x aufkochen lassen	Vorgänge in der Prozesshierarchie	☐	☐	Anlegen
○	20			Festzutaten bereitstellen & auflösen	Stufen in der Prozesshierarchie	☐	☐	Anlegen
○	20	10		Frischkäse zugeben	Vorgänge in der Prozesshierarchie	☐	☐	Anlegen

Abbildung 7.2 Prozesselemente im Rezept

Sobald die Prozesselemente angelegt sind, erscheint links daneben ein *Strukturbaum*. In diesem Strukturbaum sehen Sie neben den einzelnen Prozesselementen auch die Formelpositionen. Sind die Formelpositionen wie in Abbildung 7.3 oberhalb der Prozesselemente gebündelt, sind sie noch nicht mit den Prozesselementen verknüpft. Die Verknüpfung zwischen den Formelpositionen und den Prozesselementen sorgt dafür, dass die Formelpositionen unterhalb der Prozesselemente angezeigt werden.

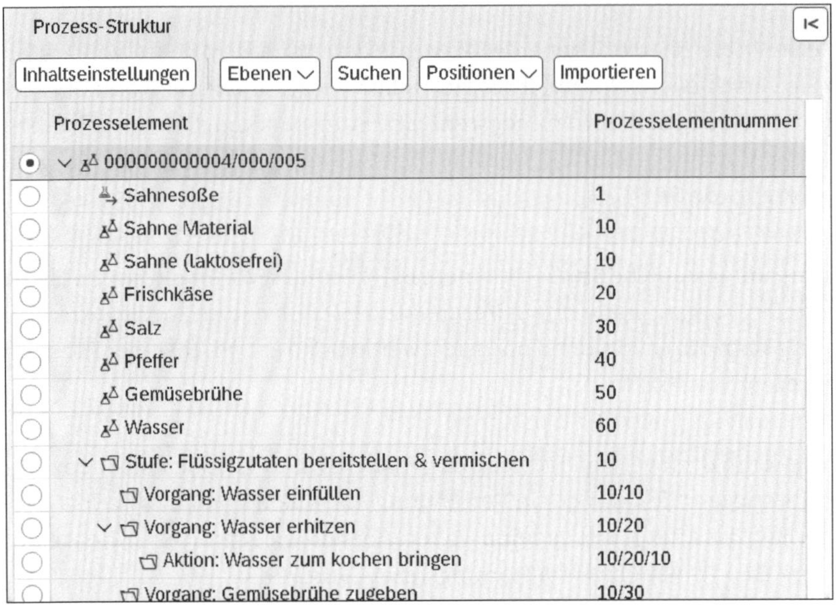

Prozess-Struktur

Inhaltseinstellungen | Ebenen | Suchen | Positionen | Importieren

Prozesselement	Prozesselementnummer
000000000004/000/005	
Sahnesoße	1
Sahne Material	10
Sahne (laktosefrei)	10
Frischkäse	20
Salz	30
Pfeffer	40
Gemüsebrühe	50
Wasser	60
Stufe: Flüssigzutaten bereitstellen & vermischen	10
Vorgang: Wasser einfüllen	10/10
Vorgang: Wasser erhitzen	10/20
Aktion: Wasser zum kochen bringen	10/20/10
Vorgang: Gemüsebrühe zugeben	10/30

Abbildung 7.3 Strukturbaum mit Prozesselementen und Formelpositionen

7.2.2 Formelpositionen zu Prozesselementen zuordnen

Die Zuordnung von Formelpositionen zu Prozesselementen können Sie ebenfalls in der View **Prozess** vornehmen. Dazu navigieren Sie in die Teil-View **Formelpositionen**.

Wenn Sie im Customizing über den Pfad **Logistik Allgemein • Product Lifecycle Management (PLM) • PLM-Web-Benutzungsoberfläche • Rezeptentwicklung • Rezept • Allgemeine Einstellungen** ein Layout mit Spalten für die Prozesselemente im Feld **Layout-ID Proz** hinterlegt haben, erhalten Sie in der Teil-View **Formelpositionen** ein Layout, das die Zuordnung von Formelpositionen zu Prozesselementen ermöglicht. Dies kann z. B. das Standardlayout PROC (Prozess) sein. Für Details zum Formellayout sehen Sie sich Abschnitt 6.1.1, »Layouts definieren«, an.

Wie Sie in Abbildung 7.4 sehen, gibt es verschiedene Spalten für die Prozesselemente. Diese sind:

- **Stufennr.**
- **Stufennr. Beschreibung**
- **Vorgangsnr.**
- **Vorgangsnr. Beschreibung**
- **Aktionsnr.**
- **Aktionsnr. Beschreibung**

In den Spalten der Nummern geben Sie die Nummern der Prozesselemente an. Die Bezeichnungen zieht sich das System selbst; hier müssen Sie nichts eintragen.

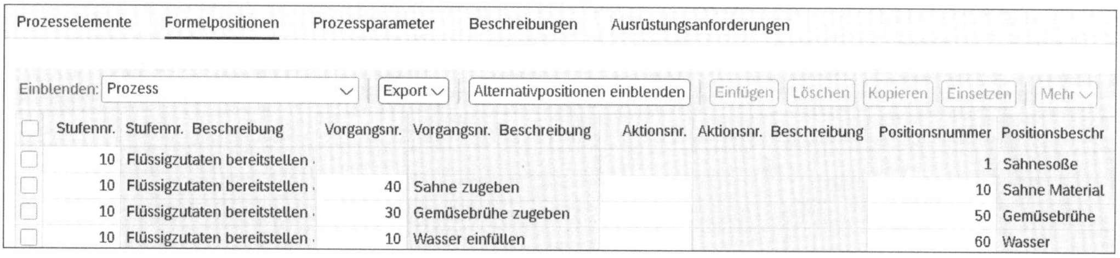

Prozesselemente | Formelpositionen | Prozessparameter | Beschreibungen | Ausrüstungsanforderungen

Einblenden: Prozess | Export | Alternativpositionen einblenden | Einfügen | Löschen | Kopieren | Einsetzen | Mehr

Stufennr.	Stufennr. Beschreibung	Vorgangsnr.	Vorgangsnr. Beschreibung	Aktionsnr.	Aktionsnr. Beschreibung	Positionsnummer	Positionsbeschr
10	Flüssigzutaten bereitstellen .					1	Sahnesoße
10	Flüssigzutaten bereitstellen .	40	Sahne zugeben			10	Sahne Material
10	Flüssigzutaten bereitstellen .	30	Gemüsebrühe zugeben			50	Gemüsebrühe
10	Flüssigzutaten bereitstellen .	10	Wasser einfüllen			60	Wasser

Abbildung 7.4 Formelpositionen den Prozesselementen zuordnen

In Abbildung 7.4 sehen Sie, dass die Primärausbeute dem Prozesselement der Stufe zugeordnet wurde. Die nachfolgenden Formelpositionen wurden mit Vorgängen verbunden, die zur Stufe gehören. Nun kann der Prozess mehrere Stufen haben.

Grundsätzlich wird für jede weitere Stufe ein Ausbeuteintermediat erzeugt. In Abbildung 7.5 sehen Sie eine leicht veränderte Darstellung der Teil-View **Formelpositionen** im Vergleich zu Abbildung 7.4.

Die Spalten **Aktionsnr.** und **Aktionsnr. Beschreibung** sind ausgeblendet, damit die nachfolgenden Spalten in den Fokus rücken können. Sie sehen mittig in Abbildung 7.5, dass für die Stufe 20 eine Zeile enthalten ist, die in der Spalte **PositArt** als **Ausbeuteintermediat** gekennzeichnet ist. Das Feld ist für diese Formelposition nicht änderbar. Für das Ausbeuteintermediat geben Sie in der Spalte **Positionsbeschr** eine Bezeichnung an. Im gewählten Beispiel wurde die Bezeichnung **Festzutaten** verwendet.

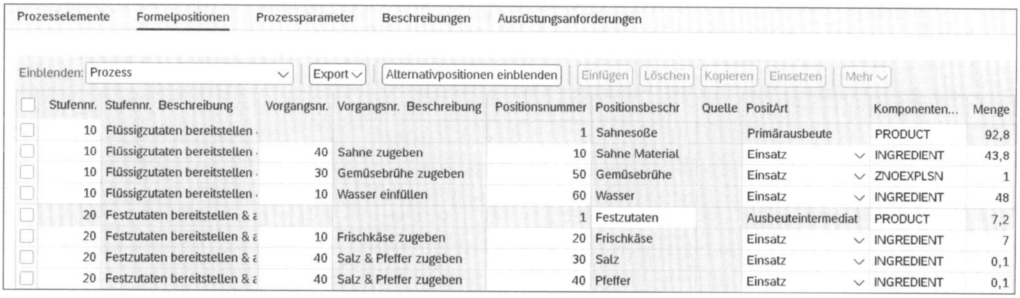

Prozesselemente | Formelpositionen | Prozessparameter | Beschreibungen | Ausrüstungsanforderungen

Einblenden: Prozess | Export | Alternativpositionen einblenden | Einfügen | Löschen | Kopieren | Einsetzen | Mehr

Stufennr.	Stufennr. Beschreibung	Vorgangsnr.	Vorgangsnr. Beschreibung	Positionsnummer	Positionsbeschr	Quelle	PositArt	Komponenten...	Menge
10	Flüssigzutaten bereitstellen .			1	Sahnesoße		Primärausbeute	PRODUCT	92,8
10	Flüssigzutaten bereitstellen .	40	Sahne zugeben	10	Sahne Material		Einsatz	INGREDIENT	43,8
10	Flüssigzutaten bereitstellen .	30	Gemüsebrühe zugeben	50	Gemüsebrühe		Einsatz	ZNOEXPLSN	1
10	Flüssigzutaten bereitstellen .	10	Wasser einfüllen	60	Wasser		Einsatz	INGREDIENT	48
20	Festzutaten bereitstellen & a			1	Festzutaten		Ausbeuteintermediat	PRODUCT	7,2
20	Festzutaten bereitstellen & a	10	Frischkäse zugeben	20	Frischkäse		Einsatz	INGREDIENT	7
20	Festzutaten bereitstellen & a	40	Salz & Pfeffer zugeben	30	Salz		Einsatz	INGREDIENT	0,1
20	Festzutaten bereitstellen & a	40	Salz & Pfeffer zugeben	40	Pfeffer		Einsatz	INGREDIENT	0,1

Abbildung 7.5 Ausbeuteintermediat durch Stufennummer

Die Vorgänge der Stufe 20 sind mit Formelpositionen verbunden. Die Mengen der Formelpositionen werden in Abhängigkeit zu den Stufen aufaddiert. Dies sehen Sie deutlich am rechten Rand von Abbildung 7.5 in der Spalte **Menge**. Es fällt zudem auf, dass die Formelpositionsmenge der Primärausbeute ungleich 100 ist. Die Differenz erklärt sich durch die am Ausbeuteintermediat aufsummierte Menge der Formelpositionen, die der Stufe 20 zugeordnet wurden. Das System geht zunächst davon aus, dass es sich um eine weitere Ausbeute handelt. Wenn jedoch alle Positionen für die Primärausbeute benötigt werden, können Sie ein sogenanntes *Einsatzintermediat* anlegen und mit dem Ausbeuteintermediat verknüpfen.

Für die Definition eines Einsatzintermediats können Sie in der Teil-View **Formelpositionen** verbleiben. In Abbildung 7.6 sehen Sie, wie ein Einsatzintermediat integriert werden kann. Nehmen Sie in einer freien Zeile folgende Einträge vor:

- **Stufennummer**
  Geben Sie in der Spalte **Stufennr.** die Stufennummer an, in der das Einsatzintermediat verwendet werden soll, im gewählten Beispiel die Stufennummer 10.
- **Vorgangsnummer**
  Geben Sie in der Spalte **Vorgangsnr.** die Vorgangsnummer an, bei der das Einsatzintermediat verwendet werden soll, im gewählten Beispiel die Vorgangsnummer 50.
- **Quelle**
  Das Einsatzintermediat muss konkret auf ein Ausbeuteintermediat verweisen. In der Spalte **Quelle** geben Sie die Stufennummer des Ausbeuteintermediates an. Im Beispiel handelt es sich um die Stufennummer 20.
- **Positionsart**
  Wählen Sie hier die Positionsart **Einsatzintermediat**.

Das System übernimmt für das Einsatzintermediat in der Spalte **Menge** automatisch den Wert des Ausbeuteintermediats und addiert diesen zur Gesamtmenge der Primärausbeute. Damit haben Sie wieder eine Ausbeutemenge von 100 kg.

Der Einsatz von Ausbeuteintermediat und Einsatzintermediat in der Formelstruktur macht die Ansicht verhältnismäßig komplex. Für Fälle, in denen diese Intermediate verwendet werden, bietet diese Ansicht jedoch sehr viele Möglichkeiten.

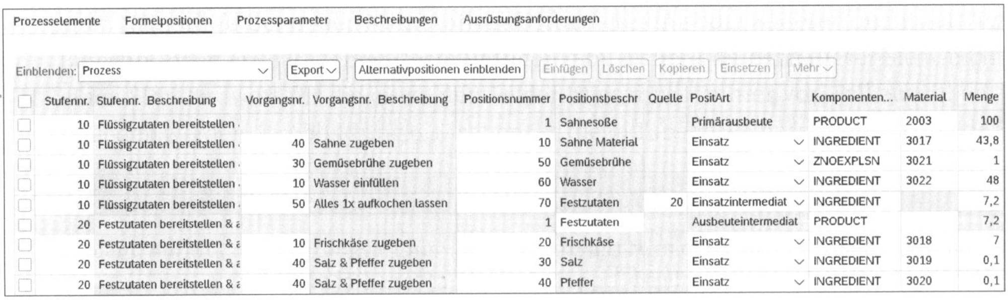

Prozesselemente | Formelpositionen | Prozessparameter | Beschreibungen | Ausrüstungsanforderungen

Einblenden: Prozess | Export | Alternativpositionen einblenden | Einfügen | Löschen | Kopieren | Einsetzen | Mehr

Stufennr.	Stufennr. Beschreibung	Vorgangsnr.	Vorgangsnr. Beschreibung	Positionsnummer	Positionsbeschr	Quelle	PositArt	Komponenten...	Material	Menge
10	Flüssigzutaten bereitstellen			1	Sahnesoße		Primärausbeute	PRODUCT	2003	100
10	Flüssigzutaten bereitstellen	40	Sahne zugeben	10	Sahne Material		Einsatz	INGREDIENT	3017	43,8
10	Flüssigzutaten bereitstellen	30	Gemüsebrühe zugeben	50	Gemüsebrühe		Einsatz	ZNOEXPLSN	3021	1
10	Flüssigzutaten bereitstellen	10	Wasser einfüllen	60	Wasser		Einsatz	INGREDIENT	3022	48
10	Flüssigzutaten bereitstellen	50	Alles 1x aufkochen lassen	70	Festzutaten	20	Einsatzintermediat	INGREDIENT		7,2
20	Festzutaten bereitstellen & a			1	Festzutaten		Ausbeuteintermediat	PRODUCT		7,2
20	Festzutaten bereitstellen & a	10	Frischkäse zugeben	20	Frischkäse		Einsatz	INGREDIENT	3018	7
20	Festzutaten bereitstellen & a	40	Salz & Pfeffer zugeben	30	Salz		Einsatz	INGREDIENT	3019	0,1
20	Festzutaten bereitstellen & a	40	Salz & Pfeffer zugeben	40	Pfeffer		Einsatz	INGREDIENT	3020	0,1

Abbildung 7.6 Ausbeuteintermediat und Einsatzintermediat

[»]

Einsatz- und Ausbeuteintermediat verwenden

Damit Einsatz- und Ausbeuteintermediat verwendet werden können, muss die Rezeptart Intermediate zulassen. Näheres hierzu erfahren Sie in Abschnitt 5.3.1, »Rezeptarten definieren«.

Wenn Sie keinen Bedarf an Ausbeute- und Einsatzintermediaten haben, ist es auch denkbar, dass Sie im Rezept die Verwendung von Intermediaten ausschließen. Daraus folgt, dass das System kein Ausbeuteintermediat pro zugeordnete Stufe anlegt und Sie auf die Definition von Einsatzintermediaten verzichten können.

In Abbildung 7.7 sehen Sie, dass die Formelpositionen ohne Abgrenzung durch Intermediate nacheinander aufgelistet sind. Das System scheint zunächst nach der Stufennummer zu sortieren. Innerhalb einer Stufe wird dann nach der Formelpositionsnummer sortiert.

Prozesselemente | Formelpositionen | Prozessparameter | Beschreibungen | Ausrüstungsanforderungen

Einblenden: [ ] Export | Alternativpositionen einblenden | Einfügen | Löschen | Ko

	Stufennr.	Stufennr. Beschreibung	Vorgangsnr.	Vorgangsnr. Beschreibung	Positionsnummer	Positionsbeschr
	10	Flüssigzutaten bereitstellen			1	Sahnesoße
	10	Flüssigzutaten bereitstellen	40	Sahne zugeben	10	Sahne Material
	10	Flüssigzutaten bereitstellen	30	Gemüsebrühe zugeben	50	Gemüsebrühe
	10	Flüssigzutaten bereitstellen	10	Wasser einfüllen	60	Wasser
	20	Festzutaten bereitstellen & a	10	Frischkäse zugeben	20	Frischkäse
	20	Festzutaten bereitstellen & a	40	Salz & Pfeffer zugeben	30	Salz
	20	Festzutaten bereitstellen & a	40	Salz & Pfeffer zugeben	40	Pfeffer

Abbildung 7.7 Formelpositionen zu Prozesselementen ohne Intermediate zuordnen

Formelpositionen zu Prozesselementen zuordnen ohne Intermediate

An dieser Stelle sei der Hinweis gestattet, dass es sich bei der Zuordnung von Formelpositionen zu Prozesselementen ohne die Nutzung von Intermediaten um eine Herangehensweise handelt, die in vielen Stunden der Auseinandersetzung mit SAP Recipe Development entstanden ist und zu der es keine näheren Aussagen seitens SAP gibt.

7.2.3 Prozesselemente importieren

Wenn Sie Prozesselemente aus einem anderen Rezept importieren möchten, gelingt Ihnen das über den Button **Importieren** in Abbildung 7.3. Wie Sie in Abbildung 7.8 sehen, wählen Sie dazu das Rezept aus. Über den Button **Aktualisieren** laden Sie die Bestandteile des Rezepts, die importiert werden können.

In der Spalte **Einfügen** legen Sie fest, was genau importiert werden soll. Wie Sie es aus Abbildung 7.8 ersehen, können Sie sowohl die Formelpositionen als auch die Prozesselemente importieren. Über den Button **OK** führen Sie den Import durch.

[!]

Vorsicht bei Importrezept mit verknüpften Formelpositionen

Wenn Sie ein Rezept auswählen, bei dem die Formelpositionen mit den Prozesselementen verknüpft sind, können Sie die Formelpositionen nicht vom Import ausschließen. Wenn Sie im empfangenden Rezept die Formel bereits definiert haben, kann das bedeuten, dass Sie unerwünschte neue Formelpositionen erhalten. Daher folgende Empfehlung:

- Wenn Sie auch die Formelposition importieren möchten, verwenden Sie ein Quellrezept mit verknüpften Formelpositionen.
- Wenn Sie ausschließlich die Prozesselemente benötigen, weil die Formel bereits angelegt worden ist, wählen Sie ein Quellrezept ohne verknüpfte Formelpositionen.

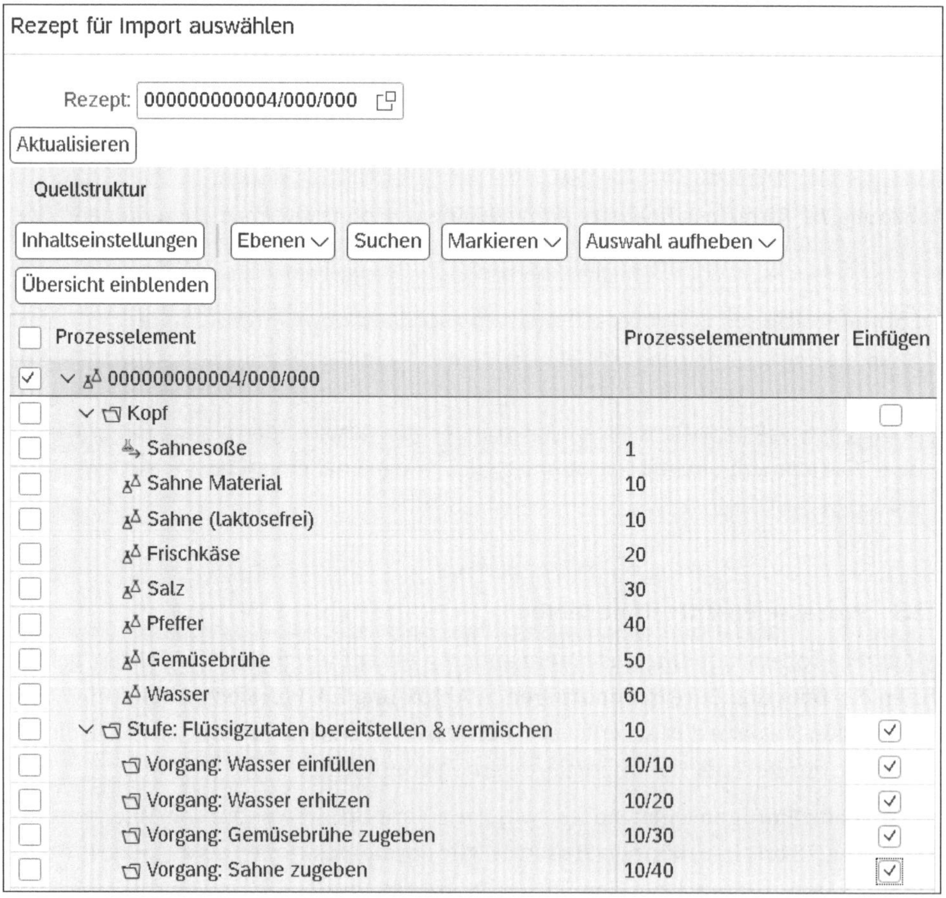

Rezept für Import auswählen

Rezept: 000000000004/000/000

Aktualisieren

Quellstruktur

Inhaltseinstellungen | Ebenen | Suchen | Markieren | Auswahl aufheben

Übersicht einblenden

Prozesselement	Prozesselementnummer	Einfügen
000000000004/000/000		
Kopf		☐
Sahnesoße	1	
Sahne Material	10	
Sahne (laktosefrei)	10	
Frischkäse	20	
Salz	30	
Pfeffer	40	
Gemüsebrühe	50	
Wasser	60	
Stufe: Flüssigzutaten bereitstellen & vermischen	10	☑
Vorgang: Wasser einfüllen	10/10	☑
Vorgang: Wasser erhitzen	10/20	☑
Vorgang: Gemüsebrühe zugeben	10/30	☑
Vorgang: Sahne zugeben	10/40	☑

Abbildung 7.8 Prozesselemente und Formelpositionen importieren

7.2.4 Strukturbaum konfigurieren

Neben den Prozesselementen und den Formelpositionen gibt es noch Ausrüstungsanforderungen und Prozessparameter, die ebenfalls Bezug zu den Prozesselementen nehmen können. Welche dieser Objekte im Strukturbaum angezeigt und wie diese Objekte optisch abgegrenzt werden sollen, legen Sie im Customizing über den folgenden Pfad fest: **Logistik Allgemein • Product Lifecycle Management (PLM) • PLM-Web-Benutzungsoberfläche • Rezeptentwicklung • Rezept • Prozess • Prozessstruktur definieren**. Wie Sie es aus Abbildung 7.9 ersehen können, gibt es für die einzelnen Objekte jeweils einen eigenen Bereich.

Für die folgenden Objekte können Sie Einstellungen vornehmen:

- Formelposition
- Ausrüstungsanforderung
- Prozessparameter
- Prozessparameter für Ausrüstungsanforderung

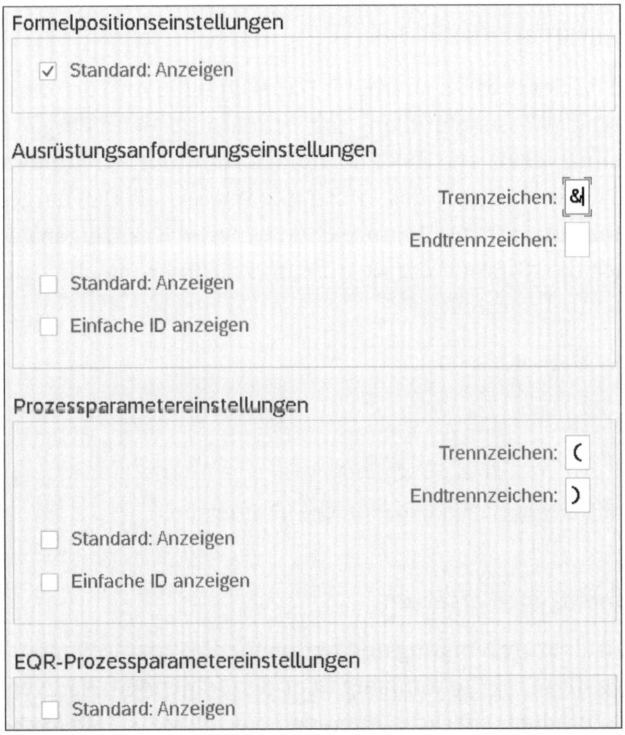

Abbildung 7.9 Customizing-Einstellungen für den Strukturbaum

Was Sie mit den einzelnen Feldern und Kennzeichen aus Abbildung 7.9 erreichen können, ist in den nachfolgenden Absätzen erläutert:

- **Standard: Anzeigen**
  Mit dem Kennzeichen **Standard: Anzeigen** legen Sie fest, ob das Objekt standardmäßig im Strukturbaum angezeigt werden soll oder nicht.
- **Einfache ID anzeigen**
  Mit dem Kennzeichen **Einfache ID anzeigen** legen Sie fest, ob bei der Objektnummer die übergeordneten Stufen-/Vorgangs- und Aktionsnummern angezeigt werden sollen, Ist das Kennzeichen gesetzt, verzichtet das System auf die Darstellung der Nummern der übergeordneten Prozesselemente und zeigt lediglich den Schlüssel des aktuellen Objekts an.
- **Trennzeichen**
  Das Feld **Trennzeichen** bietet sich an, wenn Sie das Kennzeichen **Einfache ID anzeigen** *nicht* gesetzt haben. Im Feld **Trennzeichen** entscheiden Sie, mit welchem Zeichen das Objekt von den übergeordneten Prozesselementen getrennt werden soll.
- **Endtrennzeichen**
  Auch für das Feld **Endtrennzeichen** gilt: Es ist dann sinnvoll, wenn das Kennzeichen **Einfache ID anzeigen** *nicht* gesetzt ist. Sie definieren, mit welchem Zeichen die Objektnummer am Ende abgegrenzt werden soll.

In Abbildung 7.10 sehen Sie, dass der Prozessparameter **Dauer** und die Ausrüstungsanforderung **Kessel** dem Vorgang »Wasser einfüllen« zugeordnet sind. Beim Vorgang sind im Customizing das Trennzeichen und das Endtrennzeichen mit der runden Klammer angegeben. Daher ist die Nummer des Prozessparameters als (10) dargestellt. Bei der Ausrüstungsanforderung ist das Kennzeichen **Einfache ID anzeigen** gesetzt; daher wird ausschließlich die Nummer der Ausrüstungsanforderung ohne die übergeordneten Prozesselemente dargestellt.

Stufe: Flüssigzutaten bereitstellen & vermischen	10
Vorgang: Wasser einfüllen	10/10
Dauer	10/10(10)
Kessel	10

Abbildung 7.10 Strukturbaum mit Trennzeichen und einfache ID anzeigen

7.2.5 Name für Prozesselementtypen ersetzen

Falls Sie andere Bezeichnungen als **Stufe**, **Vorgang** und **Aktion** für die Prozesselementtypen bevorzugen, können Sie diese im Customizing über den folgenden Pfad verändern: **Logistik Allgemein • Product Lifecycle Management (PLM) • PLM-Web-Benutzungsoberfläche • Rezeptentwicklung • Rezept Prozess • Namen für Prozesselementtypen ersetzen**.

In Abbildung 7.11 sehen Sie den Ausschnitt aus dem Customizing für die Bezeichnungen zum Prozesselementtyp **Stufe**. Sie können festlegen, wie die Bezeichnung im Singular und Plural lauten soll. Des Weiteren haben Sie die Möglichkeit zu definieren, welche Bezeichnungen die Spalten der Nummern erhalten sollen. Es gibt für jeden Prozesselementtyp einen eigenen Bereich.

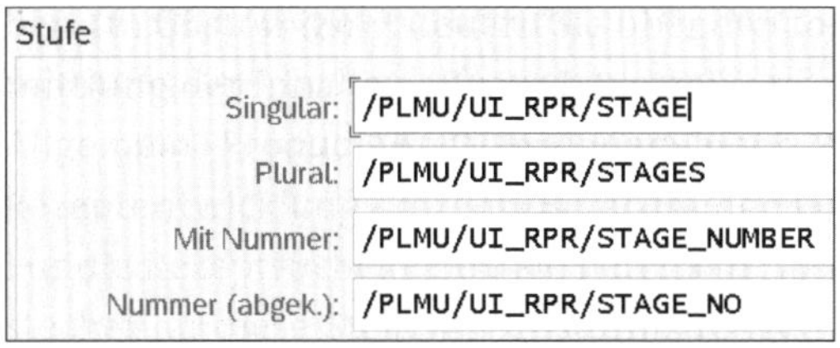

Stufe

Singular:	/PLMU/UI_RPR/STAGE
Plural:	/PLMU/UI_RPR/STAGES
Mit Nummer:	/PLMU/UI_RPR/STAGE_NUMBER
Nummer (abgek.):	/PLMU/UI_RPR/STAGE_NO

Abbildung 7.11 Customizing für Namen für Prozesselementtypen ersetzen

In Tabelle 7.1 ist aufgeführt, welche Namen im Standard für welchen Prozesselementtyp vergeben sind.

Prozesselementtyp	Stelle	Name
Stufe	Singular	Stufe
	Plural	Stufen
	Mit Nummer	Stufennummer
	Nummer (abgekürzt)	Stufennr.
Vorgang	Singular	Vorgang
	Plural	Vorgänge
	Mit Nummer	Vorgangsnummer
	Nummer (abgekürzt)	Vorgangsnr.
Aktion	Singular	Aktion
	Plural	Aktionen
	Mit Nummer	Aktionsnummer
	Nummer (abgekürzt)	Aktionsnr.

Tabelle 7.1 Namen für Prozesselementtypen

Die Namen für die Prozesselementtypen müssen im sogenannten *Online Text Repository* (*OTR*) angelegt sein. SAP definiert in der systeminternen Beschreibung im Customizing das OTR so: »Eine zentrale Ablage für Texte im SAP-System. Das Online Text Repository stellt Services für die Verarbeitung von SAP-Systemtexten bereit. Es unterstützt die Erfassung und Übersetzung von Texten und kann auch für Web-Dynpro-Anwendungen verwendet werden.«

Falls Sie individuelle Namen definieren möchten, müssen Sie diese in Transaktion SOTR_EDIT (Editor für OTR-Texte) in Form eines OTR-Konzepts anlegen.

Im Einstiegsbild, das Sie in Abbildung 7.12 sehen, legen Sie im Bereich **Textart** zunächst fest, dass Sie einen Kurztext pflegen möchten Im Anschluss geben Sie im Feld **Sprache** den Sprachschlüssel an, in dem Sie den Text pflegen. Im Feld **Text** geben Sie den eigentlichen Kurztext an. Navigieren Sie über den Button **Anlegen** weiter.

Abbildung 7.12 Einstiegsbild in Transaktion SOTR_EDIT

Die in Abbildung 7.13 enthaltenen Felder werden im nächsten Schritt gefüllt, z. B. **Paket**. Das Paket dient dazu, Objekte zu bündeln, die der ABAP Workbench zuzuordnen sind. Sprechen Sie mit Ihren Kolleginnen und Kollegen aus der Entwicklung darüber, welches Paket Sie verwenden sollen. Von den Standardpaketen sollten Sie Abstand nehmen, da diese jederzeit von SAP verändert werden können.

Außerdem gibt es das Feld **Alias**. Hier vergeben Sie eine Art Schlüssel für den OTR-Text. Sie könnten für den Alias den Namen des Pakets verwenden und diesen mit einem Zusatz ergänzen. Diesen Schlüssel geben Sie im Customizing an, um die Bezeichnungen zu verändern (siehe Abbildung 7.11). Damit das System den OTR-Text richtig verarbeiten kann, nehmen Sie im Feld **Objekttyp** den Eintrag »WDYV« (für View (Web Dynpro)) vor. Speichern Sie Ihre Angaben abschließend in einem Transport.

[»]

Hinweis für die Anlage von OTR-Texten

Die OTR-Texte sollten Sie immer im Entwicklungssystem anlegen. Da es sich um Objekte handelt, die transportiert werden, verursacht dies keinen doppelten Aufwand. Wenn Sie OTR-Texte in jedem System manuell pflegen, kann es Probleme verursachen, da ein Alias gleichzeitig einen Tabellenschlüssel im Hintergrund erhält. Dass ein Alias in System A und System B zufällig denselben Tabellenschlüssel erhält, ist sehr unwahrscheinlich. Achten Sie also darauf, dass OTR-Texte im Entwicklungssystem angelegt werden und dann per Transport in die angebundenen Systeme verteilt werden.

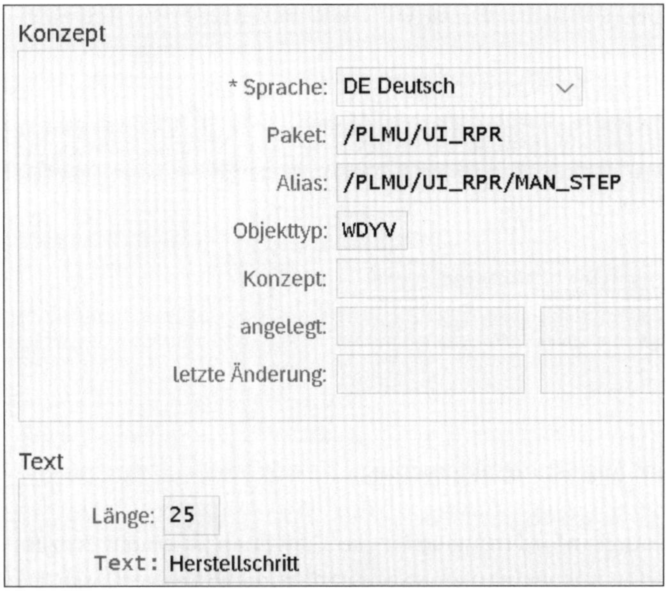

Konzept

* Sprache: DE Deutsch

Paket: /PLMU/UI_RPR

Alias: /PLMU/UI_RPR/MAN_STEP

Objekttyp: WDYV

Konzept:

angelegt:

letzte Änderung:

Text

Länge: 25

Text: Herstellschritt

Abbildung 7.13 Details zu einem OTR-Text

7.3 Ausrüstungsanforderung

Über die *Ausrüstungsanforderung* können Sie verschiedenes Equipment abbilden, das im Herstellprozess benötigt wird. Aus dem Bereich von SAP PP-PI ist Ihnen vielleicht der Begriff der *Ressource* geläufig. Wie es aus Abschnitt 7.2.4, »Strukturbaum konfigurieren«, hervorgeht, kann eine Ausrüstungsanforderung mit einem Prozesselement verbunden werden, damit klar ist, an welcher Stelle im Herstellprozess welche Ausrüstung benötigt wird.

Das Anlegen einer Ausrüstungsanforderung findet entweder über einen speziellen Prozessbaustein oder innerhalb des Rezepts statt. In Abbildung 7.14 ist eine beispielhafte Ausrüstungsanforderung hinterlegt. Zunächst müssen Sie die Spalten **Beschreibung** und **AusrAnfNr.** (Ausrüstungsanforderungsnummer) füllen. In der Spalte **Beschreibung** geben Sie die Bezeichnung für die Ausrüstungsanforderung und in der Spalte **AusrAnfNr.** eine ID für die Ausrüstungsanforderung an. Diese Nummer ist lediglich in diesem einen Rezept gültig.

Mithilfe der Spalten **Stufennr.**, **Vorgangsnr.** und **Aktionsnr.** ordnen Sie einem Prozesselement eine Ausrüstungsanforderung zu. Bei Bedarf können Sie mit der Spalte **Primärressource** eine Ausrüstungsanforderung als eine Primärressource festlegen. Im Rezept selbst hat dies keine Auswirkungen, aber dafür bei der Synchronisierung des Planungsrezepts.

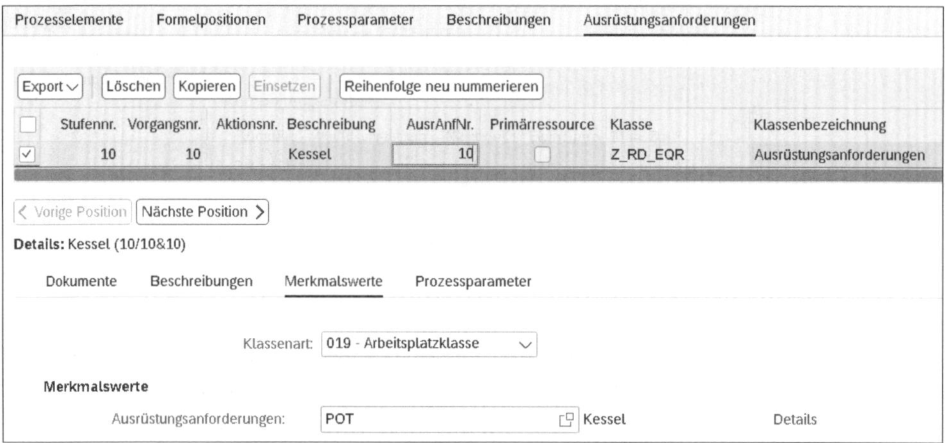

Abbildung 7.14 Exemplarische Ausrüstungsanforderung

Das Anlegen einer Ausrüstungsanforderung sowie das Zuordnen zu einem Prozesselement sind verhältnismäßig unspektakulär. Interessant wird die Spalte **Klasse**. Der große integrative Vorteil der Ausrüstungsanforderung ist, dass mit entsprechenden Vorarbeiten bei der Synchronisierung des Planungsrezepts diesem eine Ressource aus SAP PP-PI mitgegeben werden kann.

Damit dies funktionieren kann, müssen bestimmte Voraussetzungen geschaffen werden:

- **Klasse und Merkmal anlegen**
  Sie benötigen eine Klasse zur Klassenart 019 (Arbeitsplatzklasse). Zu dieser Klasse legen Sie ein Merkmal vom Typ CHAR an. In diesem Merkmal hinterlegen Sie alle Schlüssel der Ressourcen, die Sie potenziell aus SAP Recipe Development an das Planungsrezept synchronisieren möchten. Fragen Sie bei Bedarf die Kolleginnen und Kollegen aus der Produktion, wie die Schlüssel der Ressourcen lauten.

  Diese Klasse ist im Rezept bei der Ausrüstungsanforderung zu hinterlegen. In der Merkmalausprägung wählen Sie die Ressource, die mit der Ausrüstungsanforderung abgebildet wird. Schauen Sie sich zur Verdeutlichung den Bereich **Merkmalswerte** in Abbildung 7.14 an.

- **Klassifizierung in der Ressource**
  Damit das System nun alle Verknüpfungen schließen kann, müssen alle per Synchronisierung an das Planungsrezept zu übergebenden Ressourcen von SAP PP-PI klassifiziert werden. Dabei kommen die Klasse und das Merkmal aus dem Punkt »Klasse und Merkmal anlegen« zum tragen. Die Klassifizierung nehmen Sie in Transaktion CRC2 (Ressource ändern) vor. In Abbildung 7.15 sehen Sie, dass bei einer Ressource der Merkmalswert **POT** zugewiesen wurde. Wenn Sie dies mit Abbildung 7.14 vergleichen, werden Sie feststellen, dass dort derselbe Merkmalswert

hinterlegt ist. Dadurch, dass einer Ausrüstungsanforderung im Rezept und einer Ressource in der Produktion derselbe Merkmalswert zugeordnet ist, ist es dem System möglich, bei der Synchronisierung von der Ausrüstungsanforderung auf die Ressource zu schließen.

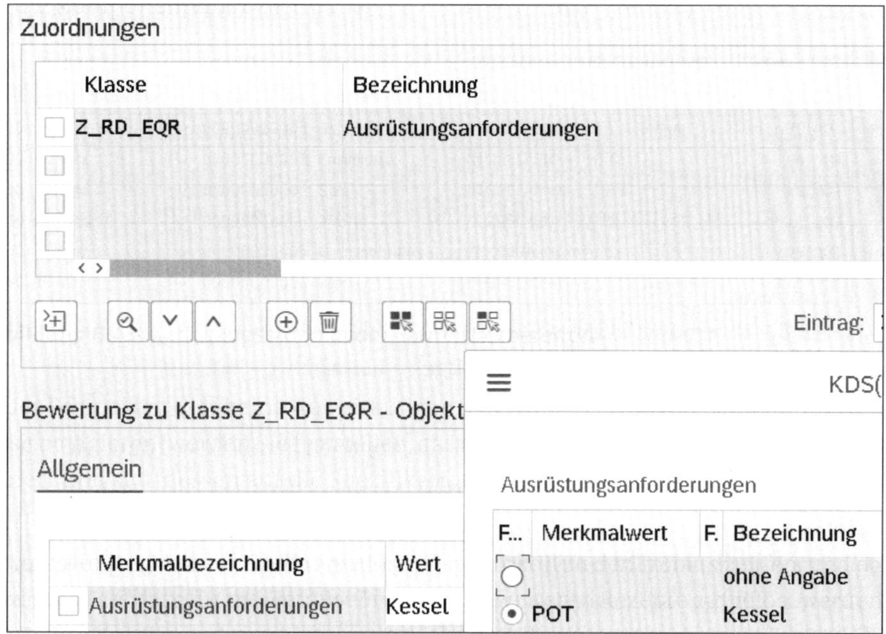

Abbildung 7.15 Klassifizierung einer Ressource

7.4 Prozessparameter

Die Prozessparameter dienen dazu, technische Informationen, die im Rahmen des Herstellprozesses relevant sein könnten, zu definieren. Dabei kann es sich um numerische Angaben oder um beschreibende Angaben handeln. Prozessparameter sind Stammdatenobjekte und können nicht transportiert werden. Zur Anlage von Prozessparametern gelangen Sie ausschließlich über den Menüpunkt **Verwandte Themen** im Rezept.

7.4.1 Prozessparameter anlegen

In Abbildung 7.16 sehen Sie die Sicht, in der Sie landen, wenn Sie die Einträge **Prozessparameterstamm anzeigen** und **Prozessparameterstamm ändern** über den Menüpunkt **Verwandte Themen** im Rezept aufrufen. In dieser Ansicht können Sie neben der Anzeige und dem Ändern auch die Anlage der Prozessparameter vornehmen.

Abbildung 7.16 Prozessparameter ändern

Für die Anlage eines Prozessparameters werden folgende Angaben benötigt:

- **Prozessparameter**
  In der Spalte **Prozessparameter** geben Sie den Schlüssel für den Prozessparameter ein. Ihnen stehen 30 Zeichen zur Verfügung.
- **Beschreibung**
  Das Feld **Beschreibung** ist ein weiteres Pflichtfeld, das den Prozessparameter näher definiert. Mit 132 Zeichen sollte es genügend Platz geben.
- **Mengeneinheit**
  Geben Sie die **Mengeneinheit** an, in der die Angaben gemacht werden. Die Selektionshilfe ist eine gute Unterstützung dafür.
- **Datentyp**
  Den Inhalt des Feldes **Datentyp** wählen Sie aus einer Liste der verfügbaren Datentypen aus. Hierbei ist es wichtig, dass Sie sich direkt bei der Anlage des Prozessparameters für die korrekte Anzahl an Nachkommastellen entscheiden.
- **Zielwert**
  Mit der Spalte **Zielwert** können Sie einen Wert vorgeben, der bei dem Prozessparameter im Idealfall auftritt. Dieser Wert wird bei der Zuordnung eines Prozessparameters im Rezept vorbelegt.
- **Minimalwert**
  In der Spalte **Minimalwert** können Sie eine Untergrenze vorgeben, die bei der Zuordnung des Prozessparameters im Rezept vorbelegt wird.
- **Maximalwert**
  In der Spalte **Maximalwert** können Sie eine Obergrenze vorgeben, die bei der Zuordnung des Prozessparameters im Rezept vorbelegt wird.
- **Klasse**
  Wenn Sie zu den Prozessparametern noch weitere Daten angeben möchten, die z. B. an das Planungsrezept übertragen werden sollen, geben Sie in der Spalte **Kl.** eine Prozessparameterklasse (Klassenart 105) an. Die darin enthaltenen Merkmale stehen nach der Zuordnung des Prozessparameters im Rezept zur Pflege zur Verfügung.

- **Gruppen-ID Prozessparameter**
  Wenn es bei Ihnen viele Prozessparameter gibt, kann es hilfreich sein, wenn Sie die einzelnen Prozessparameter in Gruppen unterteilen. Dazu müssen verschiedene Gruppen im Customizing vordefiniert sein. In der Spalte **Grp.-ID PrzPara** (Gruppen-ID Prozessparameter) wählen Sie eine entsprechende Gruppe aus. Bei der Suche nach Prozessparametern kann die Gruppen-ID eine gute Vorselektion sein.
- **Wird verwendet**
  Sobald ein Prozessparameter in einem Rezept verwendet wird, setzt das System in der Übersicht das Kennzeichen **Wird verwendet**. Sobald ein Prozessparameter verwendet wird, können die Einstellungen nicht mehr geändert werden.
- **Obsolet**
  Wenn ein Prozessparameter nicht mehr verwendet werden soll, können Sie diesen als **Obsolet** kennzeichnen.

7.4.2 Prozessparametergruppen definieren

Wie in Abschnitt 7.4.1, »Prozessparameter anlegen«, bereits angedeutet, gibt es die Möglichkeit, Prozessparametergruppen anzulegen. Prozessparametergruppen dienen dazu, dass Sie bei der Anlage eines Prozessparameters diesen einer Prozessparametergruppe zuweisen, damit Sie den Prozessparameter später bei der Suche anhand der Prozessparametergruppe leichter finden. Wenn Sie viele Prozessparameter haben, kann dies sinnvoll sein. Wenn Sie wenige Prozessparameter nutzen, kann die Prozessparametergruppe auch weggelassen werden. Zum Anlegen einer Prozessparametergruppe navigieren Sie im Customizing zu **Logistik Allgemein • Product Lifecycle Management (PLM) • PLM-Web-Benutzungsoberfläche • Rezeptentwicklung • Rezept • Prozess • Prozessparametergruppen definieren**.

Wie Sie in Abbildung 7.17 sehen, wird für eine neue Prozessparametergruppe lediglich ein Schlüssel und eine Bezeichnung benötigt. Das Feld **Gruppen-ID f. Prozessparameter** ist ein CHAR-Feld und hat 20 Zeichen. Im Feld **Gruppenbeschrbng f. Prozessparameter** geben Sie die Beschreibung für die Prozessparametergruppe an. Ihnen stehen 132 Zeichen zur Verfügung.

Prozessparametergruppen definieren

Gruppen-ID f.Prozessparam.	Gruppenbeschrbng f.Prozessparameter
ZALL	Gesamtgruppe

Abbildung 7.17 Prozessparametergruppe im Customizing

7.4.3 Prozessparameter einbinden

Die Prozessparameter binden Sie direkt in einem Rezept ein. Alternativ können Sie auch einen Prozessparameter in einem Prozessbaustein hinterlegen, damit dieser mit dem Prozessbaustein in ein Rezept geladen wird (siehe Abschnitt 7.5.2, »Prozessbaustein anlegen«).

In der View **Prozess** sehen Sie die Teil-View **Prozessparameter** (siehe Abbildung 7.18). In der Spalte **Prozessparameter** wählen Sie aus den angelegten Prozessparametern aus, welchen Prozessparameter Sie zuordnen möchten. Nutzen Sie hier bei Bedarf die Prozessparametergruppe bei der Suche. In der Spalte **Reihenfolgenummer** vergeben Sie für die einzelnen Prozessparameter eine laufende Nummer im Rezept. Abhängig davon, wie Sie den Prozessparameter definiert haben (siehe Abschnitt 7.4.1, »Prozessparameter anlegen«), werden im selben Zug die Felder **Beschreibung**, **Mengeneinheit**, **Zielwert**, **Minimalwert** und **Maximalwert** gefüllt. Falls Sie diese Felder nicht alle bei der Anlage des Prozessparameters vordefiniert haben, können Sie diese Felder problemlos manuell ergänzen. Ebenso sorgen Sie manuell dafür, dass jeder Prozessparameter der richtigen Stufe oder dem richtigen Vorgang zugeordnet ist.

Prozesselemente | Formelpositionen | Prozessparameter | Beschreibungen | Ausrüstungsanforderungen

Export | Details einblenden | Einfügen | Löschen | Kopieren | Einsetzen | Reihenfolge neu nummerieren

	Stufennr.	Vorgangsnr.	Rflg.-Nr.	Prozessparameter	Beschreibung	Mengeneinheit	Zielwert	Minimalwert	Maximalwert
○	10	10	10	DURATION	Dauer	MIN	10	9	15
○	20	10	20	DURATION	Dauer	MIN	60	45	90

Abbildung 7.18 Prozessparameter im Rezept

7.5 Prozessbaustein

Der *Prozessbaustein* ist ein Objekt, das sich im Gegensatz zur Ausrüstungsanforderung oder dem Prozessparameter nicht im Strukturbaum wiederfindet. Der Prozessbaustein ist dazu da, um die Definition der Prozesselemente zu vereinfachen. Wenn es bei Ihnen bestimmte Stufen, Vorgänge, Aktionen oder vielleicht sogar komplette Herstellprozesse gibt, die sich in vielen Produkten wiederholen, können Sie diese als Prozessbausteine anlegen.

7.5.1 Prozessbaustein – Customizing

Um unterscheiden zu können, ob ein kompletter Prozess, eine Stufe, ein Vorgang oder eine Aktion definiert werden sollen, gibt es verschiedene Bausteinarten, die in Tabelle 7.2 aufgeführt sind.

Bausteinart	Bezeichnung
PROCESS_BB	Prozessbaustein
STAGE_BB	Stufenbaustein
OPERATION_BB	Vorgangsbaustein
ACTION_BB	Aktionsbaustein
EQR_BB	EQR-Baustein (Ausrüstungsanforderungen)

Tabelle 7.2 Bausteinarten

Falls Sie unterschiedliche Anforderungen mit den Bausteinarten bedienen müssen, besteht die Möglichkeit, innerhalb einer Bausteinkategorie verschiedene Bausteinarten anzulegen. Im Customizing nehmen Sie Einstellungen für die Bausteinarten vor oder legen eigene Bausteinarten innerhalb der verfügbaren Kategorien an (siehe Abbildung 7.19). Nutzen Sie dazu den folgenden Customizing-Pfad: **Logistik Allgemein • PLM-Web-Benutzungsoberfläche • Rezeptentwicklung • Rezept • Baustein • Bausteinarten definieren**.

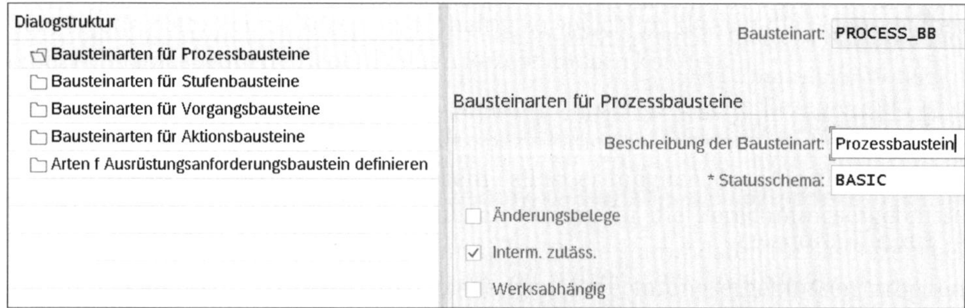

Abbildung 7.19 Bausteinkategorien mit einer Bausteinart

Die Bausteinarten können sich in den folgenden Eigenschaften unterscheiden:

- **Statusschema**
  Sie können den Bausteinarten unterschiedliche Statusschemata zuweisen.
- **Änderungsbelege**
  Mithilfe des Kennzeichens **Änderungsbelege** können Sie diese pro Bausteinart aktivieren oder deaktivieren.
- **Intermediate zulässig**
  Über das Kennzeichen **Interm. zuläss.** Steuern Sie, ob Intermediate zu den Bausteinen erlaubt oder verboten sein sollen. Dies ist allerdings nur dann möglich, wenn Sie **Bausteinarten für Prozessbausteine** definieren. Bei Bausteinarten für Stufenbausteine oder Vorgangsbausteine ist dies nicht möglich.

- **Werksabhängig**
  Die Bausteine können mithilfe des Kennzeichens **Werksabhängig** werksspezifisch oder ohne Werksbezug angelegt werden.

Weitere Einstellungsmöglichkeiten mit Bezug zu den Bausteinkategorien nehmen Sie über den folgenden Customizing-Pfad vor: **Logistik Allgemein • PLM-Web-Benutzungsoberfläche • Rezeptentwicklung • Rezept • Baustein • Standardeinstellungen für Bausteinkategorien definieren**.

Dialogstruktur
Prozessbaustein
Stufenbaustein
Vorgangsbaustein
Aktionsbaustein
EQR-Baustein
Prozessbaustein
SpezTyp: RECIPE_WUI
SpezifikatArt: BB_TYPE
BerechtGruppe: ALL
Berechtigungsgruppe ist optional

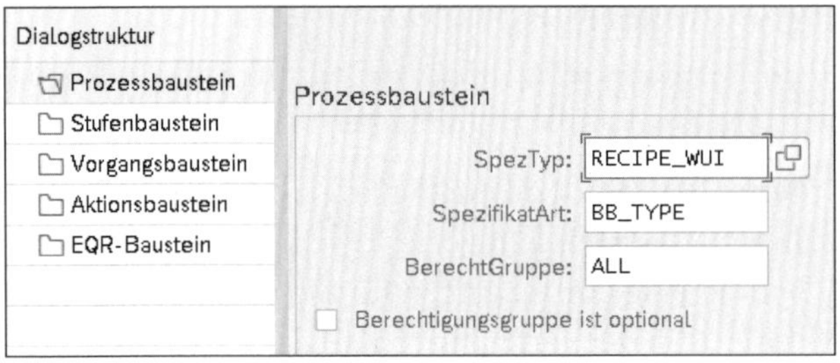

Abbildung 7.20 Bausteinkategorien definieren

Zu den einzelnen Bausteinkategorien können Sie verschiedene Felder vorbelegen (siehe Abbildung 7.20). Sobald Sie einen Baustein im SAP Business Client definieren, legt das System zusätzlich eine Spezifikation an. In einer Bausteinkategorie legen Sie folgende Feldinhalte fest:

- **Spezifikationstyp**
  Im Feld **SpezTyp** legen Sie fest, unter welchem Spezifikationstyp die Spezifikationen des Prozessbausteins angelegt werden.
- **Spezifikationsart**
  Im Feld **SpezifikatArt** entscheiden Sie, unter welcher Spezifikationsart die Spezifikationen der Prozessbausteine angelegt werden sollen.
- **Berechtigungsgruppe**
  Geben Sie im Feld **BerechtGruppe** eine Berechtigungsgruppe vor, die das System automatisch bei den Spezifikationen zu den Prozessbausteinen einträgt.
- **Berechtigungsgruppe ist optional**
  Wenn Sie auf die Nutzung von Berechtigungsgruppen in diesem Fall verzichten möchten, setzen Sie das Kennzeichen **Berechtigungsgruppe ist optional**.

Mit den Standardeinstellungen haben Sie einen sauberen Start. Abhängig von der Bausteinart definieren Sie zudem unterschiedliche Bausteine:

- **Prozessbaustein**
  Mit einem Prozessbaustein können Sie einen gesamten Herstellungsprozess mit verschiedenen Herstellstufen und -vorgängen definieren, den Sie verschiedenen

Rezepten zuweisen. Ein Prozessbaustein entspricht einer kompletten Ausprägung an Vorgängen und Phasen im Planungsrezept.

- **Stufenbaustein**
  Mit einem Stufenbaustein definieren Sie eine konkrete Stufe mit verschiedenen Vorgängen, die möglicherweise in mehreren Herstellprozessen verwendet werden können. Dieser Baustein kann entweder direkt in Rezepten eingebunden oder in einem Prozessbaustein verwendet werden. Ein Stufenbaustein entspricht einem Vorgang mit unterschiedlichen Phasen im Planungsrezept.
- **Vorgangsbaustein**
  Mit einem Vorgangsbaustein beschreiben Sie einen Schritt, der in unterschiedlichen Stufen vorkommen kann. Auch hier haben Sie die Möglichkeit, den Vorgangsbaustein direkt im Rezept einzubinden oder ihn in verschiedenen Stufenbausteinen zu verwenden. Ein Vorgangsbaustein entspricht einer Phase im Planungsrezept.
- **Aktionsbaustein**
  Mit einem Aktionsbaustein beschreiben Sie die differenzierten Aktivitäten innerhalb eines Schrittes. Eine Aktion binden Sie bei Bedarf direkt in ein Rezept ein oder nutzen es zur Präzisierung eines Vorgangsbausteins.

Damit das Anlegen von Prozessbausteinen reibungslos funktionieren kann, sollten Sie sicherstellen, dass Sie im Customizing über den folgenden Pfad diese IMG-Aktivität ausführen: **Logistik Allgemein • PLM-Web-Benutzungsoberfläche • Rezeptentwicklung • Rezept • Status- und Aktionsverwaltung • Objekttypen und zugeordnete Attribute erfassen**.

Dabei wird der Report `/PLMB/BA_SAM_OBJ_TBL_FILL` ausgeführt, der dafür sorgt, dass für die verschiedenen Objekttypen in SAP Recipe Development die richtigen Attribute, Objekttypklassen usw. zugeordnet werden.

Sie erhalten beim Ausführen der Aktivität eine Information, dass die vom System vorgenommenen Änderungen in einem Transport gespeichert wurden (siehe Abbildung 7.21). Gezielte manuelle Einstellungen können bei dieser Customizing-Aktivität nicht vorgenommen werden.

Abbildung 7.21 Pop-up-Fenster nach »Objekttypen und zugeordnete Attribute erfassen«

Die Auswirkungen können Sie sich über den folgenden Customizing-Pfad ansehen: **Logistik Allgemein • PLM-Web-Benutzungsoberfläche • Rezeptentwicklung • Spezifikation • Spezifikationsstamm • Statusverwaltung für Kopfstatus • Statusschema definieren**. Wie es Abbildung 7.22 zu entnehmen ist, verwendet der Objekttyp PLM_RCP_BB (Baustein) die Objekttypklasse /PLMB/CL_RCP_SAM_HANDLER.

Dialogstruktur
- Objekttypen
  - Attribute definieren
  - Statusfeld definieren
  - Status
    - Attribute
    - Feldwerte
  - Schemadefinition
    - Übergänge
  - Schema Unterobjekttyp

Objekttypen

Objekttyp	Objekttypbeschreibung	Objekttypklasse	Suchhilfe für Unterobjekttyp
PLM_LBL	Etikett	/PLMI/CL_LBL_SAM_HANDLER	
PLM_PPEAH	Baukastenkopf		
PLM_PPEAI	Baukastenposition		
PLM_PPEPIV	Produktpositionsvariante		
PLM_PPEPV	Produktvariante		
PLM_RCP	Rezept	/PLMB/CL_RCP_SAM_HANDLER	
PLM_RCP_BB	Baustein	/PLMB/CL_RBB_SAM_HANDLER	
PLM_RSPSUB	Spezifikation		MB/SHLP_RSP_ESESUBCAT_DMZ

Abbildung 7.22 Objekttyp PLM_RCP_BB mit Objekttypklasse

Falls Sie den Einsatz von Prozessbausteinen in SAP Recipe Development grundsätzlich ausschließen möchten, können Sie die Funktionen für das Laden der Prozessbausteine über den folgenden Customizing-Pfad ausblenden: **Logistik Allgemein • Product Lifecycle Management (PLM) • PLM-Web-Benutzungsoberfläche • Rezeptentwicklung • Rezept • Funktionen in der Rezeptentwicklung ausblenden**.

Dazu markieren Sie lediglich das Kennzeichen **Baustein** (siehe Abbildung 7.23). Diese Einstellung wirkt sich auf das gesamte SAP Recipe Development aus und kann nicht für eine einzelne Rezeptart vorgenommen werden.

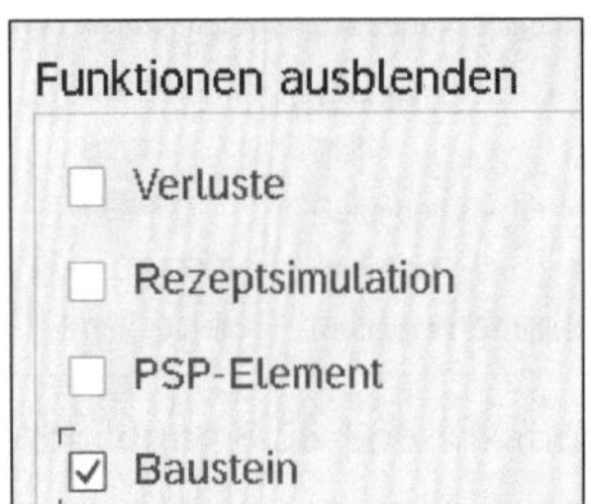

Abbildung 7.23 Prozessbausteine ausblenden

In Abbildung 7.24 sehen Sie, dass nach dem Ausblenden der Funktion über das Customizing in Abbildung 7.23 unterhalb des Strukturbaumes kein weiterer Bereich folgt. Wenn Sie sich hingegen Abbildung 7.28 anschauen, sehen Sie, dass es einen Bereich **Baustein laden** gibt, in dem die Funktionen zur Suche nach einem Prozessbaustein und zum Laden ins Rezept enthalten sind.

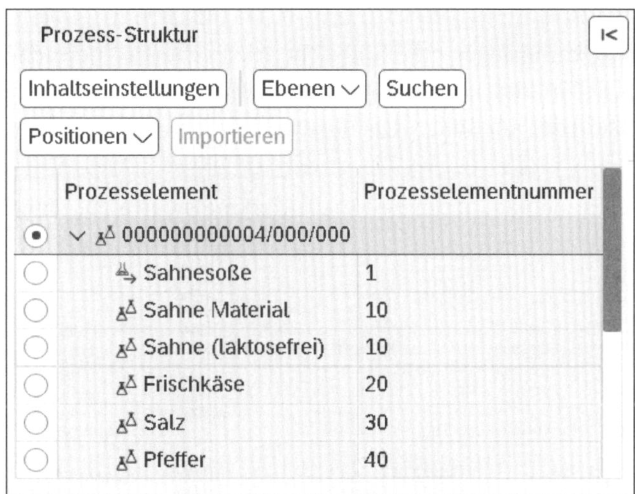

Abbildung 7.24 View »Prozess« mit ausgeblendeten Prozessbausteinen

7

7.5.2 Prozessbaustein anlegen

Das Anlegen von Prozessbausteinen findet im SAP Business Client statt. Sie entscheiden sich direkt am Anfang dafür, welche Bausteinart angelegt werden soll (Prozessbaustein, Stufenbaustein, Vorgangsbaustein, Aktionsbaustein oder Ausrüstungsanforderungsbaustein). Ein Prozessbaustein teilt sich in zwei Haupt-Views auf: **Allgemeine Daten** und **Verarbeiten**.

In der Sicht **Allgemeine Daten** gibt es große Ähnlichkeiten zum Rezept (siehe Abbildung 7.25). Dort können Sie die folgenden Angaben vornehmen:

- **Grunddaten**
  In den Grunddaten definieren Sie die **Beschreibung** (inklusive Langtext) in der Anmeldesprache, den **Status** und die **Berechtigungsgruppe**. Des Weiteren können Sie die Daten in die Felder **Gültig ab** und das **Gültig bis** eintragen sowie die Losgröße (von und bis) pflegen. Auch können Sie den Prozessbaustein für die Archivierung kennzeichnen. Zudem stehen in dieser Sicht verschiedene organisatorische Informationen zur Verfügung. Dazu gehört **Angelegt von**, **Angelegt am**, **Kopiert von**, **Letzte Änderung von** sowie **Letzte Änderung am**.
- **Beschreibungen**
  In der Teil-View **Beschreibungen** legen Sie weitere Beschreibungen und dazugehörige Langtexte des Prozessbausteins in den gewünschten Sprachen an.
- **Dokumente**
  Wenn Sie bestimmte Dokumente in den Prozessbausteinen hinterlegen möchten, können Sie dies mit dieser Teil-View tun. Voraussetzung ist auch hier, dass das Dokument in einem Dokumenteninfosatz abgelegt ist.

- **Klassen**
  Um weitere Informationen zu hinterlegen oder hilfreiche Stichworte für die Suche nach Prozessbausteinen zu definieren, können Sie Klassen und Merkmale nutzen. Dazu benötigen Sie eine Klasse der Klassenart 104 (Rezept).
- **Merkmalswerte**
  Ist eine Klasse zugewiesen, können Sie in der Teil-View **Merkmalswerte** die Merkmale ausprägen.

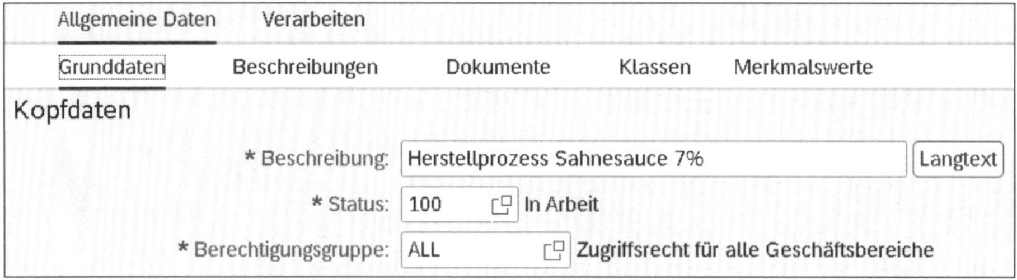

Abbildung 7.25 Allgemeine Daten im Prozessbaustein

Die Informationen unter **Allgemeine Daten** sind ähnlich aufgebaut wie in den allgemeinen Daten eines Rezepts. Sehen Sie sich nun die View **Verarbeiten** an. Auch diese View ähnelt stark einer Ansicht im Rezept – nämlich der View **Prozess**.

Abhängig davon, für welche Art von Baustein Sie sich entschieden haben, pflegen Sie nun die benötigten Prozesselemente. Das können verschiedene Stufen, Vorgänge und Aktionen sein (siehe Abbildung 7.26).

Prozesselemente | Formelpositionen | Prozessparameter | Beschreibungen | Ausrüstungsanforderungen

Export | In Struktur markieren | Einfügen | Löschen | Kopieren | Einsetzen | Filter
Elemente neu nummerieren | Einstellungen

	Stufennr.	Vorgangsnr.	Aktionsnr.	Beschreibung	Elementtyp	Interm.z
(•)	10			Flüssigzutaten bereitstellen & vermischen	Stufen in der Prozesshierarchie	
( )	10	10		Wasser einfüllen	Vorgänge in der Prozesshierarchie	
( )	10	20		Wasser erhitzen	Vorgänge in der Prozesshierarchie	
( )	10	30		Gemüsebrühe zugeben	Vorgänge in der Prozesshierarchie	
( )	10	40		Sahne zugeben	Vorgänge in der Prozesshierarchie	
( )	10	50		Alles 1x aufkochen lassen	Vorgänge in der Prozesshierarchie	

Abbildung 7.26 Übersicht der Prozesselemente in der Sicht »Verarbeiten« im Prozessbaustein

Wie in Abschnitt 7.2.1, »Allgemeine Infos zu Prozesselementen«, für den Prozess der Strukturbaum beschrieben wurde, entsteht auch im Prozessbaustein ein Strukturbaum. In Abbildung 7.27 sehen Sie einen Strukturbaum in einem Prozessbaustein mit den beiden Prozessstufen 10 (Flüssigzutaten bereitstellen & vermischen) und 20 (Festzutaten bereitstellen & auflösen).

Falls gewünscht, steht es Ihnen offen, einen anderen bestehenden Prozessbaustein in den aktuellen Prozessbaustein zu laden. Denn dies kann dabei helfen, den Anlageprozess zu beschleunigen. In Abbildung 7.27 können Sie im Bereich **Baustein laden** im Feld **Kennzeichen** den gewünschten Baustein selektieren und einbinden. Weitere Details zu dieser Thematik erhalten Sie in Abschnitt 7.5.3, »Prozessbaustein einbinden«.

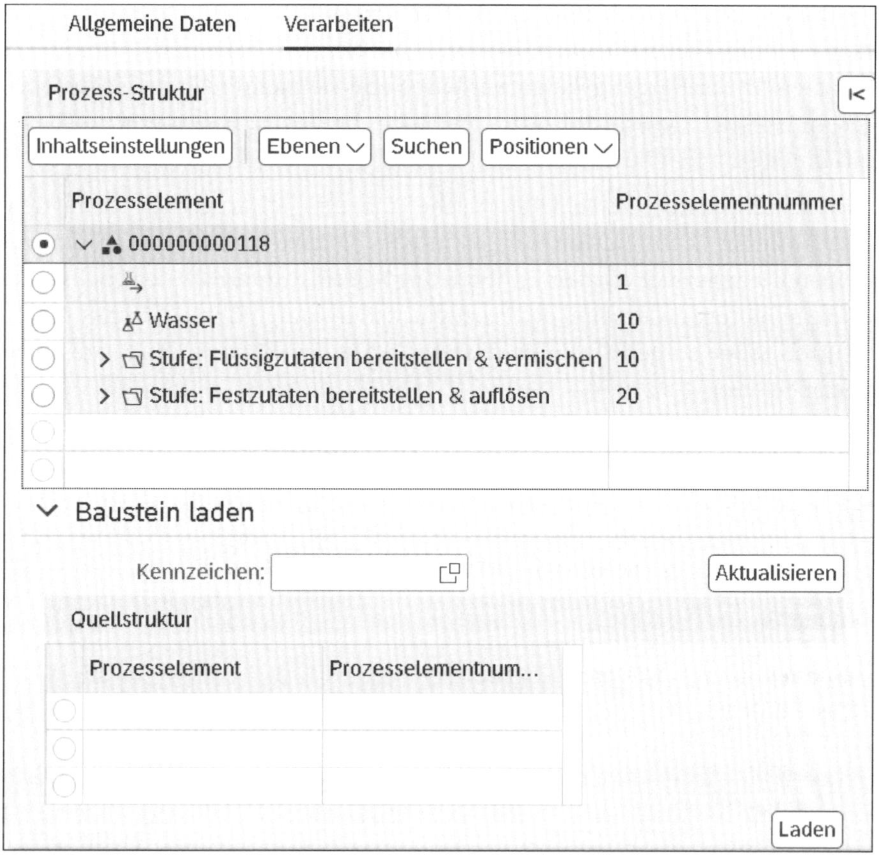

Abbildung 7.27 Prozessstrukturbaum und Baustein in der Sicht »Verarbeiten« laden

Wenn Sie bei einem bestimmten Prozessbaustein eine bestimmte Spezifikation benötigen, können Sie diese im Prozessbaustein in der Sicht **Formelpositionen** vordefinieren und bei Bedarf mit einem Prozesselement verbinden. Wenn Sie den Prozessbaustein anschließend in ein Rezept laden, wird die Einsatzspezifikation ergänzt. Ebenso verhält es sich mit den Prozessparametern und Ausrüstungsanforderungen.

7.5.3 Prozessbaustein einbinden

Wenn Sie nun bei der Pflege eines Rezepts an den Punkt kommen, an dem der Herstellprozess definiert werden soll, können Sie sich überlegen, ob es einzelne Prozesselemente gibt, die in Form von Prozessbausteinen zur Verfügung stehen. Vielleicht liegt sogar der komplette Herstellprozess als Prozessbaustein vor. Somit müssen Sie die Prozesselemente nicht manuell definieren. Wie in Abschnitt 7.5.2, »Prozessbaustein anlegen«, erwähnt, wird im Feld **Kennzeichen** der Prozessbaustein ausgewählt, der in das Rezept geladen werden soll (siehe Abbildung 7.28).

In der Suchhilfe stehen verschiedene Suchkriterien zur Verfügung, mit deren Hilfe Sie den entsprechenden Prozessbaustein identifizieren können. Es kann immer nur ein Prozessbaustein in das Rezept geladen werden. Wenn Sie mehrere Prozessbausteine benötigen, müssen Sie die Schritte zum Laden eines Prozessbausteins entsprechend mehrmals hintereinander ausführen.

Sobald der Prozessbaustein im Feld **Kennzeichen** eingetragen ist, klicken Sie auf den Button **Aktualisieren**. Dieser Button sorgt dafür, dass die Inhalte des Prozessbausteins in diesem Bereich angezeigt werden. In Abbildung 7.28 sind unterhalb der Quellstruktur die einzelnen Prozesselemente des Prozessbausteins aufgeführt. Mit einem Klick auf den Button **Laden** sorgen Sie dafür, dass der Prozessbaustein in den Prozess des Rezepts geladen wird.

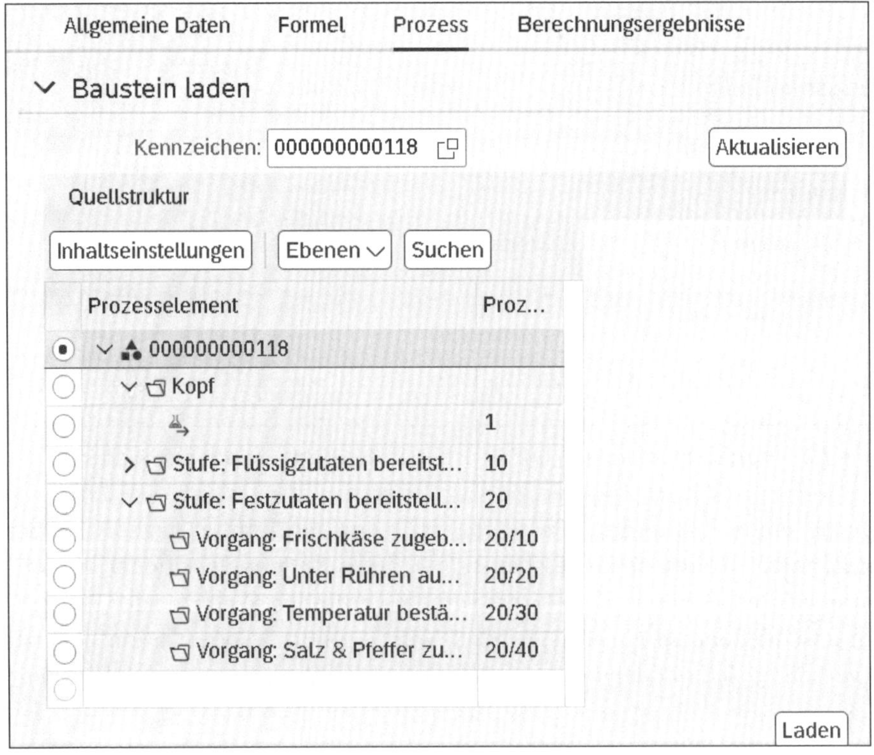

Abbildung 7.28 Prozessbaustein in das Rezept laden

Das System bindet alle enthaltenen Inhalte des Prozessbausteins ein. In Abbildung 7.29 sehen Sie in der Spalte **Herkunft**, ob ein Prozesselement von einem Prozessbaustein kommt und wenn ja, von welchem Prozessbaustein genau das Prozesselement geladen wurde. Wenn Sie mit Prozessbausteinen arbeiten, sollten Sie diese Spalte in Ihrem Layout vorsehen.

Tipp für den Umgang mit Prozessbausteinen

In einigen Fällen unterscheiden sich die Prozesselemente in Rezepten in einzelnen Angaben. Sie können in einem Prozessbaustein auch mit einem Platzhalter arbeiten, der dann im Rezept manuell geändert werden muss. Es gibt z. B. einen Schritt in Ihrem Herstellprozess, bei dem es dazugehört, dass alles ein paar Minuten ruhen soll. Diese Zeitspanne ist von Produkt zu Produkt unterschiedlich. Sie könnten im Prozessbaustein folgende Beschreibung wählen: »X Minuten ruhen lassen«. Wenn Sie diesen Prozessbaustein danach in ein Rezept einbinden, ersetzen Sie das X lediglich durch die konkrete Anzahl der Minuten.

Export | In Struktur markieren | Einfügen | Löschen | Kopieren | Einsetzen | Elemente neu nummerieren

	Stufennr.	Vorgangsnr.	Beschreibung	Elementtyp	Herkunft
◉	10		Flüssigzutaten bereitstellen & vermischen	Stufen in der Prozesshierarchie	000000000118
○	10	10	Wasser einfüllen	Vorgänge in der Prozesshierarchie	000000000118
○	10	20	Wasser erhitzen	Vorgänge in der Prozesshierarchie	000000000118
○	10	30	Gemüsebrühe zugeben	Vorgänge in der Prozesshierarchie	000000000118
○	10	40	Sahne zugeben	Vorgänge in der Prozesshierarchie	000000000118
○	10	50	Alles 1x aufkochen lassen	Vorgänge in der Prozesshierarchie	000000000118
○	20		Festzutaten bereitstellen & auflösen	Stufen in der Prozesshierarchie	000000000118
○	20	10	Frischkäse zugeben	Vorgänge in der Prozesshierarchie	000000000118
○	20	20	Unter Rühren auflösen lassen (ca. 10 Min.)	Vorgänge in der Prozesshierarchie	000000000118
○	20	30	Temperatur beständig auf 82 °C halten	Vorgänge in der Prozesshierarchie	000000000118
○	20	40	Salz & Pfeffer zugeben	Vorgänge in der Prozesshierarchie	000000000118

Abbildung 7.29 Herstellprozess im Rezept aus dem geladenen Prozessbaustein

Darstellung der Oberfläche in der Sicht »Prozess«

Wenn Sie in der Sicht **Prozess** sind und sich den Strukturbaum in Verbindung mit dem Abschnitt zum Laden der Prozessbausteine anschauen, stellen Sie fest, dass Sie mitunter sehr weit scrollen müssen, um an die benötigten Buttons für das Aktualisieren und das Laden der Prozessbausteine zu gelangen. Dies liegt daran, dass in den Einstellungen der einzelnen Sichten eine feste Zeilenanzahl vorgegeben ist.

In Abbildung 7.27 sehen Sie eine Darstellung, in der alle Buttons sichtbar sind. Über die rechte Maustaste und den Menüpfad **Benutzereinstellungen • Mehr** gelangen Sie zu den Optionen. Dort können Sie die Zahl im Feld **Anzahl sichtbarer Zeilen** ändern. Dies gilt für den Bereich des Strukturbaumes und für den Bereich der Quellstruktur des Prozessbausteins. Je kleiner Sie die Anzahl sichtbarer Zeilen wählen, desto schneller sind Sie bei den Buttons. Im Gegenzug wird die Darstellung des Strukturbaumes und der Quellstruktur des Prozessbausteins kleiner, und Sie müssen dort mehr scrollen. Wie in vielen Dingen ist hier ein Mittelweg sinnvoll. Probieren Sie es aus!

7.6 Zusammenfassung

Durch den Prozess und die damit verbundenen Objekte wie Ausrüstungsanforderungen, Prozessparameter und Prozessbausteine sind Sie in der Lage, bereits im Entwicklungsstadium den Herstellprozess zu berücksichtigen. Durch die Möglichkeiten, die Prozessinformationen an das Planungsrezept von PP-PI zu synchronisieren, ist der Prozess Bestandteil einer integrativen Gesamtlösung. Die übrigen Funktionen im Rezept wie **Formel** und **Berechnungsergebnisse** können wie gewohnt verwendet werden. Sie werden bemerkt haben, dass sich die Konfigurationsmöglichkeiten für das Thema Prozess in Grenzen halten. Der Großteil der Aktivitäten spielt sich in und mit den Stammdatenobjekten ab.

Freuen Sie sich darauf, im nächsten Kapitel das Etikett als Möglichkeit zur Aufbereitung von Spezifikationsdaten oder Rezeptdaten kennenzulernen. Erfahren Sie, welche Daten aufbereitet werden und welche Einstellungen Sie vornehmen können.

Kapitel 8
Etikett

Finden Sie heraus, was es mit dem Etikett auf sich hat, welche vielfältigen Möglichkeiten Ihnen mit diesem Objekt offenstehen und wie Sie die vom System ermittelten Werte für Ihre Anforderungen beeinflussen können.

Dieses Kapitel vermittelt Ihnen ein Verständnis der Funktionen und Möglichkeiten des Etiketts (siehe Abschnitt 8.1). Des Weiteren erfahren Sie in Abschnitt 8.2, welche Einstellungen für ein Grund-Customizing benötigt werden. Im Anschluss werden die verschiedenen Aufbereitungsformen innerhalb des Etiketts betrachtet.

Dazu gehört das Inhaltsstoffetikett in Abschnitt 8.3 zur Bildung von Zutatenlisten. Des Weiteren erfahren Sie in Abschnitt 8.4, wie Sie die qualitativen Komponenten eines Produkts aufbereiten und welche Einstellungsmöglichkeiten Sie vornehmen können. Abschnitt 8.5 weiht Sie in die Geheimnisse rund um die Aufbereitung von Nährwertangaben ein. Erfahren Sie am Ende dieses Kapitels in Abschnitt 8.6, wie Sie die aufbereiteten Daten aus den Detailetiketten für ein Packungsetikett zusammenführen können. Damit die aufbereiteten Daten auch in einem speziellen Etiketten-Layout-Programm in die gewünschte Darstellungsform gebracht werden können, erfahren Sie in Abschnitt 8.7, wie Sie die Etikettendaten als XML-Datei exportieren können.

8.1 Überblick über das Etikett

Das Etikett ist ein Stammdatenobjekt, mit dem Spezifikationsdaten und Rezeptdaten für bestimmte Anforderungen aufbereitet werden können. Unter einem Etikett stellen wir uns oft einen Aufdruck oder Aufkleber auf einem konkreten Verpackungsmaterial vor. Abgedruckt sind Produktinformationen wie eine Zutatenliste, die Angabe von Nährwerten und weitere Hinweise.

Hinter dem Begriff *Etikett* im Hinblick auf SAP Recipe Development versteckt sich noch kein fertiges Verpackungsetikett. Vielmehr dient das Stammdatenobjekt dazu, Informationen wie z. B. eine Zutatenliste oder die Nährwerte inhaltlich aufzubereiten, damit diese Informationen im nächsten Schritt verwendet werden können.

8.1.1 Schlüssel des Etiketts

Wie jedes Stammdatenobjekt hat auch das Etikett einen Schlüssel. Der Schlüssel des Etiketts in Abbildung 8.1 erinnert stark an den Schlüssel des Rezepts. Er setzt sich aus der Nummer der Spezifikation (*4), einem Alternativzähler (000) und einem Versionszähler (000) zusammen.

Abbildung 8.1 Beispiel für einen Etikettenschlüssel

8.1.2 Allgemeine Daten

Die Informationen in der Sicht **Allgemeine Daten** im Etikett gleichen dem Aufbau der allgemeinen Daten des Rezepts. Die Allgemeinen Daten sind wiederum in die Sichten **Grunddaten**, **Klassen**, **Merkmalswerte** und **Dokumente** unterteilt.

Grunddaten

Zu den Grunddaten gehören Kopfdaten, Vorschlagsdaten, Verwaltungsdaten (siehe Abbildung 8.2) und Beschreibungen (siehe Abbildung 8.3). Schauen Sie sich die Felder nacheinander an.

- **Status**
  Auch im Etikett können Sie über den Status steuern, ob das Etikett bearbeitet werden können soll oder nicht. Welches Statusschema verwendet wird, legen Sie im Customizing fest. Details dazu finden Sie in Abschnitt 8.2, »Grund-Customizing«.
- **Gültig ab**
  Das Gültig-ab-Datum legen Sie bereits bei der Anlage eines Etiketts fest. Diese Angabe kann nachträglich nicht mehr geändert werden.
- **Gültig bis**
  Das Gültig bis-Datum setzt das System automatisch auf den 31.12.9999. Sie können manuell eingreifen und das Datum spezifizieren.
- **Berechtigungsgruppe**
  Wenn Sie den Zugriff auf die Etiketten steuern möchten, können Sie eine Berechtigungsgruppe angeben. Details dazu finden Sie in Abschnitt 8.2, »Grund-Customizing«.
- **Etikettensatz exportieren**
  Wenn Sie den Etikettensatz exportieren möchten, können Sie über diesen Button eine XML-Datei erzeugen, in der die Etikettendaten eingebunden sind.
- **Datenherkunft**
  Wie in den einführenden Sätzen ausgeführt, können die im Etikett zu verarbeitenden Daten entweder aus einer Spezifikation oder aus einem Rezept stammen. Bei

der Anlage eines Etiketts geben Sie eine Spezifikation an. Da eine Spezifikation für sich stehen und in den Rezepten als Primärausbeute verwendet werden kann, müssen Sie im Feld **Datenherkunft** konkret festlegen, aus welcher Quelle die Daten gelesen werden sollen. Es stehen Ihnen in der Auswahlliste alle Rezepte zur Verfügung, die es zur Spezifikation gibt. Zudem ist auch eine Eigenschaftsspezifikation möglich.

- **Herkunftsart**
  Sobald die Datenherkunft angegeben ist, füllt das System das Feld **Herkunftsart**. Wenn Sie eine Spezifikation angeben, verwendet das System die Spezifikationsart. Wenn Sie ein Rezept angeben, verwendet das System die Rezeptart.

- **Einstufung und Gültigkeitsraum**
  Geben Sie die Einstufung und den Gültigkeitsraum an, für die das Etikett gelten soll.
- **Verwaltungsdaten**
  Im Bereich der Verwaltungsdaten können Sie nachvollziehen, wer das Etikett wann angelegt und wer wann die letzten Änderungen vorgenommen hat.

Allgemeine Daten | Etikettendefinition | Packungsetikett
Grunddaten | Klassen | Merkmalswerte | Dokumente
Kopfdaten
Kopfdaten
* Status: 100 In Arbeit
Gültig ab: 28.12.2021
* Gültig bis: 31.12.9999
Berechtigungsgruppe:
Etikettensatz exportieren In XML exportieren
Vorschlagswerte
Datenherkunft: 000000000004 Sahnesoße
Herkunftsart: REAL_SUB Realstoff
Einstufung: PUBLIC Vollständig freigegeben
Gültigkeitsraum: REG_EU Europäische Gemeinschaft
Verwaltungsdaten
Angelegt am: 28.12.2021
Angelegt von: MS Marina Scherer
Geändert am: 28.12.2021
Geändert von: MS Marina Scherer

Abbildung 8.2 Allgemeine Daten und Grunddaten

Im Bereich **Etikettensatz Beschreibungen** geben Sie die Bezeichnung des Etiketts in den gewünschten Sprachen an. Es stehen Ihnen die Sprachenschlüssel zur Verfügung, die in Tabelle T002 (Sprachenschlüssel (Comp. BC-I18)) enthalten sind.

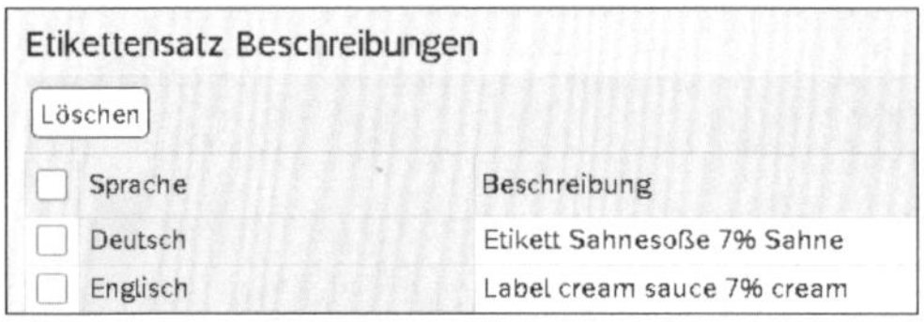

Etikettensatz Beschreibungen

Löschen

Sprache	Beschreibung
Deutsch	Etikett Sahnesoße 7% Sahne
Englisch	Label cream sauce 7% cream

Abbildung 8.3 Beschreibungen in den Grunddaten des Etiketts

Klassen und Merkmalswerte

Wenn Sie einen Etikettensatz mit weiteren Informationen versorgen möchten, können Sie dafür Klassen und Merkmale verwenden. Wichtig ist, dass Sie eine Klasse zur Klassenart 103 (Etikettierungsbewertung) anlegen. Sobald Sie eine Klasse zugewiesen haben, erscheinen in der Sicht **Merkmalswerte** die in der Klasse hinterlegten Merkmale, die Sie bewerten können. Die Vorgehensweise bei der Anlage von Klassen und Merkmalen für das Etikett ist dieselbe wie für Spezifikationen oder Rezepte (siehe Abschnitt 3.3, »Merkmal«, und Abschnitt 3.4, »Klasse«).

Dokumente

Auch bei Dokumenten zum Etikett wird es Ihnen bekannt vorkommen, dass zunächst das Dokument in einem Dokumenteninfosatz abgelegt werden muss, bevor dieser im Etikett selbst hinterlegt werden kann.

8.1.3 Etikettendefinition

Hinter der View **Etikettendefinition** verbergen sich verschiedene Etikettentypen (siehe Abbildung 8.4). Dazu gehören **Inhaltsstoffetikett**, **Qualitatives Etikett** und **Komponentenetikett**.

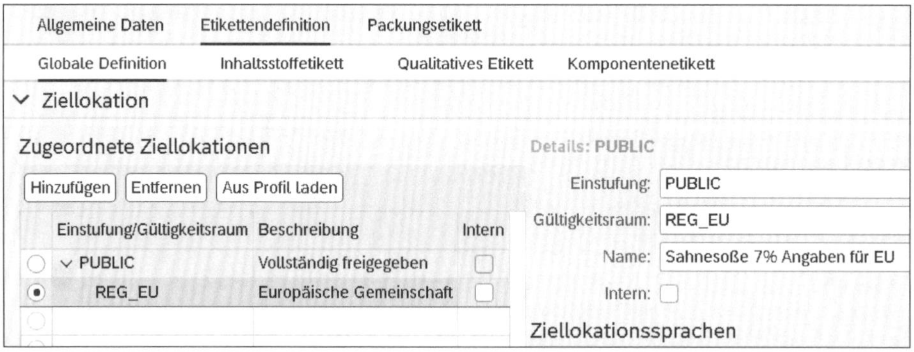

Allgemeine Daten | Etikettendefinition | Packungsetikett

Globale Definition | Inhaltsstoffetikett | Qualitatives Etikett | Komponentenetikett

Ziellokation

Zugeordnete Ziellokationen

Hinzufügen | Entfernen | Aus Profil laden

Einstufung/Gültigkeitsraum	Beschreibung	Intern
PUBLIC	Vollständig freigegeben	
REG_EU	Europäische Gemeinschaft	

Details: PUBLIC

Einstufung: PUBLIC

Gültigkeitsraum: REG_EU

Name: Sahnesoße 7% Angaben für EU

Intern:

Ziellokationssprachen

Abbildung 8.4 View »Etikettendefinition« mit Teil-Views

Bevor Sie die Etikettentypen definieren können, müssen Sie in der Teil-View **Globale Definition** eine Ziellokation angeben.

Ziellokation

Im Rahmen des Etiketts sollen verschiedene Informationen zu einem Produkt aufbereitet werden. Abhängig davon, welche Märkte Ihr Produkt bedienen soll, haben Sie unterschiedliche Anforderungen u. a. an die Zutatenlisten und an die Sprachen, in denen die Informationen zur Verfügung stehen müssen. Die Märkte können sowohl geografischer als auch gesetzlicher Natur sein. Mithilfe der *Ziellokation* ist es möglich, Etiketteninhalte für die unterschiedlichen Märkte individuell aufzubereiten.

Aus der Arbeit mit Spezifikation und Rezept kennen Sie bereits die Verwendung, die sich aus Einstufung (z. B. `PUBLIC` oder `INTERNAL`) und Gültigkeitsraum (z. B. `REG_WORLD` oder `REG_EU`) zusammensetzt. Diese beiden Angaben werden im Rahmen der Etikettierung genutzt, um eine Ziellokation zu definieren. Diese Angaben werden um einen oder mehrere Sprachenschlüssel ergänzt.

Sie können eine Ziellokation entweder manuell im Etikett pflegen oder im Customizing sogenannte *Ziellokationsprofile* definieren, aus denen Sie im Etikett auswählen können.

Überlegen Sie sich, für welche Märkte sich die Angaben für das Inhaltsstoffetikett, das qualitative Etikett, das Komponentenetikett oder das Packungsetikett unterscheiden müssen, und definieren Sie, darauf basierend, die Ziellokationsprofile.

Um Ziellokationsprofile zu definieren, navigieren Sie im Customizing zu **Logistik Allgemein • Product Lifecycle Management (PLM) • PLM-Web-Benutzungsoberfläche • Rezeptentwicklung • Etikettierung • Ziellokationsprofile definieren**.

Wie Sie es in Abbildung 8.5 sehen, wird zunächst das Ziellokationsprofil definiert, bevor es inhaltlich mit Leben gefüllt wird. Für das Ziellokationsprofil vergeben Sie in der Spalte **Lokationsprofil** einen Schlüssel. Ihnen stehen dafür 20 Zeichen zur Verfügung. In der Spalte **Profilbeschreibung** vergeben Sie den Namen des Ziellokationsprofils, der 40 Zeichen lang sein kann.

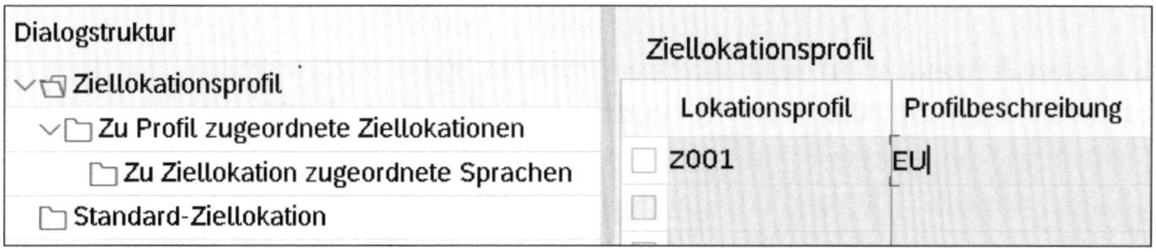

Abbildung 8.5 Ziellokationsprofil definieren

Innerhalb eines Ziellokationsprofils ordnen Sie unter **Zu Profil zugeordnete Ziellokationen** eine oder mehrere Ziellokationen zu. Eine Ziellokation setzt sich aus den Spalten **Einstufung** und **Gültigkeitsraum** zusammen (siehe Abbildung 8.6). Wie bereits angedeutet, können Sie in einem Ziellokationsprofil problemlos mehrere Einstufungen und Gültigkeitsräume hinterlegen.

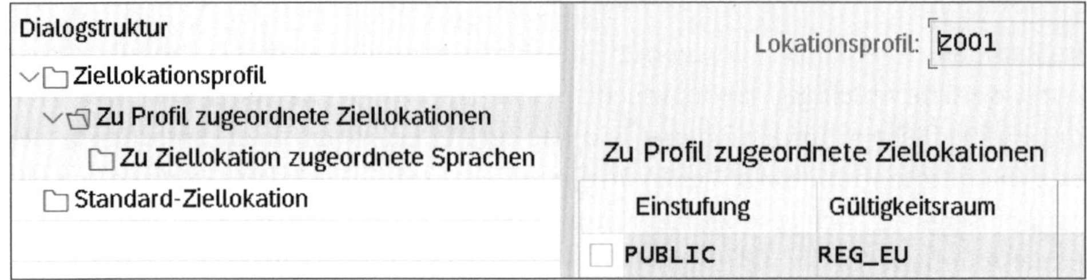

Abbildung 8.6 Ziellokationen zu Ziellokationsprofil zuordnen

Abhängig von den Ziellokationen definieren Sie im nächsten Schritt unter **Zu Ziellokation zugeordnete Sprachen**, welche Sprachen verfügbar sein sollen. Für die Zuordnung einer Sprache wählen Sie in der Spalte **SprCode** die gewünschten Sprachencodes aus (siehe Abbildung 8.7).

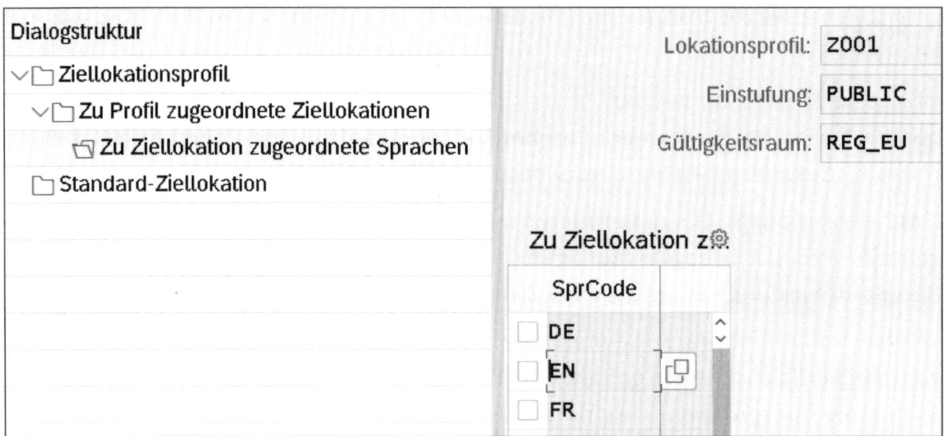

Abbildung 8.7 Sprachen zur Ziellokation zuordnen

Wie Sie es Abbildung 8.8 entnehmen können, geben Sie in der Dialogstruktur unter **Standard-Ziellokation** im Feld **Lokationsprofil** ein Ziellokationsprofil an, das das System als Standard-Ziellokation verwenden kann. Im Feld **In ErstModus setzen**, legen Sie fest, wie das System mit dem Ziellokationsprofil im Rahmen einer Anlage eines Etiketts umgehen soll. Es gibt folgende Auswahlmöglichkeiten:

- **E – Aktiviert**
  Wenn Sie das Feld **In ErstModus setzen** mit **E Aktiviert** belegen, ordnet das System dem Etikett automatisch die Ziellokationen des hier hinterlegten Ziellokationsprofils zu. Die Ziellokationen können nachträglich manuell verändert werden.

- **Leer – Deaktiviert**
  Wenn Sie das Feld **In ErstModus setzen** mit **Leer Deaktiviert** belegen, ordnet das System dem Etikett keine Ziellokationen zu. Die Ziellokationen müssen in diesem Fall im Etikett manuell angegeben werden.
- **A – Fragen**
  Wenn Sie das Feld **In ErstModus setzen** mit **A Fragen** belegen, erhalten Sie beim Anlegen eines Etiketts ein Pop-up-Fenster, in dem Sie aus den vorhandenen Ziellokationsprofilen auswählen können. Des Weiteren können Sie innerhalb eines Ziellokationsprofils entscheiden, welche der Ziellokationen zugeordnet werden sollen. Die Ziellokationen können nachträglich manuell verändert werden. Das Ziellokationsprofil, das als Standard definiert ist, wird Ihnen vorgeschlagen.

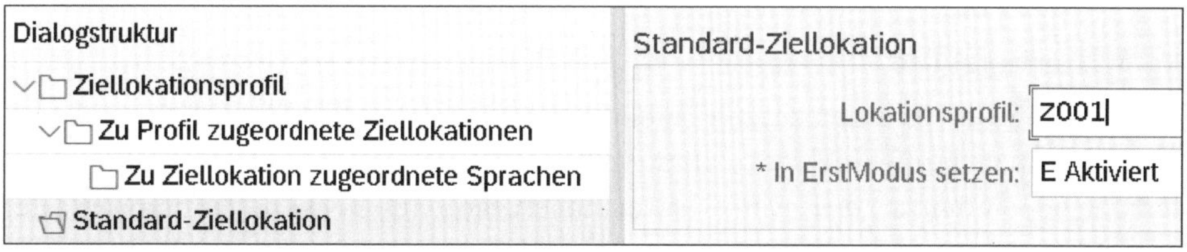

Dialogstruktur
Ziellokationsprofil
Zu Profil zugeordnete Ziellokationen
Zu Ziellokation zugeordnete Sprachen
Standard-Ziellokation
Standard-Ziellokation
Lokationsprofil: Z001
* In ErstModus setzen: E Aktiviert

Abbildung 8.8 Ziellokationsprofil als Standard-Ziellokation festlegen

Die Ziellokation wirkt sich zudem darauf aus, welche Daten aus den Spezifikationen bzw. aus den Rezepten gelesen werden.

Inhaltsstoffetikett

Das *Inhaltsstoffetikett* dient dazu, die Einsatzstoffe eines Produkts aufzubereiten. Sie können damit die Zutatenliste für einen bestimmten Gültigkeitsbereich in verschiedenen Sprachen definieren. Dies können sowohl Zutatenlisten für Nahrungs- und Genussmittel als auch Zutatenlisten aus dem Bereich der Chemie oder Kosmetik (INCI-Liste) sein.

Sie entscheiden, welche Positionen von der Anzeige ausgeschlossen werden sollen, bei welchen Positionen der prozentuale Anteil angegeben werden soll und welche Positionen unter einem speziellen Begriff zusammengefasst werden sollen.

Basierend auf den getätigten Einstellungen generieren Sie einen sogenannten *Entwurf* für das Inhaltsstoffetikett in den Sprachen, die im Etikett zugeordnet sind. Bei Bedarf können Sie Phrasen als Fußnoten oder Marketingaussagen hinzufügen. Details zum Inhaltsstoffetikett entnehmen Sie Abschnitt 8.3, »Inhaltsstoffetikett«.

Qualitatives Etikett

In der View **Qualitatives Etikett** können Sie für die verschiedenen Gruppen der qualitativen Eigenschaften (Diätgruppen, Allergengruppen oder Zertifikatgruppen) entscheiden, welche Bestandteile der Gruppe angezeigt werden sollen. Sie können eine Gruppe als Standardwert vordefinieren und im Etikett selbst weitere Gruppen oder Einzelpositionen hinzufügen.

Sie können die Ausnahmewerte durch individuelle Textbausteine ersetzen, sodass Sie z. B. für alle Allergene mit dem Ausnahmewert 05 (Ja) das »Ja« durch den Textbaustein »enthält« ersetzen.

Nachdem Sie die manuellen Anpassungen vorgenommen haben, generieren Sie auch hier einen Entwurf für das qualitative Etikett in den Sprachen, die im Etikett zugeordnet sind. Bei Bedarf können Sie die Phrasen als Fußnoten, Marketingaussagen oder Diätaussagen hinzufügen. Details zum qualitativen Etikett entnehmen Sie Abschnitt 8.4, »Qualitatives Etikett«.

Komponentenetikett

Nachdem Sie bereits einen kurzen Einblick in das Inhaltsstoffetikett für die Aufbereitung der Inhaltsstoffe und das qualitative Etikett für die Aufbereitung der Diäten, Allergene oder religiöse Zertifikate erhalten haben, fehlt nun noch die Aufbereitung der numerischen Angaben der Nährstoffe. Sie legen fest, in welcher Struktur und Hierarchie die einzelnen Nährstoffe dargestellt werden sollen.

Die ermittelten Werte aus der Nährstoffberechnung oder der Nährstoffverlustberechnung (siehe Abschnitt 8.2.6, »Verbindung zur Rezeptentwicklung einrichten«), können mit Bezug zu unterschiedlichen Basismengen in das Komponentenetikett geladen und skaliert werden. Fußnoten und Marketingaussagen (z. B. »Ausgezeichnet mit dem Food Award 2021« stehen Ihnen ebenfalls zur Verfügung. Details entnehmen Sie Abschnitt 8.5, »Komponentenetikett«.

Packungsetikett

Das *Packungsetikett* dient dazu, die Angaben aus den verschiedenen Etikettendefinitionen für ein PDF-Formular zusammenzufassen und so aufzubereiten, dass die Daten im Anschluss in einem PDF-Dokument angesehen werden können. Für die Weitergabe an Drittsysteme steht auch ein Export in eine XML-Datei zur Verfügung. Meistens wird eine Spezialsoftware oder ein Dienstleister für die grafische Aufbereitung der Etikettendaten eingebunden, nachdem die Daten inhaltlich in SAP Recipe Development in Form gebracht worden sind. Details entnehmen Sie Abschnitt 8.6, »Packungsetikett«, und Abschnitt 8.7, »XML-Export«.

8.1.4 Object Navigator

Auch zu einem Etikett gibt es den *Object Navigator*, in dem Sie einen guten Überblick erhalten, welche Etikettenalternativen und Etikettenversionen es zum aktuellen Etikett gibt. Sie erreichen den Object Navigator über den Menüpfad **Weitere Möglichkeiten • Display in Object Navigator**. Wie Sie es in Abbildung 8.9 sehen, sind in der Sicht **Versionen** alle Etiketten aufgelistet, die mit dem aktuell offenen Etikett zu tun haben.

Objekt-ID	Spezifikation	Beschr. Spez.	Objektbeschreibung	Objektstatus	Statusbeschreibung
000000000004/000/000	000000000004	Sahnesoße	Etikett Sahnesoße 7% Sahne Test	100	In Arbeit
000000000004/000/001	000000000004	Sahnesoße	Etikett Sahnesoße 7% Sahne	100	In Arbeit
000000000004/000/002	000000000004	Sahnesoße	Etikett Sahnesoße 7% Sahne Test	100	In Arbeit
000000000004/001/000	000000000004	Sahnesoße		100	In Arbeit
000000000004/002/000	000000000004	Sahnesoße	Etikett Sahnesoße 7% Sahne Test	100	In Arbeit
000000000004/002/001	000000000004	Sahnesoße	Etikett Sahnesoße 7% Sahne Test	100	In Arbeit

Abbildung 8.9 Object Navigator eines Etiketts

Hinweis für das Arbeiten mit Etiketten

Bei der Arbeit mit Etiketten tritt immer wieder der Fall auf, dass manche Funktionen im Menü noch nicht ins Deutsche übersetzt worden sind. Die Menüeinträge sind dann im Englischen verfügbar. Dies ist im ersten Moment irritierend, ändert aber nichts an den Funktionen selbst.

8.2 Grund-Customizing

In den folgenden Abschnitten finden Sie Informationen zu den Customizing-Einstellungen, die auf das gesamte Etikett angewendet werden. Machen Sie sich mit den Einstellungen, die zwingend benötigt werden, vertraut, und lernen Sie individuelle Optionen kennen.

8.2.1 Allgemeine Einstellungen

Für das Etikett nehmen Sie über den Customizing-Pfad **Logistik Allgemein • Product Lifecycle Management (PLM) • PLM-Web-Benutzungsoberfläche • Rezeptentwicklung • Etikettierung • Allgemeine Einstellungen** einige grundlegende Einstellungen vor. Über die Felder in Abbildung 8.10 können Sie die folgenden Einstellungen vornehmen:

- **Änderungsnummer**
  Im Feld **Änderungsnummer** legen Sie fest, ob die Verwendung einer Änderungsnummer bei der Anlage eines Etiketts obligatorisch (**M Obligatorisch**) oder unzulässig (**N Unzulässig**) sein soll.

[!]

Einstellungen für Änderungsnummer

Versuchen Sie, frühzeitig eine Entscheidung zu treffen, ob der Einsatz von Änderungsnummern gewünscht ist. Das Feld **Änderungsnummer** kann im Customizing nicht mehr verändert werden, sobald ein Etikett angelegt ist.

- **EtikettAlternat**
  Im Feld **EtikettenAlternat** entscheiden Sie, wie die Vergabe der Etikettenalternative erfolgen soll. Sie haben die folgenden Möglichkeiten:
  - **1 Intern**: Die Etikettenalternative wird vom System vergeben.
  - **2 Extern**: Die Etikettenalternative muss manuell vergeben werden.
  - **3 Optional**: Die Etikettenalternative kann manuell vergeben werden. Bleibt das Feld leer, vergibt das System die Etikettenalternative.
- **Versionen zul.**
  Mit dem Kennzeichen **Versionen zul.** (Versionen zulässig) entscheiden Sie, ob es zu einer Etikettenalternative mehrere Versionen geben kann. Wenn Sie das Kennzeichen nicht aktivieren, erhält das Etikett automatisch die Version 000. Haben Sie das Kennzeichen aktiviert, kann das System zu einer Etikettenalternative verschiedene Versionen anlegen. Die Vergabe des Versionszählers erfolgt immer durch das System.
- **Statusschema**
  Geben Sie im Feld **Statusschema** das Statusschema an, dem das Etikett folgen soll.
- **ETM-Profil anzg.**
  Entscheiden Sie mit dem Kennzeichen **ETM-Profil anzg.**, ob das System bei der Verwendung von Nährwerten das Profil für die empfohlene Tagesmenge (ETM) ebenfalls anzeigen soll.

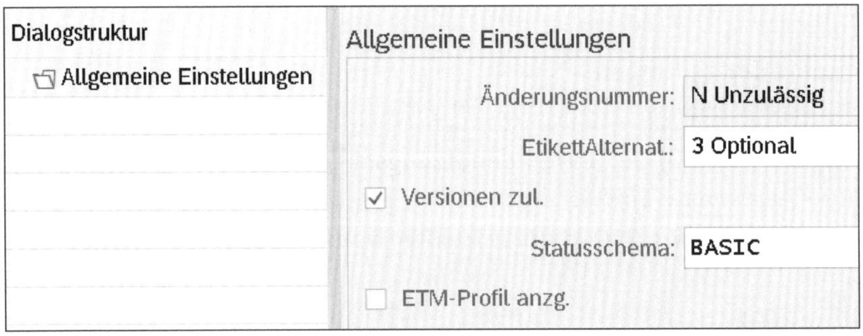

Abbildung 8.10 Allgemeine Einstellungen

8.2.2 Zusätzliche Einstellungen für die Etikettierung

Weitere Einstellungen, die Sie für das Arbeiten mit Etiketten vornehmen können, finden Sie über den Customizing-Pfad **Logistik Allgemein • Product Lifecycle Management (PLM) • PLM-Web-Benutzungsoberfläche • Rezeptentwicklung • Etikettierung • Zusätzliche Einstellungen für die Etikettierung**.

In dieser Customizing-Aktivität können Sie verschiedene Parameter setzen, die sich auf das Systemverhalten auswirken. In Abbildung 8.11 sehen Sie die im Customizing hinterlegten Parameter.

Parametername	Beschreibung	Parameterwert
LBL_AUTO_AGGREGATE_IS_ON	Autom. Aggregation in Inhaltsstoffliste	X
LBL_INGR_FOR_AGGR_IS_ON	Inhaltsstoff für Aggregationen füllen	X
LBL_MULT_USG_ON_CMP_IS_ON	Mehrfachverwend. in Komponentenstruktur	X
LBL_IN_USAGE_DEP_DECL_DES	Verwendungsabhängige Inhaltsstoffbezeich	X
LBL_COMB_ITM_EXCL_DRFT_ON	Kombin. Posit. aus Entwurf ausschließen	X

Abbildung 8.11 Zusätzliche Einstellungen für die Etikettierung

- **LBL_AUTO_AGGREGATE_IS_ON – Automatische Aggregation in der Inhaltsstoffliste**
  Geben Sie als Parameterwert für den Parameter **Autom. Aggregation in Inhaltsstoffliste** »X« an, erscheint im Inhaltsstoffetikett ein neuer Button **Automatisch aggregieren**, mit dem Sie eine automatische Aggregation in der Inhaltsstoffliste durchführen können. Bei der automatischen Aggregation prüft das System zunächst, ob es Positionen gibt, denen dieselbe Aussage zugeordnet ist; alle diese Positionen werden zusammengefasst. Im zweiten Schritt prüft das System, ob es Positionen gibt, die dieselbe Spezifikations-ID haben. Auch diese Positionen werden zusammengefasst.
- **LBL_INGR_FOR_AGGR_IS_ON – Inhaltsstoff für Aggregationen füllen**
  Dieser Parameter sorgt dafür, dass bei einer Aggregation von zwei Positionen mit derselben Spezifikations-ID automatisch die Bezeichnung in das Feld **Text für Entwurf** geschrieben wird.
- **LBL_MULT_USG_ON_CMP_IS_ON – Mehrfachverwendung in der Komponentenstruktur**
  Mit dem Parameter **Mehrfachverwend. in Komponentenstruktur** sorgen Sie dafür, dass Sie im Rahmen des Komponentenetiketts die Komponentenliste zu derselben Menge nochmals angeben können. Voraussetzung ist, dass Sie eine andere Einstufung und einen anderen Gültigkeitsraum zuweisen. Durch diesen Parameter

kommt eine neue Spalte im Komponentenetikett hinzu, die die Verwendung anzeigt.

- **LBL_IN_USAGE_DEP_DECL_DES – Verwendungsabhängige Inhaltsstoffbezeichnung**
  Spezifikationen können mithilfe der Identifikatoren und Verwendung verschiedene Bezeichnungen erhalten. Der Parameter **Verwendungsabhängige Inhaltsstoffbezeich** steuert, dass bei der Suche nach Aussagen ausschließlich Bezeichnungen mit Bezug zur Verwendung angezeigt werden.
- **LBL_COMB_ITM_EXCL_DRFT_ON – Kombinierte Positionen aus dem Entwurf ausschließen**
  Mit dem Parameter **Kombin. Posit. aus Entwurf ausschließen** sorgen Sie dafür, dass nach einer Kombination von Inhaltsstoffen die Unterelemente automatisch von der Anzeige ausgeschlossen werden.

8.2.3 Nummernkreise definieren

Für die Arbeit mit Etiketten spielen Nummernkreise eine wichtige Rolle. Es gibt verschiedene Nummernkreisobjekte mit Nummernkreis-IDs, bei denen Sie sicherstellen sollten, dass diese vorhanden sind. In Tabelle 8.1 sehen Sie, welche Nummernkreisobjekte es gibt, wie diese heißen und welche Intervalle dazu jeweils angelegt sein müssen.

Nummernkreisobjekt	Bezeichnung	Nummernkreisnummer	Von Nummer	Bis Nummer
LBL_ID	Nummernkreis für Label-ID	E1	AAAAAAAAAAAAAAAAAAAA	ZZZZZZZZZZZZZZZZZZZ
		I1	10000000000000000000	99999999999999999999
LBL_STATUS	Nummernkreis für Statusobjekt-ID	I1	000000000001	899999999999
LBL_STMT	Nummernkreis für Etikettenaussageobjektnummer	I1	000000000001	999999999999
LBL_USAGE	Nummernkreisobjekt für die Etikettenverwendungsobjektnummer	I1	000000000001	999999999999

Tabelle 8.1 Nummernkreisobjekte und Nummernkreisnummern

Zur Pflege der Nummernkreisintervalle für das Nummernkreisobjekt LBL_ID (Nummernkreis für Label ID) gelangen Sie auch über den Customizing-Pfad **Logistik Allgemein • Product Lifecycle Management (PLM) • PLM-Web-Benutzungsoberfläche • Rezeptentwicklung • Etikettierung • Nummernkreise definieren**.

Die übrigen Nummernkreisobjekte pflegen Sie in Transaktion SNUM (Nummernkreisobjektpflege). Navigieren Sie dort über die Taste [F7] zur Intervallpflege. Wenn Sie gerne einer einheitlichen Vorgehensweise folgen, können Sie auch das Nummernkreisobjekt LBL_ID (Nummernkreis für Label-ID) über Transaktion SNUM pflegen.

8.2.4 Berechtigungsgruppe für Etiketten

Der Umgang mit *Berechtigungsgruppen* für Etiketten ähnelt der Vorgehensweise bei Berechtigungsgruppen für Spezifikationen oder Rezepten. Der entscheidende Unterschied ist der Spezifikationstyp: Dieser muss zugeordnet sein, damit eine Berechtigungsgruppe im Etikett verfügbar ist.

Über den folgenden Customizing-Pfad sehen Sie alle verfügbaren Berechtigungsgruppen: **Logistik Allgemein • Product Lifecycle Management (PLM) • PLM-Web-Benutzungsoberfläche • Rezeptentwicklung • Etikettierung • Berechtigungsgruppen festlegen**. Wie Sie es Abbildung 8.12 entnehmen können, müssen Sie den Spezifikationstyp LABEL_WUI (eine Bezeichnung gibt es bisher nicht) in der Berechtigungsgruppe zuweisen, damit Sie diese im Etikett für die Zugriffsverwaltung verwenden können.

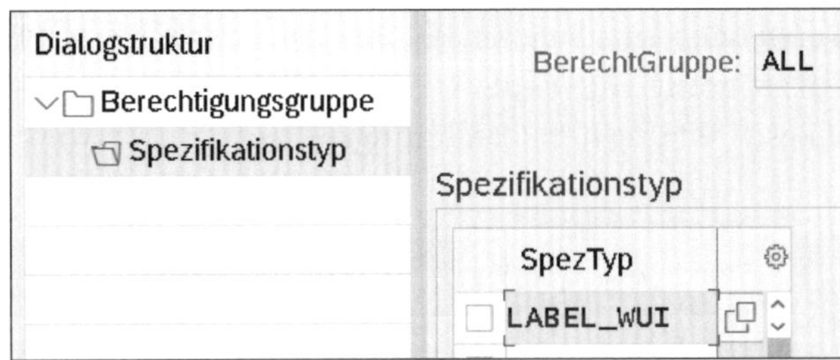

Abbildung 8.12 Berechtigungsgruppe mit Spezifikationstyp für das Etikett

8.2.5 Umgebungsparameter

Damit die Verwendung der empfohlenen Tagesmenge (ETM) funktionieren kann, geben Sie im Customizing über den folgenden Pfad den Umgebungsparameter FRML_SUBCAT_RDA (Spezifikationsart für ETM-Profile an): **Logistik Allgemein • Product Lifecycle Management (PLM) • Rezeptverwaltung • Formel • Umgebungsparameter definieren und bewerten**. Geben Sie den technischen Namen in der Spalte **Umgebungsparameter** an (siehe Abbildung 8.13). In der Spalte **Bezeichng** pflegen Sie die Bezeichnung des Umgebungsparameters. Die tatsächliche Spezifikationsart (im Standard RMSL_RDA) geben Sie in der Spalte **Wert** an.

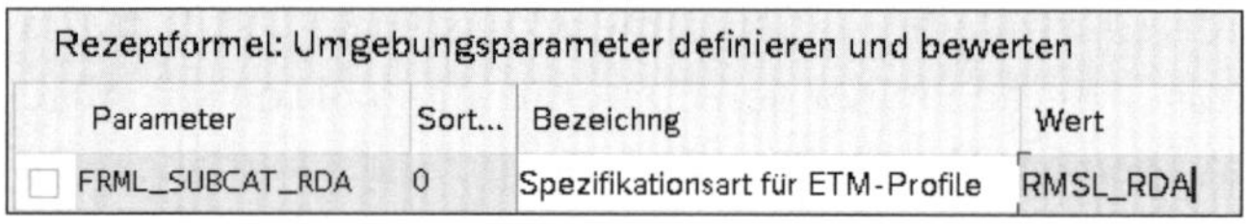

Rezeptformel: Umgebungsparameter definieren und bewerten			
Parameter	Sort...	Bezeichng	Wert
FRML_SUBCAT_RDA	0	Spezifikationsart für ETM-Profile	RMSL_RDA

Abbildung 8.13 Umgebungsparameter FRML_SUBCAT_RDA

8.2.6 Verbindung zur Rezeptentwicklung einrichten

Für die Ermittlung der Berechnungsergebnisse in einem Rezept sind im System Berechnungs-IDs definiert. In Abschnitt 6.2.3, »Rezeptberechnungen definieren«, sind die verschiedenen Berechnungs-IDs beschrieben. Bei der Definition von Etiketten greifen wir auf die Ergebnisse von Rezeptberechnungen zurück bzw. auf spezielle Bewertungsarten aus dem Eigenschaftsbaum einer Spezifikation.

Damit die korrekten Daten ins Etikett eingebunden werden, können Sie im Customizing über den folgenden Pfad sicherstellen, dass die richtigen Berechnungs-IDs ausgewählt sind: **Logistik Allgemein • Product Lifecycle Management (PLM) • PLM-Web-Benutzungsoberfläche • Rezeptentwicklung • Etikettierung • Verbindung zur Rezeptentwicklung (PLM-WUI-RCP) einrichten**.

In Abbildung 8.14 sehen Sie eine beispielhafte Darstellung der Verbindung zur Rezeptentwicklung. In der Spalte **Berechnungs-ID** sind die verschiedenen Rezeptberechnungen aufgeführt. In der Spalte **Std./Kunde** geben Sie an, ob das System Parameter aus dem Standardumfang verwenden oder ob das System Ihre individuellen Parameter nutzen soll. In der Spalte **Verwenden** entscheiden Sie über das Kennzeichen, ob eine Berechnungs-ID für die Etikettierung verwendet werden soll. In der Spalte **Beschreibung** gibt das System die Beschreibung der Berechnungs-ID an.

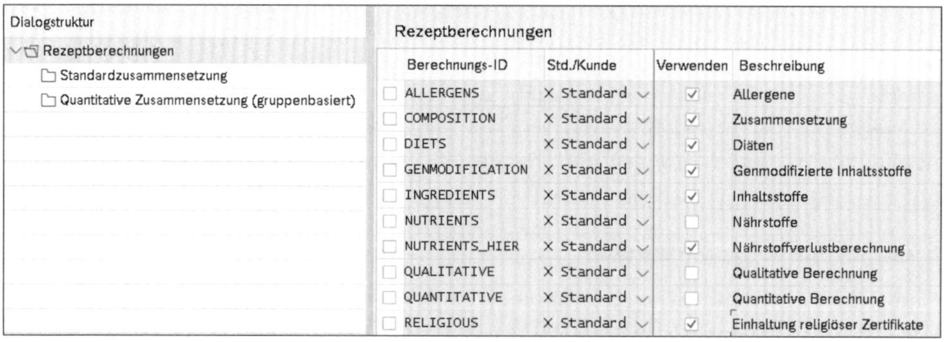

Dialogstruktur
- Rezeptberechnungen
  - Standardzusammensetzung
  - Quantitative Zusammensetzung (gruppenbasiert)

Rezeptberechnungen

Berechnungs-ID	Std./Kunde	Verwenden	Beschreibung
ALLERGENS	X Standard	☑	Allergene
COMPOSITION	X Standard	☑	Zusammensetzung
DIETS	X Standard	☑	Diäten
GENMODIFICATION	X Standard	☑	Genmodifizierte Inhaltsstoffe
INGREDIENTS	X Standard	☑	Inhaltsstoffe
NUTRIENTS	X Standard	☐	Nährstoffe
NUTRIENTS_HIER	X Standard	☑	Nährstoffverlustberechnung
QUALITATIVE	X Standard	☐	Qualitative Berechnung
QUANTITATIVE	X Standard	☐	Quantitative Berechnung
RELIGIOUS	X Standard	☑	Einhaltung religiöser Zertifikate

Abbildung 8.14 Verbindung zur Rezeptentwicklung einrichten

SAP liefert eine Grundkonfiguration aus, mit der Sie problemlos Etiketten definieren können, sofern als Datenherkunft die Spezifikation gewählt wird. Sobald Sie ein Rezept als Datenherkunft für das Inhaltsstoffetikett nutzen möchten, sollten Sie sicherstellen, dass die Berechnungs-ID INGREDIENTS (Inhaltsstoffe) in der Spalte **Verwenden** markiert ist (siehe Abbildung 8.14).

Abhängig davon, welche Nährstoffberechnung Sie einsetzen, müssen Sie sich für eine der beiden Berechnungs-IDs entscheiden. Wie Sie in Abschnitt 5.2.2, »Berechnungsergebnisse«, nachlesen können, legt SAP nahe, dass Sie die Nährstoffverlustberechnung nutzen. So ergibt sich die Konfiguration aus Abbildung 8.14, bei der die Berechnungs-ID NUTRIENTS_HIER (Nährstoffverlustberechnung) für die Verwendung gekennzeichnet ist.

Eine mögliche Konfiguration dieser Customizing-Aktivität ist in Tabelle 8.2 aufgeführt.

Berechnungs-ID	Beschreibung	Verwenden
ALLERGENS	Allergene	X
COMPOSITION	Zusammensetzung	X
DIETS	Diäten	X
GENMODIFICATION	Genmodifizierte Inhaltsstoffe	X
INGREDIENTS	Inhaltsstoffe	X
NUTRIENTS	Nährstoffe	
NUTRIENTS_HIER	Nährstoffverlustberechnung	X
QUALITATIVE	Qualitative Berechnung	
QUANTITATIVE	Quantitative Berechnung	
RELIGIOUS	Einhaltung religiöser Zertifikate	X

Tabelle 8.2 Mögliche Verwendung von Berechnungs-IDs

Falls Sie für die Inhaltsstoffe im Etikett eine Bezeichnung vergeben möchten, die von den Identifikatoren abweicht, können Sie in der Berechnungs-ID COMPOSITION (Zusammensetzung) Vorkehrungen treffen. Sie benötigen eine Bewertungsart, die mit einer Klasse verknüpft ist, die wiederum ein verphrastes Merkmal beinhaltet, aus dessen Phrasenauswahlmenge Sie in einer Spezifikation die Bezeichnung im Eigenschaftsbaum zuweisen. Dazu geben Sie zur Berechnungs-ID COMPOSITION (Zusammensetzung) im Unterordner **Standardzusammensetzung** die Bewertungsart (Feld **BeschrBewertArt**) und das verphraste Merkmal (Feld **Merkmalsbeschr.**) an. Ob dies tatsächlich benötigt wird, müssen Sie für sich selbst entscheiden.

Wenn Sie für die ermittelten Nährwerte Rundungsregeln anwenden möchten (siehe Abschnitt 8.5.5, »Rundungsregeln für Nährstoffe«), stellen Sie sicher, dass die bei Ihnen relevante Berechnungs-ID für die Nährstoffe im Unterordner **Quantitative Zusammensetzung (gruppenbasiert)** die entsprechenden Bewertungsarten und Merkmale für die Ermittlung der Rundungsregeln beinhaltet. Für Rundungsregeln, die sich rein auf die Nährwerte beziehen, bedeutet dies im Standardfall:

- **Rundungsregel**: SAP_RMS_1012_015
- **Intervall**: SAP_RMS_LBL_INTERVAL
- **Auf Nächste**: SAP_RMS_LBL_ROUND_TO_NEAREST
- **Aussage Wert**: SAP_RMS_LBL_STATEMENT
- **Ausgewies. Wert**: SAP_RMS_LBL_VALUE
- **Nicht anzeigen**: SAP_RMS_LBL_HIDE

8.2.7 Phrasengruppen anlegen und zuordnen

Im Rahmen der Aufbereitung der Daten in einem Etikett kann es vorkommen, dass Sie zusätzliche Informationen angeben oder Beschreibungen von Spezifikationen verändern möchten. Dies gelingt Ihnen, indem Sie die Informationen oder Beschreibungen in Form von Phrasen anlegen. Die Ausführungen zum Anlegen von Phrasen finden Sie in Abschnitt 3.2, »Phrasenverwaltung«.

Wenn Sie mit Spezifikationen arbeiten und WWI-Berichte im Einsatz haben, kann die Anzahl der Phrasen sehr groß sein. Damit Ihnen bei der Gestaltung der Etikettendaten nicht immer alle Phrasen zur Auswahl stehen, stellt SAP Abgrenzungsmöglichkeiten zur Verfügung. Diese Abgrenzung geschieht anhand der Phrasengruppe. Sie können also pro Abgrenzungsmöglichkeit eine eigene Phrasengruppe anlegen, damit die Auswahl der Phrasen abhängig davon, an welcher Stelle Sie eine Phrase zuordnen möchten, inhaltlich abgegrenzt ist. Sie können für die folgenden Bereiche Phrasengruppen anlegen:

- **Diätaussagen**
  Die Diätaussagen stehen Ihnen im qualitativen Etikett für Ergänzungen zur Verfügung.
- **Fußnoten**
  Fußnoten stehen Ihnen im Inhaltsstoffetikett, im qualitativen Etikett und im Komponentenetikett zur Verfügung.
- **Marketingaussage**
  Die Marketingaussagen stehen Ihnen im Inhaltsstoffetikett, im qualitativen Etikett und im Komponentenetikett zur Verfügung.
- **Ausgewiesener Wert**
  Im Rahmen des Komponentenetiketts können Sie die Phrasen auswählen, die zur Phrasengruppe für den ausgewiesenen Wert angelegt wurden. Gängige Phrasen sind hier die mathematischen Zeichen für größer (>) und kleiner (<).

- **Deklarationsgruppe**
  Innerhalb des Inhaltsstoffetiketts können Sie Deklarationsgruppen definieren, deren mögliche Bezeichnungen Sie über eine separate Phrasengruppe eingrenzen können.
- **Komponentenstruktur**
  Im Komponentenetikett können Sie Phrasen für eine Umbenennung der Nährstoffe verwenden. Voraussetzung ist, dass die Phrasen der hier angegebenen Phrasengruppe zugeordnet sind.
- **Phrasengruppe für PDF-Textbausteine**
  Für die Gestaltung der PDF-Formulare des Packungsetiketts stehen im Customizing Phrasen zur Verfügung, die der hier angegebenen Phrasengruppe zugeordnet sind (siehe Abschnitt 8.6.2, »PDF-Formulare definieren«).

Wenn Sie sich im Customizing in den Einstellungen für das Etikett befinden, können Sie dort auch über den Customizing-Pfad die Phrasengruppen zum aktiven Phrasenkatalog anlegen: **Logistik Allgemein • Product Lifecycle Management (PLM) • PLM-Web-Benutzungsoberfläche • Rezeptentwicklung • Etikettierung • Phrasenkataloge und Phrasengruppen festlegen**.

Damit das System die Phrasengruppen zu den Bereichen zuordnen kann, müssen Sie im Customizing über den folgenden Pfad angeben, welche Phrasengruppe für welchen Bereich verwendet werden soll: **Logistik Allgemein • Product Lifecycle Management (PLM) • PLM-Web-Benutzungsoberfläche • Rezeptentwicklung • Etikettierung • Phrasengruppen definieren**. Wie Sie in Abbildung 8.15 sehen, gibt es für jeden Bereich ein eigenes Feld, in das Sie den Schlüssel der jeweiligen Phrasengruppe eintragen. Die Bezeichnungen der Phrasengruppen werden nicht angezeigt.

Abbildung 8.15 Phrasengruppen zu den Bereichen im Etikett zuordnen

8.2.8 Aussagezweck angeben

In Abschnitt 8.1.3, »Etikettendefinition«, haben Sie zu den unterschiedlichen Etikettentypen erfahren, dass jeweils Aussagen für Fußnoten, Marketingaussagen oder – im Falle des qualitativen Etiketts – auch für Diäten und andere qualitative Komponenten angegeben werden können.

Wenn Sie die Aussagen innerhalb der Fußnote oder der Marketingaussage noch einem bestimmten Zweck zuordnen möchten, können Sie individuelle *Aussagezwecke* im Customizing über den folgenden Pfad definieren: **Logistik Allgemein • Product Lifecycle Management (PLM) • PLM-Web-Benutzungsoberfläche • Rezeptentwicklung • Etikettierung • Aussagezweck angeben**. Der Aussagezweck dient dazu, die Aussagen inhaltlich voneinander abzugrenzen.

Beispiel für einen Aussagezweck

Angenommen, Sie möchten in der Nähe der Zutatenliste eines Produkts die Zusatzinformation platzieren, dass dieses Produkt einen Nachhaltigkeitspreis gewonnen hat. Dann können Sie einen Aussagezweck für Auszeichnungen anlegen. Im Inhaltsstoffetikett geben Sie im Bereich **Aussagen** die Aussageart **Marketing** an und ordnen in dieser Zeile im Anschluss den Aussagezweck **Auszeichnung** zu. Um welche Auszeichnung es sich handelt, geben Sie in der Spalte **Aussage** an. Damit ist für andere Personen direkt klar, woher die Aussage kommt bzw. was mit der Aussage bezweckt wird.

Wenn Sie, wie im Beispiel beschrieben, auf dem Packungsetikett eines Produkts mit einer Auszeichnung, die Ihr Unternehmen erhalten hat, werben möchten, könnten Sie, wie es in Abbildung 8.16 zu sehen ist, einen Aussagezweck für Auszeichnungen anlegen. Ihnen stehen 20 Zeichen für die ID des Aussagezwecks und 40 Zeichen für die Aussagezweckbeschreibung zur Verfügung.

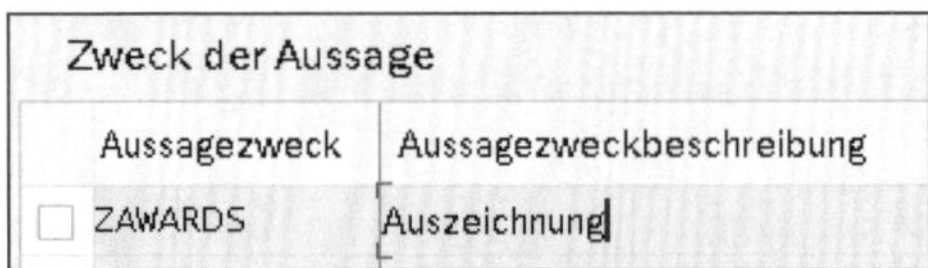

Abbildung 8.16 Aussagezweck anlegen

Die Aussagezwecke sind nicht an eine Aussageart gebunden und könnten somit sowohl für Marketingaussagen als auch für Fußnoten oder auch Diätaussagen verwendet werden.

In Abbildung 8.17 wurde exemplarisch eine Marketingaussage angegeben. In der Spalte **Zweck** sehen Sie den Aussagezweck ZAWARDS, der in Abbildung 8.16 angelegt worden ist. Die zugewiesene Phrase in der Spalte **Aussage** ist der Phrasengruppe zugeordnet, die im Customizing für die Marketingaussage angegeben worden ist (siehe Abschnitt 8.2.7, »Phrasengruppen anlegen und zuordnen«).

Globale Definition | Inhaltsstoffetikett | Qualitatives Etikett | Komponentenetikett

> Titel der Inhaltsstoffliste

> Inhaltsstoffliste Ziellokation: PUBLIC:REG_EU (Voll:

Aussagen: Marketing (1) Ziellokation: PUBLIC:REG_EU (Voll:

Aussagen aus der Ziellokation kopieren: Anwenden

Entfernen | Alle anz. | Alle ausbl. | Sprache: Deutsch

Art der Aus...	Zweck	Aussage	Beschreibung
Marketing	ZAWARDS	CUST-100000000000019	Nachhaltigkeitspreis 2022

Abbildung 8.17 Aussagezweck im Inhaltsstoffetikett

Alle Aussagen im Inhaltsstoffetikett werden im Standardformular des Packungsetiketts unterhalb der Inhaltsstoffliste aufgeführt. Sehen Sie sich dazu Abbildung 8.18 mit der Aussage »Nachhaltigkeitspreis 2022« an.

Alle Aussagen im qualitativen Etikett werden im Standardformular des Packungsetiketts unterhalb der qualitativen Angaben aufgeführt.

Alle Aussagen im Komponentenetikett werden mit einer Verweisnummer unterhalb der Nährwerte zu einer bestimmten Basismenge aufgeführt.

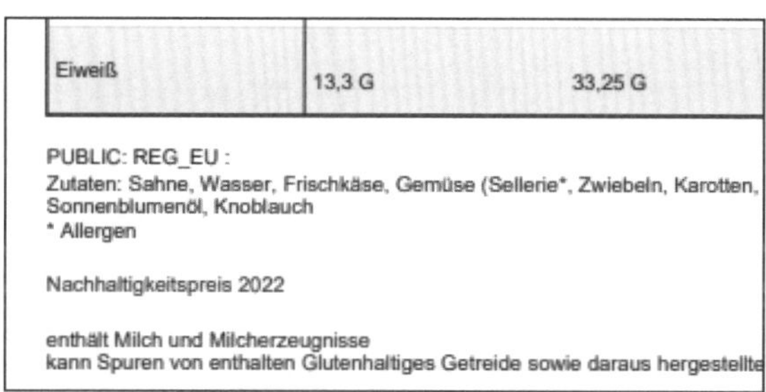

Eiweiß	13,3 G	33,25 G

PUBLIC: REG_EU :
Zutaten: Sahne, Wasser, Frischkäse, Gemüse (Sellerie*, Zwiebeln, Karotten, Sonnenblumenöl, Knoblauch
* Allergen

Nachhaltigkeitspreis 2022

enthält Milch und Milcherzeugnisse
kann Spuren von enthalten Glutenhaltiges Getreide sowie daraus hergestellte

Abbildung 8.18 Beispiel für eine Aussage im Inhaltsstoffetikett

8.2.9 Aufbewahrungsfrist für Anwendungsprotokolle festlegen

Auch für das Etikett gibt es ein Anwendungsprotokoll, in dem Sie Hinweise dazu erhalten, wenn es Fehlermeldungen, Warnmeldungen, Informationsmeldungen oder Statusmeldungen gibt. Im Customizing stellen Sie über den folgenden Pfad die Anzahl an Tagen ein, an denen ein Anwendungsprotokoll aufbewahrt werden soll: **Logistik Allgemein • Product Lifecycle Management (PLM) • PLM-Web-Benutzungsoberfläche • Rezeptentwicklung • Etikettierung • Aufbewahrungsfrist für Anwendungsprotokolle festlegen**.

Wie Sie es in Abbildung 8.19 sehen, geben Sie im Feld **Aufbewahrungsfrist** die Anzahl an Tagen an, an denen die Meldungen des Anwendungsprotokolls aufbewahrt werden sollen. Das Feld ist 7-stellig. Denken Sie jedoch daran, dass Meldungen auch Platz im System benötigen.

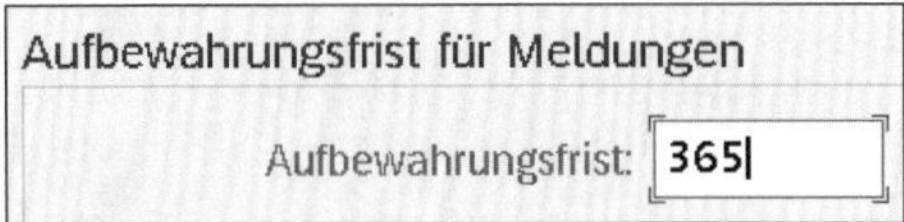

Abbildung 8.19 Aufbewahrungsfrist für Anwendungsprotokolle

8.2.10 Listentitel definieren

Innerhalb eines Etiketts gibt es verschiedene Listen. Im Standardumfang gehören dazu die Liste qualitativer Daten, die Inhaltsstoffliste und die Komponentenliste. Die Beschreibungen der Listen können Sie im Customizing über den Pfad **Logistik Allgemein • Product Lifecycle Management (PLM) • PLM-Web-Benutzungsoberfläche • Rezeptentwicklung • Etikettierung • Listentitel definieren** an Ihre Anforderungen anpassen. Wie Sie in Abbildung 8.20 sehen, gibt es eine Spalte **Listen-ID** und eine Spalte **Listenbeschreibung**. Für die Listenbeschreibungen stehen Ihnen jeweils 60 Zeichen zur Verfügung. Zur Übersetzung der Listenbeschreibungen navigieren Sie über den Menüpfad **Mehr • Springen • Übersetzung**.

Listentitel auf Etiketten

Listen-ID	Listenbeschreibung
LBL_DI	Liste qualitativer Daten
LBL_IN	Inhaltsstoffliste
LBL_NU	Komponentenliste

Abbildung 8.20 Listentitel definieren

In Tabelle 8.3 sind die verfügbaren Listen-IDs, die dazugehörigen Listenbeschreibungen und die Stelle im Etikett, an der sich die Beschreibungen auswirken, aufgeführt.

Listen-ID	Listenbeschreibung	Auswirkung
LBL_DI	Liste qualitativer Daten	Packungsetikett – Listen
LBL_IN	Inhaltsstoffliste	Packungsetikett – Listen
LBL_NU	Komponentenliste	Etikettendefinition – Komponentenetikett

Tabelle 8.3 Listen-IDs und Listenbeschreibung

8.2.11 Änderungsbelege aktivieren

Wenn Sie im Detail nachvollziehen möchten, welche Änderungen im Etikett durchgeführt wurden, können Sie Änderungsbelege einschalten. Navigieren Sie dazu im Customizing über den Pfad **Logistik Allgemein • Product Lifecycle Management (PLM) • PLM-Web-Benutzungsoberfläche • Rezeptentwicklung • Etikettierung • Änderungsbelege aktivieren**.

Wie Sie es in Abbildung 8.21 sehen, müssen Sie für die Aktivierung der Änderungsbelege lediglich das Kennzeichen **Änderungsbelege aktivieren** setzen.

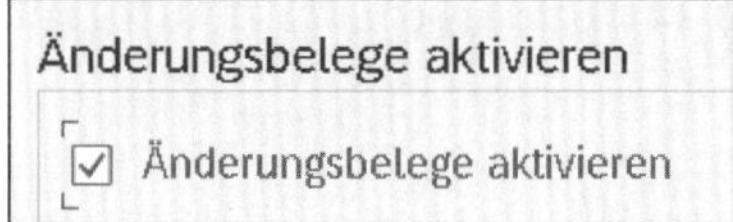

Abbildung 8.21 Änderungsbelege aktivieren

Falls Sie im Menü des Etiketts den Eintrag für den Absprung zu den Änderungsbelegen vermissen, können Sie diesen über die Customizing-Einstellungen ergänzen. Dazu navigieren Sie zu **Logistik Allgemein • Product Lifecycle Management (PLM) • PLM-Web-Benutzungsoberfläche • Einstellungen für BO Framework und Navigation • Navigation, Parameter-Mapping und Services • Services zu Service-Gruppen zuordnen**.

Dort angekommen, ordnen Sie den Service `PLM_CD` (Änderungsbelege anzeigen) der Servicegruppe `PLM_LBL` (Servicegruppe für Etikettierung) zu (siehe Abbildung 8.22).

Service-Gruppe

Service-Gruppe	Servicename
PLM_LBL	PLM_CD
PLM_LBL	PLM_WWI

Abbildung 8.22 Änderungsbelege anzeigen

Im Anschluss daran, können Sie im Etikett die Änderungsbelege über den Pfad **Weitere Funktionen • Änderungsbelege anzeigen** öffnen.

8.3 Inhaltsstoffetikett

Aus Abschnitt 8.1.3, »Etikettendefinition«, wissen Sie, dass das Inhaltsstoffetikett dazu da ist, Zutatenlisten zu definieren. In den nachfolgenden Abschnitten erfahren Sie, welche speziellen Konfigurationsmöglichkeiten es für das *Inhaltsstoffetikett* gibt.

8.3.1 Inhaltsstoff als Allergen kennzeichnen

Bei der Aufbereitung einer Zutatenliste kann es relevant sein, Inhaltsstoffe als Allergene zu kennzeichnen. Das qualitative Etikett ermöglicht Ihnen eine Auflistung der Diäten, Allergene und religiösen Zertifikate für das Produkt. Welche Inhaltsstoffe die qualitativen Komponenten verursachen, bleibt dabei jedoch verborgen.

Wenn Sie einen Inhaltsstoff im Inhaltsstoffetikett direkt als Allergen kennzeichnen möchten, müssen Sie bei dieser Spezifikation eine spezielle Kennzeichnung vornehmen.

Legen Sie dazu ein neues Merkmal mit Klasse und Bewertungsart für den Eigenschaftsbaum Ihrer Spezifikationen an.

- Merkmal
  - Datentyp: CHAR (Zeichenformat)
  - Anzahl Stellen: 3
  - Einwertig
  - Zulässige Werte: YES (Ja) und NO (Nein)
- Klasse
  - Klassenart: 100 (Stoffbewertungen)
  - Merkmal: Schlüssel des obigen Merkmals zuordnen
- Bewertungsart
  - Bewertungstyp: A (normale Eigenschaft mit Klasse)
  - Klasse (Bew.): Schlüssel der obigen Klasse zuordnen
  - BewKopie aktiv: Ja
  - Achsentausch: Ja
  - NeuBewert.aktiv: Ja
  - Änderung aktiv: Ja
  - VerwProfil: geben Sie Ihr Standard-Verwendungsprofil an
- Tabellarische Bewertung einstellen: Einträge für die Bewertungsarten erzeugen
- Bewertungsart im Eigenschaftsbaum für Ihre Spezifikationen aufnehmen

Tipp für die Anlage von Merkmal, Klasse und Bewertungsart

Denken Sie bei der Anlage der Objekte **Merkmal**, **Klasse** und **Bewertungsart** jeweils direkt an die Übersetzungen der einzelnen Objekte.

Im Customizing aktivieren Sie über den folgenden Pfad die Standard-Implementierung von SAP: **Logistik Allgemein • Product Lifecycle Management (PLM) • PLM-Web-**

Benutzungsoberfläche • Rezeptentwicklung • Etikettierung • Einstellungen für Allergeninformationen vornehmen. Wie Sie in Abbildung 8.24 sehen, gibt es das Kennzeichen **Allergeninfo einges.**

Sobald das Kennzeichen **Allergeninformationen sind eingeschaltet** gesetzt ist, erhalten Sie im Inhaltsstoffetikett neue Spalten, mit denen Sie einzelne Positionen als Allergen kennzeichnen können. In Abbildung 8.23 sehen Sie die beiden neuen Spalten **Berechnetes Allergen** und **Ausgewiesenes Allergen**, die durch die Aktivierung des Kennzeichens im Etikett eingebunden werden.

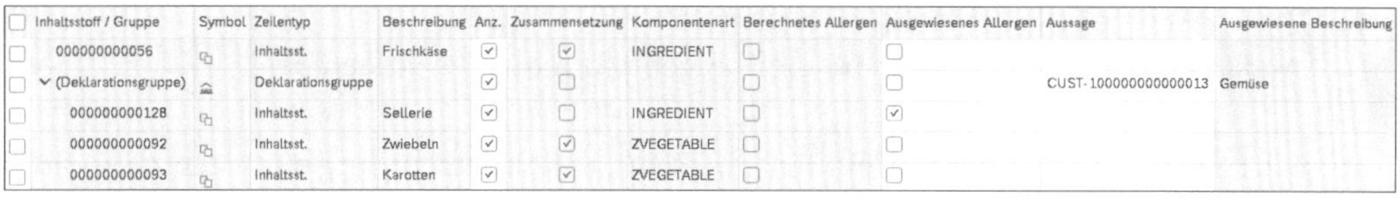

☐	Inhaltsstoff / Gruppe	Symbol	Zeilentyp	Beschreibung	Anz.	Zusammensetzung	Komponentenart	Berechnetes Allergen	Ausgewiesenes Allergen	Aussage	Ausgewiesene Beschreibung
☐	000000000056		Inhaltsst.	Frischkäse	☑	☑	INGREDIENT	☐	☐		
☐	⌄ (Deklarationsgruppe)		Deklarationsgruppe		☑	☐		☐	☐	CUST-100000000000013	Gemüse
☐	000000000128		Inhaltsst.	Sellerie	☑	☐	INGREDIENT	☐	☑		
☐	000000000092		Inhaltsst.	Zwiebeln	☑	☑	ZVEGETABLE	☐	☐		
☐	000000000093		Inhaltsst.	Karotten	☑	☑	ZVEGETABLE	☐	☐		

Abbildung 8.23 Neue Spalten in der Inhaltsstoffliste des Inhaltsstoffetiketts

Außerdem wird über das Kennzeichen **Allergeninfo einges.** (Allergeninformationen sind eingeschaltet) eine Standard-Implementierung des SAP-Systems aktiviert, die dafür sorgt, dass die Inhaltsstoffe im Etikett auf die neue Bewertungsart hin überprüft werden, und wenn das Merkmal mit »YES« gepflegt ist, wird die Inhaltsstoffposition als Allergen gekennzeichnet. Mit den Feldern **Präfix Allergenanz.** und **Suffix Allergenanz.** steuern Sie, wie die allergieauslösenden Inhaltsstoffe im Entwurf gekennzeichnet werden sollen. In Abbildung 8.24 ist zu sehen, dass ein Inhaltsstoff am Ende mit * gekennzeichnet werden soll. Vor dem Inhaltsstoff soll es in diesem Fall kein Sonderzeichen geben; daher ist das Feld **Präfix Allergenanz.** leer.

Wenn Sie die Inhaltsstoffe mit einem Sonderzeichen kennzeichnen, sollte im Anschluss an die Auflistung der Zutaten eine kurze Erklärung folgen, was das Zeichen bedeutet. SAP sieht vor, dass Sie diesen Text als Phrase anlegen.

Im Feld **Phrasenbibliothek** geben Sie den bei Ihnen aktiven Phrasenkatalog an. Legen Sie die Phrase mithilfe von Transaktion CG12 (Phrase bearbeiten) an. SAP empfiehlt, die Phrase zur Phrasengruppe `RMSL_DST` (Allergenkennzeichnung) anzulegen. Gegebenenfalls müssen Sie die Phrasengruppe im Customizing erst noch anlegen. Im Feld **Phrase** geben Sie den Phrasenschlüssel an. Da Sie die Customizing-Einstellungen in die angebundenen Systeme transportieren werden, sollten Sie den Schlüssel für die Phrase manuell vergeben. Dadurch stellen Sie sicher, dass in jedem System derselbe Text zum Phrasenschlüssel ausgegeben wird.

Im Feld **Bewertungsart** geben Sie die Bewertungsart an, in der das System prüfen soll, ob die Inhaltsstoffposition allergieauslösend ist.

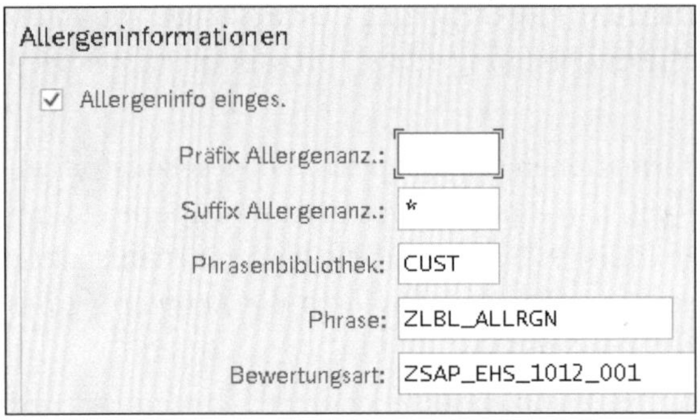

Allergeninformationen

☑ Allergeninfo einges.

Präfix Allergenanz.:

Suffix Allergenanz.: *

Phrasenbibliothek: CUST

Phrase: ZLBL_ALLRGN

Bewertungsart: ZSAP_EHS_1012_001

Abbildung 8.24 Einstellungen für die Allergeninformationen vornehmen

Sie sehen in Abbildung 8.25 ein Beispiel, wie die Kennzeichnung eines Allergens aussehen kann. In der Aufführung der verschiedenen Inhaltsstoffe sehen Sie bei der Detailbetrachtung der Klammer nach »Gemüse«, dass der Inhaltsstoff »Sellerie« mit einem * gekennzeichnet ist. Das Zeichen * ist unterhalb der Inhaltsstoffausführungen in einer Legende näher beschrieben (mit »* Allergen«).

Die Kennzeichnung des Selleries erfolgt, da er in der Liste der Inhaltsstoffe als Allergen gekennzeichnet und im Customizing festgelegt wurde, dass Allergene mit einem * gekennzeichnet werden sollen. Über die hinterlegte Phrase im Customizing kann so die Legende gebildet werden. Sehen Sie sich zur Verdeutlichung nochmal Abbildung 8.24 an.

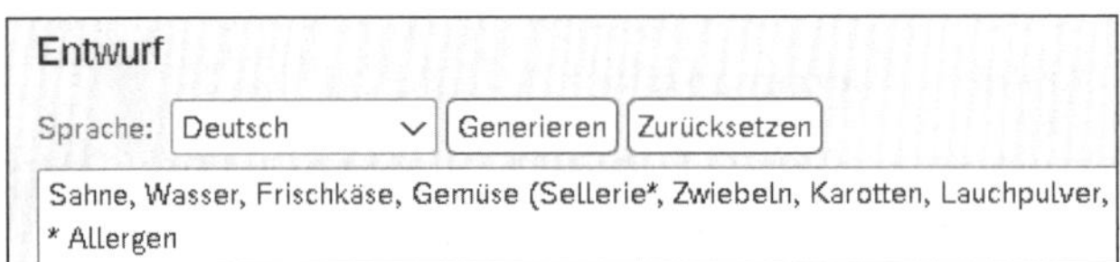

Abbildung 8.25 Entwurf mit einer Allergenkennzeichnung (Bildausschnitt)

Hinweis für die Ermittlung der Allergene

SAP beschreibt im SAP-Hinweis 2146367 (IR#19 – S15_ERP_PLM_LBL – Allergeninformationen) einen zweiten Ansatz, wie die Allergene der Inhaltsstoffe ermittelt werden können. Bei diesem Ansatz prüft das System die Allergenbewertung der Inhaltsstoffe, die auch für die Rezeptberechnung verwendet wird. Dafür sind allerdings verschiedene Klassen und Methoden mit den Kolleginnen und Kollegen aus der Entwicklung anzupassen.

8.3.2 Deklarationsgruppen

Es wird bei der Bearbeitung des Inhaltsstoffetiketts immer wieder der Fall eintreten, dass Sie verschiedene Positionen zu einer Gruppe zusammenfassen müssen. Gerade im Bereich der Lebensmittel kann es hier einiges zu tun geben. Dafür gibt es die Deklarationsgruppen.

Klicken Sie auf den Button **Hinzufügen**, um eine Deklarationsgruppe zu ergänzen. Anschließend müssen Sie direkt eine Phrase auswählen, über die die Deklarationsgruppe einen Namen erhält. In einer Testphase oder zu Beginn der Arbeit mit SAP Recipe Development kann es passieren, dass Ihnen die benötigten Phrasen für die Deklarationsgruppen noch fehlen. Über Transaktion CG12 (Phrase bearbeiten) sind diese schnell angelegt. Achten Sie darauf, dass Sie die Phrase der Phrasengruppe zuordnen, die Sie in Abschnitt 8.2.7, »Phrasengruppen anlegen und zuordnen«, im Feld **Deklarationsgruppe** hinterlegt haben (siehe Abbildung 8.15).

8

Damit Inhaltsstoffpositionen in einer Deklarationsgruppe gebündelt werden, müssen Sie diese markieren und über den Button **Ausschneiden** in die Zwischenablage bringen. Markieren Sie im Anschluss die Deklarationsgruppe, zu der die Positionen gehören sollen. Der Button **Einfügen** beinhaltet ein kleines Menü mit dem Eintrag **Als erstes Unterelement einfügen**.

Der Eintrag **Als erstes Unterelement einfügen** sorgt dafür, dass die Positionen in der Zwischenablage unter der markierten Deklarationsgruppe eingefügt werden. Sie können entscheiden, welche Positionen innerhalb einer Deklarationsgruppe im Entwurfstext in Klammern angedruckt werden sollen. In Abbildung 8.26 sehen Sie eine exemplarische Deklarationsgruppe, die durch die Phrase in der Spalte **Aussage** als Gemüse definiert ist. Die darunterliegenden Positionen wie Sellerie, Zwiebeln usw. sind durch die Spalte **Anz.** für den Andruck im Entwurfstext vorgesehen.

Inhaltsstoff / Gruppe	Symbol	Zeilentyp	Beschreibung	Anz.	Komponenten	Text f. Entwurf	Aussage	Ausgewiesene Beschreibung
(Deklarationsgruppe)		Deklarationsgruppe		☑		Gemüse	CUST-100000000000013	Gemüse
000000000128		Inhaltsst.	Sellerie	☑	INGREDIENT	Sellerie		
000000000092		Inhaltsst.	Zwiebeln	☑	ZVEGETABLE	Zwiebeln		
000000000093		Inhaltsst.	Karotten	☑	ZVEGETABLE	Karotten		
000000000094		Inhaltsst.	Lauchpulver	☑	ZVEGETABLE	Lauchpulver		
000000000095		Inhaltsst.	Röstzwiebeln	☑	ZVEGETABLE	Röstzwiebeln		
000000000096		Inhaltsst.	Kürbis	☑	ZVEGETABLE	Kürbis		

Abbildung 8.26 Beispiel für eine Deklarationsgruppe mit untergeordneten Elementen

In Abbildung 8.25 sehen Sie, dass der Deklarationsgruppe **Gemüse** eine öffnende Klammer (folgt. Alle für die Anzeige gekennzeichneten Positionen werden innerhalb der Klammer in der festgelegten Reihenfolge angedruckt.

Automatismen für das Anlegen von Deklarationsgruppen

Aus der Sicht der Anwenderinnen und Anwender betrachtet, könnten Deklarationsgruppen automatisch angelegt werden. Zum Beispiel könnten auf der Basis von verschiedenen Komponentenarten alle Inhaltsstoffe mit derselben Komponentenart in einer Deklarationsgruppe zusammengefasst werden, und die Deklarationsgruppe erhält die Bezeichnung aus der Komponentenart. Solch eine Implementierung ist aktuell nicht bekannt. Im Vergleich zur Spezialsoftware für die Produktentwicklung hat SAP Recipe Development in diesem Bezug ein wenig das Nachsehen.

8.3.3 Gleiche Positionen automatisch aggregieren oder zusammenfassen

In der Auflistung der Inhaltsstoffe kann im Etikett dieselbe Spezifikation mehrfach aufgeführt werden. Dies kann z. B. passieren, wenn eine Spezifikation mit unterschiedlichen Komponentenarten ins Etikett gelesen wird.

Wenn Sie alle Positionen mit derselben Spezifikations-ID im gesamten Etikett zusammenfassen möchten, können Sie über den Button **Automatisch aggregieren** das System prüfen lassen, welche Positionen dieselbe Spezifikations-ID haben. Diese Positionen fasst das System dann automatisch zusammen. In Abbildung 8.27 sehen Sie, dass zwei Pfeffer-Positionen in einer Aggregation gebündelt wurden. Die Anteile in der Spalte **Berechneter Anteil** addiert das System auf. In der Spalte **Anz.** werden die Unterpositionen vom System automatisch von der Anzeige ausgeschlossen. Dies können Sie manuell auch nicht beeinflussen. Falls Sie eine andere Bezeichnung für die aggregierten Positionen wünschen, können Sie in der Spalte **Aussage** eine Phrase zuordnen. Die Phrase muss der Phrasengruppe für die Deklarationsgruppen zugeordnet sein.

Wie bereits beschrieben, sorgt die automatische Aggregation dafür, dass alle Positionen überprüft werden. Wenn Sie gezielt einzelne Positionen zusammenfassen möchten, müssen Sie über den Button **Automatisch aggregieren** das Menü öffnen und den Eintrag **Zusammenfassen** wählen. Das Ergebnis sieht auch bei einer Zusammenfassung so aus wie in Abbildung 8.27.

☐	Inhaltsstoff / Gruppe	Sym...	Aktion	Zeilentyp	Beschreibung	Anz.	Komponentenart	Aussage	Ausgewiesene Beschreibung	Text f. Entwurf	Berechneter Anteil
☐	∨ (Aggregation)		Rückgängig	Aggregation	Pfeffer	☑				Pfeffer	0,100250
☐	000000000062			Inhaltsst.	Pfeffer	☐	ZSPICE			Pfeffer	0,000250
☐	000000000062			Inhaltsst.	Pfeffer	☐	INGREDIENT			Pfeffer	0,100000

Abbildung 8.27 Automatisch aggregierte oder zusammengefasste Positionen

Damit die Funktionen für die automatische Aggregation verfügbar werden, müssen Sie zwei Parameter aus Abschnitt 8.2.2, »Zusätzliche Einstellungen für die Etikettierung«, setzen. Diese sind:

- `LBL_AUTO_AGGREGATE_IS_ON` (Autom. Aggregation in Inhaltsstoffliste)
- `LBL_INGR_FOR_AGGR_IS_ON` (Inhaltsstoff für Aggregationen füllen)

Die Funktion für das Zusammenfassen von Positionen ist grundsätzlich verfügbar.

8.3.4 Positionen kombinieren

Wenn Sie im Inhaltsstoffetikett Positionen zusammenfassen möchten, die unterschiedliche Spezifikations-IDs haben, funktioniert dies über den Button **Kombinieren**. So können Sie z. B. verschiedene Pfeffer-Spezifikationen zu Pfeffer zusammenfassen. Oder Sie kombinieren wie in Abbildung 8.28 Liebstöckelblätter und Liebstöckelwurzel zu Liebstöckel. Im Bereich **Vorhandene Position** sind die zu kombinierenden Spezifikationen aufgeführt.

8

- **Aktueller Anteil [%]**
  In der Spalte **Aktueller Anteil [%]** sehen Sie, mit welchem Anteil die jeweilige Spezifikation im Rezept oder in der Spezifikation enthalten ist.
- **Anteil [%] übernehmen**
  In der Spalte **Anteil [%] übernehmen** können Sie angeben, wie viel von dieser Position in die Kombination eingehen soll. Wenn die Position komplett in die Kombination aufgenommen werden soll, geben Sie denselben Wert an wie in der Spalte **Aktueller Anteil [%]**. Wenn Sie die **Spalte Anteil [%]** pflegen, befüllt das System automatisch die Spalte **Verhältnis** und die Spalte **Neuer Anteil [%]**.
- **Verhältnis**
  In der Spalte **Verhältnis** können Sie über den Wert 100 angeben, dass der gesamte Anteil der Position in die Kombination übernommen werden soll. Mit dem Wert 50 wird die Hälfte des Anteils der Position in die Kombination übernommen usw. Das System ermittelt, darauf basierend, den Wert für die Spalte **Anteil [%] übernehmen**. Die Spalte **Neuer Anteil [%]** wird vom System ebenfalls berechnet.
- **Neuer Anteil [%]**
  In der Spalte **Neuer Anteil [%]** können Sie angeben, wie viel Prozent von der Position zurückbleiben und nicht in die Kombination eingehen sollen. Wenn Sie die Spalte nicht manuell pflegen, ermittelt das System, ausgehend von den Spalten **Anteil [%] übernehmen** oder **Verhältnis**, den Wert für die Spalte **Neuer Anteil [%]**.
- **Beschr. Inhalt**
  Im Bereich **Zusätzliche Position** müssen Sie im Feld **Beschreibung Inhalt** eine Phrase zuordnen, damit die Kombination aus verschiedenen Positionen eine Bezeichnung erhält. Die Phrase muss der Phrasengruppe für die Deklarationsgruppe in Abschnitt 8.2.7, »Phrasengruppen anlegen und zuordnen«, Abbildung 8.15 zugeordnet sein.

- **Berechneter Anteil**
  An der Stelle **Berech. Anteil** sehen Sie, mit welchem Anteil die neue Position eingefügt wird. Der Wert setzt sich aus den Werten in der Spalte **Anteil [%] übernehmen** der vorhandenen Positionen zusammen.
- **Berechnen**
  Mit dem Button **Berechnen** können Sie den berechneten Anteil aktualisieren, wenn Sie im Bereich **Vorhandene Position** Veränderungen vorgenommen haben.

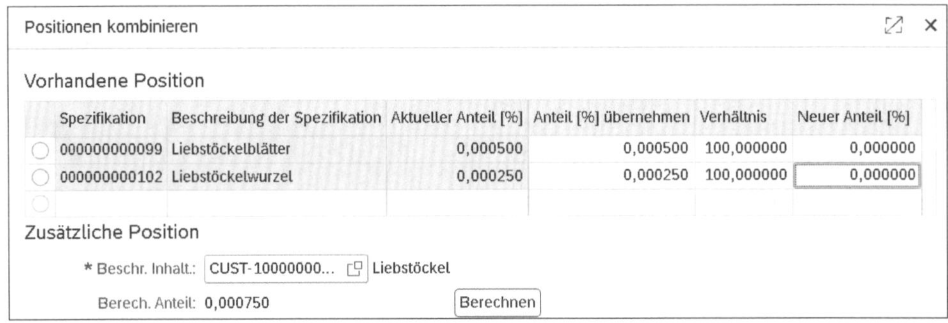

Abbildung 8.28 Positionen kombinieren

Im Customizing gibt es derzeit keine speziellen Einstellungen.

8.4 Qualitatives Etikett

Wie in Abschnitt 8.1.3, »Etikettendefinition«, bereits erwähnt, geht es im *qualitativen Etikett* darum, Allergene, Diäten oder religiöse Zertifikate aufzubereiten.

Die Eigenschaften zu Allergenen, Diäten oder religiösen Zertifikaten werden mit Ausnahmewerten definiert. Im Rezept ermittelt das System über alle Einsatzstoffe die gepflegten Ausnahmewerte und kann, basierend auf den Customizing-Einstellungen, anhand der Gewichtung der Ausnahmewerte festlegen, welcher Ausnahmewert in Summe für das Rezept und damit für die Spezifikation der Primärausbeute gilt. Arbeiten Sie nun an der Aufbereitung der Daten für das qualitative Etikett, müssen Sie sich entscheiden, welche Gruppe oder Gruppen Sie bearbeiten möchten.

8.4.1 Standardgruppen für Komponenten und qualitative Daten definieren

Wenn Sie in den meisten Fällen oder vielleicht sogar immer mit derselben Gruppe arbeiten, können Sie im Customizing über den folgenden Pfad eine Standardgruppe festlegen: **Logistik Allgemein • Product Lifecycle Management (PLM) • PLM-Web-Benutzungsoberfläche • Rezeptentwicklung • Etikettierung • Standardgruppen für Komponenten und qualitative Daten definieren**.

Wie Sie aus Abbildung 8.29 ersehen können, müssen Sie im Feld **Qualit. Gruppe** lediglich den Spezifikationsschlüssel der Gruppe angeben, die Sie in den meisten Fällen benötigen.

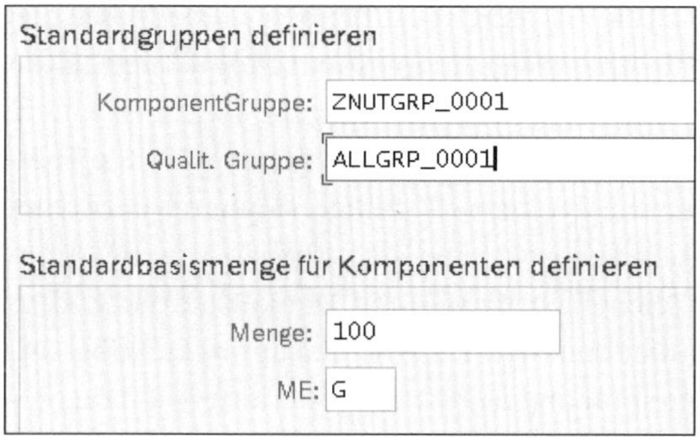

Abbildung 8.29 Standardgruppe für qualitative Daten festlegen

Wenn Sie im Etikett an den Punkt kommen, die Daten für das qualitative Etikett zuzuordnen, schlägt Ihnen das System automatisch die angegebene Standardgruppe vor. Im gewählten Beispiel führt das dazu, dass die Allergengruppe `ALLGRP_0001` vorgeschlagen wird (siehe Abbildung 8.30). Selbstverständlich können Sie die Gruppe jederzeit manuell ändern, sodass Sie bei Bedarf z. B. auch Diäten für ein Etikett aufbereiten können.

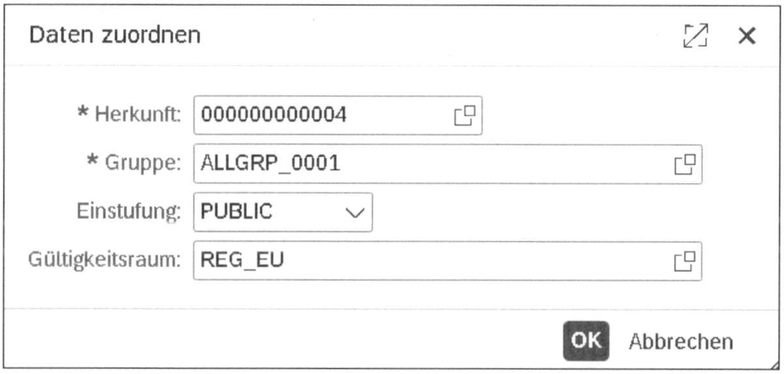

Abbildung 8.30 Vorbelegte Allergengruppe in den Daten zuordnen

8.4.2 Textbausteine für den Entwurf eines Etiketts festlegen

Ein weiterer Punkt in der Konfiguration des qualitativen Etiketts betrifft die Ausnahmewerte der qualitativen Daten. Wenn Sie z. B. bei Allergenen über den Ausnahmewert wissen, dass ein Allergen enthalten ist, können Sie für das Ausweisen der Allergene auf den Ausnahmewert verzichten und einen sprechenderen Text angeben. Sie haben im Customizing über den folgenden Pfad die Möglichkeit, für Ausnahmewerte

Textbausteine zu definieren: **Logistik Allgemein • Product Lifecycle Management (PLM) • PLM-Web-Benutzungsoberfläche • Rezeptentwicklung • Etikettierung • Textbausteine für Entwurf eines Etiketts festlegen**.

Zunächst legen Sie fest, welche Textbausteine es geben soll. Bleiben wir beim Beispiel der Allergene, kann es sein, dass Sie für Allergene, die in einem Produkt enthalten sind, den Text »enthält« vor die Auflistung der einzelnen Allergene setzen möchten. In Abbildung 8.31 sehen Sie, dass dafür eine **Textbaustein-ID** vergeben wird. Sie überlegen sich eine schlüssige Nomenklatur, die in einen 30-stelligen alphanumerischen Rahmen passt. In der Spalte **Textbaustein** geben Sie den eigentlichen Text des Textbausteins an. Hierzu stehen Ihnen 128 Zeichen zur Verfügung. Denken Sie daran, dass Sie Übersetzungen in Fremdsprachen über den Menüpfad **Mehr • Springen • Übersetzung** vornehmen, wenn Sie bei der mehrsprachigen Entwurfsgenerierung davon profitieren möchten. In der Spalte **Sortierung** geben Sie an, welcher der Textbausteine bei der Generierung eines Entwurfes zuerst angedruckt werden soll. In Abbildung 8.31 ist der Textbaustein Z001 (enthält) mit der Sortiernummer 1 belegt; somit druckt das System zuerst alle qualitativen Daten (im Beispiel Allergene) an, auf die der Textbaustein Z001 (enthält) zutrifft. Erst im Anschluss folgen die qualitativen Daten, für die der Textbaustein Z002 (kann Spuren von enthalten) gilt. Zur Verdeutlichung können Sie sich den Entwurf in Abbildung 8.33 ansehen.

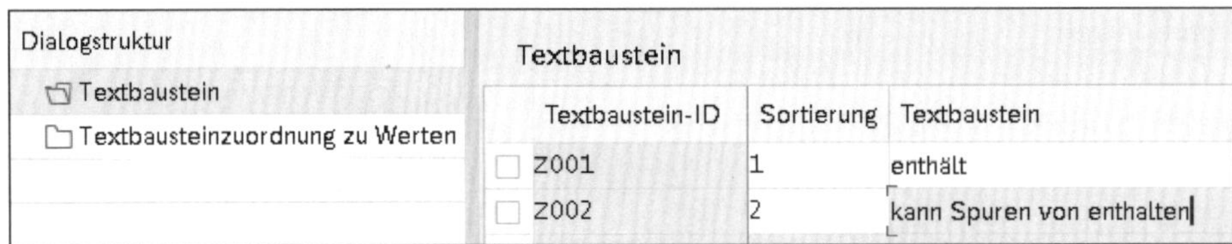

Abbildung 8.31 Textbausteine anlegen

Tipp für die Sortierung

SAP empfiehlt, dass Sie die Sortierung in Zehnerschritten vornehmen, damit Sie später noch Platz haben, um weitere Textbaustein-IDs einzufügen. Dies bietet sich an, wenn Sie eine Vielzahl an Ausnahmewerten haben oder eine Vielzahl an Ausnahmewerten zu erwarten ist, die Sie durch Textbausteine ersetzen möchten.

Abbildung 8.32 zeigt Ihnen, wie Sie festlegen, welcher Textbaustein für welchen Ausnahmewert gelten soll. In der Dialogstruktur öffnen Sie den Ordner **Textbausteinzuordnung zu Werten qualitativer Daten**. Dort geben Sie in der Spalte **Wert qual.** einen Ausnahmewert an, den Sie im Etikett mit einem Textbaustein ersetzen möchten. Wir möchten z. B. den Ausnahmewert 05 (Ja) mit einem Textbaustein ersetzen.

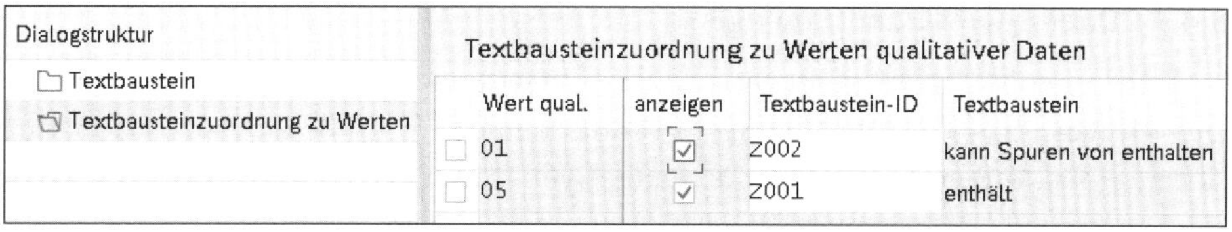

Dialogstruktur	Textbausteinzuordnung zu Werten qualitativer Daten			
Textbaustein	Wert qual.	anzeigen	Textbaustein-ID	Textbaustein
Textbausteinzuordnung zu Werten	01	☑	Z002	kann Spuren von enthalten
	05	☑	Z001	enthält

Abbildung 8.32 Ausnahmewerte mit Textbausteinen verknüpfen

Oft stehen wir vor der Situation, dass es eine Vielzahl an qualitativen Komponenten gibt, aber nur wenige angedruckt werden sollen, da auf diese besonderen Wert gelegt wird. Im Fall von Allergenen sind ausschließlich die Allergene relevant, die tatsächlich enthalten sind oder die in Spuren in einem Produkt vorkommen können. Mit dem Kennzeichen in der Spalte **anzeigen** können Sie festlegen, dass die qualitativen Daten, auf die der Textbaustein zutrifft, für die Anzeige markiert werden. Sie können diese Markierung im Etikett jederzeit wieder manuell entfernen oder Positionen, die nicht markiert sind, manuell im Etikett für die Anzeige vorsehen.

Damit der Ausnahmewert tatsächlich ersetzt werden kann, ordnen Sie in der Spalte **Textbaustein-ID** zum Ausnahmewert den gewünschten Textbaustein zu. In unserem Fall wird zum Ausnahmewert 05 (Ja) die Textbaustein-ID Z001 (enthält) zugeordnet.

[!]

Vorsicht bei der Textbausteinzuordnung zu Werten qualitativer Daten

Pro Ausnahmewert kann ausschließlich ein Textbaustein zugeordnet werden. Sie haben zwei Möglichkeiten, damit umzugehen:

1. **Möglichkeit: Fokus auf ein Objekt der qualitativen Komponenten**
   Wenn Sie wissen, dass bei Ihnen z. B. ausschließlich Allergene im Etikett relevant sind, können Sie die Textbausteine für Allergene anlegen und mit den Ausnahmewerten verknüpfen. Diäten und religiöse Zertifikate bleiben bei dieser Möglichkeit unberücksichtigt – und sollte jemand ein Etikett anlegen und dabei auf Diäten oder religiöse Zertifikate zurückgreifen, kann es sein, dass vom System eine unerwünschte Ersetzung der Ausnahmewerte durch Textbausteine für Allergene vorgenommen wird.
2. **Möglichkeit: eigene Ausnahmewerte für jede qualitative Komponente**
   Bei Möglichkeit 1 gehen wir davon aus, dass sich Allergene, Diäten und religiöse Zertifikate dieselben Ausnahmewerte teilen. Dies können Sie allerdings ändern. Über das Anlegen von Ausnahmewerten sorgen Sie dafür, dass jede qualitative Komponente ihre eigenen Ausnahmewerte erhält. Dies eröffnet Ihnen hier die Möglichkeit, jedem Ausnahmewert einen eigenen Textbaustein zuzuordnen und hält Sie in der Pflege von Etiketten flexibel.

8.4.3 Qualitatives Etikett anlegen

Innerhalb eines Etiketts steht Ihnen in der View **Etikettendefinition** die Teil-View **Qualitatives Etikett** zur Verfügung. Dort entscheiden Sie im Bereich Datenherkunft noch einmal, woher das System die qualitativen Daten nehmen soll und für welche Verwendung die Daten ermittelt werden.

Ihnen steht im Bereich **Liste qualitativer Daten** die Gruppe qualitativer Daten zur Verfügung, die Sie bei der Datenherkunft angegeben haben. Über den Button **Hinzufügen** können Sie entweder weitere Gruppen qualitativer Daten einbinden oder gezielt eine einzelne Spezifikation aus einer Gruppe qualitativer Daten einbinden.

In Abbildung 8.33 sehen Sie die Spalte **Anzeigen**, in der Sie festlegen, welche Positionen tatsächlich im Entwurf angezeigt werden sollen. In der Spalte **Berechneter Wert** sehen Sie den Ausnahmewert, den das System aus dem Objekt, das Sie in der Datenherkunft ausgewählt haben, ermittelt hat. In der Spalte **Name des berechneten Werts** wird die Bezeichnung des Ausnahmewertes angegeben. Falls Sie den berechneten Wert anpassen möchten, können Sie dies in der Spalte **Ausgewiesener Wert** tun. In der Spalte **Textbaustein** sehen Sie den Text, den Sie im Customizing, wie in Abschnitt 8.4.2, »Textbausteine für den Entwurf eines Etiketts festlegen«, beschrieben, angelegt haben.

Im Bereich **Entwurf** sehen Sie, dass zuerst alle Angaben zum Textbaustein »enthält« und im Anschluss alle Angaben zum Textbaustein »kann Spuren von enthalten« aufgeführt werden. Auch hier wird der Bezug zu den Textbausteinen aus Abschnitt 8.4.2, »Textbausteine für den Entwurf eines Etiketts festlegen«, deutlich.

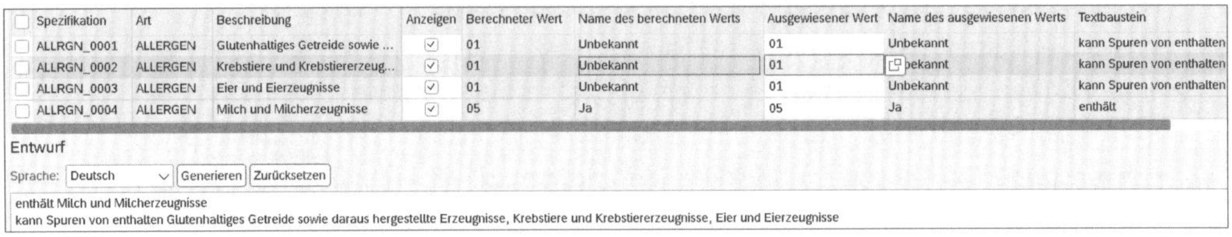

Spezifikation	Art	Beschreibung	Anzeigen	Berechneter Wert	Name des berechneten Werts	Ausgewiesener Wert	Name des ausgewiesenen Werts	Textbaustein
ALLRGN_0001	ALLERGEN	Glutenhaltiges Getreide sowie ...	☑	01	Unbekannt	01	Unbekannt	kann Spuren von enthalten
ALLRGN_0002	ALLERGEN	Krebstiere und Krebstiererzeug...	☑	01	Unbekannt	01	bekannt	kann Spuren von enthalten
ALLRGN_0003	ALLERGEN	Eier und Eierzeugnisse	☑	01	Unbekannt	01	Unbekannt	kann Spuren von enthalten
ALLRGN_0004	ALLERGEN	Milch und Milcherzeugnisse	☑	05	Ja	05	Ja	enthält

Entwurf

Sprache: Deutsch | Generieren | Zurücksetzen

enthält Milch und Milcherzeugnisse
kann Spuren von enthalten Glutenhaltiges Getreide sowie daraus hergestellte Erzeugnisse, Krebstiere und Krebstiererzeugnisse, Eier und Eierzeugnisse

Abbildung 8.33 Liste qualitativer Daten und Entwurf

8.5 Komponentenetikett

Das Komponentenetikett ist dazu da, dass Sie die quantitativen Komponenten eines Produkts aufbereiten können. Eine Ihrer ersten Aktivitäten für das Komponentenetikett ist es, eine *Komponentenstruktur* zu definieren.

8.5.1 Komponentenstruktur

Wie es aus Abbildung 8.34 im Bereich **Titel der Komponentenliste** hervorgeht, definieren Sie bei der Ausprägung der Komponentenstruktur die Bezeichnung des Komponentenetiketts in verschiedenen Sprachen. Des Weiteren gestalten Sie im Bereich **Komponentenstruktur** den Aufbau der quantitativen Komponenten.

Vermutlich werden Sie sich nur dann mit dem Komponentenetikett befassen, wenn Sie Daten aus dem Lebensmittelbereich aufbereiten. In diesem Fall wird es bei dem Komponentenetikett um die Aufbereitung von Nährwerten gehen. Sie entscheiden bei der Definition der Komponentenstruktur, welche Nährstoffe überhaupt enthalten sein und wie diese dargestellt werden sollen. Dazu können Sie über den Button **Hinzufügen** entweder eine ganze Nährstoffgruppe oder einzelne Nährstoffe laden. Wenn Sie eine Nährstoffgruppe als Standardwert im Customizing vordefinieren (siehe Abschnitt 8.5.3, »Standardgruppen für Komponenten und qualitative Daten definieren«), wird Ihnen diese Nährstoffgruppe vorgeschlagen.

Zwischen Nährstoffen kann es Abhängigkeiten geben. Zum Beispiel gibt es den Nährstoff **Fett**. Zu diesem Nährstoff kann es die anderen Nährstoffe **davon gesättigte Fettsäuren** und **davon ungesättigte Fettsäuren** geben. Wenn Sie möchten, dass die abhängigen Nährstoffe etwas eingerückt dargestellt werden, können Sie dies über eine eigene Ebene tun. Dazu gibt es die Buttons **Ebene erweitern** und **Ebene verringern**.

Es steht Ihnen mithilfe der Buttons **Nach unten verschieben** und **Nach oben verschieben** frei, die Reihenfolge der Nährstoffe nach Ihren Anforderungen zu gestalten.

Falls gewünscht, können Sie über die Spalte **Aussage** einem Nährstoff eine andere Bezeichnung für das Etikett zukommen lassen.

Achten Sie darauf, dass Sie die Bezeichnung als Phrase angelegt haben und dass diese Phrase zur Phrasengruppe für die Komponentenstruktur (siehe Abschnitt 8.2.7, »Phrasengruppen anlegen und zuordnen«), zugeordnet ist (siehe Abbildung 8.15).

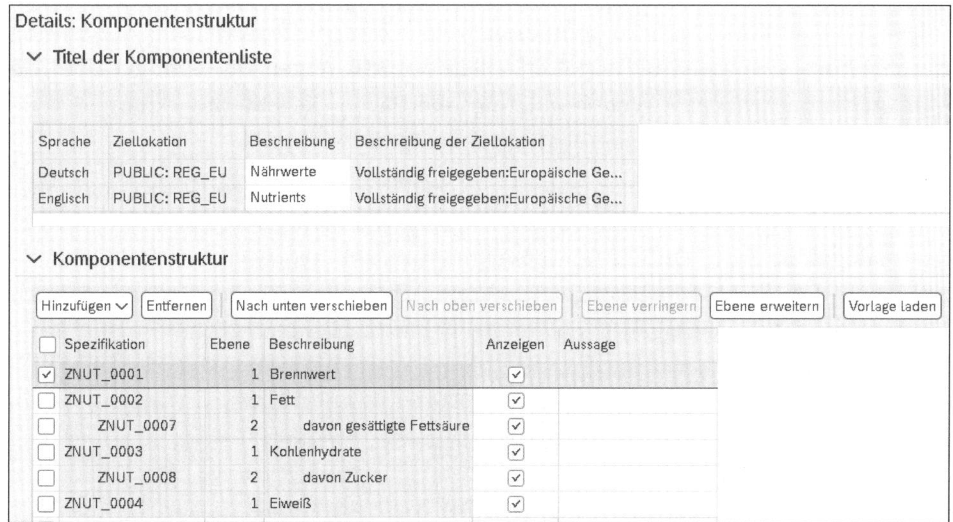
Details: Komponentenstruktur

Titel der Komponentenliste

Sprache	Ziellokation	Beschreibung	Beschreibung der Ziellokation
Deutsch	PUBLIC: REG_EU	Nährwerte	Vollständig freigegeben:Europäische Ge...
Englisch	PUBLIC: REG_EU	Nutrients	Vollständig freigegeben:Europäische Ge...

Komponentenstruktur

Hinzufügen | Entfernen | Nach unten verschieben | Nach oben verschieben | Ebene verringern | Ebene erweitern | Vorlage laden

Spezifikation	Ebene	Beschreibung	Anzeigen	Aussage
☑ ZNUT_0001	1	Brennwert	☑	
☐ ZNUT_0002	1	Fett	☑	
☐ ZNUT_0007	2	davon gesättigte Fettsäure	☑	
☐ ZNUT_0003	1	Kohlenhydrate	☑	
☐ ZNUT_0008	2	davon Zucker	☑	
☐ ZNUT_0004	1	Eiweiß	☑	

Abbildung 8.34 Komponentenstruktur im Komponentenetikett

Oft wird die Situation so sein, dass die Struktur der Nährstoffe für Ihr Unternehmen immer dieselbe sein wird oder es einige wenige unterschiedliche Darstellungsformen geben kann. Diese können Sie im Customizing vordefinieren (siehe Abschnitt 8.5.2, »Vorlage für die Komponentenstruktur anlegen«) und über den Button **Vorlage laden** bequem in die Komponentenstruktur einbinden.

Vielleicht ist Ihnen aufgefallen, dass die konkreten Nährwerte bisher noch kein Thema waren. Zu einer Komponentenstruktur ordnen Sie im nächsten Schritt zu, aus welchem Objekt (Spezifikation oder Rezept) das System die Nährwerte des Produkts ermitteln soll, für welche Verwendung (Einstufung und Gültigkeitsraum) die Daten gelesen werden sollen und auf welche Menge die Werte skaliert werden sollen. In Abbildung 8.35 sehen Sie deutlich, dass zur Komponentenstruktur zweimal die Spezifikation für die Sahnesoße als **Datenherkunft** zugeordnet wurde. Die beiden Positionen unterscheiden sich in der **Basismenge**, zu der die Nährwerte ermittelt werden sollen.

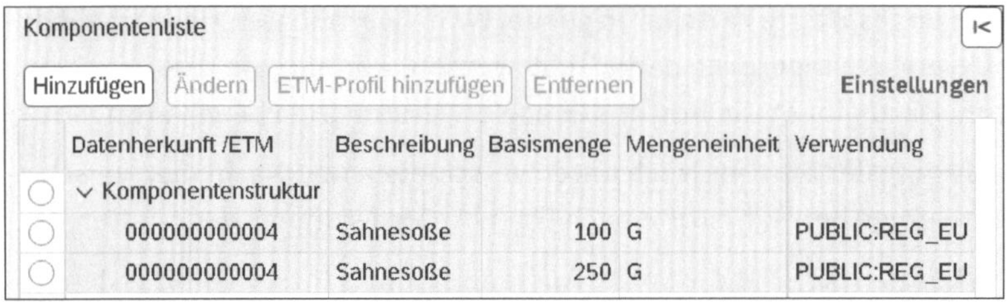

Komponentenliste

Hinzufügen | Ändern | ETM-Profil hinzufügen | Entfernen | Einstellungen

Datenherkunft /ETM	Beschreibung	Basismenge	Mengeneinheit	Verwendung
Komponentenstruktur				
000000000004	Sahnesoße	100	G	PUBLIC:REG_EU
000000000004	Sahnesoße	250	G	PUBLIC:REG_EU

Abbildung 8.35 Datenherkunft unterhalb einer Komponentenstruktur

8.5.2 Vorlage für die Komponentenstruktur anlegen

Wie im vorangehenden Abschnitt angedeutet, können Sie im Customizing über den folgenden Pfad Vorlagen dazu definieren, welche Nährstoffe in welcher Anordnung für eine Komponentenstruktur gelten sollen: **Logistik Allgemein • Product Lifecycle Management (PLM) • PLM-Web-Benutzungsoberfläche • Rezeptentwicklung • Etikettierung • Vorlage für Komponentenstruktur anlegen**.

Wie Sie in Abbildung 8.36 sehen, legen Sie zu Beginn eine **Vorlagen-ID** an. Für die Vorlagen-ID stehen Ihnen 12 Zeichen zur Verfügung. Die **Vorlagenbeschreibung** wird in der Dialogstruktur im Ordner **Komponentenstrukturbeschreibung** vergeben (siehe Abbildung 8.38). Sobald die Vorlagenbeschreibung angelegt worden ist, ist diese auch in der Übersicht der Vorlagen-IDs in der Anmeldesprache ersichtlich.

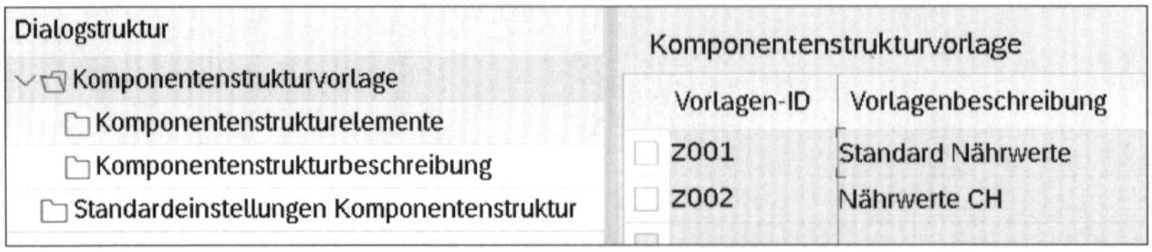

Dialogstruktur
- Komponentenstrukturvorlage
  - Komponentenstrukturelemente
  - Komponentenstrukturbeschreibung
- Standardeinstellungen Komponentenstruktur

Komponentenstrukturvorlage

Vorlagen-ID	Vorlagenbeschreibung
Z001	Standard Nährwerte
Z002	Nährwerte CH

Abbildung 8.36 Vorlagen-ID und Vorlagenbeschreibung

Aus Abbildung 8.37 entnehmen Sie, dass Sie in der Dialogstruktur eine Vorlagen-ID markieren (in Abbildung 8.37 die ID Z001) und in den Ordner **Komponentenstrukturelemente** navigieren. Hier definieren Sie, welche Nährstoffe in welcher Anordnung zur Vorlagen-ID gehören. Es stehen die folgenden Spalten in der Ansicht zur Verfügung:

- **Komponenten**
  In der Spalte **Komponente** geben Sie die Schlüssel der Nährstoffe an, die in der Vorlage enthalten sein sollen.
- **Komponentenbeschreibung**
  In der Spalte **Komponentenbeschreibung** liest das System die Bezeichnung des Nährstoffes.
- **Ebene**
  In der Spalte **Ebene** legen Sie fest, ob die Bezeichnung eines Nährstoffes etwas eingerückt zu seinem Vorgänger dargestellt werden (Wert > 1) oder ob die Bezeichnung eines Nährstoffes linksbündig (Wert = 1) dargestellt werden soll.
- **Visuelle Reihenfolge**
  In der Spalte **Visuelle Reihenfolge** können Sie jede Nummer nur einmal vergeben. Sie steuern damit, in welcher Reihenfolge die Nährstoffe und deren Werte angezeigt werden.
- **Phrase für Beschreibung**
  In der Spalte **Phrase für Beschreibung** können Sie eine Phrase aus der Phrasengruppe für die Komponentenstruktur zuordnen, wenn Sie eine alternative Bezeichnung für einen Nährstoff benötigen.
- **Phrasentext**
  In der Spalte **Phrasentext** ermittelt das System die Bezeichnung der Phrase in der Anmeldesprache.

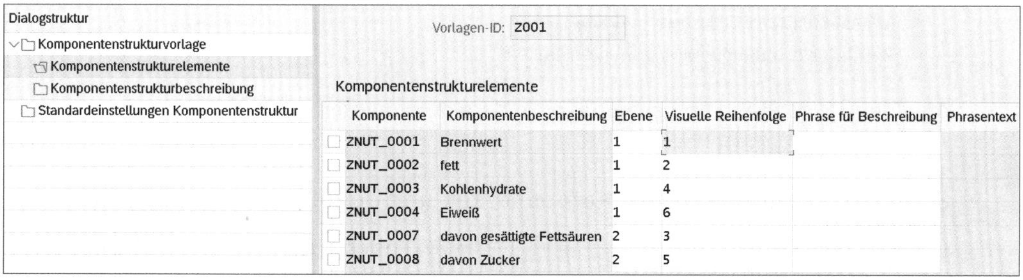

Dialogstruktur
- Komponentenstrukturvorlage
  - Komponentenstrukturelemente
  - Komponentenstrukturbeschreibung
- Standardeinstellungen Komponentenstruktur

Vorlagen-ID: Z001

Komponentenstrukturelemente

Komponente	Komponentenbeschreibung	Ebene	Visuelle Reihenfolge	Phrase für Beschreibung	Phrasentext
ZNUT_0001	Brennwert	1	1		
ZNUT_0002	fett	1	2		
ZNUT_0003	Kohlenhydrate	1	4		
ZNUT_0004	Eiweiß	1	6		
ZNUT_0007	davon gesättigte Fettsäuren	2	3		
ZNUT_0008	davon Zucker	2	5		

Abbildung 8.37 Struktur der Vorlagen-ID definieren

Im nächsten Schritt navigieren Sie in der Dialogstruktur auf den Ordner **Komponentenstrukturbeschreibung**, um dort der Vorlagen-ID (Z001) Beschreibungen in den gewünschten Sprachen hinzuzufügen (siehe Abbildung 8.38). Für die **Vorlagenbeschreibung** können Sie 132 Zeichen verwenden.

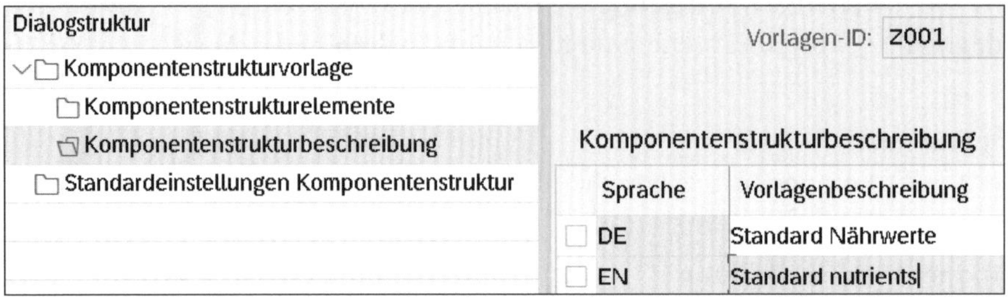

Abbildung 8.38 Vorlagenbeschreibung

In Abbildung 8.39 befinden Sie sich im letzten Abschnitt dieser Customizing-Aktivität. Im Ordner **Standardeinstellungen Komponentenstruktur** legen Sie fest, ob eine bestimmte Vorlage beim Anlegen eines Komponentenetiketts geladen werden soll.

- **Standardvorlage laden**
  Im Feld **Stdrdvorlage lade** legen Sie über den Eintrag **E Aktiviert** fest, dass die Vorlage bei der Neuanlage eines Etiketts automatisch dem Komponentenetikett zugeordnet werden soll. Mit dem Eintrag **D Deaktiviert** wird die Vorlage nicht automatisch geladen. Über den Button **Vorlage laden** können Sie jederzeit eine Vorlage aus dem Customizing laden.
- **Vorlagen-ID**
  Im Feld **Vorlagen-ID** geben Sie die Vorlagen-ID an, die in den meisten Fällen relevant ist.

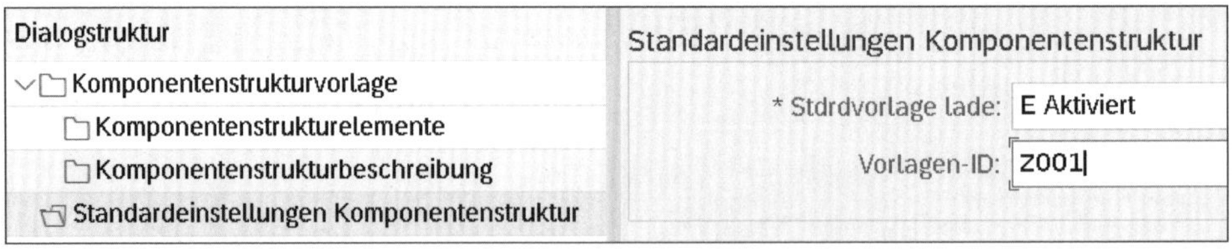

Abbildung 8.39 Standardeinstellungen in der Komponentenstruktur

8.5.3 Standardgruppen für Komponenten und qualitative Daten definieren

Oft liegt bei Nährwerten der Bezug zu 100 g im Fokus oder auf einer Portionsgröße. Wenn dazu auch eine bestimmte Nährstoffgruppe für das Komponentenetikett eine zentrale Rolle spielt, können Sie die Standardwerte im Customizing über den folgenden Pfad festlegen: **Logistik Allgemein • Product Lifecycle Management (PLM) • PLM-Web-Benutzungsoberfläche • Rezeptentwicklung • Etikettierung • Standardgruppen für Komponenten und qualitative Daten definieren**.

Im Feld **KomponentGruppe** geben Sie eine Nährstoffgruppe an, die Ihnen bei der manuellen Zuordnung einer Nährstoffgruppe innerhalb der Definition einer Komponentenstruktur vorgeschlagen werden soll (siehe Abbildung 8.29). In den Feldern **Menge** und **ME** im Bereich **Standardbasismenge für Komponenten definieren** geben Sie jeweils einen Standardwert an, der bei der Zuordnung der ersten Datenherkunft vom System vorbelegt wird.

8.5.4 Komponentenetikett anlegen

Wenn Sie die Komponentenstruktur definiert haben und die Datenherkunft für das Komponentenetikett vorbereitet haben, können Sie im Komponentenetikett weitere Angaben vornehmen. Für eine Veranschaulichung der Bereiche **Beschreibung** und **Maße** im Komponentenetikett sehen Sie sich Abbildung 8.40 an.

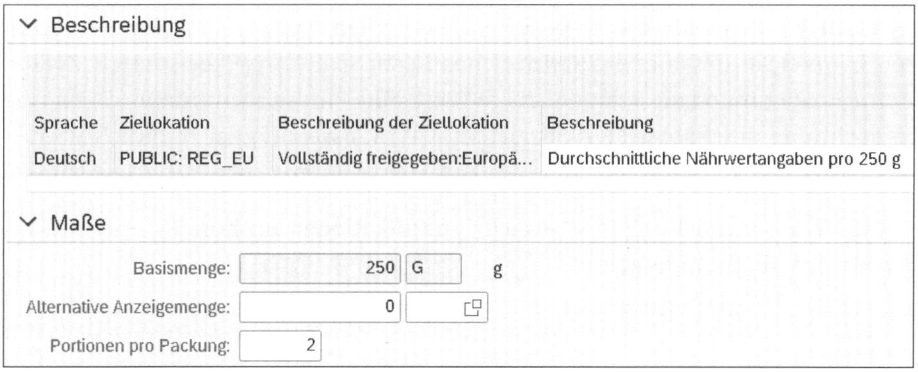

Beschreibung

Sprache	Ziellokation	Beschreibung der Ziellokation	Beschreibung
Deutsch	PUBLIC: REG_EU	Vollständig freigegeben:Europä...	Durchschnittliche Nährwertangaben pro 250 g

Maße

Basismenge: 250 G g
Alternative Anzeigemenge: 0
Portionen pro Packung: 2

Abbildung 8.40 Beschreibung und Maße im Komponentenetikett

- **Beschreibung**
  Im Bereich **Beschreibung** definieren Sie in allen relevanten Sprachen, um was für eine Art Komponentenetikett es sich handelt. Dies kann z. B. für die Datenherkunft mit Bezug zu 100 g »Durchschnittliche Nährwertangabe pro 100 g« sein. Für die Datenherkunft mit Bezug zu 250 g kann die Beschreibung »Durchschnittliche Nährwertangabe pro 250 g« lauten.
- **Maße**
  Im Bereich **Maße** wird Ihnen zum einen die **Basismenge** der gewählten Datenherkunft angezeigt. Zum anderen können Sie im Feld **Alternative Anzeigemenge** angeben, wenn die Basismenge einer bestimmten Verzehrgröße entspricht. Dies kann z. B. bei Produkten wie Keksen interessant sein, deren Packungen einzelne Stück enthalten. In diesem Fall könnte die Basismenge 15 g einem Stück Keks entsprechen, sodass Sie im Feld **Alternative Anzeigemenge** 1 ST angeben können. Oder bei Getränken könnte es sein, dass Sie die Basismenge 250 ml angeben, was einem

Glas entspricht, sodass Sie im Feld **Alternative Anzeigemenge** 1 Glas angeben können.

Im Feld **Portionen pro Packung** geben Sie an, wie viele Portionen in einer Packung enthalten sind.

- **Spezifikationen**
  Im Bereich **Spezifikationen** sehen Sie die Nährstoffe in der Struktur, wie Sie sie bei der Komponentenstruktur (siehe Abschnitt 8.5.1, »Komponentenstruktur«) vorbereitet haben. In der Spalte **Wert** sehen Sie die Nährwerte, die vom System mit Bezug zur Basismenge skaliert wurden. Damit die Nährwerte später beim Packungsetikett angedruckt werden können, müssen Sie die Nährwerte und deren Mengeneinheit über den Button **Berechnete Werte übernehmen** in die Spalten **Ausgewies.Wert** und **Ausgewiesene ME** übernehmen.

  In diesen beiden Spalten haben Sie die Möglichkeit, manuelle Anpassungen vorzunehmen. Wenn Sie für dieses spezielle Etikett einen Nährstoff ausblenden möchten, können Sie dies über das Kennzeichen in der Spalte **Anzeigen** steuern. Zudem ermöglicht es Ihnen die Spalte **Aussage Wert**, eine Phrase zuzuordnen, welche die Bezeichnung des Nährstoffes überschreibt (Voraussetzung ist natürlich wieder, dass die Phrase zur Phrasengruppe für die Komponentenstruktur angelegt wurde).

Für eine Veranschaulichung des Bereichs **Spezifikationen** im Komponentenetikett sehen Sie sich Abbildung 8.41 an.

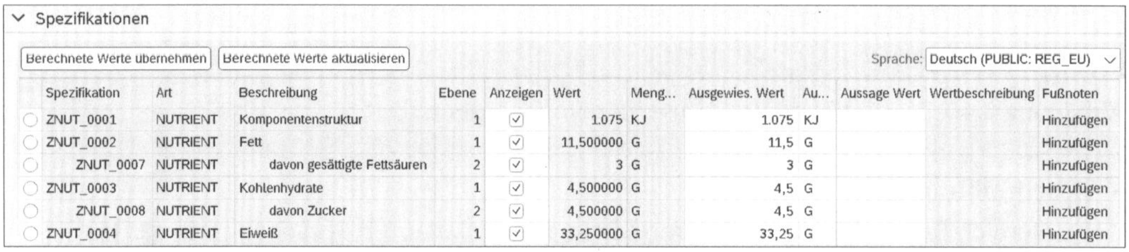

Spezifikationen

Berechnete Werte übernehmen | Berechnete Werte aktualisieren | Sprache: Deutsch (PUBLIC: REG_EU)

Spezifikation	Art	Beschreibung	Ebene	Anzeigen	Wert	Meng...	Ausgewies. Wert	Au...	Aussage Wert	Wertbeschreibung	Fußnoten
ZNUT_0001	NUTRIENT	Komponentenstruktur	1	☑	1.075	KJ	1.075	KJ			Hinzufügen
ZNUT_0002	NUTRIENT	Fett	1	☑	11,500000	G	11,5	G			Hinzufügen
ZNUT_0007	NUTRIENT	davon gesättigte Fettsäuren	2	☑	3	G	3	G			Hinzufügen
ZNUT_0003	NUTRIENT	Kohlenhydrate	1	☑	4,500000	G	4,5	G			Hinzufügen
ZNUT_0008	NUTRIENT	davon Zucker	2	☑	4,500000	G	4,5	G			Hinzufügen
ZNUT_0004	NUTRIENT	Eiweiß	1	☑	33,250000	G	33,25	G			Hinzufügen

Abbildung 8.41 Spezifikationen im Komponentenetikett

[!]

Wichtig für die Bearbeitung des Komponentenetiketts

Bevor das System aus einer Spezifikation oder einem Rezept als Datenherkunft die Nährwerte in ein Komponentenetikett einlesen kann, müssen Sie in der Komponentenstruktur die gewünschten Nährstoffe angegeben haben. Erhalten Sie beim Einbinden einer Datenherkunft die Meldung »Positionen konnten nicht ermittelt werden; Quellspezifikation * prüfen«, schauen Sie sich die Details der Komponentenstruktur an.

8.5.5 Rundungsregeln für Nährstoffe

Bei der Berechnung der Nährstoffe kann es sein, dass die Werte viele Nachkommastellen haben. Für die Angabe auf einem Etikett sollen diese Werte gewissen Rundungsregeln unterliegen, damit es z. B. die Endkundinnen und Endkunden leichter haben, die Werte einzuordnen.

Für jeden Nährstoff können Sie eigene Rundungsregeln in Abhängigkeit zur Einstufung und zum Gültigkeitsraum definieren. Dafür liefert SAP Standardobjekte aus, die Sie im Eigenschaftsbaum eines Nährstoffes ausprägen können. Welche Objekte dies sind, ist in Tabelle 8.4 aufgeführt. Sie finden dort die entsprechenden Objektschlüssel, die Bezeichnung sowie die Information, um welchen Objekttyp es sich handelt.

Schlüssel	Bezeichnung	Objekttyp
SAP_RMS_1012_015	Etikettierung: Rundungsregeln (Menge)	Bewertungsart
SAP_RMS_1012_015	Etikettierung: Rundungsregeln (Menge)	Klasse
SAP_RMS_LBL_INTERVAL	Intervall ab	Merkmal
SAP_RMS_LBL_ROUND_TO_NEAREST	Runden auf nächste...	Merkmal
SAP_RMS_LBL_STATEMENT	Aussage zum ausgewiesenen Wert	Merkmal
SAP_RMS_LBL_VALUE	Ausgewiesener Wert	Merkmal
SAP_RMS_LBL_HIDE	Position nicht anzeigen	Merkmal

Tabelle 8.4 Relevante Objekte für die Rundungsregeln (Menge)

Sollten bei Ihnen die in Tabelle 8.4 aufgeführten Objekte fehlen, prüfen Sie, ob Sie alle in Abschnitt 1.5, »Switch BC-Sets«, aufgeführten Switch BC-Sets aktiviert haben.

Intervall ab

Im Merkmal **Intervall ab** legen Sie fest, ab welchem Wert das System eine Rundungsregel anwenden soll. Sie können problemlos mehrere Instanzen anlegen, um damit unterschiedliche Regeln auf die Nährwerte anwenden zu können. Ein Intervallwert kann bis zu vier Nachkommastellen haben. In Abbildung 8.43 sehen Sie in **Instanz 1** den Intervallwert 400 und in **Instanz 2** den Intervallwert 425,0001. Das bedeutet, dass wenn der berechnete Brennwert größer 400 ist, die Regeln aus **Instanz 1** gelten. Ab dem berechneten Brennwert von 425,0001 gelten die Regeln aus **Instanz 2**. In Abbildung 8.44 sehen Sie, dass für den Brennwert der Wert 430 berechnet wurde, was bedeutet, dass die Regeln aus **Instanz 2** greifen.

Runden auf nächste

Im Merkmal **Runden auf nächste** geben Sie einen Wert an, den das System verwendet, um zu ermitteln, welches Vielfache am nächsten am berechneten Nährwert liegt. Der berechnete Nährwert wird dann auf dieses Vielfache gerundet. In Abbildung 8.42 haben wir für den Nährstoff **Fett** den Wert 0,45. Die Zahlenfolge sieht so aus: 0,45 – 0,9 – 1,35 – 1,8 – usw. – 4,5 – 4,95 – usw. Der berechnete Nährwert in Abbildung 8.44 für **Fett** ist 4,6. Da 4,6 näher an 4,5 ist als an 4,95, rundet das System die Angabe für Fett im Etikett in der Spalte **Ausgewies.Wert** auf 4,5.

Abbildung 8.42 Merkmale »Runden auf nächste«

Mit dem Merkmal **Aussage zum ausgewiesenen Wert** können Sie eine Phrase mit einer Rundungsregel verbinden. Wie Sie in Abbildung 8.43 sehen, soll das System beim Brennwert ab einem Intervall von 425,0001 auf 425 abrunden. In der Nährwerttabelle soll dann die Info erscheinen, dass es sich um einen Wert größer 425 handelt.

Daher ordnen Sie dem Merkmal **Aussage zum ausgewiesenen Wert** eine Phrase zu, deren Phrasentext »größer als« oder »>« lautet, in unserem Fall »>«. In Abbildung 8.44 sehen wir die Auswirkung im Komponentenetikett. Der berechnete Brennwert ist 430 und damit größer als 425,0001. Nun greifen die Regeln aus **Instanz 2**, und die Phrase »>« wird in der Spalte **Aussage Wert** zugewiesen.

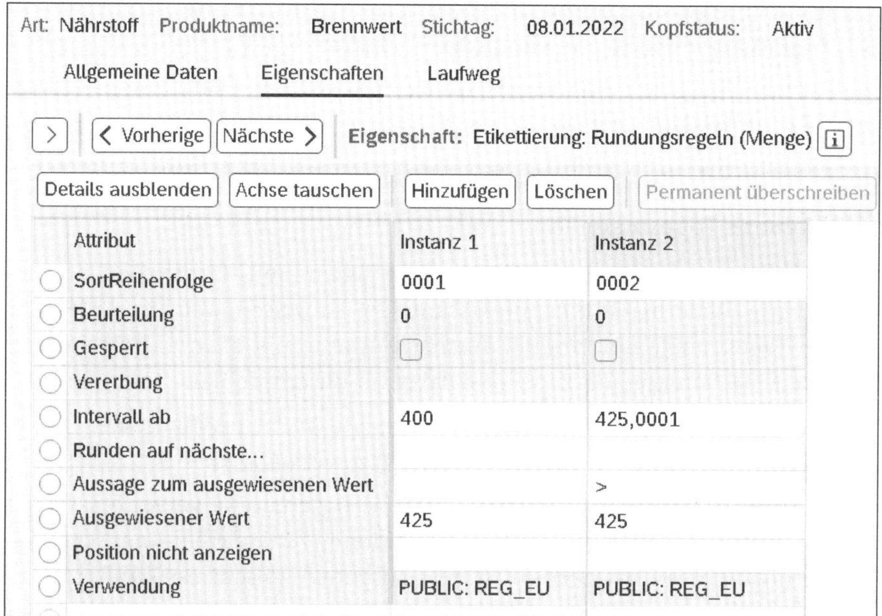

Abbildung 8.43 Merkmale »Intervall ab«, »Aussage zum ausgewiesenen Wert« und »Ausgewiesener Wert«

Ausgewiesener Wert

Greifen wir das Beispiel aus dem vorherigen Abschnitt aus Abbildung 8.43 auf. Ab einem Intervall von 425,0001 soll das System den Brennwert auf 425 abrunden. Das Merkmal **Ausgewiesener Wert** enthält in diesem Fall den Wert 425.

In Abbildung 8.44 wird wieder deutlich, dass der berechnete Brennwert mit 430 für die Anwendung von **Instanz 2** sorgt, und die Spalte **Ausgewies.Wert** wird mit dem Wert 425 gefüllt.

Spezifikationen

Berechnete Werte übernehmen | Berechnete Werte aktualisieren

Spezifikation	Beschreibung	Anzeigen	Wert	Meng...	Ausgewies. Wert	Au...	Aussage Wert	Wertbeschreibung
ZNUT_0001	Brennwert	☑	430	KJ	425	KJ	CUST-ZMORE	>
ZNUT_0002	Fett	☑	4,600000	G	4,50	G		
ZNUT_0007	davon gesättigte Fettsäuren	☑	1,200000	G	1,2	G		
ZNUT_0003	Kohlenhydrate	☑	1,800000	G	1,8	G		

Abbildung 8.44 Auswirkung der Rundungsregel im Komponentenetikett

Position nicht anzeigen

Mit dem Merkmal **Position nicht anzeigen** können Sie dafür sorgen, dass bei Zutreffen des Intervalls das Häkchen in der Spalte **Anzeigen** im Komponentenetikett entfernt wird.

[»]

Hinweis für die Anwendung von Rundungsregeln

Das System wendet die Rundungsregeln an, wenn Sie den Button **Berechnete Werte übernehmen** aus Abbildung 8.44 betätigen.

8.5.6 Empfohlene Tagesmengen

Für Nährstoffe kann es *empfohlene Tagesmengen* geben, und für den Endverbraucher/die Endverbraucherin kann es interessant sein zu wissen, welchen Anteil der empfohlenen Tagesmenge ein Produkt ausmacht. Dafür gibt es in SAP Recipe Development die *ETM-Datenprofile*. ETM steht dabei für die empfohlene Tagesmenge.

Die ETM-Datenprofile sind, wie so viele andere Objekte, auch Spezifikationen. Dabei ist die Spezifikationsart `RMSL_RDA` (ETM-Datenprofil) zu verwenden.

Es gibt die Apps **ETM-Datenprofil anlegen** und **ETM-Datenprofile verwalten**, die zu den Apps für die vereinfachte Anlage von Spezifikationen zählen. Allerdings scheinen diese zum aktuellen Zeitpunkt noch nicht ganz ausgereift zu sein. Bei künftigen Releases lohnt es sich sicher, immer wieder einen Blick auf diese Apps zu werfen. In der Zwischenzeit können Sie die ETM-Datenprofile auch über die App **Spezifikationen verwalten** anlegen.

Stellen Sie sicher, dass der Eigenschaftsbaum `RM_PROFILE` (RM Profil-Eigenschaftsbaum) in der Spezifikationsart **ETM-Datenprofil** verfügbar ist. Dieser Eigenschaftsbaum ist auch in den Profilen für Prozessverluste und Lagerungsverluste im Einsatz. Hier bei den ETM-Datenprofilen benötigen Sie die Bewertungsart `SAP_RMS_1012_005` (Nährstoffzusammensetzung).

Angenommen, Sie legen ein ETM-Datenprofil an, um empfohlene Tagesmengen für junge Erwachsene zu hinterlegen. In der Bewertungsart Nährstoffzusammensetzung im ETM-Datenprofil stehen Ihnen alle Nährstoffgruppen und die darin enthaltenen Nährstoffe zur Verfügung. Die Nährstoffe müssen *nicht* einzeln hinzugefügt werden. In Abbildung 8.45 sehen Sie ein ETM-Datenprofil, bei dem die Bewertungsart **Nährstoffzusammensetzung** für verschiedene Nährstoffe ausgeprägt wurde.

Abbildung 8.45 Eigenschaftsbaum eines ETM-Datenprofils

Ein ETM-Datenprofil bringt dann Nutzen, wenn es in einem Komponentenetikett an einer konkreten Datenherkunft zugeordnet wird. In Abbildung 8.46 sehen Sie, dass in der Komponentenstruktur das ETM-Datenprofil `ETM_YNGADLT` bei der Ermittlung der Nährwerte für 100 g der Sahnesoße für den europäischen Raum hinterlegt ist. Die Struktur der Nährstoffe bleibt dieselbe, und in der Spalte **Berechnete ETM** sehen Sie, wie viel Prozent des empfohlenen Tagesbedarfes 100 g der Sahnesoße abdecken.

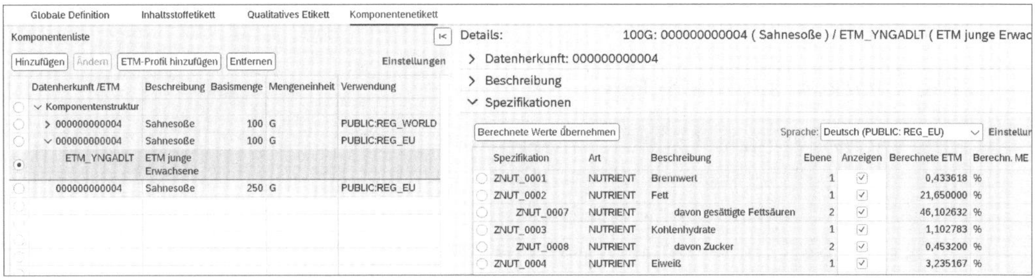

Globale Definition | Inhaltsstoffetikett | Qualitatives Etikett | Komponentenetikett

Komponentenliste

Hinzufügen | Ändern | ETM-Profil hinzufügen | Entfernen | Einstellungen

Datenherkunft /ETM	Beschreibung	Basismenge	Mengeneinheit	Verwendung
∨ Komponentenstruktur				
> 000000000004	Sahnesoße	100	G	PUBLIC:REG_WORLD
∨ 000000000004	Sahnesoße	100	G	PUBLIC:REG_EU
ETM_YNGADLT	ETM junge Erwachsene			
000000000004	Sahnesoße	250	G	PUBLIC:REG_EU

Details: 100G: 000000000004 (Sahnesoße) / ETM_YNGADLT (ETM junge Erwac

> Datenherkunft: 000000000004

> Beschreibung

∨ Spezifikationen

Berechnete Werte übernehmen | Sprache: Deutsch (PUBLIC: REG_EU) | Einstellu

Spezifikation	Art	Beschreibung	Ebene	Anzeigen	Berechnete ETM	Berechn. ME
ZNUT_0001	NUTRIENT	Brennwert	1	☑	0,433618	%
ZNUT_0002	NUTRIENT	Fett	1	☑	21,650000	%
ZNUT_0007	NUTRIENT	davon gesättigte Fettsäuren	2	☑	46,102632	%
ZNUT_0003	NUTRIENT	Kohlenhydrate	1	☑	1,102783	%
ZNUT_0008	NUTRIENT	davon Zucker	2	☑	0,453200	%
ZNUT_0004	NUTRIENT	Eiweiß	1	☑	3,235167	%

Abbildung 8.46 ETM-Datenprofil im Komponentenetikett

Im Packungsetikett können Sie dafür sorgen, dass auch die empfohlene Tagesmenge in Verbindung mit den Nährwerten aufgeführt wird. Dies kann z. B. wie in Abbildung 8.47 aussehen. Zusätzlich zu den Angaben der Nährwerte pro 250 g und 100 g gibt es noch eine Spalte (**ETM 18-29 J./100g**), in der der prozentuale Anteil der empfohlenen Tagesmenge steht, der mit dem Verzehr der sich darüber befindenden Menge erreicht wird. Sie können bei Bedarf verschiedene ETM-Datenprofile zuordnen. Für das hier gewählte Beispiel soll ein ETM-Datenprofil genügen.

Nährwerte /Nutrients

Nährwerte Sahnesoße 7%	Nutrients cream sauce 7%	Durchschnittl. Nährwerte pro 250 g/ Av. nutrient information per 250 g	Durchschnittl. Nährwerte pro 100g/ Av. nutrient information per 100g	ETM 18-29 J./100g/ RDA 18-29 y./100g
Portionen pro Packung:	*Portions per package:*	2		
Portionsgröße:	*Size of portion:*	*250.0 G*	*100.0 G*	*100.0 G*
Brennwert	Calories	1.075 KJ	34,26 KJ	0,43 %
Fett	Fat	11,5 G	14,07 G	21,65 %
davon gesättigte Fettsäuren	hereof: saturated fatty acids	3 G	8,76 G	46,1 %
Kohlenhydrate	Carbohydrates	4,5 G	2,54 G	1,1 %
davon Zucker	hereof: sugars	4,5 G	0,23 G	0,45 %
Eiweiß	Protein	33,25 G	1,94 G	3,24 %

Abbildung 8.47 Packungsetikett mit dem ETM-Datenprofil (Bildausschnitt)

8.6 Packungsetikett

Im *Packungsetikett* laufen die Aktivitäten aus dem Inhaltsstoffetikett, dem qualitativen Etikett und dem Komponentenetikett zusammen. In der Sicht Packungsetikett haben Sie die Möglichkeit, zu den verschiedenen vorbereiteten Etiketten eine Gesamtvorschau in Form eines PDF-Dokuments zu generieren. SAP liefert dafür ein Beispielformular aus. Sie können jederzeit eigene Formulare definieren.

8.6.1 Packungsetikett anlegen

Für das Packungsetikett können Sie alle Packungsgrößen anlegen, die es zum aktuell bearbeiteten Produkt gibt. Im Bereich **Packungslisten** geben Sie dafür die **Basismenge**, die **Mengeneinheit** und eine **Beschreibung** zu jeder Packungsgröße an (siehe Abbildung 8.48). Die Beschreibung im Bereich Packungslisten wird in der Anmeldesprache vorgenommen und dient als Kurzbeschreibung, damit den Anwenderinnen und Anwendern schnell klar wird, worum es bei den einzelnen Positionen geht.

Geben Sie im Bereich **Beschreibung** zu jeder Packungsliste nochmal eine Beschreibung an, dieses Mal in den benötigten Sprachen. Diese Beschreibung dient dem PDF-Dokument als Überschrift.

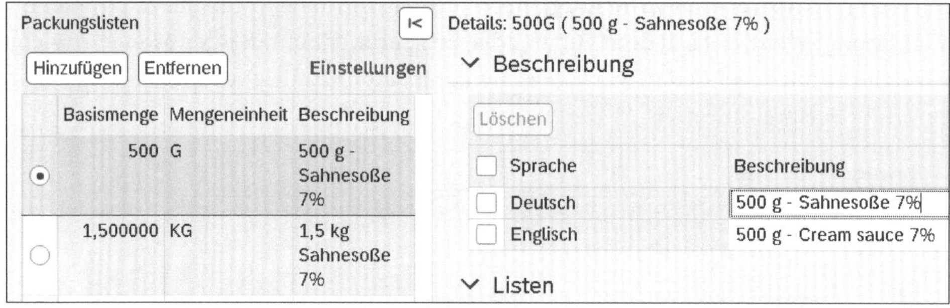

Abbildung 8.48 Packungslisten und Beschreibung

In Abbildung 8.49 sehen Sie, dass die unterschiedlichen Listen, die Sie in der View **Etikettendefinitionen** vorbereitet haben, aufgeführt sind. Sie können pro Liste über die Anzeige der folgenden Informationen entscheiden:

- **Inhaltsstoffliste**
  - Selektion bestimmter Ziellokationen
  - Selektion bestimmter Sprachenschlüssel
  - Reihenfolge der Anzeige der Ziellokationen
  - Reihenfolge der Anzeige der Sprachenschlüssel

- **Liste qualitativer Daten**
  - Selektion bestimmter Ziellokationen
  - Selektion bestimmter Sprachenschlüssel
  - Reihenfolge der Anzeige der Ziellokationen
  - Reihenfolge der Anzeige der Sprachenschlüssel
- **Komponentenetikett**
  - Selektion bestimmter Ziellokationen
  - Selektion bestimmter Sprachenschlüssel
  - Selektion bestimmter Datenherkünfte
  - Reihenfolge der Anzeige der Ziellokationen
  - Reihenfolge der Anzeige der Sprachenschlüssel
  - Reihenfolge der Anzeige der Datenherkünfte

Zunächst sind alle Ziellokationen, alle Sprachenschlüssel und alle Datenherkünfte für die Anzeige im PDF-Formular vorgesehen. Wenn Sie bestimmte Teile ausschließen möchten, müssen Sie diese in der Spalte **Anzeigen** manuell abwählen.

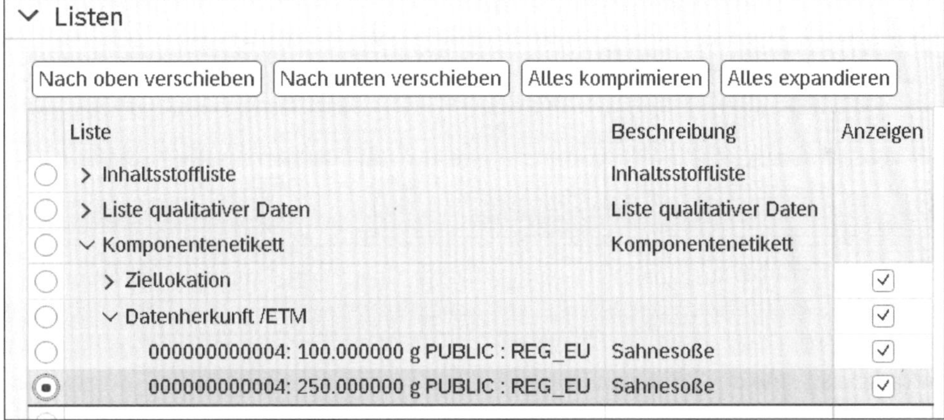

Abbildung 8.49 Listen im Packungsetikett

Abhängig von der Packungsgröße können unterschiedliche Hinweise für das Packungsetikett relevant sein. Im Bereich **Langtext** können Sie für das Packungsetikett einen beliebigen Hinweistext pflegen (siehe Abbildung 8.50). Es stehen Ihnen die Sprachen zur Verfügung, die in der View **Etikettendefinition** in der Teil-View **Globale Definition** vorgesehen sind. Der angegebene Langtext wird ebenfalls im PDF-Formular angedruckt. Möglichkeiten zur Formatierung wie der Fettdruck oder der Kursivdruck von Buchstaben sind bisher nicht bekannt.

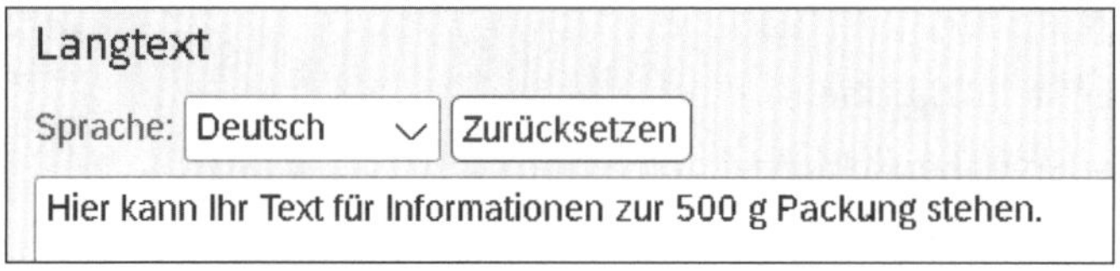

Langtext

Sprache: Deutsch Zurücksetzen

Hier kann Ihr Text für Informationen zur 500 g Packung stehen.

Abbildung 8.50 Langtext für ein Packungsetikett

In Abbildung 8.51 sehen Sie ein Beispiel für eine PDF-Ausgabe eines Packungsetiketts.

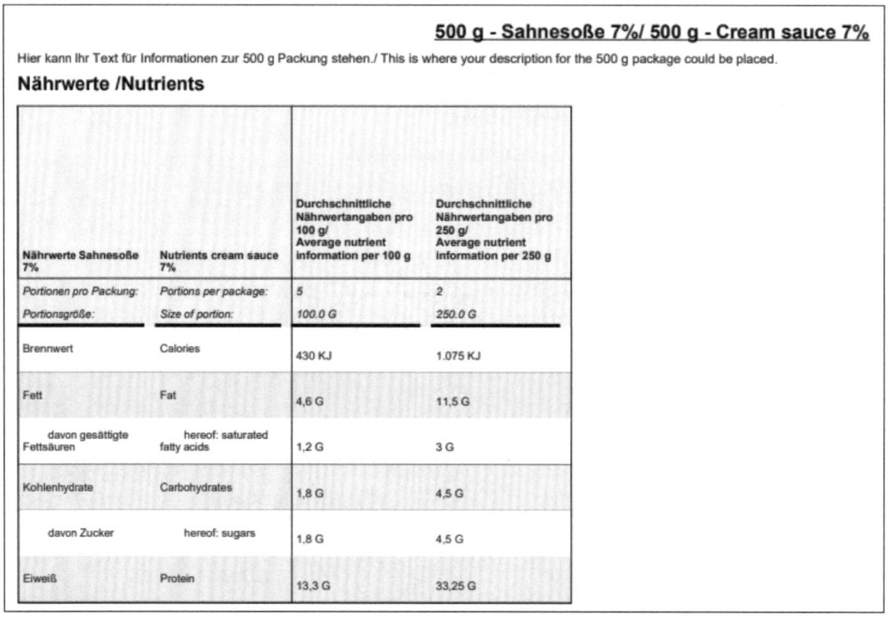

500 g - Sahnesoße 7%/ 500 g - Cream sauce 7%

Hier kann Ihr Text für Informationen zur 500 g Packung stehen./ This is where your description for the 500 g package could be placed.

Nährwerte /Nutrients

Nährwerte Sahnesoße 7%	Nutrients cream sauce 7%	Durchschnittliche Nährwertangaben pro 100 g/ Average nutrient information per 100 g	Durchschnittliche Nährwertangaben pro 250 g/ Average nutrient information per 250 g
Portionen pro Packung:	*Portions per package:*	5	2
Portionsgröße:	*Size of portion:*	*100.0 G*	*250.0 G*
Brennwert	Calories	430 KJ	1.075 KJ
Fett	Fat	4,6 G	11,5 G
davon gesättigte Fettsäuren	hereof: saturated fatty acids	1,2 G	3 G
Kohlenhydrate	Carbohydrates	1,8 G	4,5 G
davon Zucker	hereof: sugars	1,8 G	4,5 G
Eiweiß	Protein	13,3 G	33,25 G

Abbildung 8.51 PDF-Ausgabe des Packungsetiketts: Überschrift, Langtext und Nährwertangaben

In Tabelle 8.5 sind die einzelnen Bestandteile des Formulars dargestellt – mit einer Information dazu, woher das System diese Informationen nimmt. Es handelt sich hierbei um eine Mischung aus Customizing-Informationen und Angaben, die direkt im Etikett getätigt werden.

Stelle im Formular	Beispiel	Herkunft
Überschrift des Formulars	500 g – Sahnesoße 7 %	Beschreibung des Packungsetiketts
Langtext	Hier kann Ihr Text für Informationen zur 500 g Packung stehen.	Langtext im Packungsetikett

Tabelle 8.5 Herkunft der Formularbestandteile

Stelle im Formular	Beispiel	Herkunft
Überschrift der Tabelle	Nährwerte	Textbaustein im Customizing, siehe Abschnitt 8.6.2, »PDF-Formulare definieren«
Überschrift der Nährstoffe	Nährwerte Sahnesoße 7 %	Titel der Komponentenliste
Portionen pro Packung	Portionen pro Packung	Textbaustein im Customizing, siehe Abschnitt 8.6.2, »PDF-Formulare definieren«
Portionsgröße	Portionsgröße	Textbaustein im Customizing, siehe Abschnitt 8.6.2, »PDF-Formulare definieren«
Überschrift der Nährwerte mit Bezug zu einer Basismenge	Durchschnittliche Nährwertangaben pro 100 g	Beschreibung einer Datenherkunft im Komponentenetikett

Tabelle 8.5 Herkunft der Formularbestandteile (Forts.)

Im Anschluss an die Auflistung der Nährwerte beinhaltet das Formular noch die Entwürfe des Inhaltsstoffetiketts und des qualitativen Etiketts (siehe Abbildung 8.52). Sobald Sie das Packungsetikett mehrsprachig generieren möchten, ist es wichtig, dass Sie sorgfältig alle Spezifikationen, alle Überschriften und alle Phrasen in den jeweiligen Fremdsprachen pflegen. Andernfalls hat das System keine andere Chance, als die Stellen leer zu lassen oder bei der Generierung eines Entwurfs die Spezifikationsschlüssel als Platzhalter zu verwenden.

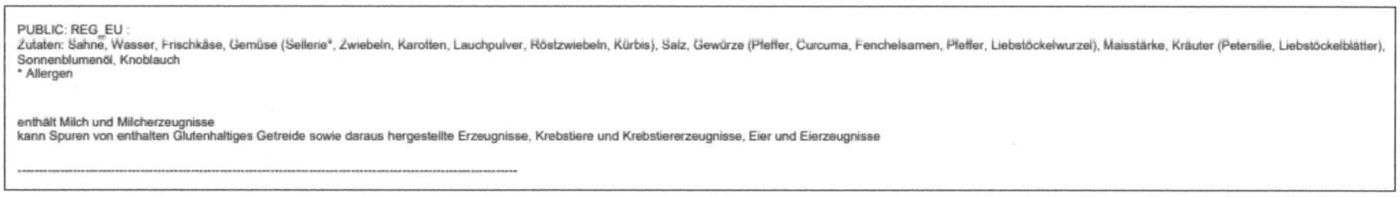

PUBLIC: REG_EU :
Zutaten: Sahne, Wasser, Frischkäse, Gemüse (Sellerie*, Zwiebeln, Karotten, Lauchpulver, Röstzwiebeln, Kürbis), Salz, Gewürze (Pfeffer, Curcuma, Fenchelsamen, Pfeffer, Liebstöckelwurzel), Maisstärke, Kräuter (Petersilie, Liebstöckelblätter), Sonnenblumenöl, Knoblauch
* Allergen

enthält Milch und Milcherzeugnisse
kann Spuren von enthalten Glutenhaltiges Getreide sowie daraus hergestellte Erzeugnisse, Krebstiere und Krebstiererzeugnisse, Eier und Eierzeugnisse

Abbildung 8.52 PDF-Ausgabe des Packungsetiketts: Zutatenliste und qualitative Angaben

Sie können das PDF-Formular bequem downloaden, um es z. B. für eine Besprechung als Anschauungsmaterial verfügbar zu haben.

8.6.2 PDF-Formulare definieren

Wie in Abschnitt 8.6.1, »Packungsetikett anlegen«, angedeutet, gibt es Möglichkeiten, um das PDF-Formular im Customizing zu beeinflussen. Dazu navigieren Sie zu **Logistik Allgemein • Product Lifecycle Management (PLM) • PLM-Web-Benutzungsoberfläche • Rezeptentwicklung • Etikettierung • PDF-Formulare definieren**.

In dieser Customizing-Aktivität können Sie für die unterschiedlichen Formulare die benötigten Textbausteine zuordnen und mit den gewünschten Phrasen verbinden, die das System verwenden soll, um die Textbausteine mit Leben zu füllen.

Abbildung 8.53 können Sie entnehmen, dass zum Formular /PLMU/UI_LBL_ADOBE_WUI in der Spalte **Textbaustein auf PDF-Formular** verschiedene Textbausteine aufgelistet sind. Zu jedem Textbaustein ist eine Phrase zugeordnet. Die Zuordnung der Phrase erfolgt aus einer Kombination des Phrasenkataloges (CUST) einem Bindestrich (-) und dem Phrasenschlüssel (ZINGREDIENT). Achten Sie darauf, dass die Phrase zur Phrasengruppe für PDF-Textbausteine zugeordnet ist (siehe Abschnitt 8.2.7, »Phrasengruppen anlegen und zuordnen«).

Folgende Textbausteine sind aktuell für den Einsatz im Standardformular vorgesehen:

- TEXT_INGREDIENTS: Ergänzt eine Bezeichnung vor der Zutatenliste auf dem Formular.
- TEXT_NUTR_FACTS: Ergänzt eine Überschrift zur Nährwerttabelle.
- TEXT_PER_CONTAINER: Ergänzt eine Bezeichnung in der Nährwerttabelle für Portionen pro Packung.
- TEXT_SERVING_SIZE: Ergänzt eine Bezeichnung in der Nährwerttabelle für die Portionsgröße.

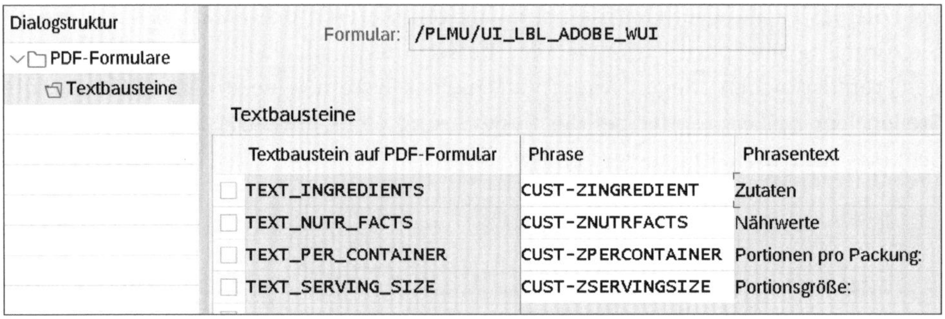

Dialogstruktur
PDF-Formulare
Textbausteine

Formular: /PLMU/UI_LBL_ADOBE_WUI

Textbausteine

Textbaustein auf PDF-Formular	Phrase	Phrasentext
TEXT_INGREDIENTS	CUST-ZINGREDIENT	Zutaten
TEXT_NUTR_FACTS	CUST-ZNUTRFACTS	Nährwerte
TEXT_PER_CONTAINER	CUST-ZPERCONTAINER	Portionen pro Packung:
TEXT_SERVING_SIZE	CUST-ZSERVINGSIZE	Portionsgröße:

Abbildung 8.53 PDF-Formulare für das Packungsetikett definieren

Sollten Sie in die Verlegenheit kommen, dass die Textbausteine in Ihrem System noch nicht verfügbar sind, können Sie diese problemlos mithilfe von Transaktion SM30 (Tabellensicht-Pflege) einbinden. Geben Sie die View RMSLV_FORM2_TM (Textbausteinnamen) an, und öffnen Sie diese im Pflegemodus.

Wenn Sie eigene PDF-Formulare benötigen, können Sie diese mit den Kolleginnen und Kollegen aus der Formularentwicklung definieren. Sie erhalten das Formular im Packungsetikett zur Auswahl, sobald Sie den Formularnamen hier im Customizing aufgeführt haben.

8.7 XML-Export

Damit Sie die Etikettendaten in anderen Systemen verwenden können, gibt es die Möglichkeit, entweder den kompletten Etikettensatz nach XML zu exportieren (siehe Abschnitt 8.7.1, »Etikettensatz nach XML exportieren«) oder eine bestimmte Packungsliste aus dem Packungsetikett nach XML zu exportieren (siehe Abschnitt 8.7.2, »Packungsliste nach XML exportieren«).

8.7.1 Etikettensatz nach XML exportieren

Um den gesamten Etikettensatz nach XML zu exportieren, müssen Sie in der View **Allgemeine Daten** in der Teil-View **Grunddaten** im Feld **Etikettensatz exportieren** den Link **In XML exportieren** betätigen (siehe Abbildung 8.2). Das System bindet daraufhin alle Bestandteile des Etiketts in die XML-Datei ein. In Abbildung 8.55 sehen Sie linker Hand die XML-Datei für den gesamten Etikettensatz. Es fällt auf, dass es jeweils einen Bereich für die Kopfdaten (`<HEADER>`), die Ziellokationen (`<TARGET_LOCATIONS>`), das Inhaltsstoffetikett (`<INGREDIENT_LABEL>`), das qualitative Etikett (`<QUALITATIVE_LABEL>`) und das Komponentenetikett (`<COMPONENT_LABEL>`) des Etiketts gibt. Erst im Anschluss an diese Daten kommt die Aufführung der einzelnen Packungslisten aus dem Packungsetikett (`<PACKAGE_LABEL>`). Damit sind in dieser XML-Datei alle Informationen aus dem Etikettensatz verfügbar und können diese Daten zur Weiterverarbeitung zur Verfügung stellen.

8.7.2 Packungsliste nach XML exportieren

Wenn Sie keinen Bedarf an einem Export des gesamten Etikettensatzes haben, können Sie auch einzelne Packungslisten nach XML exportieren. Gehen Sie dazu auf die View **Packungsetikett**, und entscheiden Sie sich für eine **Packungsliste**. Sobald Sie eine der Packungslisten ausgewählt haben, gibt es im rechten Bild neben dem Feld **Etikett exportieren** den Link **In XML exportieren**.

Das XML, das daraufhin entsteht, beinhaltet die Daten, die Sie für das Packungsetikett gekennzeichnet haben. Dies bedeutet, dass berücksichtigt wird, welche Ziellokationen und Sprachen Sie für die Anzeige auf dem Packungsetikett markiert haben.

In Abbildung 8.54 sehen Sie z. B. den Auszug des Entwurfs der Inhaltsstoffliste im XML-Format. Sie erkennen die Inhaltsstoffe, den als Allergen gekennzeichneten Sellerie und den Hinweis, dass das Kennzeichen beim Sellerie für **Allergen** steht. In ähnlicher Form sind auch die übrigen Inhalte aufgebaut. Dieser Auszug ist aus dem Bereich `<INGREDIENT_LABEL>`.

Der rechten Seite von Abbildung 8.55 können Sie entnehmen, dass die Kopfdaten und Ziellokationsinformationen, die Sie aus dem Gesamtexport kennen, nicht vorhanden sind. Es geht beim Export einer Packungsliste nach der Angabe, um welche Packungsliste es geht, mit den Beschreibungen der Packungsliste los (<DESCRIPTION_TRANSL>) und schließlich weiter mit dem Inhaltsstoffetikett (<INGREDIENT_LABEL>), dem qualitativen Etikett (<QUALITATIVE_LABEL>) und dem Komponentenetikett (<COMPONENT_LABEL>).

```
- <DRAFT>
  - <RMSLS_XML_TRANSL_DRAFT_WUI>
      <LANGU>D</LANGU>
      <LANGU_TXT>Deutsch</LANGU_TXT>
    - <TEXT>
      - <TLINE>
          <TDFORMAT>*</TDFORMAT>
          <TDLINE>Sahne, Wasser, Frischkäse, Gemüse (Sellerie*, Zwiebeln,
            Karotten,</TDLINE>
        </TLINE>
      - <TLINE>
          <TDFORMAT/>
          <TDLINE>Lauchpulver, Röstzwiebeln, Kürbis), Salz, Gewürze (Pfeffer,
            Curcuma,</TDLINE>
        </TLINE>
      - <TLINE>
          <TDFORMAT/>
          <TDLINE>Fenchelsamen, Pfeffer, Liebstöckelwurzel), Maisstärke, Kräuter</TDLINE>
        </TLINE>
      - <TLINE>
          <TDFORMAT/>
          <TDLINE>(Petersilie, Liebstöckelblätter), Sonnenblumenöl, Knoblauch</TDLINE>
        </TLINE>
      - <TLINE>
          <TDFORMAT>*</TDFORMAT>
          <TDLINE>* Allergen</TDLINE>
        </TLINE>
      </TEXT>
    </RMSLS_XML_TRANSL_DRAFT_WUI>
  </DRAFT>
```

Abbildung 8.54 Auszug aus einer beispielhaften XML-Datei

```
  <?xml version="1.0" encoding="UTF-8"?>
- <asx:abap xmlns:asx="http://www.sap.com/abapxml" version="1.0">
  - <asx:values>
    - <LABELDATA>
      + <HEADER>
        <USAGES/>
        <CLASSIFICATIONS/>
      + <TARGET_LOCATIONS>
      + <INGREDIENT_LABEL>
      + <QUALITATIVE_LABEL>
      + <COMPONENT_HIERARCHY>
      + <COMPONENT_LABEL>
      - <PACKAGE_LABEL>
        - <RMSLS_XML_PACKAGE_LISTS_WUI>
            <LISTCNT>000000000001</LISTCNT>
            <BASE_QTY>500.0</BASE_QTY>
            <UNIT_BASE_QTY>G</UNIT_BASE_QTY>
            <UNIT_TXT>Gramm</UNIT_TXT>
            <FORM/>
            <FORM_TXT/>
          + <DESCRIPTION_TRANSL>
          - <PACKAGE_ITEMS>
            + <INGREDIENT_LABEL>
            + <QUALITATIVE_LABEL>
            + <COMPONENT_LABEL>
            </PACKAGE_ITEMS>
          + <LONG_TEXT>
          </RMSLS_XML_PACKAGE_LISTS_WUI>
        - <RMSLS_XML_PACKAGE_LISTS_WUI>
            <LISTCNT>000000000002</LISTCNT>
            <BASE_QTY>1.5</BASE_QTY>
            <UNIT_BASE_QTY>KG</UNIT_BASE_QTY>
            <UNIT_TXT>Kilogramm</UNIT_TXT>
            <FORM/>
            <FORM_TXT/>
          + <DESCRIPTION_TRANSL>
          - <PACKAGE_ITEMS>
            + <INGREDIENT_LABEL>
            + <QUALITATIVE_LABEL>
            + <COMPONENT_LABEL>
            </PACKAGE_ITEMS>
          + <LONG_TEXT>
          </RMSLS_XML_PACKAGE_LISTS_WUI>
        </PACKAGE_LABEL>
      </LABELDATA>
    </asx:values>
  </asx:abap>
```

```
  <?xml version="1.0" encoding="UTF-8"?>
- <asx:abap xmlns:asx="http://www.sap.com/abapxml" version="1.0">
  - <asx:values>
    - <LABELDATA>
        <LISTCNT>000000000001</LISTCNT>
        <BASE_QTY>500.0</BASE_QTY>
        <UNIT_BASE_QTY>G</UNIT_BASE_QTY>
        <UNIT_TXT>Gramm</UNIT_TXT>
        <FORM/>
        <FORM_TXT/>
      + <DESCRIPTION_TRANSL>
      + <INGREDIENT_LABEL>
      + <QUALITATIVE_LABEL>
      + <COMPONENT_LABEL>
      + <LONG_TEXT>
      </LABELDATA>
    </asx:values>
  </asx:abap>
```

Abbildung 8.55 XML-Dateien für den gesamten Etikettensatz (links) und 1 Packungsetikett (rechts)

8.8 Zusammenfassung

Sie haben in diesem Kapitel das Etikett mit den verschiedenen Teiletiketten kennengelernt. Sie sind nun mit den wichtigsten Customizing-Aktivitäten vertraut und haben Anleitung dazu erhalten, wie die einzelnen Etiketten anzulegen sind. Sie sind in der Lage, die Daten aus dem Inhaltsstoffetikett, dem qualitativen Etikett und dem Komponentenetikett in einem Packungsetikett zusammenzufassen und diese im Standardformular auszugeben. Sie haben mit dem Etikett neben der Spezifikation ein weiteres Stammdatenobjekt kennengelernt, bei dem die Phrasenverwaltung eine zentrale Rolle spielt. Nach einer kurzen Eingewöhnungsphase kommen Sie hoffentlich an den Punkt, an dem Ihnen die Gestaltung der Etikettendaten ebenfalls Spaß bereitet.

Im nächsten Kapitel finden Sie Ausführungen zur Vorgabenprüfung, mit der Sie Spezifikationen und Rezepte auf die Einhaltung von bestimmten Rahmenbedingungen überprüfen können.

Kapitel 9
Vorgabenprüfung

Falls Ihre Produkte oder die Ihrer Kundinnen und Kunden (strengen) Vorschriften unterliegen und Sie prüfen möchten, ob diese Vorschriften eingehalten werden, kann Ihnen die Vorgabenprüfung weiterhelfen. Sie erfahren in diesem Kapitel auch, wie Sie mit unterschiedlichen Vorschriften, abhängig von der Zielgruppe oder einer bestimmten Anwendung, umgehen.

Die Vorgabenprüfung ist eine Funktion innerhalb von SAP Recipe Development, um Spezifikationen und Rezepte auf die Einhaltung von gewissen Rahmenbedingungen hin zu überprüfen.

Es gibt Rahmenbedingungen oder Vorgaben der unterschiedlichsten Art. Manche Vorgaben sind gesetzlich bedingt, andere Vorgaben stammen von Ihren Kundinnen und Kunden, und wiederum andere Vorgaben resultieren z. B. aus unternehmensinternen Standards. Die nachfolgenden Abschnitte sollen die grundlegenden Möglichkeiten der Vorgabenprüfung sowie die dafür notwendigen Konfigurationsschritte aufzeigen.

Die Ausführungen zur Vorgabenprüfung haben einen stärkeren Bezug zur Navigation und Datenpflege in der Anwendung, als Sie es aus den anderen Kapiteln gewöhnt sind. Dies liegt daran, dass die Vorgehensweise in der Datenpflege für diese spezielle Funktion nicht so naheliegend ist, wie es in den anderen Bereichen der Fall ist.

In Abschnitt 9.1, »Allgemeines«, erhalten Sie allgemeine Informationen zu wichtigen Begriffen in der Vorgabenprüfung und an welchen Spezifikationsarten Sie Vorgaben hinterlegen können. In Abschnitt 9.2, erfahren Sie, was Sie bei der Grundkonfiguration der Vorgabenprüfung beachten müssen. Wie Sie Vorgaben an Nährstoffen, qualitativen Komponenten, Listenstoffen und Stoffgruppen pflegen, zeigen Ihnen Abschnitt 9.3 bis Abschnitt 9.6. Auch wird eine Vorgabenschnellbearbeitung beschrieben (siehe Abschnitt 9.7). Wie Sie die Vorgabenprüfung ausführen und wie Sie mit den Prüfergebnissen umgehen, lesen Sie in Abschnitt 9.8, bzw. Abschnitt 9.9.

9.1 Allgemeines

Bei der Definition einer Vorgabe sowie bei der Durchführung der Vorgabenprüfung sind zwei zentrale Begriffe wichtig:

- **Vorschrift**
  Mithilfe der Vorschrift geben Sie an, an welchem Gesetz oder welcher Verordnung sich die Angaben orientieren. Dies kann z. B. die Lebensmittelinformationsverordnung (LMIV), die Zusatzstoffzulassungsverordnung (ZZulV) oder die EU-Verordnung (EG) Nr. 1223/2009 (EU-KosmetikV) sein.
- **Anwendungsbereich**
  Manche Gesetze oder Vorschriften können abhängig davon, worauf sie angewendet werden, unterschiedliche Anforderungen beinhalten. Daher können Sie über den Anwendungsbereich unterschiedliche Produktgruppen festlegen, z. B. Babynahrung, Nahrungsergänzungsmittel oder Rinse-off-Produkte.

Die Vorgaben können Sie anhand der folgenden Spezifikationsarten pflegen:

- `ALLERGEN` (Allergene)
- `DIET` (Diäten)
- `GENMOD` (Genmodifizierte Inhaltsstoffe)
- `LIST_SUB` (Listenstoffe)
- `NUTRIENT` (Nährstoffe)
- `RELIGIOUS` (Religiöse Zertifikate)

Zudem können Sie für Nährstoffe und Listenstoffe sogenannte Stoffgruppen definieren. Bei den Stoffgruppen können Sie mehrere Stoffe von einer Spezifikationsart zusammenfassen und eine Vorgabe dafür definieren. Dies kann z. B. interessant sein, um verschiedene Arten von Zucker zusammenzufassen und diese in ihrer Gesamtheit im Produkt einer Vorgabenprüfung zu unterziehen.

9.2 Grundkonfiguration

Damit die Vorgabenprüfung erfolgreich eingesetzt werden kann, müssen Sie bestimmte Aktivitäten vornehmen. Dazu gehört z. B. die Anlage von Nummernkreisintervallen und die Prüfung verschiedener Customizing-Einstellungen. Details dazu finden Sie in den folgenden Ausführungen.

9.2.1 Nummernkreise

Im Rahmen der Vorgabenprüfung können Anwendungslogs entstehen und Prüfergebnisse gespeichert werden. Dafür benötigt das System *Nummernkreisintervalle*, um eindeutige Nummern vergeben zu können. Diese Nummernkreisintervalle müssen von Ihnen angelegt werden.

Achten Sie darauf, dass die in Tabelle 9.1 aufgeführten Nummernkreisobjekte für die Vorgabenprüfung angelegt sind (Transaktion SNUM). Sie müssen sich in den Spalten **Von Nummer** und **Bis Nummer** nicht exakt an die hier aufgeführten Werte halten.

Nummern-kreisobjekt	Bezeichnung	Nummern-kreisnummer	Von-Nummer	Bis-Nummer
EHSB_RC_AL	Nummer für die Anwendungslog-ID (externe Identifikation)	I1	000000000001	999999999999
/PLMB/CCK	Compliance Check Number Range	01	000000000000001	199999999999999

Tabelle 9.1 Nummernkreisobjekte für die Vorgabenprüfung

9.2.2 Vorgaben einrichten

Damit das System »weiß«, in welchen Bewertungsarten die Vorgaben im Rahmen der Vorgabenprüfung gepflegt werden, können Sie im Customizing über den folgenden Pfad sicherstellen, dass die nötigen Bewertungsarten vorhanden sind: **Logistik Allgemein • Product Lifecycle Management (PLM) • PLM-Web-Benutzungsoberfläche • Rezeptentwicklung • Vorgabenprüfung • Vorgabenprüfung ohne EH&S-Expert-Server • Vorgaben einrichten**. In Tabelle 9.2 finden Sie die Bewertungsarten für die Vorgaben.

Bewertungsart	Bezeichnung Bewertungsart
SAP_RMS_CC_C_CMP_L	Zwingende Vorgabe für Listenstoffe
SAP_RMS_CC_C_CMP_N	Zwingende Vorgabe für quantitative Komp.
SAP_RMS_CC_C_PROH	Vorgabe, die Stoff ausschließt
SAP_RMS_CC_C_QNEG	Negative Vorgabe für qualitative Komp.
SAP_RMS_CC_C_QPOS	Positive Vorgabe für qualitative Komp.
SAP_RMS_CC_C_RST_L	Einschränkende Vorgabe für Listenstoffe
SAP_RMS_CC_C_RST_N	Einschränkende Vorgabe für quant. Komp.

Tabelle 9.2 Bewertungsarten für Vorgaben

In der Regel sind diese Bewertungsarten bereits im Customizing aufgeführt. Die Darstellung ist ausschließlich auf den Schlüssel der Bewertungsart beschränkt (siehe Abbildung 9.1).

Definition der Vorgaben
BewArt Vorgaben
SAP_RMS_CC_C_CMP_L
SAP_RMS_CC_C_CMP_N
SAP_RMS_CC_C_PROH
SAP_RMS_CC_C_QNEG
SAP_RMS_CC_C_QPOS
SAP_RMS_CC_C_RST_L
SAP_RMS_CC_C_RST_N

Abbildung 9.1 Vorgaben einrichten

[!]

Wichtig für Veränderungen im Customizing im operativen Betrieb

Sollten Sie eine individualisierte Vorgabenprüfung einsetzen, kann es erforderlich sein, an dieser Stelle im Customizing eigene Bewertungsarten einzubinden. Wenn Sie im Rahmen des operativen Betriebs neue Bewertungsarten einbinden, werden Sie mit großer Wahrscheinlichkeit die Vorgabenprüfungen zu den einzelnen Objekten erneut ausführen müssen, damit die neuen Bewertungsarten dort ermittelt werden können.

9.2.3 Bewertungsarten zu Vorgaben zuordnen

Um festzulegen, welche Bewertungsart zu welcher Vorgabe gehört, geben Sie im Customizing die Bewertungsarten zu den einzelnen Positionen über den folgenden Pfad an: **Logistik Allgemein • Product Lifecycle Management (PLM) • PLM-Web-Benutzungsoberfläche • Rezeptentwicklung • Vorgabenprüfung • Vorgabenprüfung ohne EH&S-Expert-Server • Bewertungsarten zu Vorgaben zuordnen**.

In Abbildung 9.2 sehen Sie, wie Sie die Bewertungsarten den Vorgaben zuordnen.

Vorgabenprüfungs-Customizing: Bewertungsarten für Vorgaben	
Bewertungsart für Vorgabe - Zusammens. (Listenst.):	SAP_RMS_CC_C_CMP_L
Bewertungsart f. Vorgabe - Zusammensetzung (Nährst.):	SAP_RMS_CC_C_CMP_N
Bewertungsart für Vorgabe - Verboten:	SAP_RMS_CC_C_PROH
Bewertungsart für Vorgabe - Qualitativ negativ:	SAP_RMS_CC_C_QNEG
Bewertungsart für Vorgabe - Qualitativ positiv:	SAP_RMS_CC_C_QPOS
Bewertungsart f. Vorgabe - Eingeschränkt (Listenst.):	SAP_RMS_CC_C_RST_L
Bewertungsart für Vorgabe - Eingeschr. (Nährstoffe):	SAP_RMS_CC_C_RST_N

Abbildung 9.2 Bewertungsarten den Vorgaben zuordnen

In Tabelle 9.3 sind die Vorgaben mit den jeweils zugeordneten Bewertungsarten dargestellt.

Vorgabe	Bewertungsart
Bewertungsart für Vorgabe – Zusammens. (Listenst.)	SAP_RMS_CC_C_CMP_L
Bewertungsart f. Vorgabe – Zusammensetzung (Nährst.)	SAP_RMS_CC_C_CMP_N
Bewertungsart für Vorgabe – Verboten	SAP_RMS_CC_C_PROH
Bewertungsart für Vorgabe – Qualitativ negativ	SAP_RMS_CC_C_QNEG
Bewertungsart für Vorgabe – Qualitativ positiv	SAP_RMS_CC_C_QPOS
Bewertungsart für Vorgabe – Eingeschränkt (Listenst.)	SAP_RMS_CC_C_RST_L
Bewertungsart für Vorgabe – Eingeschr. (Nährstoffe)	SAP_RMS_CC_C_RST_N

Tabelle 9.3 Bewertungsarten den Vorgaben zuordnen

9.2.4 Technische Parameter einrichten

Im Customizing können Sie verschiedene technische Parameter festlegen (siehe Abbildung 9.3). Nutzen Sie dazu den folgenden Pfad: **Logistik Allgemein • Product Lifecycle Management (PLM) • PLM-Web-Benutzungsoberfläche • Rezeptentwicklung • Vorgabenprüfung • Vorgabenprüfung ohne EH&S-Expert-Server • Technische Parameter einrichten**. Was Sie in den einzelnen Feldern festlegen können, ist nachfolgend ausgeführt.

- **Spezifikationsart der Stoffgruppe mit Vorgaben**
  Im Feld **Spezifikationsart der Stoffgruppe mit Vorgaben** geben Sie die Spezifikationsart an, die Sie verwenden, um Stoffe für die Vorgabenprüfung zu gruppieren. Für die Details zur Stoffgruppe sehen Sie sich Abschnitt 9.6, »Stoffgruppen« an.

  Standardwert: CCK_GRP
- **Bewertungsart der Stoffgruppe mit Vorgaben**
  Im Feld **Bewertungsart der Stoffgruppe mit Vorgaben** geben Sie die Bewertungsart an, in der die für die Vorgabenprüfung zusammengehörenden Stoffe aufgelistet sind.

  Standardwert: SAP_RMS_CC_GRP
- **Anzahl der Objekte für Online-Modus**
  Abhängig von der Anzahl der ausgewählten Objekte und dem Umfang der zu prüfenden Eigenschaften, kann eine Vorgabenprüfung in der Dauer der Ausführung variieren. Im Feld **Anzahl Objekte für Online-Modus** legen Sie fest, ab wie vielen Ob-

jekten, das System den Vorschlag zur Ausführung der Vorgabenprüfung im Hintergrund unterbreiten soll.

Standardwert: 50

- **Aufbewahrungsfrist für Protokolle**
  Im Feld **Aufbewahrungsfrist für Protokolle** entscheiden Sie über die Anzahl der Tage, an denen die Protokolle der Vorgabenprüfung verfügbar sein sollen.

  Standardwert: 365

- **Identifikationsauflistung**
  Über das Feld **Identifikationsauflistung** steuern Sie, welche Identifikatoren im Rahmen der Vorgabenprüfung zu den Spezifikationen angezeigt werden sollen. Für die Details zur Identifikationsauflistung sehen Sie sich Abschnitt 4.4, »Identifikatoren«, an.

  Standardwert: `D_DEFAULT`

- **TREX verwenden**
  Das Kennzeichen **TREX verw.** sollten Sie nicht anhaken. TREX ist eine Suchmaschine, die mit SAP S/4HANA für die Vorgabenprüfung nicht mehr benötigt wird.

  Standardwert: Kennzeichen nicht selektiert

Vorgabenprüfungs-Customizing: Tech. Param. - Kein Exp.-Serv.

Spezifikationsart der Stoffgruppe mit Vorgaben:	CCK_GRP
Bewertungsart der Stoffgruppe mit Vorgaben:	SAP_RMS_CC_GRP
Anzahl Objekte für Online-Modus:	50
Aufbewahrungsfrist für Protokolle:	365
Identifikationsauflistung:	D_DEFAULT

☐ TREX verw.

Abbildung 9.3 Technische Parameter einrichten

9.2.5 Parameter für die Auswahl der Vorgaben und Vorgabengültigkeit einrichten

Einer der ersten Schritte bei der Durchführung der Vorgabenprüfung ist die Angabe, für welche Vorschrift (Regulation), für welchen Anwendungsbereich (Application Area) und welche Verwendung (Usage) geprüft werden soll. Damit diese Parameter auf der Benutzeroberfläche erscheinen, stellen Sie sicher, dass Sie im Customizing mindestens die in Abbildung 9.4 aufgeführten Einstellungen vorfinden. Die Einstellungen finden Sie über den Pfad **Logistik Allgemein • Product Lifecycle Management (PLM) • PLM-Web-Benutzungsoberfläche • Rezeptentwicklung • Vorgabenprüfung • Vorgabenprüfung ohne EH&S-Expert-Server • Parameter für Auswahl der Vorgaben und Vorgabengültigkeit einrichten**.

Welche Spalten es gibt, was Sie mit welcher Spalte bewirken und welche Standardwerte im Normalfall eingetragen sind, zeigt Tabelle 9.4.

Spalte	Beschreibung	Standardwerte
Parameter ID	Feld für die Aufführung der Parameter, die gepflegt werden sollen	▪ APPLICATION_AREA ▪ REGULATION ▪ USAGE
Ein. erfor	Kennzeichen zur Kennzeichnung von Pflichtfeldern	
PosNummer	Legt die Reihenfolge auf der Benutzeroberfläche fest.	
Merkmalname	Angabe des Merkmals, in dem bei den für die Vorgabenprüfung gepflegten Stoffen die Daten abgelegt sind, damit das System die korrekten Werte ermitteln kann	▪ SAP_RMS_CC_FILTER_APPL ▪ SAP_RMS_CC_FILTER_REG

Tabelle 9.4 Parameter zur Auswahl der Vorgaben

Parameter zur Auswahl der Vorgaben

Parameter ID	Ein. erfor	PosNummer	Merkmalname
APPLICATION_AREA	☑	1	SAP_RMS_CC_FILTER_APPL
REGULATION	☑	2	SAP_RMS_CC_FILTER_REG
USAGE	☐		

Abbildung 9.4 Parameter zur Auswahl der Vorgaben

Wichtig für die Parameter-ID USAGE

Geben Sie bei der Parameter-ID USAGE *keinen* Merkmalsnamen an. Die Parameter-ID USAGE muss in dieser Übersicht lediglich aufgeführt sein, damit bei der Vorbereitung der Vorgabenprüfung die Verwendung (z. B. PUBLIC REG_EU) bei Bedarf gepflegt werden kann.

9.2.6 Parameter für Ermittlung der Zusammensetzung einrichten

Ebenfalls sehr weit vorne in den Schritten der Durchführung der Vorgabenprüfung steht die Angabe von Parametern, die bei der Ermittlung der Zusammensetzungen berücksichtigt werden sollen. Dazu gehören im Standard die Datenherkunft (Spezifikation oder Rezept) und die Datenquelle (Verwendung). Im Customizing sollten die in

Abbildung 9.5 aufgeführten Einstellungen enthalten sein. Die Einstellungen erreichen Sie über den Pfad **Logistik Allgemein • Product Lifecycle Management (PLM) • PLM-Web-Benutzungsoberfläche • Rezeptentwicklung • Vorgabenprüfung • Vorgabenprüfung ohne EH&S-Expert-Server • Parameter für Ermittlung der Zusammensetzung einrichten**.

Parameter zur Ermittlung der Zusammensetzung

	Parameter ID	Ein. erfor	Standardwert	PosNummer	Merkmal Para.d. Zus.	Beschreibung
☐	DATA_ORIGIN	☑	FORMULA	1	SAP_RMS_CC_DATA_ORIGIN	Datenherkunft
☐	DATA_SOURCE	☑	PUBLIC REG_EU	2	SAP_RMS_CC_DATA_SOURCE	Datenquelle

Abbildung 9.5 Parameter zur Ermittlung der Zusammensetzung

In Tabelle 9.5 sehen Sie, welche Standardwerte in den einzelnen Spalten vorhanden sein sollten.

Spalte	Beschreibung	Standardwerte
Parameter ID	Feld für die Aufführung der Parameter, die gepflegt werden sollen	▪ DATA_ORIGIN ▪ DATA_SOURCE
Ein. erfor	Kennzeichen zur Kennzeichnung von Pflichtfeldern	Ausgewählt
Standardwert	Standardwerte in der Einstiegsmaske der Vorgabenprüfung	▪ FORMULA ▪ PUBLIC REG_EU
PosNummer	Positionsnummer zur Festlegung der Reihenfolge an der Oberfläche	▪ 1 ▪ 2
Merkmal Para.d.Zus.	Merkmal für die Parameter der Zusammensetzung	▪ SAP_RMS_CC_DATA_ORIGIN ▪ SAP_RMS_CC_DATA_SOURCE
Beschreibung	Beschreibung der Parameter an der Oberfläche	▪ Datenherkunft ▪ Datenquelle

Tabelle 9.5 Standardeinträge für die Customizing-Aktivität »Parameter für Ermittlung der Zusammensetzung einrichten«

9.2.7 Zusammensetzungsarten angeben

Im Customizing legen Sie fest, welche *Zusammensetzungsarten* im Rahmen der Vorgabenprüfung ausgewählt werden können. Die Einstellungen nehmen Sie über den folgenden Pfad vor: **Logistik Allgemein • Product Lifecycle Management (PLM) • PLM-Web-Benutzungsoberfläche • Rezeptentwicklung • Vorgabenprüfung • Vorgabenprü-**

fung ohne EH&S-Expert-Server • Zusammensetzungsarten angeben. Pro Zusammensetzungsart legen Sie fest, welche Spezifikationsarten nach Vorgaben untersucht werden und welche Berechnungs-ID für die Auflösung der Komponenten der Spezifikation oder des Rezepts verwendet werden soll.

In Abbildung 9.6 sehen Sie die im Standardumfang enthaltenen Zusammensetzungsarten. Für die ID der Zusammensetzungsart stehen 10 Zeichen zur Verfügung. Für die Beschreibung sind es 30 Zeichen. Denken Sie auch hier daran, dass Sie für eine Übersetzung der Bezeichnungen im Menü über **Mehr • Springen • Übersetzung** zur gewünschten Funktion gelangen.

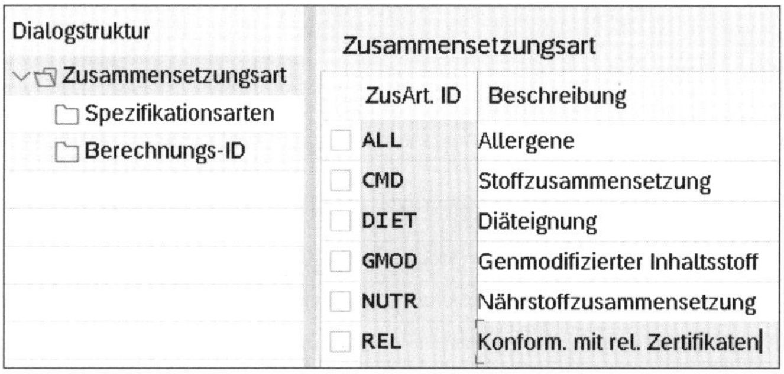

Dialogstruktur
- Zusammensetzungsart
  - Spezifikationsarten
  - Berechnungs-ID

Zusammensetzungsart

ZusArt. ID	Beschreibung
ALL	Allergene
CMD	Stoffzusammensetzung
DIET	Diäteignung
GMOD	Genmodifizierter Inhaltsstoff
NUTR	Nährstoffzusammensetzung
REL	Konform. mit rel. Zertifikaten

Abbildung 9.6 Zusammensetzungsarten für die Vorgabenprüfung

In Tabelle 9.6 sind die Details der Customizing-Aktivität aufgeführt. In der Spalte **ID** ist die ID der Zusammensetzungsart aufgeführt, und in der Spalte **Beschreibung** finden Sie die Beschreibung der Zusammensetzungsart. In der Spalte **Spezifiktionsart** sind die Spezifikationsarten aufgeführt, die im Standard zu den jeweiligen Zusammensetzungsarten gehören. In der Spalte **Berechnungs-ID** ist zu jeder Zusammensetzungsart die Berechnungs-ID aufgeführt, die im Rezept verwendet wird, um die Daten aus den einzelnen Spezifikationen zu ermitteln. Achten Sie auch bei der Vorgabenprüfung darauf, mit welcher Berechnungs-ID Sie die Nährstoffzusammensetzung (`NUTRIENTS` oder `NUTRIENTS_HIER`) ermitteln lassen und passen ggf. das Customizing an.

ID	Beschreibung	Spezifikationsart	Berechnungs-ID
ALL	Allergene	ALLERGEN	ALLERGENS
CMD	Stoffzusammensetzung	LIST_SUB REAL_SUB	COMPOSITION
DIET	Diäteignung	DIET	DIETS
GMOD	Genmodifizierter Inhaltsstoff	GENMOD	GENMODIFICATION

Tabelle 9.6 Zusammensetzungsarten für die Vorgabenprüfung

ID	Beschreibung	Spezifikationsart	Berechnungs-ID
NUTR	Nährstoffzusammensetzung	NUTRIENT	NUTRIENTS
REL	Konform. mit rel. Zertifikaten	RELIGIOUS	RELIGIOUS

Tabelle 9.6 Zusammensetzungsarten für die Vorgabenprüfung (Forts.)

Hinweis zur Beschreibung der Zusammensetzungsart

Die Beschreibung der Zusammensetzungsart wirkt sich in der Ergebnisübersicht der Vorgabenprüfung aus, nicht jedoch im Einstiegsbild der Vorgabenprüfung.

9.2.8 Zusatzeinstellungen

Um Zusatzeinstellungen in der Vorgabenprüfung vorzunehmen, navigieren Sie im Customizing über den Pfad **Logistik Allgemein • Product Lifecycle Management (PLM) • PLM-Web-Benutzungsoberfläche • Rezeptentwicklung • Vorgabenprüfung • Vorgabenprüfung ohne EH&S-Expert-Server • Zusatzeinstellungen**.

In Abbildung 9.7 sehen Sie, dass die verschiedenen Einstellungen über Kennzeichen und ein Drop-down-Menü getätigt werden können.

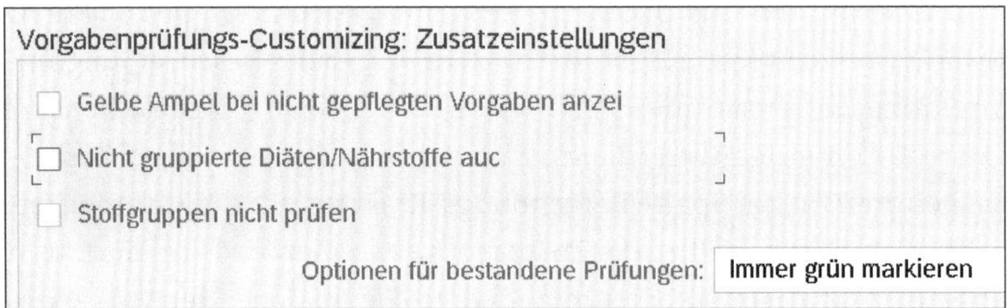

Abbildung 9.7 Zusatzeinstellungen in der Vorgabenprüfung

- **Gelbe Ampel bei nicht gepflegten Vorgaben anzeigen**

  Das Kennzeichen **Gelbe Ampel bei nicht gepflegten Vorgaben anzei** steuert, ob beim Prüfergebnis alle im Prüfobjekt (Spezifikation oder Rezept) enthaltenen Spezifikationen der ausgewählten Zusammensetzungsarten aufgeführt werden. Spezifikationen, in denen keine Vorgaben hinterlegt sind, werden mit einem gelben Dreieck angezeigt. Wenn Sie nur einige wenige Vorgaben pflegen, kann dieses Kennzeichen die Darstellung der Prüfergebnisse deutlich unübersichtlicher machen.

  In Abbildung 9.8 sehen Sie, dass z. B. für die Nährstoffe **Eiweiß**, **Fett** und **Kohlenhydrate** keine Vorgaben vorliegen. Wenn Sie umfassende Vorgaben in allen Spezifikationen pflegen, die für Zusammensetzungsarten relevant sein können, kann dieses Kennzeichen dabei helfen, die Spezifikationen zu finden, die trotz sorgfältiger Stammdatenpflege entwischt sind.

Ergebnisse der Vorgabenprüfung

Einblenden: Alle | Details ausblenden | Alles expandieren | Alles komprimieren

Stoff	Identifikator	Status	Zusammensetzungsart	Vorgabenart
∨ ZNUT_0001	Brennwert	●		
ZNUT_0001	Brennwert	●	Nährstoffzusammensetzung	Eingeschränkt
ZNUT_0001	Brennwert	■	Nährstoffzusammensetzung	Vorgeschrieben
∨ PROTEIN	Eiweiß	▲		
PROTEIN	Eiweiß	▲	Nährstoffzusammensetzung	
∨ FAT	Fett	▲		
FAT	Fett	▲	Nährstoffzusammensetzung	
∨ CARBOHYDRAT	Kohlenhydrate	▲		
CARBOHYDRAT	Kohlenhydrate	▲	Nährstoffzusammensetzung	
∨ 000000000135	Saccharose	●		
000000000135	Saccharose	●	Stoffzusammensetzung	Eingeschränkt

Abbildung 9.8 Gelbe Ampel bei Spezifikationen ohne Vorgaben

- **Nicht gruppierte Diäten/Nährstoffe auch prüfen**
  Damit Sie Diäten, Nährstoffe, Allergene und religiöse Zertifikate in einer Spezifikation bewerten können, ist es Voraussetzung, dass die Stoffe in einer Stoffgruppe zugeordnet sind (siehe Abschnitt 4.18, »Daten für das Rezept«). Mit dem Kennzeichen **nicht gruppierte Diäten/Nährstoffe auc** bewirken Sie, dass diese Spezifikationen geprüft werden, auch wenn Sie in keiner Gruppe hinterlegt sind. Da Ihnen diese Spezifikationen ohne Zuordnung in einer Gruppe keinen Mehrwert bieten, kann dieses Kennzeichen die Situation abfangen, dass eine dieser Spezifikationen eventuell versehentlich aus einer Gruppe entfernt wurde. Sie erkennen am Prüfergebnis allerdings nicht, ob die Spezifikation einer Stoffgruppe zugeordnet ist oder nicht.
- **Stoffgruppen nicht prüfen**
  Wenn Sie auf den Einsatz von Stoffgruppen verzichten möchten (siehe Abschnitt 9.6, »Stoffgruppen«), markieren Sie das Kennzeichen **Stoffgruppen nicht prüfen**. Dadurch verbessern Sie die Performance bei der Durchführung der Vorgabenprüfung.
- **Optionen für bestandene Prüfungen**
  Wie das System mit bestandenen Prüfungen umgehen soll, steuern Sie über das Feld **Optionen für bestandene Prüfungen**. Sie können aus verschiedenen Möglichkeiten wählen.
  - Immer grün markieren
  - C (Nur Komponenten grün markieren)
  - X (nicht grün markieren)

9.2.9 Phrasen

Für die Durchführung der Vorgabenprüfung sind *Phrasen* ein weiterer zentraler Bestandteil. Dies liegt daran, dass sämtliche Vorschriften, Anwendungsbereiche und Aussagen für die Prüfergebnisse als Phrasen angelegt sein müssen. Überlegen Sie sich daher für die Phrasenanlage Folgendes:

- Welchen Vorschriften unterliegen wir bei unseren Produkten, deren Einhaltung wir sicherstellen müssen?
- Auf welche unterschiedlichen Anwendungsbereiche finden die jeweiligen Vorschriften Anwendung?
- Welche Aussagen sollen bei einem positiven Prüfergebnis erscheinen? Reicht ein einfaches »Prüfung erfolgreich«, oder benötigt jede Komponente eine eigene positive Prüfaussage?

  Nehmen wir z. B. das Allergen **Milch und Milcherzeugnisse**. Ergibt die Vorgabenprüfung, dass das Allergen nicht enthalten ist, könnte das Prüfergebnis für das Allergen lauten »Prüfung erfolgreich«, oder das Prüfergebnis könnte lauten »ohne Milch und Milcherzeugnisse«. Hier gibt es kein »Richtig« oder »Falsch«. Die Anzahl der positiven Prüfaussagen bestimmen Sie selbst.
- Welche Aussagen sollen bei einem negativen Prüfergebnis erscheinen? Reicht Ihnen die Aussage »Prüfung fehlgeschlagen«, oder benötigt jede Komponente eine eigene negative Prüfaussage?

  Bleiben wir beim Allergen **Milch und Milcherzeugnisse**. Ergibt die Vorgabenprüfung, dass das Allergen enthalten ist, könnte das Prüfergebnis für das Allergen lauten »Prüfung fehlgeschlagen«. Alternativ könnte es heißen »enthält Milch und Milcherzeugnisse«. Auch hier gibt es kein »Richtig« oder »Falsch«. Sie entscheiden, wie viele negative Prüfaussagen Sie haben möchten.

Entscheidend ist, dass die Phrasen den korrekten Phrasenauswahlmengen zugeordnet werden. Die benötigten Phrasenauswahlmengen mit der Information, an welcher Stelle sich diese auswirken, finden Sie in Tabelle 9.7.

Phrasenauswahlmenge	Bezeichnung der Angabe
SAP_RMS_CC_FILTER_REG	Vorschrift
SAP_RMS_CC_FILTER_APPL	Anwendungsbereich
SAP_RMS_CC_STATEMENT_POS	Positive Aussage
SAP_RMS_CC_STATEMENT_NEG	Negative Aussage

Tabelle 9.7 Phrasenauswahlmengen für die Vorgabenprüfung

Für Details zum Thema *Phrase* lesen Sie Abschnitt 3.2, »Phrasenverwaltung«

9.3 Vorgaben für Nährstoffe/quantitative Komponenten

Anhand des Nährstoffes **Brennwert** sollen die verschiedenen Vorgabentypen erläutert werden. Die Angaben können im Standard ausschließlich über den Eigenschaftsbaum `CCK_RM` (RM Vorgabenprüfung Eigenschaftsbaum) gepflegt werden. In diesem Eigenschaftsbaum sind verschiedene Bewertungsarten angeordnet. Die Bewertungsarten, die für die Vorgaben zu Nährstoffen/quantitativen Komponenten relevant sind, werden in den nachfolgenden Abschnitten benannt.

9.3.1 Vorgabe, die Stoff ausschließt

Die im Eigenschaftsbaum zuoberst angeordnete Bewertungsart `SAP_RMS_CC_C_PROH` (Vorgabe, die Stoff ausschließt) sorgt dafür, dass das System bei Ausprägung einer Instanz im Rahmen der Vorgabenprüfung ermittelt, ob der Bestandteil des betreffenden Nährstoffes größer als 0 ist. Ist dies der Fall, schlägt die Prüfung Alarm.

Nehmen Sie einmal an, dass Sie für Ihre *Fitness-Line* im Rahmen der Prüfung der Lebensmittelinformationsverordnung sicherstellen möchten, dass Ihre Produkte (in unserem Beispiel die Sahnesoße) keinen Brennwert haben. Machen Sie hierzu die folgenden Angaben in der Bewertungsart (siehe Abbildung 9.9):

- **Vorschrift**
  Wählen Sie aus den verfügbaren Phrasen zum Merkmal **Vorschrift** die Lebensmittelinformationsverordnung aus (**LMIV**).
- **Anwendungsbereich**
  Wählen Sie aus den verfügbaren Phrasen zum Merkmal **Anwendungsbereich** die Option **Fitness-Line** aus.
- **Positive Aussage**
  Fällt die Prüfung positiv aus, möchten wir lediglich den Hinweis erhalten, dass die Prüfung erfolgreich war; daher wählen Sie zum Merkmal **positive Aussage** die Phrase **Prüfung erfolgreich** aus.
- **Negative Aussage**
  Fällt die Prüfung negativ aus, möchten wir einen konkreteren Hinweis erhalten; daher wählen Sie zum Merkmal **negative Aussage** die Phrase **Enthält Brennwert** aus.
- **Verwendung**
  Stellen Sie sicher, dass Sie unter **Verwendung** den richtigen Wert zugewiesen haben. Vielleicht darf der Brennwert für Ihre Fitness-Line auf dem europäischen Markt nicht enthalten sein, dafür aber auf dem asiatischen Markt.

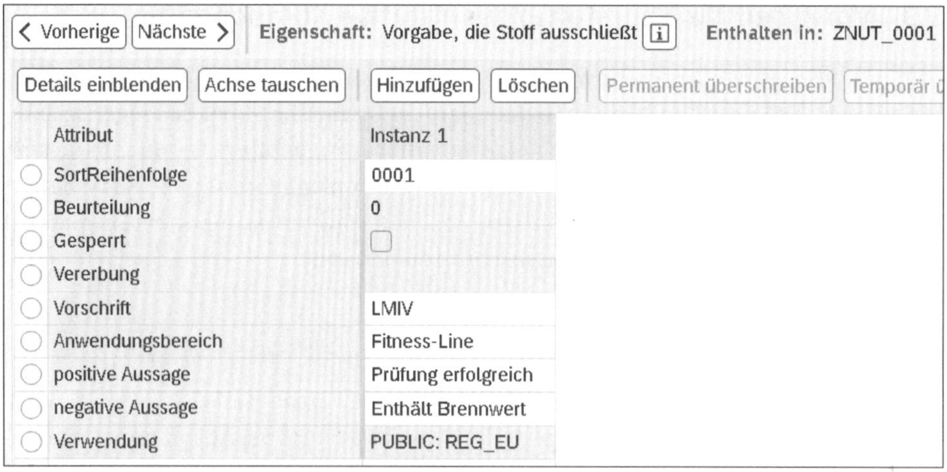

< Vorherige | Nächste > | Eigenschaft: Vorgabe, die Stoff ausschließt | Enthalten in: ZNUT_0001

Details einblenden | Achse tauschen | Hinzufügen | Löschen | Permanent überschreiben | Temporär ü

Attribut	Instanz 1
SortReihenfolge	0001
Beurteilung	0
Gesperrt	☐
Vererbung	
Vorschrift	LMIV
Anwendungsbereich	Fitness-Line
positive Aussage	Prüfung erfolgreich
negative Aussage	Enthält Brennwert
Verwendung	PUBLIC: REG_EU

Abbildung 9.9 Vorgabe, die den Stoff für Nährstoffe/quantitative Komponenten ausschließt

9.3.2 Einschränkende Vorgabe für quantitative Komponenten

Die im Eigenschaftsbaum folgende Bewertungsart `SAP_RMS_CC_C_RST_N` (Einschränkende Vorgabe für quant. Komp.) sorgt dafür, dass das System bei Ausprägung einer Instanz im Rahmen der Vorgabenprüfung ermittelt, ob der Bestandteil dieses Nährstoffes größer als der vorgegebene Wert ist. Übersteigt der Bestandteil diesen Wert, gibt die Prüfung eine Meldung aus.

Möchten Sie in diesem Beispiel für Ihre *Health-Line* im Rahmen der Prüfung der Lebensmittelinformationsverordnung sicherstellen, dass Ihre Produkte (in unserem Beispiel die Sahnesoße) einen bestimmten Brennwert nicht *über*schreiten, nehmen Sie die folgenden Angaben vor (siehe Abbildung 9.10):

- **Vorschrift**
  Wählen Sie aus den verfügbaren Phrasen zum Merkmal **Vorschrift** die Lebensmittelinformationsverordnung aus (**LMIV**).
- **Anwendungsbereich**
  Wählen Sie aus den verfügbaren Phrasen zum Merkmal **Anwendungsbereich** die Option **Health-Line** aus.
- **Positive Aussage**
  Fällt die Prüfung positiv aus, möchten wir lediglich den Hinweis erhalten, dass die Prüfung erfolgreich war; daher wählen Sie zum Merkmal **positive Aussage** die Phrase **Prüfung erfolgreich** aus.
- **Negative Aussage**
  Fällt die Prüfung negativ aus, möchten wir einen konkreteren Hinweis erhalten; daher wählen Sie zum Merkmal **negative Aussage** die Phrase **Wert überschritten** aus.

- **Grenzwert ohne Einheit**
  Damit das System »weiß«, gegen welchen Wert es prüfen soll, geben Sie zum Merkmal **Grenzwert ohne Einheit**, im dafür vorgesehenen Feld ein, welchen Wert das geprüfte Objekt nicht *über*schreiten darf.
- **Verwendung**
  Stellen Sie sicher, dass Sie das Feld zum Merkmal **Verwendung** korrekt gefüllt haben. Vielleicht unterliegt der Brennwert für Ihre Health-Line auf dem europäischen Markt einer anderen Beschränkung als auf anderen Märkten.

Abbildung 9.10 Nährstoffe/quantitative Komponenten: Vorgabe, die den Stoff nach oben einschränkt

9.3.3 Zwingende Vorgabe für quantitative Komponenten

Die nächste Bewertungsart im Eigenschaftsbaum `SAP_RMS_CC_C_CMP_N` (Zwingende Vorgabe für quantitative Komp.) sorgt dafür, dass das System bei der Ausprägung einer Instanz im Rahmen der Vorgabenprüfung ermittelt, ob der Bestandteil dieses Nährstoffes kleiner als der vorgegebene Wert ist. Ist das zutreffend, gibt die Prüfung eine Meldung aus.

In diesem Beispiel möchten Sie für Ihre *Nourishing-Line* im Rahmen der Prüfung der Lebensmittelinformationsverordnung sicherstellen, dass Ihre Produkte (in unserem Beispiel immer noch die Sahnesoße) einen bestimmten Brennwert nicht *unter*schreiten. Machen Sie die folgenden Angaben (siehe Abbildung 9.11):

- **Grenzwert ohne Einheit**
  Damit das System »weiß«, gegen welchen Wert es prüfen soll, geben Sie zum Merkmal **Grenzwert ohne Einheit** an, welchen Wert das geprüfte Objekt nicht *unter*schreiten darf.

- **Vorschrift**
  Wählen Sie aus den verfügbaren Phrasen zum Merkmal **Vorschrift** die Lebensmittelinformationsverordnung aus (**LMIV**).
- **Anwendungsbereich**
  Wählen Sie aus den verfügbaren Phrasen zum Merkmal **Anwendungsbereich** die Option **Nourishing-Line** aus.
- **Positive Aussage**
  Wenn Sie einen Hinweis auf eine positive Prüfung erhalten möchten, wählen Sie zum Merkmal **positive Aussage** die Phrase **Prüfung erfolgreich** aus.
- **Negative Aussage**
  Fällt die Prüfung negativ aus, soll ein konkreter Hinweis gegeben werden. Wählen Sie zum Merkmal **negative Aussage** die Phrase **Brennwert zu niedrig** aus.
- **Verwendung**
  Stellen Sie sicher, dass Sie die richtige **Verwendung** zugewiesen haben. Vielleicht unterliegt der Brennwert für Ihre Nourishing-Line auf dem europäischen Markt einer anderen Beschränkung als auf anderen Märkten.

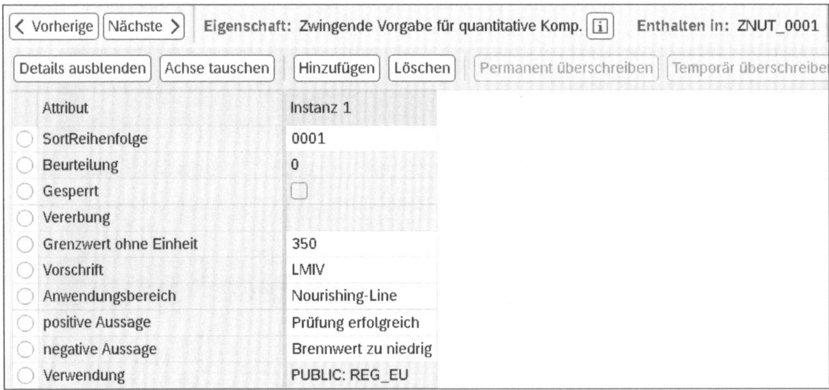

Abbildung 9.11 Nährstoffe/quantitative Komponenten: Vorgabe, die den Stoff nach unten einschränkt

9.4 Vorgaben für qualitative Komponenten

Anhand des Allergens **Milch und Milcherzeugnisse** und der Diäteigenschaft **Vegan** sollen die verschiedenen Vorgabentypen für qualitative Komponenten erläutert werden. Die Angaben können im Standard ausschließlich über den Eigenschaftsbaum `CCK_RM` (RM Vorgabenprüfung Eigenschaftsbaum) gepflegt werden.

Wundern Sie sich nicht, dass es sich hierbei um denselben Eigenschaftsbaum handelt, den auch die Nährstoffe und quantitativen Komponenten nutzen. Die Bewertungsarten für die Pflege von Vorgaben für qualitative Komponenten sind andere als die

Bewertungsarten zur Definition der Vorgaben für Nährstoffe/quantitative Komponenten. SAP nutzt bei diesem Standard-Eigenschaftsbaum die in Abschnitt 4.11, »Bewertungsart«, beschriebene Möglichkeit, zu einer Bewertungsart festzulegen, bei welchen Spezifikationsarten diese im Eigenschaftsbaum sichtbar sein soll. Die Bewertungsarten, die für die Vorgaben bei qualitativen Komponenten relevant sind, werden in den folgenden Abschnitten benannt.

9.4.1 Positive Vorgabe für qualitative Komponenten

Eine positive Vorgabe nutzen Sie, wenn Sie bestimmte Ausnahmewerte in einer Spezifikation finden möchten. Betrachten wir das angekündigte Beispiel »Vegan«: Sie möchten nun prüfen, ob eine Spezifikation vegan ist. Dann ist an der Diäteigenschaft **Vegan** die Bewertungsart **Positive Vorgabe für qualitative Komponente** mit dem Ausnahmewert 05 (Ja) befüllt.

Wird die Vorgabenprüfung durchgeführt, vergleicht das System, ob es in der geprüften Spezifikation bei der Diäteigenschaft den Ausnahmewert 05 (Ja) findet. Ist dies der Fall, ist die Spezifikation vegan, was dazu führt, dass die Vorgabenprüfung in Ordnung (positiv) ist. Wird ein anderer Ausnahmewert gefunden, gibt die Vorgabenprüfung eine Fehlermeldung aus.

Die im Eigenschaftsbaum abgebildete Bewertungsart `SAP_RMS_CC_C_QPOS` (Positive Vorgabe für qualitative Komponente) dient zur Angabe eines oder mehrerer Ausnahmewerte. Das System prüft im Rahmen der Vorgabenprüfung, ob die qualitative Komponente in der Spezifikation einen der möglichen Ausnahmewerte aufweist. Ist dies nicht der Fall, warnt die Prüfung.

Nehmen Sie an, Sie möchten für Ihre *Vegan-Line* und Ihre Health-Line, dass alle Produkte bei der Diäteigenschaft **Vegan** auf Grün stehen. Machen Sie in diesem Fall die folgenden Angaben in der Bewertungsart (siehe Abbildung 9.12):

- **Ausnahmewert**
  Geben Sie zum Merkmal **Ausnahmewert** die Ausnahmewerte an, die das System bei der Vorgabenprüfung finden darf, in diesem Fall 05 (Ja).
- **Vorschrift**
  Wählen Sie aus den verfügbaren Phrasen zum Merkmal **Vorschrift** in beiden Instanzen die Lebensmittelinformationsverordnung aus (**LMIV**).
- **Anwendungsbereich**
  Wählen Sie aus den verfügbaren Phrasen zum Merkmal **Anwendungsbereich** in **Instanz 1** die Option **Vegan-Line** und in **Instanz 2** die Option **Health-Line** aus.
- **Positive Aussage**
  Fällt die Prüfung positiv aus, soll es lediglich den Hinweis geben, dass die Prüfung erfolgreich war. Daher wählen Sie zum Merkmal **positive Aussage** in beiden Instanzen die Phrase **Prüfung erfolgreich** aus.

- **Negative Aussage**
  Fällt die Prüfung negativ aus, möchten wir einen konkreteren Hinweis erhalten. Wählen Sie zum Merkmal **negative Aussage** in **Instanz 1** die Phrase **nicht vegan** aus.
- **Verwendung**
  Stellen Sie sicher, dass die richtige Verwendung zugewiesen ist.

Hinweis für Vorgaben für verschiedene Vorschriften und Anwendungsbereiche

Wenn Sie in einer Komponente (egal ob Nährstoff, Allergen oder Sonstiges) mehrere Vorgaben hinterlegen möchten, müssen Sie dazu mehrere Instanzen ausprägen (siehe **Instanz 1** und **Instanz 2** in Abbildung 9.12).

< Vorherige | Nächste > | Eigenschaft: Positive Vorgabe für qualitative Komp. | Enthalten in: DIET_0001

Details ausblenden | Achse tauschen | Hinzufügen | Löschen | Permanent überschreiben | Temporär übersch

Attribut	Instanz 1	Instanz 2
SortReihenfolge	0001	0002
Beurteilung	0	0
Gesperrt	☐	☐
Vererbung		
Ausnahmewert	05	05
Vorschrift	LMIV	LMIV
Anwendungsbereich	Vegan-Line	Health-Line
positive Aussage	Prüfung erfolgreich	Prüfung erfolgreich
negative Aussage	Nicht vegan	Nicht vegan
Verwendung	PUBLIC: REG_EU	PUBLIC: REG_EU

Abbildung 9.12 Positive Vorgabe für die qualitative Komponente

9.4.2 Negative Vorgabe für qualitative Komponenten

Eine negative Vorgabe nutzen Sie dann, wenn Sie bestimmte Ausnahmewerte in einer Spezifikation *nicht* finden möchten. Nehmen wir als Beispiel Milch und Milcherzeugnisse. Sie möchten sicherstellen, dass eine Spezifikation keine Milch und Milcherzeugnisse enthält. Dann ist zum Allergen die Bewertungsart **Negative Vorgabe für qualitative Komponente** mit dem Ausnahmewert 05 (Ja) befüllt. Wird die Vorgabenprüfung durchgeführt, vergleicht das System, ob es in der geprüften Spezifikation bei dem Allergen den Ausnahmewert 05 (Ja) findet. Ist dies der Fall, ist in der Spezifikation das Allergen **Milch und Milcherzeugnisse** enthalten, was dazu führt, dass die Vorgabenprüfung nicht in Ordnung (negativ) ist. Wird ein anderer Ausnahmewert gefunden, ist die Vorgabenprüfung in Ordnung.

Die im Eigenschaftsbaum abgebildete Bewertungsart `SAP_RMS_CC_C_QNEG` (Negative Vorgabe für qualitative Komponente) ist dazu da, dass Sie dort einen oder mehrere

Ausnahmewerte angeben. Das System prüft im Rahmen der Vorgabenprüfung, ob die qualitative Komponente in der Spezifikation einen der möglichen Ausnahmewerte aufweist. Trifft dies zu, schlägt die Prüfung Alarm.

In diesem Beispiel möchten Sie für Ihre Vegan-Line, dass das Allergen **Milch und Milcherzeugnisse** im Rahmen der Prüfung der Lebensmittelinformationsverordnung auf **nicht enthalten** untersucht wird. Legen Sie dazu Folgendes fest (siehe Abbildung 9.13).

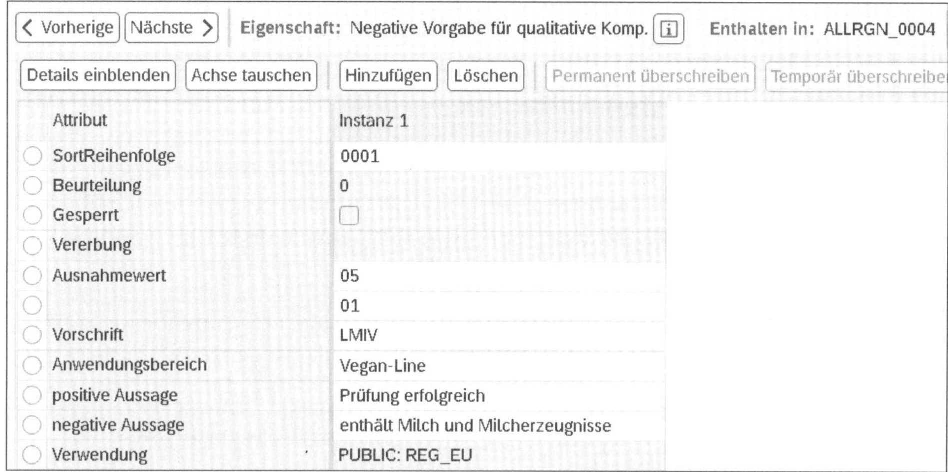

Abbildung 9.13 Negative Vorgabe für die qualitative Komponente

- **Ausnahmewert**
  Aus der Selektionshilfe des Merkmals **Ausnahmewerte** wählen Sie den Eintrag aus, bei dessen Auftreten die Vorgabenprüfung einen Fehler ausweisen soll, in diesem Fall 05 (Ja).
- **Vorschrift**
  Wählen Sie aus den verfügbaren Phrasen zum Merkmal **Vorschrift** die Lebensmittelinformationsverordnung aus (**LMIV**).
- **Anwendungsbereich**
  Wählen Sie aus den verfügbaren Phrasen zum Merkmal **Anwendungsbereich** die Option **Vegan-Line** aus.
- **Positive Aussage**
  Fällt die Prüfung positiv aus (also sind die angegebenen Ausnahmewerte nicht gefunden worden), möchten wir lediglich den Hinweis erhalten, dass die Prüfung erfolgreich war; daher wählen Sie zum Merkmal **positive Aussage** die Phrase **Prüfung erfolgreich** aus.

- **Negative Aussage**
  Fällt die Prüfung negativ aus, möchten wir einen konkreteren Hinweis erhalten. Daher wählen Sie zum Merkmal **negative Aussage** die Phrase **enthält Milch und Milcherzeugnisse** aus.
- **Verwendung**
  Stellen Sie sicher, dass Sie die richtige **Verwendung** zugewiesen haben. Vielleicht haben Sie auf dem europäischen Markt andere Anforderungen in Bezug auf das Allergen **Milch und Milcherzeugnisse** als auf anderen Märkten.

9.5 Vorgaben für Listenstoffe

Anhand des Listenstoffes **Dextrose** sollen die verschiedenen Vorgabentypen für Listenstoffe erläutert werden. Die Angaben können im Standard ausschließlich über den Eigenschaftsbaum `CCK_RM` (RM Vorgabenprüfung Eigenschaftsbaum) gepflegt werden.

In diesem Eigenschaftsbaum sind verschiedene Bewertungsarten angeordnet. Die Bewertungsarten, die für die Vorgaben zu Listenstoffen relevant sind, werden in den folgenden Abschnitten benannt. Zwischen den Vorgaben für Listenstoffe und den Vorgaben für Nährstoffe/quantitative Komponenten gibt es starke Ähnlichkeiten.

9.5.1 Vorgabe, die Stoff ausschließt

Die Bewertungsart `SAP_RMS_CC_C_PROH` (Vorgabe, die Stoff ausschließt) bewirkt, dass bei der Ausprägung einer Instanz das System im Rahmen der Vorgabenprüfung ermittelt, ob der Bestandteil dieses Listenstoffes größer als 0 ist. Ist dies zutreffend, schlägt die Prüfung Alarm.

In diesem Beispiel soll für Ihre Fitness-Line im Rahmen der Prüfung der Lebensmittelinformationsverordnung sichergestellt werden, dass Ihre Produkte keine Dextrose beinhalten. Sie machen dazu die folgenden Angaben (siehe Abbildung 9.14):

- **Vorschrift**
  Wählen Sie aus den verfügbaren Phrasen zum Merkmal **Vorschrift** die Lebensmittelinformationsverordnung aus (**LMIV**).
- **Anwendungsbereich**
  Wählen Sie aus den verfügbaren Phrasen zum Merkmal **Anwendungsbereich** die Option **Fitness-Line** aus.
- **Positive Aussage**
  Bei einer positiven Prüfung soll der Prüfungserfolg bestätigt werden. Wählen Sie dazu zum Merkmal **positive Aussage** die Phrase **Prüfung erfolgreich** aus.

- **Negative Aussage**
  Fällt die Prüfung negativ aus, soll der Hinweis konkreter ausfallen. Wählen Sie zum Merkmal **negative Aussage** die Phrase **enthält Dextrose** aus.
- **Verwendung**
  Stellen Sie sicher, dass das Attribut **Verwendung** korrekt zugewiesen ist. Vielleicht darf die Dextrose für Ihre Fitness-Line auf dem europäischen Markt nicht, aber auf einem anderen Markt sehr wohl enthalten sein.

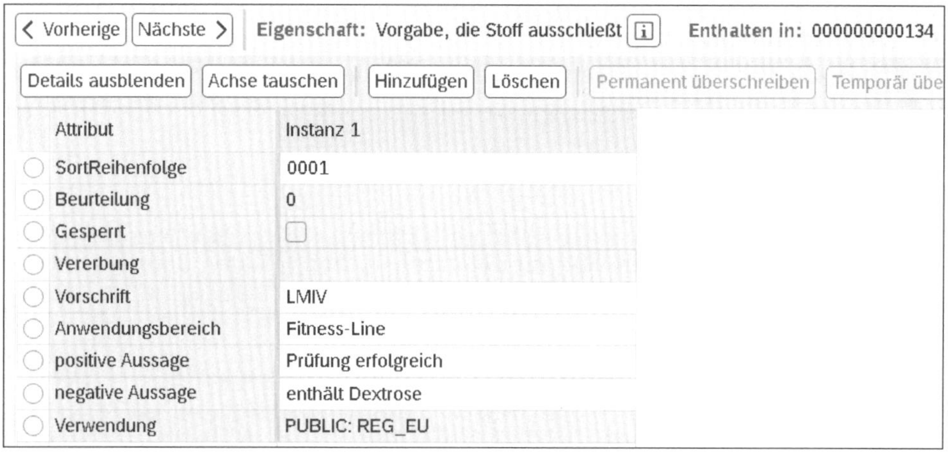

< Vorherige | Nächste > | **Eigenschaft:** Vorgabe, die Stoff ausschließt | **Enthalten in:** 000000000134

Details ausblenden | Achse tauschen | Hinzufügen | Löschen | Permanent überschreiben | Temporär übe

Attribut	Instanz 1
SortReihenfolge	0001
Beurteilung	0
Gesperrt	☐
Vererbung	
Vorschrift	LMIV
Anwendungsbereich	Fitness-Line
positive Aussage	Prüfung erfolgreich
negative Aussage	enthält Dextrose
Verwendung	PUBLIC: REG_EU

Abbildung 9.14 Vorgabe, die den Stoff für die Listenstoffe ausschließt

9.5.2 Einschränkende Vorgabe für Listenstoffe

Die Bewertungsart SAP_RMS_CC_C_RST_L (Einschränkende Vorgabe für Listenstoffe) sorgt dafür, dass das System bei der Ausprägung einer Instanz im Rahmen der Vorgabenprüfung ermittelt, ob der Anteil dieses Listenstoffes größer als der vorgegebene Wert ist. Ist dies der Fall, schlägt die Prüfung Alarm.

Nehmen Sie an, dass Sie für Ihre *Health-Line* im Rahmen der Prüfung der Lebensmittelinformationsverordnung nachweisen möchten, dass Ihre Produkte einen bestimmten Anteil an Dextrose nicht überschreiten. Machen Sie hierzu die folgenden Angaben in der Bewertungsart (siehe Abbildung 9.15):

- **Vorschrift**
  Wählen Sie aus den verfügbaren Phrasen zum Merkmal **Vorschrift** die Lebensmittelinformationsverordnung aus (**LMIV**).
- **Anwendungsbereich**
  Wählen Sie aus den verfügbaren Phrasen zum Merkmal **Anwendungsbereich** die Option **Health-Line** aus.

- **Positive Aussage**
  Fällt die Prüfung positiv aus, möchten wir lediglich den Hinweis erhalten, dass die Prüfung erfolgreich war; daher wählen Sie zum Merkmal **positive Aussage** die Phrase **Prüfung erfolgreich** aus.
- **Negative Aussage**
  Fällt die Prüfung negativ aus, möchten wir einen konkreteren Hinweis erhalten; daher wählen Sie zum Merkmal **negative Aussage** die Phrase **Wert überschritten** aus.
- **Grenzwert mit Einheit**
  Um festzulegen, gegen welchen Wert geprüft werden soll, geben Sie zum Merkmal **Grenzwert mit Einheit** an, welchen **Wert** das geprüfte Objekt nicht *über*schreiten darf.
- **Verwendung**
  Stellen Sie sicher, dass Sie die richtige Verwendung zugewiesen haben. Die Dextrose kann für Ihre Health-Line auf unterschiedlichen Märkten unterschiedliche Beschränkungen aufweisen.

Abbildung 9.15 Einschränkende Vorgabe für Listenstoffe

9.5.3 Zwingende Vorgabe für Listenstoffe

Die nächste Bewertungsart im Eigenschaftsbaum SAP_RMS_CC_C_CMP_L (Zwingende Vorgabe für Listenstoffe) bewirkt, dass bei der Ausprägung einer Instanz das System im Rahmen der Vorgabenprüfung ermittelt, ob der Anteil dieses Listenstoffes kleiner als der vorgegebene Wert ist. Ist dies der Fall, gibt die Prüfung eine Warnmeldung aus.

Wenn Sie für Ihre Nourishing-Line im Rahmen der Prüfung der Lebensmittelinformationsverordnung sicherstellen möchten, dass Ihre Produkte einen bestimmten Dextrose-Anteil nicht unterschreiten, nehmen Sie die folgenden Angaben vor (siehe Abbildung 9.16):

- **Grenzwert mit Einheit**
  Um zu verdeutlichen, gegen welchen Wert das System prüfen soll, geben Sie zum Merkmal **Grenzwert mit Einheit** an, welchen **Wert** das geprüfte Objekt nicht *unterschreiten* darf.
- **Vorschrift**
  Wählen Sie aus den verfügbaren Phrasen zum Merkmal **Vorschrift** die Lebensmittelinformationsverordnung aus (**LMIV**).
- **Anwendungsbereich**
  Wählen Sie aus den verfügbaren Phrasen zum Merkmal **Anwendungsbereich** die Option **Nourishing-Line** aus.
- **Positive Aussage**
  Fällt die Prüfung positiv aus, soll nur ein Hinweis erfolgen, dass die Prüfung erfolgreich war. Selektieren Sie zum Merkmal **positive Aussage** die Phrase **Prüfung erfolgreich**.
- **Negative Aussage**
  Wenn die Prüfung negativ ist, soll ein detaillierter Hinweis ausgegeben werden. Wählen Sie in diesem Fall zum Merkmal **negative Aussage** die Phrase **Wert unterschritten** aus.
- **Verwendung**
  Stellen Sie sicher, dass die zugewiesene Verwendung korrekt ist. Es ist möglich, dass der Dextrose-Anteil für Ihre Nourishing-Line auf dem europäischen Markt einer anderen Beschränkung unterliegt als auf anderen Märkten.

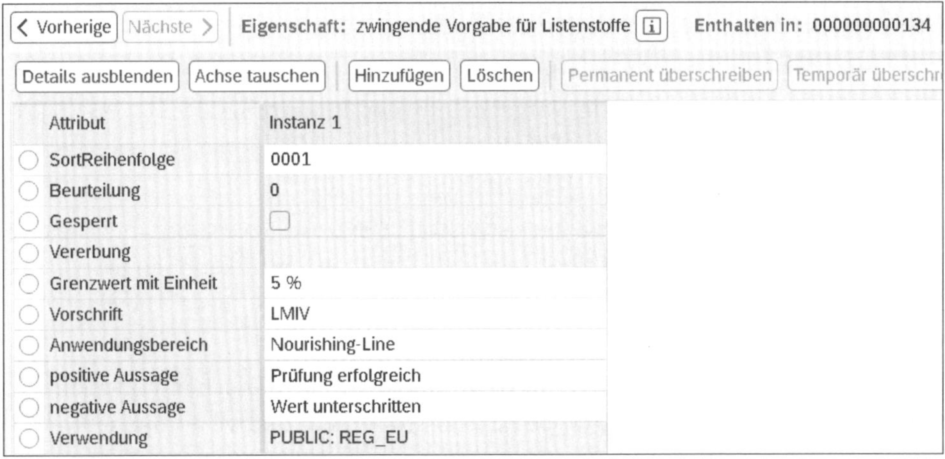

Abbildung 9.16 Zwingende Vorgabe für Listenstoffe

9.6 Stoffgruppen

Die *Stoffgruppe* ist ein Hilfsmittel zur Durchführung der Vorgabenprüfung mit Fokus auf quantitative Komponenten wie Nährstoffe und Listenstoffe. Es kann Situationen geben, in denen nicht eine einzelne Komponente bei der Prüfung ausschlaggebend ist, sondern eine Kombination aus mehreren Komponenten insgesamt einen bestimmten Grenzwert nicht über- oder unterschreiten darf. Zum Beispiel kann Zucker in verschiedenen Formen in Rohstoffen vorkommen.

Legen Sie nun eine Stoffgruppe (Spezifikationsart CCK_GRP – Stoffgruppe mit Vorgabe) **Zucker** an, und führen Sie dort alle verschiedenen Listenstoffe auf, die in den Spezifikationen als eine bestimmte Zuckerart vorkommen können. Dadurch können Sie in der Vorgabenprüfung die verschiedenen Listenstoffe, die jeweils eine bestimmte Zuckerart repräsentieren, gemeinsam in einem Prüfvorgang abprüfen. In der Stoffgruppe können Sie sowohl für Listenstoffe als auch für Nährstoffe/quantitative Komponenten dafür sorgen, dass die Stoffgruppe ausgeschlossen sein muss, dass eine Obergrenze nicht überschritten oder eine Untergrenze nicht unterschritten werden darf.

9.6.1 Stoffgruppe anlegen

Bei der Stoffgruppe handelt es sich wie bei Nährstoffen oder Listenstoffen um eine Spezifikation. Diese Spezifikation erhält, wie alle anderen Spezifikationen auch, mindestens einen Identifikator, damit ersichtlich ist, was mit dieser Spezifikation abgebildet werden soll. In der SAP-Fiori-App **Spezifikationen verwalten** legen Sie die Stoffgruppe zur Spezifikationsart CCK_GRP (Stoffgruppe mit Vorgabe) an.

Achten Sie darauf, dass Sie auch bei den Stoffgruppen den Eigenschaftsbaum CCK_RM (RM Vorgabenprüfung Eigenschaftsbaum) nutzen.

Es ist entscheidend, dass Sie bei der Auflistung der Spezifikationen, die zur Stoffgruppe dazugehören, sorgfältig vorgehen. In der Bewertungsart SAP_RMS_CC_GRP (Stoffgruppe mit Vorgaben) listen Sie die einzelnen Spezifikationen auf (siehe Abbildung 9.17).

Im vorliegenden Beispiel werden die Listenstoffe **Dextrose**, **Saccharose** und **Glukose** aufgeführt. Anhand der Spalte **Wert** sehen Sie, dass die Spezifikationen jeweils mit derselben Gewichtung berücksichtigt werden. Sie können bei Bedarf abweichende Gewichtungen vornehmen.

Im nächsten Schritt prägen Sie für die Stoffgruppe die erforderlichen Vorgaben aus. Dabei gehen Sie bei einer Stoffgruppe für Nährstoffe/quantitative Komponenten genauso vor, wie für eine einzelne Komponente. Bei einer Stoffgruppe für Listenstoffe – es wird Sie nicht überraschen – haben Sie dieselben Möglichkeiten wie bei einem einzelnen Listenstoff.

Abbildung 9.17 Stoffgruppe anlegen

Verschiedene Spezifikationsarten in einer Stoffgruppe nicht zulässig

Beim Anlegen einer Stoffgruppe hindert das System Sie aktuell nicht daran, dieser Stoffgruppe Spezifikationen aus unterschiedlichen Spezifikationsarten zuzuordnen. Auch wenn dieser Schritt, unterschiedliche Spezifikationsarten einer Stoffgruppe zuzuordnen, grundsätzlich infrage zu stellen ist, ist es doch technisch möglich. Spätestens bei der Durchführung der Vorgabenprüfung meldet Ihnen das System diese Stammdatensituation als Fehler und führt die Prüfung nicht durch. Achten Sie also bei der Pflege der Stoffgruppe darauf, dass Sie ausschließlich Spezifikationen derselben Spezifikationsart zuordnen.

9.6.2 Übersicht über die Ausprägungen der Vorgaben

Damit Sie sich in der Anwendung der Stoffgruppe besser zurechtfinden und falls Sie eine der Vorgaben nochmals nachlesen möchten, finden Sie in Tabelle 9.8 die relevanten Bewertungsarten. Ebenfalls enthalten sind Verweise auf die Abschnitte, in denen detaillierte Ausführungen zu finden sind.

Bewertungsart	Bezeichnung	Verweis
SAP_RMS_CC_C_PROH	Vorgabe, die Stoff ausschließt	Abschnitt 9.3.1, und Abschnitt 9.5.1, »Vorgabe, die Stoff ausschließt«
SAP_RMS_CC_C_RST_L	Einschränkende Vorgabe für Listenstoffe	Abschnitt 9.5.2, »Einschränkende Vorgabe für Listenstoffe«
SAP_RMS_CC_C_RST_N	Einschränkende Vorgabe für quant. Komp.	Abschnitt 9.3.2, »Einschränkende Vorgabe für quantitative Komponenten«

Tabelle 9.8 Übersicht über die möglichen Vorgaben

Bewertungsart	Bezeichnung	Verweis
SAP_RMS_CC_C_CMP_L	Zwingende Vorgabe für Listenstoffe	Abschnitt 9.5.3, »Zwingende Vorgabe für Listenstoffe«
SAP_RMS_CC_C_CMP_N	Zwingende Vorgabe für quantitative Komp.	Abschnitt 9.3.3, »Zwingende Vorgabe für quantitative Komponenten«

Tabelle 9.8 Übersicht über die möglichen Vorgaben (Forts.)

9.7 Vorgabenschnellbearbeitung

Die bisherigen Ausführungen zur Definition von Vorgaben hatte die Perspektive »ausgehend von den einzelnen Komponenten«. Das bedeutet, Sie haben gelernt, wie Sie an einem konkreten Nährstoff oder Allergen Vorgaben z. B. für die Lebensmittelinformationsverordnung in Bezug auf eine spezielle Produktlinie hinterlegen. Mit der SAP-Fiori-App **Vorgabenschnellbearbeitung** können wir die Perspektive wechseln und aus Sicht der Vorschrift und des Anwendungsbereichs die Vorgaben definieren.

Das heißt, Sie geben für die Lebensmittelinformationsverordnung in Bezug auf eine spezielle Produktlinie an, welche Nährstoffe/quantitativen Komponenten, qualitativen Komponenten oder Listenstoffe in welcher Ausprägung geprüft werden sollen. Es handelt sich gewissermaßen um eine Massenpflege für eine Vorgabe und einen Anwendungsbereich.

Sie können über die Vorgabenschnellbearbeitung Listenstoffe in der View **Stoffe**, Nährstoffe in der View **Quantitative Daten** und Diäten, Allergene sowie religiöse Zertifikate in der View **Qualitative Daten** für die Vorgabenprüfung ausprägen (siehe Abbildung 9.18).

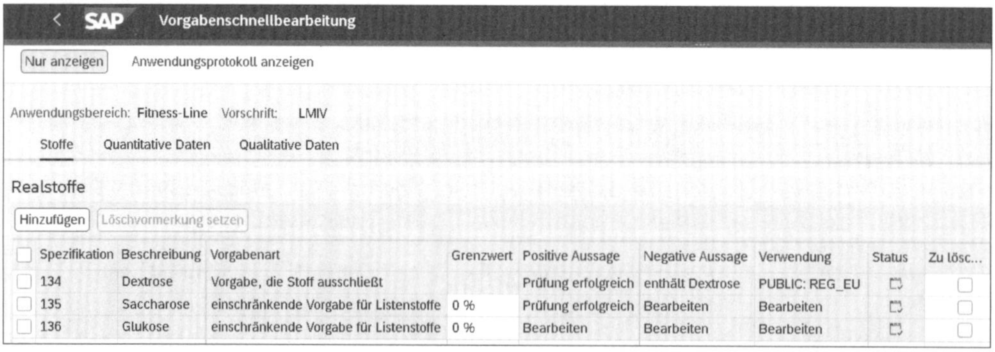

Abbildung 9.18 Vorgabenschnellbearbeitung

Die Arbeit in dieser Anwendung geht schnell von der Hand, und wenn es darum geht, Angaben für eine bestimmte Vorschrift und einen bestimmten Anwendungsbereich aufzubereiten, ist diese App eine gute Wahl. Ein kleiner Wehrmutstropfen findet sich jedoch: Leider können zum aktuellen Stand keine Stoffgruppen eingebunden werden, aber das lässt sich verschmerzen.

9.8 Ausführung der Vorgabenprüfung

Nachdem in den vorausgehenden Abschnitten die Pflege der Vorgaben im Fokus stand, soll es nun um die Ausführung der Vorgabenprüfung gehen. Dabei können verschiedene Schwerpunkte gelegt werden. Schauen Sie sich die folgenden Abschnitte in Ruhe an, und probieren Sie die verschiedenen Möglichkeiten aus, um herauszufinden, was zu Ihren Anforderungen bzw. zu den Anforderungen Ihrer Kundinnen und Kunden passt.

9.8.1 Vorgabenprüfung für einzelnes Objekt ausführen

Wenn Sie die Vorgabenprüfung direkt aus einer Spezifikation oder einem Rezept aufrufen möchten, navigieren Sie über das Menü **Weitere Funktionen • Vorgabenprüfung starten**.

Die Angaben, die Sie im darauffolgenden Bild vornehmen können, unterteilen sich in vier Bereiche:

In Abbildung 9.19 sehen Sie die Bereiche **Allgemeine Einstellungen** und **Vorgabenauswahl – Zusammensetzungsarten**.

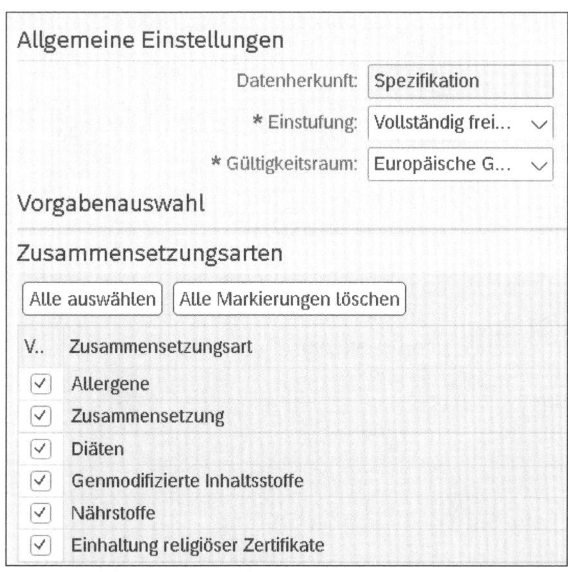

Abbildung 9.19 Allgemeine Einstellungen und Selektion der Zusammensetzungsarten im Einstiegsbild der Vorgabenprüfung

In Abbildung 9.20 sehen Sie die Bereiche **Vorgabenauswahl – Parameter für Vorgabengültigkeit** und **Vorgabenauswahl – Verwendung der Vorgabe**. Die Felder in den einzelnen Abschnitten sind in Tabelle 9.9 ausgeführt.

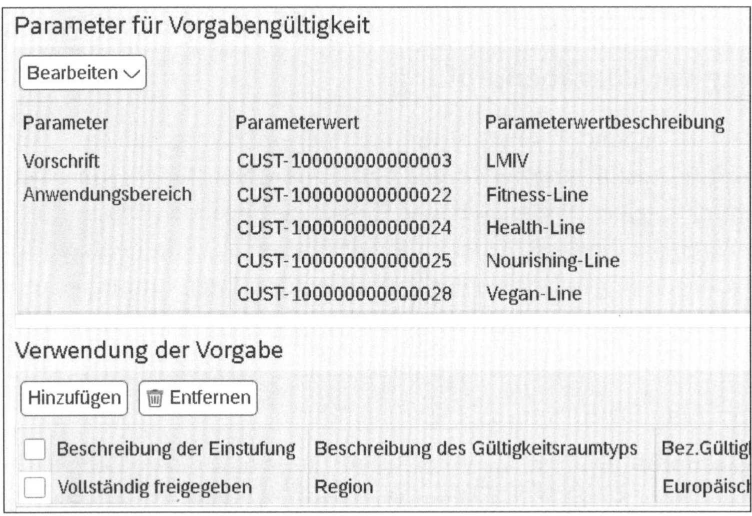

Abbildung 9.20 Selektion der Parameter für die Vorgabengültigkeit und Verwendung im Einstiegsbild der Vorgabenprüfung

In Tabelle 9.9 finden Sie die Selektionsmöglichkeiten, die Sie vor dem Start der Vorgabenprüfung festlegen können, in einer kompakten Übersicht.

Bereich	Feld	Beschreibung
Allgemeine Einstellungen	**Datenherkunft**	Welches Objekt soll für die Prüfung der Daten verwendet werden? Ist bei Aufruf der Vorgabenprüfung zu einer Spezifikation fix vorbelegt. Kann bei einem Rezept zwischen Rezept und Spezifikation getauscht werden.
	Einstufung	Legt in Verbindung mit dem Gültigkeitsraum die Verwendung der Daten fest, die geprüft werden.
	Gültigkeitsraum	Legt in Verbindung mit der Einstufung die Verwendung der Daten fest, die geprüft werden.

Tabelle 9.9 Selektionsmöglichkeiten beim Start der Vorgabenprüfung

Bereich	Feld	Beschreibung
Vorgabenauswahl	**Zusammen-setzungsarten**	▪ Selektion des Prüfumfangs ▪ Allergene ▪ Zusammensetzung ▪ Diäten ▪ ...
Parameter für Vorgabengültigkeit	**Vorschrift**	Auswahl der zu prüfenden Vorschrift/Vorschriften
	Anwendungsbereich	Auswahl der zu prüfenden Anwendungsbereiche
Verwendung der Vorgabe	**Einstufung**	Legt in Verbindung mit dem Gültigkeitsraum die Verwendung der Vorgabendaten fest, die bei der Prüfung als Maßstäbe angesetzt werden.
	Gültigkeitsraum	Legt in Verbindung mit der Einstufung die Verwendung der Vorgabendaten fest, die bei der Prüfung als Maßstäbe angesetzt werden.

Tabelle 9.9 Selektionsmöglichkeiten beim Start der Vorgabenprüfung (Forts.)

9.8.2 Vorgabenprüfung für mehrere Objekte ausführen

Die Vorgabenprüfung kann auch für mehrere Objekte gleichzeitig ausgeführt werden. Die Herausforderung dabei ist, dass diese Objekte in einer Liste aufgeführt sein müssen. Dies geht aktuell nur über den *Object Navigator*. Möchten Sie z. B. die Rezepte zu einer Primärausbeute der Vorgabenprüfung unterziehen, rufen Sie die Spezifikation der Primärausbeute auf und navigieren zum Object Navigator (über **Weitere Möglichkeiten • Im Object Navigator anzeigen**).

In Abbildung 9.21 sehen Sie einen Ausschnitt des Object Navigators einer Primärausbeute. In der View **Verwendung** sind alle Rezepte aufgeführt, in denen die Primärausbeute verwendet wird. Die gewünschten Objekte sind markiert. Über **Weitere Funktionen • Vorgabenprüfung starten** gelangen Sie in das Einstiegsbild zur Massenvorgabenprüfung.

Die Einstellungsmöglichkeiten zur Massenvorgabenprüfung sind dieselben wie bei einer Vorgabenprüfung für ein einzelnes Objekt.

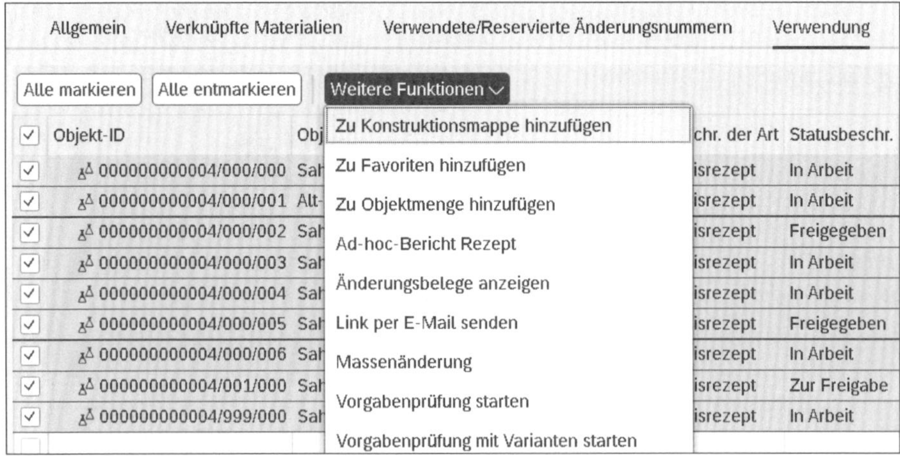

Abbildung 9.21 Vorgabenprüfung für mehrere Objekte aufrufen

Hinweis für die Massenvorgabenprüfung

Die Selektionsmöglichkeiten für die Massenvorgabenprüfung in SAP S/4HANA sind noch ausbaufähig. Die erweiterte Suche des SAP Business Client mit den vielen verschiedenen Suchkriterien und der Möglichkeit zum Absprung in die Massenvorgabenprüfung für Spezifikationen und Rezepte ist hingegen deutlich benutzerfreundlicher. Drücken wir gemeinsam die Daumen, dass diese Funktion in Kürze auch in SAP S/4HANA verfügbar sein wird.

9.8.3 Selektionskriterien als Variante sichern

Damit Sie die Selektionskriterien nicht jedes Mal neu eingeben müssen und damit Sie die Möglichkeit haben, den Express-Start der Vorgabenprüfung zu nutzen, können Sie Varianten nutzen. Dabei sichern Sie die gängigen Kriterien für Vorgabenprüfungen als Varianten. In Abbildung 9.22 sehen Sie, dass Sie im Einstiegsbild der Vorgabenprüfung über **Varianten • Sichern** die getätigten Angaben als Variante speichern können. Sie geben einer Variante einen Schlüssel (10 Zeichen) und eine Bezeichnung (40 Zeichen).

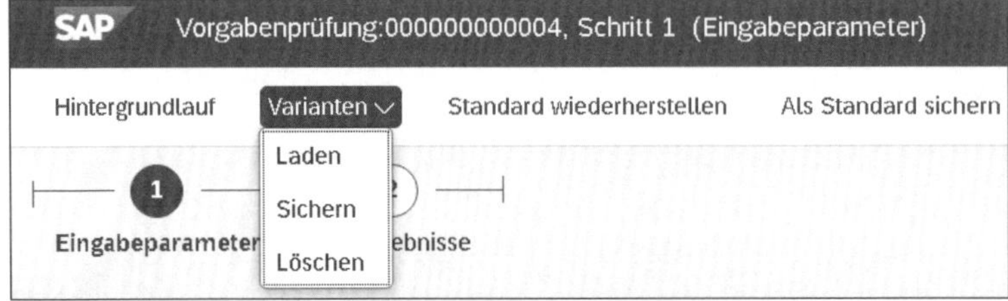

Abbildung 9.22 Selektionskriterien als Variante sichern

9.8.4 Vorgabenprüfung mit Variante starten

Um eine Vorgabenprüfung mit Variante zu starten, navigieren Sie (sowohl bei einem einzelnen Objekt als auch aus dem Object Navigator für mehrere Objekte heraus) über **Weitere Funktionen • Vorgabenprüfung mit Variante starten**.

Es öffnet sich ein Fenster, in dem Sie eine oder mehrere Varianten auswählen können (siehe Abbildung 9.23).

Abbildung 9.23 Vorgabenprüfung mit Variante starten

Bestätigen Sie die Eingaben, führt das System die Vorgabenprüfung(en) aus, und Sie erhalten die Information, unter welchen Nummern die Prüfergebnisse gespeichert wurden. In Abbildung 9.24 sehen Sie, dass Sie über die Links in der Spalte **Ergebnisse der Vorgabenprüfung** auch direkt zu einem Prüfergebnis navigieren können.

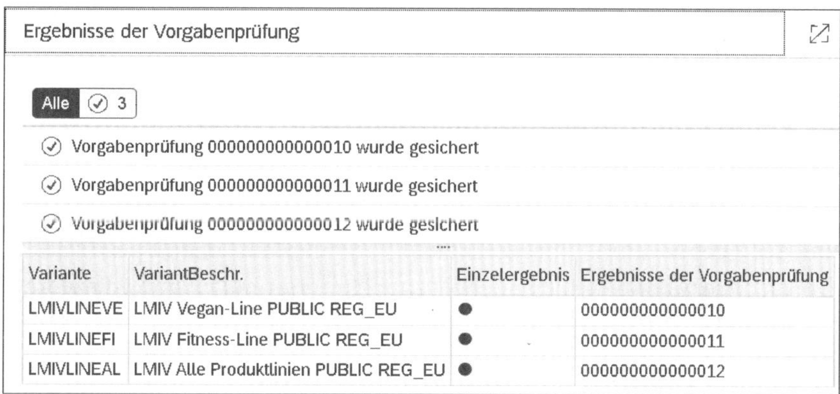

Abbildung 9.24 Ergebnisse der Vorgabenprüfung

9.8.5 Vorgabenprüfung im Hintergrund ausführen

Manche Vorgabenprüfungen können sehr umfangreich sein. Dies kann zum einen an der Anzahl der zu prüfenden Objekte liegen (Massenvorgabenprüfung). Zum anderen kann dies aber auch mit dem Umfang der zu prüfenden Zusammensetzungsarten und/oder dem Umfang der Vorschriften und Anwendungsbereiche zusammenhängen.

Darüber hinaus kann es weitere Gründe geben, die Vorgabenprüfung im Hintergrund durchzuführen. Die Vorgehensweise ist in all diesen Fällen dieselbe. Im Einstiegsbild der Vorgabenprüfung sehen Sie ganz links den Button **Hintergrundlauf** (siehe Abbildung 9.25).

Sobald Sie alle Angaben getätigt haben, betätigen Sie mit einem Klick auf **Hintergrundlauf**. Das System informiert Sie im Anschluss in der Fußzeile der Anwendung darüber, unter welcher Nummer das Prüfergebnis gespeichert wurde.

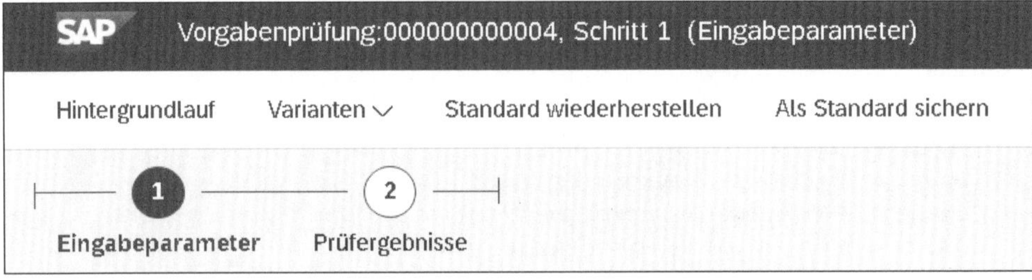

Abbildung 9.25 Hintergrundlauf im Einstiegsbild der Vorgabenprüfung

Mit dem Ausführen der Vorgabenprüfung im Hintergrund wird zum Programm `/PLMI/CCK_BACKGROUND_CHECK` (Vorgabenprüfung Hintergrundverarbeitung) ein Job angelegt. Für die Anwenderinnen und Anwender, die SAP Recipe Development täglich nutzen, ist diese Information nicht zwingend notwendig. Wenn Sie im Support tätig sind oder mehr Hintergrundwissen wünschen, ist diese Information relevant.

Über Transaktion SM37 (Jobauswahl) können Sie sich eine Übersicht der gelaufenen Jobs aufrufen (siehe Abbildung 9.26). Der Jobname setzt sich zusammen aus dem Kürzel `CCK-EXPERT`, dem Benutzernamen, dem Datum und der Uhrzeit, also z. B. `CCK-EXPERT_MS_20220219_192443`.

Interessant ist die Spalte **Dauer (sec.)**. Die Dauer von einer Sekunde in Zeile 1 der Spalte **Dauer (sec.)** gehört zum Hintergrundlauf von einer einzelnen Spezifikation. Die Dauer von acht Sekunden in Zeile 2 gehört zum Hintergrundlauf von 9 Rezepten. Wenn wir die entsprechend der Anzahl der Objekte steigende Dauer berücksichtigen, wird spätestens jetzt klar, dass es sinnvoll ist, ab ca. 50 Objekten (siehe Abschnitt 9.2.4, »Technische Parameter einrichten«) in den Hintergrundlauf zu wechseln. Wenn Sie zu einem Job den Spool einsehen (Doppelklick auf das Symbol in der Spalte **Spool**), erhalten Sie nochmals die Information, unter welcher Nummer die Prüfergebnisse einzusehen sind.

Jobname	Spool	Job-Erstelle	Job Dok	Status	Startdatum	Startzeit	Dauer(sec.)
CCK-EXPERT_MS_20220219_192443		MS		fertig	19.02.2022	19:24:43	1
CCK-EXPERT_MS_20220220_114616		MS		fertig	20.02.2022	11:46:16	8

Abbildung 9.26 Hintergrundjobs zur Vorgabenprüfung

9.9 Prüfergebnisse

In den vorausgehenden Abschnitten haben Sie erfahren, wie Sie die Vorgabenprüfung konfigurieren können. Sie haben kennengelernt, wie Sie Vorgaben definieren und wie Sie die Vorgabenprüfung ausführen. Dieser Abschnitt zeigt Ihnen, wie Sie die Prüfergebnisse anzeigen und sichern.

9.9.1 Prüfergebnisse anzeigen

Die Komplexität die Prüfergebnisse zu lesen, steigt mit der Anzahl der zu prüfenden Vorschriften und Anwendungsbereiche. Jede Kombination aus Vorschrift und Anwendungsbereich erhält pro Komponente eine eigene Zeile.

Beispiel für die Anzeige von Prüfergebnissen

Wenn wir für die Sahnesoße die Vorgabenprüfung für die Vorschrift der Lebensmittelinformationsverordnung durchführen und dabei alle Produktlinien berücksichtigen möchten (Fitness-Line, Health-Line, Nourishing-Line und Vegan-Line), könnte eine Komponente im Extremfall vier Zeilen im Prüfergebnis beanspruchen. Wie viele Zeilen es dann tatsächlich werden, hängt davon ab, wie viele Instanzen in den jeweiligen Komponenten ausgeprägt sind. Probieren Sie die Vorgabenprüfung am besten in Ihrem Testsystem aus.

Die Darstellung der Prüfergebnisse teilt sich in zwei Abschnitte. In Abbildung 9.27 sehen Sie den ersten Abschnitt.

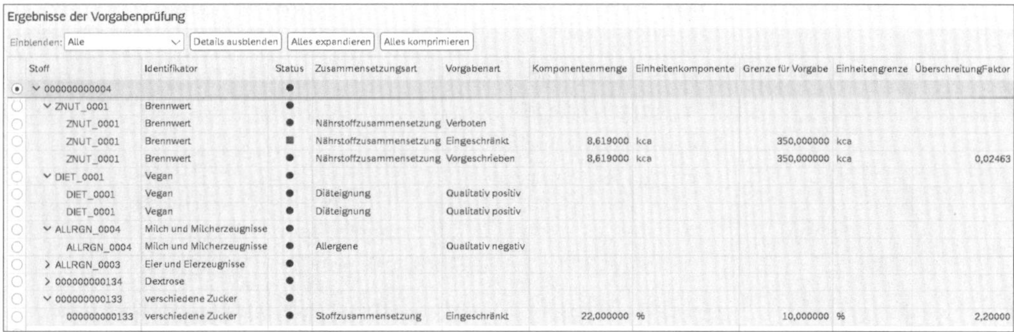

Ergebnisse der Vorgabenprüfung

Einblenden: Alle | Details ausblenden | Alles expandieren | Alles komprimieren

Stoff	Identifikator	Status	Zusammensetzungsart	Vorgabenart	Komponentenmenge	Einheitenkomponente	Grenze für Vorgabe	Einheitengrenze	ÜberschreitungFaktor
000000000004		●							
ZNUT_0001	Brennwert	●							
ZNUT_0001	Brennwert	●	Nährstoffzusammensetzung	Verboten					
ZNUT_0001	Brennwert	■	Nährstoffzusammensetzung	Eingeschränkt	8,619000	kca	350,000000	kca	
ZNUT_0001	Brennwert	●	Nährstoffzusammensetzung	Vorgeschrieben	8,619000	kca	350,000000	kca	0,02463
DIET_0001	Vegan	●							
DIET_0001	Vegan	●	Diäteignung	Qualitativ positiv					
DIET_0001	Vegan	●	Diäteignung	Qualitativ positiv					
ALLRGN_0004	Milch und Milcherzeugnisse	●							
ALLRGN_0004	Milch und Milcherzeugnisse	●	Allergene	Qualitativ negativ					
ALLRGN_0003	Eier und Eierzeugnisse	●							
000000000134	Dextrose	●							
000000000133	verschiedene Zucker	●							
000000000133	verschiedene Zucker	●	Stoffzusammensetzung	Eingeschränkt	22,000000	%	10,000000	%	2,20000

Abbildung 9.27 Übersicht über die geprüften Objekte und angewandten Komponenten

Tabelle 9.10 zeigt Ihnen im Detail, welche Informationen Sie den Prüfergebnissen entnehmen können.

Spalte	Beschreibung
Stoff	Ebene 1: Schlüssel der Spezifikation, zu der Sie die Prüfergebnisse sehen. Ebene 2 und 3: Schlüssel der Komponente, deren Vorgaben an der Spezifikation geprüft wurden.
Identifikator	Ebene 1: Bezeichnung der Spezifikation, zu der sie die Prüfergebnisse sehen. Ebene 2 und 3: Bezeichnung der Komponente, deren Vorgaben in der Spezifikation geprüft wurden.
Status	Ampeldarstellung des Prüfergebnisses Ebene 1: Prüfergebnis für die gesamte Spezifikation. 1× Prüfung fehlerhaft = rote Ampel auf der Ebene 1 Ebene 2: Prüfergebnis für die Komponente in Summe. 1× Prüfung fehlerhaft = rote Ampel Ebene 3: Prüfergebnis für die Komponente mit Bezug zu Vorschrift und Anwendungsbereich
Zusammensetzungsart	Info, welche Zusammensetzungsart geprüft wird. Diese Info steht auf Ebene 3 zur Verfügung. ■ **Nährstoffzusammensetzung** ■ **Diäteignung** ■ **Allergene**
Vorgabeart	Info, um welche Vorgabeart es sich handelt. Diese Info steht auf Ebene 3 zur Verfügung. ■ **Verboten** ■ **Eingeschränkt** ■ **Vorgeschrieben** ■ **Qualitativ positiv** ■ **Qualitativ negativ**
Komponentenmenge	Angabe des Wertes zur Komponente, der in der Spezifikation ermittelt wurde. Die Info steht auf Ebene 3 zur Verfügung.
Einheitenkomponente	Angabe der Einheit zur Komponente, die in der Spezifikation ermittelt wurde. (Einheiten der Nährstoffe oder Einheiten der Listenstoffe) Die Info steht auf Ebene 3 zur Verfügung.
Grenze für Vorgabe	Vorgabewert, der in der Komponente für die Vorschrift und den Anwendungsbereich gepflegt wurde. Diese Info steht auf Ebene 3 zur Verfügung.

Tabelle 9.10 Spalten im Prüfergebnis der Vorgabenprüfung

Spalte	Beschreibung
Einheitengrenze	Einheit der Vorgabe, die in der Komponente für die Vorschrift und den Anwendungsbereich gepflegt wurde. Diese Info steht auf der Ebene 3 zur Verfügung.
Überschreitung Faktor	Zeigt an, um welchen Faktor der Wert in der Spezifikation den Vorgabewert überschreitet. Diese Info steht auf Ebene 3 zur Verfügung.

Tabelle 9.10 Spalten im Prüfergebnis der Vorgabenprüfung (Forts.)

Vielleicht fragen Sie sich, was mit den positiven und negativen Aussagen passiert und wie Sie an die Information kommen, welche Zeile in Abbildung 9.27 für welche Vorschrift und für welchen Anwendungsbereich gilt. Diese Angaben finden Sie im zweiten Bereich, den Sie in Abbildung 9.28 sehen. In diesem Bereich gibt es die Views **Prüfaussagen**, **Verwendung der Vorgabe** und **Parameter für Vorgabengültigkeit**.

Der Umfang der View **Prüfaussagen** hängt davon ab, auf welcher Ebene Sie die Markierung haben. Ist die Ebene 1, also das geprüft Objekt markiert, erhalten Sie bei den Prüfaussagen eine Übersicht über alle ermittelten Prüfaussagen (alle geprüften Nährstoffe, Allergene, Listenstoffe usw. inklusive aller geprüften Vorschriften und Vorgaben). Ist die Ebene 2 markiert, erhalten Sie alle Prüfaussagen zur geprüften Komponente (für einen bestimmten Nährstoff, aber für alle geprüften Vorschriften und Anwendungsbereiche). Ist die Ebene 3 markiert, erhalten Sie eine Prüfaussage zu einer konkreten Vorschrift und zu einem konkreten Anwendungsbereich.

In Abbildung 9.28 sehen Sie, dass im ersten Bereich die Ebene 3 markiert sein muss, da lediglich eine Prüfaussage vorzufinden ist. Anhand der Prüfaussage können Sie ableiten, dass in Abschnitt 1 der Nährstoff ZNUT_0001 (Brennwert) markiert wurde.

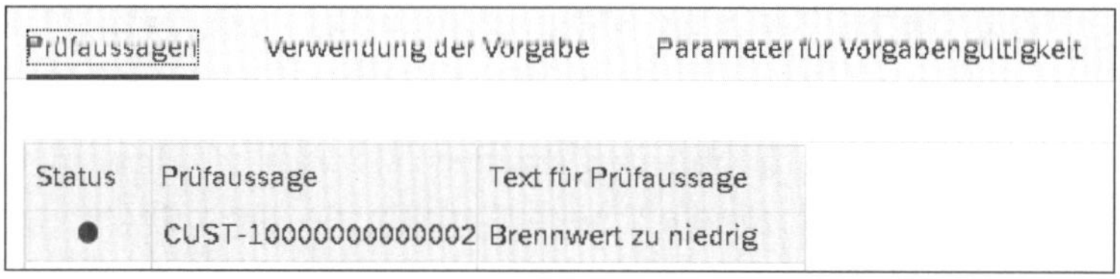

Prüfaussagen | Verwendung der Vorgabe | Parameter für Vorgabengültigkeit

Status	Prüfaussage	Text für Prüfaussage
●	CUST-10000000000002	Brennwert zu niedrig

Abbildung 9.28 Prüfaussagen, Verwendung der Vorgabe und Parameter für die Vorgabengültigkeit

Wenn Sie darüber hinaus wissen möchten, für welche Vorschrift und für welchen Anwendungsbereich das Prüfergebnis gilt, schauen Sie sich die View **Parameter** für Vorgabengültigkeit an (siehe Abbildung 9.29). In der Spalte **Parameter** sehen Sie, dass sowohl die Vorschrift als auch der Anwendungsbereich abgebildet ist. In der Spalte **Parameterwert** sehen Sie den Phrasenschlüssel, und in der Spalte **PWert Beschreibung** sehen Sie den Phrasentext, der Ihnen die gesuchten Informationen liefert.

Prüfaussagen | Verwendung der Vorgabe | Parameter für Vorgabengültigkeit

Parameter	Parameterwert	PWert Beschreibung
Vorschrift	CUST-1000000000000	LMIV
Anwendungsbereich	CUST-1000000000002	Nourishing-Line

Abbildung 9.29 Parameter für die Vorgabengültigkeit

9.9.2 Prüfergebnisse sichern

Wenn Sie eine Vorgabenprüfung online durchführen (egal, ob für ein einzelnes Objekt oder für mehrere Objekte), haben Sie die Möglichkeit, die Prüfergebnisse zu sichern. Schließen Sie die Vorgabenprüfung, ohne die Prüfergebnisse zu sichern, sind die Ergebnisse unwiderruflich weg, und Sie müssen die Prüfung noch einmal durchführen. Die Vorgehensweise ist simpel: Klicken Sie auf den Button **Ergebnis sichern** (siehe Abbildung 9.30).

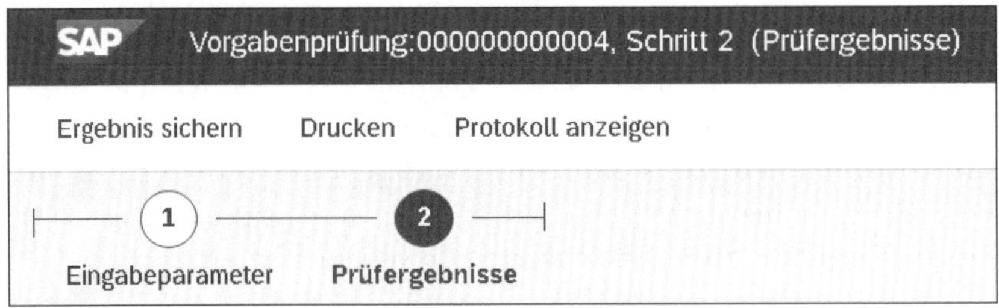

Abbildung 9.30 Prüfergebnis sichern

Anschließend speichert das System die Prüfergebnisse unter einer eindeutigen Nummer. Das System zeigt Ihnen in der Fußzeile der Anwendung eine Meldung mit der Nummer, unter der die Vorgabenprüfung gespeichert wurde.

Vorgabenprüfungen, die im Hintergrund ablaufen, erzeugen automatisch ein gespeichertes Prüfergebnis. Das Gleiche gilt für die Vorgabenprüfungen, die mithilfe von Varianten gestartet wurden.

Wenn Sie sich ein gespeichertes Prüfergebnis anschauen möchten, nutzen Sie dafür die SAP-Fiori-App **Ergebnisse der Vorgabenprüfung anzeigen**.

9.10 Zusammenfassung

Mit der Vorgabenprüfung ist eine Menge möglich, und viele Vorschriften und Anforderungen an die Zusammensetzungsdaten können damit abgebildet werden. Diese Funktion kann in einem Projekt problemlos auf eine zweite Phase verlagert werden.

Eines sollte aus diesem Kapitel deutlich geworden sein: Der Nutzen der Vorgabenprüfung steht und fällt mit der Stammdatenpflege und der Bereitschaft, sich über den Umfang an benötigten Vorschriften und Anwendungsbereichen klar zu werden. In einem Einführungsprojekt (insbesondere dann, wenn SAP Recipe Development Teil einer Gesamtimplementierung ist) haben die Anwenderinnen und Anwender im Normalfall genug »um die Ohren«.

Im nächsten Kapitel können Sie sich über die Unterschiede von SAP Recipe Development in SAP ERP und SAP S/4HANA informieren.

Kapitel 10
SAP Recipe Development unter SAP ERP und SAP S/4HANA – Unterschiede

Dieses Kapitel gibt Ihnen einen Überblick über die größten Unterschiede zwischen SAP Recipe Development unter SAP ERP und unter SAP S/4HANA. Verschaffen Sie sich einen Eindruck von den Veränderungen im Rahmen des Wechsels auf die neue Softwaregeneration SAP S/4HANA.

Dieses Kapitel zeigt, welche Unterschiede beim Einsatz von SAP Recipe Development unter SAP ERP und unter SAP S/4HANA zu erwarten sind. Dabei verdient zum einen die Benutzeroberfläche besondere Beachtung (siehe Abschnitt 10.1, »Benutzeroberfläche«). Setzte SAP früher auf den SAP Business Client, wurden mit SAP S/4HANA die neue Benutzeroberfläche SAP Fiori und das SAP Fiori Launchpad als zentrale Einstiegspunkte entwickelt.

Des Weiteren geht dieses Kapitel in jeweils eigenen Abschnitten auf die Änderungen in den Stammdatenobjekten **Spezifikation** (siehe Abschnitt 10.2, »Spezifikation«) und **Rezept** (siehe Abschnitt 10.3, »Rezept«) ein. Im Hinblick auf das Etikett gibt es keine nennenswerten Abweichungen zwischen den Softwaregenerationen; aus diesem Grund gibt es zu diesem Thema keinen eigenen Abschnitt.

10.1 Benutzeroberfläche

Einer der prominentesten Unterschiede zwischen SAP Recipe Development in SAP ERP und in SAP S/4HANA ist die Benutzeroberfläche. Lesen Sie in den folgenden Abschnitten, wie sich die Arbeit mit SAP Recipe Development dadurch ändert.

10.1.1 SAP S/4HANA

SAP Recipe Development nutzt in SAP S/4HANA das *SAP Fiori Launchpad* und umfasst sowohl Web-Dynpro-Applikationen als auch sogenannte *native SAP-Fiori-Apps*. Alle Anwendungen sind über Apps verfügbar. In Abbildung 10.1 sehen Sie eine Auswahl an

Apps für SAP Recipe Development, die im SAP Fiori Launchpad aufgeführt sein können.

Abbildung 10.1 SAP Recipe Development im SAP Fiori Launchpad

Für die Navigation zwischen einzelnen Apps nutzen Sie entweder das Menü **Weitere Möglichkeiten** oder das Menü **Verwandte Themen**, oder Sie gehen zurück in das Startbild und navigieren von dort aus weiter.

Durch die App-basierte Darstellung der einzelnen Anwendungen werden Anwenderinnen und Anwender – im Hinblick auf die Benutzerfreundlichkeit – keine Schwierigkeiten haben, SAP Recipe Development auf einem Tablet zu nutzen. (Technische Aspekte sind hierbei nicht berücksichtigt.) Abbildung 10.2 zeigt die Detailsicht einer Spezifikation unter Nutzung eines Tablets.

Spezifikation anzeigen: 000000000067

Bearbeiten | Konsistenz prüfen | Globale Parameter... | Standardeinstellungen... | Anwendungsprotokoll | Weitere Funktionen

Art: Rohstoff Produktname: Gemüsebrühe Stichtag: 23.09.2021 Kopfstatus:

Allgemeine Daten | Eigenschaften | Laufweg

Grunddaten | Identifikatoren | Status | Kopfstatus | Materialzuordnungen | Beziehungen | WWI-Berichte | Dokumente

Hinzufügen | Löschen | Verwendung einblenden | Informationen

ID-Typ	Beschr. ID-Typ	ID-Art	Beschr. ID-Art	Identifikator	Sprache	Vererbung	Verwendu...
NAM	Name	DESC	Beschreibung	Gemüsebrühe	DE		1 Definrt
NAM	Name	PROD	Produktname	Gemüsebrühe	DE		1 Definrt
NAM	Name	TRADE	Handelsname	Gemüsebrühe	DE		1 Definrt
NAM	Name	SYN	Synonym	Gemüsebouillion	DE		1 Definrt
NAM	Name	PROD	Produktname	Vegetable broth includir	EN		1 Definrt
IND	Kennzeichen	ZUSEABLE	Verwendbar	X			1 Definrt

Abbildung 10.2 SAP Recipe Development im SAP Fiori Launchpad: Tablet-Größe

Ob Sie die Apps von SAP Recipe Development auch auf einem Smartphone zur Verfügung stellen sollten, sei an dieser Stelle infrage gestellt. Denn die Darstellung der Stammdatenobjekte von SAP Recipe Development benötigt verhältnismäßig viel Platz (siehe Abbildung 10.3).

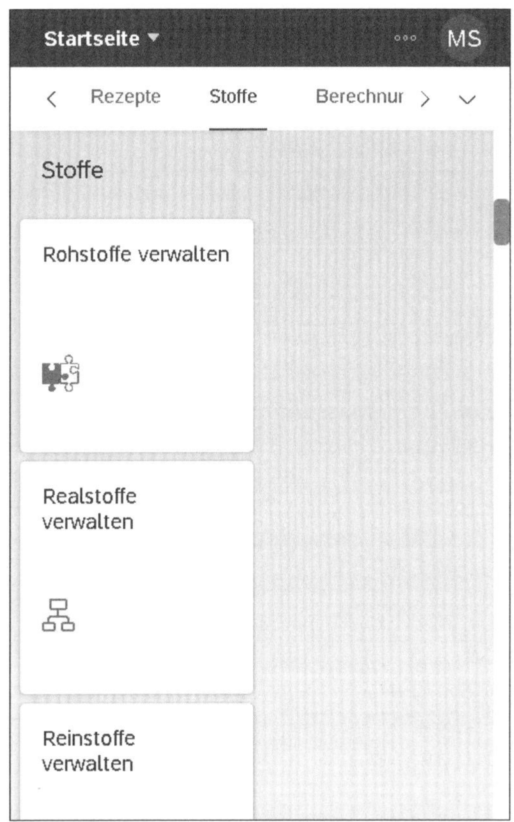

Abbildung 10.3 SAP Recipe Development im SAP Fiori Launchpad in der Größe eines Smartphones

10.1.2 SAP ERP

SAP Recipe Development unter SAP ERP nutzt den sogenannten *SAP Business Client* und umfasst ausschließlich Web-Dynpro-Applikationen. Alle Anwendungen stehen in Form von Services zur Verfügung. In Abbildung 10.4 sehen Sie am linken Rand verschiedene Services, die für die Arbeit mit SAP Recipe Development genutzt werden können. Dies sind z. B. die Services **Rezepte** oder **Spezifikationen**.

In den einzelnen Services zu den Stammdatenobjekten von SAP Recipe Development stehen im Standard verschiedene Abfragen bereit, in denen z. B. die zuletzt geänderten Objekte oder die zuletzt angezeigten Objekte aufgeführt werden. Die Übersichten stellen Ihnen mehrere Optionen zum weiteren Vorgehen zur Auswahl.

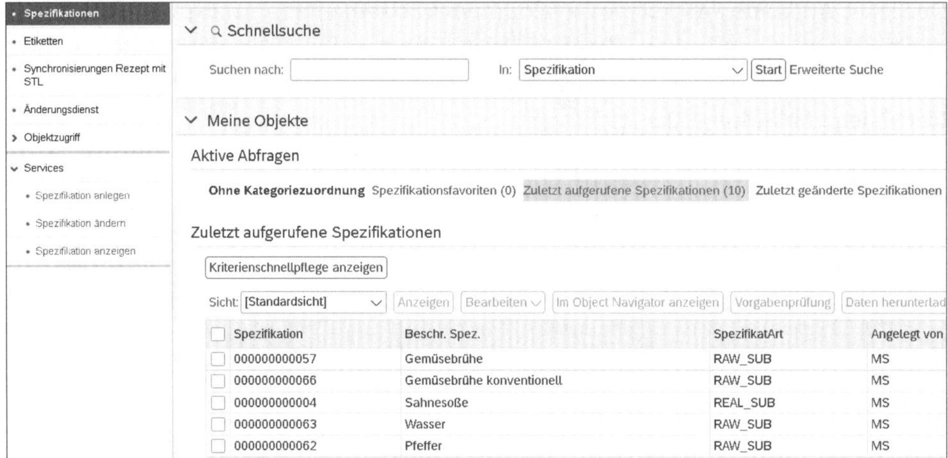

Abbildung 10.4 SAP Recipe Development im SAP Business Client

Abbildung 10.5 zeigt, dass Sie z. B. über **Bearbeiten • Massenänderung** in die Massenänderung von Spezifikationen verzweigen können.

Zuletzt aufgerufene Spezifikationen

Kriterienschnellpflege anzeigen

Sicht: [Standardsicht] | Anzeigen | Bearbeiten | Im Object Navigator anzeigen | Vorgabenprüfung

Einzelspezifikation ändern
Massenänderung

Spezifikation	Beschr. Sp[…]	SpezifikatArt
000000000057	Gemüsebr[…]	RAW_SUB
000000000066	Gemüsebrühe konventionell	RAW_SUB
000000000004	Sahnesoße	REAL_SUB
000000000063	Wasser	RAW_SUB
000000000062	Pfeffer	RAW_SUB

Abbildung 10.5 Verschiedene Optionen aus den Abfragen

Zwischen den einzelnen Services können Sie problemlos hin und her navigieren, da die Menüleiste immer angezeigt wird. Der SAP Business Client ist primär für die Arbeit am Desktop-PC geeignet.

10.2 Spezifikation

Die folgenden Abschnitte befassen sich mit den Unterschieden in der Nutzung der Spezifikation. Sie erfahren, welche Funktionen nicht in beiden Softwaregenerationen gleichermaßen verfügbar sind.

10.2.1 Spezifikationen anlegen

Der erste Unterschied zwischen den beiden Softwaregenerationen zeigt sich direkt bei der Anlage von Spezifikationen. Schauen Sie sich die folgenden Ausführungen an, um zu erfahren, worin sich die Möglichkeiten bei der Anlage von Spezifikationen mit SAP S/4HANA und SAP ERP unterscheiden.

SAP S/4HANA

In SAP S/4HANA stehen im Unterschied zu SAP ERP im SAP Fiori Launchpad Apps für das vereinfachte Anlegen von Spezifikationen zur Verfügung (siehe Abschnitt 3.1.1, »Spezifikation anlegen«). Eine Übersicht der Apps zur vereinfachten Anlage von Spezifikationen (z. B. **Allergene verwalten**) sehen Sie in Abbildung 10.6.

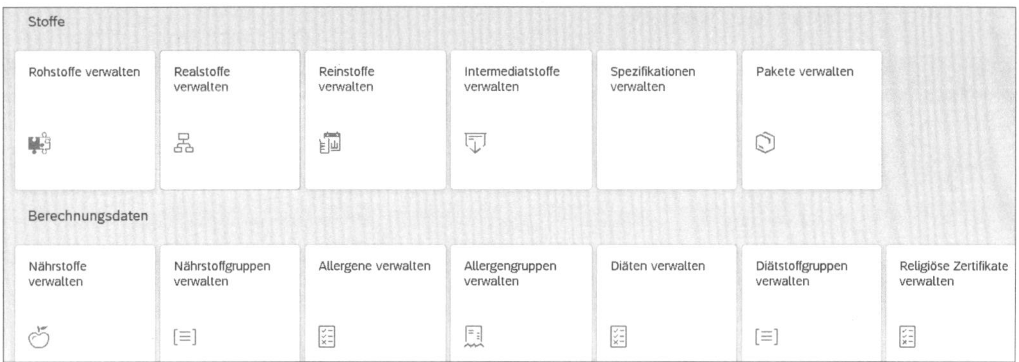

Abbildung 10.6 SAP-Fiori-Apps zum vereinfachten Anlegen von Spezifikationen

SAP ERP

In SAP ERP gibt es im SAP Business Client für alle Spezifikationsarten und Spezifikationstypen lediglich eine Möglichkeit, um Spezifikationen anzulegen. Die Vorgehensweisen bei der Nutzung des SAP Business Client mit der Funktion **Spezifikation anlegen** und der SAP-Fiori-App **Spezifikationen verwalten** sind identisch.

In Abbildung 10.7 sehen Sie die bekannten Felder wie z. B. **Spezifikation**, **Spezifikationstyp** und **Spezifikationsart** im SAP Business Client. Die gleiche Benutzeroberfläche finden Sie in der SAP-Fiori-App **Spezifikationen verwalten**.

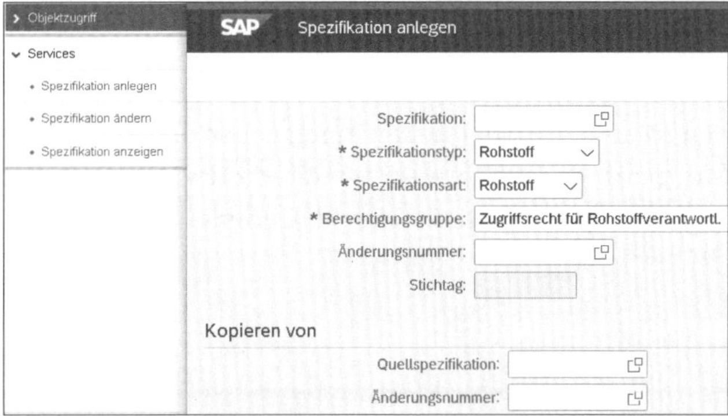

Abbildung 10.7 Spezifikationen im SAP Business Client anlegen

10.2.2 Suchmöglichkeiten

Auch bei der Suche nach den angelegten Spezifikationen unterscheidet sich SAP Recipe Development abhängig davon, ob Sie unter SAP ERP oder SAP S/4HANA arbeiten.

SAP S/4HANA

Unter SAP S/4HANA gibt es im SAP Fiori Launchpad die globale Suche, die Ihnen dabei hilft, Spezifikationen zu finden. In Abbildung 10.8 erkennen Sie, dass nach der Eingabe des Suchbegriffs (z. B. »Gemüse«) oben im Suchfeld die Suchergebnisse untereinander aufgelistet werden.

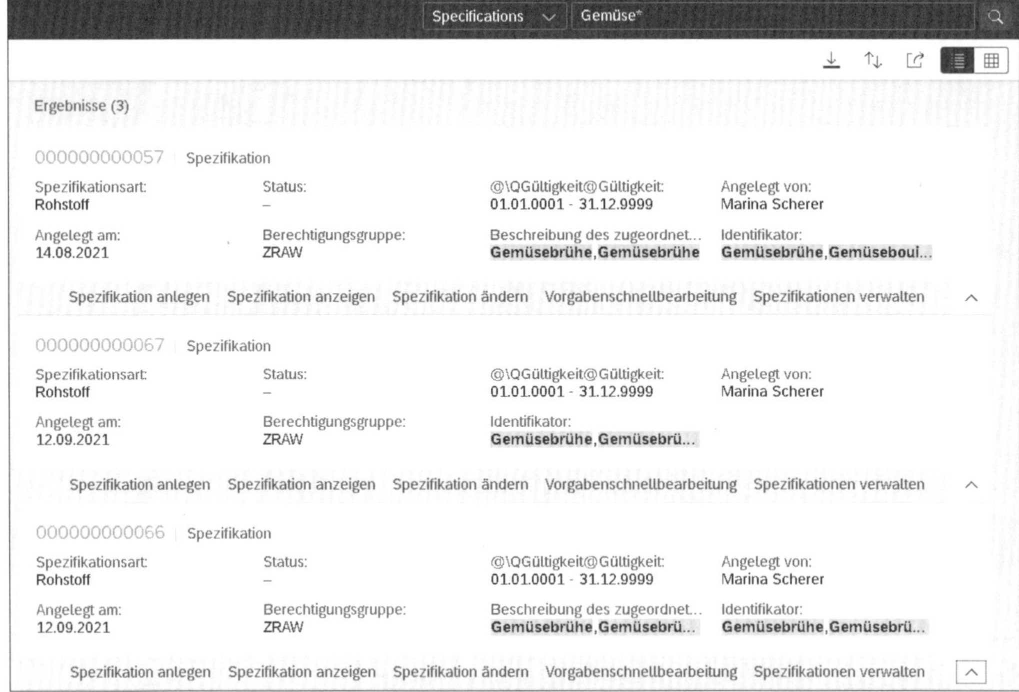

Abbildung 10.8 Suche im SAP Fiori Launchpad über die globale Suche

Des Weiteren haben Sie in den Apps zur Verwaltung der Spezifikationen die Möglichkeit, verschiedene Suchkriterien zu nutzen. Dabei stehen Ihnen neben der Suche nach einem Identifikator und der Stoffnatur primär Verwaltungsdaten zur Verfügung. Abbildung 10.9 zeigt einen Auszug aus den vorhandenen Suchkriterien.

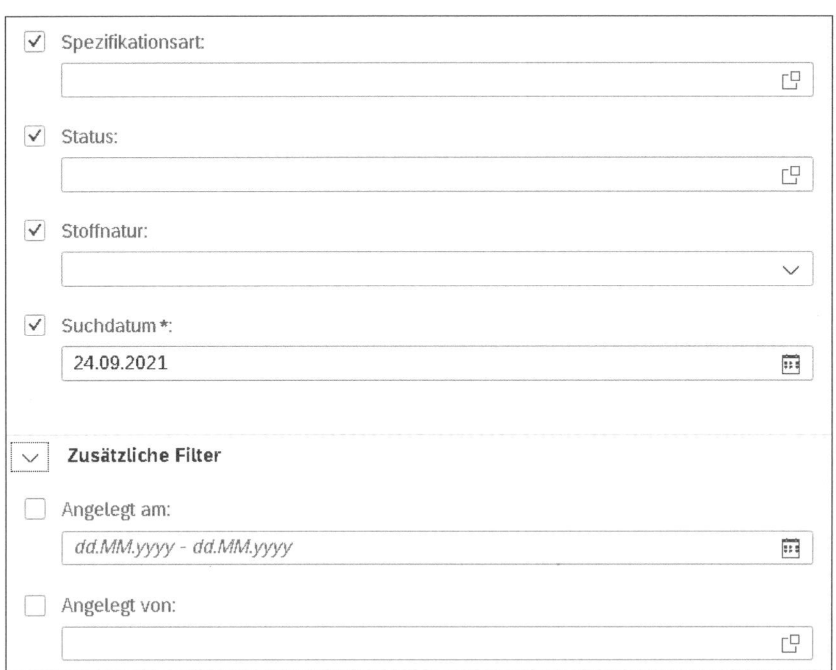

Abbildung 10.9 Auszug aus den Suchkriterien in der SAP-Fiori-App »Spezifikationen verwalten«

Einen Überblick über die derzeit möglichen Suchkriterien finden Sie in Tabelle 10.1.

Suchthema	Suchkriterium
Grundeinstellungen	Änderungsnummer
	Identifikator
	Spezifikation
	Spezifikationsart
	Status
	Stoffnatur
	Suchdatum

Tabelle 10.1 Suchkriterien für Spezifikationen in SAP S/4HANA

Suchthema	Suchkriterium
Zusätzliche Filter	Angelegt am
	Angelegt von
	Berechtigungsgruppe
	Geändert am
	Geändert von
Wertehilfe für Änderungsnummern in Spezifikation	Änderungsnummer
	Angelegt am
	Angelegt von
	Bezeichnung
	Geändert am
	Geändert von
	Status
Spezifikation: Kopfstatus	Status
	Statusbeschreibung
Spezifikation der Stoffnatur	Beschreibung der Stoffnatur
	Stoffnatur

Tabelle 10.1 Suchkriterien für Spezifikationen in SAP S/4HANA (Forts.)

Ein Suchbild, um nach Detaildaten zu suchen, gibt es in SAP S/4HANA bislang nicht. Suchkriterien, mit denen Sie z. B. alle Spezifikationen mit einer bestimmten Dichte finden können oder eine Prüfung, ob es zu einem Material bereits eine Spezifikation gibt, suchen Sie bislang vergeblich.

SAP ERP

Mit dem SAP Business Client, den Sie in SAP ERP nutzen, stehen andere Suchmöglichkeiten zur Verfügung: die Schnellsuche sowie die erweiterte Suche.

Bei der *Schnellsuche* geben Sie einen Suchbegriff oder einen Teil eines Suchbegriffes in das Suchfeld ein und führen die Suche dann direkt aus (siehe Abbildung 10.10).

In der sich daraufhin öffnenden Trefferliste sehen Sie alle Spezifikationen, die das System auf der Basis der vorher angegebenen Suchkriterien gefunden hat (siehe Abbildung 10.11).

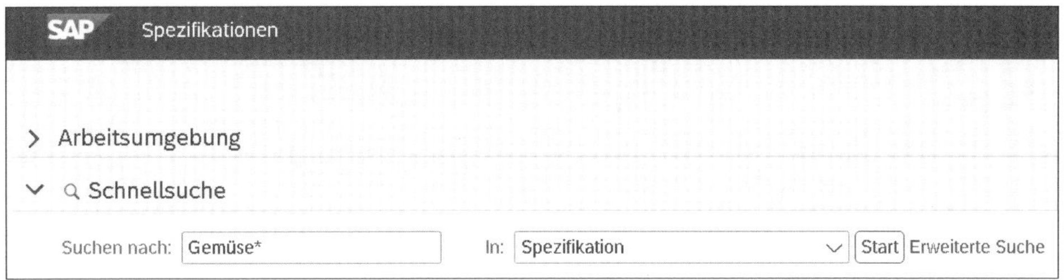

Abbildung 10.10 Suchkriterium bei der Schnellsuche

Spezifikat.-ID	Änderungsnummer	Spezifikationsart	Beschreibung SpezArt	Identif. 1	Identfktr2	Angelegt am	Angelegt von
000000000067		RAW_SUB	Rohstoff		Gemüsebrühe	12.09.2021	MS
000000000066		RAW_SUB	Rohstoff		Gemüsebrühe konventionell	12.09.2021	MS
000000000057		RAW_SUB	Rohstoff		Gemüsebrühe	14.08.2021	MS

Abbildung 10.11 Suchergebnis der Schnellsuche

Über die Schnellsuche können Sie nach verschiedenen Kopfdaten suchen, z. B. nach dem **Identifikationstext** eines Identifikators, **Spezifikationsart**, **Kopfstatus** und **Angelegt von**.

Benötigen Sie eine präzisere Suche, z. B. nach einer Spezifikation zu einer bestimmten Materialnummer, oder Sie suchen eine Spezifikation mit bestimmten Eigenschaften, können Sie die *erweiterte Suche* nutzen: In der erweiterten Suche stehen Ihnen unzählig viele verschiedene Suchkriterien zur Verfügung, die nicht nur von der Standardauslieferung abhängen, sondern auch davon, wie Sie Ihren Eigenschaftsbaum definieren.

In Abbildung 10.12 sehen Sie z. B., dass Sie eine Materialnummer oder einen Materialkurztext angeben können. Diese Angaben können Sie mit einem speziellen Identifikator oder mit Suchkriterien auf anderen Registerkarten kombinieren.

Abhängig davon, wie Ihr Eigenschaftsbaum aufgebaut ist, können die Suchkriterien in Abbildung 10.13 bei Ihnen völlig anders aussehen. Auf der Registerkarte **Mehrere Eigenschaften** stehen Ihnen numerische und verphraste Merkmale als Suchkriterien zur Verfügung. Nachdem Sie die gesuchten Werte eingegeben haben, müssen Sie dem System mitteilen, ob die Werte ein- oder ausgeschlossen werden sollen. Das heißt, dass Sie angeben, ob Sie Spezifikationen suchen, auf die diese Information zutrifft oder solche, auf die diese Information nicht zutrifft. Dazu stehen Ihnen die Buttons **Enthält alle**, **Enthält irgendein(e)** und **Enthält kein(e)** zur Verfügung. Speziell bei der Angabe von mehreren Kriterien ist der Button **Enthält irgendein(e)** hilfreich.

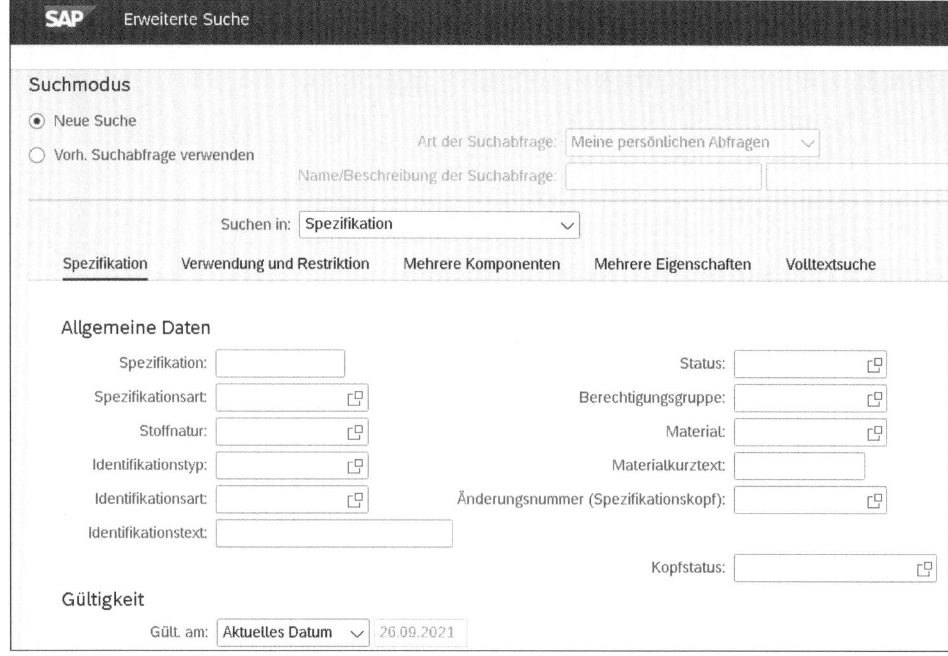

Abbildung 10.12 Suchbild in der erweiterten Suche im SAP Business Client

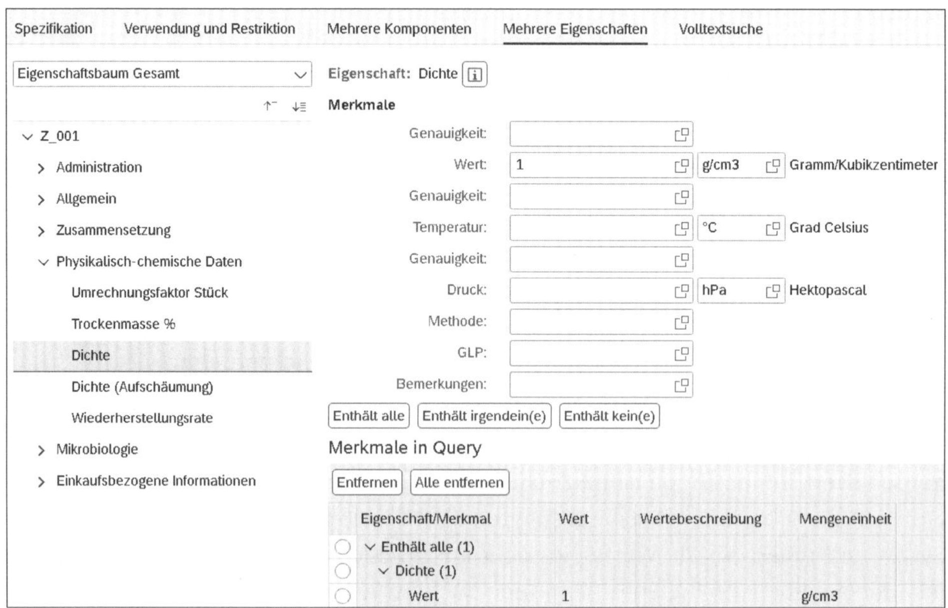

Abbildung 10.13 Suchbild der erweiterten Suche im SAP Business Client: Registerkarte »Mehrere Eigenschaften«

Die erweiterte Suche bietet sehr viele Möglichkeiten, um sich in der Vielzahl der Spezifikationen zurechtzufinden. Dass Sie bestimmte Suchen als Vorlagen speichern können, erleichtert die Arbeit bei gängigen Abfragen, z. B. bei der Beantwortung der Frage, welche Rohstoffe vegan sind.

10.2.3 Massenänderung von Spezifikationen

Aus der erweiterten Suche oder den aktiven Abfragen in SAP Recipe Development in SAP ERP gelangen Sie zur Massenänderung von Spezifikationen. Sie markieren die relevanten Spezifikationen und navigieren zur Selektion der Massenänderungsfunktion. Sie wählen aus dem Drop-down-Menü **Massenänderungsfunktionen** aus Abbildung 10.14 aus:

- **Spezifikation – Kopfdaten**
- **Spezifikation – Kennzeichen**
- **Spezifikation – Status**

10

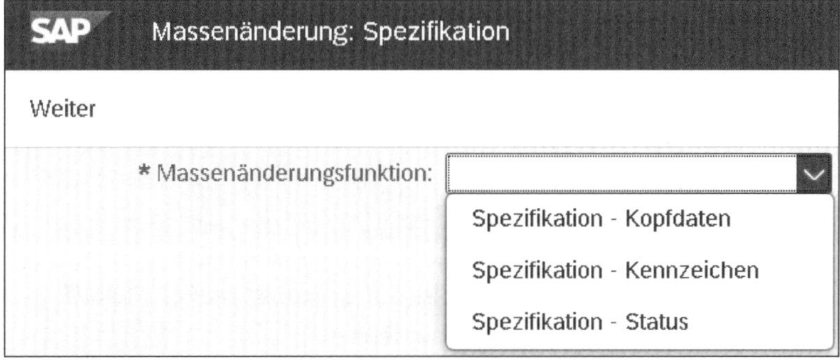

Abbildung 10.14 Massenänderungsfunktionen auswählen

Kopfdaten ändern

In der Funktion **Kopfdaten ändern** stehen Ihnen die **Berechtigungsgruppe** sowie die **Notiz** (diese heißt in der einzelnen Spezifikation **Vermerk**) als änderbare Felder zur Verfügung (siehe Abbildung 10.15).

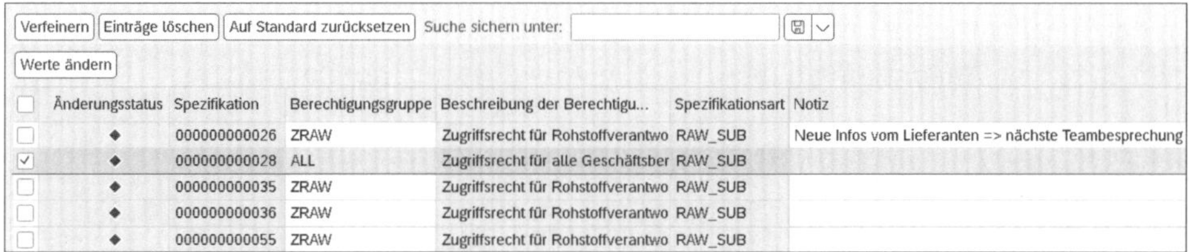

	Änderungsstatus	Spezifikation	Berechtigungsgruppe	Beschreibung der Berechtigu...	Spezifikationsart	Notiz
☐	◆	000000000026	ZRAW	Zugriffsrecht für Rohstoffverantwo	RAW_SUB	Neue Infos vom Lieferanten => nächste Teambesprechung
☑	◆	000000000028	ALL	Zugriffsrecht für alle Geschäftsber	RAW_SUB	
☐	◆	000000000035	ZRAW	Zugriffsrecht für Rohstoffverantwo	RAW_SUB	
☐	◆	000000000036	ZRAW	Zugriffsrecht für Rohstoffverantwo	RAW_SUB	
☐	◆	000000000055	ZRAW	Zugriffsrecht für Rohstoffverantwo	RAW_SUB	

Abbildung 10.15 Kopfdaten via Massenänderung ändern

Kennzeichen ändern

Die Funktion **Kennzeichen ändern** listet zunächst alle Identifikatoren der einzelnen Spezifikationen auf. Sie sehen in Abbildung 10.16 bei der Spezifikation mit der Nummer 35, dass nicht jede Position über die Massenänderung bearbeitet werden kann. Dass eine Massenänderung nicht möglich ist, erkennen Sie daran, dass die Zeilen grau hinterlegt sind. Dies kann z. B. von einer Vererbung herrühren. Sie können den Identifikationstyp (in der Massenänderung **ID-Kategorie**), die Identifikationsart (in der Massenänderung **Typ ID**), den Identifikator oder die Sprache ändern.

Verfeinern | Einträge löschen | Auf Standard zurücksetzen | Suche sichern unter:

Werte ändern

	Status der Änderu...	Spezifikation	ID-Kategorie	Typ ID	Identifikator	Sprache
☐	◆	000000000026	NAM	PROD	grüne Paprika	DE
☐	◆	000000000026	IND	ZUSEABLE	X	
☐	◆	000000000026	NUM	SUP_MATNR	0815	
☐	◆	000000000026	NAM	SUP_MATNAM	Paprika grün	DE
☑	◆	000000000026	NAM	SUPPLIER	Valiant Vegetable Vision	DE
☐	◆	000000000028	NAM	PROD	Rohstoff C	DE
☐	◆	000000000035	NAM	PROD	rote Paprika	DE
☐	◆	000000000035	NAM	PROD	grüne Paprika	DE
☐	◆	000000000035	IND	ZUSEABLE	X	
☐	◆	000000000035	NUM	SUP_MATNR	0815	
☐	◆	000000000035	NAM	SUP_MATNAM	Paprika grün	DE
☐	◆	000000000035	NAM	SUPPLIER	Valiant Vegetable Vision	DE
☐	◆	000000000036	NAM	PROD	gelbe Paprika	DE
☐	◆	000000000036	NAM	PROD	grüne Paprika	DE

Abbildung 10.16 Kennzeichen via Massenänderung ändern

Status ändern

Die dritte Funktion der Massenänderung ist **Status ändern**. Damit steht Ihnen die Möglichkeit offen, vorhandene Status der Einstufungen anzupassen. Wichtig ist, dass es in diesem Zusammenhang nicht um den Kopfstatus der Spezifikationen geht, sondern um den Status der Einstufungen. Lediglich das Feld **Status** (am rechten Rand von Abbildung 10.17) kann mit dieser Funktion verändert werden. Voraussetzung ist, dass in der Spezifikation bereits eine Einstufung mit Status gepflegt ist. Alle Spezifikationen, die keine Ausprägung haben, werden vom System ausgeklammert.

Verfeinern | Einträge löschen | Auf Standard zurücksetzen | Suche sichern unter:

Werte ändern

	Status der Änderu...	Spezifikation	Einstufung	Beschreibung der Einstufung	Gültigkeitsraum	Beschreibung des Gültigkeits...	Gültigkeitsraumtyp	Status	s
☐	◆	000000000026	PUBLIC	Vollständig freigegeben	REG_WORLD	Welt	REGION	IB	

Abbildung 10.17 Status ändern via Massenänderung

[«]

Massenänderung von Spezifikationen

Nun stellt sich vielleicht die Frage, weshalb es hier zwischen SAP ERP und SAP S/4HANA einen Unterschied gibt. Die Funktion der Massenänderung ist in SAP S/4HANA zwar grundsätzlich vorhanden. Allerdings fehlt eine sinnvolle Einstiegsmöglichkeit. Bislang kann die Massenänderung in SAP S/4HANA lediglich für eine einzelne Spezifikation aufgerufen werden, was den Begriff Massenänderung ad absurdum führt. Es ist davon auszugehen, dass auch die Massenänderung zielführend eingesetzt werden kann, sobald eine erweiterte Suche für die Spezifikationen in SAP S/4HANA verfügbar ist.

10.3 Rezept

Nachdem die vorausgehenden Abschnitte die Unterschiede der Spezifikation zwischen den Softwaregenerationen behandelt haben, geht es in den folgenden Abschnitten um die Unterschiede im Hinblick auf das Rezept. Schauen Sie sich an, welche Funktionen es hier zu berücksichtigen gibt.

10.3.1 Meine Rezeptübersicht

Mit SAP S/4HANA hat SAP für SAP Recipe Development die SAP-Fiori-App **Meine Rezeptübersicht** (engl. **My recipe overview**) zur Verfügung gestellt. Die App hat sich als ein hilfreiches Instrument für das tägliche Arbeiten mit Rezepten erwiesen. In Abbildung 10.18 sehen Sie die Kachel der App.

Abbildung 10.18 SAP-Fiori-App »Meine Rezeptübersicht«

Bei dieser App handelt es sich um eine sogenannte *Overview Page*, in der verschiedene Informationen zum Thema zusammengestellt sind. Wie diese Overview Page aussehen kann, zeigt Abbildung 10.19. Die Anwenderinnen und Anwender können aus dieser Übersicht zu verschiedenen Objekten oder mithilfe von Quick Links zu verschiedenen Aktivitäten navigieren. Sie haben die Möglichkeit, die Anordnung der Inhalte zu verändern sowie einschränkende Selektionskriterien selbst zu definieren. Nachfolgend sind die zentralen Abschnitte erklärt:

- **Filterkriterien**
  Mithilfe der **Filterkriterien** können die Rezepte ausgedünnt werden. Sind beispielsweise für jemanden ausschließlich die Rezepte einer bestimmten **Rezeptart** relevant, kann die Rezeptart im entsprechenden Suchfeld eingegeben werden.
- **Rezepte nach Status**
  In der Übersicht **Rezepte nach Status** ist mithilfe eines Kreisdiagramms grafisch aufbereitet, wie viele Rezepte es in Abhängigkeit zu den angegebenen Filterkriterien in welchem Status gibt.
- **Quick Links**
  In der Auflistung der Quick Links finden Sie Navigationshilfen zum Anlegen eines Rezepts, zur Mehrfachbearbeitung für Formeln sowie zur Verwaltung verschiedener Spezifikationsarten.
- **Von mir angelegte Rezepte**
  Im Bereich **Von mir angelegte Rezepte** sehen Sie eine Auswahl der von Ihnen angelegten Rezepte, die von Ihnen angelegt wurden. Das System führt dabei das Rezept ganz oben auf, das in der jüngsten Vergangenheit angelegt wurde. Durch Klick auf eines der Rezepte öffnen Sie deren Bearbeitung.
- **Zuletzt geöffnete Rezepte**
  Mithilfe des Bereichs **Zuletzt geöffneten Rezepte** sehen Sie die von Ihnen zuletzt aufgerufenen Rezepte. Auch hier befindet sich das zuletzt aufgerufene Rezept ganz oben. Zur Navigation zum Rezept klicken Sie auf die gewünschte Position.
- **Meine zuletzt veränderten Rezepte**
  In dieser Übersicht sind die Rezepte aufgeführt, die Sie zuletzt bearbeitet haben. Auch in diesem Fall ist eine Navigation zum gewünschten Rezept möglich.

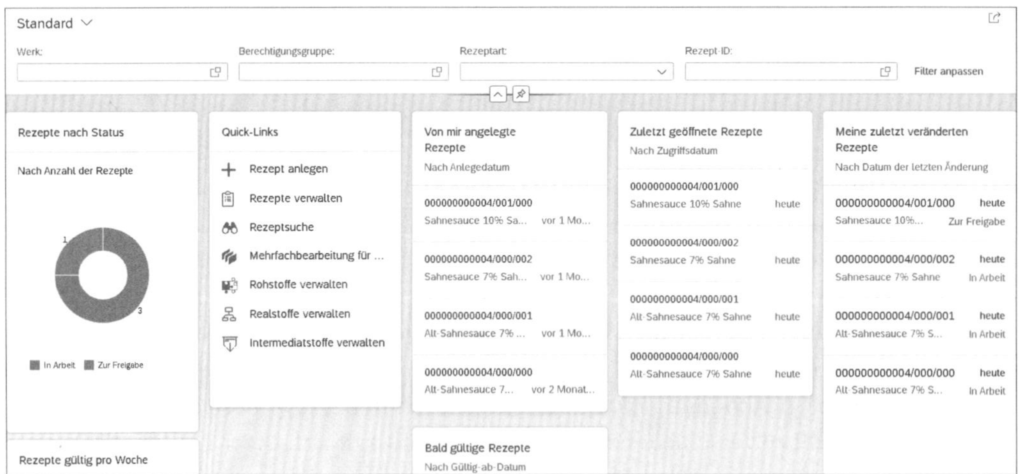

Abbildung 10.19 Ansicht in der SAP-Fiori-App »Meine Rezeptübersicht«

10.3.2 Beitrag

Der Großteil der Funktionen innerhalb des Rezepts ist in SAP ERP und SAP S/4HANA gleich. Doch eine interessante neue Funktion gibt es in SAP S/4HANA: In Abbildung 10.20 sehen Sie in der Sicht **Formel** einen neuen Bereich **Beitrag**. Dieser Bereich hilft Ihnen dabei, schnell zu erkennen, welche Formelposition was genau zur Primärausbeute beiträgt. Der Fokus liegt dabei auf den Kosten, Nährwerten/quantitative Komponenten und in der Zusammensetzung.

Nutzen Sie den Prozess, hilft Ihnen diese Sicht zu erkennen, in welchem Prozessschritt die jeweiligen Formelpositionen relevant sind. Sie definieren zu jedem Thema über den Button **Layout anlegen** ein spezielles Layout.

Bei der Definition der Layouts können Sie aus einem Spaltenvorrat auswählen, welche Informationen Sie auf der Benutzeroberfläche sehen möchten. In Abbildung 10.20 sehen Sie z. B. die Spalten **Bezeichnung der Spezifikation**, **Nummer der Spezifikation**, **Menge**, **Mengeneinheit** sowie **Berechneter Preis** und **Preis-ID**.

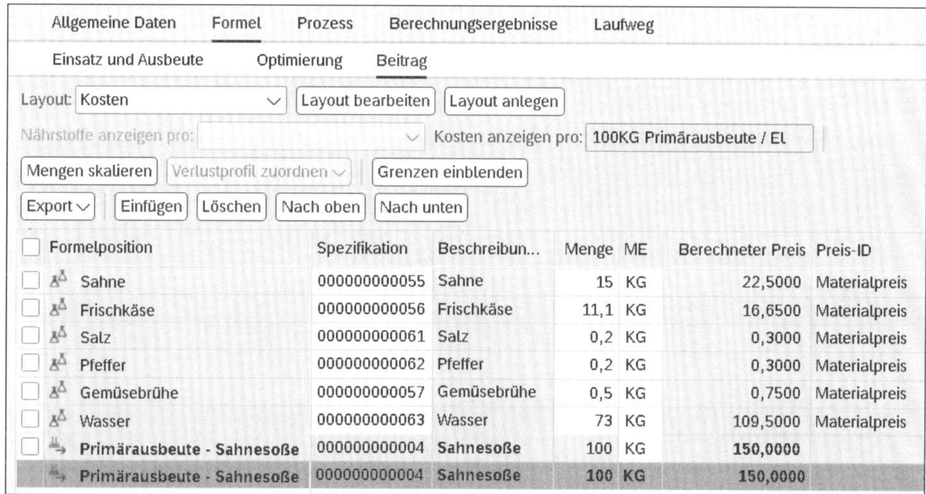

Formelposition	Spezifikation	Beschreibun...	Menge	ME	Berechneter Preis	Preis-ID
Sahne	000000000055	Sahne	15	KG	22,5000	Materialpreis
Frischkäse	000000000056	Frischkäse	11,1	KG	16,6500	Materialpreis
Salz	000000000061	Salz	0,2	KG	0,3000	Materialpreis
Pfeffer	000000000062	Pfeffer	0,2	KG	0,3000	Materialpreis
Gemüsebrühe	000000000057	Gemüsebrühe	0,5	KG	0,7500	Materialpreis
Wasser	000000000063	Wasser	73	KG	109,5000	Materialpreis
Primärausbeute - Sahnesoße	000000000004	**Sahnesoße**	100	KG	**150,0000**	
Primärausbeute - Sahnesoße	000000000004	**Sahnesoße**	**100**	**KG**	**150,0000**	

Abbildung 10.20 Beitrag in der Formel

Anpassungen an den Mengen der Formelpositionen wirken sich direkt auf die Ergebnisse aus, sodass Ihnen ohne Bruch in Echtzeit die neuen Erkenntnisse zur Verfügung stehen. Dieses Tool steht Ihnen out-of-the-box zur Verfügung und kann direkt genutzt werden.

10.4 Zusammenfassung

Insgesamt halten sich die Unterschiede zwischen SAP Recipe Development in SAP ERP und in SAP S/4HANA in Grenzen. Es ist davon auszugehen, dass SAP Recipe Development in SAP ERP so bleiben wird, wie es ist, da der Entwicklungsfokus neuer Anwendungen auf SAP S/4HANA liegt.

Sehr schade ist, dass noch keine erweiterte Suche für Spezifikationen in SAP S/4HANA zur Verfügung steht. Auch die Definition einer nativen SAP-Fiori-App für das Anlegen von Prozessbausteinen würde das Profil unter SAP S/4HANA abrunden. Diese beiden Funktionen würden also die Arbeit mit SAP S/4HANA in SAP Recipe Development bedeutend erleichtern.

Kapitel 11
Integration von SAP Recipe Development mit anderen SAP-Komponenten

Der Einsatz von SAP als ERP-System hat in vielen Unternehmen das Ziel, die verschiedenen Abteilungen miteinander zu vernetzen. Dabei stehen oft die Einkaufs-, Vertriebs- und Finanzabteilungen im Fokus. Doch auch die Stammdaten von SAP Recipe Development bieten Möglichkeiten, um angrenzende Bereiche mit Daten zu versorgen und auf Daten dieser Bereiche zuzugreifen.

Dieses Kapitel zeigt Ihnen, welche Anknüpfungspunkte SAP Recipe Development mit anderen SAP-Komponenten aufweist. Schauen Sie sich an, wie Materialstamm, Stückliste, Planungsrezept, das Qualitätsmanagement sowie das Projektsystem mit SAP Recipe Development zusammenhängen und welche Konfigurationsmöglichkeiten Ihnen zur Verfügung stehen.

In Abschnitt 11.1.1, »Verknüpfung des Materialstamms«, geht es darum, wie der Materialstamm mit Spezifikationen verknüpft werden kann und wie sich dies in der Formel und in der Kalkulation im Rezept auswirkt. Wie Sie die Tabellen und Felder für das Andrucken von Spezifikationsdaten auf Produktionsunterlagen ermitteln und wie Sie Stückliste und Planungsrezept aus SAP Recipe Development ableiten, erfahren Sie in Abschnitt 11.2, »Produktion«. Erfahren Sie in Abschnitt 11.3, »Qualitätsmanagement«, wie Sie Stammprüfmerkmale und Prüfpläne aus Spezifikationsdaten ableiten. Abschließend zeigt Ihnen Abschnitt 11.4, »Projektsystem«, wie Sie Elemente aus dem Projektsystem im Rezept verknüpfen können.

11.1 Materialstamm

Wer die SAP-Funktionen für die Prozessabwicklung eines produzierenden Unternehmens nutzt, kommt am *Materialstamm* als zentralem Stammdatenobjekt nicht vorbei. Der Materialstamm ist für die gesamte Wertschöpfungskette relevant.

Im Hinblick auf die Integration in SAP Recipe Development hat der Materialstamm zwei Aufgaben: Zum einen kann der integrierte Materialstamm durch Preisinformationen für eine präzisere Kalkulation des Rezepts sorgen, und zum anderen kann der integrierte Materialstamm durch die Zuordnung zu einer Spezifikation die Formelberechnungen beeinflussen und die Basis für Verknüpfungen zur Produktion schaffen. Dies bedeutet, dass einerseits Daten aus SAP Recipe Development in angrenzenden Bereichen, in denen der Materialstamm eine zentrale Rolle spielt, genutzt werden und andererseits Daten des Materialstamms für SAP Recipe Development relevant sind.

11.1.1 Verknüpfung des Materialstamms

Die Integration von SAP Recipe Development mit dem Materialstamm beginnt auf der Ebene der Spezifikation: Gibt es für eine Spezifikation ein zu verknüpfendes Material, muss dieses Material in der Spezifikation eingetragen werden. Spezifikationen, mit denen Sie Rohstoffe, Vormischungen, Halbfertigwaren, Verpackungen, Fertigwaren oder weitere greifbare Materialien abbilden möchten, müssen zu einer Spezifikationsart gehören, bei der die Materialzuordnung aktiviert ist. Gleichzeitig ist es wichtig, dass Sie die Spezifikationsarten abgrenzen, für die keine Materialzuordnung möglich sein soll. Dazu gehören z. B. die Reinstoffe, Allergene und Nährstoffe/quantitativen Komponenten. In Abschnitt 4.2, »Spezifikationsarten«, ist beschrieben, an welcher Stelle diese Einstellung vorgenommen wird.

Im Customizing stellen Sie sicher, dass das Kennzeichen für die verschiedenen Spezifikationsarten korrekt gesetzt ist. Nutzen Sie dazu den Pfad **Logistik Allgemein • PLM-Web-Benutzungsoberfläche • Rezeptentwicklung • Spezifikationsverwaltung • Spezifikation • Spezifikationsstamm • Spezifikationsarten festlegen**. In Abbildung 11.1 sehen Sie die Spezifikationsart RAW_SUB für Rohstoffe mit dem gesetzten Kennzeichen für eine erlaubte Materialzuordnung (**MatZuordnung**).

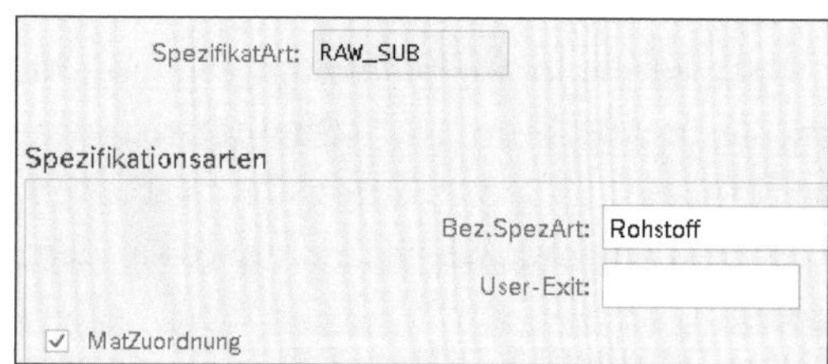

Abbildung 11.1 Einstellung zur Materialzuordnung in der Spezifikationsart

Die eigentliche Zuordnung eines Materialstamms zu einer Spezifikation findet auf der Registerkarte **Materialzuordnung** in einer Spezifikation statt. Sie sehen in Abbildung 11.2 die Spalten **Materialnummer**, **Beschreibung des Materials** sowie **Werk** und **Beschreibung Werk**.

Sobald der Materialstamm einer Spezifikation zugeordnet ist, ist die Voraussetzung für die Integration geschaffen.

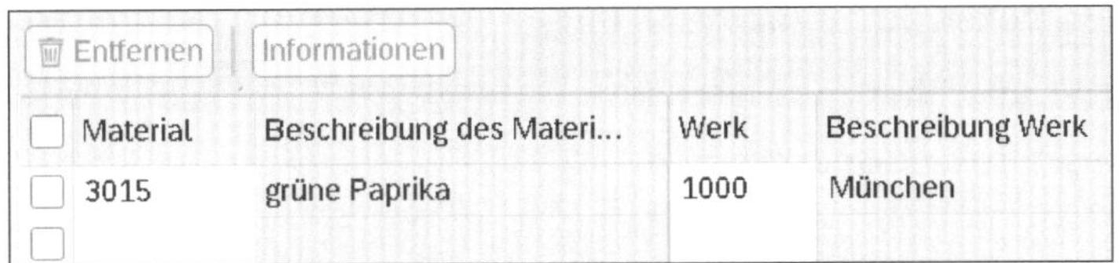
Entfernen | Informationen

Material	Beschreibung des Materi...	Werk	Beschreibung Werk
3015	grüne Paprika	1000	München

Abbildung 11.2 Zugeordnetes Material in einer Spezifikation

[!]

Anzahl von Materialzuordnungen

Denken Sie daran, dass einer Spezifikation mehrere Materialien, z. B. aus unterschiedlichen Werken, zugeordnet sein können. Andersherum sollte mit einem Material nur eine Spezifikation verknüpft sein. Technisch lässt das System die Mehrfachzuordnung von Spezifikationen zu einem Material zu. Allerdings werden Sie auf Herausforderungen stoßen, sobald Sie die Spezifikationsdaten z. B. auf Produktionsunterlagen drucken möchten. Es stellt sich die Frage, welche Spezifikation das System bei mehreren verfügbaren Spezifikationen wählen soll. Sorgen Sie zu Beginn eines Projekts dafür, dass ein Bewusstsein für diese Problematik geschaffen wird.

11.1.2 Der Materialstamm in der Formel

Ein verknüpfter Materialstamm wirkt sich auch auf die Formel aus. Abhängig davon, welches Formellayout Sie verwenden, stehen Ihnen die Materialnummer sowie die Materialbezeichnung in eigenen Spalten zur Verfügung. Des Weiteren kann für die Berechnung des Volumens einer Formelposition entweder die Umrechnung über die Dichte der Spezifikation oder über die Volumenangabe im Materialstamm erfolgen.

Um steuern zu können, welche Daten vom System berücksichtigt werden sollen, gehen Sie im Customizing über den Pfad **Logistik Allgemein • PLM-Web-Benutzungsoberfläche • Rezeptentwicklung • Rezept • Allgemeine Einstellungen**.

Über das Feld **BerechnPriorit.** (Berechnung mithilfe des Materialstamms ohne Spezifikationsdaten) legen Sie fest, welche Datenbasis das System in welcher Reihenfolge verwenden soll (siehe Abbildung 11.3).

Allgemeine Einstellungen

Trennzeichen: /
Formellayout: BASIC
Layout-ID Proz.: BASIC
BerechnPriorit.: 0 Spezifikation zuerst, anschließend Material
Anzahl Rezepte: 2

Abbildung 11.3 Priorisierung für die Berechnung

Folgende Ausprägungen stehen Ihnen zur Verfügung:

- 0 (Spezifikation zuerst, anschließend Material)
- 1 (Material zuerst, anschließend Spezifikation)
- 2 (Nur Material)
- 3 (Nur Spezifikation)

Es gibt hier kein »Richtig« oder »Falsch«, sondern es kommt ganz darauf an, welche Ausprägung in Ihrem Projekt relevant ist. Tendenziell lässt sich sagen, dass Materialdaten einer Belastbarkeit im operativen Betrieb standhalten müssen und daher bei Verfügbarkeit gerne genutzt werden.

Eine weitere Einstellung, die Sie an dieser Customizing-Stelle vornehmen können, betrifft die Einheitenumrechnungen. Mit dem Feld **Erweiterte Umwandlung** aus Abbildung 11.4 geben Sie an, ob das System bei fehlenden alternativen Mengeneinheiten im Materialstamm auf das Nettogewicht des Materialstamms zurückgreifen darf, um die Umrechnungen, ausgehend von der Masse, in beliebige andere Einheiten durchzuführen.

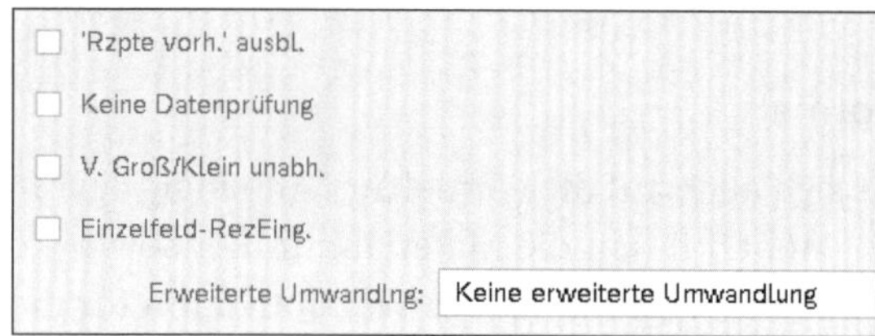

Abbildung 11.4 Erweiterte Umwandlung für Umrechnungen

Sobald eine Spezifikation mit einem verknüpften Material in einer Formel enthalten ist, können die eingangs beschriebenen Einstellungen greifen. Abbildung 11.5 zeigt mit Position 1 eine Spezifikation ohne Materialzuordnung und mit den Positionen 30–80 Spezifikationen mit Materialzuordnung.

	Position...	PositArt	Spezifikation	Material	Positionsbeschr	Komponenten...	Menge	ME
☑	1	Primärausbeute	000000000004		Sahnesoße	PRODUCT	100	KG
☐	30	Einsatz	000000000055	3017	Sahne	INGREDIENT	73	KG
☐	40	Einsatz	000000000056	3018	Frischkäse	INGREDIENT	11,4	KG
☐	50	Einsatz	000000000061	3019	Salz	INGREDIENT	0,1	KG
☐	60	Einsatz	000000000062	3020	Pfeffer	INGREDIENT	0,2	KG
☐	70	Einsatz	000000000057	3021	Gemüsebrühe	INGREDIENT	0,3	KG
☐	80	Einsatz	000000000063	3022	Wasser	INGREDIENT	15	KG

Abbildung 11.5 Formelpositionen mit und ohne Materialzuordnung

11.1.3 Der Materialstamm in der Kalkulation

Wir haben in Abschnitt 4.18, »Daten für das Rezept«, den Schätzpreis in der Spezifikation kennengelernt. Der Schätzpreis ist eine zentrale Informationsquelle für Spezifikationen, die getestet werden. Allerdings mangelt es dieser Angabe oft an konkreten Daten mit Bezug zum Einkauf. Zudem muss der Schätzpreis (sofern er nicht über eine Schnittstelle eingespielt wird) manuell eingetragen werden.

Stattdessen ist es ratsam, den *Materialpreis* zu verwenden, der auch vom Einkauf verwendet wird oder bei selbst hergestellten Komponenten in Ihrem Haus ermittelt wurde. Dies spart Pflegeaufwand und Zeit, da die Preisinformationen nicht abgefragt werden müssen. Darüber hinaus entstammen die Preisinformationen im Materialstamm meist tatsächlichen Erfahrungswerten. Demgegenüber wird der Schätzpreis oft genutzt, um grobe Preisangaben nach einer ersten Anfrage bei neuen Lieferanten oder zu einem neuen Rohstoff zu hinterlegen.

Welche Materialpreise Ihnen in der Kostensicht zur Verfügung stehen, legen Sie im Customizing über den folgenden Pfad fest: **Logistik Allgemein • PLM-Web-Benutzungsoberfläche • Rezeptentwicklung • Rezept • Berechnungsrelevante Views • Einstellungen für View »Kosten« vornehmen**. Mit den Standardauslieferungen in dieser Customizing-Aktivität stehen Ihnen praxistaugliche Voraussetzungen für die Preisermittlung im Rezept zur Verfügung. Dies sind z. B. die *Preis-IDs*, über die Sie festlegen, welche Preise bei der Kalkulation im Rezept verwendet und ermittelt werden sollen. Dazu gehören (siehe Abbildung 11.6):

- EHS_PRICE (Spezifikationspreis)
- MAT_PRICE (Materialpreis)
- CALC_PRICE (Berechneter Preis)

Dialogstruktur
- Preis-IDs definieren
- Preisprioritäten für Berechnungen definieren
- Verfügb.Materialpreise in View "Kosten" definieren

Preis-IDs definieren

Preis-ID	Preisbeschreibung
CALC_PRICE	Berechneter Preis
EHS_PRICE	Spezifikationspreis
MAT_PRICE	Materialpreis

Abbildung 11.6 Preis-IDs für die Rezeptkalkulation

Die Preis-ID CALC_PRICE (Berechneter Preis) dient in der Rezeptkalkulation dazu, gelesene Preise mit Bezug zu den eingesetzten Mengen in berechnete Preise umzusetzen. Bei der Einstellung **Preisprioritäten für Berechnungen** in Abbildung 11.7 wird diese Preis-ID deshalb außen vorgelassen. Lediglich die Preis-IDs, deren Inhalte auch tatsächlich verrechnet werden können, müssen in eine Reihenfolge gebracht werden. Entscheiden Sie, ob zuerst der Spezifikationspreis (EHS_PRICE) oder der Materialpreis (MAT_PRICE) gelesen werden soll.

Dialogstruktur
- Preis-IDs definieren
- Preisprioritäten für Berechnungen definieren
- Verfügb.Materialpreise in View "Kosten" definieren

Preisprioritäten für Berechnungen definieren

Preis-ID	Priorität	Preisbeschreibung
EHS_PRICE	2	Spezifikationspreis
MAT_PRICE	1	Materialpreis

Abbildung 11.7 Reihenfolge der Preis-IDs

Beispielsweise bei Farbstoffen oder Aromen kann es der Fall sein, dass nur sehr geringe Mengen davon in eine Rezeptur eingebunden werden und dass daher die Preise zu diesen Spezifikationen oder Materialien sehr klein sind. Dies kann zu Ungenauigkeiten in der Rezeptkalkulation führen. Um dem entgegenzuwirken, hat SAP weitere Preis-IDs definiert, die Sie anstatt der aufgeführten Preis-IDs angeben können. Dies sind:

- EHS_PRICEFLT (Spezifikationspreis für kleine Werte)
- MAT_PRICEFLT (Materialpreis für kleine Werte)

Passen Sie bei Einsatz dieser Preis-IDs auch die Preisprioritäten an.

Nun gibt es im Materialstamm nicht nur einen Materialpreis, sondern es gibt viele verschiedene Materialpreise, und vielleicht haben Sie auch kundenindividuelle Felder im Einsatz. Sie haben mit der Einstellung **Verfügbare Materialpreise in View »Kosten« definieren** in Abbildung 11.8 die Chance, sämtliche Materialpreise, die in der Tabelle MBEW (Materialbewertung) enthalten sind, einzubinden.

Geben Sie den Feldnamen des Preises, den Sie einbinden möchten, in der Spalte **MatPreis** an, und ergänzen Sie die Beschreibung des Materialpreises in der Spalte **Beschreibung des Materialpreises**. Zudem legen Sie in der Spalte **Standard** fest, welcher Materialpreis als Standard verwendet werden soll. Der Materialpreis **ZPLP1** war z. B. nicht im Standardumfang enthalten, sondern wurde manuell hinzugefügt.

Dialogstruktur
- Preis-IDs definieren
- Preisprioritäten für Berechnungen definieren
- Verfügb.Materialpreise in View "Kosten" definieren

Verfügb.Materialpreise in View "Kosten" definieren

MatlPreis	Standard	Beschreibung des Materialpreises
STPRS	☑	Standardpreis
VERPR	☐	Gleit.DurchschnPreis/perio.VerrechnPreis
VPRSV	☐	Isttarif gemäß Materialpreissteuerung
ZPLP1	☐	Planpreis 1

Abbildung 11.8 Verfügbare Materialpreise in der Rezeptkalkulation

Die Anwenderinnen und Anwender wählen in der Sicht **Kosten** in den Berechnungsergebnissen eines Rezepts bei Bedarf mit der Spalte **Ausgewählter Preis** einen vom Standard abweichenden Preis aus. Darüber hinaus können über das Eingabefeld **Werk** die werksspezifischen zugeordneten Materialien in einer Spezifikation gelesen werden (siehe Abbildung 11.9).

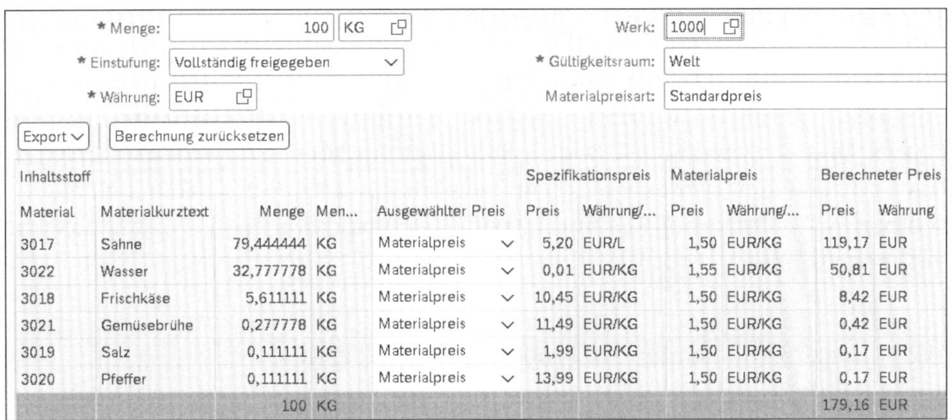

Abbildung 11.9 Sicht »Kosten« im Rezept mit Materialpreisen und Selektionskriterien

Sollten Sie andere Anforderungen an die Rezeptkalkulation haben, können Sie die verwendete Berechnungsklasse mithilfe Ihres Entwicklungsteams anpassen. Stellen Sie mithilfe der Felder **EigenschKlasse** und **BerechngsKlasse** sicher, dass die korrekte Berechnungsklasse in den Rezeptberechnungen angegeben ist (siehe Abbildung 11.10). Verwenden Sie dazu im Customizing den Pfad **Logistik Allgemein • PLM-Web-Benutzungsoberfläche • Rezeptentwicklung • Rezept • Berechnungen • Rezeptberechnungen definieren**.

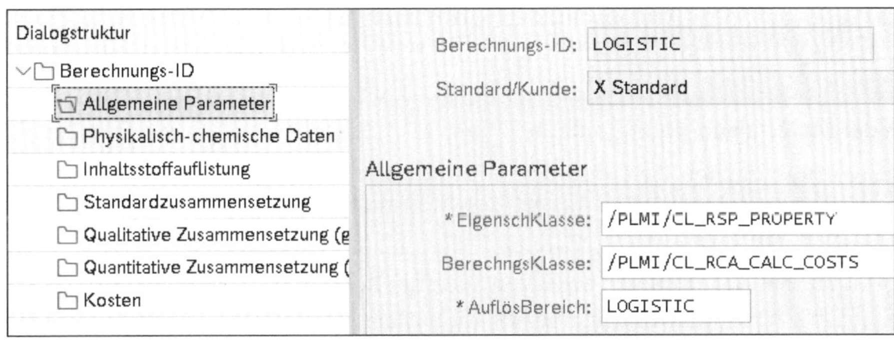

Abbildung 11.10 Berechnungsklasse für die Rezeptkalkulation

Beispiel zur Integration des Materialstamms

Die Spezifikation der Gemüsebrühe ist mit dem dazugehörigen Materialstamm verknüpft. Aus diesem Grund können die Materialnummer und der Materialkurztext in der Formel eingebunden werden. Zudem stehen Ihnen präzise (bei Bedarf werksabhängige) Materialpreise bei den Berechnungsergebnissen in der Sicht **Kosten** zur Verfügung; ein absoluter Mehrwert für eine erste Orientierung über den Produktpreis durch den Materialeinsatz.

11.2 Produktion

Aus einer Idee in der Produktentwicklung entsteht im Idealfall früher oder später ein Produkt, das in den Anlagen des produzierenden Unternehmens hergestellt wird. In diesem Abschnitt erfahren Sie, wie die Spezifikationsdaten in die Produktionsunterlagen eingebunden werden können und wie aus einer Rezeptformel und einem Rezeptprozess Stückliste und Planungsrezept in der Produktion für die Prozessindustrie entstehen können.

11.2.1 Spezifikationsdaten auf Produktionsunterlagen

Es gibt unterschiedliche Philosophien, aus welcher Abteilung in einem Unternehmen die Informationen dazu stammen, welche Beschaffenheit ein Produkt haben muss. Wenn Sie in einem Unternehmen tätig sind oder mit einem Unternehmen zusammenarbeiten, in dem diese Angaben aus der Produktentwicklung stammen, kann es für Sie von Vorteil sein, diese Angaben, die zumeist in der Spezifikation im Eigenschaftsbaum abgelegt sind, in den Produktionsunterlagen zur Verfügung zu stellen.

Für die Kolleginnen und Kollegen aus der Produktion kann es z. B. hilfreich sein, wenn sie die Information darüber erhalten, welche Farbe das Produkt am Ende der Herstellung haben muss oder ob bestimmte physikalisch-chemische Eigenschaften vorliegen müssen.

Um das Lesen der Spezifikationsdaten in Formularen der Produktion zu ermöglichen, ist es wichtig ein Verständnis zu erlangen, wie die Spezifikationsdaten abgelegt sind.

Lesen der Materialzuordnung(en)

Es ist davon auszugehen, dass die Startinformation beim Druck von Spezifikationsdaten auf Produktionsunterlagen eine Materialnummer ist. Ausgehend von dieser Materialnummer gilt es, den Bezug zur Spezifikation zu finden. Schauen Sie sich Abbildung 11.11 an: Die Zuordnungen zwischen Spezifikationen und Materialien finden Sie in der Tabelle `ESTMJ` (Zuordnung Spezifikation Material). Mithilfe der Materialnummer im Feld `MATNR` sehen Sie, welchen Spezifikationen das Material zugeordnet ist. Im Idealfall finden Sie eine einzige aktive Verbindung. Achten Sie darauf, das Löschkennzeichen (`DELFLG`) zu berücksichtigen. Da jede Tabelle der Spezifikationen eigene Satznummern hat, müssen Sie mit der richtigen Satznummer in weiteren Tabellen suchen. Um z. B. die Kopfdaten einer Spezifikation auswerten zu können, benötigen Sie aus der Tabelle `ESTMJ` den Eintrag des Feldes `RECNROOT` (Laufende Satznummer). In Abbildung 11.11 handelt es sich dabei um die Nummer 6461.

Feldname	Wert	Wert unkonvertiert	Technischer Feldname
Mandant	700	700	MANDT
Laufende Satznummer	7004	0000000000000007004	RECN
Änderungsstand	0	0000000000000000000	ACTN
Gültig ab (inkl.)	01.01.0001	00010101	VALFR
Gültig bis (inkl.)	31.12.9999	99991231	VALTO
Änderungsnummer			AENNR
Löschkennzeichen			DELFLG
Datensatz inaktiv			PARKFLG
Anlagedatum	26.08.2021	20210826	CRDAT
Name des Anlegers	MS	MS	CRNAM
Änderungsdatum	26.08.2021	20210826	UPDDAT
Name des Änderers	MS	MS	UPDNAM
Datenherkunft	EH&S	EH&S	SRSID
Datenlieferant			OWNID
Laufende Satznummer	6461	0000000000000006461	RECNROOT
Werk			WERKS
Material	3021	000000000000003021	MATNR
Anzahl Einträge	0	0	LINE_INDEX

Abbildung 11.11 Tabelle ESTMJ mit dem Feld RECNROOT

Lesen der Kopfdaten

Die Kopfdaten einer Spezifikation sind in der Tabelle ESTRH (Spezifikationskopf) abgelegt. Über den vorausgehenden Schritt der Identifikation des internen Schlüssels im Feld RECNROOT ist der Zugriff gegeben. Der Spezifikationskopf ist sowohl über das Feld RECN als auch über das Feld RECNROOT in der Tabelle ESTRH identifizierbar (siehe in Abbildung 11.12 den Wert 6461).

Die Kopftabelle der Spezifikation ist gewissermaßen der Ausgangspunkt für alle weiteren Datenablagen mit Bezug zur Spezifikation. Daher ist der Satzschlüssel in der Tabelle derselbe wie für die Verknüpfungen mit anderen Tabellen.

Die Spezifikations-ID, die auf der Benutzeroberfläche zu sehen ist, ist im Feld SUBID (Spezifikation) abgelegt.

Feldname	Wert	Wert unkonvertiert	Technischer Feldname
Mandant	700	700	MANDT
Laufende Satznummer	6461	00000000000000006461	RECN
Änderungsstand	0	00000000000000000000	ACTN
Gültig ab (inkl.)	01.01.0001	00010101	VALFR
Gültig bis (inkl.)	31.12.9999	99991231	VALTO
Änderungsnummer			AENNR
Löschkennzeichen			DELFLG
Datensatz inaktiv			PARKFLG
Anlagedatum	14.08.2021	20210814	CRDAT
Name des Anlegers	MS	MS	CRNAM
Änderungsdatum	14.08.2021	20210814	UPDDAT
Name des Änderers	MS	MS	UPDNAM
Datenherkunft	EH&S	EH&S	SRSID
Datenlieferant			OWNID
Laufende Satznummer	6461	00000000000000006461	RECNROOT
Änderungsdatum	26.08.2021	20210826	UPDDATS
Name des Änderers	MS	MS	UPDNAMS
Spezifikation	57	000000000057	SUBID
Spezifikationsart	RAW_SUB	RAW_SUB	SUBCAT
Berechtigungsgruppe	ZRAW	ZRAW	AUTHGRP
Vermerk			REM
Stoffnatur			SUBCHAR
Anzahl Einträge	0	0	LINE_INDEX

Abbildung 11.12 Tabelle ESTRH mit den Feldern RECN, RECNROOT und SUBID

Lesen der Identifikatoren

Identifikatoren sind in der Tabelle ESTRI (EHS: Identifikator) abgelegt. Die Identifikatoren, die für die sich im Zugriff befindende Spezifikation relevant sind, können über das Feld RECNROOT aus der Tabelle ESTMJ (Zuordnung Spezifikation Material) oder aus der Tabelle ESTRH (Spezifikationskopf) identifiziert werden. In Abbildung 11.13 handelt es sich dabei um den Wert 6461.

Bei der Zugriffsdefinition muss bekannt sein, welcher Identifikator benötigt wird. Dies kann problemlos über den Identifikationstyp (Feld IDTYPE) und die Identifikationsart (Feld IDCAT) eingegrenzt werden. Den eigentlichen Text in der gewünschten Sprache ermitteln Sie über die Felder LANGU (Sprachenschlüssel) und IDENT (Identifikator). Auch hier ist das Löschkennzeichen (Feld DELFLG) zu beachten.

Feldname	Wert	Wert unkonvertiert	Technischer Feldname
Mandant	700	700	MANDT
Laufende Satznummer	7006	00000000000000007006	RECN
Änderungsstand	0	00000000000000000000	ACTN
Gültig ab (inkl.)	01.01.0001	00010101	VALFR
Gültig bis (inkl.)	31.12.9999	99991231	VALTO
Änderungsnummer			AENNR
Löschkennzeichen			DELFLG
Datensatz inaktiv			PARKFLG
Anlagedatum	01.09.2021	20210901	CRDAT
Name des Anlegers	MS	MS	CRNAM
Änderungsdatum	01.09.2021	20210901	UPDDAT
Name des Änderers	MS	MS	UPDNAM
Datenherkunft	EH&S	EH&S	SRSID
Datenlieferant			OWNID
Laufende Satznummer	6461	00000000000000006461	RECNROOT
Identifikationstyp	NAM	NAM	IDTYPE
Identifikationsart	PROD	PROD	IDCAT
Sprachenschlüssel	EN	E	LANGU
Identifikator	Vegetable broth..	Vegetable broth including l...	IDENT

Abbildung 11.13 Tabelle ESTRI mit den Feldern RECNROOT, IDTYPE, IDCAT und IDENT

Lesen der Merkmalswerte

Benötigen Sie Merkmalswerte aus dem Eigenschaftsbaum, gehen Sie folgendermaßen vor:

1. Identifizieren Sie die möglichen Einträge in der Tabelle ESTVH (Spezifikation-Bewertungsart – Zuordnung) mithilfe des Feldes RECNROOT (in Abbildung 11.14 der Wert 6461) zur relevanten Spezifikation.
2. Identifizieren Sie die relevante Bewertungsart (in Abbildung 11.14 ZSAP_EHS_1010_MIBI) über das Feld ESTCAT (Bewertungsart), und ermitteln Sie die RECN-Nummer (in Abbildung 11.14 der Wert 6839) dieser Tabellenposition.
3. Mit dieser RECN-Nummer aus der Tabelle ESTVH ermitteln Sie in der Tabelle ESTVA (Wertezuordnung) auch wieder die relevante Tabellenposition über das Feld RECNTVH (Bewertungskopf). In Abbildung 11.15 ist dies der Wert 6839.
4. Haben Sie die Tabellenposition ermittelt, benötigen Sie das Feld RECN (in Abbildung 11.15 ist dies der Wert 6840) dieser Position in der Tabelle ESTVA.

Feldname	Wert	Wert unkonvertiert	Technischer Feldname
Mandant	700	700	MANDT
Laufende Satznummer	6839	00000000000000006839	RECN
Änderungsstand	0	00000000000000000000	ACTN
Gültig ab (inkl.)	01.01.0001	00010101	VALFR
Gültig bis (inkl.)	31.12.9999	99991231	VALTO
Änderungsnummer			AENNR
Löschkennzeichen			DELFLG
Datensatz inaktiv			PARKFLG
Anlagedatum	22.08.2021	20210822	CRDAT
Name des Anlegers	MS	MS	CRNAM
Änderungsdatum	22.08.2021	20210822	UPDDAT
Name des Änderers	MS	MS	UPDNAM
Datenherkunft	EH&S	EH&S	SRSID
Datenlieferant			OWNID
Laufende Satznummer	6461	00000000000000006461	RECNROOT
Bewertungsart	ZSAP_EHS_1010_MIBI	ZSAP_EHS_1010_MIBI	ESTCAT
Hilfszähler	0000000000	0000000000	COUNTER
Anzahl Einträge	0	0	LINE_INDEX

Abbildung 11.14 Tabelle ESTVH mit den Feldern RECNROOT, ESTCAT und RECN

Feldname	Wert	Wert unkonvertiert	Technischer Feldname
Mandant	700	700	MANDT
Laufende Satznummer	6840	00000000000000006840	RECN
Änderungsstand	0	00000000000000000000	ACTN
Gültig ab (inkl.)	01.01.0001	00010101	VALFR
Gültig bis (inkl.)	31.12.9999	99991231	VALTO
Änderungsnummer			AENNR
Löschkennzeichen			DELFLG
Datensatz inaktiv			PARKFLG
Anlagedatum	22.08.2021	20210822	CRDAT
Name des Anlegers	MS	MS	CRNAM
Änderungsdatum	22.08.2021	20210822	UPDDAT
Name des Änderers	MS	MS	UPDNAM
Datenherkunft	EH&S	EH&S	SRSID
Datenlieferant			OWNID
Laufende Satznummer	6461	00000000000000006461	RECNROOT
^Bewertungskopf	6839	00000000000000006839	RECNTVH
Sortierreihenfolge	0001	0001	ORD

Abbildung 11.15 Tabelle ESTVA mit den Feldern RECNTVH und RECN

Nun geht es darum, das richtige Merkmal der Bewertungsart, inklusive Wert, in der Tabelle AUSP (Ausprägungswerte der Sachmerkmale) zu finden. Mit dem Feld RECN aus der Tabelle ESTVA finden Sie alle potenziellen Einträge der Tabelle AUSP über das Feld OBJEK (Objekt). In Abbildung 11.16 ist der dazugehörige Wert *6840*. Achten Sie darauf, dass der Wert in führende und nachgestellte Nullen eingebettet ist.

1. Den Merkmalsschlüssel gleichen Sie über das Feld ATINN (Interne Merkmalsnummer) ab. In Abbildung 11.16 handelt es sich dabei um das Merkmal ZSAP_EHS_1010_MIBI_TEMP.
2. Den Merkmalswert lesen Sie bei CHAR-Informationen aus dem Feld ATWRT (Merkmalswert) und bei numerischen Informationen aus dem Feld ATFLV (Wert von). Da im gewählten Fall eine Temperaturangabe gewünscht ist, muss der Wert im Feld ATFLV gelesen und bei Bedarf noch umgerechnet werden. (in Abbildung 11.16 der Wert 10).

Feldname	Wert	Wert unkonvertiert	Technischer Feldname
Mandant	700	700	MANDT
Objekt	0000000000000000684000000000000000000000	0000000000000000684000000000000000000000	OBJEK
Int. Merkmalsnummer	ZSAP_EHS_1010_MIBI_TEMP	0000000809	ATINN
Zähler	001	001	ATZHL
Kennz.Objekt/Klasse	O	O	MAFID
Klassenart	100	100	KLART
int. Zähler	0000	0000	ADZHL
Merkmalwert			ATWRT
Wert von	1,0000000000000000E+01	1.0000000000000000E+01	ATFLV

Abbildung 11.16 Tabelle AUSP mit den Feldern OBJEK, ATINN, ATWRT und ATFLV

Lesen von Zusammensetzungen

Sollten Sie Informationen aus Bewertungsarten vom Typ **Zusammensetzung** wie z. B. Angaben aus der Standard-Zusammensetzung oder Angaben aus den Allergenen benötigen, finden Sie diese ebenfalls in den Tabellen von SAP Recipe Development.

Zu Beginn der Ausführungen zum Lesen von Merkmalswerten haben Sie erfahren, wie Sie an die Stelle (Tabelle ESTVH) gelangen, an der die Bewertungsart zu einer bestimmten Spezifikation selektiert wird. In der Tabelle ESTVH (EHS: Spezifikation – Bewertungsart – Zuordnung) grenzen Sie über das Feld ESTCAT (Bewertungsart) auf die Bewertungsart einer Zusammensetzung ein, die für Sie von Interesse ist. In Abbildung 11.17 handelt es sich um die Bewertungsart SAP_EHS_1012_003 (Standard-Zusammensetzung).

Feldname	Wert	Wert unkonvertiert	Technischer Feldname
Mandant	700	700	MANDT
Laufende Satznummer	6480	00000000000000006480	RECN
Änderungsstand	0	00000000000000000000	ACTN
Gültig ab (inkl.)	01.01.0001	00010101	VALFR
Gültig bis (inkl.)	31.12.9999	99991231	VALTO
Änderungsnummer			AENNR
Löschkennzeichen			DELFLG
Datensatz inaktiv			PARKFLG
Anlagedatum	14.08.2021	20210814	CRDAT
Name des Anlegers	MS	MS	CRNAM
Änderungsdatum	14.08.2021	20210814	UPDDAT
Name des Änderers	MS	MS	UPDNAM
Datenherkunft	EH&S	EH&S	SRSID
Datenlieferant			OWNID
Laufende Satznummer	6461	00000000000000006461	RECNROOT
Bewertungsart	SAP_EHS_1012_003	SAP_EHS_1012_003	ESTCAT

Abbildung 11.17 Tabelle ESTVH mit den Feldern RECNROOT, ESTCAT und RECN

Der Tabelleneintrag hat eine eigene RECN-Nummer (in Abbildung 11.17 der Wert 6480), mit der Sie über das Feld RECNTVH (Bewertungskopf) in der Tabelle ESTVA (Wertezuordnung) die überleitende RECN-Nummer identifizieren (in Abbildung 11.18 der Wert 6481).

Feldname	Wert	Wert unkonvertiert	Technischer Feldname
Mandant	700	700	MANDT
Laufende Satznummer	6481	00000000000000006481	RECN
Änderungsstand	0	00000000000000000000	ACTN
Gültig ab (inkl.)	01.01.0001	00010101	VALFR
Gültig bis (inkl.)	31.12.9999	99991231	VALTO
Änderungsnummer			AENNR
Löschkennzeichen			DELFLG
Datensatz inaktiv			PARKFLG
Anlagedatum	14.08.2021	20210814	CRDAT
Name des Anlegers	MS	MS	CRNAM
Änderungsdatum	15.08.2021	20210815	UPDDAT
Name des Änderers	MS	MS	UPDNAM
Datenherkunft	EH&S	EH&S	SRSID
Datenlieferant			OWNID
Laufende Satznummer	6461	00000000000000006461	RECNROOT
^Bewertungskopf	6480	00000000000000006480	RECNTVH

Abbildung 11.18 Tabelle ESTVA mit den Feldern RECNTVH und RECN

Im Anschluss geht es darum, in der Tabelle ESTVP (EHS: Bewertungsposition) alle Einträge über das Feld RECNTVA (Bewertung) zu identifizieren. In Abbildung 11.19 handelt es sich dabei um 15 Einträge.

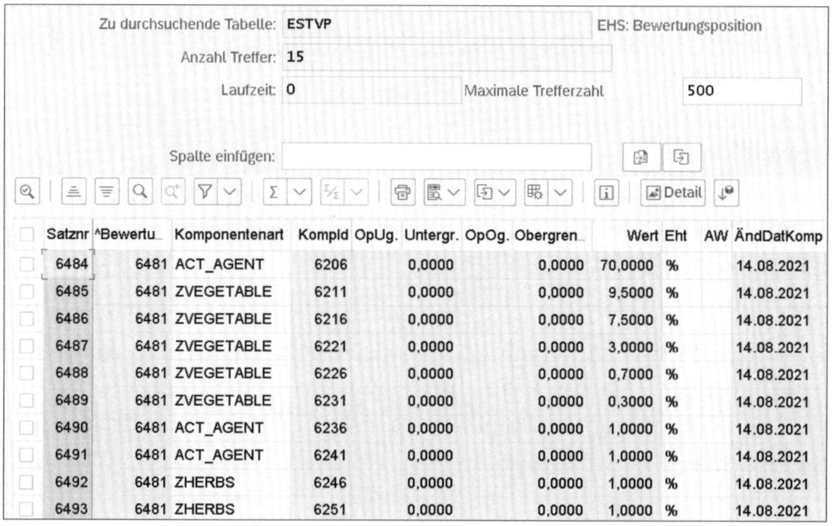

Zu durchsuchende Tabelle: ESTVP EHS: Bewertungsposition
Anzahl Treffer: 15
Laufzeit: 0 Maximale Trefferzahl 500
Spalte einfügen:

Satznr	^Bewertu...	Komponentenart	KompId	OpUg.	Untergr.	OpOg.	Obergren...	Wert	Eht	AW	ÄndDatKomp
6484	6481	ACT_AGENT	6206		0,0000		0,0000	70,0000	%		14.08.2021
6485	6481	ZVEGETABLE	6211		0,0000		0,0000	9,5000	%		14.08.2021
6486	6481	ZVEGETABLE	6216		0,0000		0,0000	7,5000	%		14.08.2021
6487	6481	ZVEGETABLE	6221		0,0000		0,0000	3,0000	%		14.08.2021
6488	6481	ZVEGETABLE	6226		0,0000		0,0000	0,7000	%		14.08.2021
6489	6481	ZVEGETABLE	6231		0,0000		0,0000	0,3000	%		14.08.2021
6490	6481	ACT_AGENT	6236		0,0000		0,0000	1,0000	%		14.08.2021
6491	6481	ACT_AGENT	6241		0,0000		0,0000	1,0000	%		14.08.2021
6492	6481	ZHERBS	6246		0,0000		0,0000	1,0000	%		14.08.2021
6493	6481	ZHERBS	6251		0,0000		0,0000	1,0000	%		14.08.2021

Abbildung 11.19 Tabelle ESTVP mit allen Einträgen zur Standard-Zusammensetzung

Um z. B. die Nummern und Bezeichnungen von Spezifikationen mit einer bestimmten Komponentenart (Feld COMPCAT) zu drucken, stehen Ihnen für jede Position in der Tabelle ESTVP (EHS: Bewertungsposition) numerische Werte (Feld COMPAVG), die Maßeinheit (Feld COMPEXP), Ausnahmewerte (Feld COMPEXCVAL) und Weiteres zur Verfügung (siehe Abbildung 11.20).

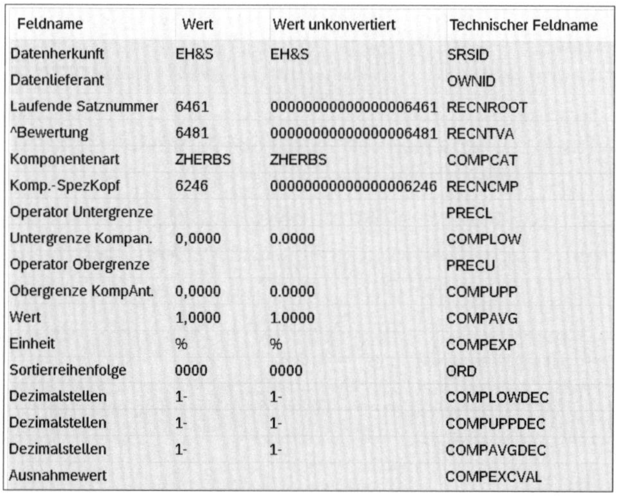

Feldname	Wert	Wert unkonvertiert	Technischer Feldname
Datenherkunft	EH&S	EH&S	SRSID
Datenlieferant			OWNID
Laufende Satznummer	6461	00000000000000006461	RECNROOT
^Bewertung	6481	00000000000000006481	RECNTVA
Komponentenart	ZHERBS	ZHERBS	COMPCAT
Komp.-SpezKopf	6246	00000000000000006246	RECNCMP
Operator Untergrenze			PRECL
Untergrenze Kompan.	0,0000	0.0000	COMPLOW
Operator Obergrenze			PRECU
Obergrenze KompAnt.	0,0000	0.0000	COMPUPP
Wert	1,0000	1.0000	COMPAVG
Einheit	%	%	COMPEXP
Sortierreihenfolge	0000	0000	ORD
Dezimalstellen	1-	1-	COMPLOWDEC
Dezimalstellen	1-	1-	COMPUPPDEC
Dezimalstellen	1-	1-	COMPAVGDEC
Ausnahmewert			COMPEXCVAL

Abbildung 11.20 Tabelle ESTVP mit den Feldern COMPCAT, COMPEXP, COMPEXCVAL und RECNCMP

Die Informationen im Feld RECNCMP (Komp.-SpezKopf) aus Abbildung 11.20 bieten Ihnen eine Einstiegshilfe, um für eine Zutat oder ein Allergen weitere Angaben wie den Spezifikationsschlüssel oder die Bezeichnung zu ermitteln. Steigen Sie dazu mit dem Wert aus dem Feld RECNCMP z. B. in der Tabelle ESTRH über das Feld RECNROOT ein (für weitere Details beginnen Sie wieder am Anfang des Abschnitt 11.2.1, »Spezifikationsdaten auf Produktionsunterlagen«).

Lesen der Verwendungen

Wenn Sie in einem Merkmal mehrere Instanzen für unterschiedliche Verwendungen haben, muss für das Lesen der Spezifikationsdaten entschieden werden, welche Verwendung relevant sein soll.

In diesem Fall finden Sie in der Tabelle ESTVA (Wertezuordnung) so viele Einträge mit dem Wert aus dem Feld RECN (in Abbildung 11.21 alle Positionen mit dem Wert 6839) aus der Tabelle ESTVH (EHS: Spezifikation – Bewertungsart – Zuordnung) zur Bewertungsart im Feld RECNTVH (Bewertungskopf), wie es Instanzen in der Spezifikation gibt (in Abbildung 11.21 sind es zwei Einträge).

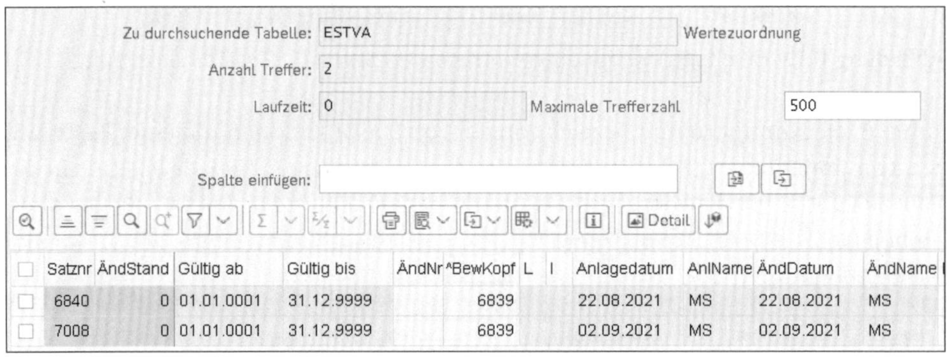

Satznr	ÄndStand	Gültig ab	Gültig bis	ÄndNr	^BewKopf	L	I	Anlagedatum	AnlName	ÄndDatum	ÄndName
6840	0	01.01.0001	31.12.9999		6839			22.08.2021	MS	22.08.2021	MS
7008	0	01.01.0001	31.12.9999		6839			02.09.2021	MS	02.09.2021	MS

Abbildung 11.21 Tabelle ESTVA mit den Feldern RECN (Satznr) und RECNTVH (Bewkopf)

Die Einträge aus dem Feld RECN (in Abbildung 11.21 die Werte 6840 und 7008) zu den beiden Positionen bringen Sie zu Abbildung 11.22. In der Tabelle ESTDU (EHS: Zusatzinfo – Bewertungsverwendung) gehen Sie mit den Werten 6840 und 7008 über die Referenz im Feld RECNMST zu den hinterlegten Verwendungen. Die Verwendungen finden Sie in den Feldern VACLID und RVLID. In Abbildung 11.22 handelt es sich um die Werte PUBLIC REG_EU und PUBLIC DE. Über diese Kombinationen können Sie entscheiden, welcher Eintrag für Sie relevant sein soll (PUBLIC REG_EU).

Mit dem Eintrag aus dem Feld RECNMST (VerwMaster) – Wert 6840 – finden Sie in der Tabelle AUSP problemlos den gewünschten Wert.

Zu durchsuchende Tabelle: ESTDU — EHS: Zusatzinfo - Bewertungsverwendung
Anzahl Treffer: 2
Laufzeit: 0 — Maximale Trefferzahl: 500
Spalte einfügen:

Satznr	ÄndStand	Gültig ab	Gültig bis	ÄndNr	VerwMaster	Einstufung	GültRaum	L	I	Anlagedatum	AnlName	ÄndDatum
6841	0	01.01.0001	31.12.9999		6840	PUBLIC	REG_EU			22.08.2021	MS	22.08.2021
7011	0	01.01.0001	31.12.9999		7008	PUBLIC	DE			02.09.2021	MS	02.09.2021

Abbildung 11.22 Tabelle ESTDU mit den Feldern RECNMST (VerwMaster), VACLID (Einstufung) und RVLID (GültRaum)

Hilfsreport Report RMTABLEINFO

Um die Zusammenhänge zwischen den einzelnen Tabellen, in denen die Spezifikationsdaten abgelegt werden, besser verstehen zu können, ist der Report `RMTABLEINFO` (PLM-RM: Inhalt Datenbank bezüglich Rezeptobjekte) sehr empfehlenswert. Auch wenn die Bezeichnung des Reports vielleicht etwas veraltet wirken mag, ist er doch für eine (relativ) übersichtliche Darstellung der Spezifikationsdaten auf der Tabellenebene hilfreich. Geben Sie die relevante Spezifikationsnummer im Feld **Substance** an (siehe Abbildung 11.23).

Außerdem müssen die **Properties** und **Substances** selektiert sein (siehe Abbildung 11.24). Mit einem Klick auf den Button **Ausführen** erhalten Sie eine Übersicht der vorhandenen Daten.

RMTableInfo V2.50
Enter start object
Drill down
Recipe:
Formula:
Process/Stage/Operation/Action:
Substance: 57

Abbildung 11.23 Spezifikationsnummer in den Selektionskriterien angeben

Abhängig davon, wie viele Felder eine Tabelle hat, ergibt sich die Anzahl der Spalten. Da es Tabellen mit vielen Feldern gibt, müssen Sie für manche Informationen in dieser Übersicht auch den horizontalen Scroll-Balken einsetzen.

Die Angaben sind pro Tabelle gebündelt. Sie erhalten neben dem Tabellenschlüssel auch die Zusatzinfo, wie die Selektion in dieser Tabelle erfolgt (**select by: list of RECNs**). Einen Ausschnitt aus der Übersicht zu einer Spezifikation erhalten Sie in Abbildung 11.25.

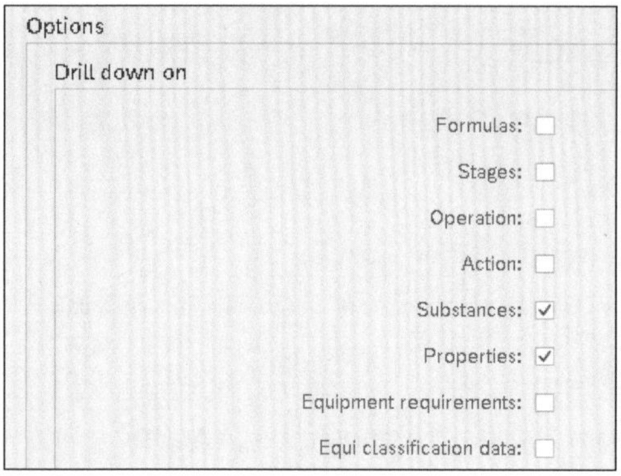

Options

Drill down on

Formulas: ☐

Stages: ☐

Operation: ☐

Action: ☐

Substances: ☑

Properties: ☑

Equipment requirements: ☐

Equi classification data: ☐

Abbildung 11.24 Wichtige Kennzeichen in den Selektionskriterien

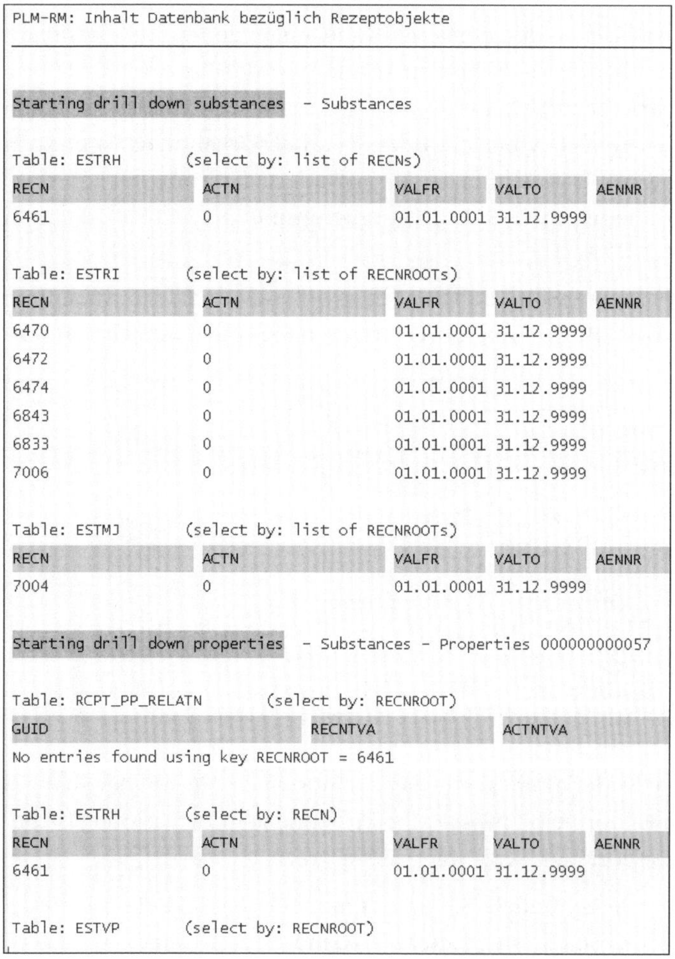

```
PLM-RM: Inhalt Datenbank bezüglich Rezeptobjekte

Starting drill down substances   - Substances

Table: ESTRH        (select by: list of RECNs)
RECN                ACTN                VALFR      VALTO      AENNR
6461                0                   01.01.0001 31.12.9999

Table: ESTRI        (select by: list of RECNROOTs)
RECN                ACTN                VALFR      VALTO      AENNR
6470                0                   01.01.0001 31.12.9999
6472                0                   01.01.0001 31.12.9999
6474                0                   01.01.0001 31.12.9999
6843                0                   01.01.0001 31.12.9999
6833                0                   01.01.0001 31.12.9999
7006                0                   01.01.0001 31.12.9999

Table: ESTMJ        (select by: list of RECNROOTs)
RECN                ACTN                VALFR      VALTO      AENNR
7004                0                   01.01.0001 31.12.9999

Starting drill down properties   - Substances - Properties 000000000057

Table: RCPT_PP_RELATN        (select by: RECNROOT)
GUID                          RECNTVA             ACTNTVA
No entries found using key RECNROOT = 6461

Table: ESTRH        (select by: RECN)
RECN                ACTN                VALFR      VALTO      AENNR
6461                0                   01.01.0001 31.12.9999

Table: ESTVP        (select by: RECNROOT)
```

Abbildung 11.25 Ergebnis des Reports RMTABLEINFO (Bildausschnitt)

[«]

Integration von Spezifikationsdaten in Produktionsunterlagen

Wenn Sie Spezifikationsdaten auf Produktionsunterlagen drucken möchten, arbeiten Sie im Idealfall mit den Kolleginnen und Kollegen aus der Entwicklung zusammen. In dieser Zusammenarbeit kann ein Funktionsbaustein entstehen, der die Spezifikationsdaten in die Formulare der Produktion einbinden kann. An dieser Stelle zeigt sich deutlich, wie wichtig es ist, dass ein Material ausschließlich mit einer Spezifikation verknüpft ist. Denn nur so kann das System, ausgehend vom Material, eindeutig die Spezifikation ermitteln, aus der es die Daten lesen soll.

11.2.2 Stückliste

Die Stückliste ist ein Stammdatenobjekt der Produktion. Mit der Stückliste soll abgebildet werden, welche Materialien in welcher Menge benötigt werden, um eine bestimmte Menge eines Produkts herzustellen. Auf welche Art und Weise die Herstellung erfolgen soll, ist an dieser Stelle nicht von Bedeutung. Die Integration zwischen SAP Recipe Development und der Stückliste erfolgt über die sogenannte *geführte Synchronisierung* (kurz *Synchronisierung*).

Voraussetzungen

Das Rezept und die darin enthaltene Formel müssen zwei Voraussetzungen erfüllen, damit die Synchronisierung der Stückliste überhaupt möglich ist. Dazu gehören:

- Jede Spezifikation in der Formel muss mit einem Material verknüpft, und das Material muss in der Formel enthalten sein.
- Das Rezept muss einen Status haben, der das Attribut **relevant für die Synchronisierung** besitzt. Im Normalfall handelt es sich um den Status 500 (**Freigegeben**).

Voraussetzungen eines Rezepts für die Synchronisierung der Stückliste

Das Rezept unserer Sahnesoße weist für alle Formelpositionen eine Spezifikation mit zugehöriger Materialnummer auf und ist freigegeben worden. Damit erfüllt dieses Rezept die Voraussetzungen für die Synchronisierung der Stückliste.

Vorgehensweise

Wenn alle Voraussetzungen erfüllt sind, können Sie aus dem Rezept heraus zur Synchronisierung der Stückliste navigieren. Zunächst legen Sie eine Änderungsnummer an und treffen einige Basisentscheidungen.

Danach führen Sie die eigentliche Synchronisierung aus. Dabei leitet das System Sie in die sogenannte *Reconciliation Workbench* weiter. Reconciliation lässt sich in diesem Kontext am zutreffendsten mit *Abgleich* übersetzen. Das System gleicht an dieser Stelle ab, ob die Daten in dieser Form an die Stückliste übergeben werden können. Anwenderinnen und Anwender haben in der Reconciliation Workbench die Möglichkeit, manuell einzugreifen und eventuell auftretende Konflikte zu bereinigen.

Die Generierung der Stückliste aus der Rezeptformel gehört zur *geführten Struktursynchronisierung* (Guided Structure Synchronisation – GSS).

Durchführung der Synchronisierung der Stückliste

Es stehen Ihnen in jeder Rezeptalternative alle freigegebenen Rezeptversionen zur Verfügung. Sensibilisieren Sie daher die Anwenderinnen und Anwender dafür, dass der Status in den Rezeptversionen immer aktuell sein muss.

Zudem merkt sich das System die Menge des Stücklistenansatzes von der letzten Synchronisierung. Wenn sich eine Ansatzgröße ändert, muss das auch in den Mapping-Daten der Synchronisierungseinheit geändert werden.

Navigation im Customizing

Nun zu den Konfigurationsmöglichkeiten im Customizing. Diese stehen Ihnen für die Synchronisierung der Stückliste an zwei verschiedenen Stellen im Customizing zur Verfügung:

1. **Logistik Allgemein • PLM-Web-Benutzungsoberfläche • Rezeptentwicklung • Rezept • Einstellungen für Synchronisierung Rezept zu Stückliste**
2. **Logistik Allgemein • PLM-Web-Benutzungsoberfläche • PLM-Web-Applikationen • Geführte Struktursynchronisierung • Einstellungen für Synchronisierung Rezept zu Stückliste**

Synchronisierungseinheit

Bei jeder neuen Stücklistensynchronisierung entsteht eine sogenannte *Synchronisierungseinheit*. In einer Synchronisierungseinheit werden alle Informationen gebündelt, die das entstehende Stammdatenobjekt benötigt. Daher ist einer der ersten Schritte, die Sie für eine gelingende Synchronisierung vornehmen sollten, das Anlegen des Nummernkreises für die Synchronisierungseinheiten. Sorgen Sie dafür, dass zum Nummernkreisobjekt `/PLMI/R2B` (Synchronization Unit) das Nummernkreisintervall 01 vorhanden ist. Es handelt sich um einen maximal 20-stelligen Schlüssel (siehe Abbildung 11.26).

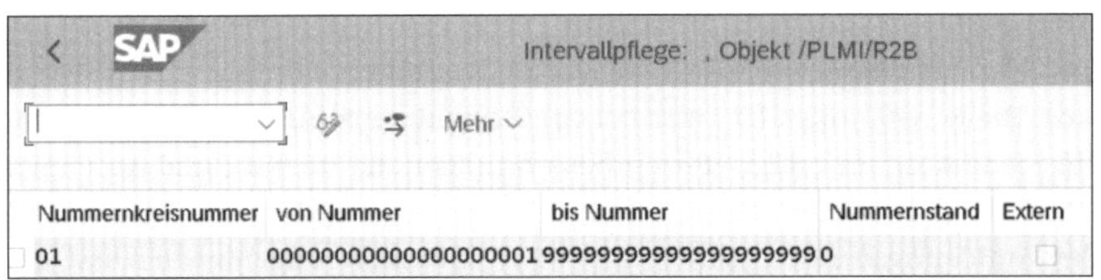

Nummernkreisnummer	von Nummer	bis Nummer	Nummernstand	Extern
01	00000000000000000001	99999999999999999999	0	☐

Abbildung 11.26 Nummernkreisintervall für die Synchronisierungseinheit »Stückliste«

Gehen Sie dazu im Customizing an die Stelle **Logistik Allgemein • PLM-Web-Benutzungsoberfläche • Rezeptentwicklung • Rezept • Einstellungen für Synchronisierung Rezept zu Stückliste • Nummernkreisintervalle f. Synchronisierungseinheit Rezept zu STL definieren**.

Allgemeine Einstellungen für die Synchronisierung Rezept zu Stückliste

Im Folgenden gehen wir auf die Grundeinstellungen für die Synchronisierung des Rezepts zur Stückliste ein. Im Customizing können Sie Ihre Anforderungen über den folgenden Pfad umsetzen: **Logistik Allgemein • PLM-Web-Benutzungsoberfläche • Rezeptentwicklung • Rezept • Einstellungen für Synchronisierung Rezept zu Stückliste • Allgemeine Einstellungen für Synchronisierung Rezept zu STL** (siehe Abbildung 11.27).

Allgemeine Einstellungen für Synchronisierung Reze
Abweich.akzept.: 0,000500
Berechnungs-ID: GSS_RCP_BOM
RWB-Funktionen: X Erweitert
Erweiterte RWB-Funktionen
☑ Synchron. mit vorhandener Stüli erlauben
☐ Systemübergreifende Synchr. erlauben
☐ Aufteilen v. Rez. mit Intermed. zulassen
☑ Lebenszyklusman. f. SynchrEinh. zulassen

Abbildung 11.27 Allgemeine Einstellungen für die Synchronisierung der Stückliste

Folgende Angaben können Sie vornehmen:

- **Akzeptierte Abweichung**
  Eine wichtige Angabe ist die Abweichung, die zwischen den Werten der Formel und den Werten der Stückliste akzeptiert wird (siehe das Feld **Abweich.akzept.** in Abbildung 11.27). Hintergrund ist, dass für die Formel sechs Nachkommastellen und für die Stückliste drei Nachkommastellen zur Verfügung stehen. Daher wird bei der Synchronisierung der Stückliste gerundet. Sie geben den Wert in Prozent an, ab dem Sie in der Reconciliation Workbench einen Konflikt erhalten möchten.

- **Berechnungs-ID**
  Der Eintrag im Feld **Berechnungs-ID** steuert das Systemverhalten in der Synchronisierung. Die Berechnungs-ID muss bei den Rezeptberechnungen definiert worden sein (siehe Abschnitt 6.2.3, »Rezeptberechnungen definieren«, und Abschnitt 6.2.5, »Auflösungsbereiche definieren und Komponentenarten zuordnen«) und über den Auflösungsbereich GSS_R2B für die Synchronisierung zur Stückliste gekennzeichnet sein. Neben der Standard-Berechnungs-ID können Sie auch eine eigene Berechnungs-ID anlegen und über eine individuelle Eigenschaftsklasse Anpassungen vornehmen.
- **Funktionen der Reconciliation Workbench (RWB-Funktionen)**
  Mit dem Drop-down-Menü im Feld **RWB-Funktionen** (Reconciliation-Workbench-Funktionen) steuern Sie, ob die Benutzeroberfläche der Reconciliation Workbench spezielle Funktionen für SAP Recipe Development aufweist und im Hintergrund unterstützt. Haben Sie **Erweitert** ausgewählt, unterstützt das System z. B. die nachfolgend beschriebenen Funktionen.
  - **Synchronisierung mit vorhandener Stückliste erlauben**
    Das Kennzeichen **Synchron. mit vorhandener Stüli erlauben** sorgt dafür, dass eine bestehende Stücklistenalternative einer neuen Synchronisierungseinheit zugeordnet werden kann, vorausgesetzt, die Stücklistenalternative ist keiner anderen Synchronisierungseinheit zugewiesen. Achten Sie darauf, dass das Datum im Feld **Gültig ab** der Stücklistenalternative vor dem Datum **Gültig ab** der Änderungsnummer liegt.
  - **Systemübergreifende Synchronisation erlauben**
    Mit dem Kennzeichen **Systemübergreifende Synchr. erlauben** ermöglichen Sie die Übertragung von Rezepten an Drittsysteme, die die Stücklisten benötigen. Der Synchronisierungseinheit muss dafür ein Werk zugeordnet sein.
  - **Aufteilen von Rezepten mit Intermediat zulassen**
    Das Kennzeichen **Aufteilen v. Rez. mit Intermed. zulassen** sorgt dafür, dass Sie die Formel eines Rezepts in mehrere Fertigungsstücklisten synchronisieren können. Es ist in diesem Fall nicht nötig, dass Sie spezielle Rezepte für die Halbfabrikate auf der Seite von SAP Recipe Development anlegen. Solange die gewählte Rezeptart die Verwendung von Intermediaten zulässt, sind alle technischen Voraussetzungen geschaffen (siehe Abschnitt 5.3, »Rezeptarten«).
  - **Lebenszyklusmanagement für Synchronisierungseinheit zulassen**
    Mit dem Kennzeichen **Lebenszyklusman. f. SynchrEinh. zulassen** können Sie bei der Anlage einer neuen Synchronisierungseinheit bestehende Synchronisierungseinheiten verwenden. Die alte Synchronisierungseinheit erhält den Status **Ausstehend**. Ist die Synchronisierung mit der neuen Synchronisierungseinheit abgeschlossen, erhält die alte Synchronisierungseinheit den Status **Veraltet**.

Wird der Vorgang mit der neuen Synchronisierungseinheit abgebrochen und die Nummer gelöscht, wird die alte Synchronisierungseinheit wieder in ihren ursprünglichen Status (**Abgestimmt/Nicht abgestimmt**) zurückgesetzt. Gehören beide Synchronisierungseinheiten zu derselben Rezeptalternative, übernimmt das System die Mapping-Informationen, und Sie haben keine Möglichkeit mehr, um auf zuvor synchronisierte Rezeptversionen dieser Rezeptalternative zurückzugreifen.

Zusätzliche werksspezifische Daten

Weitere Einstellungsmöglichkeiten bietet Ihnen der Customizing-Pfad **Logistik Allgemein • PLM-Web-Benutzungsoberfläche • Rezeptentwicklung • Rezept • Einstellungen für Synchronisierung Rezept zu Stückliste • Zusätzliche werksspezifische Daten zuordnen**.

Hier definieren Sie, wie das System bei der Rezeptauflösung und bei der Umrechnung der Mengeneinheiten vorgehen soll. Wie die Überschrift dieses Abschnitts schon andeutet, sind diese Angaben bei Bedarf werksspezifisch einzustellen. In Abbildung 11.28 sehen Sie die nachfolgend beschriebenen Felder mit einer möglichen Ausprägung.

- **Werk**
  Geben Sie eine Werksnummer an, wenn die Rezeptauflösung oder die Mengeneinheitenumrechnung von Werk zu Werk unterschiedlich gehandhabt werden soll. Geben Sie kein Werk an, werden die Einstellungen übergreifend verwendet.
- **Auflösungsstrategie**
  Bei der Auflösungsstrategie stehen ihnen die folgenden drei Optionen zur Verfügung, die das Systemverhalten beeinflussen:
  - **Standard**: Das System bestimmt die Auflösungsstrategie.
  - **Verdichtet**: Dieselben Inhaltsstoffe werden nach der Auflösung des SAP Recipe-Development-Rezepts kumuliert.
  - **Unverdichtet**: Dieselben Inhaltsstoffe werden nach der Auflösung des SAP-Recipe-Development-Rezepts nicht zusammengefasst.
- **Mengeneinheitenumrechnung**
  Da es vorkommen kann, dass die Mengeneinheiten im SAP Recipe Development-Rezept von dem abweichen, was die Materialien in der Stückliste erwarten, können Sie hier definieren, wie das System verfahren soll. Sie haben zwei Auswahlmöglichkeiten:
  - **Basismengeneinheit des Materials**: Das System nutzt immer die Basismengeneinheit für die Umrechnung.
  - **Prioritätenbasierte Umrechnung**: Das System versucht zunächst, die Einheit der Rezeptposition anzuwenden. Dies funktioniert, solange die Einheit in der Dimension (schauen Sie dazu im Zweifel in Transaktion CUNI nach) der Basismen-

geneinheit des Materials enthalten ist. Ist dem nicht so, versucht das System, in die Ausgabeeinheit des Materials umzurechnen. Ist dies auch das nicht möglich, weil die Daten z. B. nicht gepflegt sind, rechnet das System in die Basismengeneinheit des Materials um.

- **RFC-Destination**
  An dieser Stelle tragen Sie eine RFC-Destination ein, wenn die Synchronisierung an ein Drittsystem erfolgen soll. Die RFC-Verbindungen werden in Transaktion SM59 (RFC-Destinationen pflegen) verwaltet.

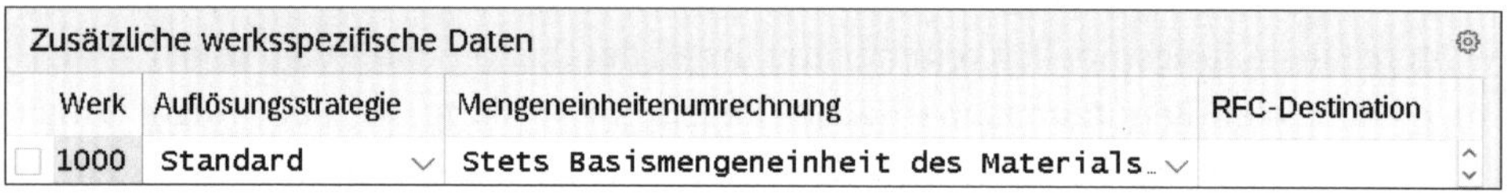

Zusätzliche werksspezifische Daten

Werk	Auflösungsstrategie	Mengeneinheitenumrechnung	RFC-Destination
1000	Standard	Stets Basismengeneinheit des Materials…	

Abbildung 11.28 Sicht »Zusätzliche werksspezifische Daten« (Bildausschnitt)

Konfliktarten

Auch wenn Sie die Synchronisierung auf der Rezeptseite sorgfältig vorbereitet haben, kann es vorkommen, dass etwas Unvorhergesehenes passiert und die Strukturen der Formel und der Stückliste Unterschiede aufweisen, die einer manuellen Klärung bedürfen. SAP nennt dies *Konflikte*.

In der View /PLMB/VGSS_CONFT, die Sie über Transaktion SM30 (Tabellensicht-Pflege) aufrufen können, sind die im Standard verfügbaren Konfliktarten aufgeführt. Aus den circa 50 vorhandenen Konfliktarten ist in der Standardauslieferung knapp die Hälfte im Customizing über den folgenden Pfad zugewiesen: **Logistik Allgemein • PLM-Web-Benutzungsoberfläche • Rezeptentwicklung • Rezept • Einstellungen für Synchronisierung Rezept zu Stückliste • Konflikte bei der Synchronisierung von Rezept zu STL bereinigen**.

Leider fehlt in dieser Sicht (siehe Abbildung 11.29) die Beschreibung der Konfliktarten; Sie sehen ausschließlich den Schlüssel. Tabelle 11.1 gibt Ihnen einen Überblick über die wichtigsten Konfliktarten mit Schlüssel und Beschreibung.

Konfliktart	Beschreibung Konfliktart
ALT+	Neue Alternativelemente vorhanden
ASAS	Attributkonflikt: Vergleich Quelle alter/neuer Wert
ASAT	Attributkonflikt: Vergleich Quelle – Ziel
ATAT	Attributkonflikt: Vergleich Ziel alter/neuer Wert
R2BM	Für Quelle wurde kein Ziel ermittelt

Tabelle 11.1 Konfliktarten bei der Synchronisierung von Rezept zu Stückliste

Konfliktart	Beschreibung Konfliktart
R2BR	Rundungskonflikt zwischen Quell- und Zielmenge
R2BZ	Nullwert in Zielmenge
S+	Neues Element in der Quelle vorhanden
S-	Element aus Quelle entfernt
ST+	Neues Element für vorhandene Quelle angelegt
T+	Neues Element im Ziel vorhanden
T	Element aus Ziel entfernt
TC+	Element im Ziel geändert
XA01	Komplexer Attributaspekt geändert
XA02	Komplexer Attributaspekt in der Quelle geändert
XA03	Komplexer Attributaspekt im Ziel geändert
XA21	Komplexe Attributinstanz neu in der Quelle
XA22	Komplexe Attributinstanz in der Quelle gelöscht
XA23	Komplexe Attributinstanz neu im Ziel
XA24	Komplexe Attributinstanz im Ziel gelöscht
XA25	Komplexe Attributinstanz geändert
XA26	Komplexe Attributinstanz in der Quelle geändert
XA27	Komplexe Attributinstanz im Ziel geändert

Tabelle 11.1 Konfliktarten bei der Synchronisierung von Rezept zu Stückliste (Forts.)

Nun kann eine Konfliktart in einer Organisation erheblich kritischer gesehen werden als in einer anderen Organisation. Daher können Sie zu jeder Konfliktart den Schweregrad einstellen. Ihnen stehen die folgenden Schweregrade zur Auswahl:

- **E Fehler**
- **W Warnung**
- **I Information**
- **N Nicht relevant**

Wenn Sie sich Abbildung 11.29 anschauen oder selbst Customizing-Einstellungen vornehmen, stellen Sie fest, dass es neben der Konfliktart und dem Schweregrad eine weitere Spalte für den niedrigsten Schweregrad gibt (**Niedr.Schw**). Die Einträge in dieser Spalte sind ausschließlich für Standardkonfliktarten relevant und können nicht geändert werden. Der Schweregrad darf nicht unter dem niedrigsten Schweregrad liegen. Falls Sie bei einer Konfliktart z. B. **E Fehler** als niedrigsten Schweregrad vorfinden, können Sie den Schweregrad nicht auf **I Information** setzen. In den meisten Fällen ist die niedrigste Konfliktart nicht gefüllt.

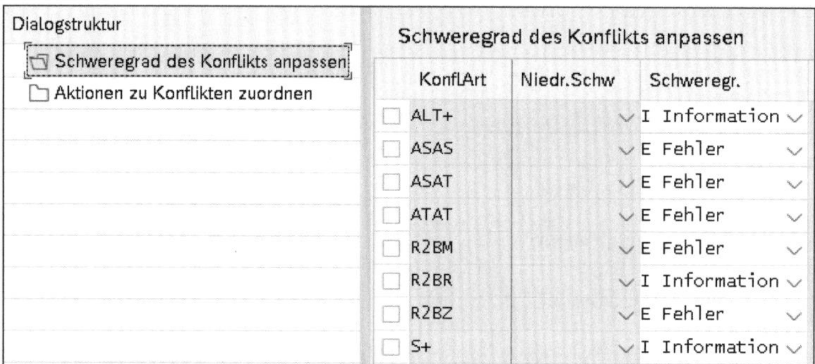

Abbildung 11.29 Konfliktarten mit Schweregrad für die Stücklistensynchronisierung

Aktionsarten

Damit Sie einem Konflikt begegnen können, gibt es sogenannte *Aktionsarten*. Diese Aktionsarten sind in Transaktion SM30 (Tabellensicht-Pflege) in der View `/PLMBI/VGSS_ACTI` aufgelistet.

Die in Tabelle 11.2 aufgeführten Aktionsarten sind bei der Synchronisierung der Stückliste bisher im Einsatz.

Aktionsart	Beschreibung Aktionsart
R2BM	Ziel für Quelle auswählen
R2BC	Menge in andere Mengeneinheit umrechnen
_AT1	Attributwert übernehmen
_AT2	Attributunterschied akzeptieren
_ST2	Ziel unverändert lassen
_ST3	Aus Ziel entfernen
_ST4	Aktive Alternative setzen
_ST5	Scheitelpunkt terminieren

Tabelle 11.2 Aktionsarten bei der Synchronisierung der Stückliste

Die Aktionsarten finden Sie im Customizing ebenfalls unter **Logistik Allgemein • PLM-Web-Benutzungsoberfläche • Rezeptentwicklung • Rezept • Einstellungen für Synchronisierung Rezept zu Stückliste • Konflikte bei der Synchronisierung von Rezept zu STL bereinigen**.

Konfliktarten in Verbindung mit Aktionsarten

Da eine Aktionsart nur mit Bezug zu einer Konfliktart zur Problemlösung beitragen kann, erhalten Sie mit Tabelle 11.3 eine Aufführung der Konflikte mit den dazugehörigen Aktionen in der Standardauslieferung.

Konfliktart	Beschreibung Konfliktart	Aktionsart	Beschreibung Aktionsart
ALT+	Neue Alternativelemente vorhanden	_ST4	Aktive Alternative setzen
ASAS	Attributkonflikt: Vergleich Quelle alter/neuer Wert	_AT1	Attributwert übernehmen
ASAS	Attributkonflikt: Vergleich Quelle alter/neuer Wert	_AT2	Attributunterschied akzeptieren
ASAT	Attributkonflikt: Vergleich Quelle – Ziel	_AT1	Attributwert übernehmen
ASAT	Attributkonflikt: Vergleich Quelle – Ziel	_AT2	Attributunterschied akzeptieren
ATAT	Attributkonflikt: Vergleich Ziel alter/neuer Wert	_AT1	Attributwert übernehmen
ATAT	Attributkonflikt: Vergleich Ziel alter/neuer Wert	_AT2	Attributunterschied akzeptieren
R2BM	Für Quelle wurde kein Ziel ermittelt	R2BM	Ziel für Quelle auswählen
R2BR	Rundungskonflikt zwischen Quell- und Zielmenge	R2BC	Menge in andere Mengeneinheit umrechnen
R2BZ	Nullwert in Zielmenge	R2BC	Menge in andere Mengeneinheit umrechnen
S-	Element aus Quelle entfernt	_ST2	Ziel unverändert lassen
S-	Element aus Quelle entfernt	_ST3	Aus Ziel entfernen
S-	Element aus Quelle entfernt	_ST5	Scheitelpunkt terminieren

Tabelle 11.3 Konfliktarten mit Aktionsarten für die Synchronisierung der Stückliste

Konfliktart	Beschreibung Konfliktart	Aktionsart	Beschreibung Aktionsart
T+	Neues Element im Ziel vorhanden	_ST2	Ziel unverändert lassen
T+	Neues Element im Ziel vorhanden	_ST3	Aus Ziel entfernen
T-	Element aus Ziel entfernt	_ST2	Ziel unverändert lassen
TC+	Element im Ziel geändert	_ST2	Ziel unverändert lassen

Tabelle 11.3 Konfliktarten mit Aktionsarten für die Synchronisierung der Stückliste (Forts.)

Es steht Ihnen frei, die Konfliktarten im Customizing im Bereich **Aktionen zu Konflikten zuordnen** mit den Aktionsarten auch anderweitig zu kombinieren oder weitere Konflikt- und Aktionsarten aufzunehmen. Diese Einstellung erreichen Sie über den Pfad **Logistik Allgemein • PLM-Web-Benutzungsoberfläche • Rezeptentwicklung • Rezept • Einstellungen für Synchronisierung Rezept zu Stückliste • Konflikte bei der Synchronisierung von Rezept zu STL bereinigen**. Abbildung 11.30 zeigt einen Ausschnitt der Konfliktarten (Spalte **KonflArt**) und der zugeordneten Aktionsarten (Spalte **Aktionsart**).

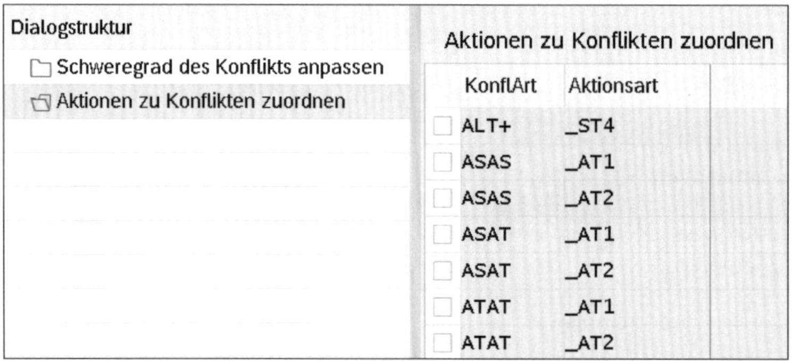

Dialogstruktur
Schweregrad des Konflikts anpassen
Aktionen zu Konflikten zuordnen

Aktionen zu Konflikten zuordnen

KonflArt	Aktionsart
ALT+	_ST4
ASAS	_AT1
ASAS	_AT2
ASAT	_AT1
ASAT	_AT2
ATAT	_AT1
ATAT	_AT2

Abbildung 11.30 Aktionen zu Konflikten zuordnen

Neue Konflikt- und Aktionsarten

Wenn Sie neue Konflikt- und Aktionsarten für die Stücklistensynchronisierung definieren möchten, steht Ihnen dafür das Customizing über den folgenden Pfad zur Verfügung: **Logistik Allgemein • PLM-Web-Benutzungsoberfläche • PLM-Web-Applikationen • Geführte Struktursynchronisierung • Aktionsarten definieren** oder **Konfliktarten definieren**.

Erschrecken Sie nicht, wenn die Customizing-Tabelle leer ist. Die Konflikt- und Aktionsarten des Standards sehen Sie dort nicht. Ihre neuen Einträge sind in den Views /PLMB/VGSS_CONFT und /PLMBI/VGSS_ACTI enthalten, und Sie können aus der gesamten

Liste (Standard und eigene) auswählen, wenn Sie die Konfliktarten mit den Aktionsarten kombinieren.

Konflikt- und Aktionsarten benötigen zunächst einen Schlüssel in der Spalte **KonflArt** und eine Bezeichnung in der Spalte **Beschreibung Konfliktart** (siehe Abbildung 11.31).

Konfliktarten definieren

KonflArt	Beschreibung Konfliktart
Z001	Konfliktart 001

Abbildung 11.31 Beispiel für eine eigene Konfliktart

Damit bei der Synchronisierung auch das gewünschte Systemverhalten auftritt, müssen BAdI-Implementierungen angelegt werden, die das Systemverhalten für die neuen Konflikt- und Aktionsarten definieren. Die Detailinformationen zu den BAdI-Implementierungen finden Sie im Customizing über den Pfad **Logistik Allgemein • PLM-Web-Benutzungsoberfläche • PLM-Web-Applikationen • Geführte Struktursynchronisierung • Business Add-Ins für Geführte Struktursynchronisierung • Erweiterungen der Geführten Struktursynchronisierung • BAdI Behandlung von Aktionen** und **BAdI: Konflikte definieren.**

Eigenentwicklungen für die Synchronisierung der Stückliste und des Planungsrezepts

Sollten die Standardeinstellungsmöglichkeiten Wünsche bei Ihnen offenlassen, gibt es verschiedenste BAdIs, mit denen Sie das Systemverhalten beeinflussen können. Es ist empfehlenswert, zunächst einen Eindruck zu gewinnen, wie das System agiert und dann die BAdIs heranzuziehen.

11.2.3 Planungsrezept

Neben der Stückliste benötigt die Produktion ein *Planungsrezept*, das die Herstellanweisung beinhaltet, und eine *Fertigungsversion*, die Stückliste und Planungsrezept verbindet. Mit der Synchronisierung des Planungsrezepts kann die Fertigungsversion in einem Zug angelegt werden.

Voraussetzungen

Für die Synchronisierung des Planungsrezepts und der Fertigungsversion muss das Rezept dieselben Voraussetzungen erfüllen wie für die Synchronisierung der Stückliste. Achten Sie darauf, dass die folgenden Voraussetzungen erfüllt sind:

- Jede Spezifikation in der Formel muss mit einem Material verknüpft und das Material in der Formel enthalten sein.

- Das Rezept muss einen Status mit dem Attribut **relevant für die Synchronisierung** haben. Im Normalfall ist das der Status 500 (**Freigegeben**).
- Es muss eine Stücklistenalternative verfügbar sein. Ob diese synchronisiert wurde oder manuell in PP-PI angelegt wurde, ist dabei unerheblich.

Vorgehensweise

Sind alle Voraussetzungen erfüllt, können Sie wie bei der Stückliste aus dem Rezept heraus zur Synchronisierung des Planungsrezepts navigieren. Zunächst legen Sie eine Änderungsnummer und eine Synchronisierungseinheit an und treffen einige Basisentscheidungen.

Für die Durchführung der Synchronisierung gelangen Sie wie bei der Synchronisierung der Stückliste in die Reconciliation Workbench. Dort prüft das System, ob die Daten in dieser Form dazu geeignet sind, das Planungsrezept und die Fertigungsversion anzulegen. Zudem können in der Reconciliation Workbench auftretende Konflikte geklärt werden.

Die Generierung des Planungsrezepts und der Fertigungsversion aus dem Rezept gehört ebenfalls zur *geführten Struktursynchronisierung* (Guided Structure Synchronisation – GSS).

Sie sehen, dass die Vorgehensweise analog der Vorgehensweise bei der Synchronisierung der Stückliste ist.

Hinweis zur Durchführung der Synchronisierung des Planungsrezepts

Es gibt Konstellationen, die für Probleme bei der Synchronisierung sorgen können:

- Langtexte der Prozessbeschreibungen (Prozessbaustein oder manuell) gehen bei der Synchronisierung verloren.
- Die Verknüpfung zwischen Material und Prozessschritt geht bei der Synchronisierung verloren.

Allerdings können Sie diese Probleme mithilfe der Entwicklung in den Griff bekommen.

Navigation im Customizing

Die Konfigurationsmöglichkeiten stehen Ihnen für die Synchronisierung des Planungsrezepts an zwei verschiedenen Stellen im Customizing zur Verfügung.

1. **Logistik Allgemein • PLM-Web-Benutzungsoberfläche • Rezeptentwicklung • Rezept • Einstellungen für Synchronisierung Rezept zu Planungsrezept**

2. **Logistik Allgemein • PLM-Web-Benutzungsoberfläche • PLM-Web-Applikationen • Geführte Struktursynchronisierung • Einstellungen für Synchronisierung Rezept zu Planungsrezept**

Synchronisierungseinheit

Bei jeder neuen Synchronisierung eines Planungsrezepts entsteht eine *Synchronisierungseinheit*. Wie bei der Stückliste werden in einer Synchronisierungseinheit alle Informationen gebündelt, die das entstehende Stammdatenobjekt benötigt.

Auch für die Synchronisierungseinheiten des Planungsrezepts wird ein spezieller Nummernkreis benötigt. Sorgen Sie dafür, dass zum Objekt `/PLMI/R2MR` das Nummernkreisintervall 01 vorhanden ist. Es handelt sich um einen maximal 20-stelligen Schlüssel. Sie sehen in Abbildung 11.32 ein Beispiel für die Ausprägung des Nummernkreisintervalls.

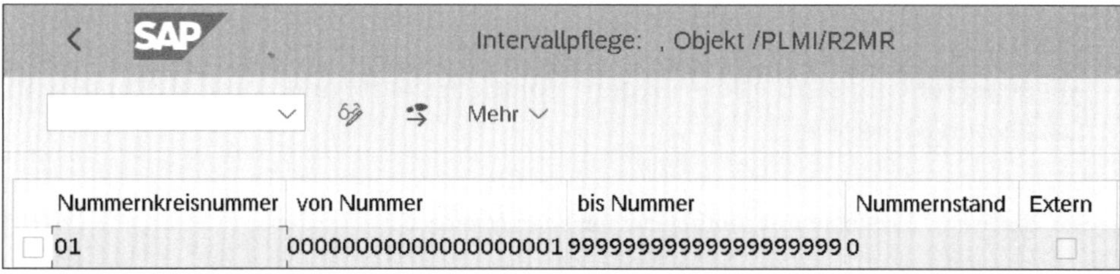

Abbildung 11.32 Nummernkreisintervall für die Synchronisierungseinheit des Planungsrezepts

Navigieren Sie dazu im Customizing zu **Logistik Allgemein • PLM-Web-Benutzungsoberfläche • Rezeptentwicklung • Rezept • Einstellungen für Synchronisierung Rezept zu Planungsrezept • Nummernkreisintervalle f. SynchronisierungsEH Rezept zu Planungsrezept definieren**.

Standardwerte für die Planungsrezepttransformation definieren

Damit ein Planungsrezept angelegt werden kann, sind verschiedene Informationen notwendig, die werksabhängig für die Synchronisierung vorbelegt werden können. Im Customizing können Sie die erforderlichen Angaben machen. Folgen Sie dazu dem Pfad **Logistik Allgemein • PLM-Web-Benutzungsoberfläche • Rezeptentwicklung • Rezept • Einstellungen für Synchronisierung Rezept zu Planungsrezept • Standardwerte für die Planungsrezepttransformation definieren**. In Abbildung 11.33 sehen Sie die folgenden Optionen:

- **Status Planungsrezept**
  Entscheiden Sie mit der Spalte **Status**, ob das Planungsrezept eine Teilfreigabe erhalten, komplett freigegeben werden oder einen anderen Status erhalten soll.

- **Verwendung**
  Mit der Spalte **Verw.** legen Sie fest, in welchem Bereich das Planungsrezept verwendet werden darf (z. B. 1 (Fertigung), 2 (Konstruktion) oder andere). Klären Sie mit Ihren Kolleginnen und Kollegen aus der Produktion, mit welcher Verwendung die Planungsrezepte bisher angelegt wurden, und verwenden Sie diese.
- **Steuerrezeptempfänger**
  Über die Spalte **StE** wird festgelegt, wohin und wie das Steuerrezept übergeben wird. Auch hier ist es wichtig, dass Sie mit der Produktion sprechen, um den richtigen Eintrag zu wählen.
- **Prozessvorgabeart**
  Mit dem Eintrag in der Spalte **ProVorArt** geben Sie an, zu welchem Typ eine Prozessvorgabe gehört. Eine Prozessvorgabeart hat Merkmale zugeordnet. Durch die Zuordnung der Prozessvorgabeart fügt das System im Planungsrezept automatisch die Merkmale der Prozessvorgabeart ein.
- **Profil**
  Mit dem **Profil** ordnen Sie verschiedene Vorschlagswerte und Voreinstellungen für das Planungsrezept zu.

Standardwerte für Planungsrezepttransformation definieren

Werk	Status	Verw.	StE	ProVorArt	Profil
1000	4	1	Z1	PROD_1	PI01

Abbildung 11.33 Standardwerte für die Synchronisierung des Planungsrezepts

[»]

Pflege der Standardwerte für die Planungsrezepttransformation

Wenn Ihnen Begriffe wie *Steuerrezeptempfänger* oder *Prozessvorgabeart* bisher fremd waren oder Sie nicht wissen, welche Werte eingetragen werden müssen, nehmen Sie Kontakt zu den Kolleginnen und Kollegen aus dem Bereich PP-PI auf. Diese wissen das im Normalfall aus dem Effeff.

Steuerrezeptempfänger zu Ressource zuordnen

Wenn Sie bei der Synchronisierung des Planungsrezepts auch Ressourcen pflegen möchten, können Sie für jede Primärressource einen eigenen Steuerrezeptempfänger zuordnen. Voraussetzung ist, dass im Rezept Ausrüstungsanforderungen hinterlegt sind.

Die Angaben in dieser Customizing-Einstellung übersteuern die Einstellungen bei den Standardwerten. Navigieren Sie dafür zu **Logistik Allgemein • PLM-Web-Benutzungsoberfläche • Rezeptentwicklung • Rezept • Einstellungen für Synchronisierung**

Rezept zu Planungsrezept • Steuerrezeptempfänger zu Ressource zuordnen. Dort pflegen Sie die Felder **Werk**, **Ressource** sowie **Steuerrezeptempfänger** (siehe Abbildung 11.34).

Zuordnung Steuerrezeptempfänger zu Ressource

Werk	Ressource	StE
1000	LINIE-1	Z1
1000	ZEIGEN	Z1

Abbildung 11.34 Steuerrezeptempfänger zu Ressource zuordnen

Einstellungen für die Übertragung von Prozessparametern vornehmen

Enthält das Szenario, das Sie in SAP Recipe Development nutzen, Prozessparameter im Rezept, können diese bei der Synchronisierung an das Planungsrezept übertragen werden. Im Customizing definieren Sie, wie die Übertragung stattfinden soll. Folgen Sie dazu dem Pfad **Logistik Allgemein • PLM-Web-Benutzungsoberfläche • Rezeptentwicklung • Rezept • Einstellungen für Synchronisierung Rezept zu Planungsrezept • Einstellungen für die Übertragung von Prozessparametern vornehmen**. Wie Sie in Abbildung 11.35 sehen, stehen Ihnen drei Möglichkeiten zur Auswahl:

- **0 – Nur Basiswerte (Mengeneinheit, Zielwert, Mindestwert, Höchstwert) übertragen**
  Hier werden Angaben in der Prozessparameterklasse nicht berücksichtigt.
- **1 – Basiswerte und klassenbasierte Merkmalswerte übertragen**
  Die Angaben in der Prozessparameterklasse werden berücksichtigt, und die gepflegten Merkmale werden an das Planungsrezept übertragen.
- **2 – Nur klassenbasierte Merkmalswerte übertragen**
  Es werden ausschließlich die gepflegten Merkmale an das Planungsrezept übertragen. Diese Einstellung birgt das Risiko, dass bei einer fehlenden Klasse in einem Prozessparameter die Prozessanweisung nicht an das Planungsrezept übertragen wird.

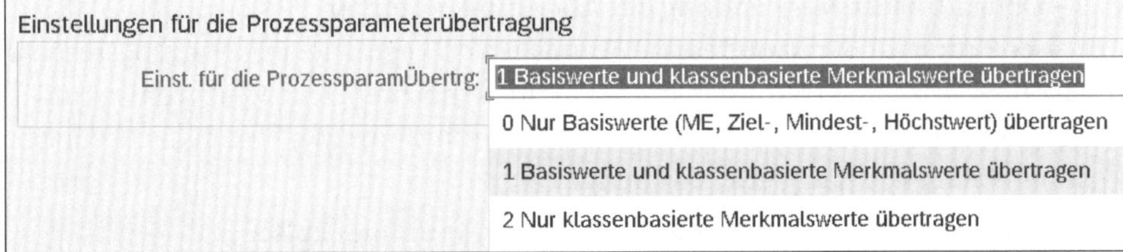

Abbildung 11.35 Einstellungen für die Prozessparameterübertragung

Prozessvorgabeartmerkmale zu Basisprozessparametermerkmalen zuordnen

In Abschnitt 7.4.1 »Prozessparameter anlegen«, haben Sie die Merkmale kennengelernt, die Sie bei der Anlage eines Prozessparameters nutzen können. Diese Basismerkmale (**Zielwert**, **Minimalwert**, **Maximalwert** und **Mengeneinheit**) können Sie gezielt den Prozessvorgabeart-Merkmalen für das Planungsrezept zuordnen.

Diese Einstellungen nehmen Sie im Customizing über den folgenden Pfad vor: **Logistik Allgemein • PLM-Web-Benutzungsoberfläche • Rezeptentwicklung • Rezept • Einstellungen für Synchronisierung Rezept zu Planungsrezept • Prozessvorgabeartmerkmale zu Basisprozessparametermerkmalen zuordnen**. Unabhängig von der Vorgabeart, aber abhängig vom Werk wählen Sie den gewünschten Eintrag aus den verfügbaren Prozessvorgabeart-Merkmalen aus (siehe Abbildung 11.36).

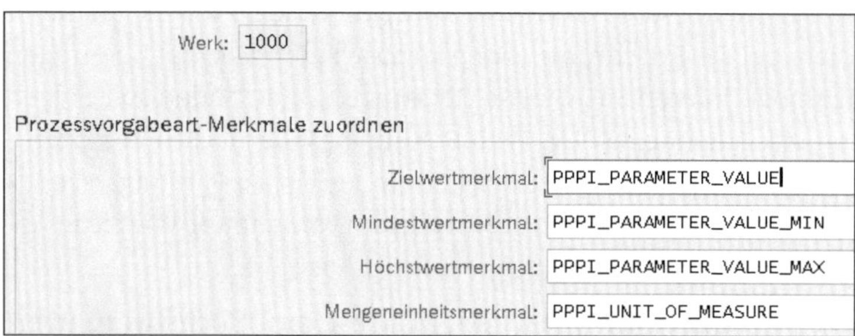

Abbildung 11.36 Zugeordnete Prozessvorgabeart-Merkmale

Einstellungen für Änderungsnummer vornehmen

Anders als bei der Stückliste, können Sie für das Planungsrezept entscheiden, wie der Einsatz von *Änderungsnummern* aussehen soll. Wählen Sie dazu den folgenden Customizing-Pfad: **Logistik Allgemein • PLM-Web-Benutzungsoberfläche • Rezeptentwicklung • Rezept • Einstellungen für Synchronisierung Rezept zu Planungsrezept • Einstellungen für Änderungsnummer vornehmen**.

Wie es aus Abbildung 11.37 hervorgeht, haben Sie drei Optionen bei den Einstellungen für die Änderungsnummer:

- **0 – Obligatorische Verwendung der Änderungsnummer**
  Dieser Eintrag ist dann interessant, wenn Sie von Beginn an Ihre Planungsrezepte mit einer Änderungsnummer angelegt haben möchten. Jede Synchronisierungseinheit benötigt dann eine zugeordnete Änderungsnummer, um in die Reconciliation Workbench navigieren zu können.
- **1 – Obligatorische Verwendung der Änderungsnummer außer bei erster Synchronisierung**
  Das Anlegen einer Änderungsnummer bringt einen gewissen Aufwand mit sich. Wenn Sie den Mitarbeiterinnen und Mitarbeitern das Anlegen einer Änderungsnummer bei der ersten Synchronisierung eines Planungsrezepts ersparen möch-

ten, nehmen Sie diesen Eintrag. Das Planungsrezept wird dann ohne Änderungsnummer angelegt. Alle Aktualisierungen des Planungsrezepts benötigen jedoch eine Änderungsnummer.

- **2 – Synchronisierung ohne Änderungsnummer**
  Wählen Sie diese Option, wenn Sie keinen Bedarf sehen, die Änderungen aus der Synchronisierung im Planungsrezept nachzuvollziehen.

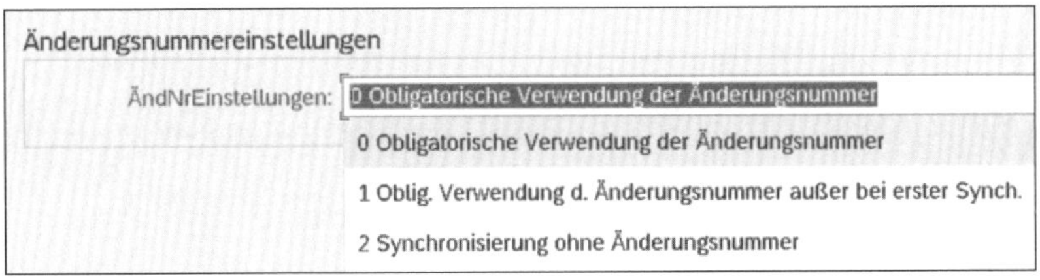

Änderungsnummereinstellungen
ÄndNrEinstellungen: 0 Obligatorische Verwendung der Änderungsnummer
0 Obligatorische Verwendung der Änderungsnummer
1 Oblig. Verwendung d. Änderungsnummer außer bei erster Synch.
2 Synchronisierung ohne Änderungsnummer

Abbildung 11.37 Einstellungsmöglichkeiten für den Einsatz der Änderungsnummer

Konfliktarten

Wie bei der Synchronisierung der Stückliste, kann es auch bei der Synchronisierung des Planungsrezepts passieren, dass das System Unstimmigkeiten entdeckt, die von den Anwenderinnen und Anwendern ausgeräumt werden müssen.

Auch im Planungsrezept sind dies Konflikte. Die View `/PLMB/VGSS_CONFT` wird Ihnen, wenn Sie in Abschnitt 11.2.2, »Stückliste«, den Unterabschnitt »Konfliktarten« gelesen haben, bekannt vorkommen. Schauen Sie sich über Transaktion SM30 (Tabellensicht-Pflege) die im Standard verfügbaren Konfliktarten an. Die für das Planungsrezept relevanten Konfliktarten sind im Customizing unter den folgenden Pfad zugewiesen: **Logistik Allgemein • PLM-Web-Benutzungsoberfläche • Rezeptentwicklung • Rezept • Einstellungen für Synchronisierung Rezept zu Planungsrezept • Konflikte für Synchronisierung Rezept zu Planungsrezept anpassen**.

Tabelle 11.4 gibt Ihnen für das Planungsrezept eine Übersicht der relevanten Konfliktarten.

Konfliktart	Beschreibung Konfliktart
ASAT	Attributkonflikt: Vergleich Quelle – Ziel
R2M0	Mehrere Ressourcen gefunden
R2M1	Neusortierung von Prozesspositionen
R2M2	Umhängung von Prozesspositionen
R2M3	Für primäre Ausrüstungsanforderung ist keine Klasse vorhanden

Tabelle 11.4 Konfliktarten bei der Synchronisierung von Rezept zu Planungsrezept

Konfliktart	Beschreibung Konfliktart
R2M4	Ressource ist für Ausrüstungsanforderung nicht vorhanden
R2M5	Klasse ist für Ausrüstungsanforderung nicht vorhanden
R2M6	Merkmal ist für primäre Ausrüstungsanforderung nicht vorhanden
R2M7	Ausrüstungsanforderung von/in primäre Ressource geändert
R2M8	Prozessposition wurde außerhalb des zuordenbaren Bereichs geschoben
R2M9	Für primäre Ausrüstungsanforderung ist keine Ressource vorhanden
R2MA	Neue Ausrüstungsanforderung vorhanden/Ziel mit Primärressource
S+	Neues Element in der Quelle vorhanden
S-	Element aus Quelle entfernt
T+	Neues Element im Ziel vorhanden
T-	Element aus Ziel entfernt
XA01	Komplexer Attributaspekt geändert

Tabelle 11.4 Konfliktarten bei der Synchronisierung von Rezept zu Planungsrezept (Forts.)

Folgende Schweregrade stehen zur Auswahl:

- **E Fehler**
- **W Warnung**
- **I Information**
- **N Nicht relevant**

An der Auflistung der Konfliktarten des Planungsrezepts in Abbildung 11.38 sehen Sie, dass die Spalte **Niedr. Schw** (Niedrigster Schweregrad) von SAP bereits vorbelegt ist und bei den von SAP ausgelieferten Tabelleninhalten nicht geändert werden kann. Es fällt auf, dass der niedrigste Schweregrad in dieser Tabelle gefüllt ist. Denken Sie daran, dass der Schweregrad einer Konfliktart nicht unter dem niedrigsten Schweregrad liegen darf. Sie können das Customizing zwar entgegen dieser Vorgabe einstellen, allerdings wird das System bei Auftreten eines Konflikts immer den Schweregrad angeben, der als niedrigster Schweregrad von SAP vorgegeben ist.

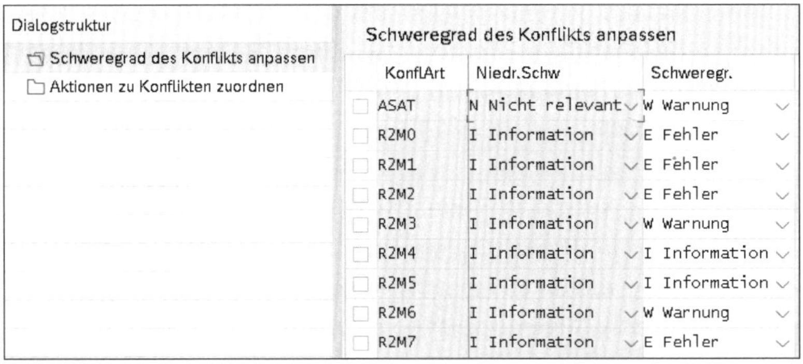

Dialogstruktur
- Schweregrad des Konflikts anpassen
- Aktionen zu Konflikten zuordnen

Schweregrad des Konflikts anpassen

KonflArt	Niedr.Schw	Schweregr.
ASAT	N Nicht relevant	W Warnung
R2M0	I Information	E Fehler
R2M1	I Information	E Fehler
R2M2	I Information	E Fehler
R2M3	I Information	W Warnung
R2M4	I Information	I Information
R2M5	I Information	I Information
R2M6	I Information	W Warnung
R2M7	I Information	E Fehler

Abbildung 11.38 Konfliktarten mit dem Schweregrad für die Planungsrezeptsynchronisierung

Aktionsarten

Auch die Behebung eines Konflikts ist bei der Synchronisierung des Planungsrezepts vorgesehen. Mithilfe der Aktionsarten, die in Transaktion SM30 (Tabellensicht-Pflege) in der View /PLMBI/VGSS_ACTI aufgelistet sind, sind die Anwenderinnen und Anwender gut gerüstet.

Die in Tabelle 11.5 aufgeführten Aktionsarten sind bei der Synchronisierung des Planungsrezepts möglich.

Aktionsart	Beschreibung Aktionsart
R2M1	Ziel anpassen
R2M2	Ziel anpassen
R2M7	Ziel anpassen
R2M8	Aus Ziel entfernen
R2MA	Zu Ziel hinzufügen
_AT1	Attributwert übernehmen
_AT2	Attributunterschied akzeptieren
_AT3	Komplexen Attributunterschied akzeptieren
_AT4	Komplexes Attribut anpassen
_ST2	Ziel unverändert lassen
_ST3	Aus Ziel entfernen
_ST5	Scheitelpunkt terminieren

Tabelle 11.5 Aktionsarten bei der Synchronisierung des Planungsrezepts

Die Aktionsarten finden Sie im Customizing ebenfalls über den Pfad **Logistik Allgemein • PLM-Web-Benutzungsoberfläche • Rezeptentwicklung • Rezept • Einstellungen für Synchronisierung Rezept zu Planungsrezept • Konflikte für Synchronisierung Rezept zu Planungsrezept anpassen**.

Konflikte für Synchronisierung Rezept zu Planungsrezept anpassen

Die Verknüpfung von Aktions- und Konfliktarten nehmen Sie in derselben Customizing-Einstellung vor, in der Sie die für das Planungsrezept relevanten Konflikt- und Aktionsarten vorfinden: **Logistik Allgemein • PLM-Web-Benutzungsoberfläche • Rezeptentwicklung • Rezept • Einstellungen für Synchronisierung Rezept zu Planungsrezept • Konflikte für Synchronisierung Rezept zu Planungsrezept anpassen**. Die in Tabelle 11.6 aufgeführten Kombinationen von Konfliktart und Aktionsart werden ausgeliefert.

Konfliktart	Beschreibung Konfliktart	Aktionsart	Beschreibung Aktionsart
ASAT	Attributkonflikt: Vergleich Quelle – Ziel	_AT1	Attributwert übernehmen
ASAT	Attributkonflikt: Vergleich Quelle – Ziel	_AT2	Attributunterschied akzeptieren
R2M1	Neusortierung von Prozesspositionen	R2M1	Ziel anpassen
R2M1	Neusortierung von Prozesspositionen	_ST2	Ziel unverändert lassen
R2M2	Umhängung von Prozesspositionen	R2M2	Ziel anpassen
R2M2	Umhängung von Prozesspositionen	_ST2	Ziel unverändert lassen
R2M7	Ausrüstungsanforderung von/in primäre Ressource geändert	R2M7	Ziel anpassen
R2M7	Ausrüstungsanforderung von/in primäre Ressource geändert	_ST2	Ziel unverändert lassen
R2M8	Prozessposition wurde außerhalb des zuordenbaren Bereichs geschoben	R2M8	Aus Ziel entfernen

Tabelle 11.6 Konfliktarten mit Aktionsarten für die Synchronisierung des Planungsrezepts

Konfliktart	Beschreibung Konfliktart	Aktionsart	Beschreibung Aktionsart
R2M8	Prozessposition wurde außerhalb des zuordenbaren Bereichs geschoben	_ST2	Ziel unverändert lassen
R2MA	Neue Ausrüstungsanforderung vorhanden/Ziel mit Primärressource	R2MA	Zu Ziel hinzufügen
S-	Element aus Quelle entfernt	_ST2	Ziel unverändert lassen
S-	Element aus Quelle entfernt	_ST3	Aus Ziel entfernen
S-	Element aus Quelle entfernt	_ST5	Scheitelpunkt terminieren
T+	Neues Element im Ziel vorhanden	_ST2	Ziel unverändert lassen
T+	Neues Element im Ziel vorhanden	_ST3	Aus Ziel entfernen
T-	Element aus Ziel entfernt	_ST2	Ziel unverändert lassen
XA01	Komplexer Attributaspekt geändert	_AT3	Komplexen Attributunterschied akzeptieren
XA01	Komplexer Attributaspekt geändert	_AT4	Komplexes Attribut anpassen

Tabelle 11.6 Konfliktarten mit Aktionsarten für die Synchronisierung des Planungsrezepts (Forts.)

Es steht Ihnen offen, die Konfliktarten mit den Aktionsarten anderweitig zu kombinieren oder weitere Konflikt- und Aktionsarten aufzunehmen. Abbildung 11.39 zeigt die Customizing-Tabelle der verbundenen Konflikt- und Aktionsarten auf. Dort sehen Sie, dass ausschließlich die Schlüssel der Konflikt- und Aktionsarten aufgeführt sind. Nutzen Sie daher die in diesem Abschnitt enthaltene Tabelle 11.6 für eine Gesamtübersicht.

Hinweis für neue Konflikt- und Aktionsarten

Wenn Sie für die Synchronisierung des Planungsrezepts neue Konflikt- und Aktionsarten benötigen, wenden Sie dieselbe Vorgehensweise an, die in Abschnitt 11.2.2, »Stückliste«, Unterabschnitt »Neue Konflikt- und Aktionsarten« ausgeführt ist. Die Synchronisierung der Stückliste und des Planungsrezepts teilen sich die Konflikt- und Aktionsarten sowie deren Implementierung.

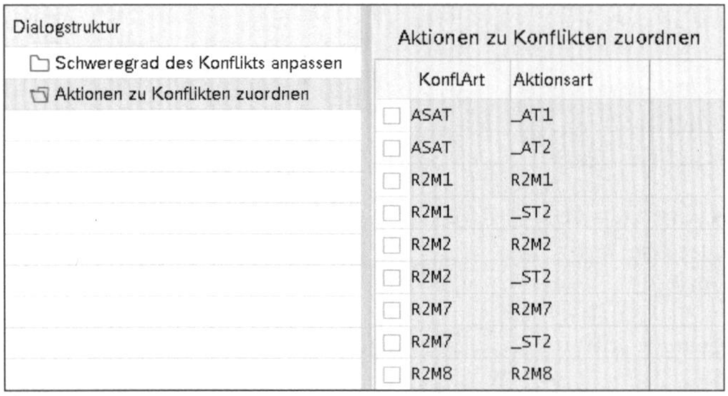

Dialogstruktur
- Schweregrad des Konflikts anpassen
- Aktionen zu Konflikten zuordnen

Aktionen zu Konflikten zuordnen

KonflArt	Aktionsart
ASAT	_AT1
ASAT	_AT2
R2M1	R2M1
R2M1	_ST2
R2M2	R2M2
R2M2	_ST2
R2M7	R2M7
R2M7	_ST2
R2M8	R2M8

Abbildung 11.39 Aktionen zu Konflikten zuordnen

11.3 Qualitätsmanagement

Über das Thema *Qualitätsmanagement* (QM) mit SAP gibt es umfangreiche Bücher, und das hat auch seinen Grund: In einem Buch über SAP Recipe Development würden die komplexen Details von QM den Rahmen sprengen. Dieser Abschnitt nimmt deshalb QM aus der Perspektive von SAP Recipe Development in den Blick.

Die Integration zwischen SAP Recipe Development und QM beschränkt sich darauf, dass Daten aus der Spezifikation in QM übergeben werden können. Dabei können Sie wählen, ob Sie bereits die Stammprüfmerkmale aus den Bewertungsarten und Merkmalen der Spezifikation ableiten möchten oder ob Sie erst mit der Ableitung und Aktualisierung des Prüfplans beginnen. Prüfen Sie, ob etwas für Sie dabei ist.

Weiterführende Informationen zu QM

Mehr über QM in SAP S/4HANA lesen Sie in dem Buch »Qualitätsmanagement mit SAP S/4HANA« von Yvonne Lorenz, Birgit Kleinebekel, Uwe Schedl und Matthias Schlaubitz, das ebenfalls im Rheinwerk Verlag erschienen ist.

11.3.1 Grundlagen

Prüfpläne eines Materials setzen sich, ähnlich wie der Eigenschaftsbaum einer Spezifikation, aus Prüfmerkmalen zusammen. Diese Prüfmerkmale sind entweder quantitativer oder qualitativer Natur. Die Merkmale, die im Eigenschaftsbaum gepflegt werden können, sind über den Datentyp `NUM` quantitativ und über den Datentyp `CHAR` qualitativ einzustufen.

In Abschnitt 3.3.3, »Merkmal vom Typ NUM – numerisches Format«, können Sie lesen, dass bei numerischen Merkmalen Intervalle angegeben werden können. Mithilfe eines Intervalls können Unter- und Obergrenzen angegeben werden. Wenn Sie mit dem

Gedanken spielen, den QM-Prüfplan aus den Spezifikationsdaten abzuleiten, sollten Sie darauf achten, dass für die Unter- und Obergrenze ein Merkmal und ein weiteres Merkmal für den Sollwert zur Verfügung stehen. Haben Sie weiteren Bedarf an Informationen, z. B. zur Prüfmethode, sehen Sie dafür auch separate Merkmale vor.

11.3.2 Voraussetzungen

In Abschnitt 4.10, »Verwendung und Verwendungsprofile«, haben Sie erfahren, dass es eine sogenannte *Einstufung* gibt, mit der geregelt wird, wie auf die Spezifikationsdaten zugegriffen werden kann und wie diese weiterverarbeitet werden können. Es gibt z. B. Einstufungen, mit denen Daten für den internen Gebrauch gekennzeichnet werden, und andere wiederum signalisieren, dass Daten an Kunden weitergegeben werden können.

Damit eine Integration mit dem Qualitätsmanagement möglich ist, muss eine Einstufung vorhanden sein, die im Customizing über den folgenden Pfad als QM-relevant gekennzeichnet ist: **Logistik Allgemein • PLM-Web-Benutzungsoberfläche • Rezeptentwicklung • Spezifikationsverwaltung • Spezifikation • Weitere Informationen für die Bewertung • Verwendung • Einstufungen festlegen**. Abbildung 11.40 zeigt das Pflegebild für die Bewertungseinstufungen.

Bewertungseinstufung pflegen

	Einstufung	Bez.Einstufung	Prio. GG	QMRel
☐	INTERNAL	Nur für internen Gebrauch		☐
☐	OFFICIAL	Freigegeben für Behörden		☐
☐	PUBLIC	Vollständig freigegeben	2	☐
☐	REACH			☐
☐	TARGET	Zielwerte		☐
☐	ZQM	Freigegeben für QM		☑

Abbildung 11.40 QM-relevante Einstufung

Da es in Ihrem Eigenschaftsbaum sicherlich für das Qualitätsmanagement interessante Bewertungsarten gibt, sollen die Bewertungsarten voneinander abgegrenzt werden. Dies gelingt Ihnen, indem Sie ein spezielles Verwendungsprofil definieren, in dem neben den üblichen Einstufungen auch die QM-relevante Einstufung eingebunden ist. Abbildung 11.41 zeigt das Verwendungsprofil `ZQM` mit der QM-relevanten Einstufung `ZQM` und der »normalen« Einstufung `PUBLIC`.

Das Verwendungsprofil `ZQM` definieren Sie über den Customizing-Pfad **Logistik Allgemein • PLM-Web-Benutzungsoberfläche • Rezeptentwicklung • Spezifikationsverwaltung • Spezifikation • Weitere Informationen für die Bewertung • Verwendung • Verwendungsprofile festlegen**. Das andere Verwendungsprofil erhält keine QM-relevante Einstufung. Da ein Prüfplan immer mit Bezug zu einem Werk angelegt wird, muss im Verwendungsprofil auch eine Einstufung mit Verbindung zu einem Werksgültigkeitsraum angegeben sein.

Dialogstruktur
Verwendungsprofil
Einstufung-Gültigkeitsraum

VerwProfil: ZQM
VerwProfilBez.: Freigabe für QM

Einstufung-Gültigkeitsraum

	Einstufung	EinstufBez.	GültRaum	GültRaumBez.	Außer
☐	PUBLIC	Vollständig freigegeben	GB	Großbritannien	☑
☐	PUBLIC	Vollständig freigegeben	REG_WORLD	Welt	☐
☐	ZQM	Freigegeben für QM	1000	München	☐
☐	ZQM	Freigegeben für QM	REG_WORLD	Welt	☐

Abbildung 11.41 Verwendungsprofil mit QM-relevanter Einstufung und Werk

Ordnen Sie das Verwendungsprofil für die QM-Integration den von Ihnen benötigten Bewertungsarten über den folgenden Customizing-Pfad zu: **Logistik Allgemein • PLM-Web-Benutzungsoberfläche • Rezeptentwicklung • Spezifikationsverwaltung • Spezifikation • Datenbankstruktur der Spezifikationen • Einstellungen der Bewertung • Bewertungsarten angeben**. Alle anderen Bewertungsarten erhalten das Standard-Verwendungsprofil. Die Bewertungsart **Salmonellen** erhält in Abbildung 11.42 das Verwendungsprofil mit QM-Bezug (Eintrag »ZQM« im Feld **VerwProfil**).

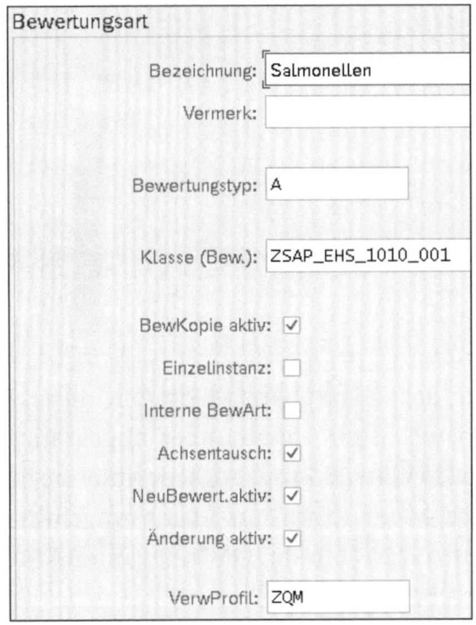

Abbildung 11.42 QM-relevantes Verwendungsprofil in einer Bewertungsart

11.3.3 Stammprüfmerkmal ableiten

Ähnlich wie die Bewertungsarten mit ihren Klassen und Merkmalen den Eigenschaftsbaum einer Spezifikation gestalten, werden Stammprüfmerkmale dazu genutzt, die

Prüfpläne zu Materialien aufzubauen. Gehen wir davon aus, dass bereits auf der Spezifikationsebene QM-relevante Daten erfasst werden, liegt die Frage nahe, warum man sich die Mühe machen sollte, an zwei Stellen dieselben Strukturen aufzubauen. In Transaktion CGQM (Daten für QM-Prüfplanerzeugung bearbeiten) haben Sie die Möglichkeit, aus Bewertungsarten Stammprüfmerkmale abzuleiten. Wie es aus Abbildung 11.43 hervorgeht, listen Sie die QM-relevanten Bewertungsarten in der Spalte **Bewertungsart** auf. Danach wechseln Sie im Menü auf **Stammprüfmerkmal anlegen**.

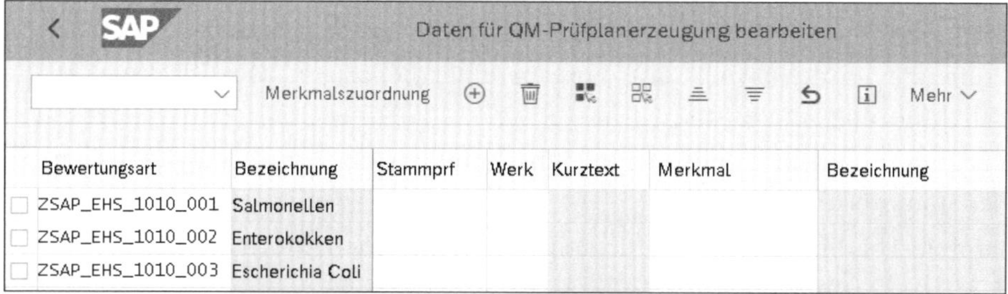

Abbildung 11.43 Vorbereitung zur Ableitung von Stammprüfmerkmalen

Damit es etwas übersichtlicher ist, legen wir in Abbildung 11.44 den Fokus auf eine Bewertungsart. Die verfügbaren Bewertungsarten finden Sie im oberen Bildbereich **Merkmale der Quelle**. Markieren Sie die relevanten Zeilen, und übertragen Sie diese mit einem Klick auf den Button **Quell-Merkmale konvertieren** in den unteren Bildbereich.

> **Hinweis für die verfügbaren Bewertungsarten**
> Es werden ausschließlich Bewertungsarten übernommen, denen im Startbild kein Stammprüfmerkmal zugeordnet ist.

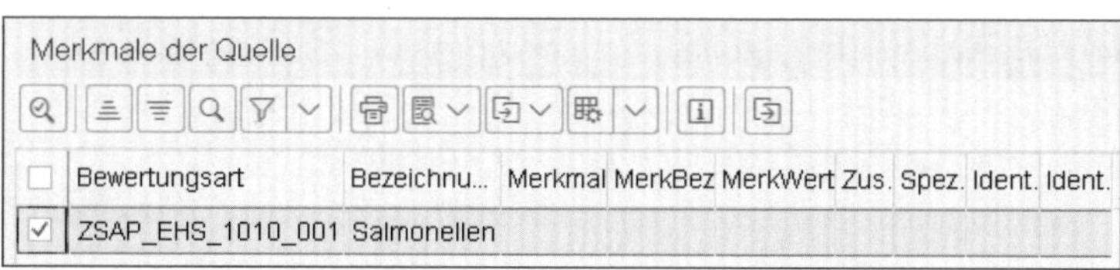

Abbildung 11.44 Verfügbare Bewertungsart für die Anlage des Stammprüfmerkmals

Im nächsten Schritt geben Sie die folgenden Informationen an:

- **Werk**: Werk, in dem das Stammprüfmerkmal verwendet werden soll
- **StPPrüfMrkm** (Stammprüfmerkmal): Schlüssel des Stammprüfmerkmals
- **Kurztext**: Kurztext wird aus der Bewertungsart übernommen
- **Suchfeld**: Suchbegriff

- **St.Sch.** (Steuerschlüssel): Angabe des Steuerschlüssels zur näheren Definition des Stammprüfmerkmals
- **QN** (Quantitatives Merkmal): Kennzeichen bei quantitativem Stammprüfmerkmal
- **QL** (Qualitatives Merkmal): Kennzeichen bei qualitativem Stammprüfmerkmal
- **Interne Merkmals-ID**: zusätzliche Merkmalsbezeichnung
- **AB** (Anteilsberechnung): Schlüssel zur Erkennung der Anteilsschätzung
- **MkG** (Merkmalsgewichtung): Gewichtung der Stammprüfmerkmale
- **Prüfqualif** (Prüfqualitfikation): Vorgabe einer benötigten Qualifikation für die Durchführung der Prüfung
- **BerGruppe** (Berechtigungsgruppe): Einschränkung der Zugriffsmöglichkeiten auf das Stammprüfmerkmal
- **Infofeld-1** bis **Infofeld-3**: Hinterlegung von zusätzlichen Informationen

Sie sehen in Abbildung 11.45 eine Minimalausprägung der Spalten, die ausreicht, um ein Stammprüfmerkmal anzulegen. Ob das in Ihrem Fall auch genügt, ist mit den Kolleginnen und Kollegen aus dem QM-Bereich zu klären.

Der Button **Konsistenzprüfung** weist Sie auf potenzielle Fehleingaben hin. Um das Stammprüfmerkmal anzulegen, klicken Sie auf **Sichern**.

Stammprüfmerkmale

	Werk	StPrüfMrkm	Kurztext	Suchfeld	StSch.	QN	QL	Interne Merkmals-ID	AB	MkG	Prüferqualif	BerGruppe	Infofeld-1	Infofeld-2	Infofeld-3
☑	1000	ZSALMONE	Salmonellen	SALMONELLEN		X									

Abbildung 11.45 Angaben für das Stammprüfmerkmal

Hinweis für die Ableitung von Stammprüfmerkmalen

Ziehen Sie die QM-Kolleginnen und -Kollegen unbedingt zu der Ableitung von Stammprüfmerkmalen hinzu. Ohne deren Input besteht die Gefahr, dass die Stammprüfmerkmale mühsam manuell nachbearbeitet werden müssen.

Ist das Stammprüfmerkmal erfolgreich angelegt, sehen Sie im Einstiegsbild von Transaktion CGQM, dass bei der Bewertungsart das Stammprüfmerkmal aufgeführt ist (siehe Abbildung 11.46, Spalte **Stammprf**).

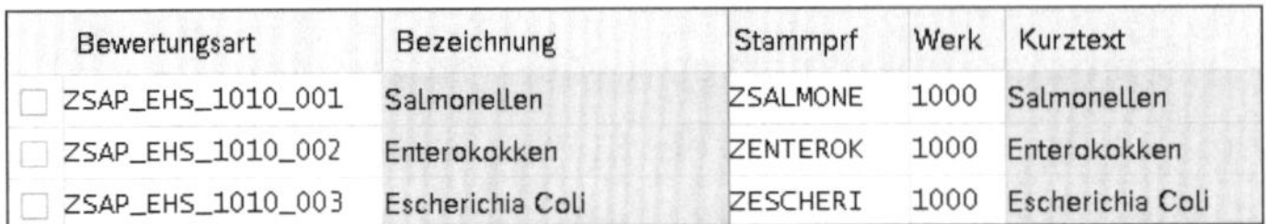

Bewertungsart	Bezeichnung	Stammprf	Werk	Kurztext
ZSAP_EHS_1010_001	Salmonellen	ZSALMONE	1000	Salmonellen
ZSAP_EHS_1010_002	Enterokokken	ZENTEROK	1000	Enterokokken
ZSAP_EHS_1010_003	Escherichia Coli	ZESCHERI	1000	Escherichia Coli

Abbildung 11.46 Übersicht über die Bewertungsarten mit abgeleiteten Stammprüfmerkmalen

11.3.4 Bewertungsart zu Stammprüfmerkmal zuordnen

Damit die Daten aus der Spezifikation auch ordnungsgemäß im Stammprüfmerkmal ankommen können, müssen in Transaktion CGQM Bewertungsart und Stammprüfmerkmal eindeutig einander zugeordnet werden.

Die einzelnen Merkmale einer Bewertungsart sollen mit den Feldern eines Stammprüfmerkmals verbunden werden (siehe Abbildung 11.47). An dieser Stelle ist es empfehlenswert die Kolleginnen und Kollegen aus der Entwicklung ins Boot zu holen, da leider nicht alle Merkmalsarten vollständig implementiert sind.

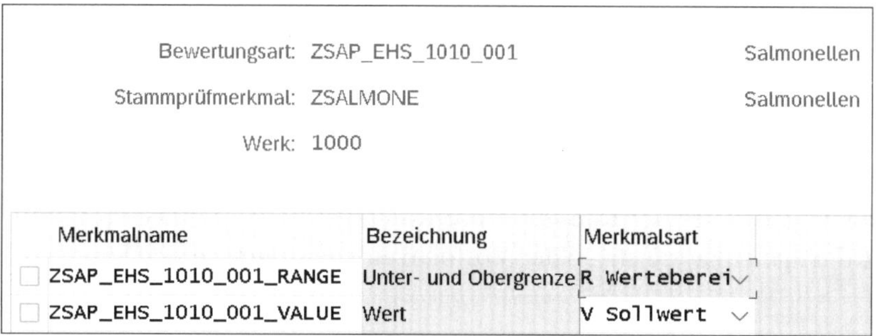

Abbildung 11.47 Merkmale einer Bewertungsart den Merkmalsarten zuordnen

Laut den Beschreibungen von SAP stehen die folgenden Merkmalsarten zur Verfügung:

- Soll-Wert (einzelner numerischer Wert)
- Wertebereich
- attributiver Eintrag
- Prüfmethode
- Zusatzinformation

Hinweis für den Aufbau des Eigenschaftsbaumes

Abhängig davon, ob Sie alle Bestandteile des Stammprüfmerkmals befüllen möchten, müssen Sie auch die Struktur Ihrer Klassen und Merkmale in der Spezifikationsverwaltung aufbauen. Entscheiden Sie sich daher frühzeitig, ob Sie eine QM-Integration nutzen möchten oder nicht. Wenn Sie sich einmal mitten im Tagesgeschäft befinden, lässt sich der Eigenschaftsbaum nicht ohne Weiteres umbauen.

11.3.5 Prüfplan ableiten

Die Ableitung des Prüfplans erfolgt mithilfe von Transaktion QP21S (Prüfplan aus externer Quelle anlegen). Sie geben die Spezifikationsnummer im Feld **Spezifikation** und die Einstufung im Feld **Einstufung** an, bevor Sie an die Detailarbeit gehen (siehe Abbildung 11.48).

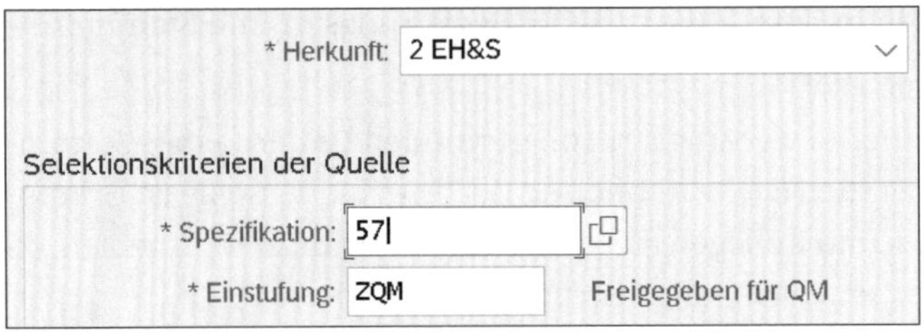

Abbildung 11.48 Einstiegsbild von Transaktion QP21S

Im nächsten Schritt ist es hilfreich, wenn Ihnen eine Prüfplanvorlage zur Verfügung steht, die die Struktur der benötigten Vorgänge beinhaltet. Die Vorgänge des Prüfplans sehen Sie auf der linken Seite in Abbildung 11.49. Auf der rechten Seite erkennen Sie eine Auflistung der verfügbaren Stammprüfmerkmale mit gepflegten Bewertungsarten in der Spezifikation, die in den Prüfplan eingebunden werden können.

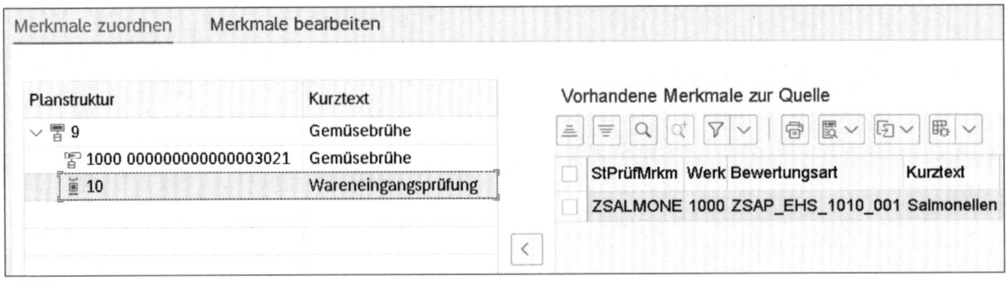

Abbildung 11.49 Struktur des Prüfplans und verfügbare Stammprüfmerkmale

Über den Pfeil-Button, den Sie in Abbildung 11.49 sehen, ordnen Sie das Stammprüfmerkmal dem Vorgang im Prüfplan zu. Im Anschluss ist das Stammprüfmerkmal in der Vorgangsübersicht enthalten (siehe Abbildung 11.50).

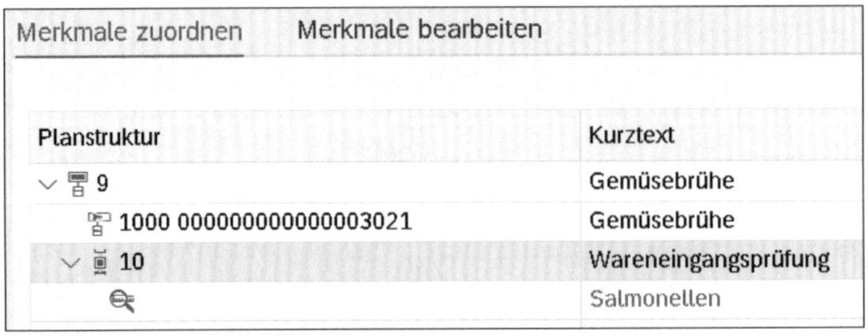

Abbildung 11.50 Zugeordnetes Stammprüfmerkmal

In Abbildung 11.51 sehen Sie, dass Sie bei einem Wechsel in die Sicht **Merkmale bearbeiten**, die Detailwerte aus dem Eigenschaftsbaum, wie z. B. Soll-Wert, Untergrenze und Obergrenze, erhalten. Bei verphrasten Merkmalen kann an dieser Stelle die Codegruppe für das Stammprüfmerkmal mit OK- und Nicht-OK-Codes generiert werden.

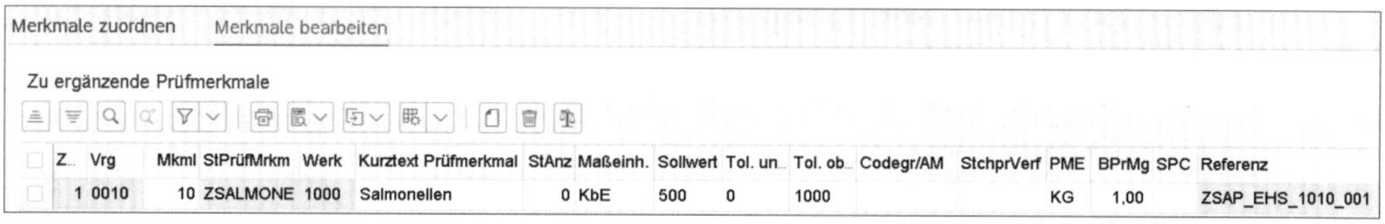

Merkmale zuordnen | Merkmale bearbeiten

Zu ergänzende Prüfmerkmale

Z..	Vrg	Mkml	StPrüfMrkm	Werk	Kurztext Prüfmerkmal	StAnz	Maßeinh.	Sollwert	Tol. un..	Tol. ob..	Codegr/AM	StchprVerf	PME	BPrMg	SPC	Referenz
1	0010	10	ZSALMONE	1000	Salmonellen	0	KbE	500	0	1000			KG	1,00		ZSAP_EHS_1010_001

Abbildung 11.51 Detailinformationen aus der Spezifikation für den Prüfplan

11.3.6 Prüfplan aktualisieren

Ändern sich die Spezifikationsdaten, sodass der Prüfplan ebenfalls aktualisiert werden muss, nutzen Sie Transaktion QPCG (Prüfplansynchronisation). Wenn Sie auf die Angabe von speziellen Spezifikationsnummern verzichten, zeigt das System all die Spezifikationen an, in denen sich etwas verändert hat. In Abbildung 11.52 sehen Sie, dass im Feld **Spezifikation** ein konkreter Wert angegeben ist.

In der danach folgenden Ansicht (siehe Abbildung 11.53) ist der zu aktualisierende Prüfplan aufgeführt sowie das Stammprüfmerkmal, dessen Werte angepasst werden. Der alte Wert ist mit einem Minuszeichen mittig und der neue Wert mit einem Pluszeichen rechts im Bild aufgeführt.

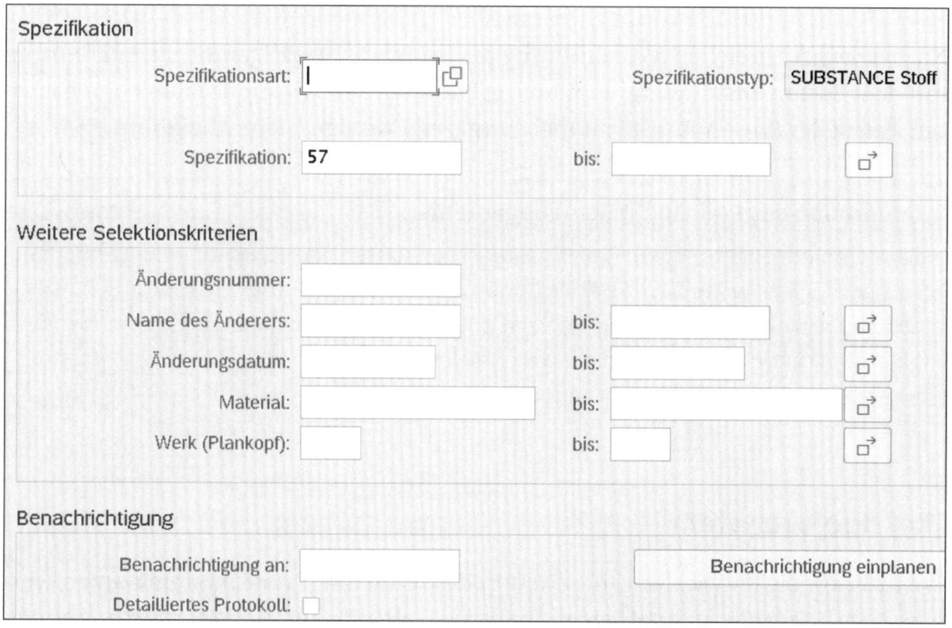

Spezifikation

Spezifikationsart: | Spezifikationstyp: SUBSTANCE Stoff

Spezifikation: 57 | bis:

Weitere Selektionskriterien

Änderungsnummer:

Name des Änderers: | bis:

Änderungsdatum: | bis:

Material: | bis:

Werk (Plankopf): | bis:

Benachrichtigung

Benachrichtigung an: | Benachrichtigung einplanen

Detailliertes Protokoll:

Abbildung 11.52 Selektionskriterien für die Prüfplansynchronisation

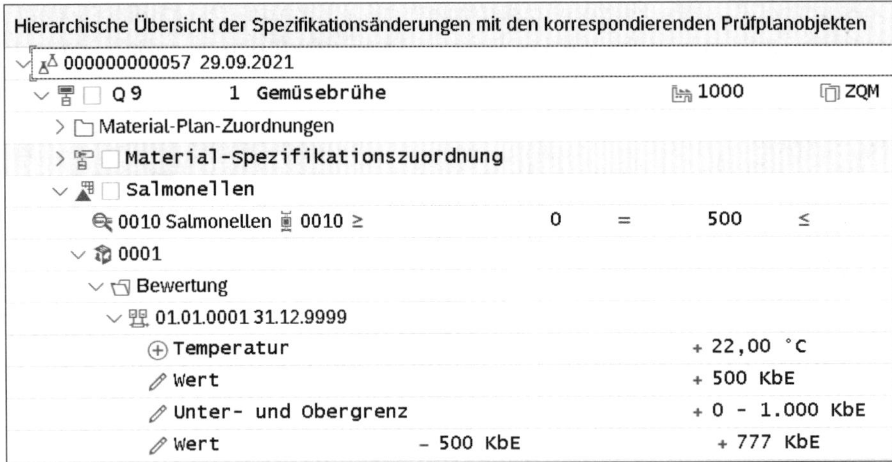

Abbildung 11.53 Prüfplan aktualisieren

Sie markieren das Kennzeichen des Stammprüfmerkmals, dessen Daten aktualisiert werden sollen, und klicken auf den Button **Synchronisierung** (siehe Abbildung 11.54).

Abbildung 11.54 Menüleiste bei der Prüfplansynchronisation

Nach einer erfolgreichen Aktualisierung des Prüfplans bestätigen Sie die Ausführung mit dem Button **Bestätigung**, damit die geänderten Spezifikationsdaten beim nächsten Aufruf der Anwendung nicht mehr angezeigt werden (siehe Abbildung 11.54).

Integration des SAP-Qualitätsmanagements

Ein komplett abgerundeter Prozess eines integrierten SAP-Qualitätsmanagements ist nur möglich, wenn Sie Ihre Kolleginnen und Kollegen aus der Entwicklung hinzuziehen. Der Ansatz dieser Integration ist gut und schlüssig; allerdings müssen Sie für eine abgerundete Anwendung letztlich selbst programmieren. Vielleicht arbeitet SAP aber für SAP S/4HANA eine verbesserte Funktion aus.

11.4 Projektsystem

Wenn Sie für die Entwicklung Ihrer Neuprodukte das SAP-Projektsystem nutzen, werden Sie erfreut sein, zu erfahren, dass Sie die Elemente aus dem *Projektstrukturplan* (**PSP-Elemente**) im Rezept einbinden können.

Das SAP-Projektsystem ermöglicht den Aufbau einer klaren Projektstruktur durch einen Projektstrukturplan sowie die Strukturierung von Aktivitäten in Vorgängen, auch Arbeitspakete genannt. In den Grunddaten des Rezepts kann im Feld **PSP-Element** aus den angelegten PSP-Elementen das entsprechende ausgewählt werden.

In Abbildung 11.55 sehen Sie die Selektionskriterien, die genutzt werden können, um nach bestimmten Projekten zu suchen. Sie können z. B. über das Feld **Projektdefinition** nach einer konkreten Projektnummer oder über das Feld **Bezeichnung** nach einer Projektbezeichnung suchen.

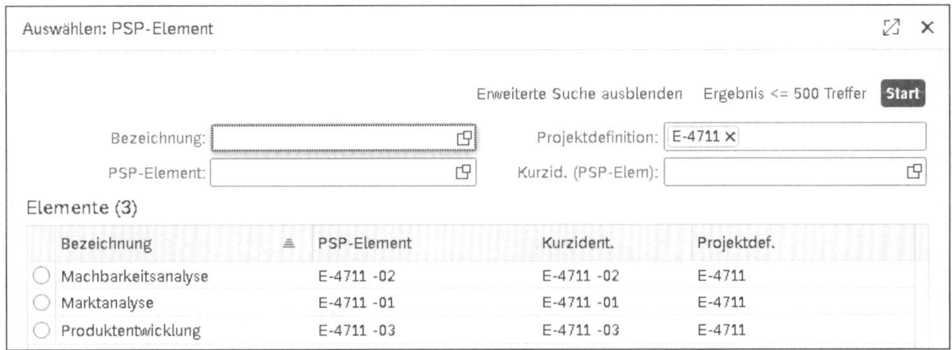

Abbildung 11.55 Selektionskriterien im Feld »PSP-Element«

In Abbildung 11.56 sehen Sie ein zugeordnetes PSP-Element in den Grunddaten eines Rezepts.

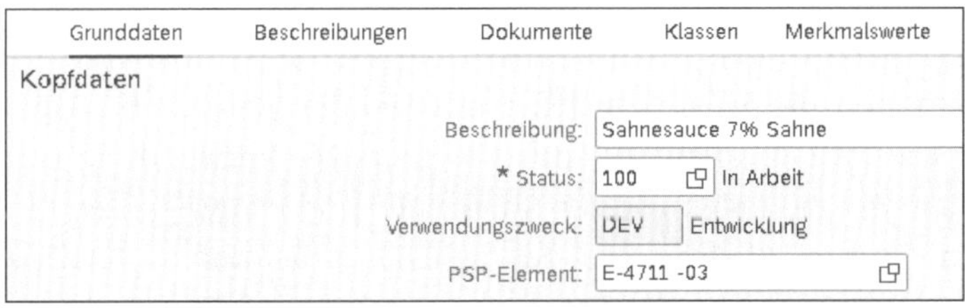

Abbildung 11.56 Zugeordnetes PSP-Element im Rezept

Wie Sie in Abbildung 11.57 sehen können, steht in der Mehrfachbearbeitung für Formeln das Feld **PSP-Element** zur Suche nach Rezepten zu einem bestimmten PSP-Element zur Verfügung.

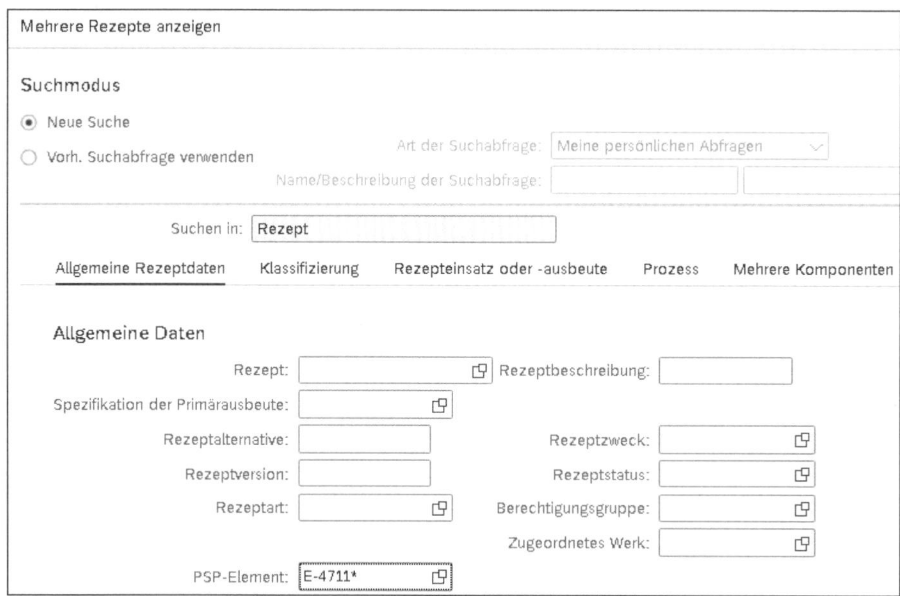

Abbildung 11.57 Rezepte mit einem bestimmtem PSP-Element suchen

11.5 Zusammenfassung

SAP Recipe Development kann vollkommen losgelöst von anderen Anwendungen eingesetzt werden; eine Integration in andere Bereiche ist nicht notwendig. Speziell in den Anfangsstadien einer neuen Produktidee kann das sehr hilfreich sein.

Doch falls gewünscht, können die Fühler zu den angrenzenden Bereichen ausgestreckt und mit einem Standardumfang gut genutzt werden. Die Verwendung von Materialpreisen im Rezept und die Ableitung von Stücklisten und Planungsrezepten sind zwei Aspekte der Integration, die Ihnen bei der täglichen Arbeit mit SAP Recipe Development vermutlich am häufigsten begegnen werden. Entscheidend dabei ist, dass Sie so früh wie möglich, die Kolleginnen und Kollegen aus diesen angrenzenden Bereichen informieren und mit ihnen zusammenarbeiten.

Im abschließenden Kapitel dieses Buches erhalten Sie Informationen darüber, was Sie berücksichtigen müssen, wenn in Ihrem Unternehmen eine Migration der Produktentwicklung nach SAP S/4HANA ansteht.

Kapitel 12

Migration der Produktentwicklung nach SAP S/4HANA

Steht für Sie ein Wechsel nach SAP S/4HANA bevor, und fragen Sie sich, was das für Ihre Produktentwicklung bedeutet? In diesem Kapitel werden Sie feststellen, dass dies stark davon abhängt, ob Sie SAP Recipe Management oder SAP Recipe Development nutzen.

Alle Unternehmen, die derzeit SAP ERP nutzen und neu entwickelte Funktionen des SAP-Systems anwenden möchten, müssen über kurz oder lang auf SAP S/4HANA umstellen. Wenn Sie dieses Kapitel lesen, gehört Ihr Unternehmen vermutlich dazu, oder Sie sind in der Beratung für eines dieser Unternehmen tätig.

Es gibt verschiedene Wege für die Umstellung von SAP ERP nach SAP S/4HANA. Von einer umfassenden Beschreibung oder gar Bewertung dieser Wege möchten wir an dieser Stelle Abstand nehmen. In diesem Kapitel gehen wir davon aus, dass Sie eine sogenannte Conversion also einen Brownfield-Ansatz nutzen und Ihr bestehendes SAP-ERP-System in ein SAP-S/4HANA-System umstellen möchten.

Für die Gesamtprojektplanung ist es entscheidend, ob Sie auf der Basis von SAP Recipe Management oder von SAP Recipe Development beginnen. Lesen Sie im ersten Fall Abschnitt 12.1, »Wechsel nach SAP S/4HANA auf der Basis von SAP Recipe Management«. In Abschnitt 12.2, »Wechsel nach SAP S/4HANA auf der Basis von SAP Recipe Development«, adressieren wir den zweiten Fall.

12.1 Wechsel nach SAP S/4HANA auf der Basis von SAP Recipe Management

Nutzt Ihre Produktentwicklung SAP Recipe Management, müssen Sie in zwei Schritten auf SAP S/4HANA umstellen. In SAP S/4HANA sind die Rezepte von SAP Recipe Management nur noch im Anzeigemodus verfügbar. Das heißt, dass Sie mit SAP Recipe Management keine weiteren Rezepte verwalten können. Wenn Sie also in der Produktentwicklung weiterhin das SAP-System einsetzen möchten, müssen Sie sich mit SAP Recipe Development befassen.

Die grundsätzliche Arbeitsweise in SAP Recipe Development ähnelt der Arbeitsweise in SAP Recipe Management: Es gibt Spezifikationen, in denen Sie verschiedene Eigenschaften pflegen können. Aus diesen Spezifikationen werden in einem zweiten Schritt Rezepte angelegt, in denen einige Daten aus den Spezifikationen zur Ermittlung von Berechnungsergebnissen verwendet werden. Die folgenden Objekte spielen sowohl in SAP Recipe Management als auch in SAP Recipe Development eine zentrale Rolle:

- Spezifikationstyp
- Spezifikationsart
- Berechtigungsgruppe
- Identifikatoren
- Einstufung
- Gültigkeitsraum

12.1.1 Unterschiede zwischen SAP Recipe Management und SAP Recipe Development

Schauen wir uns zunächst die größten Unterschiede zwischen SAP Recipe Management und SAP Recipe Development an.

- **Neue Spezifikationsarten**
  In SAP Recipe Development werden Sie einige neue Spezifikationsarten entdecken, so z. B. gesonderte Spezifikationsarten für Allergene (`ALLERGEN`), Allergengruppen (`ALLERG_GRP`), religiöse Zertifikate (`RELIGIOUS`), religiöse Zertifikatgruppen (`RELIG_GRP`) und Eigenschaftsspezifikationen (`RCP_PROP`). Diese Spezifikationsarten werden für neue Funktionen in den Rezepten von SAP Recipe Development verwendet.

  Wenn Sie die neuen Spezifikationsarten verwenden möchten, um qualitative Komponenten wie Allergene und deren Gruppen abzubilden, müssen Sie die entsprechenden Spezifikationen unter diesen Spezifikationsarten in SAP Recipe Development anlegen.

- **Neue Spezifikationstypen**
  Neben neuen Spezifikationsarten gibt es in SAP Recipe Development auch neue Spezifikationstypen. Wie Sie aus Abschnitt 4.1, »Spezifikationstypen«, wissen, können Sie mithilfe der Spezifikationstypen zum einen die Berechtigungsgruppe angeben. Zum anderen steuern Sie darüber, welche Identifikationsarten in den zum Spezifikationstyp zugehörigen Spezifikationen genutzt werden können.

  Zudem werden die neuen Spezifikationstypen auch für die Nutzung der Apps für die vereinfachte Spezifikationspflege benötigt. Sie werden feststellen, dass neben neuen Spezifikationstypen für neue Spezifikationsarten auch neue Spezifikationstypen für bestehende Spezifikationsarten verwendet werden. So gibt es z. B. jeweils einen neuen Spezifikationstyp für die Spezifikationsart der Nährstoffe und die Spezifikationsart der Nährstoffgruppe. Beide Objekte sind bereits in SAP Recipe Management im Einsatz.

- **Neue Berechnungs-IDs**
  Die Ermittlung verschiedener Daten aus den in der Formel verwendeten Spezifikationen ist in SAP Recipe Management über Formelsichten abgebildet. In SAP Recipe Development gibt es dafür Berechnungs-IDs.

  Unabhängig davon ist es an dieser Stelle erwähnenswert, dass es in SAP Recipe Development verschiedene Ermittlungsansätze für unterschiedliche qualitative Komponenten gibt. So können Diäten, Allergene und religiöse Zertifikate nun in den eigenen Views völlig unabhängig voneinander ermittelt und geprüft werden. Dazu kommt, dass die qualitativen Komponenten in den Spezifikationen in eigens dafür vorgesehenen Bewertungsarten gepflegt werden können. Dies hat zur Folge, dass die Ausnahmewerte, mit denen die Bewertung erfolgt, abhängig von Spezifikationstyp und Bewertungsart zugeordnet werden können. Dies ermöglicht Ihnen ein deutlich flexibleres Arbeiten.

12

[!]

Nutzung neuer Berechnungs-IDs

Falls Sie in SAP Recipe Management Diäten, Allergene und religiöse Zertifikate gesammelt als Diäten abgebildet und keine individuellen Ermittlungen implementiert haben, müssen Sie die Spezifikationen für die neuen Spezifikationsarten und -typen selbst anlegen. Sie führen entweder nach und nach bei neuen Rezepten und Rezeptversionen die Nutzung der neuen Spezifikationsarten durch, oder Sie finden eine technische Möglichkeit, diese Umstellung im Rahmen der Migration von SAP Recipe Management nach SAP Recipe Development vorzunehmen.

- **Neue Datenablage**
  Spätestens, wenn Sie auf der Tabellenebene auf der Suche nach den Rezeptdaten sind, stellen Sie fest, dass es große Unterschiede zwischen den Rezepten von SAP Recipe Management und SAP Recipe Development gibt. Die meisten Tabellen, die für die Ablage von SAP-Recipe-Development-Rezeptdaten verwendet werden, beginnen mit `/PLMB/*` oder `/PLMI/*`.

- **Benutzeroberfläche**
  Während Sie aus der Arbeit mit SAP Recipe Management vermutlich Transaktion RMWB (Rezept-Workbench) gut kennen, müssen Sie sich bei der Nutzung von SAP Recipe Development für den Großteil der Aktivitäten vom klassischen SAP GUI verabschieden.

  Rezepte in SAP Recipe Development werden ausschließlich webbasiert angelegt. Ebenso verhält es sich mit der Pflege von Allergenen und religiösen Zertifikaten in den einzelnen Spezifikationen. Im Standardumfang können Sie diese Angaben in einer Spezifikation nur in einem Browser vornehmen.

- **Eigenständige Formel**
  Haben Sie in SAP Recipe Management eigenständige Formeln verwendet? Diese Vorgehensweise ist in SAP Recipe Development nicht mehr möglich: Eine Formel ist in SAP Recipe Development immer fest mit einem Rezept verbunden.
- **Rezeptalternative**
  In SAP Recipe Management konnten Sie zu einem Rezept mehrere Rezeptversionen anlegen. Es kommt häufig vor, dass zu einem Produkt mehrere Optionen (Alternativen) bestehen oder dass Sie verschiedene Herstellungsverfahren ausprobieren möchten. Mit SAP Recipe Development können Sie zu einem Produkt Rezeptalternativen anlegen. Jede Rezeptalternative hat einen eigenen Versionszähler. Sehen Sie sich für weitere Informationen Abschnitt 5.1.2, »Rezeptalternative«, und Abschnitt 5.1.3, »Rezeptversion«, an.
- **Individualentwicklungen**
  Durch den neuen Aufbau der Rezepte in SAP Recipe Development müssen Sie sämtliche Individualentwicklungen für SAP Recipe Management für die Rezepte in SAP Recipe Development neu implementieren. Es empfiehlt sich bei Programmanpassungen immer, zunächst zu prüfen, ob diese Anpassungen in SAP Recipe Development tatsächlich noch benötigt werden. Manche Individualentwicklungen sind vielleicht aufgrund geänderter gesetzlicher Rahmenbedingungen obsolet geworden.
- **Neue Klassenart**
  Damit ein Rezept in SAP Recipe Development Klassifizierungsdaten erhalten kann, muss die Klassenart 104 (Rezept) verwendet werden.
- **Neue Möglichkeiten zur Ableitung von Produktionsstammdaten**
  Im Rahmen von SAP Recipe Management haben Sie über Transaktion MRTRS_START (Rezepttransformation) die Möglichkeit, aus Rezeptdaten Produktionsstammdaten anzulegen. In SAP Recipe Development finden diese Aktivitäten ebenfalls im Browser statt. Anstelle von Transaktionen werden dafür nun spezielle Services benötigt, die aktiviert sein müssen. Ein weiterer positiver Nebeneffekt der neuen Anwendung ist, dass Sie die sogenannte Synchronisierung direkt aus dem offenen Rezept heraus aufrufen können.
- **Customizing-Leitfaden**
  Die Customizing-Einstellungen für SAP Recipe Management befinden sich im Pfad **Produktionsplanung Prozeßindustrie • Stammdaten • Rezeptverwaltung**. Für die meisten Customizing-Einstellungen, die SAP Recipe Development betreffen, navigieren Sie zu **Logistik Allgemein • Product Lifecycle Management (PLM) • PLM-Web-Benutzungsoberfläche • Rezeptentwicklung**.

12.1.2 Migration

Eine zentrale Anlaufstelle für die Migration von SAP Recipe Management nach SAP Recipe Development ist SAP-Hinweis 1511580 (PLMWUI702: Migration Rezeptverwaltung nach Rezeptentwicklung). Dieser Hinweis wird regelmäßig aktualisiert und verweist Sie auf weitere potenziell relevante SAP-Hinweise.

Da sich die Migration von SAP Recipe Management nach SAP Recipe Development von Unternehmen zu Unternehmen stark unterscheiden kann, soll an dieser Stelle der Fokus auf den zentralen, für alle gleichermaßen gültigen Aspekten liegen.

Allgemeine Vorgehensweise

Die folgenden Rahmenbedingungen sind immer relevant:

- **Migration von SAP Recipe Management nach SAP Recipe Development als Vorprojekt im Rahmen einer Gesamtumstellung nach SAP S/4HANA einplanen**
  Abhängig von den Individualentwicklungen, die in Ihrem SAP Recipe Management implementiert sind, kann die Migration von SAP Recipe Management nach SAP Recipe Development in ihrer Komplexität variieren. Die Rezepte in SAP Recipe Management sind in SAP S/4HANA, wie eingangs erwähnt, nur noch im Anzeigemodus verfügbar. Es ist davon auszugehen, dass Sie in dem einen oder anderen Rezept Anpassungen vornehmen müssen, damit die Migration gelingt. Welche Anpassungen das sind, erfahren Sie aus dem Protokoll der Migration. Vor diesem Hintergrund sollte die Migration von SAP Recipe Management nach SAP Recipe Development erfolgen, bevor Sie Ihr System auf SAP S/4HANA umstellen. Nehmen Sie daher Kontakt zu den Verantwortlichen für das SAP-S/4HANA-Projekt auf, damit die Migration nach SAP Recipe Development den notwendigen Fokus in der Gesamtprojektplanung erhält.
- **SAP-ERP-System auf den für SAP Recipe Development benötigten EHP-Stand bringen**
  SAP Recipe Development ist erst ab SAP ERP ECC 6 EHP 05 verfügbar. Prüfen Sie, ob es eine aktuelle Empfehlung gibt, auf welchem EHP-Stand die Conversion erfolgen soll. Im Idealfall nutzen Sie einen höheren EHP-Stand, denn dann sind auch zusätzliche Funktionen in SAP Recipe Development verfügbar.
- **Identifikation und Validierung aller Individualentwicklungen unter SAP Recipe Management**
  Wie bereits im vorangehenden Abschnitt erwähnt, müssen alle Individualentwicklungen, die Sie in SAP Recipe Development weiter nutzen möchten, dort implementiert werden. Prüfen Sie, welche Individualentwicklungen es in Ihrer SAP-Recipe-Management-Anwendung gibt. Stellen Sie auf den Prüfstand, welche dieser Entwicklungen auch in SAP Recipe Development benötigt werden. Vielleicht befinden sich in Ihrem SAP-Recipe-Management-System Individualentwicklungen, die

Sie schon geraume Zeit nicht mehr nutzen; vielleicht gibt es in SAP Recipe Development Funktionen, die eine Entwicklung obsolet werden lassen.

Die Kapitel in diesem Buch sollten Ihnen ein profundes Verständnis der in SAP Recipe Development enthaltenen Funktionen vermitteln. Wenn es Zweifel gibt, ob eine Funktion bereits auf dem von Ihnen genutzten EHP-Stand in SAP Recipe Development verfügbar ist, kontaktieren Sie Ihr Beratungshaus.

- **SAP Recipe Development konfigurieren**
  Damit Sie die Kolleginnen und Kollegen aus der Produktentwicklung vor der Migration testen lassen können, ob SAP Recipe Development die benötigten Anforderungen abdeckt, müssen Sie die Anwendung zunächst konfigurieren. Die Kapitel dieses Buches sollen Sie dabei unterstützen.
- **Relevante Stammdaten in SAP Recipe Development anlegen**
  Im Rahmen der Migration können auch Angaben zu Klassen und Merkmalen sowie zu Prozessparametern übernommen werden. Dafür muss sichergestellt sein, dass die jeweiligen Stammdatenobjekte in SAP Recipe Development angelegt sind.
- **Individualentwicklungen in SAP Recipe Development implementieren**
  Im nächsten Schritt müssen die Individualentwicklungen, die Sie für SAP Recipe Development benötigen, implementiert werden.
- **Relevante Zuordnungen für die Migration vornehmen**
  Damit das System im Rahmen der Migration »weiß«, zu welcher Spezifikationsart von SAP Recipe Management es welche Rezeptart in SAP Recipe Development anlegen soll, müssen Sie dies festlegen.
- **Benötigte BAdI-Implementierungen für die Migration vornehmen**
  Falls Sie das Verhalten des Systems im Rahmen der Migration verändern möchten, haben Sie die Möglichkeit, BAdIs zu implementieren. An welchen Stellen Sie eingreifen können, erfahren Sie in SAP-Hinweis 1511580 (PLMWUI702: Migration Rezeptverwaltung nach Rezeptentwicklung).
- **Relevante Rezepte gruppieren**
  Das System führt die Migration über Jobs durch. Dabei kann ein Job maximal 10 Schritte (Jobsteps) beinhalten. In jedem Schritt können maximal 100 Rezepte verarbeitet werden. Damit Sie sich besser zurechtfinden, lautet die Empfehlung, dass Sie für die Migration relevante Rezepte in Gruppen von maximal 1000 aufteilen. Dies hat den Vorteil, dass Sie für sich eine Übersicht haben, welche Rezepte von einem Job gemeinsam verarbeitet wurden.
- **Mapping-Tabelle mit relevanten Migrationsobjekten füllen**
  In Transaktion /PLMI/RCP_MIGRATION (Rezeptentwicklung – Formel und Rezept migrieren), mit der Sie die Migration der Rezepte von SAP Recipe Management nach SAP Recipe Development durchführen, geben Sie an, welche Rezepte aus SAP

Recipe Management migriert werden sollen. Dafür gibt es die sogenannte Mapping-Tabelle.

- **Migration ausführen**
  Schließlich führen Sie die Migration aus. Dabei sieht der Standardablauf zunächst eine Simulation der Migration vor. In einem zweiten Schritt werden die Rezepte tatsächlich nach SAP Recipe Development überführt. Unabhängig davon schadet es nicht, wenn Sie von Ihren unterschiedlichen Szenarien (eigenständige Formel, Formel mit Reaktion, Formel ohne Reaktion usw.) in SAP Recipe Management jeweils ein Testrezept definieren, mit dem Sie dann vor einer umfassenden Migration einen kleinen Test durchführen.

[!]

Wichtig für das Umstellungsprojekt

Denken Sie über eine Conversion Ihrer SAP-Systemlandschaft nach, und möchten Sie in diesem Zuge auch Ihre Produktentwicklung von SAP Recipe Management auf SAP Recipe Development umstellen? Planen Sie für den Wechsel von SAP Recipe Management nach SAP Recipe Development im Vorfeld unbedingt ausreichend Zeit ein. Die Migration von SAP Recipe Management nach SAP Recipe Development sollte – wenn möglich – vor der Umstellung auf SAP S/4HANA erfolgen, da die Rezepte von SAP Recipe Management unter SAP S/4HANA lediglich angezeigt werden können. Es wird immer wieder vorkommen, dass Sie im Rahmen der Migration Änderungen an den SAP-Recipe-Management-Rezepten vornehmen müssen.

Technisch ist es möglich, auch nach der Umstellung auf SAP S/4HANA die Migration von SAP Recipe Management nach SAP Recipe Development vorzunehmen. Machen Sie dies nur, wenn es aus wichtigen Gründen nicht anders geht.

Spezielle Einstellungen für die Migration

Neben der Konfiguration von SAP Recipe Development gibt es weitere Einstellungen, die Sie für die Migration vornehmen können. Eine der wichtigsten Einstellungen erreichen Sie über Transaktion /PLMI/RCP_MIGRATION (Rezeptentwicklung – Formel und Rezept migrieren). Im Menü navigieren Sie über den Pfad **Mehr • Migration • Mapping der Spezifikationsart** in eine Customizing-Tabelle. Diese ist ausschließlich über das Menü von Transaktion /PLMI/RCP_MIGRATION (Rezeptentwicklung – Formel und Rezept migrieren) erreichbar.

Definieren Sie in Transaktion /PLMI/RCP_MIGRATION einmal für den Spezifikationstyp der Formel und für den Spezifikationstyp des Rezepts, wie die Zuordnung der Spezifikationsarten von SAP Recipe Management zu den Rezeptarten von SAP Recipe Development aussehen soll (siehe Abbildung 12.1). Markieren Sie eine der Positionen in der Spalte **Spezifikationstyp**, und navigieren Sie in der Dialogstruktur auf den Unterordner **Zuordnung der Spezifikationsart**.

Abbildung 12.1 Spezifikationstypen für Formel und Rezept für das Mapping der Spezifikationsart

Bei der Zuordnung der Spezifikationsart wird in der Spalte **SpezifikatArt** die Spezifikationsart angegeben (siehe Abbildung 12.2). In der Spalte **Rezeptart** geben Sie an, in welcher Rezeptart von SAP Recipe Development das Rezept im Rahmen der Migration angelegt werden soll.

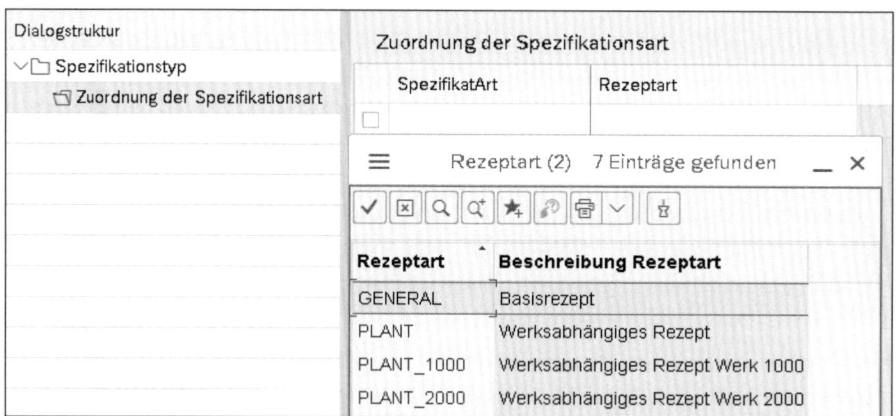

Abbildung 12.2 Mapping der Spezifikationsart zur Rezeptart von SAP Recipe Development

Prozessparameter migrieren

Auch in den Rezepten von SAP Recipe Management können Prozessparameter zum Einsatz kommen. Damit die Prozessparameter bei der Migration der Rezepte nach SAP Recipe Development berücksichtigt werden können, müssen die Prozessparameter aus SAP Recipe Management auch in SAP Recipe Development vorhanden sein. Abhängig davon, wie viele Prozessparameter in Ihrem SAP Recipe Management vorliegen, kann es hilfreich sein, diese zu migrieren.

Sie gelangen zur Migration der Prozessparameter über das Menü von Transaktion /PLMI/RCP_MIGRATION (Rezeptentwicklung – Formel und Rezept migrieren). Gehen Sie dazu im Menü auf **Mehr • Migration • Prozessparameterstamm migrieren**.

Führen Sie die Migration der Prozessparameter aus, bevor Sie die Rezepte migrieren. Führen Sie einen Testlauf durch, wann immer Sie die Möglichkeit dazu haben. Das Gleiche gilt für die Migration der Prozessparameter, wie Sie in Abbildung 12.3 an dem Kennzeichen **Testlauf** sehen.

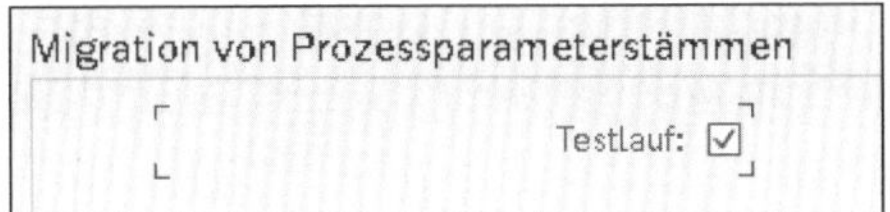

Abbildung 12.3 Report zur Migration von Prozessparameterstämmen

Konfigurationsprüfung

Eine weitere hilfreiche Funktion, die Sie über Transaktion /PLMI/RCP_MIGRATION (Rezeptentwicklung – Formel und Rezept migrieren) erreichen, ist die Funktion **Stammdaten/Customizing prüfen**. Gehen Sie dazu im Menü über **Mehr • Migration • Stammdaten/Customizing prüfen**.

Sie landen in einem Selektionsbild, in dem Sie entscheiden können, welche Bereiche der Report abprüfen soll. Beachten Sie, dass das System mit diesem Report lediglich abprüft, ob die Customizing-Einstellungen so vorgenommen wurden, dass die Migration erfolgreich ablaufen kann. Sie erhalten keine Gesamtübersicht, welche Customizing-Einstellungen von Ihnen bisher getätigt wurden und welche Einstellungen noch offen sind. Es handelt sich hierbei um den Report /PLMI/RCP_MIGRATION_CHECK (Rezeptentwicklung: Konfiguration der Stammdaten und Customizing prüfen).

In Abbildung 12.4 sehen Sie, dass Sie über die beiden Bereiche **Customizing** und **Stammdaten** entscheiden können, was der Report prüfen soll. Die folgenden Kennzeichen können Sie wählen:

- **Rezeptart**
  Mit diesem Kennzeichen prüft das System, ob die Rezeptarten und Spezifikationsarten für eigenständige Formeln und Rezepte aus SAP Recipe Management den Rezeptarten von SAP Recipe Development zugeordnet sind (siehe Abschnitt 12.2, »Wechsel nach SAP S/4HANA auf der Basis von SAP Recipe Development«).
- **Mengeneinheit**
  Um zu prüfen, ob die Mengeneinheiten, die in SAP Recipe Management verwendet werden, auch in SAP Recipe Development für die Verwendung in Rezepten vorgesehen sind, markieren Sie dieses Kennzeichen. Hierbei prüft das System die Customizing-Einstellungen über den Pfad **Logistik Allgemein • Product Lifecycle Management (PLM) • PLM-Web-Benutzungsoberfläche • Rezeptentwicklung • Rezept • Zulässige Mengeneinheiten definieren**.
- **Komponentenart**
  Damit die Komponentenarten der Formelpositionen von SAP Recipe Management auch in die Formelpositionen von SAP Recipe Development migriert werden können, sollten Sie sicherstellen, dass die benötigten Komponentenarten, zu erreichen über den folgenden Pfad, vorhanden sind: **Logistik Allgemein • Product Lifecycle Management (PLM) • PLM-Web-Benutzungsoberfläche • Rezeptentwicklung •**

Rezept • Berechnungen • Verfügbare Komponentenarten für Einsatz- oder Ausbeutepositionen definieren. Das Kennzeichen **Komponentenart** sorgt dafür, dass dies bei Ausführung des Reports geprüft wird.

Mit Bezug zu den Stammdaten werden folgende Voraussetzungen geprüft:

- **Rezeptklassensystem**
  Wenn Sie in Ihren Rezepten in SAP Recipe Management Klassen und Merkmale zugeordnet haben und Sie diese bei der Migration nach SAP Recipe Development mitnehmen möchten, müssen Sie berücksichtigen, dass die Klassenart 053 (PVS-Knoten) für Rezepte in SAP Recipe Management verwendet wird. Dieselbe Klasse benötigen Sie unter der Klassenart 104 (Rezept). Achten Sie darauf, dass der neuen Klasse auch dieselben Merkmale zugeordnet sind. Mit diesem Kennzeichen können Sie prüfen, ob alle Klassen der Klassenart 053 ein Pendant in der Klassenart 104 haben.
- **Prozessparameterstamm**
  Gleiches gilt für die Prozessparameterstämme in SAP Recipe Management. Mit diesem Kennzeichen prüft das System, ob für jeden Prozessparameterstamm ein Prozessparameter in SAP Recipe Development mit demselben Schlüssel vorhanden ist. Denken Sie daran, dass die Anlage von Prozessparametern in SAP Recipe Development über das Kontextmenü eines Rezepts aufgerufen werden kann.
- **Änderungsnummer**
  Wenn Sie bei der Migration Änderungsnummern einsetzen möchten, prüft das System mit diesem Kennzeichen, ob die von SAP Recipe Management verwendeten Änderungsnummern für den Objekttyp `PLM4PI` (Rezeptverwaltung) vorgesehen sind.

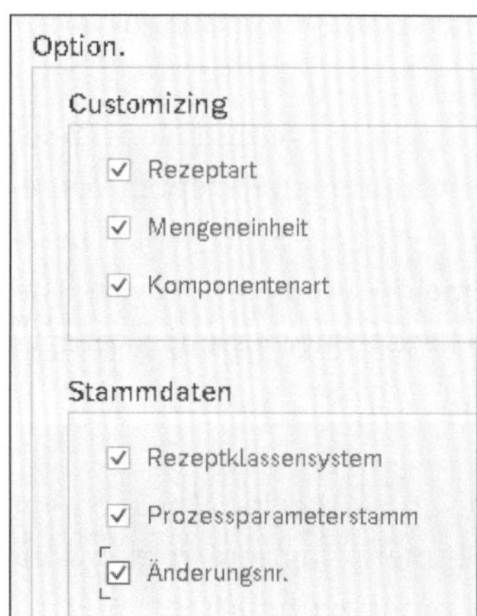

Abbildung 12.4 Konfigurationsprüfung

[«]

Voraussetzungen für die Migration

Für den Wechsel nach SAP S/4HANA auf der Basis von SAP Recipe Management gilt zusammengefasst Folgendes: Bringen Sie Ihr SAP-ERP-System auf den für SAP Recipe Development mindestens benötigten EHP-Stand. Stellen Sie überdies sicher, dass die Softwarekomponente SAP-PLM installiert ist, und beginnen Sie frühzeitig mit der Konfiguration von SAP Recipe Development, sodass Sie mit genügend Vorlauf die Migration von SAP Recipe Management nach SAP Recipe Development durchführen können.

12.2 Wechsel nach SAP S/4HANA auf der Basis von SAP Recipe Development

Sie möchten für den Umstieg von SAP ERP auf SAP S/4HANA einen Brownfield-Ansatz wählen, und Ihre Produktentwicklung nutzt bereits SAP Recipe Development? In diesem Fall ist davon auszugehen, dass sich SAP Recipe Development wie andere SAP-Komponenten (z. B. das Qualitätsmanagement) auch in den Umstellungsprozess eingliedert. Eine separate Migration der Rezepte oder Prozessparameter ist nicht erforderlich.

Individualentwicklungen können durch spezielle Programme einer Prüfung unterzogen werden, anzupassendes Coding wird identifiziert und von Kolleginnen und Kollegen aus der Entwicklung korrigiert. Nach erfolgter Umstellung testen die Anwenderinnen und Anwender die Funktionen von SAP Recipe Development.

Sie könnten die Anwendung im SAP Business Client zunächst 1:1 weiterverwenden. Sobald Sie das SAP Fiori Launchpad einsetzen, steht Ihnen eine Vielzahl von verschiedenen Apps zur Verfügung, die Sie für die tägliche Arbeit in der Produktentwicklung nutzen können.

Details zu den Unterschieden zwischen SAP Recipe Development in SAP ERP und SAP S/4HANA finden Sie in Kapitel 10, »SAP Recipe Development unter SAP ERP und SAP S/4HANA – Unterschiede«.

12.3 Zusammenfassung

Dieses Kapitel hat gezeigt, dass für die Produktentwicklung ein Wechsel nach SAP S/4HANA nur dann infrage kommt, wenn die Produktentwicklung SAP Recipe Development im Einsatz hat. Treffen Sie auf SAP Recipe Management als Ist-Situation in einem Unternehmen, haben Sie ein eigenes Vorprojekt, bei dem Sie SAP Recipe Management nach SAP Recipe Development migrieren – erst im Anschluss kann die Migration nach SAP S/4HANA erfolgen.

Glossar

Abgeleitete Nährstoffe Funktion in SAP Recipe Development, um Nährwerte wie z. B. den Brennwert aus anderen Nährwerten berechnen zu lassen.

Ad-hoc-Bericht Form eines WWI-Berichts, der die Daten zum aktuellen Zeitpunkt ausliest. Das generierte Dokument steht lediglich der Person zur Verfügung, die den Bericht generiert und wird nicht automatisch im System abgelegt.

ALE Steht für Application Link Enabling und kann in SAP Recipe Development verwendet werden, um Merkmale, Klassen und Spezifikationen von System A nach System B zu verteilen.

Auflösungsbereich Legt fest, wie das System bei der Auflösung einer Formel vorgehen soll. Komponentenarten können in einem Auflösungsbereich von der Auflösung ausgeschlossen werden. Berechnungs-IDs für Rezepte werden einem Auflösungsbereich zugeordnet.

Auflösungsrezept Angabe eines speziellen Rezepts zu einer Formelposition, das bei der Auflösung einer Formel verwendet werden soll. Es ist dann relevant, wenn es zur Formelposition mehrere gültige Rezepte gibt.

Ausbeuteintermediat Siehe Intermediat.

Ausgleichsposition Bestandteil der Formel, die eine Verdunstung oder Aufnahme abbildet.

Ausnahmewert Wert zur Kennzeichnung des Auftretens qualitativer Angaben (Allergene, Diäten, Zertifikate usw.) in Spezifikationen. Der Ausnahmewert kann auch in quantitativen Angaben (Nährstoffen oder Formel) verwendet werden, um z. B. Ausnahmen zu kennzeichnen.

Ausrüstungsanforderung Bestandteil des Prozesses im Rezept und bildet die Ressource in SAP Recipe Development ab. Bei bestehender Verknüpfung zwischen Ressource und Ausrüstungsanforderung kann diese im Rahmen der Synchronisierung des Planungsrezepts an die Produktion übergeben werden.

Beitrag Spezielle Sicht in der Formel, in der die Formelpositionen mit ihrem konkreten Beitrag zur Primärausbeute oder zum Ausbeuteintermediat aufbereitet werden. Die Ansicht kann über die Spaltenkonfiguration individuell gestaltet werden.

Berechnungsergebnisse Bestandteil des Rezepts, in dem verschiedene Daten aus den in der Formel enthaltenen Spezifikationen in aufbereiteter Form dargestellt werden, z. B. Nährstoffzusammensetzung, Inhaltsstoffzusammensetzung oder Kosten eines Rezepts.

Berechnungsmodus Selektionsoption in der Formel. Der Berechnungsmodus steuert, welche Felder in der Formel bearbeitet werden können und welche Felder schreibgeschützt sein sollen, z. B. **Verdunstung/Aufnahme mit Trockenmasse** oder **Verdunstung/Aufnahme**.

Berechnungsparameter Parameter im Rezept, die für verschiedene Rezeptberechnungen relevant sind. Die Berechnungsparameter können im Customizing festgelegt und im Rezept manuell geändert werden. Beispiele sind Verwendung (Einstufung und Gültigkeitsraum) und Materialpreisart.

Berechtigungsgruppe Feld, das für Spezifikationen, Rezepte und Etiketten zur Verfügung steht, um den Zugriff auf diese Stammdatenobjekte zu regeln. Es muss im Rollenkonzept aufgegriffen werden und hilft zudem bei der Suche nach Objekten.

Bewertungsart Customizing-Element, mit dem die benötigten Felder für Eigenschaften (physikalisch-chemische, mikrobiologische Eigenschaften usw.) von Spezifikationen in einem Eigenschaftsbaum verfügbar gemacht werden können. Die Bewertungsart ist ein zentrales Element in der Vorbereitung der Systemkonfiguration für die Spezifikationsverwaltung.

Business Functions Business Functions beinhalten Funktionen und Erweiterungen, die durch die Aktivierung verfügbar gemacht werden. Auch in SAP Recipe Development gibt es diverse Business Functions, deren Aktivierung Sie sicherstellen sollten.

Eigenschaftsbaum Customizing-Element, mit dem die Darstellung der Eigenschaften in Form von Bewertungsarten gesteuert wird. Damit Sie die Daten in einer Spezifikation pflegen können, ist der Eigenschaftsbaum zwingend notwendig.

Eigenschaftsspezifikation Spezielle Form einer Spezifikation, die ausschließlich in Verbindung mit einem Rezept existieren kann. Dort können Berechnungsergebnisse eines Rezepts nachhaltig gespeichert werden.

Einsatzintermediat Siehe Intermediat.

Einsatzposition Bestandteil in der Formel im Rezept. Die Einsatzposition wird benötigt, um die Primärausbeute zu definieren.

Einstufung Gibt an, für wen die Daten in Spezifikation, Rezept oder Etikett gedacht sind. Die Einstufung ergibt zusammen mit dem Gültigkeitsraum die Verwendung.

Etikett Stammdatenobjekt in SAP Recipe Development, in dem Spezifikations- oder Rezeptdaten zu Inhaltsstoffen, qualitativen Eigenschaften und quantitativen Komponenten aufbereitet werden können, um auf Etiketten verwendet zu werden.

ETM Steht für die empfohlene Tagesmenge und ist eine spezielle Spezifikationsart, in der für Nährstoffe die empfohlenen Tagesmengen für bestimmte Personengruppen hinterlegt werden können. Deren Einsatz ist sinnvoll, wenn auch das Etikett eingesetzt wird.

Fertigungsversion Ist Bestandteil von PP-PI und verbindet Stückliste und Planungsrezept. Die Fertigungsversion kann aus SAP Recipe Development heraus synchronisiert werden.

Formel Bestandteil des Rezepts, in dem in Formelpositionen aufgeführt wird, welche Spezifikationen mit welcher Menge benötigt werden, um ein Produkt, Zwischenprodukt usw. herzustellen.

Formelposition Jede Spezifikation, die Teil einer Formel sein soll, wird in einer eigenen Zeile (Formelposition) eingefügt. Eine Formelposition wird u. a. über Spezifikationsnummer, Materialnummer, Komponentenart, Menge und Formelpositionsart präzisiert.

Formelpositionsart Definiert eine Formelposition näher. Mögliche Ausprägungen sind Primärausbeute, Sekundärausbeute, Einsatz, Einsatz- und Ausbeuteintermediat.

Gültigkeitsraum Definiert, in welchem Rahmen, Daten gültig sein sollen. Dies kann Kontinente, Länder, Regionen oder auch gesetzliche Vorschriften betreffen. Der Gültigkeitsraum ist immer einem Gültigkeitsraumtyp zugeordnet und ergibt zusammen mit der Einstufung die Verwendung.

Gültigkeitsraumtyp Bündelt Gültigkeitsräume in Abhängigkeit ihrer räumlichen oder organisatorischen Zusammengehörigkeit.

ICF-Services Steht für Internet Communication Framework. Verschiedene Funktionen in SAP Recipe Development stehen erst mit der Aktivierung der dafür benötigten ICF-Services zur Verfügung.

Identifikator Zusammensetzung aus Identifikationstyp, Identifikationsart und dazugehöriger Ausprägung. Der Identifikator hilft dabei, Spezifikationen eine Bezeichnung zu geben und mit weiteren Informationen zu versehen, die z. B. im Rezept oder bei der Suche als Information sichtbar sein sollen.

IDoc Steht für Intermediate Document und ist die Verpackung, mit der die Daten (Merkmale, Klassen oder Spezifikationen) der ALE-Verteilung von System A nach System B übertragen werden.

Inhaltsstoffetikett Bestandteil des Etiketts. Hier werden die Zutaten einer Spezifikation oder eines Rezepts für eine Zutatenliste aufbereitet.

Intermediat Zwischenprodukt in einem Rezept, das während der Herstellung entsteht und auch gleich wieder verbraucht wird. Entsteht das Intermediat in einer Prozessstufe, handelt es sich um ein Ausbeuteintermediat. Ein Ausbeuteintermediat muss in einer anderen Prozessstufe als Einsatzintermediat verwendet werden.

Klasse Stammdatenobjekt, das in SAP Recipe Development in allen Stammdatenobjekten genutzt werden kann, um ein Set an Merkmalen zur Verfügung zu stellen. Eine Klasse ohne

Merkmale ist nicht sinnvoll. Denn im Rahmen der Spezifikation muss eine Klasse in einer Bewertungsart im Customizing hinterlegt werden.

Komponentenart Customizing-Element, mit dem durch eine Zuordnung in Spezifikationen und in der Formel die Berechnung innerhalb des Rezepts beeinflusst werden kann, sodass z. B. eine Verpackung nicht in die Ermittlung der Nährwerte eingeht, wohl aber in die Ermittlung der Kosten.

Komponentenetikett Bestandteil des Etiketts. Hier werden quantitative Komponenten wie die Nährwerte einer Spezifikation oder eines Rezepts aufbereitet, wie sie für ein Etikett benötigt werden. Hier können ETM-Profile eingesetzt werden.

Laufweg Kann für Spezifikationen und Rezepte genutzt werden, um einen workflowbasierten Bearbeitungsprozess für Stammdatenobjekte abzubilden.

Manuelle Zusammensetzung Findet im Herstellungsprozess eine Reaktion statt, die dazu führt, dass die vom System ermittelte Zusammensetzung nicht korrekt ist, können manuelle Anpassungen bei der Zusammensetzung im Rezept vorgenommen werden. Manuelle Zusammensetzungen werden in Eigenschaftsspezifikationen gesichert.

Merkmal Stammdatenobjekt, das zur Abbildung von Eigenschaften in allen Stammdatenobjekten von SAP Recipe Development eingesetzt wird. Das Merkmal muss immer einer Klasse zugeordnet werden, damit es im Stammdatenobjekt verfügbar werden kann. Vor allem für die Arbeit mit Spezifikationen ist es von sehr zentraler Bedeutung.

Negative Vorgabe Bestandteil der Vorgabenprüfung. Die negative Vorgabe wird in einer qualitativen Eigenschaft (tendenziell bei Allergenen) gepflegt, wenn ein bestimmter Ausnahmewert in einer Spezifikation *nicht* gefunden werden soll.

Object Navigator Funktion innerhalb von SAP Recipe Development, die in Spezifikation, Rezept und Etikett zur Verfügung steht. Dort kann z. B. zu verwandten Objekten navigiert werden. Die Funktion kann aber auch als Verwendungsnachweis genutzt werden. Ein Absprung zur Massenänderung ist möglich.

OData-Services OData steht für Open Data Protocol und sorgt, vereinfacht ausgedrückt, dafür, dass das SAP Fiori Launchpad mit dem SAP GUI kommunizieren kann.

Packungsetikett Bestandteil des Etiketts, das das Inhaltsstoffetikett, das qualitative Etikett und das Komponentenetikett miteinander kombiniert. Eine beispielhafte Aufbereitung der Darstellung der Daten in einem PDF-Formular ist möglich.

Phrase Stammdatenobjekt, mit dem mehrsprachige Textbausteine definiert werden können. Die Phrase ist sehr relevant für die Spezifikation und das Etikett.

Phrasenauswahlmenge Wird benötigt, um Phrasen an den gewünschten Stellen in einer Selektionshilfe auswählen zu können (z. B. sollen die verschiedenen Textbausteine gelb und hellblau im Merkmal Farbe verfügbar sein). Eine Phrase kann mehreren Phrasenauswahlmengen zugeordnet werden.

Phrasengruppe Pflichtangabe bei der Anlage einer Phrase, um inhaltlich zusammengehörende Phrasen zu bündeln. Zum Beispiel werden alle Phrasen für Marketingaussagen in einem Etikett derselben Phrasengruppe zugeordnet. Eine Phrase kann nur einer Phrasengruppe zugeordnet werden.

Phrasenkatalog Wird verwendet, um alle für das Unternehmen relevanten Phrasen zusammenzufassen. Es wird ein aktiver Phrasenkatalog benötigt.

Planungsrezept Ist Bestandteil von PP-PI und dient, in aller Kürze beschrieben, zur Abbildung von Herstellvorschriften. Das Planungsrezept kann aus SAP Recipe Development synchronisiert werden.

PLM Steht für Product Lifecycle Management und ist ein Lösungsportfolio für die Abbildung des Produktlebenszyklus, zu dem u. a. SAP Recipe Development gehört.

Positive Vorgabe Bestandteil der Vorgabenprüfung, der in einer qualitativen Eigenschaft (tendenziell bei Diäten oder religiösen Zertifikaten) gepflegt wird, wenn ein bestimmter Ausnahmewert in einer Spezifikation gefunden werden soll.

PP-PI Steht für Produktionsplanung Prozessindustrie und ist eine Komponente innerhalb des SAP-Portfolios zur Abbildung von Produktionsabläufen in der Prozessindustrie. Kann von SAP Recipe Development mit Stammdaten versorgt werden.

Primärausbeute Produkt, Halbfertigware, Kleinkomponente oder Ähnliches, das durch ein Rezept hergestellt bzw. definiert werden soll. Jedes Rezept hat eine Primärausbeute, die durch eine oder mehrere Einsatzpositionen definiert wird.

Prozess Bestandteil des Rezepts, in dem aufgeführt wird, welche Schritte in der Herstellung ausgeführt werden müssen, um ein Produkt, Zwischenprodukt usw. herzustellen.

Prozessbaustein Stammdatenobjekt, mit dem Herstellschritte für den Prozess vordefiniert werden können.

Prozesselement Einzelne Ausprägungen im Prozess (Stufe, Vorgang, Aktion), die die Herstellschritte darstellen.

Prozessparameter Stammdatenobjekt in SAP Recipe Development, mit dem Parameter für die Herstellung definiert werden können. Typische Beispiele sind Parameter für die Temperatur oder die Dauer eines Herstellschrittes.

Prozessparameterstamm Vordefinierte Prozessparameter, die im Rezept zugeordnet werden können.

Qualitatives Etikett Bestandteil des Etiketts. Hier werden die qualitativen Daten wie Allergene, Diäten und religiöse Zertifikate so aufbereitet, wie sie auf einem Etikett angedruckt werden sollen.

Ressource Stammdatenobjekt von PP-PI, um Maschinen, Geräte und andere Betriebsmittel, die für die Herstellung eines Produkts benötigt werden, abzubilden. Die Ressource kann im Rahmen der Synchronisierung des Planungsrezepts übergeben werden.

Rezept Zentrales Stammdatenobjekt in SAP Recipe Development. Es vereint in Formel, Berechnungsergebnissen und Prozess die Informationen dazu, welche Spezifikationen benötigt werden, welche Eigenschaften sich für das Produkt aus den Spezifikationen ergeben und welche Schritte für die Herstellung notwendig sind.

Rezeptalternative Beschreibt verschiedene Möglichkeiten in der Produktentwicklung, um ein Produkt, Zwischenprodukt usw. herzustellen. Es kann zu einem Produkt mehrere aktive Rezeptalternativen geben. Die Rezeptalternative kann manuell vergeben werden.

Rezeptart Customizing-Element, mit dem Rezepte in unterschiedliche Gruppen aufgeteilt werden können. Abhängig von der Rezeptart können unterschiedliche Einstellungen vorgenommen werden.

Rezeptauflösung Ermittlung von Daten aus untergeordneten Rezepten. Sie wird vom System ausgeführt, wenn es Spezifikationen in den Formelpositionen gibt, die durch andere Rezepte hergestellt werden. Über das Auflösungsprotokoll kann nachvollzogen werden, welche Rezepte das System ermittelt hat.

Rezeptversion Die Rezeptversion wird verwendet, um die Entwicklungshistorie zu einer Rezeptalternative abzubilden. Eine Rezeptalternative sollte immer nur eine aktive Rezeptversion haben. Die Rezeptversion wird vom System hochgezählt.

Rezeptzweck Customizing-Element, mit dem angegeben werden kann, für wen die Rezeptdaten gedacht sind. Der Rezeptzweck kann zudem verwendet werden, um dic Rczcptauflösung zu steuern.

RFC-Verbindung Steht für Remote Function Call und sorgt dafür, dass eine Kommunikation zwischen SAP-Systemen möglich ist. Die RFC-Verbindung wird für die ALE-Verteilung benötigt.

SAP Business Client Ist eine Benutzeroberfläche für SAP-Anwendungen. SAP Recipe Development wurde ursprünglich auf dieser Benutzeroberfläche entwickelt, bevor diese durch das SAP Fiori Launchpad abgelöst wurde.

Sekundärausbeute Formelpositionsart für Formelpositionen, die bei der Herstellung entstehen und verloren gehen, z. B. die Verdunstung von Wasser.

Spezifikation Zentrales Stammdatenobjekt, das in SAP Recipe Development verschiedenste Funktionen einnehmen kann, z. B. Rohstoff, Halbfertigware, Verpackung usw. sowie Allergene, Nährstoffe, religiöse Zertifikate usw. Synonym: Stoff.

Spezifikationsart Customizing-Element, um Spezifikationen voneinander abzugrenzen. In Abhängigkeit zur Spezifikationsart können viele Einstellungen vorgenommen werden. Die Spezifikationsart präzisiert den Spezifikationstyp. In einigen Fällen gibt es pro Spezifikationstyp eine Spezifikationsart; in anderen Fällen kann es auch mehrere Spezifikationsarten pro Spezifikationstyp geben.

Spezifikationstyp Customizing-Element, um Spezifikationen voneinander abzugrenzen. Der Spezifikationstyp ist die höchste Instanz und wird von den Spezifikationsarten präzisiert. Spezielle Spezifikationstypen werden für den Einsatz von Apps zur vereinfachten Datenpflege benötigt.

Standard-Zusammensetzung Beschreibt die detaillierte Zusammensetzung von Spezifikationen und muss bei Rohstoffspezifikationen manuell gepflegt werden. Die Standard-Zusammensetzung wird im Rezept vom System ermittelt und kann per Knopfdruck an die Primärausbeute übertragen werden.

Stoff Siehe Spezifikation.

Stückliste Ist Bestandteil von PP-PI und dient zur Abbildung der benötigten Materialien und Mengen für die Herstellung eines Produkts. Die Stückliste kann aus SAP Recipe Development synchronisiert werden.

Synchronisierung Übertragung von Rezeptdaten zu Produktionsdaten. Eine Formel kann zu einer Stückliste synchronisiert werden, und ein Prozess kann zum Planungsrezept und zu einer Fertigungsversion synchronisiert werden.

Synchronisierungseinheit Bestandteil der Synchronisierung von Stammdaten von SAP Recipe Development in die Produktion von PP-PI. Die Synchronisierungseinheit bündelt alle für die Synchronisierung wichtigen Informationen (welches Rezept wird konkret synchronisiert, auf welche Menge soll skaliert werden, mit welcher Änderungsnummer wird synchronisiert usw.).

WWI Steht für Windows Wordprocessor Integration und ist eine Formulartechnologie, die für SAP Recipe Development auf der Basis von Word verwendet werden kann.

Verwendung Setzt sich zusammen aus Einstufung und Gültigkeitsraum. Pro Verwendung können in einer Spezifikation unterschiedliche Daten ausgeprägt werden. Im Rezept können mit Bezug zur Verwendung die Berechnungsergebnisse für unterschiedliche Märkte ermittelt werden. Sie kann genutzt werden, um die Datenselektion auf Formularen (z. B. WWI-Berichten) zu regeln.

Ziellokation Wird im Etikett verwendet, um Einstufung und Gültigkeitsraum mit Sprachenschlüsseln zu verknüpfen. Dadurch können mit der Zuordnung einer Ziellokation auf einem Etikett verschiedene Voraussetzungen geschaffen werden, z. B. welche Daten aus der Spezifikation oder aus dem Rezept gelesen werden und in welche Sprachen die Etiketten übersetzt werden sollen.

Die Autorin

Marina Scherer arbeitet bei HUGO BOSS im Bereich HCM. Von 2014 bis April 2021 hat sie sich bei der Innovabee GmbH mit der Produktentwicklung in der Prozessindustrie unter Einsatz des SAP-Systems beschäftigt. Anschließend ist sie in den HCM-Bereich gewechselt. Der Fokus im Themengebiet der Produktentwicklung lag dabei sowohl auf SAP Recipe Management als auch auf der aktuellen Lösung SAP Recipe Development. Als Verantwortliche für diese Komponente hat sie verschiedenste Implementierungen in den Branchen Nahrungsmittel, Chemie und Kosmetik durchgeführt und dabei die Möglichkeiten und Grenzen der Anwendung ausgetestet. In diesem Buch hat Marina Scherer eine Vielzahl an Informationen zusammengetragen, um allen Personen, die sich mit der Konfiguration von Recipe Development oder mit dem Weg dorthin befassen, eine fundierte Arbeitsgrundlage zu liefern.

Index

N

O

P

Q

R

T

U

V

W

X

Z

- Prozesse, Funktionen, Customizing von PP-PI
- Stammdaten, Auftragsabwicklung und Prozesskoordination im Detail
- Integration mit SAP EWM oder Embedded PP/DS und Schnittstellen zu Nicht-SAP-Systemen

Andreas Doller, Jan Wölken, Peter Moraw, Martin Auer, Jürgen Scholl, Heiko Ziegeler

Produktionsplanung mit SAP S/4HANA in der Prozessindustrie

Effektiv planen in der Prozessindustrie! Mit diesem Buch lernen Sie alle Funktionen von PP-PI in SAP S/4HANA detailliert kennen und erfahren, wie Sie Ihre Prozesse im System abbilden. Viele Beispiele und Tipps aus der Pharma-, Chemie- und Lebensmittelindustrie unterstützen Sie bei der Auftragsabwicklung, dem Reporting sowie der Koordination und Dokumentation Ihrer Prozesse. Auch der Einsatz von SAP Digital Manufacturing Cloud und die Integration mit anderen SAP-Komponenten und Drittanbietersystemen werden ausführlich erklärt.

560 Seiten, gebunden, 89,90 Euro
ISBN 978-3-8362-7940-6
erschienen Februar 2021
www.sap-press.de/5207